陈 景 院士

中國工程院 院士文集

Collections from Members of the Chinese Academy of Engineering

陈景文集

A Collection from Chen Jing

北 京
冶金工业出版社
2014

内 容 提 要

本文集收入的论文反映了陈景院士50多年来在科研一线辛勤工作的探索、思考、发现、发明及应用总结。全书共分七部分，第一部分是院士传略；第二至第五部分是从事铂族金属提取冶金工艺技术及相关物理化学研究的成果，包括铂族金属冶金化学中的一般规律、铂族金属分离提纯中的沉淀反应与置换反应、铂族金属加压氰化与加压氢化、铂族金属与金的溶剂萃取研究；第六部分是用静电力学对氢分子及氢分子离子结构参数的计算；第七部分是近年来承担云南阳宗海湖泊水体降砷扩大工程化任务的进展简况。

本书可供从事铂族金属矿产开发、分离提纯及冶金物理化学研究的科研人员，从事湖泊水体污染治理研究的科研人员以及从事化学键理论的科研人员参考，也可供高等院校冶金专业及无机化学专业的师生参考。

图书在版编目(CIP)数据

陈景文集/陈景著. —北京：冶金工业出版社，2014.5
(中国工程院院士文集)
ISBN 978-7-5024-6534-6

Ⅰ.①陈… Ⅱ.①陈… Ⅲ.①陈景—文集 ②贵金属—文集 ③环境保护—文集 Ⅳ.①TG146.3-53 ②X-53

中国版本图书馆 CIP 数据核字(2014)第073747号

出 版 人 谭学余
地　　址 北京北河沿大街嵩祝院北巷39号，邮编100009
电　　话 (010)64027926 电子信箱 yjcbs@cnmip.com.cn
策　　划 任静波 责任编辑 张熙莹 任静波 美术编辑 彭子赫
版式设计 孙跃红 责任校对 禹 蕊 刘 倩 责任印制 牛晓波
ISBN 978-7-5024-6534-6
冶金工业出版社出版发行；各地新华书店经销；三河市双峰印刷装订有限公司印刷
2014年5月第1版，2014年5月第1次印刷
787mm×1092mm 1/16；29.75印张；2彩页；696千字；464页
189.00元

冶金工业出版社投稿电话：(010)64027932 投稿信箱：tougao@cnmip.com.cn
冶金工业出版社发行部 电话：(010)64044283 传真：(010)64027893
冶金书店 地址：北京东四西大街46号(100010) 电话：(010)65289081(兼传真)

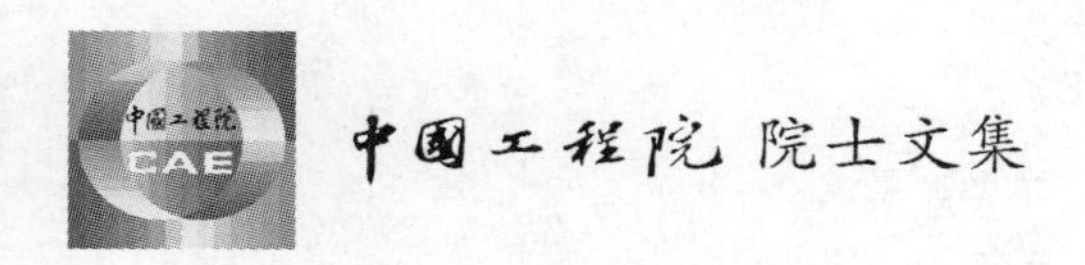

《中国工程院院士文集》总序

2012年暮秋，中国工程院开始组织并陆续出版《中国工程院院士文集》系列丛书。《中国工程院院士文集》收录了院士的传略、学术论著、中外论文及其目录、讲话文稿与科普作品等。其中，既有院士们早年初涉工程科技领域的学术论文，亦有其成为学科领军人物后，学术观点日趋成熟的思想硕果。卷卷文集在手，众多院士数十载辛勤耕耘的学术人生跃然纸上，透过严谨的工程科技论文，院士笑谈宏论的生动形象历历在目。

中国工程院是中国工程科学技术界的最高荣誉性、咨询性学术机构，由院士组成，致力于促进工程科学技术事业的发展。作为工程科学技术方面的领军人物，院士们在各自的研究领域具有极高的学术造诣，为我国工程科技事业发展做出了重大的、创造性的成就和贡献。《中国工程院院士文集》既是院士们一生事业成果的凝炼，也是他们高尚人格情操的写照。工程院出版史上能够留下这样丰富深刻的一笔，余有荣焉。

我向来认为，为中国工程院院士们组织出版院士文集之意义，贵在“真、善、美”三字。他们脚踏实地，放眼未来，自朴实的工程技术升华至引领学术前沿的至高境界，此谓其“真”；他们热爱祖国，提携后进，具有坚定的理想信念和高尚的人格魅力，此谓其“善”；他们治学严谨，著作等身，求真务实，科学创新，此谓其“美”。《中国工程院院士文集》集真、善、美于一体，辩而不华，质而不俚，既有“居高声自远”之澹泊意蕴，又有“大济于苍生”之战略胸怀，斯人斯事，斯情斯志，令人阅后难忘。

读一本文集，犹如阅读一段院士的“攀登”高峰的人生。让我们翻开《中国工程院院士文集》，进入院士们的学术世界。愿后之览者，亦有感于斯文，体味院士们的学术历程。

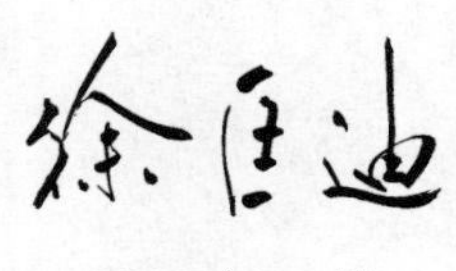

2012年7月

前　言

20世纪60年代初，我有幸接受了一些铂族金属分离提纯的科研任务，开始从事相关的研究工作。说其“有幸”，一是因为当时铂族金属的冶金及材料研究在我国属空白领域，科技界对铂族金属相当陌生，只知其在国防尖端技术和许多工业中有重要用途，却无实际的研究实践；二是我毕业于化学系，很喜欢微观物质结构理论，对化学键的本质有自己独立的见解，研究铂族金属分离提纯需要坚实的配位化学基础，符合自己的兴趣爱好；三是在工作中发现了铂族金属的许多化学反应现象，不能用当时的有色冶金理论解释，这意味着铂族金属的冶金理论存在着很大的发展空间。后两个原因，加上随着我国社会经济建设的发展，对铂族金属矿产资源开发及二次资源回收利用不断提出许多急需解决的科技问题，促成我50多年来一直坚持着铂族金属冶金研究的方向，并把自己已做的许多研究工作称之为“冶金化学”。

本文集是以1995年出版的《铂族金属化学冶金理论与实践》（云南科技出版社）及2008年出版的《铂族金属冶金化学》（科学出版社）为基础，以论文集形式继续增加篇幅而成。按相近的内容将收集的论文分为七部分。

第一部分中的《陈景院士的科技人生》系从《云南科技管理》（2010年2月第1期）和《云岭骄子》书中登载的材料整理而成，它简要地介绍了我的一些科研经历与成长过程。第二篇论文表达了我对科学研究中从事基础研究和应用研究所持的态度，基础研究应该有所发现，应用研究应该有所发明。第三篇文章则是对社会发展冶金工业时，呼吁应重视对自然环境的保护。

第二部分的论文是从铂族金属原子结构的特征出发，按铂族金属在周期表中的位置分为轻铂族（Ru、Rh、Pd）和重铂族（Os、Ir、Pt），并按此种分类梳理前人的和自己的研究结果，归纳提出了一些冶金反应规律。其中“重铂族配合物比具有相同价态、相同配体和相应几何构型的轻铂族配合物热力学稳定性更强，动力学惰性更高”的规律，30余年来解释了许许多多的反应现象，至今尚未发现与其相悖的情况。其他如氧化还原反应规律、亲核取代反应活性顺序、沉淀反应分类和溶剂萃取机理等，对解决科研和生产中的技术问题、预测反应结果和解释出现“反常”反应现象的原因都起了重要的作用。

第三部分是铂族金属精炼过程中沉淀反应与置换反应方面的论文。主要是1978~1983年间，在完成甘肃金川硫化铜镍矿资源综合利用的科技攻关项目中，为研究出一种对工厂贵金属物料适应性强的分离提纯方法所进行的工作。其中硫化钠沉淀法的研究始于发现Na_2S可以从盐酸介质中选择性定量沉淀金和钯；铜置换贵金属的研究始于发现用硫酸铜溶液制备的活性铜粉可以通过两级置换使金、铂、钯、铑、铱达到粗分。这些研究提出了两种粗分贵金属的方法，都进行过工业试验，其中活性铜粉两级置换法从1982年起成功地应用于生产，由于操作简便，在工厂中使用持续了20余年。

第四部分中加压氰化反应的研究最初是针对从失效汽车废催化剂中回收铂、钯、铑，随后又研究将此种技术用于我国第二大铂族金属资源——云南金宝山低品位铂钯矿的开发利用。由于金宝山原矿中的铜、镍品位低，只是金川硫化铜镍矿的1/10左右，而MgO含量却高达29%，从经济和技术角度考虑，都不可能采用国内外的传统火法造锍熔炼工艺。经过试验研究，我提出了具有原创性的全湿法处理铂钯硫化浮选精矿新工艺，2008年已被企业采纳，目前已着手开始矿山建设。加压氢化反应的研究来自文献中找不到能使铱的氯配离子还原为金属的方法，研究结果发现80℃是加压氢还原铱的临界温度，前人未能用加压氢还原出金属铱是因所用的实验温度低于临界温度。此外，此部分中还加入了研究氰化溶解铜、银、金反应机理及常压氢化还原铑的论文。

第五部分收集了贵金属溶剂萃取化学方面的论文。溶剂萃取分离贵金属比选择性沉淀法优越得多，早在1965年我就成功地将TBP用于解决铑铱分离技术难题，并对贵金属萃取中的配体交换机理和离子缔合机理提出过自己的学术观点。对“金、银及铂族元素萃取分离”，我曾写过系统的论述，刊载于2001年化学工业出版社出版的《溶剂萃取手册》第三篇第9章。本部分中还收集了一些从碱性氰化液中加入阳离子表面活性剂萃取金的论文，这方面的研究离实际应用还很远，但已获得的研究结果丰富了贵金属萃取化学的内容。

第六部分中收入了我用经典力学计算氢分子及氢分子离子结构参数的几篇论文。从读大学化学系四年级时开始，我就一直在思考两个电中性的氢原子为什么能形成氢分子及除了量子力学的复杂计算外，能不能用易于形象思维理解的静电力学去计算等问题。经过在“文革”时科研工作处于半瘫痪期间近10年的艰苦努力，一些幻想竟然获得了可喜的结果。虽然这些工作曾几度引起争议，但我认为这对于“决定论”和“概率论”之间的争论或许是有益的。本部分还收入《取代基引起苯环上电荷交替分布的机理》一文，该文是我署名的第一篇处女作。现在看来，在引言中还流露了当时学术界受前苏联影响对鲍林的“共振论”进行错误批判的观点，但苯环上的“定位效应”不应从带双键的结构式进行解释则我至今仍然坚持。

第七部分介绍了我从2009年3月至2011年12月期间承担云南省阳宗海湖泊水体降砷扩大工程化任务的进展简况。2008年6月，环境监测机构发现阳宗海被企业违规排放的高砷废水污染，水质从多年保持的Ⅱ类下降为劣Ⅴ类，这一重大环保事故震惊国内外。10月10日，云南省科技厅通过多家媒体，发布《中国阳宗海湖泊水体减污除砷及水质恢复科技项目招标公告》，向全世界公开招标。由于阳宗海面积31平方千米，平均水深20米，储水量6.04亿立方米，世界上尚无治理大型湖泊砷污染先例。2009年初，评审资质合格的几家应标单位纷纷表示退出。在云南省受到各方批评的困境中，我带领团队主动请缨，用铁盐絮凝法进行水体降砷的扩大试验、现场试验和工程化治理。2010年和2011年两度使全湖平均砷浓度下降到Ⅱ类水质要求的指标，并共持续12个月，为昆明市政府解除对阳宗海的“三禁”提供了最重要的条件。由于进入喀斯特地貌地下的砷污染源未完全清除，治理工作还在进行，项目组的许多研发资料尚未公开发表，因此本书只收入了相关的部分内容，这些内容也凝聚了项目组全体成员的辛勤劳动，在此向他们表示衷心的感谢。

从本书全部论文不难看出，我研究工作的选题紧紧围绕了工业生产的需求，同时又把在应用研究中发现的亮点拓展和深化，进行相关的物理化学研究。本书探讨理论问题的理念是“一切化学过程都归结为原子和分子间的吸引和排斥过程”。在本书中没有复杂的数学计算，归纳提出的规律都着重从原子层次进行定性地解释。由于提出的新观点较多，偏颇乃至错误在所难免，欢迎读者多多批评指正。恩格斯说过：“只要自然科学在思维着，它的发展形式就是假说”，正是在这种精神鼓舞下，我才大胆地提出自己的观点，特别是本书第六部分中用经典力学来计算氢分子的结构参数以及解释化学键中电子运动形式的观点。

本书各篇论文的发表刊物、发表年代以及署名的合作者，读者可从每篇的脚注及书末附录作者的论文目录中查出，在此谨向实验研究工作的合作者表示感谢。本书的出版要感谢中国工程院领导的组织和支持，感谢云南大学领导的关心和支持，感谢王世雄博士对全书论文的选收，并按冶金工业出版社的要求进行整理和校对。此外，还要感谢56年来我的家人对我从事的研究工作的充分理解和全力支持。

陈景

2014年3月于云南大学东陆园

目 录

院士传略

铂族金属冶金化学中的一般规律

分离提纯中的沉淀反应与置换反应

铂族金属加压氰化与加压氢化

铂族金属与金的溶剂萃取研究

氢分子及氢分子离子的结构参数计算

阳宗海湖泊水体除砷减污的研究与治理

附　　录

院士传略

1958 年作者从云南大学化学系毕业后，被分配到中国科学院昆明冶金陶瓷研究所工作。1962 年该所改名为昆明贵金属研究所，并以铂族金属提取冶金、分析测试和材料制备为主要研究方向。2002 年作者兼任云南大学教授，2005 年经上级批准调至云南大学化学科学与工程学院任教，组织领导稀贵金属冶金化学团队。

本部分收入的第一篇文章粗略地介绍了作者的一些科研经历。作者曾先后从事过铂、钯、铑的分离提纯，硝酸工业用废铂催化网的再生，金川资源综合利用中从二次铜镍合金提取贵金属新工艺，云南金宝山低品位铂钯矿的全湿法处理新工艺，汽车废催化剂中铂、钯、铑的回收以及云南阳宗海湖泊水体砷污染的治理等一系列重大项目，提出了许多简易的先进工艺流程，并大都实现了产业化。还对亲自实验发现的科研亮点展开物理化学机理研究，并用业余时间长期从事对化学键本质的研究，将结构化学与贵金属冶金相结合，归纳提出了一系列铂族金属冶金反应规律。

第二篇论文表达了作者对科学研究选题的原则和追求的目的，主张要勇于创新、敢于另辟蹊径和提出自己的见解。

第三篇文章反映了作者对发展冶金工业会影响生态环境的忧虑，呼吁要及早贯彻“发展中保护，保护中发展”的原则。

陈景院士的科技人生*

陈景院士，1935年3月9日出生于云南大理，我国著名的贵金属冶金专家。1961年起一直从事贵金属化学冶金及应用基础理论研究，改进了钯、铑提纯方法，在国内最先制备出钯、铑光谱基体；完成了硝酸工业废铂催化网再生研究和工业试验，实现产业化生产；解决了铑铱分离及铑的提纯，从金川锇钌蒸残液中分离金、钯、铂、铑、铱，等离子体熔炼汽车废催化剂所获捕集料的处理，云南金宝山低品位铂钯矿的全湿法冶炼工艺，阳宗海高原湖泊砷污染治理等一系列国际技术难题。理论方面用静电力学计算出氢分子及氢分子离子的结构参数，从原子层次提出重铂族配合物的热力学稳定性及动力学惰性均高于相应的轻铂族配合物的规律，归纳出铂族金属氧化还原反应、沉淀反应、亲核取代反应以及溶剂萃取分类等规律，形成较系统的铂族金属冶金新理论。主持完成重大科研任务50余项，获国家科技进步奖一、二等奖及省部级自然科学与科技进步奖一、二等奖10余项，在国内外发表论文200余篇，出版专著3部，为我国的贵金属冶金事业作出了卓越贡献。1984年获首批国家级“有突出贡献中青年专家”荣誉称号，1991年获国务院特殊津贴，1997年当选中国工程院院士，2009年获云南省科学技术杰出贡献奖，2012年获“全国优秀科技工作者”荣誉称号。

一、成长历程

（一）读书岁月，勤奋认真惜时如金

陈景，1935年3月9日出生于云南省风光秀丽的文献名邦——大理。他的家庭是一个典型的书香世家，其祖父曾于清末公派留日，回国后一直致力于教育事业30余年。在其祖父的思想及家庭中浓厚的知识氛围的熏陶下，他自幼勤奋好学，喜爱音乐、美术，博览中国古典名著，学习成绩优异。

1948年秋，陈景考进滇西闻名的省立大理中学。在这所历史悠久的学府中，他更是惜时如金，奋发读书。这期间对他影响最大的是一位姓孟的物理老师，他善于启发学生的形象思维，引导学生举一反三地联想。在孟老师的谆谆善诱下，枯燥的物理知识也变得那么的生动和有趣。这一切引发了陈景对自然科学的浓厚兴趣，养成了他对事物本质孜孜不倦地探索的科学精神，学会了思索，学会了动手，为他日后从事科学研究奠定了良好基础。

1954年，陈景考入云南大学化学系学习，享受人民助学金，摆脱了家庭经济困难的负担，他越发自觉努力地学习，周末也经常是在教室中度过。他将“锻炼身体、增长毅力、拓宽知识”作为自己在大学期间的座右铭，并立志有所收获。

* 本文是王世雄博士在《云岭骄子》和《云南科技管理》（2010年2月第1期）中登载的材料基础上整理而成。

（二）初涉科研，大胆展露学术见解

大学时陈景就读于云南大学化学系的有机合成专业，有机化学中有许多知识与原理都需要死记硬背，这与他喜欢思考、勤于钻研的兴趣形成了鲜明的不协调，烦恼常常困扰着青年的陈景。幸好讲授有机化学的赵教授知识渊博、分析精辟，吸引着陈景去思索一些有争议的理论。最初考虑的一个问题是苯环问题，美国的诺贝尔奖得主鲍林认为存在几种不同结构间的“共振”，当时苏联学者则对此展开“批评”，认为一种分子只有一种结构。陈景同意后一种观点，但觉得不能只从哲学观点去讨论，而是应该用分子单一性结构去解释那些似乎只有共振论才能解释的问题。于是选中了苯环上带一个基团后，为什么会出现电荷交替分布的问题进行深入的研究，阅读了大量相关文献资料，并在毕业前写出了初稿。这是他的处女作，后来几经易稿后发表在《化学通报》1963 年第二期上。

（三）注重实践，勤于思索，善于创新

陈景在科研工作中一直十分重视实验工作，做起实验非常认真、一丝不苟，许多重大的发现都是源于其认真仔细的实验观察。比如有一次，他发现一杯盛有未及时过滤的朱红色氯钯酸铵沉淀在放置几天后全部溶解了，在判定这是发生了一种四价钯还原为二价钯并放出氯气的自发反应后，他立即利用这个反应改进提纯钯的经典方法，省去了煅烧、高温氢还原、王水溶解、赶硝后再进行第二次沉淀的繁冗过程。此项工作在 1965 年获中国科学院优秀科技成果奖。在做硫化钠沉淀贵金属时，他发现对氯钯酸和氯金酸，都存在一个溶液从浑浊到胶态，从胶态突然凝聚出黑色沉淀的反应过程，但对铂、铑、铱的氯配酸则无此现象，反应体系只是不断变浑，并可明显地嗅到硫化氢臭味。据此他提出了用硫化钠从铂、铑、铱氯配盐溶液中选择性沉淀金、钯的方法，并根据贵金属氯配阴离子几何构型有平面正方形和正八面体的差异，提出了存在两种反应机理的理论。

类似的工作多不胜举，陈景常告诫他的研究生说，必须重视实验现象的观察，只要操作条件控制得严格，反常的实验现象，特别是现有理论框架难于解释的实验现象，往往预示着将有一个新的研究生长点或一种新理论的诞生。

铂族金属在水溶液中都是以各种各样的配合物形态存在的，它们的氧化价态和几何构型易变，各种反应十分复杂，并伴随着颜色的变化，令人眼花缭乱。这种情况恰恰给喜欢寻根究底、对一切现象要弄清为什么的陈景带来了极大的乐趣。为什么铑和钯的氯配合物容易发生水合反应？为什么铜能置换还原电位低的铑却不能置换还原电位高的铱？为什么四氧化锇比四氧化钌更容易生成？这类大量书本上找不到答案的问题经常萦绕在陈景的脑海中，为他把分子结构理论与贵金属化学冶金相融合创造了有利条件。国际上许多研究铂族金属的冶金专家，常常把矿石中含量较多的铂和钯（通常品位也只是每吨几克）称为主铂族（primary platinum metals），把含量比铂、钯低一个量级的铑、铱、钌、锇称为副铂族（secondary platinum metals）。这种分类未触及元素的原子结构特征，不可能从各种化学冶金反应中归纳发现什么规律。陈景则用轻铂族和重铂族来分类，前者包括钌、铑、钯三个元素，属周期表第五周期第八族；后者包括锇、铱、铂，属第六周期第八族。由于后者比前者的原子除多一层 s、p、d 电子外，还多了一层 4f 电子。4f 电子引起的“镧系收缩”，使两者原子半径几乎相同，但密度却相差一倍。这种分类反映了原子结构的差异，为区分六个铂族元素的化学性质找到了一把打开迷宫的钥匙。他首先归纳出一条重要规律——重铂族配合物比相应结构轻铂族配合物热力学稳定性更强，动力学惰性更高。随后又不断归纳总结出铂族金属的氧化还原反应规律、沉淀反应的分类及难溶配合物的溶解度规律、溶剂萃取的两类反应机理及贵金属氯配离子与亲核试剂反应的活性顺序等，这些规律经过三十余年的验证可以满意地解释许多贵金属化学冶金实验中出现的现象和反应结果。从 20 世纪 80 年代以来，他发表了两百余篇论文，几乎每篇都有自己独到的见解，后期论文有 80 余篇被 CA、EI 和 SCI 等国际文摘期刊收录，出版著作 3 部。对于他而言，从原子层次把贵金属的各种性质尽可能地弄得更清楚是他的奋斗目标和人生的最大乐趣。

陈景常说，他之所以能够在贵金属研究领域取得点滴成就，一是来自他把化学，特别是分子结构理论与冶金学科交叉在一起；二是他非常重视亲自动手做实验，亲眼观察化学反应现象，从实验中去发现科学的生长点。当选中国工程院院士后，至今他还一直坚持奋战在科研一线上。他认为院士的荣誉是鞭策，高处不胜寒，只有继续勤奋努力，才不会辜负祖国和人民的期望。尽管肩上担子重了，社会活动多了，他仍然亲自给研究生安排实验工作，经常和青年们讨论科学问题，注重培养学生的动手能力和独立思考的能力。

二、主要研究领域和学术成就

（一）步入工作，肩起国家需求重担

1958 年 9 月陈景大学毕业，分配到当时尚属中国科学院上海冶金陶瓷研究所的昆明工作站（后发展为昆明贵金属研究所，简称昆贵所）工作。1961 年到冶金研究室，具体任务是进行铂族金属的分离提纯。而为了研究分离提纯又必须给光谱分析小组提供纯度在 99.99% 以上的基体金属。陈景负责的是钯和铑基体的制备。他对提纯钯的方法做出了创新性的改进，曾获 1965 年中科院优秀科技成果奖。对铑的提纯是难度较大的工作，特别是要除去其中性质极为相近的微量铱，更是国际上公认的技术难题。他把 1960 年国外分析化学家刚报道的磷酸三丁酯萃取分离铑、铱引入冶金中并做了改进，加上离子交换技术，获得了含铱小于光谱分析下限的纯铑基体。提纯铑的类似方法约十年后才看到国外报道。该成果 1978 年获全国科学大会奖。

1963 年，陈景碰上的一个大课题是硝酸工业用铂催化网的再生。硝酸的制备要用氨气在高温下通过铂、钯、铑三元合金丝织成的催化网，在催化作用下氨被空气氧化为二氧化氮，再被水吸收转化为硝酸。硝酸是军事、化学、化肥等工业不可缺少的基本原料，没有硝酸就没有硝化甘油、硝化棉和 TNT 等各种炸药。新中国成立后的铂催化网是靠前苏联供应的，中苏关系破裂后供应中断，严重威胁到我国的军工生产。1964 年底，陈景作为工业试验小组副组长与几名同事到上海选点进行工业试验，在上海工作了 10 个月。元旦、春节都在上海度过，终于在次年秋季召开了工业试验的鉴定会。这项成果当时无偿地转让给化工部，由其在太原化肥厂建立了全国最大的铂网再

生车间。从20世纪70年代初生产至今，每年处理铂族金属一吨多，年产值均上亿元。该工艺1977年获冶金部科技成果奖。

（二）动乱年代，钻研理论潜心“磨剑”

1966年下半年，一场历史罕见的政治浩劫席卷神州大地。1967年6月昆明地区发生了武斗，并且不断升级，整个社会的正常秩序被打乱了，各行业的工作处于停滞状态。在此期间，陈景所在的研究所已基本上没有正常的工作。虽然身处动乱年代，但是青年的陈景并不迷惘。与其荒废时间，不如把精力用来做一些有意义的事情。于是他把大学时期就颇感兴趣的氢原子如何结合成氢分子的问题进行了新的探索。从1972年至1977年他阅读了大量的相关书籍，积累了丰富的资料，整日让思维遨游在玻尔的氢原子模型世界中，头脑里尽是探幽入微的电子轨道运动。经过反复研究，在恩格斯《自然辩证法》的启发下，终于推导出几个不含人为参数的漂亮公式，所计算出的结果出乎意料地与实验值极为吻合。这真是功夫不负苦心人！于是陈景充分利用一切可以利用的时间，废寝忘食地连续撰写了四篇科研论文，并陆续寄到国内级别最高的自然科学刊物——《中国科学》杂志社。当时，中国科学界正值寒冬季节，科研人员很少有条件撰写科研论文。《中国科学》的编辑连续接到陈景寄出的稿件后及时给予了鼓励，并推荐他参加了1977年12月在上海衡山饭店召开的全国第一届量子化学会议。这是一次规格很高的大会，它标志着被“文革”中断了10余年的基础理论研究又获得重视。著名的科学家严济慈先生亲临主持会议，全国大多数著名的理论化学家都云集一堂。陈景携带了《用静电力学理论计算氢分子的键长和结合能》的论文参加会议，并在会上无所畏惧地阐述了自己的观点。因为他的论文不属于量子化学范畴，未能得到与会专家的重视。但大会主席团对陈景的研究成果十分关心，并委托陈念贻教授找他谈话，鼓励其回到冶金界，把理论与实践相结合后一定会大有作为。在老前辈的支持和鼓励下，从此陈景全身心地投入到理论联系实际的冶金工程技术科研中去。

（三）凭借基础，冶金领域如鱼得水

从上海回到昆明后，陈景认真总结了过去的人生历程，更加坚定了在科研中要理论联系实际的科研思路。

1978年，陈景参与了为甘肃省金川有色金属公司服务的大项目“从二次铜镍合金提取贵金属新工艺”的研究工作，负责提供新的分离提纯工艺。接到任务后，做了许多方案均不太满意，后在工作中发现用硫化钠在适当的操作条件下，既可以做到贵金属与贱金属的粗分，也可以从贵金属的混合溶液中选择性地优先沉淀金和钯。按照书本的知识，硫离子对贵金属没有选择性，是一种组沉淀剂，不可能进行选择性分离。因此，该发现引起了陈景极大的兴趣，他不仅仔细地、反复地从实验中观察、验证结果的可靠性，而且深入思考反应机理，为什么会出现选择性沉淀金和钯的结果？后来经过反复的研究终于根据分子结构理论提出是由于硫离子与金、钯、铂、铑、铱的氯配离子发生了不同的反应机理引起的。1979年，在昆明温泉召开的全国冶金物理化学会议上陈景的论文《贵金属氯配离子与硫化钠反应的两种机理研究》被选为大会报告，博得与会专家的一致好评，并被评选为全国冶金界的优秀论文，发表在1980年的《有色金属》杂志和《自然杂志》上。

1980年中国冶金物化学术委员会为筹备1981年首届中美冶金双边交流会议，在广州召开了学术会议，陈景的论文《磷酸三丁酯及烷基氧化膦萃取铂族金属氯络酸的机理》在会上被评为优秀论文，并推荐在1981年在北京召开的第一届中美冶金双边交流会议上作报告。此论文后来发表在1982年的《金属学报》上。1980年出席在厦门召开的冶金理论会，他作了题为《铂族金属化学性质与原子结构的关系》的报告，首次提出了按照轻铂族（钌、铑、钯）和重铂族（锇、铱、铂）分类来研究化学冶金反应规律的观点。

此后，有十余篇论文在历届"中国金属学会冶金物化学术会议"和"中国有色金属学会冶金物化学术会议"被评为全国优秀论文。其中具有代表性的有《铂族金属配合物的稳定性与原子结构的关系》、《贵金属氯配离子与亲核试剂反应的活性顺序》、《铂族金属氧化还原反应规律》、《铂族金属难溶配合物的分类及溶解度规律》、《从盐酸介质中加压氢还原铱的动力学研究》等一系列论文。陈景通过大量的实践，验证和充实了自己的理论构想，逐渐形成了完整的新理论框架，这些理论解释了许多原有理论不能解释的现象，为其攻克科研难题奠定了坚实的理论基础。

（四）建功立业，戈壁滩畔奋力拼搏

1978年，全国科学大会在北京召开，邓小平同志提出了"科学技术是生产力"的伟大论断，一个向科学技术现代化进军的热潮在全国迅猛兴起。面对百废待新的局面，当时的政治局委员，担任国家科委主任的方毅副总理亲自抓三大资源（包头稀土矿、攀枝花钒钛磁铁矿和金川镍矿）来带动应用科学的发展，在全国提出了"尽快把科技成果转化为生产力"的号召。

金川镍矿是1958年在我国甘肃永昌（今金昌市）境内的戈壁滩畔发现的一座超大型硫化铜镍矿，其中伴生有钴、金、银和六个铂族元素。1964年这里建起了年产3000吨镍的冶炼系统，至70年代后期，电解镍的年产量提高到一万吨，成为我国赫赫有名的镍都，也是我国最大的铂族金属生产基地。

由于矿石中铂、钯的平均品位仅0.38克/吨，远低于南非和俄罗斯的品位，从镍电解阳极泥中提取铂、钯的回收率仅为49%，铑、铱、锇、钌的回收率则仅为1%～3%，基本上损失殆尽。昆贵所经过多年的实验研究，提出了一种从二次铜镍合金中提取贵金属的新工艺流程。

1979年8月，方毅副总理带领国家科委、计委、经委的有关领导同志第二次视察金川有色金属公司（简称金川），部署金川采、选、冶的科技发展战略，并选定从二次铜镍合金提取贵金属新工艺为重点攻关项目，在计划经济体制中首次试行科技合同制，贷款400万元建设贵金属中试车间。这笔贷款要求在三年内用科技成果的效益偿还，用以滚动投资给另外的科研项目。陈景当时任冶金室副主任，新工艺中精炼工段采用的贵贱金属分离和贵金属相互分离是他研究提出的硫化钠法。该方法仅靠24升料液做过实验室放大试验，在工业生产中会出现什么问题毫无把握，千斤重担压在他的双肩上。

1980年7月，仅用7个月的时间，两幢宽敞明亮的车间完成了全部设备安装，在国庆节前投入了第一批二次铜镍合金物料。物料顺利地通过了提取富集车间的四道工

序后进入精炼车间，并在蒸馏了锇、钌后进入陈景负责的贵贱分离和金、铂、钯、铑、铱分离提纯工段。在人们急切盼着走通全流程的气氛中，严重的技术困难出现了。硫化钠沉淀前的溶液中出现了硅胶，沉淀出的硫化物根本无法过滤，工艺流程卡壳了，生产试验难以继续，一瓢冷水浇在众人头上。冶金部办公厅副主任亲临现场坐镇，技术人员承受了巨大的压力，首当其冲的是陈景。来自各方面的压力和议论是不言而喻的。在工程领导小组会议上，他提出了三点意见：一是生产试验暂时停止进料，富集工段检查原因，把供给他精炼的精矿的贵金属品位提高到实验室研究时的水平；二是供应部门立即组织到西安购买合格的硫化钠试剂；三是给他一段时间研究如何脱除硅胶。此时年关已近，陈景放弃了回家与家人团聚的机会，毅然留在金川解决技术问题。白天，他连续工作12小时以上，夜晚还常常冒着零下十几度的严寒，穿上长筒雨靴，踏着深厚的积雪独自进车间做实验。这样，在生产停了20天后，新的硫化钠运来了，他也探索到了适合处理硅胶的凝聚剂，硅胶可以脱除了，整个工艺流程终于打通了。当人们看到黄灿灿的金粒、银灰色的海绵铂和钯时，欣喜若狂，奔走相告。金川的领导纷纷到招待所看望陈景等奋战在一线的科技人员，而最使陈景欣慰的是没有辜负国家的期望。

由于新工程是新的工艺、新的设备、新的工人组成的，走通流程不等于能达到设计指标。金川公司和冶金部的领导提出，要在新工艺生产正常运行三个月、总体技术指标达到设计要求时才能组织鉴定。因此从1980年至1982年底两年内，陈景曾四次带领技术小组到金川解决技术问题，帮助工人共同生产。两年内他在现场累计一年零三个月，对工艺流程又做了重大改进。他用1982年初研究发明的活性铜粉两级置换法代替硫化钠沉淀法，不仅缩短了生产周期，改进了操作条件，而且技术指标又有了进一步的提高。精炼工段铂、钯回收率达到了98%的设计指标，铑、铱、锇、钌回收率超过了设计要求。如果从镍铜冶炼的全过程计算，新工艺把铂、钯回收率从老工艺的49%大幅度提高到68%，铑、铱、锇、钌回收率从1%提高到44%。两年内生产铂钯712千克，铑、铱、锇、钌的产量更是相当于老工艺10年总产量的12倍，新增利润724万元，除还清贷款外，还净余324万元。方毅在1982年9月视察金川听取汇报后指出，新工艺工程的建设速度之快，试验达到设计指标及回收投资时间之短，经济效益之显著，在有色金属冶金工业中是少见的。

金川贵金属新工艺工程虽属群体的劳动结晶和贡献，但陈景在最困难的时期付出了大量的心血。1978~1983年，他曾先后七次到金川，发明和成功应用了适合当时国情及适应金川物料的活性铜粉两级置换法。1984年“从二次铜镍合金提取贵金属新工艺”获中国有色金属工业总公司科技成果奖一等奖，陈景排名第一。1985年，该项目加上金川的采选冶设计获国家科技进步奖一等奖；1989年“金川资源综合利用”获国家科技进步奖特等奖。80~90年代，他还获得省部级科技进步奖和自然科学一、二等奖多项。1984年陈景被国家科委授予第一批“国家级有突出贡献中青年专家”荣誉称号。1991年获国务院政府特殊津贴。

（五）成竹在胸，应对大洋彼岸挑战

20世纪90年代，随着科研体制改革，研究所需要发展自己的一些产业来养活科研。针对贵金属冶金国内资源匮乏的现实情况，必须寻求富含贵金属的新物料，才可能弥补国内的需求。1993 年，昆贵所所长出访美国时特别关注汽车尾气净化催化剂中回收铂族金属的研究，但对方提出的技术售价要 200 万美元。为维护我国的科学地位，所长告诉对方昆贵所也拥有从浸出液中高效回收贵金属的技术，自己可以解决问题。对方根本不相信，提出他们可以提供 2 升浸出液，要看看昆贵所能不能拿出合格的结果。一场来自大洋彼岸的技术挑战开始了，所领导做了周密部署，首先是要求分析方法必须准确无误。为此，对催化剂样品的每种贵金属组分要求用原子吸收、等离子光谱、催化比色等几种分析方法同时进行，考核了分析方法的灵敏度、精确度，然后把提取分离铂、钯、铑的任务交给了陈景，并且要求必须在对方寄到样品后两周内完成。不久对方果然空运寄来了浸出液试样。在一个圆柱形木桶内，装了铁皮桶，里面又再套个塑料桶，第三层才是盛有试液的玻璃容器。层层包装十分认真，还附寄来了 20 个容积为 60 毫升的小塑料瓶，要求把分离出的溶液以及工艺中间过程的溶液返回美国。显然，对方还是不相信昆贵所有技术，担心给他们报了假数据。分离回收指标很高，要求铂和钯的回收率大于 98%，铑的回收率大于 92%。

陈景在经过几天探索实验后，用一种不同于美方的方法，首先把贵金属与大量的铁、铝、镍等分离开，然后用自己合成的萃取剂进行萃取分离。仅用了一周时间就把分离后的三种颜色不同的产品溶液用玻璃容量瓶盛好，交到所长办公室。两天后分析结果出来了，铂、钯的回收率大于 98.5%，铑的回收率大于 97%，都高于美方提出的指标，有关的数据及时传真告知美方。这样，一场挑剔性的考验顺利通过，为国家争了一口气。

（六）立足国情，重视二次资源回收

失效的汽车尾气净化催化剂是世界数量最大的铂族金属二次资源。2007 年世界用于生产汽车催化剂的铂、钯、铑数量达 297 吨，占世界铂、钯、铑总产量的 60%。改革开放以来，我国汽车工业迅猛发展，达到报废年限的汽车逐年增多。据中国汽车工业协会统计，我国目前的汽车保有量已经突破 1 亿辆。预计到 2020 年，汽车保有量会超过 2 亿辆，同时汽车的使用寿命一般在 8 ~ 15 年，仅按照每年 5% ~ 6% 的报废量，每年的报废汽车数量目前就在 500 万辆以上，若每辆汽车的尾气净化催化剂中含 2 克铂族金属，则全部报废汽车中将有 10 吨铂族金属待回收，这对我国汽车工业的发展将是一个重要的大产业。

在汽车废催化剂二次资源回收方面，陈景取得如下一些成果：

（1）解决了从等离子体熔炼捕集料（collector metal）中提取铂、钯、铑的国标技术难题。用铁作捕集剂，在温度高达 2000℃ 的等离子体熔炼炉中处理汽车废催化剂，是一种不污染环境的先进技术。但在所产出的铁捕集料中，铂族金属在高温下与部分铁和硅形成了抗腐蚀性极强的新合金，用王水都难于溶解，使从捕集料中回收铂、钯、铑变得十分困难，成为文献中公认的技术难题。

美国 Multimetco 公司一直只把汽车废催化剂用等离子熔炼处理为铁捕集料，然后送英国 Johnson 公司加工为商品铂、钯、铑金属。为了降低加工费用，该公司 1994 年找到陈景，希望能解决处理铁捕集料的后续工艺，以便将一部分捕集料送中国加工。

这时陈景已进入花甲之年，他用了十几种方案，进行了上百次实验，连续工作3个月，终于发明了一种新工艺流程，并且在实验室中进行了扩大实验，完成了当时用60多万元购进的100千克捕集料的加工处理任务，技术指标均高于Multimetco公司的要求。此项工作1998年经国家计委批准作为国家重点工业试验项目，2002年建立了工业试生产车间，又进行了处理捕集料100千克的工业试生产，结果重现了原有的技术指标。2003年11月云南省计委组织专家组进行了验收，该项目所获得的技术储备对我国发展汽车废催化剂二次资源回收产业有重要的作用。

（2）溶剂萃取技术在汽车废催化剂的铂、钯、铑精炼生产中获得成功应用。用溶剂萃取分离铂族金属是远优于传统沉淀法的高新技术。我国金川公司从1983年后，就一直力图用溶剂萃取分离铂、钯、铑、铱。但因存在萃取剂体系选用不佳，反萃指标不好，容易出现第三相等一系列技术问题，致使耗资数千万元建立的萃取车间经历了三起三落，直到2006年还在网上提出用溶剂萃取分离铂族金属的课题招标。

陈景在分析了造成金川公司萃取技术累累失败的原因后，提出了改进萃取条件、萃取设备及反萃方法等措施，使溶剂萃取分离铂、钯、铑能顺利地应用于工业生产。2008年5月将有关技术转让浙江煌盛铂业公司使用，6月2日至7月30日，该公司用新安装的萃取设备及新的工艺技术顺利完成14千克铂、16千克钯和1.9千克铑的生产任务，其铂、钯、铑的直收率从原工艺的87%提高到不小于92%，总收率达到不小于98.5%；生产周期从原来的75天缩短为少于25天。由于萃取工艺比原来的沉淀分离工艺有非常显著的优点，煌盛铂业公司在2008年7月31日即给出了技术转让验收合格的证明。

（七）拯救“呆矿”，全湿法冶金提取铂、钯

云南弥渡金宝山是目前探明储量居全国第二位的铂钯矿，其铂钯储量45吨，伴生铜4.86万吨、镍5.48万吨、钴4480吨、金1.2吨、银55.6吨，此外还有锇、铱、钌、铑合计3.5吨，是一个潜在价值达280亿元的复杂多金属矿床，被地质界誉为“北有金川，南有金宝山”。但金宝山矿各种有价金属的品位均很低，铂、钯平均品位仅1.5克/吨，是国际上铂钯矿的1/5～1/3。铜镍平均品位小于0.2%，是金川硫化铜镍矿品位的约1/10。有价金属品位如此之低，导致开发利用的技术难度极大。该矿发现于1971年，至1982年用了11年的时间完成了地勘详查。20世纪80年代后，曾有十余家国际投资开发公司进行过考察，但都提不出经济上能有效益的开发方案。1997年国家计委将“云南金宝山低品位铂钯矿资源综合利用”列为“九五”国家重点科技攻关项目，由云南省计委主管，组织昆明贵金属研究所、广州有色金属研究院、昆明理工大学、云南省地质矿产厅等院所联合攻关，下拨科研经费1800多万元。1999年7月，广州有色金属研究院负责的选矿研究取得了突破性进展，为冶金工艺的研究创造了极为有利的条件。2000年底冶金研究组提出了基本上承袭国内外各个铂族金属生产厂目前使用的火法熔炼捕集贵金属的工艺。此工艺污染大、能耗高、流程长、铂钯回收指标低，在最后获得的贵金属富集物中，铂加钯的品位小于6%，进入精炼还需繁杂的处理工序。因此，冶金界专家认为上述工艺不符合可持续发展要求，经济上不能获利，一直未获验收。

陈景突破了国内外认为“铂族金属硫化矿只能用火法冶炼”的传统观念，2001 年提出浮选精矿直接氧压酸浸的全湿法新工艺方案并开展实验研究。其技术路线是在氧压 1.8 ~ 2.0MPa、温度 180 ~ 200℃条件下，在高压釜中使铜、镍、钴的硫化矿物全部转化为硫酸盐而进入溶液，此溶液用现代冶金工业中已成熟的溶剂萃取技术分离铜、镍、钴，并精炼为市场可售出的金属或化合物产品。氧压酸浸渣中含有水解产生的大量赤铁矿、针铁矿以及二氧化硅和各种贵金属，将此种物料进行加压氰化浸出，氰化液用锌粉置换即得贵金属富集物。

2003 年，云南省科技厅将湿法新工艺列为科技攻关项目，支持用 50 升容积高压釜进行批量投料 5 千克浮选精矿的扩大试验。在进一步研究优化了反应条件后，连续三釜的扩大试验结果表明：氧压酸浸可使铜、镍、钴的浸出率不小于99%，渣率为60%；两段加压氰化可使铂、钯的氰化浸出率分别达到92%和96%，氰化渣率为浮选精矿的20%；在锌粉置换获得的贵金属富集物中，贵金属品位达 70%，对贵金属的分离提纯极为有利。全湿法新工艺充分显示了工序少、流程短、有价金属回收指标高、反应操作条件好、环境影响小以及对浮选精矿中氧化镁、氧化钙、硫、铁等含量无特殊要求，适应性很强等一系列优点。2006 年全湿法工艺获中国专利授权，2007 年获世界铂族金属储量和产量最多的南非国际专利授权。2009 年 9 月，云南黄金矿业集团公司出资 460 万元向昆贵所购买了发明专利使用权，全湿法工艺目前处于产业化过程中。

（八）造福地方，治理阳宗海湖泊砷污染

阳宗海距离昆明 30 多千米，湖泊面积 31 平方千米，平均水深 20 米，蓄水量 6.04 亿立方米，是云南省第三大深水高原湖泊，波光粼粼，风景秀丽，著名的春城高尔夫球场就坐落在湖畔山上。2008 年 6 月，环境监测部门发现阳宗海水体被砷污染，水质从Ⅱ类下降到劣Ⅴ类，丧失了饮用、农灌、水产养殖及洗浴功能。

此事经媒体曝光后，在社会上引起了巨大轰动，舆论哗然。网络上指责这是我国贯彻科学发展观，实现社会可持续发展中的第一份反面材料，26 名涉及阳宗海砷污染事件的政府相关人员被行政问责。为了使阳宗海重焕昔日光彩，治理砷污染被紧急提上日程。2008 年 10 月，云南省科技厅通过《人民日报》及其海外版、中国国际招标网、新华网等众多媒体向国内外进行阳宗海水体减污除砷科技项目公开招标，并与美国环保局专家进行了砷污染治理交流电话网络会议。国内有关专家认为，阳宗海砷污染治理至少需要 3 ~ 5 年，经费将需 40 亿 ~ 70 亿元。

2009 年 3 月、4 月间，陈景获悉参与竞标的 50 余家国内外企业及科研机构大多提不出可行方案，纷纷退出。余留的两家所采用的技术路线，在他看来也有不少缺点，难以达到治理目标。他凭着 50 余年在冶金及化学工程中的实践经验，决心进行探索研究。此时的他已是 75 岁高龄，功成名就，6 亿立方米水体的除砷治理无疑是一块硬骨头，风险极大。治理成功，锦上添花，治理失败则毁名败誉。但陈景认为，阳宗海治理不是单纯技术工程，而是关系云南一方乡亲父老的民生福利问题，是关系云南省委建设绿色经济强省的政治任务。于是他选择了不计个人得失，迎难而上，带着几名研究生开展试验研究。仅仅三个多月时间，他发明了除砷效率高、操作简便、成本低廉、生态安全的沉淀吸附法。此法与南京环境科研所、南京土壤研究所及云南环科院合作

研究的土壤固砷技术方案及天津大学离子筛吸附砷方案并列为三种可以进入现场进行扩大试验的方案。

2009 年 7 月 15 日，在云南省政府及科技厅的支持下，陈景带领云南大学项目组进入阳宗海现场，在指定的区域进行有限水域水体中除砷的扩大试验，有关领导部门要求需将试验水体中的砷浓度从 0.134 毫克/升降低到Ⅱ类水体要求的 0.05 毫克/升以下。项目组立即周密筹划、拟定日程进度、紧急采购物资及设备。8 月 5 日至 20 日，在 1 万立方米和 25 万立方米两个试验水域完成了降砷扩大试验。丰富的数据结果表明，沉淀吸附法可使两个水域的砷浓度降低至 0.03 毫克/升左右，最低砷浓度数据可降至 0.001 毫克/升，达到了预期目标。8 月 29 日，现场扩大试验结果通过了高级别评审专家的论证。专家组一致认为试验数据充分、可信、规律性好，建议可进行扩大工程化降砷工作。

在科技厅下拨总经费仅为 3000 万元的框架下，项目组从滇池旅游公司租赁了十条载重量为 4 吨的游览船，将其全部改造为可进行机械喷洒沉淀吸附剂的船，建设了配制和输送喷洒剂机械设备的工作基地和停泊船只的码头。从 2009 年 10 月中旬起，这些船每天在湖面上进行地毯式喷洒两次。根据云南省环境监测站每月在网上公布云南九大高原湖泊水质数据，2009 年 10 月开始喷洒时全湖平均砷浓度为 0.116 毫克/升，2010 年 9 月 20 日达到最低值 0.021 毫克/升，7 ~ 10 月四个月的平均砷浓度均符合省政府要求（不大于 0.050 毫克/升）。受雨水影响，11 月初开始反弹至Ⅳ类水质，最高值为 0.078 毫克/升。在继续喷洒沉淀吸附剂的作用下，2011 年 1 月全湖砷浓度又开始持续下降，7 月 22 日达到最低值 0.022 毫克/升，2 月下旬至 11 月初连续有 8 个月符合省政府要求的Ⅱ ~ Ⅲ类水质指标，治理取得了决定性的重大成果。2011 年 6 月 22 日，昆明市人民政府通过媒体郑重宣布解除对阳宗海的“三禁”。

阳宗海砷污染治理的成功实践，不仅解决了在大型农灌和饮用水功能的水体中进行低砷污染治理的国际性难题，而且取得了显著的经济效益、社会效益和环境效益。

陈景院士具有高度的事业心和责任感，治学严谨，谦虚谨慎，刻苦勤奋，勇于探索，不断创新，为物质结构中的化学键理论提出了独到的见解，为大型湖泊水体砷污染治理提供了宝贵的经验，为我国贵金属冶金理论研究、新技术开发及工业化应用作出了突出贡献。

敢于挑战传统，提高科技创新质量*

2011 年是我国“十二五”规划开局之年，改变经济发展模式、以人为本、构建可持续发展的和谐社会成为我们的奋斗目标。科技工作者如何从追求论文篇数、SCI 收录量、承担项目大小、获得经费多少等量化攀比环境中摆脱出来，扎扎实实地向提高科研成果质量、提高成果转化率努力，体现支撑发展及引领未来的目标，是当前值得深思的问题。

科学研究需要兴趣，兴趣来自好奇心，来自善于提出问题。基础科学研究者的持续兴趣还来自能不断发现某些自然规律，获得对某些自然奥秘的解释，或者形成自己的理论观点，坚定不渝地追求自己认定的真理。应用科学研究者的兴趣还来自应对社会需求不断地有所发明，并能解决关键技术问题，实现成果的产业化，推动社会经济的发展。两者的成功道路都决不会平坦，愈是艰辛和坎坷，愈是经历过“蓦然回首，那人却在灯火阑珊处”的积思顿悟，就愈坚定了我们不畏艰险、朝着既定目标前进的决心。

提高科技成果的质量和影响力在于提高创新力度，其方式之一是要敢于挑战传统，挑战经典，走前人未走过的路，另辟蹊径。对此，需要具有初生牛犊不怕虎的精神，甚至具有明知山有虎，偏向虎山行的勇气。两种情况在我的科研生涯中有过多次体验，仅各举一例供青年学者参考。

初生牛犊不知虎为何物，遇而不惊。我在大学化学系学习“物质结构”时，感到用薛定谔方程计算氢分子键长和键能的方法太复杂，同时也想不通氢原子核（质子）周围运动着的 1s 电子为什么没有轨道，而只能用几率分布描述。冥思苦想后暗下决心，寻求别的计算途径。从 1967 年到 1977 年，因“文革”浩劫，工作单位陷于半瘫痪状态，使我有机会钻研自己感兴趣的问题，甚至沉迷到了“衣带渐宽终不悔，为伊消得人憔悴”的程度。功夫不负苦心人，我用静电力学竟然获得了不含任何人为性参数，能计算氢分子键长、键能和振动力常数的 3 个非常简洁的公式。计算结果与实验值吻合极好，物理意义明确，并发现了一些未见报道的物理常数之间的关系。如氢分子键长 R_e 等于氢原子玻尔半径 a_0 的 $\sqrt{2}$ 倍，键能 D_e 数值约等于两核之间排斥能的 1/4 等（《科技导报》，2003（1））。用经典力学计算微观分子结构参数已属离经叛道之举，其意义涉及爱因斯坦的决定论与玻尔的几率论之争。敢于研究是我未学懂量子力学，思想上无任何束缚。虽然我的有关论文，包括对氢分子离子结构参数的计算（《中国工程科学》，2004（11）），至今均属“非共识”之作，但我为此仍感欣慰。一是它使我对化学键本质的认识有了自己的观点，为我研究铂族金属冶金及相关物理化学时能够深入原子层次，归纳总结提出了许多反应规律，并解决了许多关键技术问题。二是尽管许多人认为爱因斯坦一生坚持决定论是犯了悲剧性的错误，但我相信决定论与几率论

---

* 本文原载于《科技导报》2012 年第 2 期卷首语。

之争仍将贯穿21世纪，最终结局可能是钱学森先生赞同的观点，“决定论总是一定条件下的决定论，几率论也总是一定条件下的几率论”（查有梁，《科学时报》，2007-09-28）。

在社会经济发展过程中，经常会出现一些向科技工作者提出严峻挑战并急需解决的重大问题，其难度可能使人畏而止步，若安于轻车熟路，则决不敢涉足其中。

2008年6月，云南省高原湖泊阳宗海的水体遭到砷污染，水质从Ⅱ类标准降到劣Ⅴ类，失去饮用、渔业养殖和农灌功能，媒体报道后引起了国内外的高度关注。云南省有关部门将治理阳宗海砷污染立项，通过网络媒体向全世界公开招标。由于阳宗海面积达31平方千米，平均水深20米，蓄水量6.04亿立方米，不仅治理工程浩大，而且要把平均砷浓度从0.134毫克/升降低到不大于0.050毫克/升，目前国际上尚无有效技术及经验。国内外有50余家公司及单位参与竞标，治理经费报价高达30亿~70亿元，但当了解了工作难度后又纷纷退出。笔者根据长期从事冶金分离提纯工艺研究及工程实践经验，提出了一种除砷效率高、操作简便、成本低廉、生态安全的方案，并进行了一定规模的放大试验。经有关专家组评审认可后，带领项目组从2009年10月开始工程化治理，水体砷浓度已发生持续下降。至2010年10月时，阳宗海已连续3个月达到Ⅲ类水质标准。一旦其他单位负责的截断污染源工程完成后，2011年底即可达到治理目标，使阳宗海水质恢复到Ⅱ类标准，治理经费仅约3千万元。

科学研究既要严肃、严格、严谨，也需要大胆进行学科交叉，大胆假设，大胆实践。“畏惧错误就是毁灭进步”，“谨小慎微的科学家既犯不了错误，也不会有所发现”。

依靠科技创新引领矿业与环境保护协调发展*

以磷化工和有色金属为重点的矿产业，目前已成为我省仅次于烟草业的第二大支柱产业。据2004年的统计，包括采、选、冶及初加工的矿产业产值为968.83亿元，占全省GDP的32.7%。最近两年，国际国内市场的各种有色金属价格又大幅度飙升，如从2005年9月到2006年10月，铜、锌、镍每吨的价格分别从3.7万元、1.5万元、14.2万元上涨到7.1万元、3.2万元和30.3万元，令人难以置信地翻了一番，在有色金属工业发展史中这还是少见的事。市场的需求，巨额的利润，必将有力地拉动我省金属矿产业更加蓬勃地发展。

但是，发展矿业是一把双刃剑。矿物中的各种元素在地下矿床中是惰性封存的。采掘出来经过破碎磨细后，特别是在冶炼过程中进入大气、溶液和渣中后，它们大都变为活性的状态。如果冶炼工艺落后，不能达标排放，则将对大气、水体和土壤构成严重污染。

我省生物资源丰富，地理风光秀丽，四季温度宜人，是最适人居的地区，在地球上具有类似条件的地方屈指可数，保护环境显得格外重要。而且只有保护好环境，云南的生物资源产业、旅游资源产业和多民族文化产业也才能得到更好地发展。

从可持续发展要求来看，2004年我国政府就总结经验并根据当时形式，提出了建设节约型社会和发展循环经济，把节约资源上升为基本国策，要求把资源节约和环境保护工作贯彻到生产、消费的各个环节以及社会经济的各个领域。建设资源节约型、环境友好型社会是走中国特色现代化道路的重大战略决策。我省矿产业的发展必须符合这项战略决策的要求。面对有色金属价格暴涨，中小型冶金企业迅速增加，环境污染必然加剧的局面，省政府最近已出台了《云南省探矿采矿权管理办法》，规定申请开采储量规模为中型以上矿产采矿权的申请人，注册资金不得少于5000万元。当然，对于已经在进行生产中的中小型采冶企业必须加强环保的监察力度。

缓解矿业发展与环境保护之间的矛盾必须依靠科技创新。首先是要用高新技术、最佳实践技术来改造传统产业中污染最严重的生产环节，淘汰落后的工艺和设备。这方面我省几家冶金集团大公司已经取得了显著成就。云南铜业集团公司引进艾萨炉取代了原有的矿热电炉。经过消化、吸收、再创新，该公司的艾萨炉在国际同类型艾萨炉中炉寿最长，排放废气中的二氧化硫含量最低，多项技术指标达到国际领先水平，2005年获国家科技进步二等奖。云锡公司引进澳斯麦特炉，与原有的烟化炉联合使用冶炼锡；云南冶金集团公司将引进的艾萨炉与鼓风炉联合使用冶炼铅，都显著提高了生产效率，大大降低了对大气的污染，实现了集成创新，达到跨越式发展。云南冶金集团公司还依靠自主研发，打破国外技术垄断，在国内率先实现高铁硫化锌湿法炼锌

* 本文原载于《云南科技管理》2006年第6期。

氧化浸出技术的工业应用，至今已正常生产1万多吨锌，新增利税4千多万元。今年年底，澜沧铅锌公司的2万吨加压浸出工厂也将投产。这一系列成果将激励我省矿业冶金工作者坚定依靠技术改造和提升传统矿业的信念，为进一步加强“终端治理”，减少废渣、废水排放，降低排放物中有害元素的含量等创造了有利条件。

建设资源节约型和环境友好型的矿产业，要加大力度推进增长方式变革，缩短资源、能源和污染密集的发展阶段，实现结构性的发展跨越。具体来说要从重视量的增加转向质的提高，加快发展矿业金属产品的深加工，延长产业链，从粗放型向科技型过渡。

对于有污染的矿产业，人们常说要“发展中保护，保护中发展”。发展中保护体现了发展优先，发展是硬道理。然而这里有个“度”的问题，有个怎样发展的问题。“度”掌握不好就会成为先污染后治理。对于人口密集、生态环境脆弱的我国来说，这将是一条需要付出巨大代价，影响子孙后代利益的不可取的发展道路。我们的发展要紧紧依靠技术创新，及时地进行污染治理。比如我省有优质的钛铁矿和储量丰富的红土镍矿。这类矿产埋藏不深但覆盖面大，开采要破坏植被。怎样做到复垦和开采密切结合就是值得研究的问题。

从长远看，较彻底地解决矿业和环保之间的矛盾，要靠自主创新，研发具有原创性强的清洁冶金工艺，甚至零排放的绿色生产工艺。在这类工艺中可以按原子利用率考核工艺技术指标。这将是难度相当大的工作，但并不是非理性的幻想。近年来我国的一些科研成果已经迈向这个方向。如中科院过程工程研究所开发的亚熔盐液相氧化铬盐清洁生产工艺就与传统工艺差别很大，2002年在河南义马建成了年产1万吨的示范工程，目前生产运行良好。又如全世界的铂族金属生产厂都是用火法冶炼从硫化铜镍矿中提取铂族金属。我省大理州的金宝山低品位铂钯矿中铜镍的含量非常低，十余家国外公司考察后都提不出处理方案。我们突破传统观念，研究成功了具有原创性和自主知识产权的全湿法处理新工艺。新工艺工序少、周期短、成本低，有价金属回收指标高，可以做到清洁生产。总之，只要加强对绿色冶金或少污染冶金的研发力度，改变只注意数量增长的发展模式，增大科研的资金投入，在全省矿业工作者的共同努力下，就有可能逐步做到依靠自主创新使云南的矿产支柱产业与环境保护协调发展。

铂族金属冶金化学中的一般规律

在铂族金属提取冶金的文献中，常将矿石中含量较高的Pt、Pd称为主铂族(primary platinum metals)，含量很低的Rh、Ir、Ru、Os称为副铂族(secondary platinum metals)进行分类。作者从原子结构差异出发，按外电子填充4*d*、5*s*轨道的Ru、Rh、Pd轻铂族和外电子填充5*d*、6*s*轨道、密度大一倍的重铂族Os、Ir、Pt进行分类，归纳提出了与铂族金属冶金反应有关的许多规律。其中如“重铂族配合物比具有相应结构、相同配体的轻铂族配合物热力学稳定性更高，动力学惰性更强”的规律，30多年来解释了大量冶金反应中的各种实验现象。

铑和铱在6个铂族元素中是最难分离提纯的元素，作者从两者氯配离子的结构特征阐述了各种分离方法的原理。

铂族金属化学冶金理论研究的回顾与展望*

1　前言

铂族金属冶金通常分提取富集与精炼两个阶段。提取富集是根据铂族金属具有还原电位高、不易被氧化的共性，通过硫化铜镍矿浮选精矿的造锍熔炼捕集，氧化吹炼，高镍锍或铜镍合金的加压酸浸，控制电位氯化等技术不断分离矿物原料中的脉石成分和各种贱金属，使铂族金属品位从千分之几提高到百分之几十的过程。精炼是利用铂、钯、铱、铑、锇、钌彼此化学性质差异的个性，通过溶解、蒸馏、选择性沉淀、离子交换、溶剂萃取等技术进行分离提纯，使各个元素达到商品金属要求的过程。精炼技术使用的都是化学方法，而且涉及的是铂族金属配位化学，作者将其称之为化学冶金。

20 世纪 60 年代初，昆明贵金属研究所在国内最早开展铂族金属分离、提纯研究，并承担“硝酸工业用废铂催化网再生工艺”和“甘肃金川资源综合利用中贵金属提取工艺”的研究任务。当时，文献中很难找到有用的资料，更无相关的基础理论研究的报道。究其原因可能是：(1) 全世界的铂族金属产量很小，1960 年西方国家的年总产量仅约 30t，从事铂族金属冶金的科研人员不多，而且生产中所用的精炼方法各国都有传统保密的习惯。(2) 铂族金属在水溶液中都以配离子形态存在，配位体种类、配位数、中心离子价态以及配离子的几何构型十分复杂，与贱金属阳离子在湿法冶金反应中的行为有较大差异，从事有色贱金属冶金研究的学者对配位化学比较陌生。(3) 国外按铂族金属在矿石中的含量及浸溶反应的难易，把数量多、可被王水溶解的铂、钯称为主铂族（primary platinum metals），把数量很少、王水不溶的铑、铱、钌、锇称为附铂族（secondary platinum metals），这样就很难从原子、分子层次了解各种反应机理。

在从事铂族金属精炼工艺研究的实践中，作者发现了许多难于解释的化学反应现象。如为什么 $(NH_4)_2PtCl_6$ 是稳定的难溶沉淀，而 $(NH_4)_2PdCl_6$ 却在热水中自动还原至 $PdCl_4^{2-}$ 放出氯气而溶解；为什么 $IrCl_6^{3-}$ 还原为金属的标准电极电位高于 $RhCl_6^{3-}$，但前者不能被 Cu 置换，后者却能被 Cu 置换；为什么气态的 OsO_4 和 RuO_4 通过三级含乙醇的盐酸溶液时，前者不能被吸收，后者却被还原为 H_3RuCl_6 而被吸收。凡此种种，在文献资料中都找不到答案。20 世纪 80 年代初，作者的课题组研究从金川贵金属车间的锇钌蒸馏残液中分离提纯金、铂、钯、铑、铱的工艺流程，从大量实验工作中，开始归纳出一些反应规律，然后又从铂族金属原子结构的差异进行机理探讨与分析。20 多年来，初步形成了比较完整的贵金属化学冶金理论。这些理论在科研和生产实践中，基本上能较满意地解释各种各样的反应现象以及预测一些新的反应结果。

---

* 本文原载于 2008 年《岁月流金　再创辉煌：昆明贵金属研究所成立七十周年论文集》。

2　研究和归纳提出的反应规律

2.1　铂族金属配离子或配合物的稳定性与原子结构的关系

对于铂族金属配离子的稳定性，要区分热力学稳定性和动力学稳定性。通常前者可用配离子发生一水合反应的平衡常数大小，即反应可进行的程度来衡量；后者则用一水合反应的速率常数来衡量，速率常数小可称为惰性大，或活性小。当按轻铂族Ru、Rh、Pd和重铂族Os、Ir、Pt来进行分类时，作者从大量冶金化学反应中归纳出了一条重要规律，即“重铂族配离子或配合物比相应的轻铂族配离子或配合物具有更高的热力学稳定性和更大的动力学惰性[1,2]”。可举例如：$PtCl_6^{2-} > PdCl_6^{2-}$，$PtCl_4^{2-} > PdCl_4^{2-}$，$IrCl_6^{3-} > RhCl_6^{3-}$，$OsO_4 > RuO_4$等。产生这条规律的原因是重铂族原子结构中含有14个4*f*电子，“镧系收缩”的影响使重铂族与对应的轻铂族具有几乎相同的离子半径，另一方面4*f*电子对5*d*轨道屏蔽不良，又使重铂族原子核吸引外层价电子的有效核电荷Z^*高于轻铂族，用简单的Slater计算法得出的Z^*值可明显地看出这种差异。近年来，用第六周期元素受“相对论效应”的影响更大也可解释此规律，但不如用有效核电荷进行解释那样直观。

2.2　贵金属配离子配体取代和还原反应的活性顺序

在铂族金属精炼生产中，经常会遇到Au、Pd、Pt、Rh、Ir的氯配离子共存的混合溶液。作者在研究中发现Na_2S可选择性定量沉淀Au(Ⅲ)、Pd(Ⅱ)，但不能沉淀Pt(Ⅳ)、Rh(Ⅲ)和Ir(Ⅲ)。此外，用活性铜粉或铁粉、锌粉还原这些氯配离子时，其反应速度顺序也是$AuCl_4^- > PdCl_4^{2-} > PtCl_6^{2-} > RhCl_6^{3-} > IrCl_6^{3-}$。为了解释这种现象，提出了反应活性常数$K_a = 1/(nme)$[3]，式中$n$为配位数，$m$为配离子负电荷数，$e$为中心原子的电负性或第一电离势。该公式的物理含义是配位数n愈高，中心离子愈难裸露，反应活性愈小；负电荷愈高，配离子水化层愈牢，反应活性愈小；电负性或第一电离势e愈高，中心离子有效核电荷愈正，配体愈不容易发生交换，反应活性愈小。计算数据完全符合贵金属氯配离子的反应活性顺序。

2.3　铂族金属氧化还原反应中的规律

在有色金属的湿法冶金中，氧化还原反应的难易可直接从标准电极电位$E^\ominus$值计算出的$\Delta G^\ominus$大小来判断。但在铂族金属中由于配离子的动力学惰性也对反应进行起着支配作用，常常使热力学的推断不符合反应现象。当作者用轻重铂族分类来排列一些常见反应的标准电极电位时，发现了两种不同的规律，见表1。

表1　铂族金属氧化还原反应的标准电极电位

氧化还原反应式	$E^\ominus$/V			
	轻铂族		重铂族	
$M^{2+} + 2e = M$	Ru	0.45	Os	0.85
	Pd	0.83	Pt	1.20
$M^{3+} + 3e = M$	Rh	0.80	Ir	1.00

续表 1

氧化还原反应式	$E^{\ominus}$/V			
	轻铂族		重铂族	
$MCl_4^{2-}+2e=M+4Cl^-$	Pd	0.59	Pt	0.75
$MBr_4^{2-}+2e=M+4Br^-$	Pd	0.49	Pt	0.67
$MI_4^{2-}+2e=M+4I^-$	Pd	0.18	Pt	0.40
$MCl_6^{3-}+3e=M+6Cl^-$	Rh	0.44	Ir	0.77
$MCl_6^{2-}+e=MCl_6^{3-}$	Ru	1.20	Os	0.85
	Rh	1.20	Ir	0.93
$MCl_6^{2-}+2e=MCl_4^{2-}+2Cl^-$	Pd	1.29	Pt	0.68
$MBr_6^{2-}+2e=MBr_4^{2-}+2Br^-$	Pd	0.99	Pt	0.59
$MI_6^{2-}+2e=MI_4^{2-}+2I^-$	Pd	0.48	Pt	0.39

从表 1 看出：(1) 直接还原到金属的标准电极电位 $E^{\ominus}$ 值是轻铂族低于重铂族。按热力学计算，轻铂族配离子的还原反应推动力应小于重铂族，但由于重铂族配离子的动力学惰性高，实际的反应现象是轻铂族配离子容易还原。(2) 从高价态配离子还原到低价态配离子的反应的 $E^{\ominus}$ 值，则是轻铂族高于重铂族。对此类反应推动力的热力学计算结果与实验现象一致。(3) 随着配体从 $Cl^-\rightarrow Br^-\rightarrow I^-$，同一种铂族金属的还原电位都逐渐降低。

为何还原到金属态的反应 $E^{\ominus}$ 值是轻铂族低于重铂族？作者的解释是用盖斯定律。用能量循环模型描述还原反应时，涉及元素的原子化热，而轻铂族的原子化热恰恰都低于相应的重铂族[4]。

2.4 铂族金属难溶配合物的分类及溶解度规律

直到现在，单个铂族金属的提纯也仍然离不开沉淀反应，但一直缺乏系统性的沉淀理论。作者把铂族金属的难溶配合物分为 4 类：一是疏水性的中性配合物，如 $[Pd(NH_3)_2Cl_2]$；二是疏水性的螯合物，如丁二酮肟钯；三是有机酸盐，如黄药 ($C_2H_5OCS_2Na$) 与 Au、Pd 形成的黄原酸盐；四是配离子盐：配离子盐又可分为配阴离子与无机或有机阳离子的盐，以及配阴离子与配阳离子的盐。作者归纳提出了几条配离子盐的溶解度规律[5]，并从晶格能与水化能的关系、离子缔合的理论以及“最小电荷密度原理”和“空腔效应”等概念进行了理论解释。

2.5 铂族金属溶剂萃取的机理及萃取顺序

铂族金属的溶剂萃取反应机理可分为配体交换机理、离子缔合机理、阴离子交换机理和萃合物溶剂化机理 4 类[6]，其中最主要的是前两类。国内外有相当多的学者对配位机理和离子缔合机理萃取铂族金属的各种萃取体系进行过大量研究。作者的工作进展主要是:(1)1982 年，实验研究了 TBP 萃取 H_2PtCl_6、H_2PdCl_6、H_2IrCl_6、H_2PtCl_4、H_2PdCl_4、H_3IrCl_6、H_3RhCl_6 等七种氯配酸[7]，认为在萃合物中是质子或水合氢离子被 TBP 溶剂化，而不是中性的铂族金属氯配酸分子被溶剂化。获得萃取率顺序是 MCl_6^{2-} >

$MCl_4^{2-} > MCl_6^{3-}$，严格符合“最小电荷密度原理”。（2）从热力学推导了一个萃取能变化 $\Delta E_{萃取}$ 的公式；从动力学解释了离子缔合机理萃取速度快的原因。（3）最早用实验指出了 H_2SO_4 有助萃作用，$HClO_4$ 有强烈的抑萃作用，并进行了解释[8]。

2.6 贵金属在原子态和金属态时化学性质的差异

从化学及冶金中的大量实验结果，归纳出原子态贵金属的抗氧化稳定性是按周期表位置从左到右增强，即 Ru < Rh < Pd < Ag，Os < Ir < Pt < Au。但按金属态贵金属的原子化热、熔点及沸点判断，金属键的强度顺序却恰恰相反，即 Ru > Rh > Pd > Ag，Os > Ir > Pt > Au。当金属态贵金属在酸、碱中发生氧化、溶解或腐蚀反应时，涉及原子的稳定性和金属键的强度，反应进行程度的顺序应是两种强度顺序的叠加。这样就可以解释诸如为什么 $(NH_4)_2IrCl_6$ 在空气中焙烧得到的是 IrO_2，$(NH_4)_2PtCl_6$ 在空气中焙烧却获得海绵 Pt，Pt 比 Ir 稳定；而金属态的 Ir 不溶于王水，金属态的 Pt 却可以溶于王水，Pt 比 Ir 不稳定等推理相悖的现象。这项工作提出了对元素的化学性质应区分原子态和金属态的概念[9]，并从贵金属原子结构理论和用金属键理论中的价键理论进行了解释。

2.7 火法冶金中贱金属及锍捕集贵金属的原理

在近年出版的几本有关贵金属冶金的著作中，对于贱金属捕集贵金属的原理都认为是“铂族金属和金、银与铁及有色金属铜、镍、钴、铅具有相似的晶格结构和相似的晶格半径，可以在广泛的成分范围形成连续固溶体合金或金属间化合物”[10,11]。但从表 2 可以看出，Zn、Sn、Sb、Bi 的晶型结构和晶胞参数与 Pt、Pd、Ir、Ru、Rh、Au、Ag 等贵金属并不相同，但它们都可以捕集贵金属。从原子半径看，Fe、Ni、Cu 都明显小于贵金属，Sn、Sb、Pb、Bi 的原子半径则明显大于贵金属，这些贱金属也都可以有效地捕集贵金属[12]。因此，晶型结构、晶胞参数和原子半径都不能作为是否可以捕集贵金属的判据。

表 2　贵金属和一些贱金属的特征参数

贵金属	Ru	Rh	Pd	Ag	Os	Ir	Pt	Au
原子半径/nm	0.133	0.134	0.137	0.144	0.135	0.135	0.138	0.144
晶体类型	Ⅲ	Ⅰ	Ⅰ	Ⅰ	Ⅲ	Ⅰ	Ⅰ	Ⅰ
晶胞参数/nm	0.270①	0.380	0.389	0.409	0.273①	0.384	0.392	0.408
密度/g·cm⁻³	12.30	12.42	12.03	10.49	22.48	22.4	21.45	19.32
熔点/℃	2400	1960	1550	960.5	2700	2454	1769	1064.4
贱金属	Fe	Ni	Cu	Zn	Sn	Sb	Pb	Bi
原子半径/nm	0.126	0.124	0.128	0.138	0.162	0.159	0.175	0.170
晶体类型	Ⅱ	Ⅰ	Ⅰ	Ⅲ	Ⅳ	Ⅴ	Ⅰ	Ⅰ
晶胞参数/nm	0.359②	0.353	0.361	—	—	—	0.495	—
密度/g·cm⁻³	7.86	8.91	8.89	7.14	7.27	6.68	11.34	9.75
熔点/℃	1535	1453	1083	419.53	231.93	630.5	327.4	271.3

注：表中Ⅰ表示面心密堆、Ⅱ体心密堆、Ⅲ六方密堆、Ⅳ金刚石结构、Ⅴ三方晶系。

① 六方晶型中的 a 轴值；②γ-Fe 的晶胞参数。

作者认为火法熔炼时都形成渣相和金属相，两相的微观结构有很大差异。渣相是一种熔融的玻璃体，由带负电荷基团的硅酸盐骨架与包含其中的 Mg^{2+}、Ca^{2+}、Fe^{2+} 等正离子组成。渣相中只有共价键和离子键，价电子是定域电子。但金属相中的原子靠金属键束缚在一起，键电子可以自由流动。贵金属是一些电负性高、标准电极电位为正值的元素，在还原熔炼过程中它们将先于贱金属被还原，在氧化吹炼过程中它们将后于贱金属被氧化。因此只要出现贱金属相，贵金属早已以原子态或原子团簇存在，它们不能进入渣相中，只能溶入金属相才可能与周围原子键合，降低体系的自由能。至于铜锍、镍锍能捕集贵金属的原因，是锍在高温熔融状态下具有一定的类金属性[12]，如工厂的高镍锍在 1200～1400℃时，电导率可以高达 9×10^3S/cm，而且电导率温度系数为明显的负值。与此相反，熔渣是不导电的，如 $FeO\text{-}SiO_2$ 系的熔体，在 1400℃时，电导率仅为 5S/cm。

上述这些从科研实践归纳出的反应规律以及深入原子结构层次的理论观点，已经解释了迄今作者在贵金属冶金研究实验中观察到的种种实验现象。如 $PdCl_4^{2-}$ 在沉淀、置换、萃取和离子交换反应中常常具有两种反应机理[13]；在加压氰化反应中 Pd 的氰化浸出率高于 Pt，但在高于 160℃后 $Pd(CN)_4^{2-}$ 发生还原分解[14]；金属铑不溶于王水，但在 Al 碎化处理后的超细铑粉可溶于 HCl 或 $HCl+H_2O_2$ 等。此外，作者还从原子层次探讨了贵金属在提取冶金过程中的行为[15]，以及铂族金属的物理性质与原子结构的关系[16]。当然许多理论观点还属于现象归纳出的定性规律，还有待更多学者的发展和指正。

3 展望

基础研究是应用研究的基础。对于铂族金属冶炼过程中物理化学问题的研究，虽然我们已从原子、分子层次做了一些工作，但多属于定性的反应规律的归纳。在 21 世纪，人类面临资源枯竭、环境污染严重、人口继续膨胀的危机，所有学科的发展都必须考虑人类社会可持续发展这个大前提。中国政府已提出了建设资源节约型及环境友好型和谐社会的要求，铂族金属提取冶金及二次资源回收虽然规模很小，但企业多而分散，且涉及剧毒试剂、强酸和强氧化性介质，环境污染不容忽视。贵金属冶金工艺的科研开发将以清洁生产、环境友好、低能耗、低成本、高综合回收为目标，结合我国资源特点，还要重视低品位矿和难处理矿的开发技术。要敢于突破传统思路，勇于探索，开发原创性强，甚至具有革命性、里程碑性的冶金技术。这就要求本领域的科技工作者继续重视基础性研究及应用基础研究。

（1）要继续深化对贵金属元素物理化学性质与原子结构关系的认识。我们需要进一步了解贵金属在周期表所有金属元素中为什么具有最高的化学稳定性，为什么具有最强的形成配合物的能力，为什么具有最好的催化活性等问题。了解铂族金属共有性质与贱金属性质差异的根本原因，将有助于寻求更有效的贵贱金属分离方法。

（2）深入研究 4*d*、5*d* 贵金属个性差异与原子结构的关系，这里存在着按周期表位置横向过渡的差异和纵向过渡的差异。对于 5*d* 贵金属配合物的热力学稳定性和动力学惰性高于 4*d* 贵金属配合物的规律，可以探索半定量或定量描述的方法。又如 Pt(Ⅱ)配合物的配位基取代反应受控于反位效应，而 Pd(Ⅱ)配合物却不存在反位效应，这在现代无机化学中也缺乏关注和解释。研究贵金属之间个性的差异的原因，将有助于寻求更有效的贵金属相互分离的方法。

（3）深入研究传统火法和全湿法处理铜镍硫化矿浮选精矿两种工艺富集铂族金属的原理，从原子层次研究两种工艺主要单元过程的物理化学，洞察各种单元反应的优缺点及适应的资源类型。

（4）研究开发处理低品位多金属复杂矿的清洁生产工艺及相应的基础理论。研究冶金过程外场强化、过程耦合与新型反应器设计的物理化学基础。

（5）贵金属的抗腐性和难浸溶性与金属键特性有关，现有金属键理论中的价键理论和能带理论各有优缺点，前者易为冶金工作者理解，后者便于材料工作者应用，都需要深化和发展。近几年的许多新发现，如有机导电聚合物、分子开关等对传统的金属导电理论提出了新的挑战，揭示贵金属的金属键本质，深化对贵金属在原子态、纳米态、晶态、块状时物化性质差异的认识，将有助于寻求溶样的清洁方法及二次资源回收工艺的优化。

总之，在充分重视实践的基础上，按敢为人先的创新精神去发展贵金属冶金化学的基础理论，则必将反过来促进贵金属冶金工艺研究的快速发展。节能减排、清洁、高效的新工艺主要将出现在多种学科的交叉点上。

参考文献

[1] 陈景．铂族金属配合物稳定性与原子结构的关系[J]．贵金属，1984，5(3):1~8.

[2] 陈景．再论轻重铂族元素配合物化学性质的差异[J]．贵金属，1994，5(3):1~8.

[3] 陈景．贵金属氯配离子与亲核试剂反应的活性顺序[J]．贵金属，1985，6(3):12~20.

[4] 陈景．铂族金属氧化还原反应的规律[J]．贵金属，1991，12(1):9~16.

[5] 陈景．铂族金属难溶配合物的分类及溶解度规律[J]．贵金属，1994，15(1):15~24.

[6] 汪家鼎，陈家镛．溶剂萃取手册[M]．北京：化学工业出版社，2001：592.

[7] 陈景，杨正芬，崔宁．磷酸三丁酯及烷基氧化膦萃取铂族金属氯络酸的机理[J]．金属学报，1982，18(2):235~244.

[8] 陈景，杨正芬，崔宁．硫酸和高氯酸对 TBP 萃取铂族金属的影响[J]．贵金属，1986，7(4):7~15.

[9] 陈景．原子态与金属态贵金属化学稳定性的差异[J]．中国有色金属学报，2001，11(2):288~293.

[10] 陈景．火法冶金中贱金属及锍捕集贵金属原理的讨论[J]．中国工程科学，2007，9(5):11~15.

[11] 刘时杰．铂族金属矿冶学[M]．北京：冶金工业出版社，2001：167.

[12] 黎鼎鑫，王永录．贵金属提取与精炼（修订版）[M]．长沙：中南大学出版社，2003：293.

[13] 陈景．钯（Ⅱ）氯配离子在一些化学反应中的两种反应现象及机理[J]．中国有色金属学报，2005，15(3):327~333.

[14] 黄昆，陈景．Pt 族金属在加压氰化过程中的行为探讨[J]．金属学报，2004，40(3):270~274.

[15] 陈景．从原子结构探讨贵金属在提取冶金过程中的行为[J]．中国工程科学，1999，1(2):34~40.

[16] 陈景．贵金属物理性质与原子结构的关系[J]．中国工程科学，2000，2(7):66~73.

贵金属物理性质与原子结构的关系*

摘　要　按周期表的排列位置分析8个贵金属元素的原子结构参数与物理性质，在$4d$贵金属与$5d$贵金属之间归纳出了三种类型的规律：（1）$4d$与$5d$贵金属的原子半径相近，密度与比热容则接近倍比关系。（2）从左到右，$4d$、$5d$贵金属的熔点、沸点、硬度及其他力学性质呈线性变化。（3）从左到右，热导率和电导率呈不规则变化。本文用价键理论从原子结构特征对三类规律的原因进行了讨论。

贵金属包括钌、铑、钯、银、锇、铱、铂、金8个元素。前4个元素属周期表中第5周期，第2过渡系；后4个元素属第6周期，第3过渡系，按纵向分类时它们属第Ⅷ族和I_B族。在许多化学、冶金和材料的专著中[1~3]，贵金属的物理性质都被单个地描述，彼此没有关联。少数作者指出过按周期表排列时它们的熔点和加工性能存在规律性变化[4,5]，但没有指出这些规律出现的原因。笔者将收集到的可比较的物理常数按贵金属在周期表中的顺序排列，发现有三种不同规律的变化，并用金属键理论中的价键理论进行解释。

1　接近倍比和接近相等的物理常数

此类物理常数列入表1。为便于讨论，Ru、Rh、Pd、Ag按其原子结构填充$4d$电子称为$4d$贵金属，Os、Ir、Pt、Au称为$5d$贵金属。

表1　贵金属元素的一些结构参数与物理性质

元　素	Ru	Rh	Pd	Ag
原子序数	44	45	46	47
相对原子质量	101.07	102.91	106.40	107.868
电子结构	$4d^7 5s^1$	$4d^8 5s^1$	$4d^{10}$	$4d^{10} 5s^1$
原子半径/nm	0.133	0.134	0.137	0.144
离子半径/nm	(Ⅳ)0.06	(Ⅳ)0.065	(Ⅳ)0.064	(Ⅰ)0.126
摩尔体积/cm^3	8.22	8.29	8.84	10.3
密度/$g \cdot cm^{-3}$	12.30	12.42	12.03	10.49
比热容/$J \cdot (g \cdot K)^{-1}$	0.231	0.247	0.245	0.234
摩尔热容(298K)/$J \cdot (mol \cdot K)^{-1}$	24.0	25.1	26.0	25.4
晶体结构	六方密堆	面心密堆	面心密堆	面心密堆

* 本文原载于《中国工程科学》2000年第7期。

续表 1

元　素	Os	Ir	Pt	Au
原子序数	76	77	78	79
相对原子质量	190.20	192.20	195.09	196.967
电子结构	$4f^{14}5d^{6}6s^{2}$	$4f^{14}5d^{7}6s^{2}$	$4f^{14}5d^{9}6s^{1}$	$4f^{14}5d^{10}6s^{1}$
原子半径/nm	0.135	0.135	0.138	0.144
离子半径/nm	(Ⅳ)0.065	(Ⅳ)0.065	(Ⅳ)0.064	(Ⅰ)0.137
摩尔体积/cm^3	8.46	8.58	9.12	10.2
密度/$g \cdot cm^{-3}$	22.48	22.4	21.45	19.32
比热容/$J \cdot (g \cdot K)^{-1}$	0.129	0.129	0.132	0.129
摩尔热容(298K)/$J \cdot (mol \cdot K)^{-1}$	24.8	25.1	25.9	25.2
晶体结构	六方密堆	面心密堆	面心密堆	面心密堆

注：表 1 至表 5 数据主要取自文献 [2，3，6]。

1.1　相对原子质量及原子、离子半径

$5d$ 贵金属比对应的 $4d$ 贵金属原子序数各大 32，亦即原子核中的质子数多 32。已知每增加一个质子约需增加两个中子才能维持核的稳定，因此造成 $5d$ 贵金属比 $4d$ 贵金属相对原子质量约大 1 倍。从电子结构看出，$5d$ 贵金属都含有 14 个 $4f$ 电子，$4f$ 电子对 $5d$ 电子的屏蔽常数为 0.94[7]，全部 $4f$ 电子的失屏效应导致 $5d$ 电子层的收缩，也即是 $5d$ 贵金属处于“镧系收缩”之后，造成它们的原子和离子半径与对应的 $4d$ 贵金属几乎相等。横向考察时，Ag 和 Au 的原子半径有显著增大，这与它们的金属成键电子数减少有关，将在后面讨论。

1.2　密度、比热容和摩尔热容

由于相对原子质量相差近 1 倍，原子半径却近似相同，加以金属晶体结构属六方密堆（Ru、Os）和面心密堆结构，空间利用率相同，因此 $5d$ 贵金属的密度比 $4d$ 贵金属高 1 倍。它们是周期表所有元素中密度最大的一些元素，其中又以 Os 的密度最大，Os、Ir、Pt 因此称重铂族，Ru、Rh、Pd 称为轻铂族。

比热容是每克金属温度升高 1K 所需吸收的热量。温度不太高时这份热量主要是转化为晶格上原子振动的动能。每克 $4d$ 贵金属含有的原子数几乎为每克 $5d$ 贵金属中的 2 倍，因此 $4d$ 贵金属的比热容也约为 $5d$ 贵金属的 2 倍，具体倍数为 m_{5d}/m_{4d}（m 为相对原子质量）倍。对于摩尔热容量，它消除了所含原子数的差异，故对 8 个元素都非常相近。

2　呈线性变化的物理量

有关物理量列入表 2。

表 2　贵金属呈线性变化的物理性质

元　素	Ru	Rh	Pd	Ag
熔点/℃	2400	1960	1550	960.5
熔化热/kJ·mol^{-1}	25.5	21.8	16.7	11.3
沸点/℃	4900	4500	3980	2200
汽化热/kJ·mol^{-1}	647.4	560.9	371.9	284.6
维氏硬度(铸态)/MPa	1700~4500	1390	440	420
屈服强度/MPa	350~400	70~100	50~70	20~25
抗拉强度(加工态)/MPa	5070	1400	420	380
弹性模量(静态)/MPa	421800	324790	117400	75920
切变模量/MPa	172000	153000	46100	29400
压缩模量/MPa	292000	280100	190900	101800
线膨胀系数(300K)/K^{-1}	5.8×10^{-6}	8.50×10^{-6}	12.48×10^{-6}	18.9×10^{-6}
元　素	Os	Ir	Pt	Au
熔点/℃	2700	2454	1769	1064.4
熔化热/kJ·mol^{-1}	29.3	26.4	21.8	12.7
沸点/℃	5500	5300	4590	2880
汽化热/kJ·mol^{-1}	783.3	662.1	563.4	368.4
维氏硬度(铸态)/MPa	8000	2100~2400	630	330~350
屈服强度/MPa	—	90~105	60~80	10~25
抗拉强度(加工态)/MPa	—	2390	400	230
弹性模量(静态)/MPa	569430	527250	134340	78740
切变模量/MPa	220000	214000	62200	28200
压缩模量/MPa	380000	378000	280800	174600
线膨胀系数(300K)/K^{-1}	4.16×10^{-6}	6.45×10^{-6}	8.99×10^{-6}	14.0×10^{-6}

2.1　熔点和沸点

熔点、沸点的变化见图 1。从图 1 可以看出：按周期表位置从左到右过渡时，贵金属熔点、沸点都逐渐降低，纵向考察时，5*d* 贵金属的熔点、沸点都高于 4*d* 贵金属。

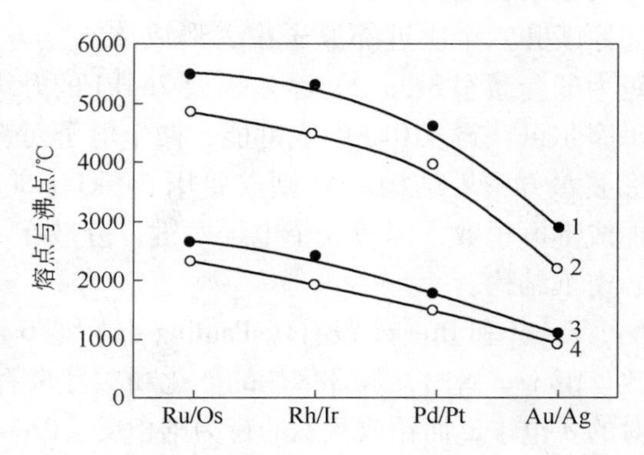

图 1　贵金属熔点、沸点变化图

1—5*d* 贵金属沸点；2—4*d* 贵金属沸点；

3—5*d* 贵金属熔点；4—4*d* 贵金属熔点

用能带理论很难解释表 2 中各种物理量的变化规律[8]。我们将用价键理论进行讨论。

Pauling[9] 从化学的观点提出金属键理论，认为熔点、沸点、硬度的高低与金属价有关，即与金属原子参与键合的未配对电子数有关。根据对铁原子光谱的能级分析，铁原子从基态 $3d^6 4s^2$ 激发到 $3d^5 4s4p^2$ 构型时，其所需的升级能只是碳原子从基态 $2s^2 2p^2$ 跃迁到 4 价碳 $2s2p^3$ 构型的升级能 833kJ/mol 的一半。铁的升华焓（406kJ/mol）也对应地约为碳的升华焓（712kJ/mol）的一半。已知碳原子在金刚石以至所有有机化合物中均以 sp^3 杂化轨道成键，因此铁也应以 $3d^5 4s4p^2$ 构型去成键，此时铁将有 8 个未配对的电子轨道，可以形成 8 个电子对键，其所需的升级能将从成键能中得到补偿。考虑到铁在达到饱和磁化时，每个铁原子的磁矩为 2.22 玻尔磁子。这就要求升级后铁原子的电子构型中只能有 5.78 个电子用于形成电子对键，因此 Pauling 在 1938 年把铁的金属价定为 5.78。其后他认为在原子的成键电子中，也有可能存在未配对电子，即金属中形成了一个单电子键。这相当于能带理论中电子占据了自旋未耦合的导带，即每一个能级只有 1 个电子而不是 2 个电子。根据光谱数据的计算，得出铁原子只有 0.26 个电子是处在自旋未耦合的能带中，表明每个铁原子的总价数为 6.04，其中 5.78 个电子包含在所形成的电子对键中，0.26 个电子则是形成单电子键的电子。Pauling 因此取整数 6 为铁的金属价数。由于 Fe、Co、Ni 的硬度、密度、熔点、沸点都比较接近，Pauling 把这三个元素的金属价都定为 6，并把它们的左边的 Cr 和 Mn、4*d* 过渡元素中从 Mo 到 Pd、5*d* 过渡元素中从 W 到 Pt 的金属价全部都定为 6，Cu、Ag、Au 则定为 5.56。显然，在 Pauling 的理论中 8 个贵金属元素的金属价都相同，无法解释图 1 中出现的规律。

Engel 和 Brewer[10] 修正和发展了 Pauling 的金属键理论，他们不仅把金属原子的电子结构与金属及其合金的键特性和热力学稳定性关联起来，而且相当成功地把原子的电子结构与金属的晶体结构关联起来。其理论可归纳为两条规则：

（1）金属或合金的键合能取决于每个原子能够键合的未成对电子的平均数，如果由于增加电子对键所释放的键合能能够补偿激发所需的升级能，则具有较多未成对电子的低受激电子组态比基态电子组态更为重要。

（2）金属的晶体结构取决于键合中每一个原子的 *s* 和 *p* 轨道的平均数，当键合中 *s*、*p* 电子数不大于 1.5 时，出现体心立方晶型（bcc）；1.7 ~ 2.1 之间时，出现六方密堆结构（hcp），2.5 ~ 3.2 范围时，出现面心密堆结构（ccp），接近于 4 时，出现非金属的金刚石结构。以 Na、Mg、Al 为例，Na 以 1 个 3*s* 电子成键，此键分散在 8 个最近邻原子和六个次近邻原子中，形成体心立方晶型。Mg 的基态外电子结构为 $3s^2$，先升级为低受激态 $3s3p$，每摩尔需要 264kJ 的升级能，而两个未配对的 3*s*、3*p* 电子成键时，每摩尔可获得 410kJ 的成键能，两个电子对键分散在 12 个近邻和更远的次近邻原子中，形成六方密堆结构。Al 则需要用 348kJ/mol 的能量从基态 $3s^2 3p$ 升级到 $3s3p^2$，以便增加成键电子数，形成 3 个电子对键，分散在 12 个近邻和更远的次近邻原子中，形成面心密堆结构。

Engel 和 Brewer 没有像 Pauling 那样把 6 个铂族金属的金属价视为与 Fe、Co、Ni 一致。Brewer 指出，从升华热的变化和磁性来看，Fe、Co、Ni 在成键时没有使用全部未配对的 *d* 电子，而铂族元素的行为则相反。Brewer 还指出，*d* 电子对成键的贡献随元素原子序数的增大而增大，用以解释第 6 周期过渡元素的熔点和沸点高于第 5 周期过渡元素。但他给出的贵金属的成键电子数，系按 $d^{n-1.7}sp^{0.7}$ 组态（*n* 为外电子层电子总数）计算 Ru、Rh、Pd，用 $d^{n-2}sp$ 组态计算 Os、Ir、Pt，用 $d^{9.3}sp^{0.7}$ 组态计算 Cu、Ag、Au，显然带有太大的随意性，而且$d^{n-1.7}sp^{0.7}$组态属六方密堆晶型，与Rh、Pd为面心密堆结构不符，$d^{n-2}sp$组态属六方密堆结构又与Pt、Ir为面心密堆结构不符。他的全部数据还过于偏低，与Jolly[11]指出Cu、Ag、Au按d^8sp^2成键，具有5个未配对成键电子相差太大。

笔者认为，$Ⅶ_B$族的Tc（$4d^65s^1$）和Re（$5d^56s^2$）只需把1个d电子或s电子激发入p轨道，即可形成未配对电子数为7的低受激态，因此向右过渡可假定Ⅷ族3个元素激发进p轨道的电子数大于1，并呈分数逐渐增多（见表3），笔者给出的未配对电子数与Pauling值和Brewer值列入表4。

表3　部分4d过渡元素成键前的受激变化

元　素	基态电子结构	升级到p轨道电子数	低受激态	未配对d电子数	未配对sp电子数	晶型①	未配对电子总数	熔点/℃
Mo	$4d^55s^1$	0	$4d^55s^1$	5	1	Ⅰ	6	2610
Tc	$4d^55s^2$	1	$4d^55s^15p^1$	5	2	Ⅱ	7	—
Ru	$4d^75s^1$	1.2	$4d^{5.8}5s^15p^{1.2}$	4.2	2.2	Ⅱ	6.4	2400
Rh	$4d^85s^1$	1.5	$4d^{6.5}5s^15p^{1.5}$	3.5	2.5	Ⅲ	6	1960
Pd	$4d^{10}$	1.8②	$4d^{7.2}5s^15p^{1.8}$	2.8	2.8	Ⅲ	5.6	1550
Ag	$4d^{10}5s^1$	2	$4d^85s^15p^2$	2	3	Ⅲ	5	961
Cd	$4d^{10}5s^2$	1	$4d^{10}5s^15p^1$	0	2	Ⅱ	2	321

① 晶型Ⅰ为bcc，Ⅱ为hcp，Ⅲ为ccp；② Pd原子的基态电子结构为不规则排列，还有一个d电子升级到s轨道。

表4　Pauling、Brewer及笔者给出的未配对电子数

元　素	Nb	Mo	Tc	Ru	Rh	Pd	Ag	Cd
晶体结构①	Ⅰ	Ⅰ	Ⅱ	Ⅱ	Ⅲ	Ⅲ	Ⅲ	Ⅱ
Pauling值	5	6	6	6	6	6	5.56	4.56
Brewer值	5	6	7	5.4	4.5	3.4	2.4	2
笔者值	5	6	7	6.4	6	5.6	5	2
元　素	Ta	W	Re	Os	Ir	Pt	Au	Hg
晶体结构	Ⅰ	Ⅰ	Ⅱ	Ⅱ	Ⅲ	Ⅲ	Ⅲ	
Pauling值	5	6	6	6	6	6	5.56	4.56
Brewer值	5	6	7	6	5	4	2.4	2
笔者值	5	6	7	6.4	6	5.6	5	2

① 晶型Ⅰ为bcc，Ⅱ为hcp，Ⅲ为ccp。

对表3、表4讨论如下：

（1）Mo成键时可直接用基态电子结构，不需提供升级能。因此，它的未配对电子总数虽不是最高，但其熔点和沸点却是最高。

（2）Mo在sp层中的未配对电子数仅为1个s电子；晶型为bcc，Tc、Ru、Cd的sp电子数在1.75~2.25范围，晶型为hcp；Rh、Pd、Ag的sp电子数在2.5~3.2范围，晶型ccp，完全符合Engel-Brewer第2规则。

（3）从Ru、Rh、Pd到Ag，未配对的成键电子总数为6.4、6、5.6到5，逐步减少，因而熔点和沸点也呈线性逐渐下降。

（4）当过渡到Cd时，由于全充满的4d层已明显收缩，d电子能量太低，不可能再激发进5p轨道，仅1个5s电子激发到5p轨道，未配对电子总数下降到2，其熔点也降到321℃。

（5）过渡金属从左向右过渡时，d 轨道逐渐收缩，能量逐渐下降，因此其 d 电子升级到 p 轨道所需的激发能将逐渐增加，此因素也引起键合能的降低，本文在定性讨论中暂不考虑。

对于第3过渡系元素 $5d$ 电子的成键力高于第2过渡系元素 $4d$ 电子的原因，可用 $4f$ 电子对 $5d$ 电子屏蔽不良解释[12,13]，也可用相对论效应引起 $6s$ 电子明显收缩解释[14]，没有必要去调整Ru、Rh、Pd、Ag与Os、Ir、Pt、Au的成键电子数。

2.2 维氏硬度、抗拉强度、弹性模量及线膨胀系数的变化

图2、图3表明，维氏硬度、抗拉强度和弹性模量的变化趋势与熔点、沸点的变化一致，均为从左到右数值降低，从上到下数值升高。这是因为熔点高表明原子间的结合力大，晶胞界面不易滑移，晶格结构不易破坏，因此硬度、抗拉强度和弹性模量都随之增大。图4的线膨胀系数则因原子间结合力大时体积变化受到限制，因此变化趋势相反，且 $4d$ 贵金属的数据明显高于 $5d$ 贵金属。

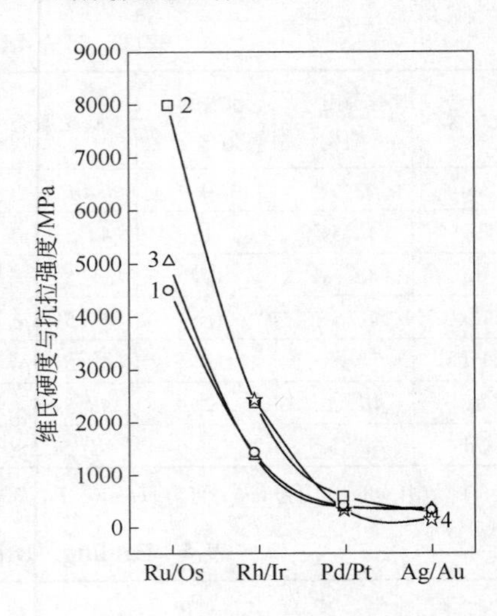

图2 贵金属维氏硬度、抗拉强度的变化

1—$4d$ 贵金属维氏硬度；2—$5d$ 贵金属维氏硬度；3—$4d$ 贵金属抗拉强度；4—$5d$ 贵金属抗拉强度

贵金属中锇不能加工，钌、铑、铱难加工，铂钯有很好的延展性，金银有最好的延展性，都可用上述观点解释。

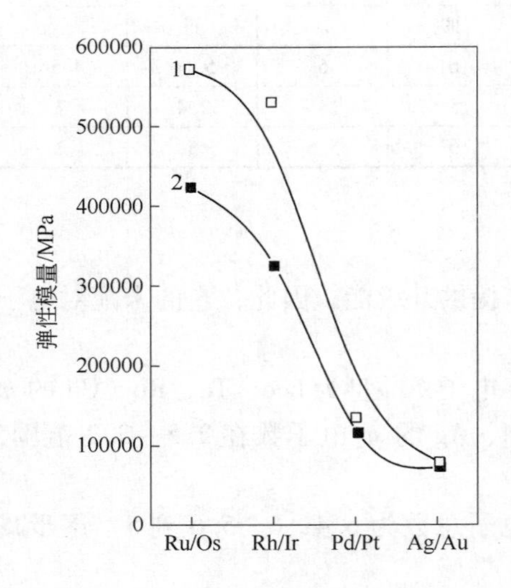

图3 贵金属弹性模量变化

1—$5d$ 贵金属弹性模量；2—$4d$ 贵金属弹性模量

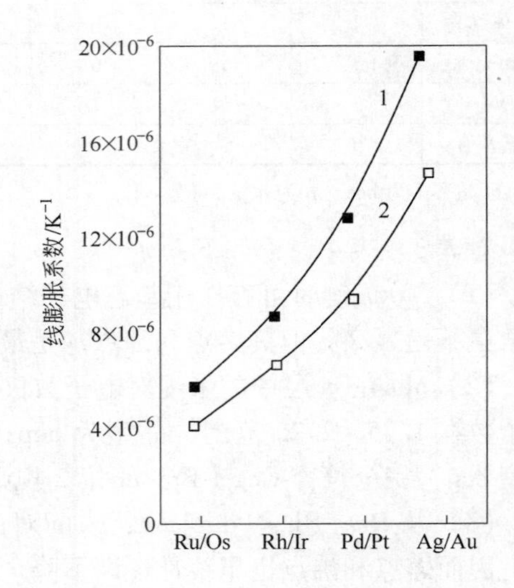

图4 贵金属线膨胀系数变化

1—$4d$ 贵金属线膨胀系数；2—$5d$ 贵金属线膨胀系数

3 非线性变化的物理量

热导率和电导率的数据列入表5，273K时的数据绘入图5。从表5和图5可知：除Pd和Pt的热导率随温度变化不大外，其余贵金属的热导率和电导率均随温度升高而逐渐降低，其中电导率的降低程度更明显。这种现象可归因于温度升高时，晶格原子的振幅加大，电子的运动和动能的传递逐渐受阻。

表5 贵金属的热导率及电导率

T/K	热导率/W·(m·K)$^{-1}$				电导率/(Ω·m)$^{-1}$			
	Ru①	Rh	Pd	Ag	Ru	Rh	Pd	Ag
273	119	153	75.1	435	0.149×10^8	0.241×10^8	0.102×10^8	0.689×10^8
300	117	152	75.2	433	0.132×10^8	0.199×10^8	0.092×10^8	0.616×10^8
400	115	145	75.5	426	0.097×10^8	0.141×10^8	0.069×10^8	0.432×10^8
600	105	135	79.0	411	0.062×10^8	0.086×10^8	0.047×10^8	0.279×10^8
800	96	126	83.0	397	0.045×10^8	0.062×10^8	0.037×10^8	0.205×10^8
T/K	热导率/W·(m·K)$^{-1}$				电导率/(Ω·m)$^{-1}$			
	Os①	Ir	Pt	Au	Os	Ir	Pt	Au
273	88	148	75.0	318	0.122×10^8	0.209×10^8	0.102×10^8	0.485×10^8
300	87	147	74.1	315	0.064×10^8	0.188×10^8	0.092×10^8	0.444×10^8
400	86	141	73.2	309	0.065×10^8	0.135×10^8	0.068×10^8	0.322×10^8
600	85	136	73.0	296	0.044×10^8	0.089×10^8	0.045×10^8	0.206×10^8
800	—	130	74.8	284	0.033×10^8	0.065×10^8	0.034×10^8	0.148×10^8

① Ru，Os的热导率各向异性，有垂直于c轴、平行于c轴及多晶三种数据，表中为多晶的热导率数据。

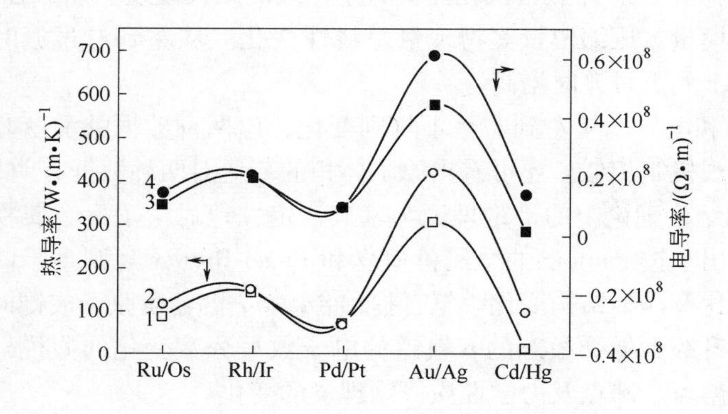

图5 贵金属热导率、电导率变化

1—5d金属热导率；2—4d金属热导率；3—5d金属电导率；4—4d金属电导率

横向过渡时，从Rh到Os和从Rh到Ir两种数据均略有增加，从Rh、Ir到Pd、Pt两种数据明显下降，从Pd、Pt到Ag、Au则两种数据大幅度增加。再往右到II_B族的Cd和Hg时，电导率又大幅度下降。这种不规则的变化原因可能相当复杂。

Engel理论认为，d电子能级低，距核近，它在短空间范围成键是定域性的键，对金属的稳定性起决定性作用，对金属的结构影响不大，*s*、*p* 电子起着远程成键的作用，特别是 *p* 电子方向性很强，金属的结构主要决定于 *s*、*p* 电子总数。*s*、*p* 电子可以离域，形成电子气，相当于处在能带理论中的导带。莫特（Mott）认为铂族金属具有较高的电阻率是因为铂族金属的 *d* 层电子不仅不参加电导，而且对传导电子产生散射作用，称为 *d*-*s* 散射[3]。

按照 Engel-Brewer 理论和 Mott 的观点，笔者认为 Ag 和 Au 有最好的导电性可能缘于它们的 *s*、*p* 电子有最适宜的运动空间。与左边的 Pd、Pt 相比，Ag、Au 的 *d* 轨道更趋收缩，但它们的原子半径却因 *d* 到 *p* 轨道所需激发能的升高和成键电子总数的降低（见表4）而明显增大，从而造成 *s*、*p* 电子的运动空间增大，与右边元素 Cd、Hg 相比，后二者因 *d* 到 *p* 轨道的激发能更高，成键电子数只又仅有 2 个而使原子体积过大，*s*、*p* 轨道不能充分交叠，削弱了 *s*、*p* 电子在金属中的共有化程度，因而电阻增大。当然这种解释只能作为提供讨论。

纵向考察时看出，Ag 的导热性和导电性明显优于 Au，两者差异较大，Pd 只略优于 Pt，两种数据十分相近，Ru、Rh 与 Os、Ir 相比，前者也优于后者。4*d* 贵金属与 5*d* 贵金属的这种差异可以像解释熔点、沸点差异那样，用有效核电荷增加或用“相对论性效应”使 6*s* 电子轨道收缩，能量降低，成键力增大，定域性增大来解释。但 Pd 与 Pt 数据接近的原因还需进一步研究。

贵金属电导率和热导率的变化虽不呈线性，但两者数据的涨落同步，曲线十分类似，表明金属导电和导热的微观机制是相同的。

4 结语

（1）4*d* 贵金属与 5*d* 贵金属的相对原子质量、密度、比热容接近倍比关系，原子半径、离子半径和摩尔热容则接近相等。

（2）熔点、熔化热、沸点、汽化热及力学性质的维氏硬度、屈服强度、抗拉强度、弹性模量、切变模量、压缩模量等物理量呈线性变化。从左到右过渡时，这些物理量的数值降低，从上到下过渡时增高。

（3）热导率和电导率从左到右呈不规则变化，但两种数据的涨落相同，表明金属导热和导电的微观机制相似。还可看出原子体积的变化对两种数据有明显影响。

（4）以金属结构理论中的价键理论为基础，定性地讨论了贵金属物理性质与原子结构的关系。指出了按 Pauling 的金属价概念和 Engel-Brewer 规则难于同时解释贵金属的熔点、沸点变化及晶型结构变化。笔者提出 4*d*、5*d* 贵金属原子成键时，从基态电子结构中的 *d* 轨道升级到低受激态的 *p* 轨道的电子数呈分数变化的假说，所得结果可满意地解释晶型、熔点、沸点及力学性质等物理量的变化。

（5）用价键理论较难解释贵金属导热、导电性的变化规律。本文只提出了一种可供讨论的意见。对这种变化规律的研究将有助于对金属导热、导电微观机制的更深入了解，丰富和发展金属结构理论。

参考文献

[1] Ginzburg S I, Ezerskaya N A. Analytical Chemistry of Platinum Metals[M]. Keter Publishing House, Jerusalem Ltd, 1975: 12.

[2] 谭庆麟，阙振寰．铂族金属性质及冶金材料应用[M]．北京：冶金工业出版社，1990：11～20.
[3] 黎鼎鑫．贵金属材料学[M]．长沙：中南工业大学出版社，1991：1～20.
[4] 马斯列尼茨基 И Н．贵金属冶金学[M]．北京：原子能出版社，1992：339.
[5] 黎鼎鑫．贵金属提取与精炼[M]．长沙：中南工业大学出版社，1991：33.
[6] 日本分析化学会．周期表与分析化学[M]．邵俊杰译．北京：人民教育出版社，1981：20～26.
[7] Benner L S. Precious Metals Science and Technology[M]. Published by IPMI，1991：13～93.
[8] 徐光宪．物质结构（上册）[M]．北京：人民教育出版社，1978：111.
[9] 鲍林 L．化学键的本质[M]．上海：上海科学技术出版社，1966：384～411.
[10] Brewer L. Science，1968，161：115～122；Electronic Structure and Alloy Chemistry of the Transition Elements[M]. Beck P A，ed，New York，1963：221～235.
[11] 乔利 W L．现代无机化学(下册)[M]．北京：科学技术文献出版社，1989：1～8.
[12] 陈景．贵金属[J]. 1984,(3):1～10；贵金属[J]. 1994,(3):1～8.
[13] 陈景．铂族金属化学冶金理论与实践[M]．昆明：云南科技出版社，1995：1～15.
[14] 严成华．化学通报[J]. 1983,(1):42～47.

火法冶金过程中贱金属及锍捕集微量贵金属的原理*

摘　要　本文认为在火法熔炼过程中，贱金属捕集贵金属的原理不是由于它们的原子半径及晶胞参数数值相近，而是熔融的贱金属相和熔渣相两者的结构差异很大。前者靠金属键把原子束缚在一起，后者靠共价键和离子键把 Si、O 原子和 Ca^{2+}、Mg^{2+}、Fe^{2+} 等离子束缚在一起。贵金属原子进入金属相可降低体系自由焓。锍在高温下，具有相当高的电导率（数值在 10^3 ~ 10^4 S/cm 范围），且温度系数呈负值，是一种类金属。因此，在造锍熔炼中，贵金属原子进入熔锍而不进入熔渣。

1　前言

铜、镍、铅、锌、锑等有色冶金的长期实践表明，矿石原料中含有的微量或痕量贵金属，在火法熔炼过程均可被捕集到锍或最终的金属相中。如铜精矿中所含的金、银在造锍熔炼时进入铜锍（冰铜），在铜锍吹炼时进入粗铜。铜镍硫化矿中的铂族金属及金银在造锍熔炼时进入低镍锍（低冰镍），氧化吹炼时进入高镍锍（高冰镍）。如果吹炼按产出少量铜镍合金的条件操作，则百分之几（质量分数）的铜镍合金可以捕集高冰镍中90%以上的铂族金属。铅冶炼也一样，精矿中的银几乎全部被捕集到鼓风炉还原熔炼产出的粗铅中。

用贱金属捕集贵金属的方法已广泛用于从各种二次资源物料中回收贵金属。如汽车尾气净化废催化剂，用等离子电弧炉在1600℃以上进行铁捕集还原熔炼时，获得的铁捕集料中铂族金属的品位可高达5% ~8%，比原料中的品位提高约50倍，熔渣中的铂族金属含量可降低到小于 5×10^{-4}%。铁捕集法还可用于从失效化工催化剂和从硝酸生产厂的氧化塔炉灰中回收铂族金属。此外，人们还经常使用铅捕集法从各种低品位物料中回收金、银及铂族金属。

分析化学家早已把贱金属捕集贵金属的技术应用于分析含贵金属样品的预处理方法中。将含微量贵金属的岩石、矿石、冶金中间产品或二次资源物料与石英、硼砂、纯碱等熔剂混合，在坩埚中加热熔融。生成的硅酸盐、硼酸盐熔渣浮在上面。捕集了贵金属的贱金属或合金下沉到坩埚底部，冷却后分离出来称为“试金扣”。试金扣经火法氧化或湿法处理可使贵金属进一步富集，然后再用各种检测方法测定贵金属量，此即所谓的“火试金”。此法允许对试样的取量可多至100g以上，能测定样品中 10^{-6} ~ 10^{-12} 量级的贵金属。分析化学家已广泛使用了铅试金法、铋试金法、锡试金法、镍锍试金法、铜铁镍试金法以及銅试金法[1]。

对于贱金属或锍捕集贵金属的原理很少有人研究。在近年出版的几本著作中，提

* 本文原载于《中国工程科学》2007年第5期。

出了一些解释，笔者认为存在一些错误。本文对捕集原理提出了笔者的观点供讨论。

2 贱金属捕集贵金属的原理

2.1 文献中的观点

归纳起来，文献中对贱金属捕集贵金属原理的解释有四种观点。

（1）认为贱金属与贵金属有相似类型的晶体结构。持此观点的作者认为[2,3]，镍、铜、铅和γ-铁都是面心立方晶系，贵金属铑、钯、银和铱、铂、金也是面心立方晶系，由于相似相溶，贵金属可溶解在贱金属中。他们还认为锇、钌虽为六方晶系，但在高温下可转变为立方晶系，因此也可被贱金属捕集。

（2）认为贱金属与贵金属的原子半径相近。文献［1］在叙述试金法时指出，“铜、铁、镍的原子半径与铂族金属的原子半径相近，有利于形成固溶体”。文献[2，3]错误地把“晶胞参数”称为“晶格半径”，并认为上述贱金属和贵金属的“晶格半径”相近。

（3）认为贱金属捕集贵金属是一种高温萃取过程。此种观点出现于文献［4］。该作者以碘在二硫化碳中的溶解度大于在水中的溶解度，因此二硫化碳可从含碘的水溶液中萃取碘为例，认为贵金属易溶解在铅中。

（4）认为贵金属的氧化物的生成自由焓高于 SiO_2、CaO、MgO 的生成自由焓，因此“贵金属氧化物不趋向于进入硅酸盐相”[5]。文献［6］也试图从热力学作一些解释，但该作者同时又表示十分遗憾，因为铂族金属在浮选精矿中的含量很低，仅百万分之几到百万分之几十量级，热力学计算无法找到它们的活度数据。

2.2 本文的观点

本文认为，晶体结构类型相同或金属原子半径相近，都不是贱金属可以捕集贵金属的根本原因。表1列出了贵贱金属的一些特性参数。

表1 贵金属和作为捕集剂的一些贱金属的特性参数

贵金属	Ru	Rh	Pd	Ag	Os	Ir	Pt	Au
晶体类型	Ⅲ	Ⅰ	Ⅰ	Ⅰ	Ⅲ	Ⅰ	Ⅰ	Ⅰ
原子半径/nm	0.133	0.134	0.137	0.144	0.135	0.135	0.138	0.144
金属密度/$g \cdot cm^{-3}$	12.30	12.42	12.03	10.49	22.48	22.4	21.45	19.32
熔点/℃	2400	1960	1550	960	2700	2454	1769	1064
贱金属	Fe	Ni	Cu	Zn	Sn	Sb	Pb	Bi
晶体类型	Ⅱ	Ⅰ	Ⅰ	Ⅲ	Ⅳ	Ⅴ	Ⅰ	Ⅴ
原子半径/nm	0.126	0.124	0.128	0.138	0.162	0.159	0.175	0.170
金属密度/$g \cdot cm^{-3}$	7.86	8.91	8.89	7.14	7.27	6.68	11.34	9.75
熔点/℃	1535	1453	1083	419.5	231.9	630.5	327.4	271.3

注：Ⅰ—面心立方；Ⅱ—体心立方；Ⅲ—六方密堆；Ⅳ—金刚石结构；Ⅴ—三方晶系。资料取自文献［7］。

从表1看出，将贵金属和贱金属的晶型、原子半径、金属密度和熔点等特性参数进行比较时，无法找出贱金属捕集贵金属的规律和原因。如从晶型来看，六方晶系的锌、金刚石结构的锡、三方晶系的锑都可以捕集面心立方结构的贵金属。从原子半径来看，铁、铜、镍的原子半径明显地小于贵金属，而锡、锑、铅、铋的原子半径则明显地大于贵金属。从熔点看，低熔点的贱金属可以溶解熔点相当高的铂族金属。

本文认为贱金属捕集贵金属的原理在于以下几点：

（1）火法熔炼时，无论还原熔炼还是氧化吹炼，反应炉中均将出现渣相和金属相。渣相由脉石矿物成分 SiO_2、MgO、CaO 以及熔炼中产生的 FeO 所组成，它们形成熔融的硅酸盐，是一种熔融的玻璃体，其结构示意于图 1[8]。

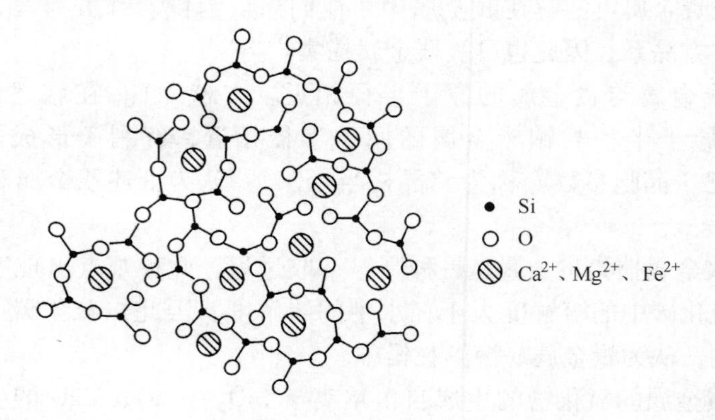

图 1　熔融硅酸盐结构示意图

硅酸盐骨架中有链型的组成基元 $[SiO_3]_n$ 和分立型的组成基元 $[SiO_4]$，硅酸盐骨架携带的负电荷由 Mg^{2+}、Ca^{2+}、Fe^{2+} 等正离子中和平衡。硅酸盐熔渣中有三种化学键，即属于共价键的硅桥氧键（Si—O—Si）、硅端氧键（Si—O）以及端氧与金属离子间的离子键（O—M）。共价键和离子键的电子都是定域电子。熔渣靠离子导电具有很低的导电性，如 $2FeO \cdot SiO_2$ 的熔体，在 1400℃ 时，电导率仅为 5S/cm，其中离子导电占 90%。

金属相中的原子靠金属键束缚在一起。熔融态与晶体相比时，前者金属原子的取向和位置两种长程有序均已消失，原子的位置具有无序性和非定域性[9]。熔融金属快速急冷可获得玻璃态金属，就是将原子冻结在无序结构中。无论按价键理论或能带理论的观点，熔融金属中原子的价电子可以自由流动，其所具有的导电性是电子导电。

上述情况表明，渣相和金属相的化学键合方式差别很大，其黏度、密度和表面张力也各不相同。因此两相之间像液液萃取体系中的油和水一样，存在互不相溶的界面。熔融贱金属能够捕集贵金属是两者的键合方式相同。从这一角度看它的确可视为高温萃取。

（2）贵金属是一些电负性高、标准电极电位较正的金属。因此，在还原熔炼过程中，贵金属化合物将先于贱金属化合物被还原；在氧化吹炼过程中，贵金属将后于贱金属被氧化[10,11]。实际上，在各种矿石原料中，贵金属多半以自然金属或合金状态存在，即使有一部分以硫化物、碲化物或砷化物存在，它们也都不太稳定，在高温下将分解为金属。当贱金属矿物被还原而形成金属相时，微量贵金属矿物已早先一步转化为原子态或原子团簇，从而进入贱金属相。而在氧化吹炼过程中，它们将稳定地保留在金属相或锍相中，除非全部贱金属都被氧化为氧化物。

（3）从物相分析可知，在浮选精矿中贵金属矿物基本上都是与贱金属硫化矿物连生在一起。因此，贱金属捕集贵金属实际上将在微颗粒的贱金属硫化物被还原时即已发生，而不是渣相与金属相界面形成后才发生，这一点它又与液液萃取有一定差异。

（4）对于贵金属原子或贵金属合金的原子簇，它们的价电子或悬挂键在熔融渣相中不可能与周围的定域电子发生键合，但在熔融金属相中却可与周围贱金属的自由电子键合在一起，使体系的自由焓降低，这就是贱金属捕集贵金属的热力学原理。从此原理出发，渣相中若残留有贵金属原子，它们也将靠热扩散力的推动而进入金属相。

3 锍捕集贵金属的原理

锍是两种以上贱金属硫化物的共熔体。铁、钴、镍、铜硫化物能形成共熔体的原因是它们都具有很高的熔点和分解温度，见表2。

表2 几种贱金属硫化物的熔点与分解温度

硫化物	FeS	CoS	NiS	Ni_3S_2	Cu_2S
熔点/℃	1190	1180	976	790	1130
分解温度/℃	—	—	2047	2979	—

铜冶炼中的铜锍是 FeS 与 Cu_2S 的共熔体。铜镍硫化浮选精矿在火法冶炼时先生成低镍锍，然后氧化吹炼为高镍锍，两者都是 $FeS\text{-}Ni_3S_2\text{-}Cu_2S$ 系的共熔体。低镍锍的平均组成范围为（质量分数,%）：Ni 13 ~ 16，Cu 6 ~ 8，Fe 47 ~ 49，S 23 ~ 28；高镍锍为（质量分数,%）Ni 49 ~ 54，Cu 22 ~ 24，Fe 2 ~ 3，S 22 ~ 23。可以看出两者硫含量相近，但高锍中的镍和铜含量比低镍锍提高了 3 ~ 4 倍，铁含量则为低镍锍的4%左右。

锍能捕集贵金属的原理在文献中仍然被认为是“重有色金属硫化物也具有相似的晶格结构和相近的晶格半径”[2]。实际上，FeS 为六方晶系，晶胞参数 0. 343nm；Ni_3S_2 为三方晶系[7]，晶胞参数 0. 408nm；Cu_2S 为立方晶系，晶胞参数 0. 556nm。三者晶系不相同，晶胞参数也相差很大，按照文献中的观点恰恰是不能形成固溶体。因此，以晶型和晶胞参数相近来解释锍捕集贵金属的原理是不合理的。

本文认为锍捕集贵金属的原理在于熔锍具有类金属的性质。对于锍的化学组成、物相组成、相平衡图，以及高温下的密度、电导率及表面张力等，冶金学家已做过大量的研究。已知在冶炼过程中熔锍和熔渣形成两相，但对熔锍结构的了解则很不清楚。从熔锍的电导率来看，Cu-Fe-S 熔锍的电导率与温度的关系如图 2 所示[12]，工厂低镍锍及 Ni_3S_2 的电导率与温度的关系如图 3 所示[8]。

从图 2 看出，在 1300℃下，FeS 的电导率可达 1500S/cm 左右，并且有较小的负温度系数，已类似于金属。从图 3 看出，在 1200 ~ 1500℃之间，Ni_3S_2 的电导率达 4.9×10^3 ~ 4.6×10^3S/cm。工厂低镍锍在 1190 ~ 1320℃之间，电导率可达到 4.4×10^3 ~ 3.75×10^3S/cm。两者温度系数为明显的负值，比 FeS 更类似金属。对于工厂高镍锍，在 1200 ~ 1400℃电导率可高达 9×10^3S/cm。

熔锍的导电属电子导电还可从与碱金属氯化物（LiCl，NaCl，KCl）熔盐的离子电导比较看出。氯化物熔盐在约 700℃时电导率仅为 4 ~ 7S/cm，并可用能斯特-爱因斯坦

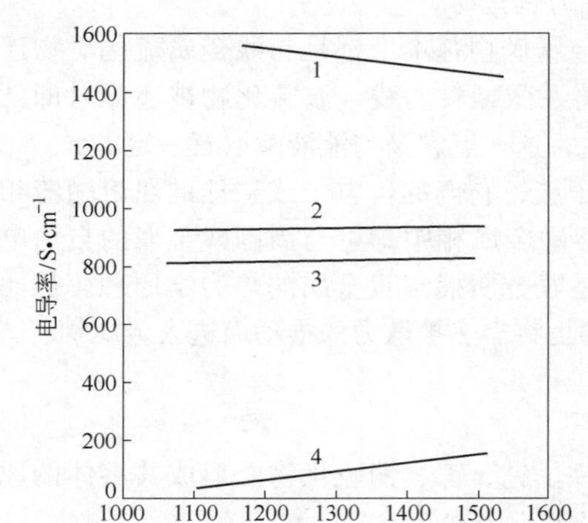

图2　Cu-Fe 熔锍电导率与温度的关系

1—FeS；2—75% FeS-25% Cu_2S；

3—65% FeS-35% Cu_2S；4—Cu_2S

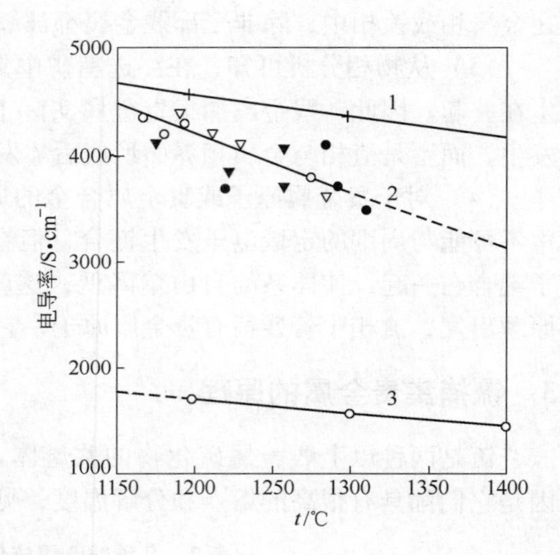

图3　工厂低镍锍电导率与温度的关系

1—Ni_3S_2；2—工厂低镍锍；3—FeS

工厂低镍锍组成（质量分数,%）：

Cu 6.70；Fe 51.99；Ni 11.24；S 27.89

（Nernst-Einstein）公式计算。如将熔锍中的硫视为负离子，同样用能斯特-爱因斯坦公式按离子导电计算时，Cu_2S 电导率的计算值仅为测量值的1%，FeS 的计算值仅为测量值的0.1%。这也是人们认为 Cu、Fe、Ni 硫化物的导电性属电子导电的主要原因。

熔锍为什么产生电子导电？熔锍中的硫原子是否会具有类似金属原子的性质？文献中找不到答案，有待深入研究。但对晶格结构的研究表明，在 NiS 晶体中，两个镍原子间的距离约为0.260～0.268nm，与面心立方型金属镍的晶胞参数0.252nm 相近，与六方密堆型金属镍晶胞参数的 a 轴值0.265nm 相同。因而人们认为必然存在一定数量的金属键，使这个化合物具有合金或半金属的特征。另一方面，已知 NiS 与 NiAs 有相同晶型。当 NiAs 的晶胞原点放在 Ni 原子上时，在 c 轴出现 Ni 原子连接成线的金属键，如图4所示[13]，也可推知 NiS 中存在金属键。对于 Ni_3S_2，金属原子与硫原子的比值高于 NiS，其中的金属键特性必然更为突出。以上所述可以推测解释图3中 Ni_3S_2 电

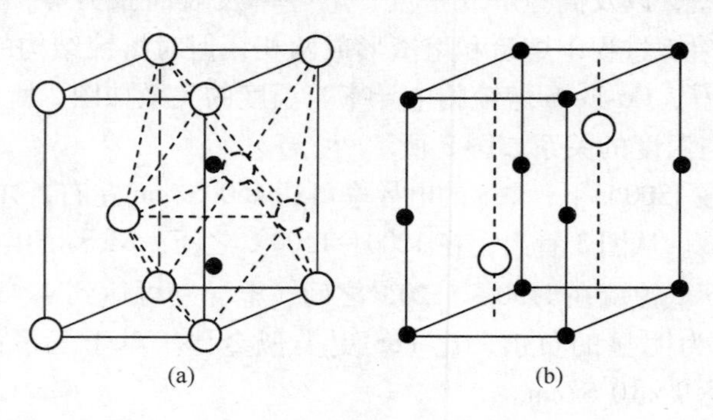

图4　NiAs 的结构

（a）晶胞原点放在 As 原子；（b）晶胞原子放在 Ni 原子

导率很高的原因。

根据熔锍具有类金属的性质，用本文观点可以解释锍捕集贵金属的原理。并可推断出金属比类金属具有更强的捕集能力。这就可以解释高镍锍被氧化到出现铜镍合金相时，百分之几（质量分数）的铜镍合金可以捕集高镍锍中90%以上的铂族金属的原因。文献［14］用合成样研究了金、银在铅及锍中的分配规律，也证实了金属铅捕集金、银的能力比锍强。

4 结语

（1）从晶体结构、晶胞参数及金属原子半径是否相同或相近，不能合理地解释贱金属及锍可以捕集贵金属的原因。

（2）贱金属可以捕集贵金属是因熔炼过程形成了结构差异很大的贱金属相及渣相。前者的原子靠金属键结合，后者的各种原子靠共价键和离子键结合。贵金属原子从渣相进入熔融金属相时，其价电子可以与贱金属原子发生键合作用，从而降低体系的自由焓。

（3）锍可以捕集贵金属是因熔锍具有类金属的性质。镍锍在1200℃的熔炼温度下，电导率可高达4×10^3S/cm，而且电导率随温度的升高而明显降低，属电子导电。贵金属原子进入熔锍中同样可以降低体系的自由焓。

（4）贵金属的电负性显著高于贱金属，它们多以自然金属或合金赋存于矿物中。贵金属化合物在还原熔炼中将先于贱金属化合物被还原，在氧化性熔炼中将后于贱金属被氧化。因此，在许多硫化矿的冶炼过程中，贵金属先进入锍相，然后进入粗金属，最后进入阳极泥。

参考文献

[1] 化学分离富集方法及应用编写组．化学分离富集方法及应用[M]．长沙：中南工业大学出版社，2001：603～620.

[2] 刘时杰．铂族金属矿冶学[M]．北京：冶金工业出版社，2001：167.

[3] 黎鼎鑫，王永录．贵金属提取与精炼[M]．长沙：中南大学出版社，2003：293.

[4] 黄初登．金矿床成因．勘探与贵金属回收[M]．北京：冶金工业出版社，2000：422.

[5] 刘小荣，董守安．贵金属．2002，23(1)：45.

[6] 马斯列尼茨基 U H，等．贵金属冶金学[M]．北京：原子能出版社，1992：358.

[7] 周公度，段连运．结构化学基础[M]．北京：北京大学出版社，2005：310.

[8] 何焕华，蔡乔方．中国镍钴冶金[M]．北京：冶金工业出版社，2005：93～105，51～63.

[9] 冯端，师昌绪，等．材料科学导论[M]．北京：化学工业出版社，2002：71～77.

[10] 陈景．从原子结构探讨贵金属在提取冶金过程中的行为[J]．中国工程科学，1999，1(2)：34～40.

[11] 陈景，原子态与金属态贵金属化学稳定性的差异[J]．中国有色金属学报，2001，11(2)：289～293.

[12] 朱祖泽，贺家齐．现代铜冶金学[M]．北京：科学出版社，2003：56.

[13] 麦松威，周公度，等．高等无机结构化学[M]．北京：北京大学出版社，2001：314.

[14] 李运刚．金、银在铅、锍中的分析规律[J]．贵金属，2000，21(4)：37.

原子态与金属态贵金属化学稳定性的差异*

摘　要　从化学及冶金中的实验现象归纳出原子态贵金属的化学稳定性是按周期表位置从左到右增强，即 Ru < Rh < Pd < Ag，Os < Ir < Pt < Au；但按晶态贵金属的原子化热、熔点及沸点判断，金属键的强度则是从左到右降低，即 Ru > Rh > Pd > Ag，Os > Ir > Pt > Au，两种顺序恰好相反。金属态抗酸、碱的腐蚀性能应为原子化学稳定性与金属键强度的综合表现。原子态和金属态化学稳定性的差异可从原子结构理论和金属键的价键理论作出解释。

金属元素的化学性质，如与氧、硫、卤族元素、酸和碱的化学反应，一般是按金属态来描述的。尽管人们知道块状、粉状、超细粉末状的同一种金属的物理化学性质会有差异，但未引起足够的重视。随着纳米材料的问世，纳米金属粉末异乎寻常的物理化学性质和催化性质，如金的熔点为1064℃，纳米金的熔化温度却降至330℃；银的熔点为960.8℃，纳米银降到100℃；纳米铂黑催化剂可使乙烯催化反应的温度从600℃降至室温，汽车尾气净化催化器上的铂、钯、铑分散到2～4nm的粒度，才会有最好的催化活性等，提示我们元素的物理化学性质与存在状态有着极其密切的联系。从原子态到块状或晶态是金属元素不同凝聚态的两个极端。超细粉、纳米粉、海绵态、胶体态都属于中间的不同凝聚态。用实验方法直接研究单个金属原子的物理化学性质存在许多困难，但已知的许多化学反应和物理化学常数却是属于单个原子所具有的。根据这一现象，作者从8个贵金属元素最特有的化学稳定性进行讨论。

1　原子态贵金属的化学稳定性

1.1　贵金属氯配酸铵盐的煅烧分解

除Ag和Au外，Ru、Rh、Pd、Os、Ir和Pt等铂族金属都可制得氯配酸的铵盐，这些化合物中$(NH_4)_3RhCl_6$的水溶性大，但可在无水乙醇中沉淀。这些铵盐干燥后在空气中煅烧至600～750℃时，都分解为金属或再被氧化为氧化物。草酸银和硝酸银都可被煅烧为金属银，硫化金以及金的所有有机金属化合物都可被煅烧为金属金。在热分解及再被氧化的反应过程中，应该经历过一个原子态的短暂瞬间，其产物的氧化程度可以反映原子的稳定性。

从表1看出，在贵金属盐类煅烧产物中，元素的氧化价态是Ru(Ⅳ)、Rh(Ⅲ)、Pd(Ⅱ)、Ag(0)以及Os(Ⅷ)、Ir(Ⅳ)、Pt(0)、Au(0)。从失去电子的难易反映出原子的化学稳定性从左到右增大。

---

*　本文原载于《中国有色金属学报》2001年第2期。

表1　贵金属盐类或化合物的焙烧分解产物

盐　类	$(NH_4)_2RuCl_6$	$(NH_4)_3RhCl_6$	$(NH_4)_2PdCl_6$	AgCl
焙烧产物	RuO_2	Rh_2O_3	PdO	Ag
盐　类	$(NH_4)_2OsCl_6$	$(NH_4)_2IrCl_6$	$(NH_4)_2PtCl_6$	$AuCl_3$
焙烧产物	OsO_4	IrO_2	Pt	Au

注：1. 当温度高于600℃时 RuO_2 逐渐被氧化为 RuO_4。

2. 当 AgCl 与 Na_2CO_3 一起熔融时，它将分解为 Ag、NaCl、CO_2 等物质。

3. 加热到150～180℃时，$AuCl_3$ 分解为 AuCl 和 Cl_2，高于220℃时，分解为 Au 和 Cl_2。

1.2　贵金属氧化物的热分解

Ru 的高价氧化物为 RuO_4，熔点25.4℃，沸点40℃，是挥发性物质，查不到热分解数据。Rh 的高价氧化物为 Rh_2O_3，其热分解情况如下式：

$$Rh_2O_3 \xrightarrow[\triangle]{1113℃} RhO \xrightarrow[\triangle]{1121℃} Rh_2O \xrightarrow[\triangle]{1127℃} Rh$$

可以看出随温度的升高，氧化物中铑的价态逐渐降低，最后变为金属原子。当然，如果在空气中冷却，它们将重新被氧化为 Rh_2O_3。Pd 粉在空气中加热至400℃只能获得 PdO。Pd(Ⅳ)氧化物可用湿法制取，如用碱中和 Na_2PdCl_6 溶液可制得 PdO_2，其热分解情况为：

$$PdO_2 \xrightarrow[\triangle]{\leq 200℃} PdO \xrightarrow[\triangle]{\geq 200℃} Pd_2O \xrightarrow[\triangle]{870℃} Pd$$

Ag 粉在空气中加热不能制得氧化物，用碱中和银盐溶液获得氢氧化银，低温下脱水可得 Ag_2O，但 Ag_2O 在185～190℃时即分解为 Ag。从以上看出一价金属氧化物 Rh_2O、Pd_2O、Ag_2O 分解为金属原子的温度不断降低，反映了它们从氧原子夺回电子的能力不断增强。其原子态的稳定性应为 $Rh < Pd < Ag$。OsO_4 是更稳定的挥发性物质，熔点40.6℃，沸点131.2℃，查不到分解温度，其熔点、沸点高于 RuO_4 是因其相对分子质量更大得多，成为液态或气态需要吸收更多的热能。Ir 粉在空气中加热到600℃生成 IrO_2，1100℃时开始分解。对 Pt 而言，即使是很细的铂黑，加热到700～800℃时只变为海绵铂而不会被氧化，当加热到1400℃和1700℃时，铂的氧化挥发损失也很低，分别为 $9.19\times10^{-3}mg/(cm^2\cdot h)$ 和 $39\times10^{-3}mg/(cm^2\cdot h)$（现查不到氧化铂的分解温度）。Au 的氧化物只能用湿法制取，Au_2O 在大于200℃时分解为 Au，Au_2O_3 在160℃时即分解为 Au。可以进行比较 5*d* 贵金属氧化物分解反的应资料更不全，但从作者接触的其他许多化学反应现象中，可以推断其原子稳定性顺序 $Os < Ir < Pt < Au$ 不会发生变化。

1.3　贵金属在提取富集过程中的行为

大量的铂族金属是从硫化铜镍矿中提取生产出来的。在原矿中它们的品位大部分是百万分之几（g/t），甚至千万分之几，如我国甘肃金川的硫化铜镍矿。它们在浮选、电炉熔炼、转炉吹炼等过程中得到不断富集。在金川的转炉吹炼产物——高冰镍中铂族金属及金银的品位也只不过达到十万分之几。高冰镍的物相组成有镍锍、铜锍及铜镍合金。铜镍合金的量约占高冰镍的10%，但却捕集了贵金属总量的95%以上，品位接近万分之二。在铜镍合金中，或硫化镍熔铸的阳极和粗镍熔铸的阳极中，贵金属的存在状态都认为是原子镶嵌在镍、铜、锍的晶格中。当铜镍合金进入后续湿法冶金工艺处理，或对硫化镍和粗镍进行电解，贵金属被富集入阳极泥中时，一部分贵金属会损失于浸出液或电解液中，损失量的规律是 Ru，Os > Rh，Ir > Pd，Pt > Au。恰恰也是贵金属稳定性从左到右增强的顺序。详情作者已在另一文中论述[1]。

1.4 对原子结构与电离势的考察

原子电离势的大小，可以反映金属元素处于原子态时失去电子的难易程度。对 4*d* 贵金属可以查到第一、第二、第三电离势，对 5*d* 贵金属现只有第一及部分第二电离势。见表 2。

表 2 贵金属元素的电离势

元 素	外电子结构	电离势/eV			$E_1 \sim E_3$总和
		E_1	E_2	E_3	
Ru	$4d^7 5s^1$	7.36	16.76	28.46	52.58
Rh	$4d^8 5s^1$	7.46	18.07	31.05	56.58
Pd	$4d^{10}$	8.33	19.42	32.92	60.67
Ag	$4d^{10} 5s^1$	7.57	21.48	34.82	63.87
Os	$4f^{14} 5d^6 6s^2$	8.70	17.00		
Ir	$4f^{14} 5d^7 5s^2$	9.10	18.56		
Pt	$4f^{14} 5d^9 5s^1$	9.00	20.50		
Au	$4f^{14} 5d^{10} 5s^1$	9.22			

从外电子结构看，4*d* 贵金属中 Pd 无 5*s* 电子，5*d* 贵金属中 Pt 只有一个 6*s* 电子，但 Os、Ir 有 2 个 6*s* 电子，电子结构出现不规则排布。过渡系金属原子外电子的不规则排布来源于能级交错，并受最低能量原理、泡利原理和洪特规则共同支配，这是公知的事。作者认为从电子排布时的能量最低原理出发，Pd 除 4*d* 全充满有利于体系能量降低外，4*d* 轨道能级已明显低于 5*s*，所以 10 个 *d* 电子都排列到 *d* 轨道，并因此造成第一电离势陡然增高。Rh 与 Ag 相比时，Rh 的 5*s* 能量接近 4*d*，8 个 *d* 电子对 *s* 电子的屏蔽稍差一些。Ag 的 4*d* 轨道能级更低，10 个 *d* 电子对 5*s* 电子的屏蔽更好一些，于是 Ag 的第一电离势只稍高于 Rh，这种分析从里琦（Rich）图中可直观看出[2]。但从第二电离势和第三电离势看出，由于外层电子都是 *d* 电子，可比性很好，电离势从左到右呈有规律地增大。同理，Pt 的外电子也是不规则变化。对 Ir 来说，两个 6*s* 电子相互屏蔽差，因此第一电离势还略高于核正电荷增加了一个单位的 Pt，但 Au 则明显高于 Pt。此外，5*d* 贵金属与 4*d* 贵金属相比时，由于“镧系收缩”后 4*f* 电子对 5*d* 电子的屏蔽不良，5*d* 轨道明显收缩。加之第六周期元素的核正电荷相当大，1*s* 电子的运动速度接近光速，出现了相对论性效应。据量子力学计算，Hg 的 1*s* 电子质量已达到电子静止质量的 1.2 倍[3]。相对论性效应使外层的 6*s* 轨道收缩，能级降低，因此 5*d* 贵金属的第一电离势高于 4*d* 贵金属的第一电离势。以上论述表明，从原子结构和电离势分析，贵金属原子的化学稳定性从失电子的难易考虑，也是从左到右和从上到下增强。

2 金属态贵金属的化学稳定性顺序

贵金属的丝材、片材、板材，在常温下除 Ag 与 H_2S 气体接触能缓慢生成黑色 Ag_2S

表面层外，对其他气体，甚至对腐蚀性极强的卤素，都相当稳定。这里主要讨论对各种酸碱的抗腐蚀性。

2.1 贵金属对酸、碱的抗腐蚀行为

贵金属对酸、碱的抗腐蚀性能列于表3及示意于图1。

表3 贵金属腐蚀性能评价[4]

介 质	t/℃	Ru	Rh	Pd	Ag	Os	Ir	Pt	Au
浓 H_2SO_4	18	A	A	A	C	A	A	A	A
HCl(36%)	18	A	A	AB	C	A	A	A	A
HNO_3(2mol/L)	18	A	A	C	D	B	A	A	A
HNO_3(70%)	18	A	A	D	D	C	A	A	A
王水	18	A	A	D	C	D	A	D	D
HF(40%)	18	A	A	A	C	A	A	A	A
干燥 Cl_2	18	A	A	C	—	A	A	B	B
$NH_3 \cdot H_2O$	18	A	A	A	A	A	A	A	A
NaOH(溶液)	18	A	A	A	A	A	A	A	A
H_2SO_4	100	A	A	B	D	A	A	A	A
王水	煮沸	AB	AB	D	D	D	A	D	D
HCl(36%)	100	A	A	B	D	C	A	B	A
HNO_3(70%)	100	A	A	D	D	D	A	A	A

注：A—很稳定（不被腐蚀），B—稳定（略被腐蚀），C—不稳定（被腐蚀），D—很不稳定（易被腐蚀）。

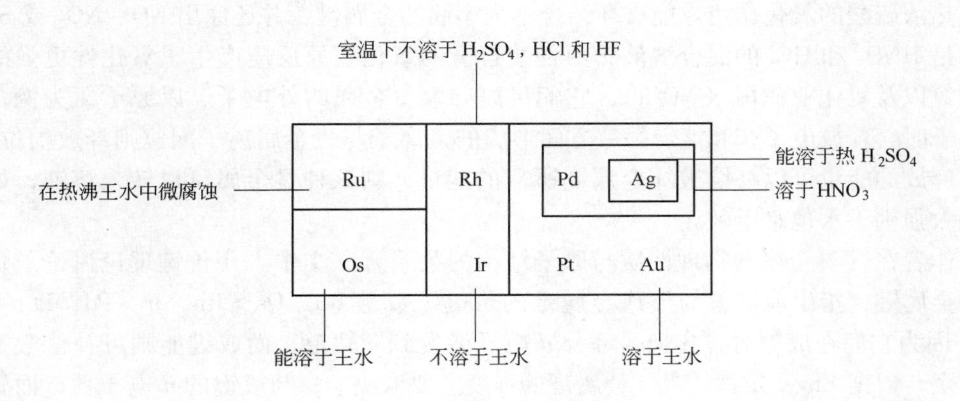

图1 贵金属对各种酸的抗蚀图示

从表3及图1看出：除Ag外，块状金属态的其他贵金属不溶于HCl、H_2SO_4和HF，除Os外，Ru、Rh、Ir不溶于王水，但Pd、Pt、Ag、Au可溶于王水，在后4个元素中Pd和Ag可溶于硝酸，但Pt和Au则不溶于硝酸。Os抗酸腐蚀性能差是由于可形成挥发性的OsO_4，促进了氧化酸溶的速度。Ru在沸腾王水中有微量腐蚀，也缘于会生成挥发性的RuO_4。但因第一步生成稳定的RuO_2，有一定的保护作用，被腐蚀的程度小于Os。因此，金属态贵金属对各种酸的抗腐性顺序为 Ru < Rh > Pd > Ag 和 Os < Ir > Pt > Au，纵向比较时，除Ru和Os外，抗腐蚀性是 Ir > Rh，Pt > Pd，Au > Ag。

2.2 贵金属冶金中精炼物料及合金材料的溶解

贵金属精炼是指贵金属相互分离提纯的过程。国际上进入精炼工段的物料，其贵金属品位已达45% ~60%。各个贵金属元素已不像提取富集过程中那样以原子状态镶嵌在大量贱金属铜、镍、锍的晶格中，而是呈金属态存在。1970 年以前，贵金属精炼的处理流程都是用稀王水溶解富集物（concent-rate），使金、铂、钯转入溶液，铑、铱、锇、钌则残留于王水不溶渣中。不溶渣加铅熔炼，再用硝酸分铅使不溶渣转化为细粉，接着用 $NaHSO_4$ 熔融后浸溶出 $Rh_2(SO_4)_3$，含铱、钌、锇的浸出渣干燥后加 Na_2O_2 熔融，从水浸液中蒸馏分离锇、钌，最后的碱不溶物用王水溶解后提纯铱。

此外，在分离提纯工艺中，对于王水很难溶解的铂铱合金或铂铑合金，如 Pt-25Ir，Pt-30Rh，人们是加入大量铂进行熔炼稀释，然后才进入王水溶解。有时还会残留一些不溶的铑粉或铱粉。进一步反复用王水处理时，还会发现细粒铑粉可溶而铱粉则不溶。

对于整块的铑，可用加大量铝在感应炉中 1000℃左右熔炼，然后用盐酸除铝，得到相当细的铝粉可溶于盐酸，冶金中称为铝碎化。铱可用锡、铅、锌等碎化，获得的铱粉还需碱熔处理后才能用王水溶解。

上述冶金方法中，贵金属也表现了与单金属抗酸腐蚀结果相同的稳定性顺序。

2.3 金属态贵金属稳定性顺序的理论解释

金属在酸中溶解时需要破坏金属键，才能使原子单个地以离子状态转入溶液，这需要吸收能量。贵金属的惰性使酸中的氢离子不可能夺取金属原子的外电子，只有硝酸或热浓硫酸的氧化作用才能破坏结合不太牢固的金属键，并还原出 NO、NO_2 或 SO_2。王水是 HNO_3 和 HCl 的混合溶液，两种酸自身的氧化还原反应产生了氧化性更强的新生态氯以及氯化亚硝酰（NOCl），它们可以夺取贵金属的外电子。以原子氯为例，夺取电子时会释放电子亲和能，另一方面形成的氯离子与贵金属离子配位则释放配位能，如果释放的能量可以补偿破坏金属键所需的能量，则该种贵金属可以转入溶液，如金属键太强则王水也难于破坏。

作者在《贵金属的物理性质与原子结构的关系》一文中[5]用价键理论讨论了贵金属的金属键，指出能够参与形成金属键的价电子数是 Ru，Os > Rh，Ir > Pd，Pt > Ag，Au。因为它们在成键时，先把一部分 d 电子激发到 p 轨道，而成键能则可补偿激发能而有余。根据 Engel 定律[6~8]，金属键的强度主要取决于参与成键的 d 电子数，而贵金属能参与成键的 d 电子数在周期表中是从左到右逐渐降低的。图 2 为从 Ru 到 Ag 的基态和激发态的电子结构图。从图 2 看出，在激发态中 $5p$ 轨道有两个未配对电子时，从 Ru 到 Ag 的未配对的 d 电子数分别为 5、4、3、2，可成键的 d、s、p 总电子数分别为 8、7、6、5。考虑到这些金属的晶体结构要符合 Engel 第二定律，这些递减的整数采用了分数[7]。以上非常直观地表明了贵金属的金属键强度应为 Ru > Rh > Pd > Ag，同理 $5d$ 贵金属的键强度应为 Os > Ir > Pt > Au。由于键强度与金属熔点、沸点以及实验测定的原子化热有关，因此 $4d$ 和 $5d$ 贵金属的这些物理常数均呈有规律地从左到右下降。其中 $5d$ 贵金属的这些物理常数高于相应的 $4d$ 贵金属的原因，则系如本文 1.3 节所述，来自 $4f$ 电子对 $5d$ 轨道的失屏效应，引起 $5d$ 电子感受到的有效核电荷增加，以及重元素相对论性效应引起 6*s* 轨道收缩，使 5*d* 电子和 6*s* 电子的成键力增大所致。贵金属的熔点及原子化热的变化示于图 3 和图 4。

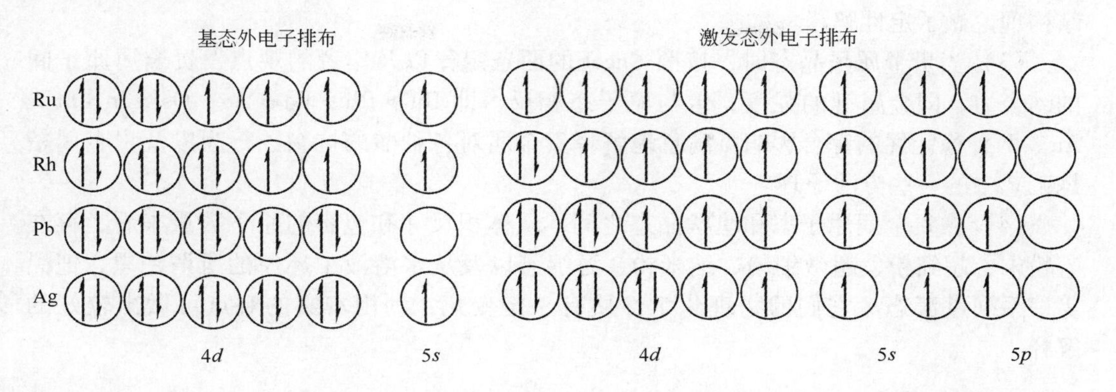

图 2　4*d* 贵金属基态和成键前激发态的电子结构

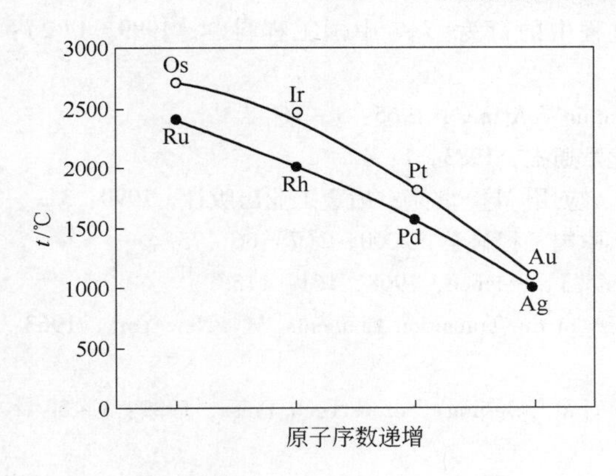

图 3　贵金属熔点变化的趋势

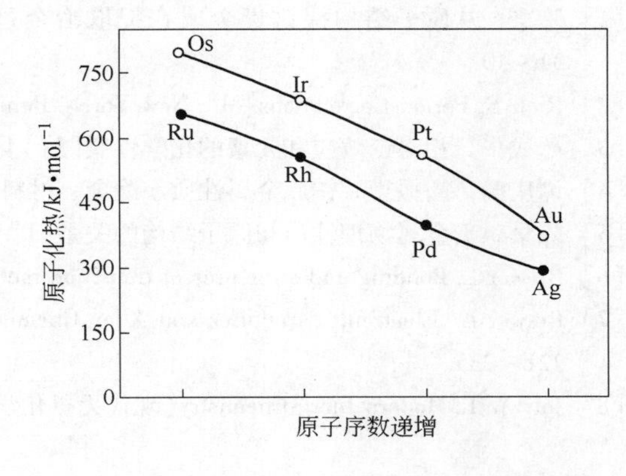

图 4　贵金属原子化热变化的趋势

作者认为，块状贵金属的表面抗腐蚀性和在酸中的溶解，既包含了原子态贵金属稳定性的影响，也包含了金属键强度的影响，其变化规律是两种变化规律的综合表现，如图 5 所示。

图 5 只是一种定性的示意图，可以看出，叠加线 C 变化趋势符合金属态贵金属抗酸腐蚀的变化趋势，即 Ru，Os < Rh，Ir > Pd，Pt > Ag，Au。

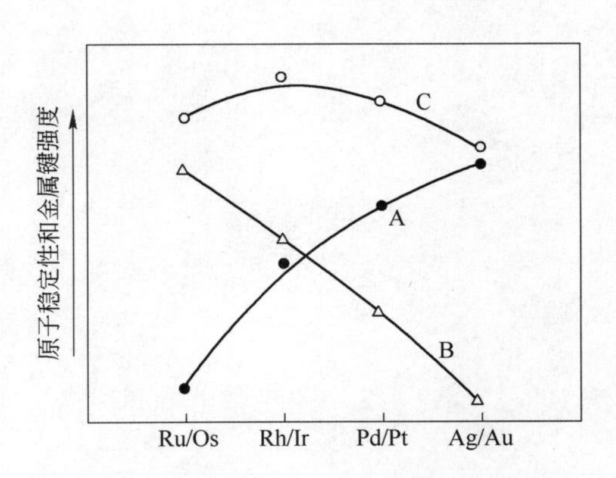

图 5　原子态稳定性与金属键强度的变化趋势及综合影响

A—原子稳定性变化曲线；B—金属键强度变化曲线；C—金属抗腐蚀强度变化趋势

3　结论

（1）提出对金属元素的物理化学性质应区分原子态和金属态的概念。

（2）根据化学及冶金中的实验现象，归

纳提出原子态贵金属的化学稳定性系按周期表位置从左到右增强，即 Ru < Rh < Pd < Ag，Os < Ir < Pt < Au；上下相比时，Rh < Ir，Pd < Pt，Ag < Au 也十分明显。并从原子结构理论做了定性解释。

（3）当贵金属呈晶态时，按照 Engel 的两条定律以及作者的观点，贵金属原子间的结合力，即金属键的强度，恰与原子态相反，即 Ru > Rh > Pd > Ag，Os > Ir > Pt > Au。两种稳定性的综合影响可满意地解释贵金属对各种酸的抗腐蚀行为以及贵金属精炼工艺中的一些方法原理。

（4）在贵金属原子态和块状晶态之间，从体积尺寸和包容的原子数量来看，存在着粉末、超细粉、超微细粉、纳米粉、海绵态以及从水溶液中还原的所谓铂黑、钯黑等一系列过渡态。它们的物理化学性质有一定变化，利用本文的观点可做出较好的解释。

参考文献

[1] 陈景．从原子结构探讨贵金属在提取冶金过程中的行为[J]．中国工程科学，1999，1(2)：34～40.

[2] Rich R. Period Correlations[M]. New York：BenjaminW A Inc.，1965：1～16.

[3] 严成华．相对论效应和元素的化学性质[J]．化学通报，1983，1：42.

[4] 谭庆麟，阙振寰．铂族金属性质、冶金、材料、应用[M]．北京：冶金工业出版社，1990：31.

[5] 陈景．贵金属物理性质与原子结构的关系[J]．中国工程科学，2000，2(7)：66～73.

[6] Brewer L. Bonding and structures of transition metals[J]. Science，1968，161：115.

[7] Brewer L. Electronic Structures and Alloy Chemistry of the Transition Elements[M]. New York，1963：221～235.

[8] Joly W L. Modern Inorg-Chemistry(现代无机化学)[M]. Beijing：Sci. & Tech. Press，1989：1～8.

铂族金属配合物稳定性与原子结构的关系*

摘　要　对具有相同价态、相同配位体及相应几何构型的铂族元素配合物稳定性进行对比，发现存在着重铂族配合物比轻铂族配合物热力学稳定性更强，动力学惰性更高的规律。此规律可用元素周期数对配合物 d 轨道能级分裂 Δ 值的影响以及铂族元素第一电离势的差异来解释。由于“镧系收缩”使重铂族元素有效核电荷高于轻铂族，它们对配位体的吸引作用也大于轻铂族，这就可从原子结构特征进行说明。用本文观点还可解释铂族元素具有不同最稳定氧化态的原因及其在化学冶金中的诸多反应现象。

1　引言

铂族金属的分离提纯方法主要是利用它们的配合物具有不同的热力学稳定性和动力学惰性。由于有关铂族金属配合物性质的数据还不够丰富，因此总结其规律的报道不多。Edwards[1]从化学冶金的角度，按反应活性把铂族金属配离子分为四类：Pt(Ⅳ)、Ir(Ⅳ)和Os(Ⅳ)惰性最强；Pt(Ⅱ)、Pd(Ⅳ)和Ru(Ⅳ)惰性中等；Ru(Ⅲ)、Rh(Ⅲ)、Ir(Ⅲ)和Os(Ⅲ)动力学反应较快；Pd(Ⅱ)则反应极其迅速。这种分类只是对实验现象的归纳，尚未触及各种离子具有不同惰性的本质原因。Stern[2]全面综述了应用于精炼方面的贵金属水溶液化学理论，深入讨论了贵金属配合物的稳定性及各种反应机理，但他也未总结出具有普遍性的规律，对许多反应现象仍未能从本质上进行解释，例如为什么 OsO_4 比 RuO_4 稳定，在蒸馏 Os、Ru 时，RuO_4 可被盐酸吸收液还原为低价的氯钌酸，OsO_4 则不被还原而进入碱吸收液，残留于盐酸吸收液中的少量 OsO_4，可加热而再次蒸馏分出；为什么 H_2PtCl_6 比 H_2PdCl_6 稳定，后者在煮沸溶液时自动还原为二价的 H_2PdCl_4[3]，因此可用氯化铵沉淀出 $(NH_4)_2PtCl_6$，使 Pt、Pd 分离；为什么 H_3IrCl_6 比 H_3RhCl_6 稳定，后者很容易发生水和反应，并能被 Cu 粉、Sb 粉置换为金属，Ir（Ⅲ）则完全不被置换，从而可用铜置换法达到定量分离 Rh、Ir 的目的等。

Ginzburg[4]指出，铂族配合物的反应性能与中心离子价态、配位体性质、配位键性质以及配离子几何构型有关。作者曾提出过有关贵金属氯配离子几何构型的不同引起反应机理有差异的假说[5]，并指出中心离子价态和配阴离子电荷数对萃取分配的影响[6]。在本文中，作者把许多具有相同价态、相同配位体和相应几何构型的铂族金属配合物的性质进行对比，观察到按轻铂族（Ru、Rh、Pd）与重铂族（Os、Ir、Pt）来分类时，存在着重铂族配合物比相应结构的轻铂族配合物的热力学稳定性更强，动力学惰性更高的明显规律。此规律可用铂族元素第一电离势的差异以及元素的周期数对配合物 d 轨道能级分裂 Δ 值的影响进行解释，并进一步用计算轻重铂族元素的有效核电荷进行解释。根据本文观点，不但可说明铂族金属化学冶金过程中难以解释的许多

* 本文原载于《贵金属》1984 年第 3 期。

反应现象，并可说明各个铂族元素具有不同的最稳定价态的原因。

2 轻铂族与重铂族配合物的热力学稳定性对比

2.1 在氧化还原反应中的热力学稳定性对比

轻铂族与重铂族配合物在氧化还原反应中的稳定性对比如下：

（1）Os 的配合物比 Ru 的配合物稳定。在酸性溶液中，四价的 $OsCl_6^{2-}$ 比 $RuCl_6^{2-}$ 稳定，后者易还原为低价离子，两种配离子的氧化还原电位为：

$$OsCl_6^{2-} + e \rightleftharpoons OsCl_6^{3-} \quad E^\ominus = 0.43V$$

$$RuCl_6^{2-} + e \rightleftharpoons RuCl_6^{3-} \quad E^\ominus = 1.2V$$

Os、Ru 的其他价态配离子也同样表现出前者比后者稳定。如在碱性溶液中，Os 在铂电极上还原的半波电位都低于 Ru，见表 1。此外，八价氧化物也是 Os 的更稳定，如：

$$OsO_4 + 4H^+ + 4e = OsO_2 \cdot xH_2O \quad E^\ominus = 0.96V$$

$$RuO_4 + 4H^+ + 4e = RuO_2 \cdot xH_2O \quad E^\ominus = 1.4V$$

因此，RuO_4 在盐酸吸收液中易还原为低价态，但 OsO_4 在一定时间内可稳定不变。

表 1 Os、Ru 在铂电极上还原的半波电位

反 应	$E_{1/2}$/V	反 应	$E_{1/2}$/V
Os(Ⅷ) + e →Os(Ⅶ)	+0.38	Ru(Ⅷ) + e →Ru(Ⅶ)	+1.0
Os(Ⅶ) + e →Os(Ⅵ)	+0.13	Ru(Ⅶ) + e →Ru(Ⅵ)	+0.59
Os(Ⅵ) +2e →Os(Ⅳ)	−0.17	Ru(Ⅵ) +2e →Ru(Ⅳ)	−0.09

（2）Ir(Ⅳ)比 Rh(Ⅳ)稳定。Ir(Ⅳ)的氯配离子 $IrCl_6^{2-}$ 能稳定地在酸性溶液中存在，当在弱酸性溶液中长期贮存时，少部分能按以下几种方式自动还原。

$$4IrCl_6^{2-} + 2H_2O \rightleftharpoons 4IrCl_6^{3-} + O_2 + 4H^+$$

$$2IrCl_6^{2-} + 2Cl^- \rightleftharpoons 2IrCl_6^{3-} + Cl_2$$

Rh(Ⅳ)的氯配离子 $RhCl_6^{2-}$ 仅在用氯气饱和的硝酸介质中，用 $Ce(NO_3)_4$ 氧化 Cs_3RhCl_6 时才能获得 Cs_2RhCl_6 结晶沉淀。它是一种氧化剂，溶于水时则按下式自动还原。

$$2Cs_2RhCl_6 + 2H_2O = 2Cs_2Rh(H_2O)Cl_5 + Cl_2$$

（3）Ir(Ⅲ)比 Rh(Ⅲ)稳定。按照 Goldberg 及 Helper[7] 报道的标准还原电位，$IrCl_6^{3-}$/Ir，$E^\ominus$ =0.86V，$RhCl_6^{3-}$/Rh，$E^\ominus$ =0.5V，则 Rh(Ⅲ)应比 Ir(Ⅲ)难还原，但实际上 $IrCl_6^{3-}$ 在酸性或弱酸性溶液中均不能被 Cr(Ⅱ)、V(Ⅱ)、Ti(Ⅲ)的盐类以及 Cu 粉、Sb 粉等还原剂还原为金属，但 $RhCl_6^{3-}$ 配离子可被这些还原剂定量还原为金属。因此，这种选择性还原可用于 Rh 和 Ir 的定量分离。这种热力学数据与实验结果产生矛盾的原因在于还原反应过程中配离子动力学活性的差异起了主要作用。

（4）Pt(Ⅳ)比 Pd(Ⅳ)稳定。$PtCl_6^{2-}$ 配离子在溶液中相当稳定，长期贮存不会还原为低价态。$PdCl_6^{2-}$ 则只能在氧化性介质中存在，其酸性溶液煮沸时，全部自动还原为

$PdCl_4^{2-}$，并放出氯气。其他卤离子配位的 Pt(Ⅳ)、Pd(Ⅳ)的配离子，还原到 Pt(Ⅱ)、Pd(Ⅱ)时，其标准还原电位也是 Pd 的配离子更高，见表2。

表 2　M(Ⅳ)/M(Ⅱ)体系中 Pt、Pd 卤配离子的标准还原电位

反　应	$E^{\ominus}$/V	反　应	$E^{\ominus}$/V
$PtCl_6^{2-} + 2e \rightarrow PtCl_4^{2-}$	0.77	$PdCl_6^{2-} + 2e \rightarrow PdCl_4^{2-}$	1.30
$PtBr_6^{2-} + 2e \rightarrow PtBr_4^{2-}$	0.64	$PdBr_6^{2-} + 2e \rightarrow PdBr_4^{2-}$	0.99
$PtI_6^{2-} + 2e \rightarrow PtI_4^{2-}$	0.39	$PdI_6^{2-} + 2e \rightarrow PdI_4^{2-}$	0.48

(5) Pt(Ⅱ)比 Pd(Ⅱ)稳定。$PtCl_4^{2-}$ 和 $PdCl_4^{2-}$ 两者虽然都能被许多还原剂还原成金属，但 Pd(Ⅱ)的还原速度要快得多，它甚至可被乙醇、甘油和烃类等弱还原剂还原。

2.2　在水合反应中的动力学惰性对比

轻铂族与重铂族配合物在水合反应中的动力学惰性对比如下：

(1) Os(Ⅳ)比 Ru(Ⅳ)惰性高。$OsCl_6^{2-}$ 在动力学上是铂族元素氯配离子中惰性最高的氯配离子。在50℃、63 天内，$OsCl_6^{2-}$ 和 Cl^- 之间没有任何交换反应发生，水合反应也相当慢。在 80℃，离子强度 $\mu = 0.5 \sim 1.32$ 时，水合速率常数 $K_6 = 5.5 \times 10^{-4}\ min^{-1}$。$RuCl_6^{2-}$ 与 Cl^- 容易发生交换，在浓盐酸中的交换速率常数 $K = 8.4 \times 10^{-2}\ min^{-1}$，它也容易发生水合反应，即使在强盐酸介质中，水合反应也相当快。在 21℃，0.25mol/L 盐酸中，水合速率常数 $K = 4.9 \times 10^{-3}\ min^{-1}$。

(2) Ir(Ⅲ)比 Rh(Ⅲ)惰性高。$IrCl_6^{3-}$ 在 25℃、$\mu = 2.2$ 时，水合速率常数 $K_6 = 5.64 \times 10^{-4}\ min^{-1}$，活化能 $E_6 = 127.20 kJ/mol$。$RhCl_6^{3-}$ 在 25℃ 时，$K_6 = 1.1 \times 10^{-2}\ min^{-1}$，活化能 $E_6 = 104.6 kJ/mol$。可见 $RhCl_6^{3-}$ 水合反应很快，在低酸度下长期放置时，溶液中产生一系列$[Rh(H_2O)_nCl_{6-n}]^{n-3}$带有不同电荷的产物。

(3) Pt(Ⅱ)比 Pd(Ⅱ)的惰性高。$PtCl_4^{2-}$ 在25℃、0.5mol/L $HClO_4$ 介质中，水合反应达到平衡需要 3～4 星期，水合速率常数 $K_4 = 3.98 \times 10^{-5}\ s^{-1}$。从水合离子 $Pt(H_2O)Cl_3^-$ 转化为 $PtCl_4^{2-}$ 时放热，$\Delta H_{3\sim4} = -18.41 kJ/mol$。$PdCl_4^{2-}$ 容易发生水合，随 Cl^- 浓度的不同，生成$[Pd(H_2O)_nCl_{4-n}]^{n-2}$一系列具有不同电荷产物。$Cl^-$ 浓度在 0.1～0.5mol/L 时，$Pd(H_2O)Cl_3^-$ 与 $PdCl_4^{2-}$ 共存，两者相应的转化热 $\Delta H_{3\sim4} = -11.715 kJ/mol$。

2.3　其他方面的比较

其他方面的对比包括：

(1) Pt(Ⅱ)与 Pd(Ⅱ)卤配原子的稳定常数。电位法测定 $PtCl_4^{2-}$ 的总积累稳定常数为 $\lg\beta_4 = 16.6 \pm 0.6$，($\mu = 1.0$，$t = 18℃$)，热化学法测定为 $\lg\beta_4 = 16.0$。$PdCl_4^{2-}$ 的总积累稳定常数有不少人进行了多种方法的测定，结果表明 $\lg\beta_4$ 值波动在 11.45～12.3 之间。较近的数据是 Elding[8] 测得的 $\lg\beta_4 = 11.54$。可见 $PtCl_4^{2-}$ 的总积累稳定常数比 $PdCl_4^{2-}$ 的大上万倍。此外，$PtBr_4^{2-}$ 的 $\lg\beta_4 = 20.4 \pm 0.8$，$PdBr_4^{2-}$ 的 $\lg\beta_4$ 波动在 13.1～16.1 之间，Elding 测定的数据为 14.94，也表明 $PtBr_4^{2-}$ 要稳定得多。

（2）对水解反应的稳定性对比。Rh(Ⅲ)的氯配酸比Ir(Ⅲ)的氯配酸容易水解，沸腾温度下Rh(Ⅲ)的水解pH值为3.3～3.4，Ir(Ⅲ)的为4.9～5.0[9]。对于很稳定的$Rh(NO_2)_6^{3-}$和$Ir(NO_2)_6^{3-}$，虽然两者在pH = 9～10时都不会发生水解，但前者可被Na_2S沉淀，后者则不被沉淀。$Pd(NO_2)_4^{2-}$在pH<3时不被水解，$Pt(NO_2)_4^{2-}$则在pH<10时不被水解，也是后者比前者稳定。此外，Hepworth[10]还测得氟配离子对水解的稳定性顺序为：$OsF_6^{2-} \approx IrF_6^{2-} > PtF_6^{2-} > RuF_6^{2-} > RhF_6^{2-} > PdF_6^{2-}$。同样是重铂族配合物的稳定性大于轻铂族的稳定性。

3 讨论

3.1 重铂族配合物的稳定性大于轻铂族的稳定性

从本文列举的对比资料看出，无论热力学稳定性或动力学惰性，都存在以下规律：Os(Ⅷ) > Ru(Ⅷ)，Os(Ⅳ) > Ru(Ⅳ)，Ir(Ⅳ) > Rh(Ⅳ)，Ir(Ⅲ) > Rh(Ⅲ)，Pt(Ⅳ) > Pd(Ⅳ)，Pt(Ⅱ) > Pd(Ⅱ)。这些规律可一言概括为重铂族的配合物比相同相态、相同配位体和相应配离子结构的轻铂族配合物更稳定。

3.2 用d轨道能级分裂Δ值解释

能级分裂Δ值的大小直接决定晶体场稳定化能（CFSE）的大小，从而也决定了配合物的稳定性。实验测得有关的铂族配合物的Δ值列于表3、表4。

表3　铂族金属八面体配合物的Δ值　（cm^{-1}）

中心离子	电子组态	配位体					
		$6Br^-$	$6Cl^-$	3dtp	$6NH_3$	3en	$6CN^-$
Rh(Ⅲ)	$4d^6$	18900	20300	22000	34100	34600	44000
Ir(Ⅲ)	$5d^6$	23100	25000	26000	41000	41400	>45000

注：表中数据取自文献［12］，其中Br^-数据取自文献［12］，CN^-数据取自文献［13］；dtp为二乙基二硫代磷酸酯；en为乙二胺。

表4　铂族金属平面正方形配合物的配位体场参数Δ_1值　（cm^{-1}）

中心离子	电子组态	配位体			
		$4Br^-$	$4Cl^-$	$4NH_3$	$4CN^-$
Pd(Ⅱ)	$4d^8$	20450	25950	37050	44600
Pt(Ⅱ)	$5d^8$	26650	28250	46600	>50000

注：表中数据取自文献［14］。Δ_1值是指配位体场引起d轨道能级分裂后，$b_{1g}(x^2-y^2)$与$b_{2g}(xy)$轨道的能级差。

一般认为由第一过渡金属（$3d^n$）到第二过渡金属（$4d^n$）Δ约增加40%～50%，由第二过渡系到第三过渡系（$5d^n$）Δ约为增加20%～25%。至于对这种Δ值随周期数增加而增加的原因，目前的解释是Δ值与d电子平均轨道半径的四次方成正比[15]。Gray等[13,14]认为同层d电子相互之间的排斥效应按$3d > 4d > 5d$顺序下降，σ成键力按$3d_\sigma < 4d_\sigma < 5d_\sigma$的顺序增加。这些解释都认为$d$电子占有的空间大小是$3d < 4d < 5d$。

3.3 用铂族元素的第一电离势及核电荷解释

为对比轻重铂族元素原子结构的差异，有关参数列于表5。

表5 轻重铂族元素的结构参数

元　素	原子序数	原子半径/nm	共价半径/nm	+4 价离子半径/nm		鲍林电负性	第一电离势/eV	电子结构
				桑德桑	波金			
Ru	44	0.133	0.125	0.071	0.062	2.2	7.36	$4d^7 5s^1$
Os	76	0.134	0.126	0.075	0.065	2.2	8.50	$4f^{14} 5d^6 6s^2$
Rh	45	0.135	0.125	0.071	0.065	2.2	7.46	$4d^8 5s^1$
Ir	77	0.136	0.127	0.075	0.065	2.2	9.00	$4f^{14} 5d^7 6s^2$
Pd	46	0.138	0.128	0.073	0.064	2.2	8.33	$4d^{10} 5s^0$
Pt	78	0.139	0.130	0.076	0.064	2.2	9.00	$4f^{14} 5d^9 6s^1$

注：表中数据除 +4 价离子半径取自文献［16］外，其余均取自文献［17］。

从表5看出，轻重铂族元素虽然核电荷相差32，但由于“镧系收缩”的影响，两者的原子半径、共价半径、离子半径和电负性都非常接近，用这些参数是无法解释两者配合物稳定性的差异的。但是，两者的第一电离势却有明显差别。重铂族的第一电离势都大于相应的轻铂族，这表明重铂族原子核对外电子的吸引作用大于轻铂族。从电子结构上可以看出，重铂族元素第一电离势大的原因是它们的原子中存在着充满了14个 f 电子的 $4f$ 亚层。由于 $4f$ 与 $5d$、$6s$、$6p$ 同属于一个能级，相同能级的电子彼此对核的屏蔽作用不强，因此，重铂族离子的有效核电荷数将大于轻铂族。根据徐光宪的工作[18]，我们计算的轻重铂族离子的有效核电荷数列于表6。

表6 铂族离子对任一外入 d 电子的有效核电荷 Z^*

价　态	Ru(Ⅳ)	Rh(Ⅳ)	Pd(Ⅳ)	Os(Ⅳ)	Ir(Ⅳ)	Pt(Ⅳ)
d 电子数	$4d^4$	$4d^5$	$4d^6$	$5d^4$	$5d^5$	$5d^6$
有效核电荷 Z^*	6.60	7.25	7.90	7.44	8.09	8.74
价　态	Ru(Ⅲ)	Rh(Ⅲ)	Pd(Ⅱ)	Os(Ⅲ)	Ir(Ⅲ)	Pt(Ⅱ)
d 电子数	$4d^5$	$4d^6$	$4d^8$	$5d^5$	$5d^6$	$5d^8$
有效核电荷 Z^*	6.25	6.90	7.20	7.09	7.74	8.04

注：1. Z^* 是指铂族金属离子场中若再进入一个 d 电子时，进入的 d 电子所感受到的有效核电荷。

2. Z^* 的计算方法举例，如对[Ru(Ⅳ)]，$Z^* = 44 - 2(1s^2) - 8(2s^2 2p^6) - 18(3s^2 3p^6 3d^{10}) - 8(4s^2 4p^6) - 4(4d^4) \times 0.35 = 6.60$。其中0.35为 $4d$ 电子的屏蔽参数。

从表6看出，重铂族离子的 Z^* 值都大于相同价态轻铂族离子的 Z^* 值。因此，在配位体及配位数都相同时，按照静电理论，重铂族离子对配位体的吸引作用应大于轻铂族离子；按照价键理论则重铂族由 $5d$、$6s$、$6p$ 轨道组成的相应的 d^2sp^3 或 dsp^2 杂化轨道的成键力应大于轻铂族由 $4d$、$5s$、$5p$ 组成的相应杂化轨道的成键力；按照配位体场理论则重铂族离子被配位体场引起的 d 轨道能级分裂 Δ 值应大于轻铂族。由此可见，重铂族配合物的稳定性大于轻铂族配合物的稳定性。

3.4 铂族元素具有不同最稳定氧化态的解释

铂族金属元素能出现的各种氧化态列于表7。表中黑体字表示常见的氧化态，第一位数字为最稳定氧化态。

表7 铂族元素的各种氧化态

元素	氧化态						
Ru	**3**	**4**	2	6	8	5	7
Os	**4**	**8**	6	2	8	5	
Rh	**3**	**4**	2	1	0		
Ir	**4**	**3**	6	2	0		
Pd	**2**	**4**	3	0			
Pt	**4**	**2**	3	0	5	6	

长期以来，对铂族元素的氧化态特征，如Pd以Pd(Ⅱ)最稳定，$PdCl_4^{2-}$的稳定性大于$PdCl_6^{2-}$；Pt以Pt(Ⅳ)最稳定，$PtCl_6^{2-}$的稳定性大于$PtCl_4^{2-}$；Rh以Rh(Ⅲ)最稳定，$RhCl_6^{3-}$的稳定性大于$RhCl_6^{2-}$；Ir(Ⅳ)也比Ir(Ⅲ)稳定等现象一直未见解释。从表7看出，重铂族都以正四价为最稳定。按本文的观点，其原因是+4价离子可腾出两个d轨道来组成d^2sp^3杂化轨道，形成八面体构型的$OsCl_6^{2-}$、$IrCl_6^{2-}$和$PtCl_6^{2-}$等配离子，它们的电子组态分别为$5d^4$、$5d^5$和$5d^6$。按强场配位时，其相应的CFSE都比较高，分别等于1.6Δ、2.0Δ和2.4Δ。本文列举的氯配离子，虽然Cl^-在光谱化学序列中为弱场配位体，但因重铂族离子的Z^*值高，与配位体的吸引作用很强，导致d电子都按强场排列为低自旋型，因此这些+4价离子形成的配阴离子都很稳定。对于轻铂族，虽然也能形成六配位的低自旋配离子，但中心离子与配位体的吸引作用不如重铂族离子强，六个负电荷配位体的静电排斥作用使它们不稳定，其中$PdCl_6^{2-}$在水中自动还原为d^8平面正方形的$PdCl_4^{2-}$，这可使中心离子的半径从0.064nm增加到0.080nm，并使配位体数从6减少到4，从而降低了配位体之间的静电排斥作用，因此Pd(Ⅱ)比Pd(Ⅳ)稳定。同理，$RhCl_6^{2-}$也自动还原为$Rh(H_2O)Cl_5^{2-}$或$RhCl_6^{3-}$，这时它还可保留两个空d轨道，虽然Rh(Ⅲ)对配位体的吸引力作用不如Rh(Ⅳ)，但它扩展了中心离子半径，且d^5组态转化为d^6组态时CFSE可增加0.4Δ，因此它的稳定性仍可大于Rh(Ⅳ)。当然，$RhCl_6^{3-}$中配位体之间的排斥作用还是够大的，从本文可知，它非常容易发生水合反应。Ru(Ⅳ)的$RuCl_6^{2-}$同样也很容易还原为$RuCl_6^{3-}$，甚至会还原到d^6组态的Ru(Ⅱ)配离子。以上就解释了表7中铂族元素出现不同的最稳定氧化态的原因。

3.5 对一些铂族金属分离方法原理的解释

铂族金属的分离方法很多，本文仅解释Ru与Os、Rh与Ir和Pd与Pt之间的分离原理，具体如下：

(1) Os、Ru的分离。按本文观点，由于Os(Ⅷ)的有效核电荷数大于Ru(Ⅷ)，OsO_4将比RuO_4更容易形成，因此在用强氧化剂氧化蒸馏Os、Ru的过程中，首先是OsO_4被蒸出。当两种四氧化物都进入含有少量乙醇的盐酸吸收液时，RuO_4易被还原为低价态并转化为较稳定的 H_3RuCl_6，甚至转变为各种更低价态的氯配酸。OsO_4 则较稳定，可用加热盐酸吸收液使它再次被蒸馏到碱性吸收液中。如果盐酸吸收液放置时间太长，一部分 OsO_4 也能被还原和转化，这就是 Ru 的盐酸吸收液中的 OsO_4 必须及时蒸馏分离的原因。

（2）Ir、Rh 的分离。铱和铑是 6 个铂族金属中最难分离的一对元素。现有的一些分离方法实际上都是依靠 H_3RhCl_6 的动力学惰性小于 H_3IrCl_6 的原理。在用 Cu 粉置换法分离时，尽管 $RhCl_6^{3-}/Rh$ 的还原电位低于 $IrCl_6^{3-}/Ir$，但只有 Rh 能被置换到金属，Ir 则不能被置换，此反应明显地不能用热力学数据（氧化还原电位）来解释。又如因 $RhCl_6^{2-}$ 极不稳定，Rh(Ⅲ)不易氧化到 Rh(Ⅳ)，因此可用 $NaClO_3$、$NaBrO_3$ 或 Cl_2 等试剂把混合溶液中的 Ir(Ⅲ)氧化到 Ir(Ⅳ)。由于 $RhCl_6^{3-}$ 与 $IrCl_6^{2-}$ 相差一个负电荷，因此可用磷酸三丁酯或烷基氧膦等萃取剂萃取分离 Ir[6]。再如在分析化学中，利用 $RhCl_6^{3-}$ 容易发生水合反应的特点，在弱盐酸介质中加入硫脲，使 Rh(Ⅲ)形成配阳离子，Ir(Ⅲ)仍保持为配阴离子，然后用阳离子交换树脂达到 Rh、Ir 分离的目的。

以上方法只有用本文观点才能从本质上得到解释。

（3）Pt、Pd 的分离。工业生产中长期使用 NH_4Cl 沉淀法分离 Pt、Pd，这是由于 $PdCl_4^{2-}$ 为平面正方形构型，$PtCl_6^{2-}$ 为八面体构型，因此后者能被 NH_4Cl 沉淀。同时由于配阴离子几何构型的差异，也可用硫醚或其他许多萃取剂萃取平面正方形的 $PdCl_4^{2-}$[20]。这些都是利用了 Pd(Ⅳ)极不稳定，能自动还原为 H_2PdCl_4，而 Pt(Ⅳ)能稳定存在的性质差异而进行的。

4 小结

本文列举的材料表明，铂族配合物中存在着“重铂族配合物比相应结构的轻铂族配合物的热力学稳定性更大，动力学惰性更高”的规律。它可用元素所处的周期数对 d 轨道能级分裂 Δ 值的影响以及铂族元素的第一电离势值进行解释。重铂族的原子结构经历了“镧系收缩”，离子半径与轻铂族相近，但 $4f$ 电子对 $5d$ 电子的屏蔽作用不良，使重铂族离子的有效核电荷 Z^* 高于轻铂族，因而对配位体的吸引作用也高于轻铂族。作者用这种观点从原子结构的本质解释了本文提出的这一规律，并解释了铂族元素具有不同的最稳定氧化态的原因，以及铂族金属化学冶金中所使用的一些分离方法的原理。

参考文献

[1] Edwards R I. The refining of the platinum-group metals[J]. National Institute for Metallurgy, Report No. 1774, 1975.

[2] Stern E. Symposium on Recovery. Reclamation and Refining of Precious Metals, 1981, March, 10 ~ 13, Sheraton Harbor Island, SanDiego, CA. P7 ~ 38.

[3] 陈景，孙常焯. 稀有金属. 1980, 3: 35.

[4] Ginzburg S I, Ezerskaya N A. Analytical Chemistry of Platinum Metals[M]. Keter Publishing House Jerusalem Ltd., 1975, 23, [4a]: 12 ~ 153.

[5] 陈景，杨正芬，有色金属. 1980, 4: 39 ~ 46，自然杂志，1980(3), 7: 558.

[6] 陈景，杨正芬，崔宁．金属学报．1982(18):233 ~244.
[7] Goldberg R，Helper L. Chem. Rev. 1968(68):229.
[8] Elding L I. Inorg，Chem，Acta[J]. 1972(6):647.
[9] 阙振寰，杨汝琳．化学通报．1963，11.
[10] Hepworth M，et al. J. chem.，Soc. 1954：4269，1958：611.
[11] Huheey E. Inorganic Chemistry Principles of Structure and Reactivity[M]. second edition：363.
[12] 徐光宪．化学通报．1964，10：6.
[13] Alexander J J，Gray H B. J. Amer. Chem. Soc.，1968(90):4260.
[14] Mason W R，Gray H B. ibid，1968(90):5721，Beach N A，Gray H B. Ibid,1968(90)：5713.
[15] 游孝曾．结构分析导论[M]．北京：科学出版社，1980：93.
[16] 陈念贻．键参数函数及其应用[M]．北京：科学出版社，1976：104.
[17] 戴安邦，沈孟长．元素周期表[M]．上海：上海科技出版社，1981.
[18] 徐光宪，赵学庄．化学通报．1956(22):441.
[19] Berg E，Senn W. Analyt. chem. 1955(27):1255.
[20] 马荣骏．溶剂萃取在湿法冶金中的应用[M]．北京：冶金工业出版社，1979：366.

轻重铂族元素配合物化学性质的差异*

摘　要　本文从轻、重铂族元素有效核电荷的差异及轻、重铂族元素配体场引起 d 轨道能级分裂 Δ_0 值的差异，解释了“重铂族配合物比相应结构的轻铂族配合物的热力学稳定性更强，动力学惰性更高”的规律。并以 Pt(Ⅱ)、Pd(Ⅱ)与硫脲、二甲基乙二醛肟、硫化钠等试剂的反应情况及在亚砜萃取中的行为为例；以 Rh(Ⅲ)、Ir(Ⅲ)与硫脲、吡啶、NaOH 与 KSCN 等试剂的反应为例；以 Os(Ⅳ)、Ru(Ⅳ)与硫脲、KSCN、巯萘剂反应及选择性还原反萃为例，论证了上述轻重铂族配合热力学稳定性和动力学惰性差异的规律。

1　引言

在《铂族金属配合物稳定性与原子结构的关系》[1]一文中，作者从大量化学反应现象和实验数据归纳出一条重要规律——重铂族（Os、Ir、Pt）的配合物比具有相同价态、相同配位体以及相应几何构型的轻铂族（Ru、Rh、Pd）的配合物的热力学稳定性更强，动力学惰性更高。其后作者在铂族金属的氧化还原反应规律[2]、亲核取代反应的活性顺序[3]以及其他许多研究报告中[4~7]，多方面充实、验证了这条规律。鉴于此规律对铂族金属化学分析及冶金有十分重要的理论指导意义，本文将更深一步讨论产生此规律的根本原因，并从文献中引用一些反应现象和实验数据予以说明。

2　轻重铂族元素有效核电荷的差异

轻铂族钌、铑、钯是属周期表第五周期第二过渡系第Ⅷ族的三个元素，其外电子构型分别为 $4d^7 5s^1$、$4d^8 5s^1$ 和 $4d^{10}$。这种电子填充轨道的不规则性是因为在高原子序数的原子中，电子的轨道能级发生了交错，$4d$ 高于 $5s$，但能级差不大，因此 $5s$ 电子容易激发到 $4d$ 轨道上去，发生不规则排列[8]。重铂族锇、铱、铂属第六周期第三过渡系的三个元素，外电子结构分别为 $4f^{14}5d^6 6s^2$、$4f^{14}5d^7 6s^2$ 及 $4f^{14}5d^9 6s^1$。在这个过渡系中，$5d$ 能级也高于 $6s$，$4f$ 则介于其间，它们也发生了不规则排列。

电子所感受到的有效核电荷 Z^* 与电子所处的亚层的量子数（nl）、原子序数 Z 和原子或离子中的电子总数 N 及组态有关[9]。严格地用变分法计算各原子轨道的有效核电荷是相当复杂的，但用改进的 Slater 法计算时则相当简便，物理含义很明确。对某一亚层（nl）中的某电子而言，它所感受到的 Z^* 只与同一亚层中的其他电子以及比（nl）更内层的电子的屏蔽作用有关，与（nl）更外层的电子关系不大，而且较内层的电子比同一亚层中的电子的屏蔽作用则大得多。

由于六个铂族元素都可以形成正四价离子，其有效核电荷 Z^* 就具有可比性。四价轻铂族离子的外电子结构：Ru，$4d^4$；Rh，$4d^5$；Pd，$4d^6$。这些 d 电子按洪德规则可以

* 本文原载于《铂族金属化学冶金理论与实践》，云南科技出版社，1995：15～26。

两两成对地挤在三个 d 轨道中，余出两个空 d 轨道与空的 $5s$ 和 $5p$ 组成供六个配体使用的 d^2sp^3 杂化轨道。作者认为，这种杂化轨道的成键力将与未杂化前 $4d$、$5s$、$5p$ 等空轨道，特别是 $4d$ 空轨道所受到的 Z^* 的吸引有关，Z^* 越大则杂化轨道的能级越低，形成配位键时释放的能量越多，配位键也就越牢固。因此我们可将进入四价离子 d 轨道中的第一个电子所感受到的 Z^*，简称为四价离子的有效核电荷，作为形成配位键牢固程度的一种量度。按以上定义用 Slater 法计算的铂族金属的 Z^* 值列入表 1。

表 1　四价铂族金属离子对 d 电子的有效核电荷 Z^*

铂族金属	Ru	Rh	Pd	Os	Ir	Pt
外电子结构	$4d^4$	$4d^5$	$4d^6$	$4f^{14}5d^4$	$4f^{14}5d^5$	$4f^{14}5d^6$
有效核电荷	6.60	7.25	7.90	7.44	8.09	8.74

从表 1 看出，轻铂族四价离子的 Z^* 大于 4，这是因为同一亚层中 d 电子相互屏蔽的屏蔽常数 σ 仅为 0.35，即失屏效应很大。

对于重铂族，四价离子的外电子结构要考虑 $4f$ 电子。$4f$ 对 $5d$ 的屏蔽常数 $\sigma = 0.94$，14 个 $4f$ 电子引起的失屏效应产生了不容忽视的作用，因此计算出的 Z^* 值比同一竖行的轻铂族大 0.84。总而言之，重铂族是由于 $4f$ 电子的失屏效应而使有效核电荷大于轻铂族。

R. B. Heslop 和 K. Jones 指出[10]：第六周期过渡元素的电离能比其他两个周期高，是因为 $4f$ 电子的屏蔽效应弱，致使作用于外层电子的有效核电荷增大的缘故。本文的讨论与他们的观点是一致的。

3　轻重铂族元素配体场引起 d 轨道能级分裂的差异

d 轨道能级分裂是由于配合物中配体的静电场对中心离子电子结构的影响造成的。在金属的自由离子中，五个 d 轨道的能量相同，即处于简并态。当把自由离子放入配位体场中，例如八面体场中时，五个 d 轨道受到周围六个配体负电荷场的排斥作用，能级都将升高。由于 d 轨道的空间取向不同，d_Z^2 和 $d_{x^2-y^2}$ 两个 d 轨道恰好指向配位体，受到的排斥作用最大，能级升高最大，其余 d_{xy}、d_{xz}、d_{yz} 三个 d 轨道则处于较低能级，这就是 d 轨道能级分裂，如图 1 所示。

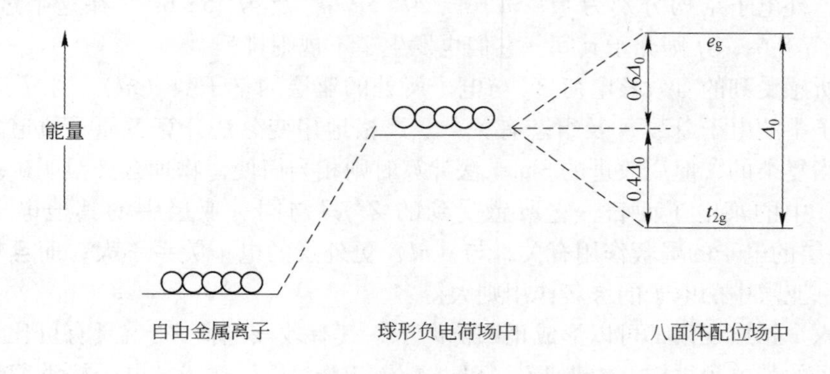

图 1　d 轨道在八面体配体场中的分裂示意图

需指出的是图 1 没有按比例作图，d 轨道作为一个整体从自由离子到球形负电场中的能级升高是在 20 ~ 40eV 数量级，而 d 轨道分裂为两组的能量差 Δ_0 一般只有 1 ~ 3eV[11]。这里我们只讨论 Δ_0 这一部分。

d 轨道分裂为两组后，中心离子的 d 电子将优先填充在低能量的三个 d 轨道中，这样，它与所有处在相同的能级的 d 电子相比将更稳定，这个能量差就叫做配位场稳定化能（LFSE）。显然，Δ_0 愈大，LFSE 也愈大。对于四价的铂族金属离子，它们留下的 d 电子为 4 ~ 6 个，可全部填充在低能级轨道中，获得一份稳定化能。而高能级的两个 nd 轨道，则与 $(n+1)s$ 和 $(n+1)p$ 轨道杂化后供配位体的电子对使用，又再次释放能量，形成配位键。

对 Δ_0 的影响被认为是来自中心离子电荷和配位体的大小，以及金属离子与配位体之间的距离。由于重铂族的 Z^* 大于轻铂族，重铂族离子对配位体的吸引也将大于轻铂族，因此对于同一种配体，重铂族的 $5d$ 轨道分裂的 Δ_0 将大于轻铂族 $4d$ 轨道的分裂的 Δ_0。此种情况已为许多用光谱测定的 Δ_0 数据所证实，见文献[1]。以上讨论可概言为：在配合物中，重铂族比轻铂族有更大的配位场稳定化能。这又从另一个方面论证了重铂族配合物比轻铂族配合物有更大的稳定性。

除了 Z^* 和 Δ_0 的差异外，$5d$ 轨道的空间略大于 $4d$ 轨道，轻、重铂族离子的电子云扩展效应和轨道自旋耦合参数不尽相同，重铂族形成反馈键的能力比轻铂族强，这些都将影响轻、重铂族配合物的稳定性。

4 铂和钯配合物稳定性的比较

红外光谱对反式 $M(PEt_3)_2Cl_2$ 的研究表明，M—Cl 键的伸张频率为：ν(Pt—Cl)，340cm^{-1}，ν(Pd—Cl)，281cm^{-1}，由此证实 Pt—Cl 键比 Pd—Cl 键强[12]。有人测定 K_2PtCl_4 中 Pt—Cl 键的平均键能为 372.6kJ/mol，K_2PdCl_4 中的 Pd—Cl 键为 347.5kJ/mol，也表明 Pt—Cl 键比 Pd—Cl 键强[13]。而 $PtCl_4^{2-}$ 的总积累稳定常数 $\lg\beta_4 = 16.6$，$PdCl_4^{2-}$ 的 $\lg\beta_4$ 波动在 11.45 ~ 12.3 之间，两者相差数万倍到十万倍，则是更有力的证据[1]。

亲核取代反应动力学的研究表明，Pd(Ⅱ)体系差不多要比 Pt(Ⅱ)体系反应速度快 10^5 倍，关于吡啶与钯、铂配合物按式（1）反应的反应速度列于表 2 中。

$$[M(dien)X]^+ + Py \longrightarrow [M(dien)Py]^{2+} + X^- \tag{1}$$

对于 Pt(Ⅳ)和 Pd(Ⅳ)，键能测定在 K_2PtCl_6 中 Pt—Cl 键的平均键能为 322.4kJ/mol，在 K_2PdCl_6 中的 Pd—Cl 键为 293.0kJ/mol[13]。至于水溶液中的反应，由于 $PdCl_6^{2-}$ 在水中能放出 Cl_2 而全部自动还原为 $PdCl_4^{2-}$，因此无法与 $PtCl_6^{2-}$ 进行稳定性比较。

表 2 25℃水溶液中吡啶与配合物的取代反应速度比较[14]

配 合 物	$\kappa_{(表观)}/s^{-1}$	
	Pd(Ⅱ)①	Pt(Ⅱ)②
$M(dien)Cl^+$	快	3.5×10^{-5}
$M(dien)Br^+$	快	2.3×10^{-5}
$M(dien)I^+$	3.2×10^{-5}	1.0×10^{-5}
$M(dien)SCN^+$	4.3×10^{-2}	3.0×10^{-7}
$M(dien)NO_2^+$	3.3×10^{-2}	2.5×10^{-7}

① [Py] = 0.00124mol/L；② [Py] = 0.00592mol/L。

现举几种与化学分析和与冶金有关的反应实例于下：

（1）与硫脲反应[15]。Pd(Ⅱ)与硫脲反应形成的盐$[Pd(NH_2CSNH_2)_4]Cl_2$在水溶液中不稳定，加热时分解而形成硫化钯。Pt(Ⅱ)形成的$[Pt(NH_2CSNH_2)_4]Cl_2$则是稳定的，可从水从溶液中重结晶，硫酸或碱金属硫酸盐的加入则沉淀出灰黄色晶体物质$[Pt(NH_2CSNH_2)_4]SO_4$。

（2）与二甲基乙二醛肟反应[15a]。在室温下二甲基乙二醛肟从盐酸介质中定量沉淀Pd(Ⅱ)，被称为钯试剂，但它与Pt（Ⅱ）的反应却十分缓慢，在20～25℃需要300～400h，在90℃需要2h，因此Pt(Ⅱ)不干扰Pd(Ⅱ)的定量分离。

（3）与硫化钠反应。室温下将Na_2S溶液滴加入H_2PdCl_4溶液中时，即使盐酸浓度高达6mol/L，也立即生成PdS沉淀而嗅不到H_2S味，控制硫化钠用量可以定量沉淀Pd(Ⅱ)[16]。但加入到H_2PtCl_4溶液中时，则不会生成沉淀，可明显地嗅到H_2S味。

（4）亚砜萃取。张永柱等[6]研究了二正辛基亚砜萃取Pd(Ⅱ)、Pt(Ⅱ)的动力学。在盐酸浓度为2～7mol/L范围，两种金属先以缔合盐机理萃入有机相，随后发生萃取剂分子进入配合物内界的反应，$PdCl_4^{2-}$比$PtCl_4^{2-}$更已形成ML_2Cl_2萃合物，实验测得在同等条件下Pd(Ⅱ)的萃取速率为Pt(Ⅱ)的$10^{5.56}$倍，与表2中取代反应的数据一致。

5 铱和铑配合物稳定性的比较

与Pt(Ⅳ)、Pd(Ⅳ)类似，$[IrCl_6]^{2-}$是比较稳定的配离子，而Rh(Ⅳ)文献中只报道过能在Cs_2RhCl_6晶体中存在，当溶于水时它即自动还原为$Rh(H_2O)Cl_5^{2-}$。

对于Ir(Ⅲ)和Rh(Ⅲ)，几种对应配离子的水合反应速率列于表3。

表3 25℃水溶液中Ir(Ⅲ)、Rh(Ⅲ)配离子的水合反应速度及活化能

配离子	κ/s^{-1}		$E_a/kJ\cdot mol^{-1}$	
	Rh(Ⅲ)	Ir(Ⅲ)	Rh(Ⅲ)	Ir(Ⅲ)
MCl_6^{3-}	1.8×10^{-3}	9.4×10^{-6}	104.7	125.6
$M(H_2O)Cl_5^{2-}$	3×10^{-4}	约10^{-6}	—	—
$M(NH_3)_5Br^{2+}$	约1×10^{-8}	约2×10^{-10}	108.9	113.0

注：数据取自文献［12］100页。

从表3看出，Ir(Ⅲ)配离子的动力学惰性高于Rh(Ⅲ)。红外光谱测得MF_6^{3-}型的配离子中，Ir—F键的振动频率为589cm^{-1}，Rh-F键为568cm^{-1}，前者的键强于后者[15a]。

含有三苯基膦的铑的配合物对烯烃加氢反应具有相当好的活性，被称为Wilkinson催化剂。有趣的是类似的铱的配合物的加氢催化活性低得多，见表4。这种差别被解释为在加氢过程中膦配位体必须从金属离子上解离出来，而膦配体与金属的键合在铱的配合物中要比在相应的铑配合物中牢固得多[17]。

表4 庚烯-1在加氢催化剂存在下的还原速度

催化剂	$RhClL_3$	$IrClL_3$	$RhH(CO)L_3$	$IrH(CO)L_3$
加氢速度/mol·(L·s)$^{-1}$	5.7×10^3	0.6×10^3	2.8×10^3	0.3×10^3

注：温度25℃，$L=P(C_6H_5)_3$。

与化学分析及冶金有关的Ir(Ⅲ)和Rh(Ⅲ)动力学性能差异的反应很多，以下举出几种实例：

(1) 与硫脲反应。在一定条件下向铑铱混合溶液中加入硫脲，铑被转化为硫脲配位的阳离子，铱仍保持在阴离子状态，然后可用氢型 Dowex-50w-X8 阳离子交换树脂吸附 Rh(Ⅲ)，达到铑铱分离[18]。

(2) 与吡啶反应。铑和铱都能与吡啶形成二氯四吡啶配离子，$[M(Ⅲ)Py_4Cl_2]^+$，但铑的形成速度比铱快约6.5倍，因此控制反应条件，可以达到二者的分离[15b]。

(3) 与碱反应。将 NaOH 溶液加入铑铱混合溶液中，铑转化为水合氧化铑沉出，再向混合溶液中加入2mol/L HCl，铑又转化为水合阳离子，铱则保持在氯配阴离子状态，用IRA-400阴离子交换树脂可以选择吸附铱，也可用阳离子萃取剂，如P204，选择性萃取铑。

(4) 与KSCN反应。在含2mol/L LiCl的盐酸介质中，加入KSCN，加热至90℃，保温30min，促进Rh和SCN^-形成可萃配离子，然后迅速将溶液冷至室温，抑制SCN^-与Ir形成配离子，补加HCl至2mol/L浓度，投入聚醚型氨基甲酸酯泡沫，即使Ir含量大于Rh含量5倍，仍可有95%的Rh被萃入泡沫中，95%的Ir保留在溶液中[19]。

6 锇和钌配合物稳定性的比较

文献［1］已指出，OsO_4 和 RuO_4 在盐酸溶液中后者将被还原为 $RuCl_6^{2-}$，若盐酸浓度大于6mol/L，则被还原到三价的 $RuCl_6^{3-}$。OsO_4 则比较稳定，还原速度缓慢。

在碱溶液中，RuO_4 和 OsO_4 表现的性质也完全不同。RuO_4 首先被碱还原为高钌酸阴离子 RuO_4^-，然后进一步还原到钌酸根 RuO_4^{2-}，而Os则表现出5d金属含氧阴离子有增大配位层的能力，与碱作用不发生还原而生成 $OsO_4(OH)_2^{2-}$[20]。

Ru(Ⅳ)和Os(Ⅳ)的配合物都是八面体或畸变的八面体结构，应具有 t_{2g}^4 电子组态，因此有两个未成对的 d 电子应使其配合物的磁矩接近2.84玻尔磁子。但室温下Os(Ⅳ)配合物的特征值是在1.2~1.7玻尔磁子范围内，当温度降低时，有效磁矩随绝对温度的平方根而减小。Ru(Ⅳ)配合物则有正常的磁矩，在2.7~2.9玻尔磁子范围。这种情况在早期老的文献中曾被错误地认为Os(Ⅳ)中只有一个未成对的电子，不是四价状态。F. A. 科顿和G. 威尔金森[21]指出，产生这种反常现象的原因是较重离子的高自旋轨道耦合常数，深入讨论这个问题已超出本章范围，但上述情况表明，轻重铂族元素的原子结构特性的确是差别明显的。

$RuCl_6^{2-}$ 在21℃、0.25mol/L HCl中的一水合反应速率常数为 $k=8.2\times10^{-5}s^{-1}$；$OsCl_6^{2-}$ 在温度达80℃，离子强度0.5~1.32介质中的一水合速率常数 $k=3.3\times10^{-6}s^{-1}$，表明后者比前者稳定，特别是氯离子交换速率，$RuCl_6^{2-}$ 在浓盐酸中交换速率 $k=1.4\times10^{-3}s^{-1}$，而 $OsCl_6^{2-}$ 在50℃、63天几乎没有任何氯交换发生[15c]。

对于配离子荷移光谱测定的数据表明，L→M跃迁的能量Ru(Ⅳ)低于Os(Ⅳ)。

表5中 υ_1 组相应于 $\pi\rightarrow\pi^*(t_{2g})$ 跃迁，υ_2 组相应于 $\pi\rightarrow\sigma^*(e_g)$ 跃迁，L→M跃迁相当于金属被还原，配体被氧化，但一般不能实现电子完全转移到金属离子上。金属离子越易被还原，配体越易被氧化，则这种跃迁的能量就越小。因此，表5数据也表

明 $RuCl_6^{2-}$ 比 $OsCl_6^{2-}$ 更易还原的原因。

表 5　配离子中 L→M 跃迁的能量[22]

d^n	配离子	v_1 组	v_2 组
$4d^4$	$RuCl_6^{2-}$	17.0～24.5	36.0～41.0
$5d^4$	$OsCl_6^{2-}$	24.0～30.0	47.0
$5d^4$	$OsBr_6^{2-}$	17.0～25.0	35.0～41.0
$5d^4$	OsI_6^{2-}	11.5～18.5	27～35.5

注：$1\times10^3 cm^{-1}$。

与化学分析及冶金有关的一些反应实例如下：

（1）与硫脲反应。在盐酸溶液中，硫脲与 Os 生成红色配合物，与 Ru 生成蓝色配合物，但 Os 的硫脲配合物的稳定性比 Ru 的高得多，向混合溶液中加入二乙基二硫代磷酸时，钌将被沉淀，锇则保留于溶液中。

（2）与 KSCN 反应[23]。在 pH 值为 2.5～3.5 的 3mol/L LiCl 溶液中，加入 KSCN 则生成 $Ru(SCN)_6^{3-}$ 和 $Os(SCN)_6^{3-}$ 配离子，前者 5min 可生成，后者需加热 30min，利用生成速度的差异可达到分离的目的。即在 90℃ 下加热 5min 后，迅速用冰水冷却 Os、Ru 混合溶液至室温，以控制 $Os(SCN)_6^{3-}$ 的形成，然后投入聚醚型氨基甲酸酯泡沫，1h 后，95% 的 Ru 被萃取入泡沫中，而 95% 的 Os 仍留在溶液中。

（3）选择性还原反萃。先将 RuO_4 和 OsO_4 同时萃入有机溶剂中，与 H_2O_2 加入稀盐酸（0.5～1.0mol/L）的水相摇荡，RuO_4 被还原入水相中。分离水相后，用 As_2O_3 的硫酸溶液反萃，OsO_4 又被还原进入水相[24]。

（4）与巯萘剂（thionalide）反应。在 1% 体积分数的稀盐酸中，Ru 与巯萘剂容易形成一种 Ru∶试剂 = 1∶2 的沉淀化合物。但从 0.5mol/L 的 HCl 中沉淀 Os 时，需将巯萘剂的酒精溶液逐渐加入至过量，煮沸两小时后再在水浴中加热，让沉淀凝聚才能过滤[15d]。

7　小结

本文进一步深入讨论了重铂族和轻铂族的有效核电荷 Z^* 和 d 轨道能级分裂 Δ_0 差异的原因，以文献中收集到的大量可比资料，再次论证作者以前提出的“重铂族配合物的热力学稳定性和动力学惰性高于轻铂族配合物”的规律。对这条规律的深入理解将有助于贵金属分析工作者和冶金工作者从理论上理解各种各样引人入胜的反应现象和实验结果，使之能预测和设计新的分析方法和冶金工艺。

参 考 文 献

[1] 陈景．贵金属．1984，5(3):1～9.
[2] 陈景．贵金属．1991，12(1):7～16.
[3] 陈景．贵金属．1985，6(3):12～19.
[4] 陈景，杨正芬．有色金属．1980：4.
[5] 聂宪生，陈景，谭庆麟．贵金属．1990，11(2):1～12.

[6] 张永柱，陈景，谭庆麟．贵金属．1991，12(2):1~10.
[7] 陈景，聂宪生．贵金属．1992，13(2):7~12.
[8] 徐光宪．物质结构[M]．北京：人民教育出版社，1962：90.
[9] 刘叔仪．结构化学[M]．贵阳：贵州人民出版社，1983：208.
[10] Heslop R B，Jones K. Inorganic Chemistry A Guide to Advanced Study[M].1976，中译本，下册：6.
[11] Olive G H，Olive S. Coordination and Catalysis[M]．中译本，北京：科学出版社，1977：81.
[12] Basolo F，Pearson R G. Mechanisms of Inorganic Reaction[M]．中译本，北京：科学出版社，1967：219.
[13] Hartly F R. The Chemistry of Platinum and Palladium[M].1973：253.
[14] Basolo F，Gray H B，Pearson R G，J. Am. Chem. Soc[J].1960，82：4200.
[15] Ginzburg S I，Ezerskaya N A. Analytical chemistry of platinum metals[J].1975，142.(a):8;(b):462;(c):45~54;(d):171.
[16] 陈景，杨正芬．贵金属．1980，1：1.
[17] Strohmeier W. Topics in Current Chem.，1972，25：71.
[18] Berg E，Senn W. Analyt. Chem.，1955，27：1255.
[19] Al-Bazl S J，Talanta. 1984，3(31):189.
[20] Cotton F A，Wilkinson G. Advanced Inorganic Chemistry[M]．中译本，北京：人民教育出版社，1972：626.
[21] Ibid，519.
[22] Jorgensen C K. Mol. Phys.，1952，2：309；Adv. Chem. Phys.，1963，5：33.
[23] Al-Bazl S J. Anal. Chem. Acta. 1984，157：83.
[24] 蔡树型，黄超．贵金属分析[M]．北京：冶金工业出版社，1984：16.

从原子结构探讨贵金属在提取冶金过程中的行为*

摘　要　从原子结构特征分析了第Ⅷ族和I_B族中Fe、Co、Ni、Cu 3*d*贱金属元素与其余8个贵金属元素化学性质的差异，以及Ru、Rh、Pd、Ag 4*d*贵金属与Os、Ir、Pt、Au 5*d*贵金属化学性质的差异。指出横向比较时，它们的化学稳定性都是从左到右增大，纵向比较时，化学稳定性是$3d \ll 4d < 5d$。以从硫化铜镍矿中提取富集贵金属为例，讨论了焙烧—还原熔炼—氧化吹炼等火法过程及电解富集、阳极泥硫酸化处理、湿法氯化、加压氧化、选择性还原等湿法冶金过程中贵金属的行为。

由于资源枯竭和环境恶化，21世纪的冶金工业应以节能、降耗和发展与环境友好的绿色工艺技术为目标。为实现此目标，有必要把应用基础理论研究深入原子层次，以便从原子结构特征认识冶金反应规律。贵金属冶金可分为提取富集与精炼提纯两个阶段。关于精炼提纯，笔者根据原子结构特征已归纳总结出许多规律[1~5]，本文主要讨论贵金属的提取富集过程。

1　贵金属与贱金属的原子结构特点

1.1　贵金属及共生贱金属在周期表中的位置

贵金属处于周期表下部的中间位置，属第二、第三过渡系中接近填完*d*电子层的部位。贵金属在自然界多呈元素态或合金态，如砂铂矿、砂金矿，也有相当多的贵金属赋存于硫化铜镍矿及硫化铜矿中，如南非的麦伦斯基矿、俄罗斯的诺里尔斯克矿、美国的斯蒂尔瓦特矿、加拿大的萨德伯里矿以及我国的金川硫化铜镍矿。这些矿中大量存在的贱金属恰恰就是周期表中位于贵金属上方第一过渡系的Fe、Co、Ni、Cu（见图1）。不含或少含镍的硫化铜矿则主要只赋存有金、银。这种现象应与成矿规律有关，

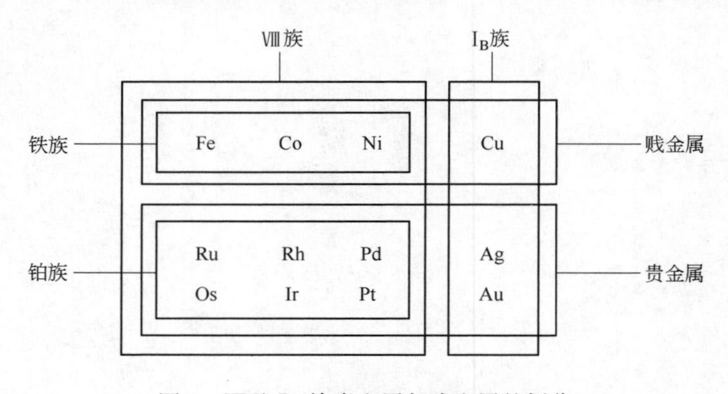

图1　Ⅷ及I_B族贵金属与贱金属的划分

* 本文原载于《中国工程科学》1999年第2期。

本文不作讨论。

早期的化学家按地球产出状态进行元素分类时，曾把金及铂族归入亲铁元素，因为地壳中的金及铂族元素像陨铁及地核中的 Fe、Co、Ni 一样多以金属相或合金相存在。而银和铜多以硫化物相存在，因此银则被划入亲铜元素。其实，从图 1 来看，铂族与铁族共生，银、金与铜共生，可认为出自原子结构相似，以下主要讨论这 12 个元素的原子结构及特性，本文讨论用的参数列入表 1、表 2。

表 1　Ⅷ及 I_B 族元素的一些物理参数

元　素	Fe	Co	Ni	Cu
电子结构	(Ar) $3d^6 4s^2$	(Ar) $3d^7 4s^2$	(Ar) $3d^8 4s^2$	(Ar) $3d^{10} 4s^1$
理论原子半径/pm	122.7	118.1	113.9	119.1
金属半径/pm	116.5	116	115	117
原子体积/$cm^3 \cdot mol^{-1}$	7.10	6.62	6.59	7.09
熔点/℃	1535	1492	1455	1083
元　素	Ru	Rh	Pd	Ag
电子结构	(Kr) $4d^7 5s^1$	(Kr) $4d^8 5s^1$	(Kr) $4d^{10}$	(Kr) $4d^{10} 5s^1$
理论原子半径/pm	141.0	136.4		128.6
金属半径/pm	124	125	128	134
原子体积/$cm^3 \cdot mol^{-1}$	8.28	8.30	8.89	10.3
熔点/℃	2400	1960	1550	960.5
元　素	Os	Ir	Pt	Au
电子结构	(Xe) $4f^{14} 5d^6 6s^2$	(Xe) $4f^{14} 5d^7 6s^2$	(Xe) $4f^{14} 5d^9 6s^1$	(Xe) $4f^{14} 5d^{10} 6s^1$
理论原子半径/pm	126.6	122.7	122.1	118.7
金属半径/pm	126	126	129	134
原子体积/$cm^3 \cdot mol^{-1}$	8.45	8.58	9.09	10.2
熔点/℃	2700	2454	1769	1064.4

注：理论原子半径采用文献［6］考虑了相对论性效应计算的外层 s 轨道的最大半径，Pd 的基态电子结构中无 s 电子，故表中未列出半径值；原子体积为摩尔体积，作者按文献［7］给定的密度计算；电离势数值取自文献［8］。

表 2　Ⅷ及 I_B 族元素的原子电离势　（eV）

元　素	Fe	Co	Ni	Cu
第一电离势	7.87	7.86	7.63	7.72
第二电离势	16.18	17.05	18.15	20.29
第三电离势	30.64	33.49	35.16	36.83
1～3 电离势和	54.693	58.4	60.943	64.844
元　素	Ru	Rh	Pd	Ag
第一电离势	7.3	7.46	8.33	7.57
第二电离势	16.76	18.07	19.42	21.48
第三电离势	28.46	31.05	32.92	34.82
1～3 电离势和	52.584	56.58	60.67	63.874
元　素	Os	Ir	Pt	Au
第一电离势	8.7	9.0	9.0	9.22

1.2 按周期表位置横向考察时的原子结构差异

（1）过渡系元素从左到右，其原子核中的质子数不断增加，外电子层则是不断填充 d 电子。开始时 $(n-1)d$ 电子轨道的能级高于 ns 轨道，n 为主量子数。随着 d 轨道不断收缩，能量逐渐降低，在最后填满 10 个 d 电子时，$(n-1)d$ 轨道能级已低于 ns 轨道。

$(n-1)d$ 与 ns 轨道能级的交叉点恰恰出现在第Ⅷ族中[9]，因此出现了 Ni-Cu、Rh-Pd 和 Ir-Pt 之间 d 电子的不规则变化。此事实意味着表 1 中各元素的 d 电子和 s 电子能量比较接近，因此它们变价比较容易，价态比较复杂。

（2）由于 $(n-1)d$ 电子对 ns 电子屏蔽不够好，d 电子相互之间的屏蔽更差，因此从左到右元素外层 s 和 d 电子感受到的有效核电荷逐渐增大，其外电子的轨道半径将逐渐收缩，电子的电离势逐渐增大。表 1 中列出了 Waber 等计算的 s 轨道的最大半径，作为原子半径，其值逐渐降低。金属半径因从左到右的原子结合为金属态时，成键电子数逐渐降低[10,11]，结合力减小，所以金属原子间距离增大，从而使半径略为增大。但作者用金属密度计算的摩尔体积，对 Fe、Co、Ni 已有递降规律，对铂族元素则仍然略有增大。

（3）从表 2 看出，Fe、Co、Ni、Cu 的第一、二电离势明显低于第三电离势，因此它们都易形成正二价离子。它们及 $4d$ 贵金属的 1 ~ 3 电离势之和都是从左到右递增，$5d$ 贵金属 Os、Ir、Pt、Au 目前只能查到第一电离势。上述数据表明，这些元素从左到右越来越难失去电子，理论上抗氧化能力顺序应为 Fe < Co < Ni < Cu，Ru < Rh < Pd < Ag，Os < Ir < Pt < Au。还原能力顺序则与之相反。

1.3 纵向考察时原子结构差异

（1）表 1 中第一过渡系元素的原子结构又可写为（Ar）$3d^{6\sim10}4s^{1\sim2}$，第二过渡系的四个元素为（Kr）$4d^{7\sim10}5s^{0\sim2}$，第三过渡系的为（Xe）$4f^{14}5d^{6\sim10}6s^{1\sim2}$。从 Ar 为原子实到 Kr 为原子实的原子多了一层 18 电子层，体积明显增大。从 Kr 为原子实到 Xe 为原子实的原子多了 32 个电子，体积也应增大。但由于填充 $4f$ 层 14 个稀土元素引起的“镧系收缩”，导致 Os、Ir、Pt、Au 的原子体积基本上与 Ru、Rh、Pd、Ag 一致，也就是说对于原子半径和体积存在着 $3d<4d\approx5d$ 的关系。

（2）$3d$ 贱金属与 $4d$ 贵金属之间，由于上述“壳层效应”，金属的性质差异明显。如 Fe、Co、Ni 都具有磁性，饱和磁矩分别为 2.2 玻尔磁子、1.7 玻尔磁子和 0.6 玻尔磁子[12]，但贵金属都没有磁性。Fe、Co、Ni 的熔点很接近，但贵金属从左到右不断降低。贱金属氧化价态主要是 2、3，Cu 为 1、2，贵金属则比较复杂，Ru、Os 的最高稳定氧化态为 8，如 RuO_4、OsO_4，Rh、Ir 的最高氧化态为 6，如 RhF_6、IrF_6，Pd、Pt 的稳定氧化态为 2、4，Ag、Au 的稳定氧化态为 1、3。贱金属的氧化物比硫化物稳定，贵金属的硫化物则易分解且硫化物在硫气氛中比氧化物在氧气氛中相对稳定。贱金属在水溶液中主要呈水合阳离子存在，贵金属除 Ag 外，在水溶液中都以配合物存在，即便是 $[Rh(H_2O)_6]^{3+}$，它也是一个配离子而不是水合离子。

$5d$ 贵金属原子虽然与对应的 $4d$ 贵金属多了一个 32 个电子的电子层，但它们不仅外电子层相似，而且原子半径也相近，所以化学性质基本接近[1~5]。

（3）从原子的电离势看，3*d* 贱金属略高于 4*d* 贵金属。但对氧化物的形成，电离势不是唯一的决定因素，还要看金属原子的体积是否有利于与氧键合。氧的原子半径很小，它与 3*d* 贱金属比与 4*d*、5*d* 贵金属原子体积的差别要小一些，因此 Fe、Co、Ni、Cu 的氧化物要比贵金属氧化物稳定，而 5*d* 贵金属因有效核电荷高，以现代“相对论效应”的观点看外电子更不易失去，因此 5*d* 贵金属的氧化物比 4*d* 贵金属更不易形成[13]。硫化物的情况与氧化物类似，贱金属的硫化物也比贵金属的硫化物稳定。

表 3 中贵金属的氧化物和硫化物都是人工合成的，文献中贵金属硫化物缺乏更多数据，只有三种给出了具体分解温度或熔点。表中贱金属的氧化物和硫化物除 CuO 和 CuS 外，都存在熔点，表明它们是稳定的。这些贱金属由于价态易变，其天然的或冶金过程中的硫化物或氧化物几乎都是非化学计量（或称不定组成）化合物，如 FeS 晶体组成是 $Fe^{2+}_{1-3\delta}Fe^{3+}_{2\delta}S^{2-}$，$\delta$ 是一小数，表示 Fe^{2+} 氧化为 Fe^{3+} 的分量。贵金属除 Ag_2S 有熔点外，其他氧化物或硫化物都属无熔点的非化学计量化合物，表中标出了开始分解或分解完毕的温度，详见文献［12］，其中 Au_2O_3 在 110℃ 开始放 O_2，逐渐转变为 AuO，并在 250℃ 失去全部 O_2，太阳光也能分解此化合物。Au_2S_3 在 197～200℃ 分解出元素 Au。AgO 在温度大于 100℃ 时分解为 Ag 和 O_2，都是相当不稳定的化合物。

表 3　氧化物及硫化物的熔点或分解温度　　（℃）

FeO	1380	CoO	1935	NiO	1990	CuO	1260①	Cu_2O	1230
RuO_2	>1000①	Rh_2O_3	1150①	PdO_2	200①	AgO	>100①	Ag_2O	200①
		IrO_2	>1000	PtO_2	500①	Au_2O_3	160①	AuO	250①
FeS	1195	CoS	>1100	NiS	797	CuS	220①	Cu_2S	1130
				PtS_2	225①	Au_2S_3	197①	Ag_2S	845

① 为分解温度。

在天然矿物中，银有负离子体积较小的辉银矿（Ag_2S），甚至角银矿（AgCl），但金只有负离子体积更大的碲金矿（$AuTe_2$）及脆锑金矿（$AuSb_2$），也是对本文观点的佐证。

（4）体现上述观点的元素电负性及热力学数据。以反应热，即分子的键能为基础的鲍林的元素电负性，表征着该元素原子在分子中吸引键电子的能力大小。其他各种各样的电负性标度定义虽不同，但均与鲍林电负性有线性关系。在周期表的全部金属元素中，贵金属除银外是电负性最高的一组元素，其中金又是贵金属中电负性最高的元素。这标志着贵金属是最不易失去外电子的金属。有关电负性值见表 4，除 Pd、Ag 外，表 4 数据也存在从左到右增加的趋势。

表 4　Ⅷ及 I_B 族元素的电负性

Fe	1.83	Co	1.88	Ni	1.91	Cu	2.0
Ru	2.2	Rh	2.28	Pd	2.20	Ag	1.93
Os	2.2	Ir	2.20	Pt	2.28	Au	2.54

注：数据取自文献［7］。

标准电极电位 $E^{\ominus}$ 值是判断氧化还原反应进行难易的热力学数据。有关元素的电极反应的标准电位 $E^{\ominus}$ 值列入表5。

表5 Ⅷ及 I_B 族元素的一些还原电位 $E^{\ominus}$ 值

电极反应	$E^{\ominus}$/V	电极反应	$E^{\ominus}$/V
$Fe^{2+}+2e=Fe$	-0.44	$Ag^{+}+e=Ag$	0.7994
$Co^{2+}+2e=Co$	-0.287	$Os^{2+}+2e=Os$	0.85
$Ni^{2+}+2e=Ni$	-0.23	$Ir^{3+}+3e=Ir$	1.15
$Cu^{2+}+2e=Cu$	0.34	$Pt^{2+}+2e=Pt$	1.2
$Ru^{2+}+2e=Ru$	0.45	$Au^{+}+e=Au$	1.68
$Rh^{3+}+3e=Rh$	0.8	$Au^{3+}+3e=Au$	1.50
$Pd^{2+}+2e=Pd$	0.915		

注：数据取自文献［14］。

表5表明，贱金属除Cu外 $E^{\ominus}$ 均为负值，数值大小表明氧化能力顺序为 Fe > Co > Ni > Cu。贵金属 $E^{\ominus}$ 值均为正值，均易从离子还原为金属。由于价态不相同，难于合理地列出还原难易的顺序，但在大量化学反应中，还原能力也是 Ag > Pd > Rh > Ru，Au > Pt > Os ≫ Ir，Ir难于还原是因其配合物特别稳定[15]。此外还可看出5*d*贵金属比相应4*d*贵金属 $E^{\ominus}$ 值更高，更易还原。Au是最易还原的元素，这些都是大量化学反应证实了的事[5]。

2 贵金属在提取富集方法中的行为

为节省篇幅，仅以最具代表性的硫化铜镍矿的处理为例进行讨论。

2.1 火法过程

硫化铜镍矿中，铂族金属存在形态有砷铂矿（$PtAs_2$）、硫铂矿（PtS）、硫镍钯铂矿（Pd、Pt、Ni）S和其他更为稀有的矿物，当然也有合金态的贵金属存在。铂与钯的平均品位在加拿大矿中仅为1.5～2.0g/t，在我国金川矿中则更低到总和仅0.3～0.5g/t。

从硫化铜镍矿经浮选获得的镍精矿或镍铜混合精矿都经过焙烧—还原熔炼—氧化吹炼—高锍磨浮分选—粗镍或硫化镍电解等富集贵金属的过程。

（1）焙烧。焙烧起到烧结和脱硫的作用。焙烧过程中大量的硫化铁矿被氧化为氧化铁，脱硫率可达40%～50%，可以使含硫量从22%～24%降低到10%。在1000～1100℃下焙烧时，锇、钌的硫化物可能会被氧化为固态氧化物，锇和钌可能有5%～15%随气相挥发损失[16]。采用沸腾炉焙烧时，氧化过程激烈，锇、钌损失更为显著。

（2）还原熔炼。烧结料进电炉熔炼以产出初锍（低冰镍），此过程的脱硫仅仅依靠氧化物的氧和硫化物的分解作用来进行，因此过程处于还原状态。初锍的成分为20%～24%（Ni + Cu），50% Fe，约25% S。显然，在初锍中存在有Cu、Ni、Fe等的金属相。还原熔炼过程是初锍捕集贵金属的过程，Pt、Pd、Ir、Rh的提取率可达99.0%以上，微量损失是熔渣相中有微量锍细珠造成的。不希望产出Cu + Ni含量高于

25%的初锍，因为那样会增大镍和贵金属随渣的损失。

（3）氧化吹炼。吹炼通常在转炉中进行，目的是氧化除去初锍中的大量铁，吹炼进行到含2%～3% Fe时为止。矿石中所含的钴在吹炼中转入铁渣，过度的吹炼还会引起镍强烈地转入转炉渣。吹炼产出高锍（高冰镍），组成因原料而异，通常为Ni 45%～48%，Cu 25%～30%，Fe 0.8%～2%，S22%～23%。吹炼温度近1200℃，转入熔渣相的贵金属为Pt＜0.5%，Pd＜0.5%，Rh＜1.0%，Ir＜1.0%。Ru和Os的损失明显，Ru约5%，Os约10%[16]。高锍中还含有约10%的铜镍合金相，约95%的贵金属被捕集到此份合金中，它具有磁性。高锍磨细后可用磁选分出铜镍合金，然后浮选分离出镍精矿和铜精矿。

吹炼过程贵贱金属的行为完全符合本文观点，被氧化入渣的贱金属顺序是Fe＞Co＞Ni，损失于熔渣中的贵金属是Os、Ru＞Ir、Rh＞Pt、Pd。贵金属的硫化矿物、砷化矿物由于分解温度低，在吹炼过程，甚至可能在电炉熔炼过程分解为金属态或合金态，因此被捕集于铜镍合金相。

2.2 湿法冶金过程

（1）电解富集。高锍磨浮后获得镍精矿和铜精矿，铂族金属和大部分金进入镍精矿，银及部分金进入铜精矿。镍精矿可熔炼为镍锍阳极或粗镍阳极然后进行电解，以便使贵金属进一步富集于阳极泥中。

铂族金属以形成置换晶格而均匀地分布在镍锍或粗镍金属相中。阳极电化溶解时，铂族金属的行为取决于阳极电位、溶液组成及阳极合金的组成，改变阳极电位和溶液组成可以获得电化溶解时铂族金属的完整行为。前苏联学者在这方面进行了深入的研究。图2是他们用人工合成含铂族金属的镍的二元合金在硫酸盐（图2（a））和氯化物（图2（b））溶液中阳极溶解时，铂族金属的溶解率与阳极电位的关系[16]。

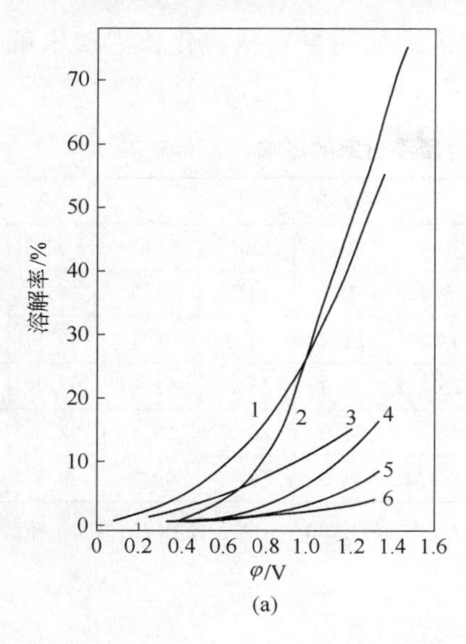

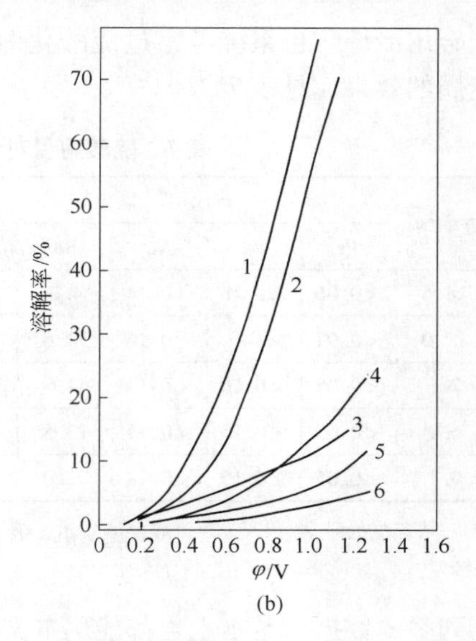

图2 铂族金属在硫酸盐溶液中（a）和氯化物溶液中（b）溶解率与阳极电位的关系

1—Ru；2—Rh；3—Os；4—Pd；5—Ir；6—Pt

从图2看出，铂族金属进入氯化物溶液中的损失率顺序在不同电位下完全符合Ru > Rh > Pd，Os > Ir > Pt。在硫酸盐中的损失率顺序也基本吻合。而且在固定电位下，转入溶液中的损失率与铂族金属在合金中的含量变动（0.01%，0.05%，0.1%，0.2%，0.5%，1.0%）无关。此外，[Cl^-]对粗镍电解和粗铜电解的影响以及电流密度的影响均符合本文观点。

在实际生产过程中，粗镍电解在硫酸盐-氯化物电解液中进行，电流密度350A/m^2，阳极电位处在0.2～0.4V范围。此时约有0.3%的铂和钯，将近1.0%的铱和铑，将近3%～5%的钌和锇转入溶液，这些数据也都完全符合本文的推断。

（2）阳极泥硫酸化处理及浸出。经镍电解后，阳极泥中的铂族金属品位可以提高到千分之几至百分之几。前苏联早期工艺曾在高于150℃温度下用浓硫酸处理，可以使大量Cu、Ni转为可溶盐。浸出渣再在250～300℃下进行硫酸化焙烧后浸出，但硫酸化温度高于200℃后，95%以上的Ir、Rh、Ru都转入溶液。在250～260℃浓硫酸处理时，加入20%的K_2SO_4，则除Pt和Au基本上不硫酸盐化，全部留在渣中外，25%的Pd和约90%的Ru、Rh、Ir、Ag进入硫酸浸出液，Os则大部分挥发[17]。

硫酸化温度对贵金属溶解率的影响见表6。温度高于300℃后，Rh、Ir溶解率降低，估计是部分已转化为氧化物所致。

表6　硫酸化温度对贵金属溶解率的影响

温度/℃	溶解率/%						
	Pd	Pt	Au	Rh	Ir	Ru	Ag
256	24.2	微	微	82.6	80.4	83.8	62.5
300	<0.15	<0.1	0.14	73.5	60.0	80.5	—
400	0.16	<0.1	0.14	52.1	47.0	64.8	—

我国金川冶炼厂也系统考察过硫酸化时硫酸盐用量对从硫化镍二次电解阳极泥中分离贱金属的效果，见表7[17]。

表7　硫酸用量对金属浸出率的影响

酸用量 酸/料	渣率/%	浸出率/%									
		Pt	Pd	Au	Rh	Ir	Os	Ru	Cu	Ni	Fe
1	18.6	<0.06	<0.18	<0.14	4.0	5.4	2.1	15.3	86.9	75	96.2
2	11.0	<0.07	<0.2	<0.16	32.6	14.8	11.8	35.8	98.1	90.5	97
3	7.6	<0.05	<0.16	<0.14	44.8	25.6	23.3	53.8	98.9	97.7	97.3
4	6.9	<0.05	<0.15	<0.14	73.5	60.0	34.0	80.5	99.5	98.3	98.9
10	9.7	<0.05	<0.15	<0.28	71.0	56.3	43.0	68.8	99.3	99.9	99.9

注：300℃浓硫酸处理后，120g/L硫酸溶液浸出，液固比6，温度80～90℃，搅拌2h，Os在硫酸化时已大部分挥发。

以上列举的数据，基本上也都能用本文观点解释。

（3）湿法氯化浸出。阳极泥或铜镍合金用盐酸浸出时，只能溶解其中的镍。欲分离铜则需加入氧化剂。通常是向溶液中鼓入氯气，但若溶液体系电位高于400mV后，贵金属亦将部分转入溶液，其溶解的数量同样符合上述趋势。控制电位氯化浸出法我国从80年代初已在贵金属冶金中普遍使用，报道资料较多。

（4）加压氧化浸出。在氧压下升温浸出贱金属也是提高贵金属品位的有效方法。浸出过程中贵金属的溶解损失与温度、氧压、介质酸度、氯离子浓度等因素有关，一般来说仍然是存在 Os、Ru > Rh、Ir > Pt、Pd、Au 的趋势[17]。

（5）选择性还原。对于贵贱金属的混合溶液，可以用一种还原剂进行选择性还原贵金属，常用的还原剂有锌粉、镁粉、活性铜粉、水合肼等，贵金属的还原顺序与其配合阴离子的稳定性有关，超出了本文讨论范畴。但在盐酸介质中还原时，其顺序为 Au > Pd > Pt > Rh > Ir[18] 基本上也仍然还体现出贵金属原子的稳定性影响。

2.3　金的火法氯化

高温氯化是在粗金熔融状态下，吹入氯气。贱金属和银将生成熔融氯化物漂浮于熔融金的表面，部分贱金属氯化物挥发除去。此法可以使含 Au 88% ~90%，Ag 7% ~11% 的物料提纯到 99.5% ~99.6% 的纯金，适用于货币和首饰，进一步提纯用电解法或其他化学法。

火法氯化提纯金除杂过程的动力学曲线绘于图3。

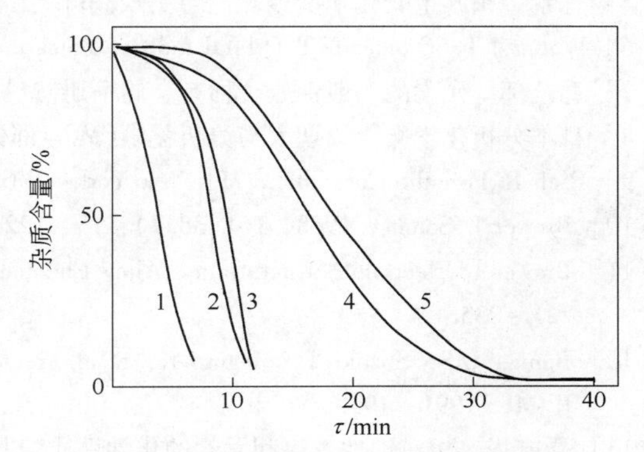

图3　氯化粗金时除杂动力学曲线

（粗金原始成分：Ag 9.0%，Cu 1.4%，Pb 0.35%，Fe 0.18%，Zn 0.06%）

1—铁；2—锌；3—铅；4—铜；5—银

3　结语

（1）从原子结构特征论述了Ⅷ族及 I_B 族的 Fe、Co、Ni、Cu 贱金属与其他8个贵金属元素化学性质的差异，以及8个贵金属中 $4d$ 贵金属 Ru、Rh、Pd、Ag 与 $5d$ 贵金属 Os、Ir、Pt、Au 化学性质的差异。

（2）横向过渡时原子的化学稳定性顺序是 Fe < Co < Ni < Cu，Ru < Rh < Pd < Ag，Os < Ir < Pt < Au。因此在火法或湿法冶金过程中，金属元素的氧化反应能力是从左到右降低，还原能力是从左到右增高。纵向的稳定性是 $3d$ 贱金属 < $4d$ 贵金属 < $5d$ 贵金属，贱金属与贵金属比较容易分离，贵金属之间比较难于分离。

（3）可将贵金属的冶金原理概括为：火法还原熔炼过程中，贵金属硫化物将先于贱金属硫化物分解或还原，分解为金属或合金态的贵金属将被贱金属锍相捕集。氧化吹炼过程中贱金属硫化物先于贵金属被氧化，顺序为 Fe > Co > Ni > Cu。产出的高冰镍中有约10%的铜镍合金时，它将捕集95%的贵金属。若大幅度降低合金产率，则高冰镍磨浮分选时，铂族及一部分金被捕集在含镍锍的镍精矿中，Ag 及一部分 Au 将捕集在含铜锍的铜精矿中。

在湿法冶炼过程中，如使用阳极电溶、控制电位氯化、加压酸浸等氧化反应的方法时，贱金属将先于贵金属被氧化进入溶液，贵金属的损失量符合原子稳定性顺序。如使用从溶液中进行还原反应的方法时，贵金属则优先被还原。

贵金属正是通过一系列火法、湿法反应，不断排除贱金属，而使品位从矿石中的百万分之几，达到最后贵金属精矿中的百分之几十，才可以进入相互分离的精炼工段。

参 考 文 献

[1] 陈景．铂族金属配合物稳定性与原子结构的关系[J]．贵金属，1984(3):1~10.

[2] 陈景．再论轻重铂族元素配合物化学性质的差异[J]．贵金属，1994(3):1~8.

[3] 陈景．铂族金属氧化还原反应的规律[J]．贵金属，1991(1):9~16.

[4] 陈景．铂族金属难溶配合物的分类及溶解度规律[J]．贵金属，1994(1):15~24.

[5] 陈景．铂族金属化学冶金理论与实践[M]．昆明：云南科技出版社，1995.

[6] Waber J T，Cromer D T. Orbital radii of atoms and ions[J]. J. Chem. Phy.，1965，42(12):4116.

[7] 乔芝郁．元素的一般性质．稀有金属手册[M]．北京：冶金工业出版社，1992：120.

[8] 日本分析化学会．周期表与分析化学[M]．邵俊杰译．北京：人民教育出版社，1981：29.

[9] Rich R. Periodic Correlation[M]. New York：1965：1~16.

[10] Brewer L. Science. 1968，161(3837):115~122.

[11] Brewer L. Electronic Structure and Alloy Chemistry of the Transition Elements[M]. New York：1966：221~235.

[12] Benner L S，Suzuki T，Meguro K，et al. Precious Metals Science and Technology[C]. Published by IP-MI，1991：199.

[13] 严成华．相对论性效应和元素的化学性质[J]．化学通报，1983(1):42.

[14] 中南矿冶学院分析化学教研室．分析化学[M]．北京：科学出版社，1984.

[15] 陈景．对铜不能置换Ir(Ⅲ)氯配离子原因的探讨[J]．贵金属，1992(2):14~20.

[16] 马斯列尼茨基 И Н. 贵金属冶金学[M]．北京：原子能出版社，1992：346~367.

[17] 黎鼎鑫．贵金属提取与精炼[M]．长沙：中南工业大学出版社，1991：266~316.

[18] 陈景．贵金属氯配离子与亲核试剂反应的活性顺序[J]．贵金属，1985(3):12~20.

贵金属氯配离子与亲核试剂反应的活性顺序*

摘　要　在贵金属分离提纯的沉淀反应、置换反应、配位机理的萃取反应以及活性炭吸附的许多反应过程中，发现反应活性的顺序是：$AuCl_4^- > PdCl_4^{2-} > PtCl_6^{2-} > RhCl_6^{3-} > IrCl_6^{3-}$。本文列举了一些有关反应的反应现象，并从氯配离子的几何构型、负电荷数和中心原子周期数对反应性能影响的原因，提出了表征氯配离子与亲核试剂反应时的活性常数 $K_a = 1/(mne)$（m 为配阴离子负电荷数，n 为配阴离子的配位数，e 为中心原子的电负性或第一电离势），计算了各个贵金属氯配离子的 K_a 值，其结果完全符合观察到的反应活性顺序。

1　引言

贵金属的分离提纯几乎都在盐酸介质中进行，此时，贵金属在溶液中都呈氯配阴离子存在。贵金属离子在溶液中的最稳定价态各不相同，它们分别是 Pt(Ⅳ)、Pd(Ⅱ)、Au(Ⅲ)、Rh(Ⅲ)、Ir(Ⅳ)和 Ir(Ⅲ)。铱的两种价态虽然稳定性相近，但 Ir(Ⅳ)极易还原为 Ir(Ⅲ)，因此，当与亲核试剂（给电子试剂）接触时，溶液中各种贵金属氯配离子的形态实际为：$PtCl_6^{2-}$、$PdCl_4^{2-}$、$AuCl_4^-$、$RhCl_6^{3-}$ 和 $IrCl_6^{3-}$。在贵金属分离提纯的许多沉淀反应、置换反应、配位机理的萃取反应以及活性炭吸附过程中，我们观察到反应活性存在以下顺序：$AuCl_4^- > PdCl_4^{2-} > PtCl_6^{2-} > RhCl_6^{3-} > IrCl_6^{3-}$。此顺序很难用一般贵金属配合物的化学性质来解释。

Edwards[1] 曾指出贵金属配离子的可萃性顺序为：$MCl_4^- > MCl_6^{2-} > MCl_4^{2-} > MCl_6^{3-}$。实际上此顺序仅能支配属于氢离子溶剂化机理（鎓盐机理）的萃取反应，它可用配离子电荷及体积比的差异和“最小电荷密度原理”来解释。作者曾从热力学观点推导萃取能公式对这个顺序做过详尽的解释[2]。Cleare[3] 也指出一种贵金属氯配离子的可萃性顺序：$MCl_4^- > MCl_4^{2-} \sim MCl_6^{2-} > MCl_6^{3-}$。我们认为这个顺序对含磷萃取剂（如磷酸三丁酯和烷基氧膦）以及含硫萃取剂（如硫醚和亚砜）都不够正确。Stern[4] 论述了用于精炼过程的贵金属水溶液化学，他侧重于沉淀反应，指出贵金属氯配离子的热力学稳定性和动力学惰性差别很大，同一种配离子的热力学稳定性与动力学惰性不一定存在平行关系。如 $AuCl_4^-$ 的热力学特性是稳定的，但动力学特性却是活泼的。Stern 认为许多分离提纯反应主要是与动力学特性有关，但他未指出影响贵金属配离子热力学稳定性和动力学惰性的主要因素。本文提出的贵金属氯配离子与亲核试剂反应的活性顺序主要是由动力学因素引起的，除列举一些符合这个顺序的实验结果外，还用我们提出的一系列观点[2,5,6] 解释这个顺序。

* 本文原载于《贵金属》1985 年第 3 期。

2 贵金属氯配离子的各类反应

2.1 选择性沉淀反应

这里具体讨论硫化钠、黄原酸钠选择性沉淀金、钯的情况。

（1）硫化钠选择性沉淀 Au、Pd[5,7,8]。作者发现在适当条件下，硫化钠可以从贵金属氯配合物溶液中选择性定量沉淀 Au、Pd，并有一个肉眼可观察到的反应终点。按反应速度排顺序是 Au(Ⅲ)＞Pd(Ⅱ)＞Pt(Ⅳ)，而 Rh(Ⅲ)和 Ir(Ⅲ)则不被沉淀（见表1）。

表1 不同硫化钠用量沉淀贵金属的试验结果

硫化钠用量/mL	滤液中的金属浓度/g·L⁻¹						
	Au	Pd	Pt	Rh	Ir	Cu	Ni
0	0.400	0.560	1.11	0.21	0.13	0.20	0.23
2.5	0.0008	0.045	1.10	0.21	0.13	0.18	0.22
3.0	<0.0002	0.011	1.02	0.21	0.13	0.17	0.22
3.5	<0.0002	<0.0001	1.03	0.21	0.13	0.12	0.22

注：反应在室温下进行，每份试液经过滤沉淀及洗净滤液后，滤液体积均浓缩至50mL。Na_2S 浓度为0.2mol/L。

当利用硫化钠沉淀分离 Au-Rh、Au-Ir 以及 Pd-Rh、Pd-Ir 时，Rh、Ir 在沉淀中数量可明显看出 Ir(Ⅲ)比 Rh(Ⅲ)更稳定[5]。当用硫化钠分离 Au-Pt、Pd-Pt 时，Pt 的共沉淀量相当可观。因此，贵金属氯配离子与硫化钠的反应活性顺序应为：$AuCl_4^- > PdCl_4^{2-} > PtCl_6^{2-} > RhCl_6^{3-} > IrCl_6^{3-}$（以下简称此顺序为 RAS，即 reaction activity series）。

（2）黄原酸钠选择性沉淀金、钯。Kapaceb[9] 用黄原酸盐从含 Cu、Ni、Pt、Rh、Ir 的盐酸介质中沉淀 Pd，当试剂不过量时，能达到选择性沉淀，仅有少量 Pt 被共沉淀，Rh、Ir 则不被沉淀。Kapaceb 根据金属黄原酸盐的溶度积 L_0 和金属原子价 n，提出表示金属离子与黄原酸反应能力的 f 值（$f = \sqrt[n]{L_0}$），金属离子的 f 值越小，则它与黄原酸盐的反应越快。由于黄原酸具有还原性，反应时 Au(Ⅲ)首先被还原为 Au(Ⅰ)。根据 Au(Ⅰ)和 Pd(Ⅱ)的黄原酸盐的溶度积，可算出两种离子的 f 值，前者为 6.0×10^{-30}，后者为 5.5×10^{-22}，因此 $AuCl_4^-$ 将先于 $PdCl_4^{2-}$ 与黄原酸钠反应产生沉淀。吴冠民也做了用乙基黄原酸钠从盐酸介质中选择性沉淀金、钯的工作，所得结果和前人的结果都符合 RAS（见表2）。

表2 乙基黄原酸钠用量增加时沉淀贵金属的效果

沉淀剂用量（按化学计量/%）	沉淀率/%						
	Pd	Pt	Rh	Ir	Cu	Ni	Fe
103	75.2	1.7	0.29	<0.2	0.6	1.7	0.58
115	79.9	1.4	0.29	<0.2	0.4	0.9	0.44
130	86.8	2.7	0.43	<0.2	0.8	1.5	0.44
160	99.9	4.3	0.29	<0.2	0.9	0.9	0.44
190	>99.9	7.8	0.29	<0.2	1.4	0.9	0.44

注：试液组分浓度为（g/L）：Pd，1.89；Pt，1.68；Rh，0.69；Ir，0.85；Cu，1.0；Ni，1.08；Fe，1.00。因 Au 的沉淀速度最快，实验中未加入 Au。

张维霖等[10]研究了乙基黄原酸钠与 Rh(Ⅲ)、Ir(Ⅲ)的反应，在热态下两种离子都能被完全沉淀，可见乙基黄原酸钠能从混合溶液中选择性沉淀 Au(Ⅲ)、Pd(Ⅱ)，是由于动力学因素的缘故。

2.2 置换沉淀反应

我们具体讨论硫化铜及铜片与贵金属氯配合物发生置换反应的情况：

（1）硫化铜置换沉淀贵金属[11]。将新制备的硫化铜在室温下分别加入各种贵金属氯配合物溶液中，定时抽取一定量的上清液，滤入 500mL 容量瓶中，洗净滤渣，稀释溶液至刻度，分析贵金属离子的浓度。结果表明：Au 的浓度降低最快，Pd 次之，Pt 的浓度降低缓慢，Rh、Ir 浓度则不变。当把盛有反应物的 500mL 容量瓶置放于 50℃的恒温箱中继续任其反应时，可观察到 Rh 的浓度也逐渐降低，但不如 Pt 快，而 Ir 在 160h 后浓度未发生任何变换。因此，CuS 置换沉淀贵金属时，反应速度符合 RAS。

（2）铜置换反应。熊宗国等[12]研究了从盐酸介质中铜置换贵金属的反应动力学。用旋转圆形铜片，在一定转速和一定温度下，获得的置换反应速度符合 RAS，其中 $AuCl_4^-$ 与 Cu 的反应相当快，但 $IrCl_6^{3-}$ 则不发生反应。文献中报道用 Cu、Sb、$TiCl_3$、VCl_2 还原 Rh(Ⅲ)，达到定量分离 Rh(Ⅲ)和 Ir(Ⅲ)[13]，即利用了 $RhCl_6^{3-}$ 和 $IrCl_6^{3-}$ 的反应活性的差异。

我们曾利用铜置换贵金属的这种反应活性顺序，提出用锌粉从 $CuSO_4$ 溶液中置换出的活性 Cu 粉，经二级置换分离金、钯、铂、铑、铱的工艺流程，并成功地在我国甘肃金川有色金属公司应用于工业生产[14]。

2.3 属于配位机理的萃取反应

用硫醚、亚砜等萃取剂萃取贵金属氯配合物时，已知在低酸度下系属配位机理。Nicolaev[15]、Moiski[16]用二正辛基硫醚和二正辛基亚砜从盐酸介质中萃取贵金属时，萃取分配系数的顺序是 Au(Ⅲ)＞Pd(Ⅱ)＞Pt(Ⅳ)。谢宁涛等[17]的工作也获得了相同的萃取顺序。Lewis 和 Morris[18]的工作表明，使用1,1,2-三氯乙烷作稀释剂时，Rh(Ⅲ)和 Ir(Ⅲ)不被硫醚萃取，但可为亚砜少量萃取。若增加两相接触时间，则 Rh(Ⅲ)萃取率显著地高于 Ir(Ⅲ)萃取率，如图 1。

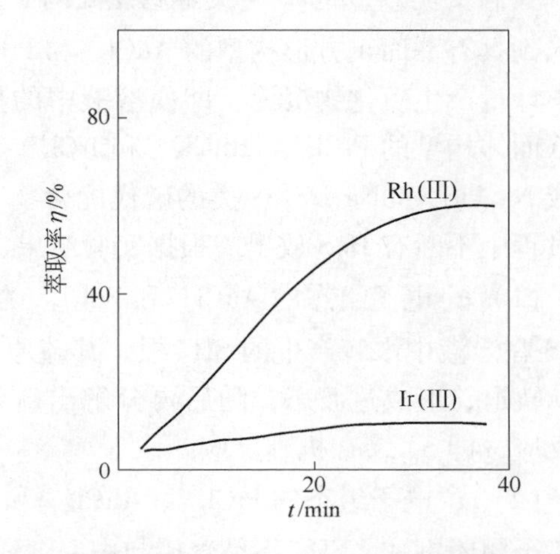

图 1　接触时间对萃取 Rh(Ⅲ)、Ir(Ⅲ)的影响
（萃取剂为二正辛基亚砜；稀释剂为 1,1,2-三氯乙烷；浓度（mol/L）：HCl，6；Rh(Ⅲ)，0.0146；Ir(Ⅲ)，0.0104；温度 25℃）

席德立等[19]研究了二庚基亚砜萃取 Rh(Ⅲ)的动力学，也证明 Rh(Ⅲ)的萃取率随混相时间而增高，从图 2 可看出水相 Rh 浓度随混相时间的增加而逐渐降低。他们还提出了一种亚砜萃取 Rh(Ⅲ)的混合机理，认为除界面进行配位溶剂化萃取外，$RhCl_6^{3-}$ 可按金属配合酸的萃取机理进

入有机相，然后在有机相内发生配位取代反应。因此亚砜萃铑时有机相不呈 $RhCl_6^{3-}$ 所特有的玫瑰红色，而是呈黄色。以上叙述表明，在低酸度下硫醚、亚砜萃取贵金属也遵循 RAS。

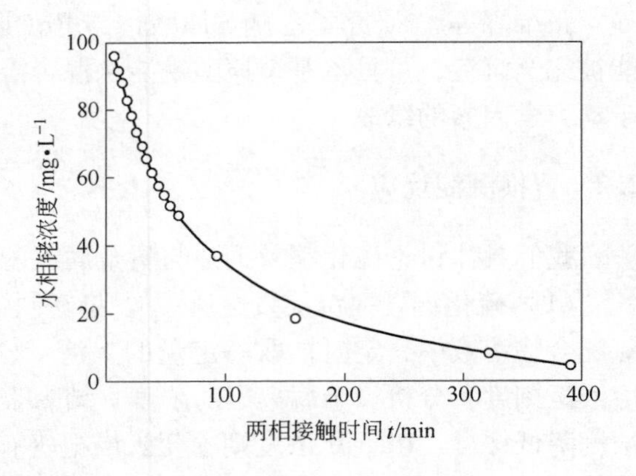

图 2　亚砜萃铑的动力学曲线

2.4　活性炭吸附

刘忠等[20]研究了用硫脲与处理过的活性炭从盐酸介质中吸附贵金属，其中 $AuCl_4^-$ 在活性炭上已还原为金，属于化学吸附。吸附反应虽然与上述三类反应本质上有很大差异，但他们测得每克炭对单元素的吸附容量为（mg）：Au，2.97；Pd，0.81；Pt，0.41，符合 RAS。Rh、Ir 虽然仅微量被吸附，但从用活性炭吸附混合贵金属溶液中各个元素的实验数据，仍能分辨出 Rh 比 Ir 略易被吸附。

3　讨论

上述列举的各种反应中，硫化钠、乙基黄原酸钠和硫化铜都是能离解为给电子基团 S^{2-} 和 $C_2H_5OCSS^-$ 的亲核反应试剂，铜和活性炭也是能提供电子的置换剂和吸附剂。在这些试剂与贵金属氯配离子的反应中，活性顺序都符合 $AuCl_4^- > PdCl_4^{2-} > PtCl_6^{2-} > RhCl_6^{3-} > IrCl_6^{3-}$，表明这些反应的机理有着某种共同的规律，现从理论上进行解释。

3.1　配离子的几何构型对反应性能的影响

我们发现[5]，Na_2S 与贵金属氯配离子反应有两种不同的反应机理。当硫化钠溶液加入到具有平面正方形构型的 $AuCl_4^-$ 和 $PdCl_4^{2-}$ 配离子的溶液中时，反应极其迅速，按化学计量产生硫化物沉淀，即使溶液中的盐酸浓度很高也不会放出硫化氢。而硫化钠与八面体构型的 $PtCl_6^{2-}$、$RhCl_6^{3-}$ 和 $IrCl_6^{3-}$ 等配离子反应时，不会立即出现沉淀，而是生成 Na_2PtS_3 和 Na_3IrS_3 一类的硫代配合物。由于形成硫代配合物的反应十分缓慢，反应过程中不断有 H_2S 放出。根据实验结果，我们提出了解释两种不同反应现象的假说：

（1）d^8 电子组态的 $AuCl_4^-$ 和 $PdCl_4^{2-}$ 在 z 轴方向分别留有一个空的 $6p$ 和 $5p$ 轨道，Na_2S 在溶液中水解产生的 SH^- 根，其硫原子上的一对未共享电子首先从 z 轴方向进入空 p 轨道，形成过渡态，随后再分解出硫化物沉淀，这样的反应过程属亲核双分子取代反应，即 S_{N2} 缔合机理反应。

（2）d^6 电子组态的 $PtCl_6^{2-}$、$RhCl_6^{3-}$ 和 $IrCl_6^{3-}$ 为正八面体型，六个 Cl^- 配位体将金属离子团团围住，SH^- 不易直接与中心金属离子接触，必须配离子先脱开一个 Cl^- 配位体，SH^- 才能进入配离子内界，属亲核单分子取代反应，也就是 SN1 离解交换反应。

SN2 反应的速度直接与配体 SH^- 离子浓度和金属浓度有关，是快速反应；SN1 反应因决速步骤是贵金属氯配离子先脱开一个氯配位体，反应速度只与配离子浓度有关，是慢速反应，因此 SH^- 在反应过程中可与 H^+ 结合成 H_2S 放出。此假说作广义概括时可叙述为：对于亲核反应试剂，本文讨论的五种贵金属配离子的反应活性与它们的几何构型有关，平面正方形的反应活性大于配位数高的反应活性。我们认为上述假说支配着本文列举的各种类型的反应。

3.2 配阴离子的电荷数对反应性能的影响

在研究磷酸三丁酯及烷基氧膦萃取铂族金属氯配酸的机理时[2]，曾得出以下结论：磷酸三丁酯及烷基氧膦是按氢离子溶剂化机理萃取铂族金属。铂族金属氯配离子进入有机相的难易主要取决于它们的面电荷密度，即取决于它携带的负电荷数的多少和离子体积的大小。配离子的负电荷数越高，它的水化作用越强，越不易进入有机相。贵金属配阴离子的负电荷数也将影响它们与亲核试剂的反应速度。负电荷数高时，对给电子的亲核试剂有一定的静电排斥作用，而且牢固的水化层也阻碍了亲核试剂与配阴离子的直接接触，因而降低了反应活性。

3.3 中心原子周期数对反应性能的影响

我们在对比了铂族金属配合物的热力学稳定性和动力学惰性后曾指出[6]：由于“镧系收缩”以及 $4f$ 电子和 $5d$ 电子的失屏效应[21]，属于第六周期的重铂族（Os、Ir、Pt）配合物比第五周期的轻铂族（Ru、Rh、Pd）配合物热力学稳定性更强，动力学惰性更高。当配合物的中心原子价态、配位体种类和几何构型都相同时，其稳定性大小存在以下规律：Os(Ⅷ) > Ru(Ⅷ)，Os(Ⅳ) > Ru(Ⅳ)，Ir(Ⅳ) > Rh(Ⅳ)，Ir(Ⅲ) > Rh(Ⅲ)，Pt(Ⅳ) > Pd(Ⅳ)，Pt(Ⅱ) > Pd(Ⅱ)。这个规律在 Cleare[3] 的文章中也曾指出，但他未进行理论解释。这种规律直接与铂族金属所属的周期数有关，从贵金属元素的第一电离势可以看出这个规律。我们用徐光宪等的方法[22]计算的轻铂族和重铂族的有效核电荷（见表3）也可以看出相同价态时重铂族元素的有效核电荷总是大于同一竖行的轻铂族的有效核电荷，当然这将导致前者的配合物具有更高的稳定性。此外，Allred-Rochow 根据原子核的电子静电引力算出的电负性（见表4）也可以解释周期数对铂族金属配合物稳定性的影响。以上指出的规律还包括 Au 和 Ag，可概括为贵金属元素的周期数越高，它的配合物的热力学稳定性越大。

表3　铂族金属离子对保留的外层任一 d 电子的有效核电荷

价　态	Ru(Ⅳ)	Rh(Ⅳ)	Pd(Ⅳ)	Os(Ⅳ)	Ir(Ⅳ)	Pt(Ⅳ)
原子序数	44	45	46	76	77	78
原子外电子结构	$4d^7 5s^1$	$4d^8 5s^1$	$4d^{10}$	$4f^{14} 5d^6 6s^2$	$4f^{14} 5d^7 6s^2$	$4f^{14} 5d^9 6s^2$
四价离子外电子	$4d^4$	$4d^5$	$4d^6$	$4f^{14} 5d^4$	$4f^{14} 5d^5$	$4f^{14} 5d^6$
Z^*	6.95	7.60	8.25	7.79	8.44	9.09
价　态	Ru(Ⅲ)	Rh(Ⅲ)	Pd(Ⅱ)	Os(Ⅲ)	Ir(Ⅲ)	Pt(Ⅱ)
离子的外电子	$4d^5$	$4d^6$	$4d^8$	$4f^{14} 5d^5$	$4f^{14} 5d^6$	$4f^{14} 5d^8$
Z^*	6.60	7.25	7.55	7.44	8.09	8.39

注：表中 Z^* 是指中心离子对外层 d 轨道已有 d 电子的有效核电荷。

表4 Allred-Rochow及张永和[23]计算的电负性值

元素	Ru	Os	Rh	Ir	Pd	Pt	Ag	Au
Allred-Rochow值	1.42	1.52	1.45	1.55	1.35	1.44	1.42	1.42
张永和值	(Ⅳ)	(Ⅳ)	(Ⅳ)	(Ⅳ)	(Ⅳ)	(Ⅳ)	(Ⅰ)	(Ⅰ)
	1.882	1.959	1.864	1.913	1.858	1.880	1.161	1.257
			(Ⅲ)	(Ⅲ)	(Ⅱ)	(Ⅱ)		(Ⅲ)
			1.672	1.698	1.452	1.513		1.706

3.4 贵金属氯配离子的反应活性常数

以上讨论了贵金属氯配离子的反应活性与它们的几何构型、负电荷数以及中心原子周期数的关系。由于配位数4的贵金属配离子的几何构型只有平面正方形，没有正四面体，因此与几何构型的关系也就是与配位数的关系，又由于周期数的影响可从一些作者计算的电负性和元素的第一电离势反映。因此，作者综合三种因素提出了能表征贵金属配离子与亲核试剂反应时活性大小的活性常数 K_a 表达式，K_a 越大则反应活性越强。

$$K_a = \frac{1}{mne} \tag{1}$$

式中，m 为配阴离子电荷数；n 为配阴离子的配位数；e 为中心原子的电负性或第一电离势。

式（1）表明贵金属氯配离子的反应活性常数与它的电荷数、配位数及中心原子的电负性（或第一电离势）成反比。根据式（1）按Allred-Rochow电负性值、张永和电负性值及元素第一电离势值计算的 K_a 值列于表5中。从表5明显看出，五种配离子的 K_a 值依次降低，完全符合本文列举的各类实验观察到的反应活性顺序。

表5 五种稳定存在的贵金属配离子的反应活性常数 K_a 值

配离子	电荷数 m	配位数 n	K_a		
			按Allred-Rochow电负性计算	按张永和电负性计算	按第一电离势计算
$AuCl_4^-$	1	4	0.1761	0.1465	0.0271
$PdCl_4^{2-}$	2	4	0.0926	0.0861	0.0150
$PtCl_6^{2-}$	2	6	0.0579	0.0443	0.0093
$RhCl_6^{3-}$	3	6	0.0383	0.0332	0.0075
$IrCl_6^{3-}$	3	6	0.0358	0.0327	0.0062

4 结语

在本章列举的硫化钠沉淀、乙基黄原酸钠沉淀、硫化铜及金属铜片置换、硫醚和亚砜萃取以及活性炭吸附等类型的分离贵金属的反应中，存在着一个共有的反应活性顺序：$AuCl_4^- > PdCl_4^{2-} > PtCl_6^{2-} > RhCl_6^{3-} > IrCl_6^{3-}$。本文从贵金属配阴离子的配位数、电荷数以及中心原子的 Allred-Rochow 电负性（或第一电离势）提出了表示它们亲核反应活性大小的公式——式（1）。它表明了负电荷少的配阴离子的反应活性比负电荷多的大；四配位平面正方形配阴离子的反应活性比八面体六配位的大；中心原子电负性低或第一电离势低的配阴离子的反应活性比电负性高或第一电离势高的大。根据该公式用 Allred-Rochow 电负性、张永和电负性和第一电离势对 Au(Ⅲ)、Pd(Ⅱ)、Pt(Ⅳ)、Rh(Ⅲ)和 Ir(Ⅲ)的氯配离子计算的三种反应活性常数，其顺序都完全符合实验观察到的活性顺序。用这个顺序可以解释文献中报道的许多贵金属分离提纯反应的实验结果。

参 考 文 献

[1] Edwards R J. J. Metals. 1976，8(28):4～9.

[2] 陈景，杨正芬，崔宁. First China-USA Bilateral Metallurgical Conference[C]. Prcprint，1981：283～297，Beijng，China. 金属学报[J]. 1982，2：235～244.

[3] Cleare M J，et al. J. Chem. Tech. Biotechnol.，1979，29：210～214.

[4] Stern E W. Symposium on recovery，reclamation and refining of precious metals[J]. Sponsored by the Internation Precious Metals Institute，1981：7～38.

[5] 陈景，杨正芬. 有色金属. 1980，4：39～46. 自然杂志，1980，3：558.

[6] 陈景. 第一届全国冶炼理论学术会议文集. 厦门，1982：147. 贵金属. 1984，3：1～9.

[7] 陈景，杨正芬. 贵金属. 1980，1：1～9.

[8] 陈景. 贵金属. 1980，No1：1～8.

[9] Kapaceb K A，KacoвcKu N A. Π. M.，1958，3：47～54.

[10] 张维霖，等. 贵金属. 1982，5：16～22.

[11] 陈景，杨正芬，崔宁. 贵金属. 1985，1：5.

[12] 熊宗国，等. 贵金属. 1982，1：1～11.

[13] Ginzburg S I，Ezerskaya N A. Anlytical Chemistry of Platinum Metals. 1975：427～430.

[14] 贵金属研究所. “从二次铜镍合金提取贵金属新工艺”鉴定资料. 1983.

[15] Nicolaev A B，et al. AHCCP Cep. XuM(in Russia). 1976，14：120～122.

[16] Moiski M. Talanta. 1978，25：163～165.

[17] 谢宁涛，等. 贵金属. 1980，(1～2):1～13.

[18] Lewis P A，Morris D F C，et al. J. Less-Common Metals. 1976，2(45):193～214.

[19] 席德立，等. 贵金属. 1980，1：9～19.

[20] 刘忠，等. 贵金属. 1977：43～58.

[21] 陈念贻，温元凯. 科学通报. 1980：305～309.

[22] 徐光宪，赵学庄. 化学学报. 1956：441.

[23] 张永和. 分子科学学报. 1981，1：125.

铂族金属氧化还原反应的规律*

摘　要　铂族金属在水溶液中的价态十分复杂，本文在分析考察轻、重铂族元素各种氧化还原反应的标准电极电位值时，发现轻铂族配离子还原到金属态的 $E^{\ominus}$ 值低于重铂族，但轻铂族配离子从高价态还原到低价态配离子的 $E^{\ominus}$ 值则高于重铂族。本文详细讨论了产生上述规律的原因以及各种复杂的实验现象，并讨论了配体种类对配离子氧化还原反应的影响。

1　引言

在水溶液中，铂族金属具有很强的形成配合物的能力，同时又具有可呈多种价态的特性，这两种特性使铂族金属在水溶液中的状态和价态十分复杂，其氧化还原反应也十分复杂。同时，复杂的氧化还原反应却为分析化学和湿法冶金提供了丰富的研究课题。利用各个铂族元素的配合物在各种氧化还原反应中热力学稳定性和动力学惰性的差异，可以研究出各种各样的分离提纯方法。

判断氧化还原反应趋势大小的热力学数据是半电池反应的标准还原电位，或称标准电极电位。R. N. Goldberg 和 L. G. Hepler[1] 曾对6个铂族金属各种半电池反应的 $E^{\ominus}$ 值和其他热力学数据做过权威性的总结，但他们没有在这些数据中寻找规律。P. R. Hartley[2] 讨论过铂和钯一些氧化还原反应 $E^{\ominus}$ 值的差异，但他的一些解释还存在问题，如他认为对于 M(Ⅱ) +2e ⇌M 体系，“二价铂比二价钯更容易还原”，与实验结果不符。

作者认为由于铂族元素中轻铂族 Ru、Rh、Pd 属第五周期过渡金属，其原子结构分别为 $4d^7 5s^1$、$4d^8 5s^1$、$4d^{10}$，而重铂族 Os、Ir、Pt 属第六周期过渡金属，原子结构经历了“镧系收缩”，分别为 $4f^{14}5d^6 6s^2$、$4f^{14}5d^7 6s^2$、$4f^{14}5d^9 6s^1$，因此按轻重铂族分类考察其化学性质时，能触及两者原子结构的差异。作者已发现了一些对贵金属分析和冶金有重要意义的规律[3~5]。本文讨论铂族元素各种氧化还原反应的 $E^{\ominus}$ 值差异，用实验室和生产实践中观察到的反应现象进行说明，并从理论上作定性解释。

各种文献中有关铂族金属的热力学数据有一定差别，但不影响本章归纳出的规律。除另有注明外，本章数据主要取自文献［1，6，7］，将可以对比的常见和重要的氧化还原反应 $E^{\ominus}$ 值列入表1。

表1　铂族金属氧化还原反应的标准电极电位

序号	氧化还原反应式	$E^{\ominus}$/V			
		轻铂族		重铂族	
1	$M^{2+} + 2e = M$	Ru	0.45	Os	0.85
		Pd	0.83	Pt	1.20
2	$M^{3+} + 3e = M$	Rh	0.80	Ir	1.00

* 本文原载于《贵金属》1991 年第1期。

续表 1

序号	氧化还原反应式	$E^\ominus$/V			
		轻铂族		重铂族	
3	$MCl_4^{2-}+2e=M+4Cl^-$	Pd	0.59	Pt	0.75
4	$MBr_4^{2-}+2e=M+4Br^-$	Pd	0.49	Pt	0.67
5	$MI_4^{2-}+2e=M+4I^-$	Pd	0.18	Pt	0.40
6	$M(OH)_2+2e=M+2OH^-$	Pd	0.07	Pt	0.14
7	$MCl_6^{3-}+3e=M+6Cl^-$	Rh	0.44	Ir	0.77
8	$M_2O_3+3H_2O+6e=2M+6OH^-$	Rh	0.04	Ir	0.10
9	$M(NH_3)_4^{2+}+2e=M+4NH_3$	Pd	约 0	Pt	0.25
10	$MCl_6^{2-}+e=MCl_6^{3-}$	Ru	1.20	Os	0.85
		Rh	1.20	Ir	0.93
11	$MCl_6^{2-}+2e=MCl_4^{2-}+2Cl^-$	Pd	1.29	Pt	0.68
12	$MBr_6^{2-}+2e=MBr_4^{2-}+2Br^-$	Pd	0.99	Pt	0.59
13	$MI_6^{2-}+2e=MI_4^{2-}+2I^-$	Pd	0.48	Pt	0.39
14	$MO_4+4H^++4e=MO_2\cdot 2H_2O$	Ru	1.4	Os	1.00
15	$MO_4+2e=MO_4^{2-}$	Ru	0.79①	Os	0.40

① 按 RuO_4/RuO_4^- 及 RuO_4^-/RuO_4^{2-} 的 $E^\ominus$ 值计算。

从表 1 看出：所有半电池反应的 $E^\ominus$ 值均为正值，根据 $\Delta G^\ominus=-nFE^\ominus$，这些反应的正向还原反应均能自发进行，而且存在下述规律。

2 还原到金属态的半电池反应的 $E^\ominus$ 值的比较

轻铂族还原到金属的 $E^\ominus$ 值低于重铂族，也就是说按热力学数据判断，轻铂族的水合离子、配离子或化合物比重铂族的更难还原到金属态。但这条推论与大量实验现象却恰恰相反。

分析化学工作者早已熟知，钯比铂更容易还原为金属[8]。有人甚至用抗坏血酸还原分离铂中的钯，如在 80℃、0.2～0.3mol/L HNO_3 介质中抗坏血酸可选择性还原钯，然后中和溶液，HNO_3 浓度降低到 0.05～0.1mol/L，才能还原铂[9]。铑和铱的情况更明显，铑可用氢气、甲酸、水合肼、铜粉等许多还原剂还原为金属，而铱在相同条件下仅能还原到低价态，即使用相当强的还原剂——四氢硼化钠（$NaBH_4$），在酸性溶液中，也只能使铱还原到 Ir(Ⅲ)价态[10]。钌也比锇容易还原，如青山新一和渡边清[11]研究铜粉置换铂族金属的结果表明，当 HCl 浓度大于 1mol/L 时，温度高于 60℃即可以完全置换钌，但锇在所有酸度下置换都不完全。温度升至 80℃才开始有少量沉淀析出。

以上论述需要解答两个问题，一是涉及零价态金属的半电池反应标准电极电位为什么总是重铂族高于轻铂族？二是按照 $E^\ominus$ 值判断的反应推动力顺序为什么与实验现象相反？

第一个问题可用盖斯定律解释，铂族金属形成水合离子的能量循环模型可示意于下：

$$\begin{array}{ccc} M_{(g)} & \xrightarrow{\Delta H_{i(1\sim2)}} & M^{2+}_{(g)} \\ \uparrow \Delta H_s & & \downarrow \Delta H_h \\ M_{(s)} & \xleftarrow[\Delta H_{re}]{} & M^{2+}_{(aq)} \end{array}$$

从此可得：

$$-\Delta H_{re} = \Delta H_s + \Delta H_{i(1\sim2)} + \Delta H_h \tag{1}$$

式（1）表明从水合离子 $M^{2+}_{(aq)}$ 还原到 $M_{(s)}$ 的焓变 ΔH_{re} 等于升华焓 ΔH_s、第一、第二电子电离能 $\Delta H_{i(1\sim2)}$ 以及水合焓 ΔH_h 之和。由于熵变 ΔS 对自由能变化影响不大，我们可以近似地认为 $-\Delta H_{re} \approx -\Delta G$。

按照另一条途径[12]也可得到相同的结果：

$$M^{2+}_{(aq)} + \frac{n}{2}H_{2(g)} \rightleftharpoons M_{(s)} + nH^{+}_{(aq)} \tag{2}$$

$$-\Delta G^{\ominus} = \Delta H_s + \Delta H_{i(n)} + \Delta H_h - T(S_{n+} - S_0) - nT\Delta S_H \tag{3}$$

式中，$(S_{n+} - S_0)$ 为 $M_{(s)}$ 和 $M^{2+}_{(aq)}$ 的熵变；ΔS_H 为氢离子放电的熵变；$nT\Delta S_H$ 为定值。

对于水溶液中的反应，T 值不高，式（3）中后两项的单位均为 J/mol，前三项单位为 kJ/mol，因此近似地可得：

$$-\Delta G^{\ominus} \approx \Delta H_s + \Delta H_{i(n)} + \Delta H_h \tag{4}$$

对于 Pd(Ⅱ)和 Pt(Ⅱ)可查到的有关数据列入表 2。

表 2　铂和钯的一些热力学数据　(kJ/mol)

元　素	ΔH_s	$\Delta H_{i(1\sim2)}$	ΔH_h	ΔH_{re}
Pt	566	2660	−2240	986
Pd	381	2678	−2170	891
$\Delta H_{(Pt\text{-}Pd)}$	185	−18	−70	95

注；ΔH_s 值取自参考文献［1］，ΔH_i 按第一、第二电离势计算，ΔH_h 取自文献［13］。

从表 2 看出，Pd(Ⅱ)的 ΔH_{re} 比 Pt(Ⅱ)低 95kJ/mol，因此 Pd(Ⅱ)还原的 $\Delta G^{\ominus}$ 绝对值及 $E^{\ominus}$ 值亦低于 Pt(Ⅱ)。同时还可看出，ΔH_{re} 的差别主要来自轻铂族 Pd 的升华焓 ΔH_s 低于重铂族 Pt 的升华焓，其他铂族金属的升华焓也都是这种情况，如它们的 ΔH_s(kJ/mol)分别为：Ru，649；Os，788；Rh，577；Ir，670，都是轻铂族低于重铂族。对于卤素配离子的还原，由于配位焓值很低，如从 $Pd^{2+}_{(aq)}$ 到 $PdCl_{4\,(aq)}^{2-}$ 为 −23kJ/mol，与其他焓值相比可忽略其影响。

需要指出的是按式（4）或式（3）来计算 $E^{\ominus}$ 值，则计算值与实验值将偏差很大。这是因为按能量循环模型计算的自由能不可能非常正确。拉戈斯基[14]指出，这只能作为一种定性的讨论，即使对第一过渡系金属计算的 $\Delta G^{\ominus}$ 值与 $nFE^{\ominus}$ 值比较也仅只是变化趋势近似（见图 1）。钯和铂分属第二、第三过渡系，情况更为复杂。例如用 Born-

Haber 循环计算 PtS 的生成焓为 +1151.4kJ/mol，而实验值却为 -108.9kJ/mol，两者之差更为惊人[2]。尽管如此，由于重铂族的密度、沸点、升华焓均远高于轻铂族，作者队为对于解释本文提出的第一条规律，仍然是有说服力的。

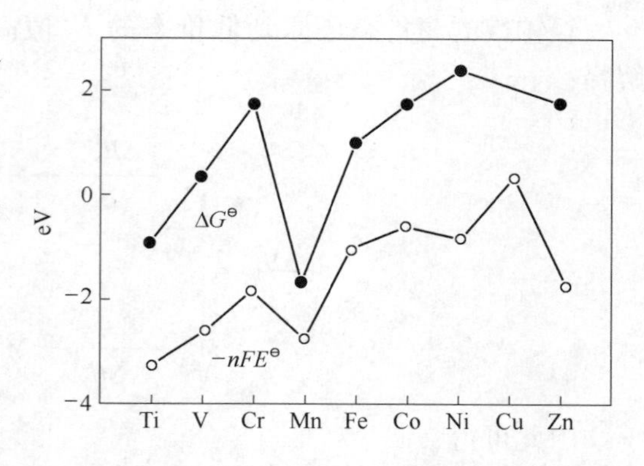

图 1　第一过渡系金属的 $\Delta G^{\ominus}$ 计算值与 $-nEF^{\ominus}$ 值的比较

第二个问题的原因在于热力学数据只决定反应进行的方向，动力学数据才决定反应进行的速度。作者曾经较详细地论述过铂族金属配合物化学性质中的一种规律[3~5]；在周期表同一竖行中，"重铂族配离子或配合物比具有相同价态、相同配体和相同几何构型的轻铂族配离子或配合物具有更高的热力学稳定性和更高的动力学惰性"。因此，虽然表 1 中 1 ~9 号重铂族还原反应的推动力按热力学计算小于轻铂族，但它们还原反应的速度却慢于轻铂族。

对于逆向反应，$E^{\ominus}$取负值，则 1 ~9 号的逆反应 $\Delta G^{\ominus} > 0$，即氧化反应不能自发进行，必须有相当强的氧化剂参与才能发生。由于重铂族氧化反应的 $E^{\ominus}$ 值比轻铂族更小，意味着重铂族更难被氧化，这个推论与实验现象相符。如钯可溶于硝酸，铂则必须用王水才能溶解；银灰色的海绵钯在空气中煅烧即氧化为蓝黑色的氧化钯，但海绵铂煅烧则不受影响；细粒铑粉用硫酸氢钠熔融可被氧化为硫酸铑，细粒铱粉则不发生此反应。钌和锇的情况稍有不同，在 1400℃灼烧时，钌的质量损失率为 120mg/($cm^2 \cdot h$)，锇为 1240mg/($cm^2 \cdot h$)。对于钌和锇的这种特殊行为，作者认为是因钌在氧化过程中表面会生成具有金红石结构的稳定的 RuO_2 所致。

3　从高价态配离子或化合物还原到低价态的半电池反应的 $E^{\ominus}$ 值比较

对于高价态还原到低价态，轻铂族的 $E^{\ominus}$ 值高于重铂族，也就是说"轻铂族的高价态配离子或化合物比重铂族的更容易还原到低价态"，此推论与大量实验现象一致。因为热力学的反应推动力与轻重铂族配离子的动力学活性顺序一致。如 RuO_4 和 OsO_4 混合气体同时通过含有乙醇的稀盐酸吸收液时，前者被还原为 $RuCl_6^{2-}$ 或 $RuCl_6^{3-}$ 而被吸收，后者则可以通过三级吸收液不发生反应而进入碱液吸收瓶。只要选择一种还原电位在 RuO_4 与 OsO_4 还原电位之间的还原剂体系，如 $HgSO_4$-Hg_2SO_4-乙醇或 H_2O_2-$HgSO_4$[15]，都可以做到选择性还原 RuO_4。又如四价的 $RhCl_6^{2-}$ 比 $IrCl_6^{2-}$ 电极电位高得多，因此前者只能在含 Cl_2、NO_3^- 等强氧化性介质中以 Cs_2RhCl_6 沉淀形态存在，遇水即自动还原为 $Cs_2Rh(H_2O)Cl_5$ 并释放氯气。通常在盐酸介质中 Rh 均以三价的 $RhCl_6^{3-}$ 存在，但 $IrCl_6^{2-}$ 则是比较稳定的离子，在放置过程中的自还原速度比较慢，需要接触还原剂才能完全还原为 $IrCl_6^{3-}$。Pd 和 Pt 的情况更为人们熟知，$PdCl_6^{2-}$ 在沸水中全部自动还原为 $PdCl_4^{2-}$ 并释放氯气[16]，$PtCl_6^{2-}$ 则相当稳定，因此用 NH_4Cl 沉淀法可以选择性沉淀 Pt(Ⅳ)而使 Pd(Ⅱ)保留在溶液中。

轻铂族的高价态还原到低价态的 $E^{\ominus}$ 值高于重铂族的原因同样可用能量循环模型解释：

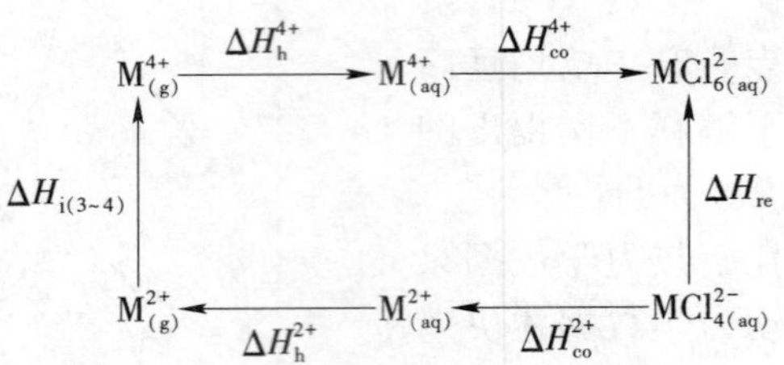

由此可得：

$$-\Delta H_{re} = \Delta H_{i(3\sim4)} + \Delta H^{4+}_{h} + \Delta H^{4+}_{co} - \Delta H^{2+}_{h} - \Delta H^{2+}_{co} \quad (5)$$

从式（5）看出，由于不涉及零价金属，式（5）中不含有升华焓，又因竖列铂族元素的原子半径和离子半径非常接近或相等，如Pt(Ⅱ)和Pd(Ⅱ)离子半径都是0.80×10^{-10}m，Pt(Ⅳ)和Pd(Ⅳ)都是0.64×10^{-10}m，因此可以近似地假定它们的水合焓ΔH^{2+}_{h}、ΔH^{4+}_{h}以及配位焓ΔH^{2+}_{co}、ΔH^{4+}_{co}彼此对应接近，因而从MCl_6^{2-}还原到MCl_4^{2-}的焓变ΔH_{re}主要取决于第三、第四电子的电离能$\Delta H_{i(3\sim4)}$。而

$$\Delta H_{i(3\sim4)} = \Delta H_{i(1\sim4)} - \Delta H_{i(1\sim2)} \quad (6)$$

已知Pt和Pd 1～4电子的电离能总和分别为9376kJ/mol与10564kJ/mol[2]，减去表2中$\Delta H_{i(1\sim2)}$，则$\Delta H_{i(3\sim4)}$分别为6116kJ/mol与7886kJ/mol，Pd比Pt高1170kJ/mol。

铂族金属的第一电离势是重铂族高于轻铂族，第二电离势规律不明显，彼此较接近，第三、第四电离势从许多手册都难于查到，Ginzburg著作中[6]给出的第三电离势（eV）数据为：Ru，28.46；Os，24.8；Rh，31.05；Ir，26.7；Pd，32.92；Pt，23.6，已可明显地看出轻铂族高于重铂族。

以上我们论述了表1中10～15号的 $E^{\ominus}$ 值轻铂族高于重铂族的原因。

从动力学来看，轻铂族的配离子或化合物比重铂族的更不稳定，更为活泼。因此，对于高价态还原到低价态，热力学推断的反应推动力顺序与动力学反应速度顺序一致，使得按 $E^{\ominus}$ 值判断的结果与实验现象一致。

对于逆反应，$E^{\ominus}$ 取负值，$\Delta G^{\ominus}$ 为正值，反应不能自发进行，且轻铂族比重铂族更正，表明轻铂族的配离子或化合物比重铂族更难氧化到高价态。此推论也与实验现象相符，如在含有Os和Ru的盐酸溶液中，加HNO_3即可氧化出挥发性的OsO_4，但HNO_3、Cl_2、H_2O_2以至于$NaClO_3$都不能完全氧化出RuO_4，只有转化为硫酸介质，才能用氧化剂蒸馏RuO_4，氯气或双氧水均可将$IrCl_6^{3-}$氧化为$IrCl_6^{2-}$，但不能将$RhCl_6^{3-}$氧化为$RhCl_6^{2-}$，Pt、Pd的情况类似。

4 配体种类对配离子氧化还原反应的影响

考察表1数据，还可以归纳出几条规律：

（1）从水合金属离子转变为其他配体离子时，体系的标准电极电位 $E^{\ominus}$ 值降低。金属离子形成配离子时，电极电位降低的现象早为人们熟知。通常，这种电位降低可进行定量计算[12,17]，本文只做简单地定性讨论。

对于涉及零价态金属的半电池反应，当体系中引入配体时，其电极电位为：

$$E_{M(n-0)} = E^0_{M(n-0)} - \frac{RT}{nF}\ln a_{M(L)} + \frac{RT}{nF}\ln C_M \tag{7}$$

式中，$a_{M(L)}$ 为副反应系数[18]；C_M 为包括金属离子在内的各化学组分的总浓度，它们分别为：

$$a_{M(L)} = 1 + \beta_1[L] + \beta_2[L]^2 + \beta_3[L]^3 + \cdots \tag{8}$$

$$C_M = [M] + [ML] + \cdots + [ML_p] \tag{9}$$

若只考虑标准电极电位的变化时，式（7）中 C_M 仍然为 1mol/L，则

$$E^{\ominus'}_{M(n-0)} = E^{\ominus}_{M(n-0)} - \frac{RT}{nF}\ln a_{M(L)} \tag{10}$$

$$\Delta E^{\ominus'}_{M(n-0)} = -\frac{RT}{nF}\ln a_{M(L)} \tag{11}$$

式中，$E^{\ominus'}_{M(n-0)}$ 为式量电位（formal potential）；$E^{\ominus}_{M(n-0)}$ 为式量电位变化量。

从式（11）看出，当配体 L 引入体系后，由于式（8）中积累稳定常数 $\beta>0$，副反应系数 $a_{M(L)}>1$，因此标准电极电位总是低于不引入配体时的电极电位值。我们还可用能量变化示意图表示于图 2 中。

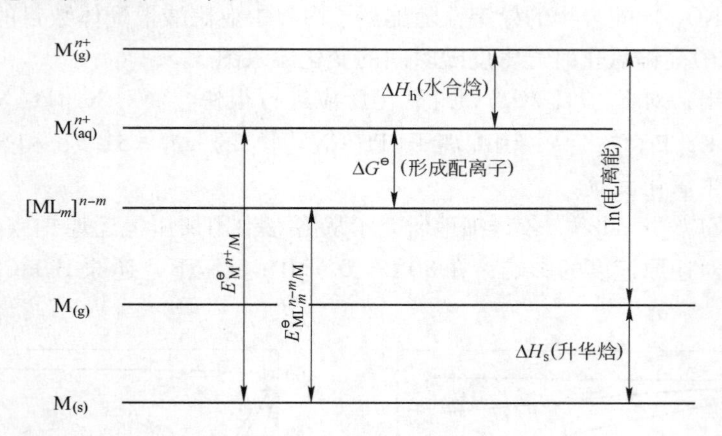

图 2　铂族金属离子的标准电位及配离子形成能量示意图

（2）$E^{\ominus}$ 值的降低与配体种类有关，配体愈“软”，$E^{\ominus}$ 值降低幅度愈大。用 $\Delta E^{\ominus}$ 表示 $E^{\ominus}_{M^{2+}/M} - E^{\ominus}_{[ML_4]^{2-}/M}$，从表 1 选出的一些数据列入表 3。

从表 3 看出，$\Delta E^{\ominus}$ 值随卤素配体“软度”顺序 $Cl^- < Br^- < I^-$ 的增大而增大，其原因可从式（11）和式（8）看出，当配体的“软度”增加时，根据软硬酸碱理论，它与作为软酸的铂族金属离子 Pd(Ⅱ)、Pt(Ⅱ)结合得更牢固，其积累稳定常数 β 值增大。比如对于 Pd(Ⅱ)，ML_4^{2-} 的配体 L 从 Cl^-、Br^- 到 I^- 的 $\lg\beta_4$ 分别为 11.8、14.2 和 24.1，对于 Pt(Ⅱ)分别为 16.6、20.4 和 29.6。β 增大引起副反应系数 $a_{M(L)}$ 增大，最终则使 $E^{\ominus}_{配合}$ 的绝对值增大。

表3 水合离子形成配离子后 $E^{\ominus}$ 值的降低

中心离子	配体	$\Delta E^{\ominus}$/V	中心离子	配体	$\Delta E^{\ominus}$/V
Pd(Ⅱ)	Cl^-	0.24	Pt(Ⅱ)	Br^-	0.53
Pt(Ⅱ)	Cl^-	0.45	Pd(Ⅱ)	I^-	0.65
Pd(Ⅱ)	Br^-	0.34	Pt(Ⅱ)	I^-	0.80

从图2亦可看出，配体愈“软”，配位作用引起的自由能降低 $\Delta G^{\ominus}$ 愈大，与之相应的 $\Delta E^{\ominus}$ 也愈大。

（3）对于相同配体，重铂族Pt(Ⅱ)比轻铂族Pd(Ⅱ)产生更大的 $\Delta E^{\ominus}$ 电位降。对于Ru、Os、Rh、Ir可以对比的有关数据太少，不足以找出规律。但从表3可以明显地看出Pt(Ⅱ)对应的 $\Delta E^{\ominus}$ 值比Pd(Ⅱ)的大。这条规律的原因是重铂族配合物比相应的轻铂族配合物热力学稳定性更高[3~5]，积累稳定常数 β 值增大，$\Delta E^{\ominus}$ 值也就更大。

（4）配体种类对氧化还原反应速度有影响，从动力学的角度考察时，配体的种类对氧化还原反应速度有明显的影响。如还原性的配体 NO_2^- 和 SCN^- 与Pt(Ⅱ)配合后，其配离子不受高锰酸盐的氧化，但Pt(Ⅱ)的氯配离子尽管其电极电位与 NO_2^- 和 SCN^- 配离子的电极电位相等或甚至更低却很容易被氧化[6]。以下作者各提供一个实例作参考：

1）氧化反应。Птицын等[19]研究了各种氧化剂对Pt(Ⅱ)配合物的氧化过程，发现亚硝酸根（NO_2^-）配合物的稳定性随配离子内界中亚硝酸根配体数目的增加而增加，如在25℃用硫酸高铈氧化时光密度随时间的变化绘入图3。

从图3看出，对 $K_2[Pt(NO_2)Cl_3]$ 氧化反应进行很快，而对 $K_2[Pt(NO_2)_4]$ 反应进行很慢，对于 $K_2[Pt(CN)_4]$，因配离子 $[Pt(CN)_4]^{2-}$ 的 $\lg\beta_4=51.5$，相当稳定，20min内基本上未发生氧化反应。

2）还原反应。Findly[20]较详细地研究了从溶液中用加压氢还原铂族金属，考察了不同反应介质对还原速度的影响，在80℃、0.1MPa氢压下，还原 H_2PtCl_6 的实验结果绘于图4。

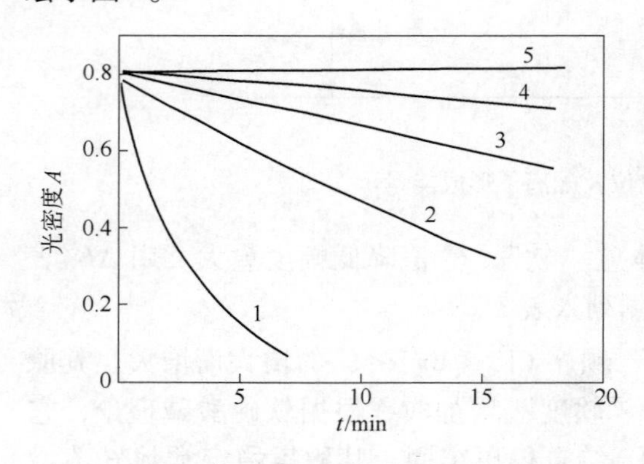

图3 用硫酸氧化Pt(Ⅱ)配合物时光密度的变化

1—$K_2[Pt(NO_2)Cl_3]$；2—$K_2[Pt(NO_2)_2Cl_2]$；3—$K_2[Pt(NO_2)_3Cl]$；4—$K_2[Pt(NO_2)_4]$；5—$K_2[Pt(CN)_4]$

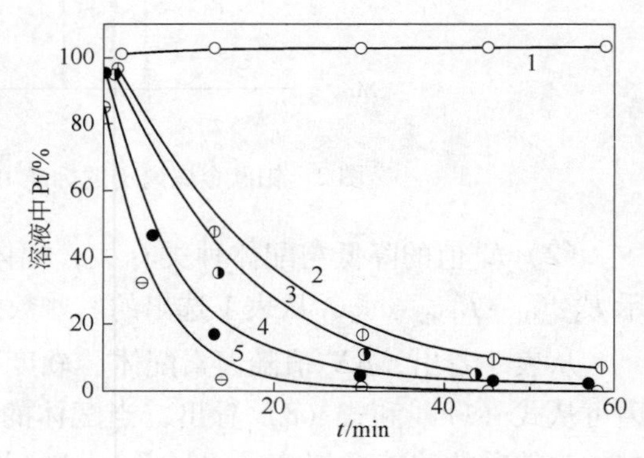

图4 加压氢还原Pt(Ⅳ)时不同介质对还原速度的影响

1—3mol/L KCN；2—4mol/L NH_3；3—4mol/L NaCl；4—2mol/L H_2SO_4；5—4mol/L HAc

图4 实验所用的 H_2PtCl_6 初始浓度为含 Pt $25\times10^{-4}\%$，而介质的浓度为 3 ~ 4mol/L，因此，容易配位的 NH_3、CN^- 等配体将进入内界。图4 表明在4mol/L 醋酸介质中还原反应速度最快，而在 3mol/L KCN 中则不发生还原反应。

5 小结

本文归纳的一些铂族金属氧化还原反应的规律可概述如下：

（1）对于还原到金属态的半电池反应，轻铂族的 $E^{\ominus}$ 值总是低于重铂族的 $E^{\ominus}$ 值，但实验现象却是轻铂族比重铂族更容易还原，即按 $E^{\ominus}$ 值推断的反应推动力顺序与实验观察到的反应速度顺序相反。

（2）对于从高价态配离子还原到低价态配离子的半电池反应，轻铂族的 $E^{\ominus}$ 值总是高于重铂族的 $E^{\ominus}$ 值，按 $E^{\ominus}$ 值推断的反应推动力顺序与实验观察到的反应速度顺序一致。

（3）当铂族金属的水合离子转变为配离子时，其 $E^{\ominus}$ 值降低，配体愈“软”，降低愈大，且重铂族的降低幅度比轻铂族大。

铂族金属水溶液化学十分复杂，除了价态易变外，溶液的配离子浓度、氢离子浓度、温度、放置时间均会引起配离子不同程度地水合、羟合以及水合离子的酸式离解等各种复杂反应，引起溶液中物种组分的变化，当然也改变了体系的电极电位值。为了简化问题，本文只讨论了标准电极电位，并且着重于化学冶金和化学分析最常用的盐酸介质中的氯配离子。

参考文献

[1] Goldberg R N, Hepler L G. Chem. Rev. 1968,2(68):229 ~ 252.
[2] Hartley P R. The Chemistry of Platinum and Palladium[M]. Applied Science Publishers Ltd., 1973: 10 ~ 12.
[3] 陈景．贵金属．1984，5：1 ~ 9.
[4] 陈景．贵金属．1985，6：12 ~ 19.
[5] 陈景．贵金属．1988，9：1 ~ 11.
[6] Ginzburg S I, Ezerskaya N A. Anal. Chem. of Platinum Metals[M]. Keter Publishing House Jerusalem Ltd. 1975: 61 ~ 88.
[7] 中南矿冶学院分析化学教研室．分析化学手册[M]．北京：科学出版社，1984：590 ~ 609.
[8] 株洲冶炼厂，等．有色冶金中元素的分离与测定[M]．北京：冶金工业出版社，1979：480.
[9] Пат. CPP, Кл. 40a11/04(C22b/04). No. 52249, Заявл, 29, 08, 66, Опубл, 9, 10, 70.
[10] 杨丙雨．贵金属．1986，7：65.
[11] 青山新一，渡边清．日本化学杂志．1954，75：20 ~ 39.
[12] 大滝仁志，等．溶液反应的化学[M]．北京：高等教育出版社，1985：179 ~ 186.
[13] Basolo P, Pearson R G. Mechanism of Inorganic Reaction. 1987, 2: 81.
[14] 拉戈斯基 J J. 现代无机化学下册[M]．北京：高等教育出版社，1984：658.
[15] 蔡树型，黄超．贵金属分析[M]．北京：冶金工业出版社，1984：163.
[16] 陈景，孙常焯．稀有金属．1980，3：35.
[17] 休哈 L，等．分析化学中的溶液平衡[M]．北京：人民教育出版社，1980：300 ~ 303.
[18] 张祥麟，康衡．配位化学[M]．长沙：中南工业大学出版社，1986：87.
[19] Птицын Б В, Земсков С В, Николаев А А. Доклаци АН СССР., 1966, 1(167):112.
[20] Findly M. Proceedings of the Sixth International Precious Metals Conference[C]. 1988: 477 ~ 501.

铂族金属难溶配合物的分类及溶解度规律*

摘　要　本文将铂族金属的难溶配合物和难溶配离子盐分为中性无机配合物、螯合物、有机酸盐、配离子盐等4类。其中配离子盐又再分为配阴离子与无机阳离子、配阴离子与有机阳离子、配阴离子与配阳离子等3类。以实例说明了归纳出的溶解度规律，并从溶剂化能与晶格能的比较、熵变与溶解自由能的关系、电解质溶液中的离子缔合理论、“空腔效应”与“最小电荷密度原理”等宏观及微观理论解释了有关的溶解度规律。

1　引言

在溶剂萃取技术引入铂族金属精炼工艺之前，铂族金属相互间的分离及提纯全是利用它们的化合物或配合物溶解度的差异进行的。时至今日，虽然溶剂萃取分离铂族金属有更好的效果，但单个铂族金属的提纯仍不能完全摆脱沉淀法。因此，研究铂族金属配合物溶解度规律在学术上和实践中都有重要意义。

在铂族金属冶金中遇到的难溶化合物较少，更多碰到的是难溶配合物、螯合物以及离子型配合物，其中以后者最为普遍。

很难获得一种具有普适性的溶质的溶解度规律，即使是离子型化合物，想明确地划分可溶性与难溶性也十分困难[1]。徐光宪[2]曾试图从离子极化效应解释溶解度，提出以 Z^2/r 作为阳离子使阴离子极化能力的量度，对于 $Z^2/r<2$ 的阳离子，如 K^+、NH_4^+、Rb^+、Cs^+ 等被认为极化能力很小，只有对体积特大的容易极化的阴离子，如 $PtCl_6^{2-}$、$Co(NO_2)_6^{3-}$ 等才能生成沉淀。但这种观点无法解释 Ca^{2+}、Mg^{2+}、Al^{3+}、Fe^{3+} 等 Z^2/r 很大的阳离子，却相反地不能与 $PtCl_6^{2-}$、$Rh(NO_2)_6^{3-}$ 等生成沉淀。关根达也和长谷川佑子[3]在讨论非电解质的溶解度时指出，“预言物质溶解度的普遍规律是不存在的，并且，对这个问题的过分简单化的讨论，有时将会导致与事实完全相反的结论”。

更多的作者从水合能与晶格能的关系来考虑离子型化合物或配合物的溶解度[4,5]。由于水的结构理论至今还在发展，铂族金属离子型配合物的水合能、晶格能和有关的热力学数据又十分缺乏，欲深入了解离子型晶体的溶解过程还有很多困难。在本文中，作者根据多年来的实践经验，对铂族金属难溶配合物进行分类，提出了一些铂族金属配合物溶解度的规律，并按自己的观点定性地解释了内在原因，目的在于引起同行们的关注和兴趣，从而进行更深入的研究。

按铂族金属化学冶金和化学分析中常见的各种沉淀反应，本文将难溶或微溶的铂族金属配合物分为中性无机配合物、螯合物、有机酸盐及配离子盐四类。

2　中性无机配合物及螯合物

铂族金属的中性无机配合物，如果不含水配体，则因其不带电荷，整个分子表面

* 本文原载于《贵金属》1994 年第 1 期。

呈疏水性，因而容易聚集在一起形成沉淀，如 $Pd(NH_3)_2Cl_2$、$Pt(NH_3)_2Cl_2$、$Rh(NH_3)_3Cl_3$、$Ir(NH_3)_3Cl_3$、$Pt(NH_3)_2(NO_2)_2$ 及 $Rh(NH_3)_3(NO_2)_3$ 等。如果其中的中性配体为水分子，则配位水分子将与溶剂水分子发生氢键缔合，这类的中性配合物则是可溶性的。最熟知的如氯钯酸和氯铑酸在低盐酸浓度下放置过程中产生的 $Pd(H_2O)_2Cl_2$ 及 $Rh(H_2O)_3Cl_3$，均能在水中稳定存在而不形成沉淀。

对于铂族金属的螯合物，在分析化学中多不胜举，在溶剂萃取中也被广泛应用[6]。冶金中有时也用丁二酮肟选择性沉淀钯，其螯合物的分子结构为：

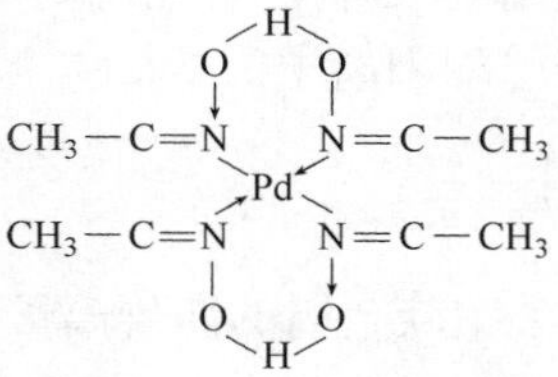

```
            H
          O   O
          ↓
CH3—C=N       N=C—CH3
         Pd
CH3—C=N       N=C—CH3
              ↓
          O   O
            H
```

可以看出，肟基中的氢已与一个氧原子缔合形成六元环，螯合物大分子的四个甲基使它具有强烈的疏水表面，在水分子的挤压下，丁二酮肟钯以疏松的絮状沉淀从水中析出。

苯酰甲基二肟、水杨醛肟、苯基-2-吡啶基酮肟、喹啉-2-醛肟、1-亚硝基-2-萘酚、双硫腙、8-羟基喹啉、8-氨基喹啉等都能与铂族金属生成螯合物，它们可以溶解在各种有机溶剂中，在萃取化学中十分重要。

3 有机酸盐

各种碳链长度不同的黄原酸钠（$R—O—C(=S)—SNa$）、二乙基二硫代氨基甲酸钠（$(C_2H_5)_2N—C(=S)—SNa$）、二苄基二硫代氨基甲酸钠、三辛基硫代磷酸以及各式各样带烷基芳基的有机酸钠盐，都可以与 Pt(Ⅱ)、Pd(Ⅱ)，特别是易与 Pd(Ⅱ)形成沉淀。有机酸的烷基链越长，或芳基数越多，则疏水性表面越大，其铂族金属盐的溶解度越小。

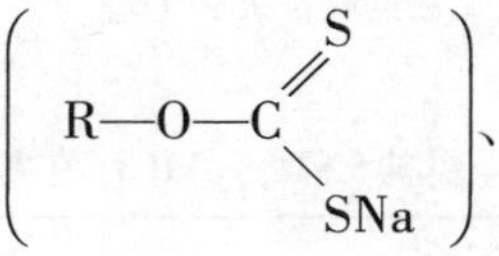

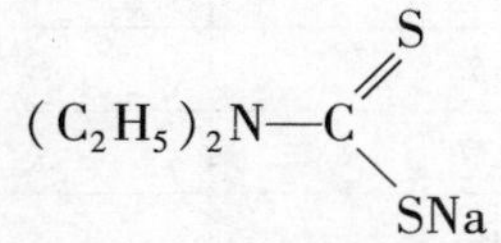

此种类型的盐由于分子中具有体积很大的疏水性结构，因此它们可溶解在氯仿、四氯化碳、乙酸乙酯或磺化煤油等许多有机溶剂中。这个特性在贵金属分析和冶金中常被应用，可称为沉淀萃取。

4 配离子盐的溶解度及其规律

铂族金属的分离提纯几乎都在盐酸介质中进行，它们都与氯离子形成配阴离子，如 $RuCl_6^{3-}$、$OsCl_6^{2-}$、$PdCl_4^{2-}$、$PtCl_6^{2-}$、$RhCl_6^{3-}$ 和 $IrCl_6^{3-}$ 等。这些配离子与碱金属、碱土金属以及各种有色金属离子组成的盐溶解度相差极大。Li^+、Na^+、Ca^{2+}、Mg^{2+}、Al^{3+}、Cu^{2+}、Ni^{2+}、Fe^{3+} 等都不与铂族金属的氯配阴离子形成沉淀，只有 K^+、NH_4^+、

Rb^+、Cs^+以及一些大体积的有机阳离子与 MX_6^{2-} 型的氯配阴离子形成难溶盐。因此，用氯化铵反复沉淀法可以将六个铂族金属中碱土金属及贱金属分离到光谱下限，也可以用氯化铵沉淀法使 Pd(Ⅱ)与 Pt(Ⅳ)，Rh(Ⅲ)与 Ir(Ⅳ)之间达到分离。Rh(Ⅲ)在盐酸介质中极难氧化到 Rh(Ⅳ)，虽然加 NH_4^+ 或 K^+ 不能使 Rh(Ⅲ)沉淀，但可以用 $(NH_4)_3Rh(NO_2)_6$ 沉淀使其与 Pd(Ⅱ)、Pt(Ⅱ)及贱金属分离。由上述可知，掌握铂族金属配离子的溶解度规律，将有助于我们合理地选择所需的沉淀法精炼工艺，有效地控制操作条件。此外，它还将有助于我们了解溶剂萃取铂族金属卤配酸的机理，预见萃取的效果。铂族金属的配离子盐还可细分为配阴离子与无机阳离子的盐、配阴离子与有机阳离子的盐以及配阴离子与配阳离子的盐。

4.1 配阴离子与无机阳离子的盐

（1）MX_6^{2-} 型配阴离子。六个铂族金属的四价离子都能与卤离子形成 MX_6^{2-} 型的卤配阴离子，其中 Rh(Ⅳ)只能在特殊的强氧化性介质中存在[7]。MX_6^{2-} 型配阴离子与正二价和正三价的金属离子不能生成沉淀。Pt(Ⅳ)、Ir(Ⅳ)与一价无机阳离子的盐的溶解度有较完整的数据，见表1。在 NH_4^+ 离子及配体 Cl^- 浓度增加时，$(NH_4)_2MCl_6$ 的溶解度降低，见表2。

表1 四价铂、铱氯配酸盐的溶解度 (g)

离子形态	Na^+	K^+	Rb^+	Cs^+	NH_4^+
$PtCl_6^{2-}$	39.7	1.12	0.14	0.08	0.77①
$IrCl_6^{2-}$	40	1.0	0.06	0.01	1.5

注：100mL 中的溶解度，20℃，表1数据取自文献［8］。

① 此值为25℃下测定数据。

表2 铂族金属盐 $(NH_4)_2MCl_6$ 在氯化铵溶液中的溶解度 (g/L)

NH_4Cl 浓度/%	0.5	1	3	5	10	37	47
$(NH_4)_2PtCl_6$ 淡黄色	0.037	0.015	0.007	0.003	0.0015		
$(NH_4)_2IrCl_6$ 紫红色	0.187	0.120	0.081	0.050	0.003		
$(NH_4)_2OsCl_6$ 砖红色	0.221	0.160	0.102	0.072	0.020		
$(NH_4)_2RuCl_6$ 褐或黑色						4.3	5.7
$(NH_4)_2PdCl_6$ 橘红色						3.5	4.5
$(NH_4)_2RhCl_6$ 桃红色						5.8	8.2

注：本表数据取自文献［8］，NH_4Cl 浓度一栏中0.5%～10%的溶解度均在25℃测定，37%为20℃，47%为30℃。

从表1看出，MX_6^{2-} 型配阴离子与无机阳离子的盐的溶解度随阳离子半径的增大而降低。表2表明，溶解度随 NH_4Cl 浓度的增加而降低，而且重铂族 Os、Ir、Pt 的铵盐的溶解度显著低于轻铂族 Ru、Rh、Pd 的铵盐的溶解度。

对于 Br^- 和 I^- 卤离子，我们还缺乏具体数据，但可预见相应盐的溶解度将是 $MCl_6^{2-} > MBr_6^{2-} > MI_6^{2-}$，正如卤化银的溶度积是 AgCl > AgBr > AgI 一样。

（2）MCl_4^{2-} 型配阴离子。只有 Pd(Ⅱ)和 Pt(Ⅱ)能形成 MCl_4^{2-} 平面正方形卤配离

子。$PdCl_4^{2-}$ 和 $PtCl_4^{2-}$ 的钠盐具有吸湿性和高度溶解于水的特性，其 NH_4^+ 和 K^+ 盐也有相当大的溶解度。通过 M(Ⅳ)⇌M(Ⅱ) 的反复氧化还原，利用 $(NH_4)_2PdCl_6$ 和 $(NH_4)_2PdCl_4$，$(NH_4)_2PtCl_6$ 和 $(NH_4)_2PtCl_4$ 溶解度的显著差异，可以通过反复沉淀相当有效地分离钯和铂中的贱金属杂质[9]。

Rb^+ 和 Cs^+ 盐查不到具体数据，但通过表 3 中氯金酸盐的溶解度数据，可以预见它们的变化趋势。

表 3　氯金酸盐在水中的溶解度（100g 水中）　(g)

氯金酸盐	溶解度						
	10℃	20℃	30℃	40℃	60℃	80℃	100℃
$LiAuCl_4$	53.1	57.7	62.5	67.3	76.4	85.7	—
$NaAuCl_4$	58.2	60.2	64.0	69.4	90.0	—	—
$KAuCl_4$	27.7	38.2	48.7	59.2	80.2	—	—
$RbAuCl_4$	4.6	9.0	13.4	17.7	26.6	35.3	44.2
$CsAuCl_4$	0.5	0.8	1.7	3.2	8.2	16.3	27.5

(3) MX_6^{3-} 型配阴离子。只有 Ru(Ⅲ)、Rh(Ⅲ)、Ir(Ⅲ)能形成八面体的 MX_6^{3-} 配阴离子，它们的 Na^+、K^+、NH_4^+ 盐都有相当大的溶解度，Rb^+ 和 Cs^+ 盐的溶解度将小得多，但缺乏数据。

Ru(Ⅲ)和Ir(Ⅲ)容易氧化为Ru(Ⅳ)和Ir(Ⅳ)，可以用 K^+、NH_4^+ 沉淀它们，对于 $RhCl_6^{3-}$ 可以向水溶液中加入大量乙醇，降低溶剂的介电常数而使 $(NH_4)_3RhCl_6$ 沉出。即使在水中溶解度相当大的 Na_3RhCl_6，在乙醇中的溶解度也相当小。作者曾测定出 Na_3RhCl_6 在无水乙醇中的溶解度为 0.319g/L（20℃），在 84% 乙醇中的溶解度为 0.244g/L（20℃）。相反，Na_2PdCl_4 在无水乙醇中溶解度为 51.82g/L（17.5℃），在 84% 乙醇中高达 105.8g/L（19℃）。作者曾利用 Na_3RhCl_6 和 Na_2PdCl_4 在乙醇中溶解度的显著差异，用 84% 的乙醇分离 Rh(Ⅲ)和 Pd(Ⅱ)，取得了满意的结果，见表 4。

表 4　84%乙醇分离钯和铑的实验结果

试样组成/g		乙醇中组分/g		Pd 溶解率/%	不溶渣中组分/g		Rh 不溶比率/%
Pd	Rh	Pd	Rh		Pd	Rh	
0.5045	0.4090	0.4809	0.0304	95.3	0.0224	0.3765	92.1
0.5836	0.5260	0.5776	0.0218	99.0	0.0116	0.5058	96.2

4.2　配阴离子与有机阳离子的盐

体积大的有机阳离子，当其烷基链或芳环上不含亲水性基团时，如长碳链的铵离子 RNH_3^+、$R_2NH_2^+$、R_3NH^+、R_4N^+、四苯基膦 $(C_6H_5)_4P^+$、四苯基胂 $(C_6H_5)_4As^+$ 等与 MX_6^{2-} 型的铂族金属配阴离子都能形成难溶缔合盐，这类盐在萃取化学中也十分重要。

各式各样的碱性有机染料阳离子，如孔雀绿[10,11]、罗丹明[12]、结晶紫[13]以及三苯甲烷类碱性染料维多利亚蓝阳离子 $VBBH^+$ 等都与 MX_6^{2-} 型，甚至 MX_6^{3-} 型配阴离子发生强烈缔合，有机阳离子和配阴离子两者的体积越大，携带的电荷越少，缔合越强烈。这类缔合盐在贵金属分析化学中被广泛深入地研究过。赵敏政等[14]使用了大体积配体氯锡酸根（$SnCl_3^-$）的Rh(Ⅲ)配阴离子，获得了相当高的分析灵敏度，见表5。

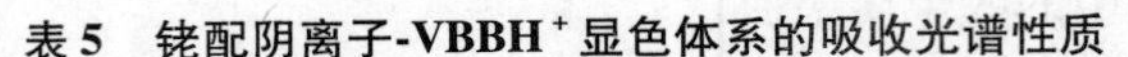
表5　铑配阴离子-$VBBH^+$显色体系的吸收光谱性质

配阴离子	$Rh_2Cl_2(SnCl_3)_6^{4-}$	RhI_6^{3-}	$Rh(SCN)_6^{3-}$	$RhBr_6^{3-}$	$RhCl_6^{3-}$
配阳离子	$(VBBH^+)_4$	$(VBBH^+)_3$	$(VBBH^+)_3$	$(VBBH^+)_3$	$(VBBH^+)_3$
λ_{max}/nm	585	590	590	590	—
ε/L·(mol·cm)$^{-1}$	1.34×10^6	8.19×10^4	4.29×10^4	2.44×10^3	—

从表5看出，$RhCl_6^{3-}$因体积还不够大，$VBBH^+$与阳离子不发生缔合，其他四种缔合盐的摩尔吸光度ε随配阴离子体积大小顺序显著增大，$RhBr_6^{3-} < Rh(SCN)_6^{3-} < RhI_6^{3-} < Rh_2Cl_2(SnCl_3)_6^{4-}$。

4.3　配阴离子与配阳离子的盐

大体积的配阴离子和大体积的配阳离子也生成沉淀盐。人们最熟知的如在钯的提纯过程中，向H_2PdCl_4溶液中加入NH_4OH时，最初所形成的桃红色沉淀即$[Pd(NH_3)_4][PdCl_4]$，俗称沃凯连（Vokelen）盐。当过量加入NH_4OH后，此盐转化$[Pd(NH_3)_4]Cl_2$而溶解。又如Pt(Ⅱ)可生成类似结构的马格努斯（Magnus）盐，$[Pt(NH_3)_4][PtCl_4]$。其他如$[Pd(NH_3)_4][PdBr_4]$、$[PdPy_4][PdCl_4]$、$[PdEn_2][PdCl_4]$等[6]。

4.4　配离子盐溶解度的几条规律

有关配离子盐溶解度存在以下规律：

（1）铂族金属的配阴离子MX_4^{2-}、MX_6^{3-}及MX_6^{2-}与二价及三价金属阳离子不能形成难溶盐。

（2）在盐酸介质中，只有MX_6^{2-}能与大体积的一价无机阳离子，如NH_4^+、K^+、Rb^+、Cs^+等形成难溶盐，但在溴氢酸和碘氢酸介质中，MX_6^{2-}和MX_6^{3-}都可以与大体积的一价有机阳离子形成难溶盐。

（3）配离子难溶盐的溶解度随一价阳离子体积的增大，以及随配阴离子中配体体积的增大而降低，即溶解度按阳离子排列为$K^+ > Rb^+ > Cs^+ >$一价有机阳离子，按配体为$Cl^- > Br^- > I^- > SnCl_3^-$。

5　溶解度规律的理论解释

中性配合物、螯合物及有机酸盐难溶或微溶于水的原因，理论上很容易解释，本文将主要讨论配离子盐的溶解度规律。

固体物质在水中的溶解过程涉及水分子与溶质分子或离子相互作用的溶剂化能、溶质晶体被破坏的晶格能以及熵变等能量变化。对离子晶体而言，通常认为溶剂化能大于晶格能则发生溶解，反之则难容。作者从不同著作中收集了卤化碱的晶格能、离子水化焓、分子键能以及溶解度等数据列入表6。

表 6　碱金属卤化物的晶格能、水化自由焓、分子键能及溶解度

卤化物	晶格能 $-U_o$/kJ·mol^{-1}	水化自由焓 $\Delta G_1+\Delta G_2$/kJ·mol^{-1}	分子键能 D_{298} /kJ·mol^{-1}	水中溶解度(100g 水)/g	
LiF	1025.08	−941.4	578.65	0.13	
LiCl	845.17	−820.06	474.47	85	($2H_2O$)
LiBr	799.14	−786.59	422.58	170	($2H_2O$)
LiI	744.75	−757.30	353.97	162	($3H_2O$)
NaF	907.93	−828.43	481.16	4.1	
NaCl	774.04	−715.46	412.12	36.0	
NaBr	740.57	−690.36	370.28	95	($2H_2O$)
NaI	694.54	−652.70	299.57	184	($2H_2O$)
KF	811.70	−765.67	496.22	102	($2H_2O$)
KCl	707.10	−644.34	425.93	35	
KBr	682.0	−619.23	382.84	68	
KI	644.34	−589.94	326.35	148	
RbF	774.04	−740.57	480.32	131	(20℃)
RbCl	682.0	−619.23	463.17	94	
RbBr	656.89	−594.13	379.91	116	
RbI	623.42	−569.02	326.77	163	
CsF	740.57	−711.28	485.34	370	($1H_2O$)
CsCl	644.34	−589.94	428.86	190	
CsBr	631.78	−573.21	420.49	123	
CsI	602.50	−539.74	353.97	87	

注：晶格能及水化自由焓数据取自文献［15］44 页。键能 D_{298} 数据取自文献［16］43～60 页。溶解度数据取自文献［17］245～291 页，单位为 100g 水中溶质溶解的克数，温度为 25℃，加括号如 85（$2H_2O$）表示含有 2 个结晶水的 LiCl 的溶解度为 85g。

从表 6 看出，对于同一个碱金属，晶格能和离子水化能都是 $F^- > Cl^- > Br^- > I^-$；对于同一个卤离子，两种能值都是 $Li^+ > Na^+ > K^+ > Rb^+ > Cs^+$。但与溶解度数据比较时，情况则复杂得多。对于 Li、Na、K、Rb 盐，除 KF、RbF 反常外，溶解度几乎都随阴离子半径的增大而增大。虽然这种变化符合晶格能降低，但却与铂族金属配离子盐的规律相反，只有 CsF > CsCl > CsBr > CsI 的溶解度变化与配离子盐的规律一致。因此，单纯用晶格能与离子溶剂化能的关系尚难解释铂族金属配离子盐的溶解度规律。

文献［4］认为影响晶体溶解的另一重要因素是熵变。晶体结构破坏后，体系的混乱度增加，是熵增的过程，但水化作用是水分子在正负离子周围定向排列，却是熵减的过程。若将溶解自由能变化为：

$$\Delta F^{\ominus} = \Delta H^{\ominus} - T\Delta S^{\ominus} \tag{1}$$

可以看出，熵减使 $\Delta F^{\ominus}$ 升高，不利于溶解。黄子卿指出[15]，离子的水化熵都是负值，对于同族元素，相对原子质量增加，离子的 $\Delta S^{\ominus}$ 上升（负值减小）。如 F^- 和 I^- 的 $\Delta S^{\ominus}$ 分别为 −133.05J/(K·mol) 和 −42.26J/(K·mol)；Li^+ 和 Rb^+ 的分别为 −134.31J/(K·mol) 和 −65.27J/(K·mol)，因此，具有相同电荷的离子，从熵变来

看，体积增大有利于溶解，这也与铂族金属配离子盐溶解度规律相反。

此外，正负离子间的极化程度，溶剂的介电常数都影响溶解度的大小，给解释配离子盐的溶解度规律带来相当大的困难。

用 N. Bjerrum 的离子缔合理论[16]可以解释配离子盐的溶解度规律。这个理论能适用于体积相当大的球对称正负离子，它们之间的相互作用只存在相当弱的静电作用[18]，经改进后的毕尔拉姆的离子缔合方程式为[19]：

$$K_A = \frac{4\pi Na^3}{3000}\exp\left(\frac{-Z_1Z_2e^2}{DkTa} + \frac{E_a}{kT}\right) \tag{2}$$

式中，K_A 为离子缔合平衡常数；a 为正负离子的中心距；$Z_1Z_2e^2$ 为正负离子电荷乘积；D 为溶剂的介电常数；k 为玻耳兹曼常数；N 为阿伏加德罗常数；E_a 是离子-偶极相互作用项和其他非库仑作用项。

从式（2）看出，正负离子半径越大，a 值越大，则 K_A 也越大；正负离子电荷 $Z_1Z_2e^2$ 越小，K_A 也越大，即越易发生缔合。但这个理论比较复杂，不能给人以较直观的理解。

近年来，溶剂萃取理论的发展引出了“空腔效应”、“最小电荷密度原理”等概念[3,7]，本章应用这些概念，结合离子缔合理论，可以满意地解释铂族金属配合物和配离子盐的溶解度规律。

“空腔效应”是指溶解在水中的溶质分子或离子，在水中占据了一个空腔，使原来有强烈氢键缔合作用的水结构遭到破坏，分子或离子的体积越大，受破坏的作用越大。若用 ΔE 表示破坏水结构所需的能量，则：

$$\Delta E = \Delta E_{W-W} - \Delta E_{M-W} \tag{3}$$

式中，ΔE_{W-W}为在缔合的水分子中形成空腔所需的能量；ΔE_{M-W}为离子发生水化作用所释放的能量。离子的体积越大，ΔE_{W-W}也越大；离子的体积越大而电荷越小，则 ΔE_{M-W}越小，当 $\Delta E_{M-W} > \Delta E_{W-W}$时，离子在水中能稳定存在；当 $\Delta E_{M-W} < \Delta E_{W-W}$时，则水分子间的缔合力趋向于将离子挤入有机相，或将正负离子挤压在一起，缔合以至形成沉淀，以便减小对水结构的破坏。

“最小电荷密度原理”是指半径越大、电荷越少的离子，越容易萃入有机相，它可以视为空腔作用的具体补充。作者认为它支配着那些属于形成缔合盐的萃取机理的萃取过程，如铂族金属卤配酸的锌盐机理的萃取[20,21]，也可以解释铂族金属配合物和配离子盐的溶解度规律。“最小电荷密度原理”可用描述离子与溶剂相互作用的玻恩公式做较直观的解释：

$$\Delta G_i = -\frac{N(Z_ie)^2}{2r_i}\left(1 - \frac{1}{D}\right) \tag{4}$$

式中，ΔG_i 为一摩尔离子发生溶剂化的自由焓变；N 为阿伏加德罗常数；Z_ie 为离子电荷；r_i 为离子半径；D 为溶剂的介电常数。

式（4）表明，r_i 越大，Z_ie 越小，即离子的面电荷密度越小，则溶剂化焓 ΔG_i 越小，离子在水中单独存在越不稳定。水在所有常用溶剂中 D 值最大，因此 ΔG_i 相当大。对于 D 值低的溶剂，正负离子对更容易缔合。

表 7 列出一些与讨论有关的离子半径、离子面电荷密度，水化分子数和水化焓。

表 7 一些离子的半径、面电荷密度、水化分子数及水化焓

阳离子	离子半径 r/nm	面电荷密度/$e \cdot nm^{-2}$	水化分子数	水化焓/$kJ \cdot mol^{-1}$
Li^+	0.068	17.2	5	551.8
Na^+	0.097	8.5	4	442.7
K^+	0.133	4.5	3	358
Rb^+	0.147	3.7	3	333
Cs^+	0.167	2.9	2	301
Mg^{2+}	0.066	36.5	13	1996
Ca^{2+}	0.099	16.2	10	1666
Al^{3+}	0.051	91.8	21	4768.1
Fe^{3+}	0.064	58.3	—	5463.7
F^-	0.133	4.5	5	474
Cl^-	0.181	2.4	3	340
Br^-	0.196	2.1	2	321
I^-	0.220	1.6	1	268

注：表 7 中的面电荷密度按 $Ze/(4\pi r^2)$ 计算；水化分子数取自文献［15］71 页，是用水化熵法求得的数据；水化焓取自文献［22］276 页。

表 7 数据表明：面电荷密度与水化分子数，以及水化焓均呈平行关系。对阳离子用面电荷密度，对配阴离子用电荷对原子数的比值，如 MX_4^{2-} 为 $2/5=0.40$，MX_6^{2-} 为 $2/7=0.28$，MX_6^{3-} 为 $3/7=0.43$，可以满意地解释本文归纳出的溶解度规律。

二价和三价的阳离子 Mg^{2+}、Ca^{2+}、Al^{3+}、Fe^{3+} 等的空腔作用小，而水化焓却相当大，因此铂族金属的各种配阴离子都不能与它们生成难溶盐。在配阴离子中，MX_6^{2-} 的电荷与原子数比值比 MX_4^{2-} 和 MX_6^{3-} 小得多，预计水化焓也将小得多，因此只有 MX_6^{2-} 能与水化焓小、空腔作用大的大体积阳离子 NH_4^+、K^+、Rb^+、Cs^+ 等形成沉淀。对于一价有机阳离子，其体积相当大，所受到的空腔作用也相当大，可以弥补形成缔合物时 MX_6^{3-} 所需的克服水化焓的能量，因此除 MCl_6^{3-} 不能形成缔合盐外，MBr_6^{3-} 和 MI_6^{3-} 都可以与有机阳离子形成缔合盐。

此外，从表 7 也明显看出，一价阳离子的体积增大和卤素配体的体积增大，都将降低配离子盐的溶解度。

根据式（4）还可说明 Na_3RhCl_6 和 $(NH_4)_3RhCl_6$ 虽然在水中有相当大的溶解度，但在乙醇中时，因介电常数 D 从 78.54 降到 24.3，正负离子的溶剂化焓 ΔG_i 都减小；另一方面，库仑吸引力为 $f=Z_1Z_2e^2/(Dr^2)$（此处 r 为正负电荷距离），D 值降低吸引力增大，因而 $RhCl_6^{3-}$ 的盐类在乙醇中的溶解度会显著地降低。至于 Na_2PdCl_4 在乙醇中为什么有相当大的溶解度，作者认为是乙醇分子从 $PdCl_4^{2-}$ 配离子的轴方向配位，正如 R. B. Heslop 和 K. Jones[23] 所指出，"所谓正方形配合物在大多数溶剂中实际上是通过溶剂化作用产生的畸形八面体"。

6 小结

通过本文的分析可以得出：

（1）本文将铂族金属的难溶配合物分为中性配合物、螯合物、有机酸盐及配离子盐四类。前三类的溶解度低是因为整个分子或分子中相当大的部分是疏水性结构，因此它们不溶于水，其中除中性配合物外，都可溶于适当的有机溶剂。

（2）难溶的配离子盐又可分为配阴离子与一价无机阳离子盐、配阴离子与一价有机阳离子盐，以及配阴离子与配阳离子的盐。

（3）从配离子盐可归纳出几条溶解度规律：1）所有配阴离子与两价或三价无机阳离子都不会形成难溶盐；2）MX_4^{2-}、MX_6^{3-} 及 MX_6^{2-} 三类配阴离子中，只有 MX_6^{2-} 与半径大的一价无机阳离子 NH_4^+、K^+、Rb^+、Cs^+ 等形成难溶盐，但 MX_6^{2-} 与 MX_6^{3-} 与大体积的一价有机阳离子都可以形成难溶盐；3）配离子难溶盐的溶解度随一价阳离子体积的增大而降低，随配阴离子中配体体积的增大而降低。

（4）本文用大体积离子会破坏水结构的“空腔效应”及“最小电荷密度原理”，结合晶格能及离子水化能与溶解度的关系，定性地解释了归纳出的溶解度规律。

（5）掌握铂族金属配合物的溶解度规律，将使我们能预测沉淀反应的效果，并有助于了解铂族金属配合物和卤配酸的溶剂萃取机理。

参 考 文 献

[1] Masterton W L, et al., Chemical Principles[M]. 1977，中译本，下册，1980：40～42.

[2] 徐光宪．物质结构（上册）[M]．北京：人民教育出版社，1962：100.

[3] 关根达也，长谷川佑子．溶剂萃取化学(中译本)[M]. 1981：12.

[4] 日本分析化学会．周期表与分析化学[M]．邵俊杰译．北京：人民教育出版社，1982：76～78.

[5] 长岛弘三等．无机化学[M]．郑录，等译．北京：人民教育出版社，1982：73～75.

[6] 马荣骏．溶剂萃取在湿法冶金中的应用[M]．北京：冶金工业出版社，1979：30.

[7] Ginzburg S I, et al. Analytical Chemistry of Platinum Metals[J]. 1975：56，58，68.

[8] 冈田辰三，后藤良亮．白金族工业的利用[M]．产业图书株式会社，1956.

[9] 陈景，孙常焯．稀有金属．1980，3：35.

[10] Marozenko Z, et al. Anal. chim. Acta[J]. 1981，123：271.

[11] 李振亚，赵敏政．冶金分析．1985，4(5)：3.

[12] Marozenko Z, et al. Mikrochim Acta. 1983 Ⅱ：169.

[13] 赵敏政．科学通报．1986，5：353.

[14] 郑文军．贵金属多元配合物显色反应的研究[D]．昆明：昆明贵金属所，1987.

[15] 黄子卿．电解质溶液理论导论（修订版）[M]．北京：科学出版社，1983：44，59，118～125.

[16] Веденеев В И, Гурвин Л В. Эиергии Разрыва Химиеских Связен, Москва, 1962：43～60.

[17] 中南矿冶学院分析化学教研室．化学分析手册[M]．北京：科学出版社，1984：245～291.

[18] 巴索洛 F，皮尔逊 F G. 无机反应原理[M]．北京：科学出版社，1987：23，24.

[19] Gilkerson W R. J. Chem. Phys. 1956，25：1199；Fuoss R M. J. Am. Chem. Soc., 1957，79：3301，1958，80：5059.

[20] 陈景，等．金属学报．1982，18：235.

[21] 陈景，等．贵金属．1986，7：7.

[22] 大潼仁志，等．溶液反应的化学[M]．俞开钰译．北京：高等教育出版社，1985：276.

[23] Heslop R B, Jones K. Inorganic Chemistry[M]．中译本，下册，北京：人民教育出版社，59.

铑铱分离方法与原理*

摘　要　铑、铱分离是铂族金属分析和冶金中公认的技术难题。本文将文献中报道的各种分离方法，按照原理分为利用 Rh、Ir 两元素化学性质的差异；利用 $RhCl_6^{3-}$ 与 $IrCl_6^{3-}$ 热力学稳定性和动力学惰性的差异；利用 $RhCl_6^{3-}$ 与 $IrCl_6^{3-}$ 携带负电荷的差异，以及利用 $RhCl_6^{3-}$ 可以转化为水合阳离子 $Rh(H_2O)_6^{3+}$ 的特点 4 大类，分别举出多种实例进行阐述。

1　引言

铑、铱的化学性质十分相似，在盐酸介质中的存在状态又十分复杂，因此，铑、铱的分离在铂族金属分析测定和精炼提纯中都是公认的难题，也是多年来研究十分活跃的课题。

对于铑、铱分离的研究概况已有过评述[1,2]。分析化学家为了测定铑、铱，提出过各种各样的分离方法，其中一些方法已被冶金工作者采用。但是，文献中大量的研究报告几乎都没有从理论上阐明分离方法的原理。本文把各种分离方法按作者的观点进行分类，主要目的不是总结评述已有方法的优缺点，而是使读者从理论上掌握各种方法的原理。

已有的铑、铱分离方法可分为：利用铑、铱两种金属化学性质的差异；利用 $IrCl_6^{3-}$ 的热力学稳定性和动力学惰性均高于 $RhCl_6^{3-}$ 的特点；利用 $IrCl_6^{2-}$ 比 $RhCl_6^{3-}$ 具有更低的面电荷密度的特点；以及将 $RhCl_6^{3-}$ 转化为配阳离子进行分离等四类。其中第四类的基本原理也可隶属于第二类。

2　利用铑、铱金属性质差异的分离方法

细粒铑粉可用硫酸氢钠熔融法转化为硫酸铑，在相同条件下铱、钌、锇均不与硫酸氢钠反应。70 年代以前，铂族金属精炼厂使用的经典流程几乎都是用稀王水选择性浸出金、铂、钯后，再用硫酸氢钠熔融法分离王水不溶渣中的铑、铱。

铑粉转化为硫酸铑的效果与铑粉粒度、熔融温度、搅动方式及反应时间有关。作者曾考察过此反应，对一份粒度分布为大于 0.025mm 占 25%，0.025 ~ 0.015mm 占 36%，0.015 ~ 0.007mm 占 36%，小于 0.007mm 占 3% 的铑粉，在 450℃ 熔融 8h，间断搅动熔体，转化率仅 66.4%；在 500℃ 熔融 8h，转化率达 83.4%。若铑粉先经过锌碎化或铅碎化处理，转化率至少可大于 95%，最佳条件下可完全转化。

此法表明轻铂族的铑比重铂族的铱容易氧化，但铑能在高温下形成硫酸铑则系金属特性，很难作出理论解释。

3　利用铑、铱配离子稳定性差异的分离方法

铑属轻铂族，铱属重铂族。由于重铂族离子的有效核电荷大于轻铂族，其配体场

* 本文的合作者有：崔宁，张永柱；原载于《贵金属》1994 年第 4 期。

引起的 d 轨道能级分裂以及配体场稳定化能均大于轻铂族。因此无论是热力学稳定性或是动力学惰性，铱的配离子均高于同类结构的铑的配离子[3~5]，如 $IrCl_6^{3-} > RhCl_6^{3-}$、$Ir(NO_2)_6^{3-} > Rh(NO_2)_6^{3-}$，从而可利用铑、铱配离子稳定性的差异进行分离。

利用稳定性差异进行分离时，通常是选择性沉淀铑，选择性还原铑，或选择性沉淀萃取铑。这类方法涉及要破坏铑配离子的原有结构，生成难溶化合物、金属铑或难溶盐。由于稳定性大小是相对的，在强化反应条件时，铱也可以发生类似反应，因此这类方法比较适宜于从大量铱中分离少量或微量铑，避免大量使用反应试剂以及由于共沉淀、物理夹杂或化学吸附等引起铱在铑中的分散。

3.1 选择性沉淀铑

选择性沉淀铑可举以下实例：

（1）硫化氢沉淀。1922 年后，苏联的精炼厂中曾采用硫化氢法分离铑、铱[6]。将分离了铂、钯后的含铑、铱的溶液加热至近沸，通入 H_2S，则沉淀出 Rh_2S_3，直至滤液用 KI 检验时不生成黑色碘化铑为止。滤液中的铱保持在 $IrCl_6^{3-}$ 状态，由于滤液中含有 NH_4Cl，在热态下加 HNO_3 氧化时，铱呈 $(NH_4)_2IrCl_6$ 盐沉出。

（2）用 Na_2S 从 $Na_3Ir(NO_2)_6$ 溶液中分离铑。1923 年后，苏联 H. H. 巴拉巴施金采用亚硝酸盐配合法提纯铱[6]，在 $Na_3Ir(NO_2)_6$ 溶液中，Rh(Ⅲ)形成 $Rh(NO_2)_6^{3-}$ 配离子，它不如 $Ir(NO_2)_6^{3-}$ 稳定，在 90℃下，加入 Na_2S 溶液，铱中的铑全部以 Rh_2S_3 的形式沉出。

（3）二氧硫脲沉淀法[7]。含铑、铱氯配离子的溶液中加入少量 NaCl，水浴蒸干，用 0.2mol/L HCl 溶解，按每 0.05 ~0.22mg Rh 加入 0.1g 二氧硫脲晶体，加热溶液至沸约 10min，再移至水浴中加热 1h，铑以沉淀析出。

（4）有机试剂沉淀。用 2-巯基苯并噻唑（2-mecarptobenzo thiazole）或硫代乙酰替苯胺（thioacetanilide）等含硫有机试剂，按一定操作条件可以从铑、铱混合溶液中选择性定量沉淀铑[8]。

3.2 选择性还原法

作者[9]曾指出，对于 $MCl_6^{3-} + 3e = M + 6Cl^-$ 的还原反应，其标准还原电位 Ir(Ⅲ)的 $E^\ominus$ 为 0.77V，Rh(Ⅲ)的 $E^\ominus$ 为 0.44V。按热力学判断，Ir(Ⅲ)将先于 Rh(Ⅲ)还原为金属，但由于 $IrCl_6^{3-}$ 的动力学惰性远高于 $RhCl_6^{3-}$，因此选择适当的还原剂，在适当的条件下，可以做到选择性还原铑而不还原铱，具体如下：

（1）铜粉、锑粉还原法。对于铜粉置换还原分离铑，铱，作者进行过详细研究，并曾用于工业生产中[10,11]。在分析化学中，用锑粉也能达到较好的分离效果[12]。

（2）氢还原法。在盐酸介质中，氢气在常压下即可将 Rh(Ⅲ)还原为金属[13]，而 Ir(Ⅲ)则需在 80℃以上，氢压大于 1MPa 才能完全还原为金属[14]。研究表明[15]，用氢气在一定条件下分离铑、铱，可获得较好的效果。

（3）化学试剂还原法。在分析化学中，可用二氯化铬 $CrCl_2$、次磷酸 H_3PO_2 等化学试剂选择性还原铑[8a]。

（4）电沉积法[16]。在 HCl 溶液中，控制槽压 $E = -0.25 \sim -0.4V$，可以使铑在阴极沉积而与铱分离。

3.3 选择性萃取法

分析化学中常用一些特殊的有机试剂，使其优先进入铑配离子的内界，形成疏水性的配合物或有机酸盐，然后用适当的有机溶剂萃取分离铱中的铑。例如：

（1）二苯基硫脲[17]。在 1 ~2mol/L HCl 溶液中，加入二苯基硫脲的丙酮溶液，放置 5min，加入少量溶于 6mol/L HCl 的 20% $SnCl_2$ 溶液，再放置 20min，然后用氯仿-丙酮（3∶2）溶液萃取铑，铱则留在水相中。

（2）4，5-二甲基-2-巯基噻唑（4，5-dimethyl-2-mercaptothiazole）[18]。在 3 ~9mol/L HCl 溶液中，此试剂在 $SnCl_2$ 存在下与铑的配离子反应，然后用氯仿萃取，铱则不发生反应，此法可从铱比铑过量 800 倍的溶液中萃取 0.04 ~0.3mg 铑。

（3）哌啶二硫代氨基甲酸盐（piperidinedithioearbamate）[8b]。先将铑和铱转化为亚硝酸根配离子，加入新配制的有机试剂溶液，煮沸溶液 3.5h，不断加水保持溶液原有体积，冷却至室温后在分液漏斗中用二氯乙烷萃取铑的有机化合物，此法适于从过量 100 倍的铱中萃取 0.05 ~1.0mg 铑。

4 利用铑(Ⅲ)、铱(Ⅳ)氯配离子负电荷差异的分离方法

此类分离方法无需破坏铑、铱氯配离子的结构，$RhCl_6^{3-}$ 携带三个负电荷，$IrCl_6^{2-}$ 携带两个负电荷，它们的面电荷密度差异颇大，因而它们的配离子盐的溶解度和可萃性的差异也很大。

$RhCl_6^{3-}$ 和 $IrCl_6^{2-}$ 都是八面体构型，而不是球形，因此对配离子面电荷密度很难给出确切的定义。通常可用电荷数对配离子包含的原子数的比值来量度，如 $RhCl_6^{3-}$，其比值为 3/7 =0.429、$IrCl_6^{2-}$ 为 2/7 =0.286。从 $RhCl_6^{3-}$ 的高面电荷密度可推知它将有比较高的水化焓，水分子在它周围将形成牢固的水化层，极不易与大体积阳离子缔合为难溶盐，也极不易萃进有机溶剂中[19]，除非用大体积的配体如 SCN^-、$SnCl_3^-$ 等取代原有的 Cl^- 配体，形成如 $Rh(SCN)_6^{3-}$ 的低面电荷配阴离子。$IrCl_6^{2-}$ 与 $RhCl_6^{3-}$ 行为相反，容易与大体积的阳离子形成沉淀或用能与氢离子发生质子化的萃取剂萃入有机相中，或用阴离子交换树脂吸附。

需要指出的是 Rh(Ⅲ)在一般条件下在盐酸介质中不可能氧化为 $RhCl_6^{2-}$，而 $IrCl_6^{3-}$-$IrCl_6^{2-}$ 之间的氧化还原反应速度却相当快，这给 Rh(Ⅲ)和 Ir(Ⅳ)的分离提供了有利条件。在盐酸介质中，用 Cl_2 或 $NaClO_3$ 很容易将 Ir(Ⅲ)氧化为 Ir(Ⅳ)，而用抗坏血酸或 SO_2 又很容易将 Ir(Ⅳ)还原为 Ir(Ⅲ)。同位素示踪研究测得 $IrCl_6^{3-} + IrCl_6^{2-}$ 的氧化还原反应速度为 $k = 1000\ (mol \cdot s)^{-1}$，而 $Fe^{2+} + H_2O_2$ 和 $Fe^{2+} + S_2O_8^{2-}$ 的 k 仅分别为 54 $(mo1 \cdot s)^{-1}$ 和 $70(mo1 \cdot s)^{-1}$[20]。按照 L. E. 欧格耳的观点，这种电子交换反应速度极快的原因是反应过程中铱的配离子的结构没有发生变化[21]，在配位化学理论中称为外界反应机理[22]。

4.1 沉淀分离

沉淀分离铑、铱的方法包括：

（1）用NH_4Cl或KCl沉淀。$(NH_4)_2IrCl_6$和K_2IrCl_6的溶解度较小，分别为100mL H_2O 1.5g 及 1.0g，在过量NH_4Cl或KCl的溶液中，溶解度还将显著降低，而$(NH_4)_3RhCl_6$和K_3RhCl_6的溶解度则很大，利用这种差别可以达到铑、铱之间的粗分。此法可在生产中使用，但互含比较大，分离效果较差。

（2）用大体积有机阳离子沉淀。用氯化四苯砷或二安替匹林丁烷[23]使$IrCl_6^{2-}$形成$(Ph_4As)_2IrCl_6$或$[C_{26}H_{36}O_2N_4H]_2 \cdot IrCl_6$难溶盐析出，并以氯仿或二氯乙烷萃入有机相中，$RhCl_6^{3-}$保留于水相，这类方法适宜于从大量铑中分离少量铱。

4.2 萃取分离

萃取分离铑、铱的方法包括：

（1）TBP萃取。这是公认的分离铑、铱的好方法，在精炼厂和实验室中被广泛采用，文献中的有关资料极多。作者对其机理进行过详细研究[24]，在最佳条件下经三次萃取，可将铑中的铱分离到小于0.001%[25,26]。

（2）烷基氧化膦萃取。常用的烷基氧化膦如三辛基氧化膦（TOPO）和混合烷基氧化膦（TRPO），它们具有比TBP更强的碱性，即R_3PO比$(RO)_3PO$具有更强的亲质子能力，因而对$IrCl_6^{2-}$的萃取有更高的分配系数，萃合物为$(R_3PO \cdots H^+)_2IrCl_{6(org)}^{2-}$，文献中已有大量资料报道[27,28]。

（3）叔胺萃取。国际上广泛使用三辛胺（TOA），国内多使用N235。胺类具有比烷基氧化膦更强的碱性，能在较低的盐酸浓度下进行萃取。但酸度过低对Ir(Ⅲ)的氧化不利。萃合物为$(R_3NH^+)_2IrCl_6^{2-}$，英国罗伊斯顿的MRR精炼厂即使用叔胺萃取分离铑、铱[29]。

（4）其他萃取剂。G. P. Demopoulos 近年来提出用8-羟基喹啉衍生物（R-HQ）萃取分离铂族金属[30,31]。将萃取分离了Pd、Pt后的溶液中的Ir(Ⅲ)氧化为Ir(Ⅳ)，用RHQ萃取分离铑、铱，其萃合物为$(RH_2Q^+)_2IrCl_6^{2-}$。

4.3 离子交换分离

利用阴离子交换树脂对$IrCl_6^{2-}$的吸附比对$RhCl_6^{3-}$更强的特性进行二者之间的分离。将HCl浓度为2mol/L的含Rh、Ir的溶液通过Amberlite IRA-400阴离子交换树脂（氯型），流出液含$RhCl_6^{3-}$，然后用6mol/L HCl洗提上树脂的$IrCl_6^{2-}$。也可用盐酸浓度为0.1mol/L，含有2%的NaCl和溴水的溶液，通过同样树脂，然后用含0.2% NaCl和Br_2的0.1mol/L HCl淋洗上树脂的Rh，再用含0.5mol/L NH_4OH的1mol/L NH_4Cl溶液淋洗Ir[32]。这类方法由于树脂对Ir(Ⅳ)有还原性，尽管在料液和铑淋洗液中加入了溴水，也仍然会影响分离的效果。

5 将铑（Ⅲ）氯配离子转化为阳离子的分离方法

此类分离方法的基本原理仍是利用了铑、铱氯配离子稳定性的差异，但具有独特性：

(1) 利用加硫脲或吡啶使 Rh 转化为硫脲配位的阳离子，Ir(Ⅲ)保持为阴离子，或 Rh(Ⅲ)转化为 $RhPy_4Cl_2^+$，Ir(Ⅲ)转化为 $IrPy_2Cl_4^-$，然后用离子交换树脂分离，此两法作者已在文献［4］中述及。

(2) 将 Rh(Ⅲ)转化为 $Rh(H_2O)_6^{3+}$ 后进行阳离子交换或阳离子萃取。向含 Rh、Ir 氯配离子的溶液中加入 NaOH 溶液，使 Rh(Ⅲ)成为 $Rh(OH)_3$ 沉淀沉出，然后用适量的 2mol/L HCl 溶解，则 Rh(Ⅲ)转化为 $Rh(H_2O)_6^{3+}$，Ir(Ⅲ)仍保持为 $IrCl_6^{3-}$ 状态。此法早期为分析化学家提出，用阳离子交换树脂吸附铑[33]。近年来王祥云等[34]研究用 P204(二-2-乙基己基膦酸)萃取铑，刘新起等[35]提出用 P538（单十四烷基膦酸）萃取铑，此法已在我国某厂生产中试用过。文献［2］还介绍了一些分离 $Rh(H_2O)_6^{3+}$ 的其他方法。

6 小结

本文从原理上将文献中有代表性的铑、铱分离方法作了分类介绍。可以看出，无论利用 $RhCl_6^{3-}$ 与 $IrCl_6^{3-}$ 稳定性的差异，或 $RhCl_6^{3-}$ 与 $IrCl_6^{3-}$ 负电荷数的差异，原则上均可达到铑、铱之间的分离，但由于溶液中铑、铱存在状态的复杂性和铱的快速变价特性，给各种方法都带来了局限性。对于从大量铑中彻底分离微量铱，从大量铱中彻底分离微量铑，以及在两者比值相近而浓度较大的料液中的相互分离，生产上一直在期待新的高效的分离方法，这也是人们对铑、铱分离的研究有浓厚兴趣的主要原因。

参考文献

[1] 王永录．贵金属．1979，2：32.

[2] 余建民．铑、铱的富集和分离[J]．贵金属，1993，2：59.

[3] 陈景．贵金属．1984，5：1～8.

[4] 陈景．轻重铂族元章配合物稳定性的差异[J]．贵金属，1984，3：1～10.

[5] 陈景．贵金属．1985，3：12～19.

[6] 兹发京采夫 O E．金银及铂族金属精炼（中译本）[M]．北京：冶金工业出版社，1958：137，147.

[7] Pinkereva L V, et al. Zhurnal Analiticheskoi Khimi. 1965，20：598.

[8] Ginzburg S I, Ezerskaya N A. Analitical Chemistry of Platinum Metals. 1975：427～434，(a)429～430，(b)445.

[9] 陈景．贵金属．1991，2：7～16.

[10] 陈景，等．稀有金属．1988，3：161～165.

[11] 陈景．贵金属．1988，1：1～12；1992，2：14～20.

[12] Westland A, Beamish F. Mikrochim. Acta[J]. 1956：1474～1957，625.

[13] Findly M. Proceeding of the Sixth International Precious Metals Conference[C]. 1982：477～501.

[14] 聂宪生，等．贵金属．1990，3：1～12.

[15] 陈景．贵金属．1992，3：7～12.

[16] McBryde M, et al. Talanta. 1964，11：797.

[17] Diamantatos A. Anal. Chim. Acta. 1977，91：797.

[18] Ryan O. Can. J. Chem. 1961，39：2389.

[19] 陈景．铂族金属难溶配合物的分类及溶解度规律[J]．贵金属，1994，1：15～24.
[20] 巴索洛F，皮尔逊R G. 无机反应机理[M]．中译本．北京：科学出版社，1987：286，287.
[21] 欧格耳L E. 过渡金属化学导论[M]．中译本．北京：科学出版社，1966：89.
[22] 张祥麟，康衡．配位化学[M]．长沙：中南工大出版社，1986：380.
[23] Busev A I，et al. Talanta. 1964，11：1657.
[24] 陈景，等．金属学报．1989，18：235～244.
[25] Chen Jing. Proceeding of International Precious Metals Conference. 1991：275～282.
[26] 陈景，崔宁，杨正芬．从粗氯铑酸溶液制取高纯铑的方法．中国，90108932. X[P].
[27] 曹沆荣，等．贵金属．1981，2：I.
[28] 马荣骏．溶剂萃取在湿法冶金中的应用[M]．北京：冶金工业出版社，1979：358～362.
[29] Charlesworth P. Platinum Metals Review，1981，25：106～112.
[30] Demopoulos G P，et al. Can. Pat. No. 1，223，125(1987)，U. S. Pat. No. 4，654，145(1987).
[31] Demopoulos G P. Proceeding of the Second International Conference on Hydrometallurgy. 1992，1：448～453.
[32] Cluett M L，et al. Analyst，Lond. 1955，80：204.
[33] McNevin W，et al. Analyst，Chem. 1957，29：1220.
[34] 王祥云，等．贵金属．1985，6：19～26.
[35] 刘新起，等．用单十四烷基磷酸萃取法纯化铑的研究[C]//金川资源综合利用第六次科研会议资料，1983.

分离提纯中的沉淀反应与置换反应

本部分中氯钯(Ⅳ)酸铵反复沉淀法的研究源于1963年实验工作中观察到此种沉淀在水中能自发还原至Pd(Ⅱ)，并释放氯气而溶解的现象，研究提出了新的分离贱金属的方法，1965年曾获中国科学院优秀科技成果奖。

硫化钠沉淀法的研究源于1978年实验中观察到Na_2S溶液滴加入H_2PdCl_4溶液中时，存在一个符合化学计量定量沉淀Pd(Ⅱ)的反应终点。拓展研究后发现Na_2S与Au(Ⅲ)、Pd(Ⅱ)氯配酸和Pt(Ⅳ)、Rh(Ⅲ)、Ir(Ⅲ)氯配酸的反应具有不同的反应机理。研究提出了硫化钠法分离贵贱金属及硫化钠选择性沉淀Au(Ⅲ)、Pd(Ⅱ)的工艺，并进行过工业试验。硫化钠法现在虽已无实用价值，但对了解贵金属氯配离子的化学特性，仍具有重要意义。

1981年为取代硫化钠法，研究提出了首先用Zn粉从硫酸铜溶液中置换出海绵状的活性铜粉，然后从锇钌蒸馏残液中进行两级置换分离Au、Pd、Pt、Rh、Ir的工艺流程，1982年起成功地应用于工业生产。活性铜粉两级置换法包含在“从二次铜镍合金提取贵金属新工艺”的科技成果中，与甘肃金川有色金属公司采选联合设计成果一起，1985年获国家科技进步奖一等奖。

钯(Ⅱ)氯配离子在一些化学反应中的两种反应现象与机理*

摘　要　在一些冶金化学反应中，$PdCl_4^{2-}$ 配离子常随反应剂混合方式的不同或盐酸浓度的不同，显现出两种反应现象。通过分析 $PdCl_4^{2-}$ 与 Na_2S 的沉淀反应、与铜的置换反应、溶剂萃取反应及离子交换反应过程，研究了这些反应中发生的两种反应机理。研究结果表明：其原因是 $PdCl_4^{2-}$ 在六种铂族金属的氯配离子中，具有最低的热力学稳定性和最大的动力学活性，它极易发生水合反应，导致溶液中出现多种水合氯合配合物物种，它们以不同的反应机理与反应剂发生反应。

钯在周期表中的位置是第 5 周期Ⅷ-C 族，其金属性质类似铂，但其化学稳定性比铂差，细粉态可溶于热浓硫酸和浓硝酸，而铂仅溶于王水。在盐酸介质中钯可形成四价的 $PdCl_6^{2-}$ 及二价的 $PdCl_4^{2-}$ 两种氯配阴离子，前者在水溶液中加热时，会释放一个氯分子自动还原为二价的 $PdCl_4^{2-}$[1]，远不如 $PtCl_6^{2-}$ 配离子稳定。$PdCl_4^{2-}$ 在热力学稳定性和动力学惰性方面也远不如相应结构的 $PtCl_4^{2-}$[2,3]。

作者在长期的科研实践中观察到 $PdCl_4^{2-}$ 与一些试剂的反应会出现两种反应现象，存在两种反应机理。本文概括地介绍这些反应，并从理论上解释两种反应机理产生的原因。

1　反应现象

1.1　Pd(Ⅱ)氯配离子与硫化钠反应的两种反应现象

在室温下将 Na_2S 溶液缓慢滴入装有电磁搅拌的 H_2PdCl_4 溶液中时，体系立即变为浑浊胶态，随着 Na_2S 量的增加，有一个从胶态突然凝聚的反应终点[4]，此时沉淀颗粒粗大，易于沉降。溶液滤出分析时，Pd 含量已降至比色分析的下限以下（<0.0003g/L）。此反应不受酸度影响，即使 H_2PdCl_4 溶液中的盐酸浓度达到 6mol/L，沉淀仍快速形成，而且嗅不到 H_2S 气的臭味。反应终点消耗的 Na_2S 与 H_2PdCl_4 的摩尔比为 1∶1，显然此反应可以改进为一种滴定纯 H_2PdCl_4 浓度的容量分析方法（见表 1）。当黑色 PdS 形成后，再加入大量过量的 Na_2S 时，黑色沉淀不会再被 Na_2S 溶液溶解。

* 本文原载于《中国有色金属学报》2005 年第 3 期。

表1　不同酸度溶液中 Na_2S 沉淀 Pd(Ⅱ)的结果

No.	Volume/mL	Pd concentration /mol·L^{-1}	Solution acidity	pH after reaction	Na_2S volume/mL	Na_2S concentration /mol·L^{-1}	Pd concentration in raffinate /g·L^{-1}	$n_{(Pd)}:n_{(S)}$
1	20	0.0116	6mol/L HCl	~0	1.30	0.2	<0.0003	约1：1
2	20	0.0116	1mol/L HCl	~0	1.30	0.2	<0.0003	约1：1
3	20	0.0116	pH 0.51	0.52	1.30	0.2	<0.0003	约1：1
4	20	0.0116	pH 1.05	1.31	1.30	0.2	<0.0003	约1：1
5	20	0.0116	pH 2.07	2.58	1.30	0.2	<0.0003	约1：1

Note: 100mg NaCl was added into each sample to restrain hydration reaction of $PdCl_4^{2-}$。

如果不是将 Na_2S 溶液滴到 H_2PdCl_4 中，而是将 H_2PdCl_4 溶液迅速加入到大量过量的 Na_2S 溶液中，则不会出现黑色沉淀，沸水浴中加热1h后，获得的是棕色透明的硫代配合物溶液，反应剂混合方式不同产生的两种不同实验现象列入表2。两种反应现象显然暗示着发生了两种不同的反应机理。

表2　改变反应剂混合方式的实验现象

Pd quantity/mg	Na_2S concentration /mol·L^{-1}	Na_2S volume/mL	Ways of blending	Experimental phenomenon
24.7	2	50	The 0.4 mL Na_2S solution is added into the H_2PdCl_4 solution, and then the rest Na_2S solution is added after the PdS deposited completely. The admixture is heated in boiling water for 1h	The black PdS precipitation is indissoluble, and the upper solution is clear and colorless
24.7	2	50	All the H_2PdCl_4 solution is rapidly added into Na_2S solution and the admixture is heated in boiling water for 1h	No precipitation is observed and the solution is brown and clear

1.2　Pd(Ⅱ)氯配离子在铜置换反应中的两种反应现象

作者用旋转圆盘法研究铜置换钯的动力学时，发现随 Pd(Ⅱ)溶液中盐酸浓度的不同，出现了两种不同的反应现象[5]。

实验方法为：剪取厚1mm，ϕ20mm 的纯铜片一块，圆心钻孔，用聚四氟螺栓固定在旋转圆盘电极仪改装的聚四氟转轴上，转速为数字显示。反应器用夹套玻璃制成，容积150mL，用精密恒温槽通循环水控温在（50±0.2)℃。每次实验吸取10mL 钯浓度为0.010mol/L 的储备液于红外灯下烘干，用预定酸度和氯离子浓度的溶液100mL 溶解并转入反应器，放入带铜片的搅拌器后开始旋转反应，按预定时间吸取2mL 反应液，经小漏斗滤入10mL 容量瓶中，小心洗净滤纸并使样品液达容量瓶刻度，再用化学法分析钯浓度及铜浓度。实验研究了盐酸浓度、圆盘转速及有无氮气保护对反应速率的影响。

当 H_2PdCl_4 溶液中盐酸浓度为0.01mol/L，即 pH≈2 时，铜片放入后立即变黑，

1min 内出现细粒钯黑，溶液浑浊，呈黑色不透明。5min 时凝聚出海绵态钯，溶液变清亮。10min 时反应完全，溶液过滤后分析测得，Pd 浓度小于 0.0003g/L，经过计算，进入溶液中 Cu 的物质的量与置换出 Pd 的物质的量之比为 1∶1。

当盐酸浓度为 5.0mol/L 时，铜片放入后从紫铜色逐渐变为灰色，溶液一直清亮，无钯黑产生，明显观察到铜片上产生 H_2 气泡，240min 时样品液分析算出 Pd 的置换率为 66%。Cu 片上的 Pd 最后呈银灰色，有龟裂纹。置换过程中，溶液内 Pd 和 Cu 浓度的变化及置换率列于表 3，不同盐酸浓度测定的置换动力学曲线如图 1 所示。

表 3　5.0mol/L HCl 中 Cu 置换 Pd(Ⅱ)的实验结果

Time/min	Quantity of Pd reduced/mol	Quantity of Cu dissolved/mol	Cementation rate(η)/%	$\Delta n_{(Cu)}/\Delta n_{(Pd)}$
10	0.0006	0.0031	6.2	5.2
20	0.0012	0.0049	12.4	4.1
40	0.0022	0.0102	22.7	4.6
60	0.0031	0.0165	32.0	5.3
120	0.0048	0.0305	49.5	6.4
240	0.0064	0.0465	66.0	7.3

Note: The temperature is (50 ±0.2)℃, and the rotary rate is 700r/min.

上述情况表明：在 0.01mol/L 和 5.0mol/L 两种盐酸浓度下进行的 Cu 置换 Pd(Ⅱ)的反应现象差异很大，前者在 10min 内即完成反应，溶入溶液中的 Cu 与置换为金属的 Pd 的摩尔比为 1∶1，可推知进入溶液中的 Cu 为二价阳离子；后者在 6h 时置换率仅 66%，由于出现放 H_2 反应，置换反应后 $\Delta n_{(Cu)}/\Delta n_{(Pd)}$ 高达 7.3。

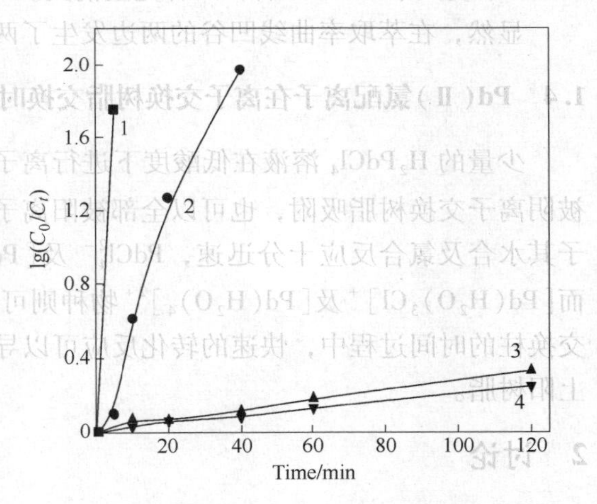

图 1　不同酸度下置换速率与时间的关系

1—0.01mol/L HCl solution; 2—0.1mol/L HCl solution; 3—3.0mol/L HCl solution; 4—5.0mol/L HCl solution

1.3　Pd(Ⅱ)氯配离子在亚砜萃取反应中的两种反应现象

亚砜的分子式为 R_2SO，其结构有平面三角型和四面体型，通常认为对于 Ni^{2+}、Co^{2+}、Fe^{2+} 等重金属离子，亚砜以平面三角型的氧原子与其配位；对于 Pt(Ⅱ)、Pd(Ⅱ)等贵金属离子，亚砜则以处于四面体型一个顶点的硫原子进行配位。用作萃取剂的亚砜有二正辛基亚砜（DOSO）、二异辛基亚砜、二正庚基亚砜、二正己基亚砜以及二（2-乙基己基）亚砜，稀释剂常用芳烃或 1,1,2-三氯乙烷（TCE）。本文作者[6]及其他研究者[7,8]研究水相盐酸浓度对亚砜萃取 Pd（Ⅱ）的影响时，无论是二正辛基、二异辛基或二（2-乙基己基）亚砜均发现萃取分配系数对盐酸浓度的曲线在［HCl］为 2mol/L 处出现“凹谷”，本文作者获得的二正辛基亚砜的萃取率曲线如图 2

所示。萃取条件为：用苯溶解 DOSO 作有机相，相比 $V_o : V_w = 1:1$，水相体积 10mL，室温下在 60mL 分液漏斗中手摇震荡混相 10min。

图 2 中曲线 3 和 4 表明：当待萃液中的盐酸浓度小于 2.0mol/L 时，萃取率随 HCl 浓度的增大而降低。当 HCl 浓度大于 2.0mol/L 后，萃取率又随 HCl 浓度的增大而升高。详细的研究还表明，在凹谷左边的低酸度下，H^+ 浓度对萃取率的影响很小，但 Cl^- 浓度对萃取率的影响很大；萃取过程吸热，萃取率随温度的升高而增高。但在凹谷右边的高酸度下，影响萃取的因素发生逆转，萃取率对 H^+ 浓度很敏感，但 Cl^- 浓度对萃取率的影响较小；萃取过程放热，温度的升高不利于萃取。

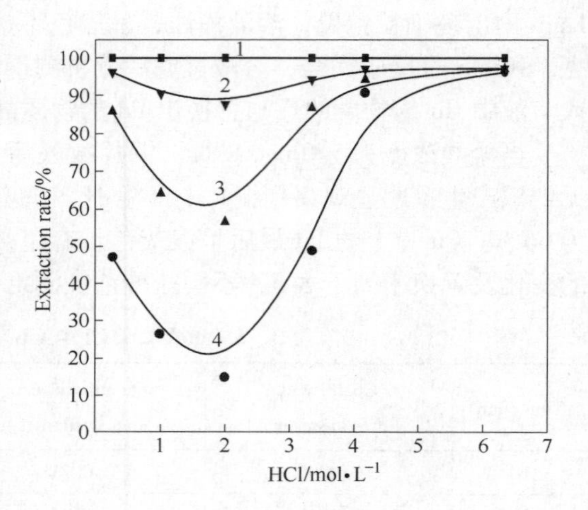

图 2　盐酸浓度对 DOSO 萃取 Pd(Ⅱ)的影响
$[DOSO]_{(org)}$ (mol/L)：1—1.00；2—0.85；3—0.50；4—0.20

图 2 还表明，随着有机相中 DOSO 浓度的增大，萃取曲线上的凹谷愈来愈小，当 DOSO 浓度大于 1mol/L 后，凹谷完全消失。

显然，在萃取率曲线凹谷的两边发生了两种机理不同的萃取反应。

1.4　Pd(Ⅱ)氯配离子在离子交换树脂交换时的两种反应现象

少量的 H_2PdCl_4 溶液在低酸度下进行离子交换时，Pd(Ⅱ)的氯配离子既可以全部被阴离子交换树脂吸附，也可以全部被阳离子交换树脂吸附，原因是 Pd(Ⅱ)的氯配离子其水合及氯合反应十分迅速，$PdCl_4^{2-}$ 及 $[Pd(H_2O)Cl_3]^-$ 物种可被阴离子树脂吸附，而 $[Pd(H_2O)_3Cl]^+$ 及 $[Pd(H_2O)_4]^{2+}$ 物种则可被阳离子交换树脂吸附。在溶液流经离子交换柱的时间过程中，快速的转化反应可以导致 Pd(Ⅱ)的配离子全部上阴树脂或全部上阳树脂。

2　讨论

对于铂族金属，配离子化学反应的发生不能单从热力学数据判断，必须同时考虑配离子在水溶液中的动力学惰性（文献中多使用“活性”，它与本文“惰性”相反）。许多从热力学判断属反应推动力很大的反应，常常因配离子的惰性高而不能进行。Stern 于 1981 年用氯配离子一水合反应的平衡常数 $K(mol^{-1})$ 和速率常数 $k(s^{-1}$ 或 $min^{-1})$ 分别作为该配离子热力学稳定性和动力学惰性的量度。如配离子的一水合反应为：

$$MCl_4^{2-} + H_2O \rightleftharpoons [M(H_2O)Cl_3]^- + Cl^- \quad (1)$$

在上式中平衡常数 K 值愈小则 MCl_4^{2-} 的热力学稳定性愈大，而反应速率常数 k 值愈大则配离子的动力学惰性愈小。实际上 K 值取对数后，$\lg K$ 即为 MCl_4^{2-} 的一级不稳定常数。

对于 Pd(Ⅱ)的氯配离子，总积累稳定常数 $\lg\beta_4 = 11.5$，比总积累稳定常数 $\lg\beta_4 = 16.0$ 的 Pt(Ⅱ)氯配离子更容易发生水合反应，随水溶液中 Cl^- 浓度的不同，迅速生成 $[Pd(H_2O)_nCl_{4-n}]^{n-2}$ 这一系列具有不同电荷的物种。根据氯离子与 Pd(Ⅱ)配位的逐级稳定常数 $\lg\beta_1 = 4.47$，$\lg\beta_2 = 7.74$，$\lg\beta_3 = 10.02$，$\lg\beta_4 = 11.5$，可以计算出不同盐酸浓度溶液中氯离子与 Pd(Ⅱ)配位的各种物种分布百分数，如表 4 所列。

表 4　不同盐酸浓度下 Pd(Ⅱ)氯配离子的分布　　(%)

$[HCl]/mol \cdot L^{-1}$	$[Pd(H_2O)_4]^{2+}$	$[Pd(H_2O)_3Cl]^+$	$[Pd(H_2O)_2Cl_2]$	$[Pd(H_2O)Cl_3]^-$	$[PdCl_4]^{2-}$
0.01	约 0	4.40	27.13	60.80	7.7
0.10	0	0.30	1.94	43.40	54.6
1.00	0	约 0	0.03	7.6	92.6
3.00	0	0	约 0	2.6	97.4
5.00	0	0	约 0	1.6	98.4

此外，Pd(Ⅱ)配合物的取代反应动力学惰性在六个铂族金属元素中最小，Grant 于 1990 年归纳出贵金属配合物取代反应动力学惰性的相对大小顺序，结果列入表 5。

表 5　铂族金属配合物取代反应的动力学惰性

Ru	Rh	Pd
Ru(Ⅲ)$10^3 \sim 10^4$	Rh(Ⅲ)$10^3 \sim 10^4$	Pd(Ⅱ)1
Ru(Ⅳ)$10^5 \sim 10^6$		
Os	Ir	Pt
Os(Ⅲ)$10^7 \sim 10^9$	Ir(Ⅲ)$10^4 \sim 10^5$	Pt(Ⅱ)$10^3 \sim 10^5$
Os(Ⅳ)$10^{10} \sim 10^{12}$	Ir(Ⅳ)$10^8 \sim 10^{10}$	Pt(Ⅳ)$10^{10} \sim 10^{12}$

Note: the Grantp's kinetics activity data were reciprocated to define as the kinetics inertia data in this paper, and Pd(Ⅱ) is taken as 1.

根据 $PdCl_4^{2-}$ 配离子热力学稳定性和动力学惰性最小，很容易解释本文给出的 4 类反应现象。

2.1　硫化钠与 Pd(Ⅱ)反应的两种机理

硫化钠在水中极易水解，反应式为：

$$Na_2S + H_2O \rightleftharpoons SH^- + OH^- + 2Na^+ \tag{2}$$

$$SH^- + H_2O \rightleftharpoons H_2S + OH^- \tag{3}$$

式（2）的一级水解平衡常数 $K_1 = 8$，式（3）的二级水解平衡常数 $K_2 = 1.1 \times 10^{-7}$，因此二级水解可忽略不计。本文表 1 实验用的 Na_2S 溶液浓度为 0.2mol/L，可算出水解度为 97.5%，即其中 $[SH^-] = 0.195mol/L$，$[S^{2-}] = 0.005mol/L$。当把 Na_2S 溶液滴加入 H_2PdCl_4 溶液中时，SH^- 离子立即从平面正方形 $PdCl_4^{2-}$ 配离子的 z 轴方向与中心离子结合形成过渡态，并立即分解出 PdS，反应式为：

$$[PdCl_4]^{2-} + SH^- \longrightarrow PdS + H^+ + 4Cl^- \tag{4}$$

反应式（4）的平衡常数和速率常数都相当大，为不可逆过程，因此即使 H_2PdCl_4 溶液中游离 HCl 浓度高达 6mol/L，Na_2S 溶液滴入后其中的 SH^- 离子立即被消耗掉，不会产生形成 H_2S 的反应，因而嗅不到 H_2S 臭味。到达反应终点时可观察到溶液突然凝聚的原因，具体参见文献［4］。

当改变反应剂混合方式，将 H_2PdCl_4 溶液快速倾入到化学计量过量的 Na_2S 溶液中时，发生如下反应：

$$PdCl_4^{2-} + 4SH^- \longrightarrow Pd(SH)_4^{2-} + 4Cl^- \quad (5)$$

此种情况下，反应过程无沉淀出现，将反应产物在沸水浴中加热 1h，获得的棕色透明溶液，可能是如 PdS_2^{2-} 的硫代盐溶液。

2.2 铜置换 Pd(Ⅱ)的两种反应机理

在低酸度下，当 H_2PdCl_4 溶液的 pH = 2 时，其中［H^+］≈0.01mol/L，根据表 4，溶液中配离子的物种［$Pd(H_2O)_2Cl_2$］占 27.13%，［$Pd(H_2O)Cl_3$］$^-$ 占 60.80%。

当铜片放入溶液中后，铜片表面可以优先发生与中性配合物的反应：

$$2Cu + [Pd(H_2O)_2Cl_2] + 2Cl^- \longrightarrow Pd + 2[CuCl_2]^- + 2H_2O \quad (6)$$

式（6）产生的 $CuCl_2^-$ 在液相中可立即发生还原 Pd(Ⅱ)的反应：

$$2[CuCl_2]^- + [Pd(H_2O)_2Cl_2] \longrightarrow Pd + 2Cu^{2+} + 6Cl^- + 2H_2O \quad (7)$$

总反应式为：

$$2Cu + 2[Pd(H_2O)_2Cl_2] \longrightarrow 2Pd + 2Cu^{2+} + 4Cl^- + 2H_2O \quad (8)$$

铜片放入溶液中后发生式（6）的反应，溶液立即变黑，反应式（7）在液相中进行因而使溶液浑浊，总反应表明置换出的 Pd 与进入溶液中的 Cu 的摩尔比为 1∶1，Cu 最终以正二价离子进入溶液，这些都与观察到的实验现象及测定数据相符。

当然，［$Pd(H_2O)Cl_3$］$^-$ 也可以引发与上述反应类似的一系列反应，而且随着式（6）的进行，［$Pd(H_2O)Cl_3$］$^-$ 也可转化为［$Pd(H_2O)_2Cl_2$］中性配合物，实际情况很复杂，但总的反应过程属 Cu 使 Pd(Ⅱ)发生化学还原的反应。

在高酸度下，当盐酸浓度在 3.0～5.0mol/L 时，由于 Cl^- 浓度高，铜片放入溶液后，Cu 片表面将发生以下反应：

$$Cu + 2Cl^- \longrightarrow CuCl_2^- + e \quad (9)$$

式（9）使铜片带上一定负电荷后则可以吸附 H^+，以吸附的 H^+ 为桥再吸附 $PdCl_4^{2-}$，然后发生电子转移，并在铜片表面沉积一部分钯：

$$PdCl_4^{2-} + 2e \longrightarrow Pd + 4Cl^- \quad (10)$$

此后，在铜片上形成 Cu-Pd 微电池，式（9）及式（10）分别以阳极反应和阴极反应而继续进行。式（9）产生的 $CuCl_2^-$ 在高酸度下还可转化为 $CuCl_3^{2-}$，甚至有 $CuCl_4^{3-}$，它们因带负电荷高而产生牢固的水化层，难于在液相中与 $PdCl_4^{2-}$ 发生反应。由于反应只在铜片表面上发生，产生的钯逐渐镀在铜面上呈银灰色，溶液则始终保持清亮而不浑浊。随着镀层的增厚，铜离子向溶液中的转移受到障碍，在 60min 后，反应速度有所降低。此外，由于 H^+ 在金属钯表面析氢的过电位很低，还出现了在钯镀面上产生氢气泡的阴极反应，因此铜置换 Pd（Ⅱ）在高酸度下是电化学过程，溶解的铜和析出的钯的摩尔比在 60min 时即达到 5.3：1，如表 3 所列。在盐酸溶液中铜置换铂族金属时出现放氢反应的原因，作者有专门的研究报道[9,10]。

2.3 亚砜萃取 Pd(Ⅱ)的两种反应机理

研究表明，盐酸浓度小于 2.0mol/L 时的萃取属配体取代机理，萃取反应式为：

$$2L_{(org)} + PdCl_4^{2-} \longrightarrow [PdL_2Cl_2]_{(org)} + 2Cl^- \tag{11}$$

式中，L 为亚砜分子。

式（11）与 H^+ 浓度无关，但与 Cl^- 浓度有关，盐酸浓度低时，水相中 Cl^- 浓度也很低，有利于萃取反应的进行。式（11）属有机相和水相间的界面反应，速度缓慢，升高温度有利于反应进行。此外，低酸度下溶液中的［Pd（H_2O）$_2Cl_2$］物种增多，它也有利于亚砜分子进入 Pd(Ⅱ)氯配离子的内界配位。低酸度下萃取获得的饱和萃合物可以在低温下干燥，其组分分析得到的摩尔比 $n_{(Pd)}$：$n_{(Cl)}$：$n_{(S)}$ 为 1：2.1：1.9，接近 1∶2∶2，与式（11）的产物结构基本吻合。

HCl 浓度大于 2.0mol/L 后的萃取属于离子缔合机理，萃取反应式为：

$$2L_{(org)} + 2H^+_{(aq)} \rightleftharpoons 2LH^+_{(org)} \tag{12}$$

$$2LH^+_{(org)} + PdCl_4^{2-}{}_{(aq)} \rightleftharpoons [(LH^+)_2 \cdot PdCl_4^{2-}]_{(aq)} \tag{13}$$

从式（12）和式（13）看出，首先是亚砜分子发生质子化反应，或者说成是氢离子被有机分子溶剂化，同时水相中的 $PdCl_4^{2-}$ 配离子跟随而进入有机相。盐酸酸度愈高则愈有利于式（12）、式（13）的进行，而且是 H^+ 离子浓度的影响非常显著。离子缔合机理的萃取反应速率很快。过程放热，进入有机相中的离子缔合物还会发生式（14）的转化反应：

$$[(LH^+)_2 \cdot PdCl_4^{2-}]_{(org)} \longrightarrow [PdL_2Cl_2]_{(org)} + 2H^+_{(aq)} + 2Cl^-_{(aq)} \tag{14}$$

高酸度下萃取获得的饱和萃合物是一种不能干燥的糊状物，无法做准确的组分分析。但饱和萃合物中 Pd 的浓度达 0.33mol/L，亚砜（DOSO）的浓度为 0.1mol/L，溶剂化数为 3，因此萃合物的组分可能为[PdL_2Cl_2]·[H^+(H_2O)·(L)·Cl^-]。

从图 2 还可看出，随着有机相中 DOSO 浓度的增大，萃取率曲线上出现的凹谷愈来愈小，当[DOSO]>1mol/L 后，凹谷完全消失，因为从式（11）及式（12）看出两种机理的反应速率均与有机相中 DOSO 浓度有关。DOSO 浓度增大后，两种机理的反应都可以快速进行。

2.4 离子交换树脂吸附 Pd(Ⅱ)的两种反应现象

用阳离子或阴离子交换树脂处理含 Pd(Ⅱ)氯配离子的溶液时，通常是在低酸度下（例如 pH=1）进行，根据表 4 数据，Pd(Ⅱ)氯配离子可以被阴离子交换树脂完全吸附。对于阳离子交换树脂，虽然此条件下配阳离子物种[Pd(H_2O)$_3$Cl]$^+$ 含量不多，但随着它被吸附后配离子物种间的平衡被破坏，新的配阳离子又将产生，因此只要树脂柱足够长，交换液的流速适当放慢，Pd(Ⅱ)也可被阳离子交换树脂完全吸附。

3 结语

在涉及沉淀、置换、萃取及离子交换的一些湿法冶金化学反应过程中，钯（Ⅱ）的氯配离子 $PdCl_4^{2-}$ 常常显现出特殊的反应行为。本文列举的四种反应表明，随着反应剂混合方式的不同，或溶液中盐酸浓度的不同，反应常会经历不同的机理，出现不同的反应现象。在铂族金属的各种氯配离子中，$PdCl_4^{2-}$ 具有最低的热力学稳定性和最大的动力学活性，导致它极易发生水合反应，形成带不同电荷的各种水合氯合配离子，从而导致化学反应机理的复杂化。

需要加以指出的是，具有类似结构的 Pt(Ⅱ)氯配阴离子 $PtCl_4^{2-}$，由于热力学稳定性强和动力学活性小，其反应行为与 $PdCl_4^{2-}$ 差异很大。如 Na_2S 溶液滴加到 H_2PtCl_4 溶液中时，不会出现沉淀，明显地有 H_2S 放出，最后生成一种 SH^- 和 S^{2-} 的配合物溶液；Cu 片放入 H_2PtCl_4 溶液中时，低酸度下反应很慢，不会有黑色沉淀产生，高酸度下则析 H_2 反应比置换 Pd(Ⅱ)时明显；亚砜萃取时，低酸度下 DOSO 完全不萃取 Pt(Ⅱ)，当 H^+ 浓度为 0.1mol/L 时，即使萃取混相时间长达 30min，Pt(Ⅱ)也不被萃取，只有当 HCl 浓度大于 4.0mol/L 后，$PtCl_4^{2-}$ 才明显地可萃入有机相；对于离子交换树脂的交换反应，$PtCl_4^{2-}$ 只能被阴离子交换树脂吸附，而决不会被阳离子交换树脂吸附。

$PdCl_4^{2-}$ 与 $PtCl_4^{2-}$ 两种配阴离子反应行为有显著差异的根本原因来自 Pd 属于轻铂族，Pt 属于重铂族，两者的原子半径相同，但后者的外电子层多了 14 个 4*f* 电子，使两者结构相似的配离子的反应行为差异很大，对此作者在著作[11]中有详细的研究讨论。

参考文献

[1] 陈景，孙常焯．氯化铵反复沉淀法分离钯中贱金属[J]．稀有金属，1980，3：35～42.

[2] 陈景．铂族金属配合物稳定性与原子结构的关系[J]．贵金属，1984，3：1～10.

[3] 陈景．再论轻重铂族元素配合物化学性质的差异[J]．贵金属，1994，3：1～8.

[4] 陈景，杨正芬．贵金属氯配离子与硫化钠的两种反应机理及应用[J]．有色金属，1980，4：39～46.

[5] 陈景，崔宁．盐酸介质中铜置换钯的两种反应机理[J]．贵金属，1993，4：1～9.

[6] 张永柱，陈景，谭庆麟．二正辛基亚砜萃取钯（Ⅱ）的动力学和机理[J]．贵金属，1988，4：10～23.

[7] 王国平，朱沁华，王汉章．二（2-乙基己基）亚砜萃取钯（Ⅱ）的机理及萃合物的组成和结构[J]．无机化学学报，1987，3(2)：108～112.

[8] 朱沁华，刘国兴，王汉章．高酸度下二（2-乙基己基）亚砜萃取钯的机理研究[J]．无机化学学报，1988，4(3)：70～74.

[9] Chen Jing，Cui Ning，et al. Hydrogen evolution reaction of copper catalyzed by platinum in hydrochloric acid[J]. Chinese Science Bulletin，1989，34(6)：522～523.

[10] 陈景，潘诚，崔宁．铂钯钌锇的氢过电位比较研究[J]．贵金属，1992，1：14～18.

[11] 陈景．铂族金属化学冶金理论与实践[M]．昆明：云南科学技术出版社，1995.

氯钯（Ⅳ）酸铵反复沉淀法分离钯中的贱金属*

摘　要　利用 $(NH_4)_2PdCl_6$ 沉淀在热水中极不稳定，能放出氯气自动还原为二价而溶解的特性，提出了可省去反复沉淀法中需将氯钯（Ⅳ）酸铵进行煅烧、高温氢还原、王水溶解及赶硝等操作过程。本文报道用简化的方法进行反复沉淀时分离各种贱金属的效果。

1　引言

众所周知，氯钯（Ⅳ）酸铵沉淀法能非常有效地从钯中除去铜、镍、铁等贱金属杂质。为此，Wichers 及 Gilchrist 曾建议在制取高纯钯时[1,2]，可在二氯二氨合亚钯法[3,4]之后，再用氯钯（Ⅳ）酸铵沉淀法处理一次或数次，以便进一步除去微量贱金属，特别是除去那些能保留在氨性溶液中的贱金属。但是，Gilchrist 及其他作者[5]所提出的操作是将 $(NH_4)_2PdCl_6$ 沉淀在氢气中还原煅烧为金属钯，用王水溶解，反复用盐酸赶尽硝酸，再进行第二次氯化铵沉淀，过程十分繁冗。我们在工作中及文献［6］中注意到 $(NH_4)_2PdCl_6$ 具有在热水中极不稳定，能按下式分解的特性：

$$(NH_4)_2PdCl_6 \longrightarrow 2NH_4^+ + PdCl_4^{2-} + Cl_2 \quad (1)$$

显然，这个性质可利用于多次进行氯钯（Ⅳ）酸铵沉淀的操作过程，从而可省去煅烧、氢还原、王水溶解及赶硝等过程，使方法更加简便。本文考察了利用上述 $(NH_4)_2PdCl_6$ 可溶于沸水的性质，进行反复沉淀分离钯中贱金属的效果。

2　试验部分

2.1　合成试液的制备

取分析纯 $PdCl_2$ 溶于盐酸，用二氯二氨合亚钯法反复提纯三次，煅烧及氢还原为金属钯，经光谱分析其纯度达 99.98%，见表 1。取这样制得的纯钯用王水溶解，加 HCl 赶 HNO_3 数次，最后干渣用少量 6mol/L HCl 溶解，转入容量瓶中，用水稀释至刻度，用丁二肟重量法标定浓度后使用。

表 1　原料钯的光谱分析数据

元　素	Pt	Rh	Ir	Cu	Fe
含量/%	0.008	<0.0006	<0.001	0.00023	<0.001
元　素	Ni	Au	Ag	Mg	Pd
含量/%	<0.0005	<0.0005	0.00015	<0.0001	99.98

将准确标定过浓度的 Cu、Fe、Ni、Co、Pb、Mg、Mn 等贱金属的氯化物溶液，按

* 本项工作完成于 1962 年，1965 年曾获中国科学院优秀科技成果奖。本文合作者有：孙常焯；原载于《稀有金属》，1980，3：35。

一定比例与 H_2PdCl_4 溶液混合为合成试液待用。

2.2 实验操作

取两份合成试液于低温电热板上浓缩，至溶液中 Pd 浓度为 100g/L 左右时，稍冷，加入等体积的饱和 NH_4Cl 溶液及 1/3 体积的浓 HNO_3，用表面皿盖住烧杯，加热煮沸一小时。在加热过程中，因饱和而析出的棕黄色氯亚钯酸铵 $(NH_4)_2PdCl_4$ 不断溶解，而暗红色的氯钯（Ⅳ）酸铵 $(NH_4)_2PdCl_6$ 不断生成。冷却后用瓷漏斗抽滤沉淀，并用 20% 的 NH_4Cl 溶液洗涤，最后将沉淀抽干，两份试料各取出 1/4 左右的沉淀进行光谱定量分析。

将一份取过分析样的沉淀转入烧杯中，加水 25mL，加热至沉淀完全溶解，然后重复上述用 NH_4Cl 进行沉淀的操作。第二次沉出的氯钯（Ⅳ）酸铵为鲜艳的橘红色，上清液较清亮。第三次处理时，上清液几乎无色。二次和三次的沉淀均取样光谱分析。

另一份取过分析样的沉淀按经典方法在石英坩埚中烘干，然后在 800℃ 煅烧为海绵状氧化钯，再在罗斯（Rose）坩埚中用酒精喷灯加热通氢气还原为金属钯，取分析样后用稀王水溶解，HCl 赶 HNO_3 三次，然后进行第二次 NH_4Cl 沉淀，并再重复进行第三次沉淀。

3 实验结果

两份试样用两种不同方法进行三次氯钯（Ⅳ）酸铵反复沉淀处理所得产品的光谱定量分析结果列于表 2。其中经典法为沉淀经煅烧、氢还原及王水溶解，改进法为沉淀直接溶解于热水。

表 2 两种方法进行氯钯（Ⅳ）酸铵反复沉淀的产品分析 （%）

元素	试液组分	经典法			改进法		
		一次沉淀	二次沉淀	三次沉淀	一次沉淀	二次沉淀	三次沉淀
Pt	0.008	0.00815	0.00815	0.00933	0.00585	0.00861	0.00726
Rh	<0.0006	<0.001	<0.001	<0.001	<0.001	<0.001	<0.001
Ir	<0.001	<0.004	<0.004	<0.004	<0.004	<0.004	<0.004
Cu	12	<0.0001	<0.001	<0.001	0.020	<0.001	<0.001
Fe	9	<0.002	<0.002	<0.002	0.00962	<0.002	<0.002
Ni	6	<0.001	<0.001	<0.001	0.00412	<0.001	<0.001
Co	3	<0.002	<0.002	<0.002	0.002	<0.002	<0.002
Pb	0.1	<0.002	<0.002	<0.002	0.00693	<0.002	<0.002
Mg	0.1	<0.0002	<0.0002	<0.0002	<0.0002	<0.0002	<0.0002
Mn	0.1	<0.0001	<0.0001	<0.0001	<0.0001	<0.0001	<0.0001
Au	<0.0005	<0.0005	<0.0005	<0.0005	<0.0005	<0.0005	<0.0005
Ag	0.00015	<0.0001	<0.0001	<0.0001	<0.0001	<0.0001	<0.0001

从表 2 数据看出，所有沉淀产品中 Pt 的含量一直稳定在原料中 Pt 含量的数量级，可见氯钯（Ⅳ）酸铵沉淀法对分离 Pd 中的 Pt 是无效的。但此法对分离钯中 Cu、Fe、

Ni 等贱金属则非常有效，可以使含量从12%一次降到0.02%，二次降到0.0001%，其他 Fe、Ni、Co、Pb、Mg、Mn 等都大幅度猛烈下降。同时，从表2可以看出，用热水溶解 $(NH_4)_2PdCl_6$ 与经过煅烧、氢还原及王水溶解等过程的经典方法的效果相同。因此，当需要进行数次氯钯（Ⅳ）酸铵反复沉淀处理时，完全可采用热水溶解的操作，而不必经过煅烧、还原及王水溶解等过程。

4 结语

利用 $(NH_4)_2PdCl_6$ 在热水中不稳定，能自动转化为 $(NH_4)_2PdCl_4$ 而溶解的性质，本文提出氯钯（Ⅳ）酸铵反复沉淀分离钯中贱金属的改进方法，比经典方法省去了煅烧、氢还原以及王水溶解等操作。实验结果表明：改进方法与经典方法一样，对分离钯中铜、铁、镍等贱金属的效果是相当满意的。

参 考 文 献

[1] Wichers E, Gilchrist R. Am. Inst. Min. Met. Eng. 1976(76):614.

[2] Gilchrist R. Chem. Revs. 1943(32):307.

[3] Clements F S. Industr. Chemist. 1962(38):345.

[4] Inter. Nickel Co(INCO). Chem. Processing[J]. 1961(7),8:80.

[5] 日本化学会. 稀有金属制取[M]. 董万堂译. 北京：中国工业出版社，1963：371.

[6] 冈田辰三，后藤良亮. 白金族と工业的利用[M]. 产业图书株式会社，1956：265.

硫化钠分离贵贱金属的方法和意义*

摘　要　根据实验获得的 Na_2S 沉淀贵贱金属的顺序，可以用 Na_2S 沉淀分离 Cu/Rh 和 Cu/Ir，数据表明 CuS 的溶解度似应小于 Rh_2S_3 和 Ir_2S_3。但在适当的条件下，用氧化酸浸贵贱金属的混合硫化物时，96% 的 CuS 可以溶解，Rh(Ⅲ)、Ir(Ⅲ)的硫化物却保留在渣中，这又表明 CuS 的溶解度应大于 Rh_2S_3 和 Ir_2S_3。本文讨论指出这种表观的矛盾，原因在 Rh、Ir 以 $RhCl_6^{3-}$、$IrCl_6^{3-}$ 稳定的配离子存在于溶液中，S^{2-} 和 SH^- 不能与中心离子直接接触，即动力学因素起了主导作用。本文还提出了一种用硫化钠沉淀后再进行氧化酸浸来分离贵贱金属的方法。

1　引言

铂族金属及金的硫化物溶解度都相当小，也不溶于热浓盐酸。但从铂族金属及金的氯配合物溶液中硫化沉淀它们时，其生成硫化物的速度仍有较大差异。早期的生产曾用 H_2S 来分离铂族金属[1]，原理是根据在不同温度下铂族金属的沉淀顺序是 Pd→Pt→Rh→Ir。梅德维捷娃[2]用七种贱金属的硫化物及硫化银和贵金属氯配酸进行置换沉淀反应，推断出贵金属硫化物的溶解度顺序为：$Ir_2S_3 > Rh_2S_3 > PtS_2 > Ru_2S_3 > OsS_2 > PdS > Au_2S_3$。此顺序多年来一直被许多著作引用[3,4]。至于这些硫化物的准确溶解度数据或溶度积值，一直未见报道。有人指出 Au_2S_3 的溶度积的近似值小到 $10^{-199.7}$[5]。储建华[5]根据热力学数据计算得溶度积为 $K_{s(PdS)} = 2.3\times10^{-59}$，$K_{s(PtS)} = 3.6\times10^{-199}$ 及 $K_{s(Ir_2S_3)} = 10^{-199}$。这些数据和实验结果矛盾很大，因为在 pH 值、氯离子浓度和贵金属配离子浓度都相同的条件下，Au_2S_3 的沉淀速度远大于 Ir_2S_3，后者在冷态下不被 H_2S 和 Na_2S 沉淀。此外，PdS 的沉淀速度也大于 PtS。

我们曾指出[7]，硫化钠与贵金属配离子有两种不同的反应机理。我们认为，贵金属氯配合物生成硫化物沉淀的速度主要受控于贵金属氯配离子几何构型引起的动力学因素。平面正方形的 $AuCl_4^-$、$PdCl_4^{2-}$ 与硫化钠反应最快，而八面体配离子 $PtCl_6^{2-}$、$RhCl_6^{3-}$ 和 $IrCl_6^{3-}$，因中心离子被六个氯离子包围，在弱酸性条件下只能先与 SH^- 发生缓慢的配位基交换反应，其中 $PtCl_6^{2-}$ 因能被硫化物还原为平面正方形的 $PtCl_4^{2-}$ 生成沉淀的速度比 Rh(Ⅲ)、Ir(Ⅲ)的氯配离子也快得多。为了检验上述观点，本文将研究范围扩大到一些贱金属，特别是针对 Cu(Ⅱ)做了沉淀顺序的考察。Cu(Ⅱ)在含 NaCl 的盐酸介质中呈平面正方形配离子 $CuCl_4^{2-}$，CuS 的溶度积为 8.5×10^{-45}[8]。实验结果表明，硫化钠沉淀 $CuCl_4^{2-}$ 的速度虽小于 Au(Ⅲ)、Pd(Ⅱ)，但比 Pt(Ⅳ)、Rh(Ⅲ)、Ir(Ⅲ)快得多。当用 CuS 去置换沉淀这些贵金属氯配合物时，也获得一致的结果。利用 CuS 的沉淀速度比 Rh_2S_3、Ir_2S_3 快，可以做到 Cu(Ⅱ)与 Rh(Ⅲ)、Ir(Ⅲ)的贵贱分

* 本文合作者有：杨正芬，崔宁；原载于《贵金属》1985 年第 1 期。

离。另一方面，我们用类似 Taimni 的方法[9]，使贵贱金属同时转化为硫化物，然后在盐酸介质中通空气氧化浸出贱金属，也可达到贵贱金属分离。在第二种贵贱金属分离中，CuS 被氧化浸出而溶解，Rh_2S_3 和 Ir_2S_3 则不被浸出。按照一般的沉淀理论，溶解度小的化合物先被沉淀，溶解度大的物质先被溶解，因此在两种贵贱金属分离方法中，Cu(Ⅱ)与 Rh(Ⅲ)、Ir(Ⅲ)的沉淀及溶解顺序出现矛盾。本文将讨论产生这种矛盾现象的原因，指出这种矛盾是由于在贵金属氯配合物的硫化沉淀反应中，动力学因素更为重要。

2 实验结果

2.1 硫化钠从贵贱金属混合溶液中沉淀硫化物的顺序

用贵贱金属的氯化物或氯配酸合成混合溶液，在低温电炉上浓缩蒸干，用水稀释至一定体积，用2% NaOH 溶液调 pH = 1，室温搅拌下加入一定量的 0.2mol/L Na_2S 溶液，放置一定时间后过滤，洗净沉淀，滤液及洗水浓缩至反应前体积，分析各金属浓度，其结果见表1。

表1 变动 Na_2S 用量时沉淀 Cu(Ⅱ)及贵金属的速度比较

编号	Na_2S 溶液用量/mL	沉淀后滤液中金属浓度/$g \cdot L^{-1}$						沉淀率/%		
		Pt	Rh	Ir	Au	Pd	Cu	Au	Pd	Cu
原始溶液	0	1.11	0.21	0.13	0.4	0.560	0.198	—	—	—
1	2.5	1.10	0.21	0.13	0.0008	0.045	0.184	99.8	92.0	7.1
2	3.0	1.02	0.21	0.13	<0.0002	0.011	0.171	约100	98.0	13.6
3	3.5	1.03	0.21	0.13	<0.0002	0.0001	0.118	约100	约100	40.4

注：每份溶液反应前后体积均控制为50mL。

表1表明，随 Na_2S 用量的增加，滤液中 Au、Pd 的浓度锐减，Cu 的浓度缓慢降低，在表中 Na_2S 用量内，Pt 仅少量被沉淀，Rh、Ir 则不被沉淀。若单纯从热力学观点按此沉淀顺序推论，则 CuS 的溶解度应小于 Rh_2S_3 和 Ir_2S_3 的溶解度。

2.2 硫化铜与 Au(Ⅲ)、Pd(Ⅱ)、Pt(Ⅳ)、Rh(Ⅲ)、Ir(Ⅲ)氯配酸溶液的置换沉淀反应

分别取一定数量的 $HAuCl_4$、H_2PdCl_4、H_2PtCl_6、H_3RhCl_6 和 H_3IrCl_6 储备液，在低温电炉上蒸干，用水稀释后调整溶液 pH = 1，分别转入五个 100mL 的容量瓶中，并各加入 1g NaCl，将新制备的 CuS 沉淀转入各容量瓶中，用 pH = 1 的水稀释至刻度，在室温（10~15℃）下放置，按一定时间间隔振荡悬浮混合液，并按一定时间吸取上清液 5mL，过滤入 25mL 容量瓶中，洗净滤纸上的沉淀，用水稀释滤液至刻度，分析并标出置换沉淀反应中贵金属浓度的变化，结果绘于图1。在 168h 后，将盛有 H_2PtCl_6、H_3RhCl_6 及 H_3IrCl_6 的容量瓶置于控温在50℃的低温恒温箱内，重复上述按时振荡，按时取样分析的实验，结果见图2。

从图1可清晰地看出，$AuCl_4^-$、$PdCl_4^{2-}$ 非常快地与 CuS 发生置换沉淀反应，其中

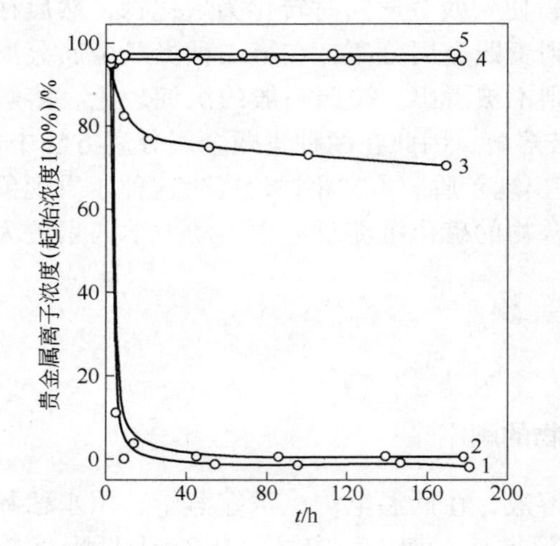

图 1　CuS 与贵金属氯配酸溶液的置换沉淀反应（10～15℃）

起始浓度：1—$HAuCl_4$ 0.51g/L；2—H_2PdCl_4 1.00g/L；3—H_2PtCl_6 2.05g/L；4—H_3RhCl_6 0.53g/L；5—H_3IrCl_6 0.32g/L

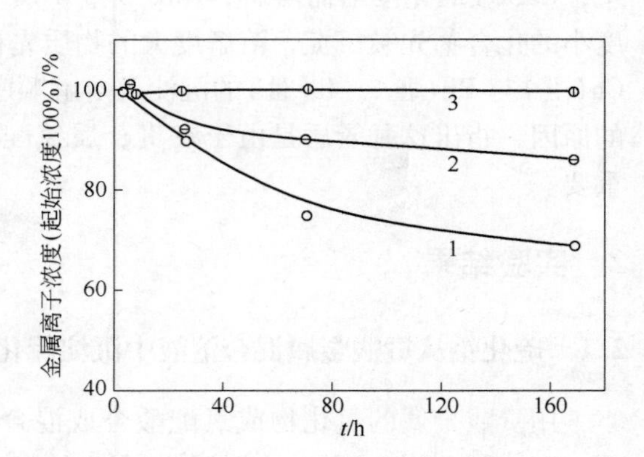

图 2　CuS 与贵金属氯配酸溶液的置换沉淀反应（50℃）

起始浓度：1—H_2PtCl_6 1.50g/L；2—H_3RhCl_6 0.53g/L；3—H_3IrCl_6 0.32g/L

Au(Ⅲ)被置换沉淀比 Pd(Ⅱ)更快；$PtCl_6^{2-}$ 的浓度缓慢降低，$RhCl_6^{3-}$ 及 $IrCl_6^{3-}$ 在室温下与 CuS 不发生反应，168h 后浓度基本不变。图 1 的情况与表 1 的结果相类似，也与 Isabuko-Wada[10] 早期研究 H_2S 和贵金属配合物的反应结果相类似。图 2 表明，在 50℃下，$RhCl_6^{3-}$ 与 CuS 也能发生缓慢的反应。因此，至少可以认为在室温（10～15℃）下，CuS 的溶解度大于 Au、Pd、Pt，在 50℃时也大于 Rh 的硫化物的溶解度。

2.3　用 Na_2S 分离 Cu(Ⅱ)/Ir(Ⅲ)，Cu(Ⅱ)/Rh(Ⅲ)及 Cu(Ⅱ)/Pt(Ⅳ)的实验结果

根据表 1 的结果，Na_2S 沉淀 Cu(Ⅱ)的速度明显地大于沉淀 Ir(Ⅲ)、Rh(Ⅲ)和 Pt(Ⅳ)的速度，因此有可能用 Na_2S 使它们两两分离。

实验取一定量的 $CuCl_2$ 溶液（含 Cu 12.48～99mg）、NaCl 溶液（含 NaCl 100mg）和贵金属氯配酸储备液（含 Ir 25.53mg，Rh 26.16mg，Pt 49.40mg），在低温电炉上蒸干，用 20mL 水稀释，调整 pH＝1，然后在电磁搅拌器搅动下，缓缓滴入 0.2mol/L Na_2S 溶液，以观察到 CuS 沉淀发生大颗粒凝聚为反应终点，过滤，用 2% NaCl 溶液洗净沉淀，滤液浓缩后转入 25mL 容量瓶，稀释至刻度后分析 Cu 浓度。沉淀物转入另一烧杯中，用稀王水溶解，转入 25mL 容量瓶后分析贵金属浓度，所得结果表明，Cu-Ir 分离时，由于 $IrCl_6^{3-}$ 最稳定，分离效果最好，Cu-Rh 分离效果次之，有 1.2%～1.5% 的 Rh 进入沉淀中。Cu-Pt 分离时，由于 Pt(Ⅳ)可被 Na_2S 缓慢沉淀，反应时沉淀凝聚的终点难于观察，效果最差，特别当 Cu 含量高时，Pt 的共沉淀相当严重，但从沉淀物中 Cu、Pt 的分配来看，Na_2S 沉淀 Cu(Ⅱ)的速度仍大于沉淀 Pt(Ⅳ)的速度。

2.4 用 Na_2S 沉淀、盐酸通空气分离贵贱金属的实验

我们提出了另一种用 Na_2S 分离贵贱金属的方法，其原理是在贵贱金属混合溶液中加入过量 Na_2S，使 pH 值保持在 8 ~ 9，煮沸一段时间，此时许多贵金属氯配盐转化为各种硫代盐，如 Na_2PtS_3、Na_3IrS_3。然后用盐酸酸化溶液至 pH = 0.5 ~ 1，再煮沸 0.5h，此时贵贱金属全部转化为容易沉淀和容易过滤的硫化物，滤出的混合硫化物在 HCl 介质中加热和通空气氧化浸出贱金属，浸出渣即为富贵金属硫化物，可用王水溶解制成溶液后进行分离提纯。

实验使用蒸馏过锇钌的蒸残液，成分（g/L）为：Au 0.62，Pd 1.25，Pt 2.18，Rh 0.14，Ir 0.08，Cu 5.88，Ni 6.08，Fe 0.10。贵金属与贱金属的比值为 1∶2.8，经过 Na_2S 沉淀和盐酸浸出处理后，最后获得贵贱比为 1∶0.07 的贵金属溶液，其数据见表 2。由于试液成分复杂，贵金属的分析又是用微量法，贵金属平衡时误差稍大，但浸出液中贵金属损失很小，还是相当可靠的。此外，用此种试液先制得混合硫化物滤饼，称取各 50g 四份，一份用王水溶解后，分析其中 Cu、Ni 含量，作为计算标准。其余三份用 6mol/L HCl 悬浮转入 500mL 容量的三口烧瓶中，瓶口分别装置玻璃搅拌器及冷凝管，在 90℃水浴中，搅拌浸出，1 号通入空气；2 号加入 $FeCl_3$，使 Fe^{3+} 离子浓度为 2g/L，并通空气；3 号通入纯氧气，浸出 6h 后结束，过滤，分析滤液中贵贱金属浓度，计算 Cu、Ni 浸出率，结果列于表 3。

表 2　Na_2S 沉淀—浸出法分离贵贱金属的效果

品名	体积/mL	金属组分浓度/$g \cdot L^{-1}$								贵贱比
		Au	Pd	Pt	Rh	Ir	Cu	Ni	Fe	
蒸残液	1000	0.62	1.25	2.18	0.14	0.08	5.88	6.08	0.10	1∶2.8
浸出液	1450	0.0001	<0.0002	<0.0002	0.002	<0.005	3.46	2.34		
渣溶解液	1000	0.58	1.13	2.07	0.13	0.11	0.12	0.14	<0.005	1∶0.07

表 3　改变氧化浸出条件时分离贱金属的效果

编号	酸浸条件	浸出液/mL	浸出液组分浓度/$g \cdot L^{-1}$							浸出率/%
			Au	Pd	Pt	Rh	Ir	Cu	Ni	Cu
1	通空气	380	0.0007	<0.0002	<0.0002	<0.0002	0.0004	3.98	1.72	69
2	通空气加 Fe^{3+}	290	0.0008	<0.0002	<0.0002	<0.0002	0.0006	6.30	2.38	82
3	通纯氧	325	0.0025	<0.0002	<0.0002	<0.0002	<0.001	6.53	2.40	96

表 2、表 3 表明，贵贱金属的混合硫化物用盐酸通空气浸出时，能分离其中的 Cu、Ni，贵金属则不溶解。当使用纯氧代替空气时，浸出液中的 Au、Rh、Ir 浓度略为增大，但比 Cu、Ni 浓度仍差两三个数量级，按沉淀理论推断，则 CuS 的溶解度应比 Rh_2S_3 和 Ir_2S_3 大得多。

3　讨论

通过对实验结果的分析可以得到：

（1）室温下，Na_2S 沉淀贵贱金属的顺序为 Au（Ⅲ）> Pd（Ⅱ）> Cu（Ⅱ）> Rh（Ⅲ）> Ir（Ⅲ）。当用新制的 CuS 沉淀与各贵金属氯配酸进行沉淀置换反应时，Au（Ⅲ）、Pd（Ⅱ）的反应最快，Pt（Ⅳ）缓慢发生反应，Rh（Ⅲ）在 50℃下可缓慢被置换，Ir（Ⅲ）即使在 50℃、168h 后也不发生反应。利用 Cu（Ⅱ）和硫离子的反应速度比 Rh（Ⅲ）、Ir（Ⅲ）快得多的特点，可以用 Na_2S 做到 Cu-Ir、Cu-Rh 的贵贱分离，这些结果似乎表明 CuS 的溶解度要比 Rh_2S_3 和 Ir_2S_3 的溶解度小得多，但 CuS 在 50℃下可以极缓慢地置换 H_3RhCl_6 中的 Rh，因此这存在一定矛盾。另一方面，用氧化酸浸分离贵贱金属混合硫化物中的 Cu、Ni 时，可以将 90% 以上的 Cu 浸出，而 Rh_2S_3 和 Ir_2S_3 并不溶解，则明显地表明 CuS 的溶解度应比铑铱硫化物大得多。

（2）由于缺乏 Rh_2S_3 和 Ir_2S_3 准确可靠的溶度积值，以上讨论使用了“溶解度”，概念还不够清晰。又由于 CuS 是 MA 型化合物，Rh（Ⅲ）、Ir（Ⅲ）硫化物是 M_2A_3 型硫化物，加上 Rh（Ⅲ）、Ir（Ⅲ）均以氯配离子存在，即使有了 Rh_2S_3 和 Ir_2S_3 的溶度积，也难直接进行比较。

先考虑 HCl 介质中氧化酸浸贵贱金属混合硫化物的情况，此时只有 CuS 发生溶解，其过程中有下列反应式：

$$Cu \rightleftharpoons Cu^{2+} + S^{2-} \tag{1}$$

$$S^{2-} + H^+ \rightleftharpoons SH^- \tag{2}$$

$$SH^- + H^+ \rightleftharpoons H_2S \tag{3}$$

$$S^{2-} + 2H^+ + 1/2O_2 \rightleftharpoons S + H_2O \tag{4}$$

$$2SH^- + 1/2O_2 \rightleftharpoons 2S + H_2O \tag{5}$$

$$Cu^{2+} + nCl^- \rightleftharpoons CuCl_n^{2-n} \tag{6}$$

式（1）的平衡常数即溶度积常数 $K_{s(CuS)} = 8.5 \times 10^{-45}$，式（6）表示 Cu^{2+} 在 HCl 介质中可与 Cl^- 发生逐级配合反应，其中 $n = 1 \sim 4$。式（2）~式（6）均能破坏式（1）的平衡，有利于 CuS 的溶解。但是，已知 CuS 即使在浓 HCl 中也不溶解，并不能产生 H_2S，因此最关键的是式（5），即空气对硫氢离子的氧化作用降低了溶液中的 S^{2-} 浓度，使其达不到 CuS 的溶度积。由于式（2）中 SH^- 的电离常数为 1.0×10^{-14}，再加上介质为 6mol/L HCl，体系中游离 S^{2-} 浓度很低，因而式（4）居于次要地位。氧化作用的重要性从表 3 数据看得很明显，加 Fe^{3+} 离子和通氧，都大大提高了 Cu 的浸出率。从理论上说，其他贵金属硫化物在浸出过程中也存在上述类似反应，以 Rh_2S_3 为例，则有以下反应式：

$$Rh_2S_3 \rightleftharpoons 2Rh^{3+} + 3S^{2-} \tag{7}$$

实际上 Rh^{3+} 应呈水合离子并与 Cl^- 发生逐级配合反应：

$$Rh^{3+} + 6H_2O \rightleftharpoons [Rh(H_2O)_6]^{3+} \tag{8}$$

$$[Rh(H_2O)_6]^{3+} + nCl^- \rightleftharpoons [Rh(H_2O)_{6-n}Cl_n]^{3-n} + nH_2O \tag{9}$$

式（9）中 $n = 1 \sim 6$，它将促进式（7）的平衡向右进行。已知 Rh（Ⅲ）的配合能力比 Cu（Ⅱ）强得多，表 4 根据文献［3，11］列出了 Rh（Ⅲ）和 Cu（Ⅱ）对氯离子的逐级稳定常数。

由于测定稳定常数的方法不同，表4数据仅能做定性对比，但可看出自 $K_2 \sim K_4$，铑的氯配合物更稳定。又如按文献［12］，在8mol/L HCl中，Rh(Ⅲ)全部以 $RhCl_6^{3-}$ 存在。Wolsey等指出[13]在120℃时，$[HCl] \geq 2.0mol/L$，Rh(Ⅲ)即以 $RhCl_6^{3-}$ 存在，但在8mol/L HCl中Cu(Ⅱ)只以 $CuCl_2(H_2O)_2$ 及 $CuCl_3^-$ 存在，因此推知在氧化浸出的6mol/L HCl条件下，Rh(Ⅲ)形成氯配合物的能力应比Cu(Ⅱ)强得多。以上论述表明，式（7）不能向右进行的原因主要在于式（4）和式（5）还不能使硫离子浓度降低到破坏式（7）平衡的程度。

表4　Rh(Ⅲ)和Cu(Ⅱ)与 Cl^- 的逐级稳定常数

中心离子	逐级稳定常数						条　件
	K_1	K_2	K_3	K_4	K_5	K_6	
Cu(Ⅱ)	631	40	3.09	5.37			HCl浓度变化
Rh(Ⅲ)	280	120	24	14	17	0.48	25℃，$\mu = 1.0$ 极谱法
Rh(Ⅲ)	310	90	50	29	3.2	0.51	90℃，$\mu = 4.0$ 分光光度法

注：原文献［11］中 K 值为 $\lg K$，本表中列出的为 K。

我们也可做如下表达，由于 Rh_2S_3 的溶度积常数为：

$$K_{s(Rh_2S_3)} = [Rh^{3+}]^2[S^{2-}]^3 \tag{10}$$

因此,处于平衡时

$$[S^{2-}] = \left(\frac{K_{s(Rh_2S_3)}}{[Rh^{3+}]^2}\right)^{1/3} \tag{11}$$

对于CuS则得：

$$[S^{2-}] = \frac{K_{s(CuS)}}{[Cu^{2+}]} \tag{12}$$

根据同时平衡原理，在氧化酸浸贵贱金属硫化物的过程中，下式应成立：

$$\frac{K_{s(CuS)}}{[Cu^{2+}]} > [S^{2-}] > \left(\frac{K_{s(Rh_2S_3)}}{[Rh^{3+}]^2}\right)^{1/3} \tag{13}$$

式（13）表示CuS将不断被氧化酸浸溶解，而 Rh_2S_3 以及类似的 Ir_2S_3 则不能溶解。

（3）在用 Na_2S 从贵贱金属混合氯配合物溶液中进行沉淀反应时，表1～表3的结果表明，Cu(Ⅱ)被沉淀为CuS，Rh(Ⅲ)、Ir(Ⅲ)在实验所加的 Na_2S 用量下，几乎不发生反应，如果仍然从溶度积原理去理解，那么下式应该成立：

$$\frac{K_{s(CuS)}}{[Cu^{2+}]} < [S^{2-}] < \left(\frac{K_{s(Rh_2S_3)}}{[Rh^{3+}]^2}\right)^{1/3} \tag{14}$$

此外，在室温下，在 $pH = 1$ 的溶液中，新制备的CuS不能与 $RhCl_6^{3-}$（实际应发生逐级水合）发生置换沉淀反应（见图1），这也说明依靠CuS溶解所产生的 S^{2-} 不能达到使 Rh(Ⅲ)沉淀，即下式应该成立：

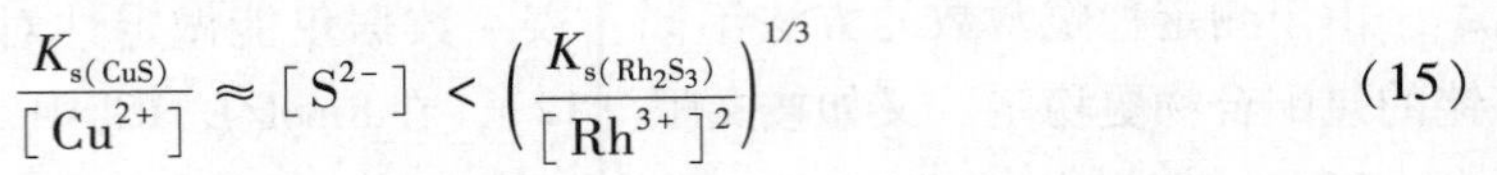

$$\frac{K_{s(CuS)}}{[Cu^{2+}]} \approx [S^{2-}] < \left(\frac{K_{s(Rh_2S_3)}}{[Rh^{3+}]^2}\right)^{1/3} \qquad (15)$$

显然，式（14）及式（15）与式（13）发生矛盾。

（4）按照我们的观点[7]，在用 Na_2S 沉淀贵金属时，贵金属氯配离子的几何构型对反应速率有重要的影响，$AuCl_4^-$ 和 $PdCl_4^{2-}$ 是平面正方形离子，S^{2-} 或 SH^- 离子可以从 z 轴方向直接与中心原子接触，按 SN2 机理产生中间过渡态，再迅速分解为硫化物。虽然 $AuCl_4^-$ 比 $PdCl_4^{2-}$ 更稳定，前者的不稳定常数为 5×10^{-22}，后者为 6×10^{-14}，相差约 10^8 倍，但因 SN2 机理不需要这两种配离子离解为 Au^{3+} 和 Pd^{2+}，两种配离子就有同样的几率与 S^{2-} 或 SH^- 离子接触。另一方面由于中心原子正电荷不同，Au(Ⅲ)比 Pd(Ⅱ)的吸电子能力强（电负性高），而 $AuCl_4^-$ 带的负电荷又比 $PdCl_4^{2-}$ 少，减少了对亲核试剂 S^{2-} 或 SH^- 的排斥力，所以 Na_2S 沉淀 Au 的速度最快，Pd 则次之。$RhCl_6^{3-}$ 和 $IrCl_6^{3-}$ 为八面体构型。S^{2-} 或 SH^- 均不能直接与中心离子接触，反应速度最慢。$PtCl_6^{2-}$ 虽然结构与 Rh(Ⅲ)和 Ir(Ⅲ)类似，但它与 Na_2S 接触时，一部分可还原为平面正方形的 $PtCl_4^{2-}$，因此反应速度居中。至于 Cu(Ⅱ)，也能形成平面正方形的 $CuCl_4^{2-}$，在低酸度下为 $Cu(H_2O)_2Cl_2$ 或 $Cu(H_2O)_3Cl^+$，但 Cu 的电负性低于 Pd 和 Au（三个元素的鲍林电负性分别为 1.9、2.2 和 2.4），亲硫性不如后二者，而且 CuS 的溶解度估计也远大于 Au_2S_3 和 PdS，因此它的沉淀速度小于 Au(Ⅲ)、Pd(Ⅱ)而大于 Pt(Ⅳ)，并远大于 Rh(Ⅲ)和 Ir(Ⅲ)。

若从热力学观点看，则我们认为式（13）是正确的，式（14）和式（15）是不正确的，也就是说，后两式的出现并非是溶液中的 $[S^{2-}]$ 浓度不能满足 Rh_2S_3 和 Ir_2S_3 的溶度积，而是 $RhCl_6^{3-}$ 和 $IrCl_6^{3-}$ 相当稳定，它们的中心原子又被六个氯离子包围，S^{2-} 和 SH^- 不能直接与金属原子接触，因而出现了 Na_2S 可以分离 Cu-Rh 和 Cu-Ir，以及 CuS 在室温下不能与 $RhCl_6^{3-}$ 和 $IrCl_6^{3-}$ 发生沉淀置换反应的实验现象。

4 小结

由实验获得 Na_2S 沉淀贵贱金属氯配合物的顺序为：Au(Ⅲ) > Pd(Ⅱ) > Cu(Ⅱ) > Pt(Ⅱ) ≫ Rh(Ⅲ) ~ Ir(Ⅲ)；用 CuS 在室温下置换沉淀贵金属氯配合物的顺序为：Au(Ⅲ) > Pd(Ⅱ) > Pt(Ⅳ)，Rh(Ⅲ)和 Ir(Ⅲ)不发生反应。利用这些反应结果可以用 Na_2S 很好地分离 Cu-Rh 和 Cu-Ir。另一方面，用盐酸氧化酸浸贵贱金属的混合硫化物时，只有贱金属溶解，也可达到贵贱分离。两种分离贵贱金属的实验结果出现了表观矛盾，即从溶液中沉淀时，Cu(Ⅱ)先于 Rh(Ⅲ)、Ir(Ⅲ)被硫化钠沉淀，而从混合硫化物中氧化酸浸时，它又先于后两者被溶解。本文讨论了氧化酸浸时，CuS 被优先溶解以及在一定条件下 Na_2S 能选择性沉淀 Cu(Ⅱ)而不沉淀 Rh(Ⅲ)、Ir(Ⅲ)的原因。作者认为表观矛盾产生的原因在于 $RhCl_6^{3-}$ 和 $IrCl_6^{3-}$ 是稳定的八面体配离子，其中心原子被六个氯离子包围，S^{2-} 或 SH^- 不能直接与它们接触，因而沉淀速度远小于 Cu(Ⅱ)，也就是说在硫化钠沉淀贵金属氯配合物时，动力学因素起了主导作用。

参 考 文 献

[1] 兹发京采夫 O E. 金银及铂族金属的精炼[M]. 徐广生，等译. 北京：冶金工业出版社，1958：137～140.

[2] Медведева Г А. Ж. Анал. хим.，1948，3：103.

[3] Ginzburg S L，Ezetskaya N A. Analytical Chemistry of Platinum Metals[M]. translated by N. Kaner，New York，1975：59，112.

[4] Бусов А И，Ивонов В М. Аналитическая химия Золота，Издательство，Наука，Москва1973.

[5] Чечнева А Н. Труди У ральского Политехни，ИН-Та，1959，57：162.

[6] 储建华. 贵金属. 1983：4.

[7] 陈景，杨正芬. 有色金属. 1980，4：39～46. 自然杂志. 1980，3(7)：558. 中国金属学会1979～1980年优秀论文集[C]. 第二分册，北京：冶金工业出版社，1983：31～42.

[8] Handbook of Chemistry and Physics[M]. CRC Press，Inc.，1974：232.

[9] Taimni I K，Salaria G B S. Anal. Chim. Acta. 1954，11：329.

[10] Wada I，Gaito A. Chemical News. 1929：139，292.

[11] 中南矿冶学院冶金研究室. 氯化冶金[M]. 北京：冶金工业出版社，1978.

[12] Ohr. Klixbüll Jorgensen. Inorganic Complexes[M]. 1963.

[13] Wolsey W C，Reynolds C A，Kleinberg J. Inorg Chem. 1963，2：463.

硫化钠与铂族金属氯配离子的两种反应机理及应用*

摘　要　本文研究了硫化钠与Au(Ⅲ)、Pd(Ⅱ)、Pt(Ⅳ)、Rh(Ⅲ)、Ir(Ⅲ)等氯配酸的反应。观察到反应现象及反应产物随温度、硫化钠用量以及试剂加入的方式而差异很大。对于平面正方形的$AuCl_4^-$、$PdCl_4^{2-}$氯配离子，硫化钠的加入存在一个符合硫化钠沉淀化学计量式的反应终点，不受溶液酸度、氯离子浓度和金属配离子浓度的影响，但却受试剂加入方式的影响。对于$PtCl_6^{2-}$、$RhCl_6^{3-}$、$IrCl_6^{3-}$等六配位的八面体配离子，硫化钠溶液加入时，最初是溶液透光度降低，随着Na_2S量的增加，浑浊溶液重新清亮。研究结果表明两种现象对应着两种不同的反应机理，本文提出了解释两种反应现象的理论观点，并根据Na_2S可以选择性沉淀Au(Ⅲ)、Pd(Ⅱ)，给出了两者与Pt(Ⅳ)、Rh(Ⅲ)、Ir(Ⅲ)氯配酸进行分离的实验结果。

1　引言

硫化钠和硫化氢一样，可作为金及铂族金属的沉淀剂。前人对硫化氢与贵金属的反应研究较多，但对其反应机理至今仍不甚清楚[1,2]。对于硫化钠，Taimni等[3~5]提出了一种定量沉淀单个贵金属元素的新方法，他们用大量过量的硫化钠使贵金属氯配酸盐转化为硫代盐，然后用大量乙酸破坏，获得贵金属的硫化物沉淀，据称，此种硫化物可进行称量而用于分析化学。Beamish[6]的验证实验得出了不同结论，认为此法所得的贵金属硫化物中含有元素硫。Pittwell[7]研究了贵金属硫代盐的制备，获得了Na_2PtS_3以及类似羟基配合物的$Na_3Ir(SH)_6$和$Na_2Pd(SH)_4$，并认为后二者在制备过程中不是硫化物沉淀重新溶于NaHS形成，而是SH^-基直接与贵金属配离子的配体发生取代反应形成的，详细的机理研究至今仍未见报道。

作者在研究中观察到，硫化钠与铂族金属氯配阴离子的反应十分复杂，反应产物随温度、硫化钠用量以及加入试剂的方式而不同。在室温下，硫化钠与Pd(Ⅱ)、Pt(Ⅳ)、Rh(Ⅲ)和Ir(Ⅲ)出现了两种差异很大的反应现象。经详细研究表明，两种反应现象表现了两种不同的反应机理。利用两种反应机理具有不同反应速度的差异，可以从Pd、Pt、Rh、Ir的混合溶液中选择性沉淀Pd，或将Pd-Ir、Pd-Rh、Pd-Pt进行两元分离，本文报道这些研究结果，并对实验现象和实验结果提出了理论解释。

2　两种不同的反应现象

2.1　硫化钠与H_2PdCl_4的反应

在室温下将Na_2S溶液缓慢滴入H_2PdCl_4溶液中时，体系立即变成浑浊胶态，随着硫化钠量的增加，发现有一个胶态突然凝聚的反应终点，此时沉淀颗粒粗大，易于沉

* 本文合作者有：杨正芬；原载于《有色金属》1980年第2期。

降，滤液中 Pd 的含量经比色分析已达分析下限以下（<0.0003g/L）。在析出沉淀的过程中，溶液的 pH 值恒定不变，且沉淀速度不受［Cl^-］和［H^+］的影响。H_2PdCl_4 与 Na_2S 消耗量的摩尔比非常接近 1∶1，此类反应的特点列述于下：

（1）溶液 pH 值对 Na_2S 沉淀 Pd(Ⅱ)的影响。取 H_2PdCl_4 溶液（浓度 4.94g/L）5mL，加入一定量的 NaCl 溶液，红外灯下烘干，用 20mL 不同酸度的 HCl 溶解，用 PXD-2 型通用离子计测定 pH 值（精确度 0.01），电磁搅拌下缓慢滴入 0.2mol/L 的 Na_2S 溶液，直至沉淀物突然凝聚，上清液清亮，继续搅拌 5min，再次测定 pH 值，滤出沉淀，分析滤液中 Pd 浓度，结果列于表 1。

表 1　溶液起始 pH 值对 Na_2S 沉淀 Pd 的影响

取 Pd 量/mg	加 NaCl 量/mg	试液体积/mL	起始 pH 值	终点 pH 值	Na_2S 用量/mL	滤液中含 Pd/mg
24.7	100	20	6mol/L HCl	约 0	1.30	<0.006
24.7	100	20	1mol/L HCl	约 0	1.30	<0.006
24.7	100	20	0.51	0.52	1.30	<0.006
24.7	100	20	1.05	1.31	1.30	<0.006
24.7	100	20	2.07	2.58	1.30	<0.006
24.7	100	20	3.07	>10	1.30	胶态未测

表 1 表明，当溶液起始酸度在 6mol/L HCl 至 pH 值为 2 的范围内时。Na_2S 均可定量沉淀 Pd，即沉淀反应在此范围不受 H^+ 和 Cl^- 浓度的影响。

为进一步考察沉淀过程 pH 值的连续变化情况，选择在 0.1mol/L HCl 弱酸性溶液中加 Na_2S，并测定两份含 Pd 量差别较大的试液，与空白液（0.1mol/L HCl）比较，结果列入表 2 和绘于图 1。

表 2　测定空白液及试液 pH 值连续变化的结果

编　号	取 Pd 量/mg	加 NaCl 量/mg	Pd 浓度 /$g \cdot L^{-1}$	起始 pH 值	终点 Na_2S 用量/mL	Na_2S 总用量/mL	最终 pH 值
A	0	100	0	1.13	—	7.40	7.08
B	24.7	100	0.82	1.12	1.30	8.10	7.06
C	123.5	100	4.12	1.05	6.60	14.00	7.04

从图 1 看出，Na_2S 和 HCl 空白溶液反应时，pH 值变化曲线与一般酸碱中和时一致。当有 Pd 存在时，曲线向右平移，表明在沉 Pd 过程中，体系的 pH 值恒定不变。曲线平移的距离随 Pd 量增加而增加，从相对于 A 线的平移距离计算出的 Na_2S 耗量，与表 2 中观察到的反应终点时的 Na_2S 耗量一致。

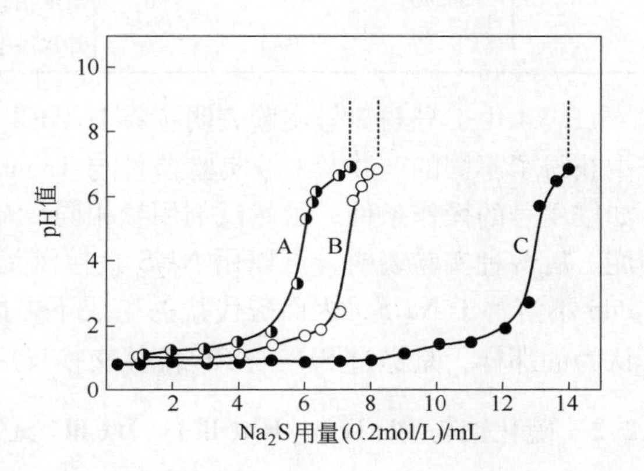

图 1　Na_2S 与 H_2PdCl_4 反应时的 pH 值变化情况

A—0.1mol/L HCl 空白溶液；B，C—与表 2 中编号对应

（2）NaCl 浓度、Pd 浓度对 Na_2S 沉淀 Pd(Ⅱ)的影响。固定 Pd 浓度改变 NaCl 加入量和改变 Pd 浓度的实验结果列于表 3。从表 3 看出，随 NaCl 浓度和 Pd 浓度

的增加，定量沉淀 Pd 所消耗 Na_2S 的量略有减少。

表 3　NaCl 浓度及 Pd 浓度对沉淀 Pd 的影响

取 Pd 量/mg	加 NaCl 量 /mg	NaCl 浓度 /mol·L^{-1}	Pd 浓度 /g·L^{-1}	Na_2S 用量① /mL	每 10mgPd 消耗的 Na_2S 量/mL	滤液中含 Pd /mg
24.7	0	0	1.24	1.45	0.59	<0.006
24.7	40	0.04	1.24	1.40	0.57	<0.006
24.7	100	0.09	1.24	1.30	0.53	<0.006
24.7	400	0.34	1.24	1.20	0.49	<0.006
24.7	2300	2.00	1.24	1.20	0.49	<0.006
24.7	100	0.09	0.62	0.70	0.56	<0.006
49.4	200	0.18	2.47	2.40	0.49	<0.006
123.5	400	0.36	6.18	5.50	0.45	<0.006

① Na_2S 浓度为 0.2mol/L。

（3）Na_2S 与 H_2PdCl_4 的混合方式对反应产物的影响。实验结果列于表 4。

表 4　改变反应剂混合方式时的实验情况

序　号	取 Pd 量 /mg	Na_2S 浓度 /mol·L^{-1}	Na_2S /mL	混合方式	实验现象
1	19.76	0.2	12	将 H_2PdCl_4 溶液快速加入 Na_2S 溶液中	溶液从橘黄色变至酱黑色，呈胶态，无沉淀凝聚现象
2	19.76	0.2	12	先将少量 Na_2S 加入 H_2PdCl_4 中，凝聚出沉淀后，再加完其余 Na_2S	PdS 黑色沉淀不再溶解于过量 Na_2S 中，滤液中 Pd 浓度小于 0.2mg/L
3	24.70	2.0	50	将 Na_2S 溶液全部倾入 H_2PdCl_4 中，沸水浴中加热 1h	获得棕色透明的硫代盐溶液，无沉淀
4	24.70	2.0	50	先加 0.4mL Na_2S，待沉淀凝聚后，再加入其余 Na_2S，沸水浴中加热 1h	PdS 沉淀不再溶解，上清液清亮无色

表 4 中 1 号与 2 号实验表明：将 H_2PdCl_4 加入 Na_2S 溶液中和将 Na_2S 加入 H_2PdCl_4 中获得了不同的产物。3 号实验条件与 Taimni 等的实验接近，获得了硫代盐溶液，但如按 4 号的操作条件，虽然试剂用量相同，却获得不再溶解于过量 Na_2S 的黑色 PdS 沉淀。后两种实验表明，可以用 Na_2S 直接沉淀出 PdS，不必采用 Taimni 等的繁冗方法：PdS 不溶解于 Na_2S，因而硫代盐的生成不可能经过 PdS 沉淀的过程，而可能如 Pittwell 认为的那样，是经过 SH^- 与 Cl^- 配体交换反应形成的。

2.2　硫化钠与 Pt(Ⅳ)、Rh(Ⅲ)、Ir(Ⅲ)氯配酸的反应

在室温下，Na_2S 与 Pt(Ⅳ)、Rh(Ⅲ)、Ir(Ⅲ)氯配酸的反应速度比与 H_2PdCl_4 的反应速度缓慢，以致在滴加 Na_2S 溶液时，立即可嗅到 H_2S 味。另一突出的特征是在 Na_2S

加入过程中，体系的pH值发生一种特殊的变化。最初pH值随Na_2S的加入而升高，若控制Na_2S用量至体系的pH值不超过9，则溶液在放置中逐渐浑浊，析出硫化物沉淀，pH值大幅度下降。加热可加速此变化过程，作者称此现象为pH值回降，并从理论上解释于后。若Na_2S加至体系的pH值大于10，则获得了透明的硫代盐溶液，不再会析出沉淀。此外，反应物的透光性也反映出与pH值变化相对应的特殊变化，以Pt(Ⅳ)为例叙述于下：

（1）Na_2S与H_2PtCl_6反应时的pH值回降现象。将一定数量的Na_2S溶液加入H_2PtCl_6溶液中，至体系pH值呈中性或弱碱性，测定pH值（此时溶液微带胶体性，玻璃电极的测定值比精密pH值试纸的测定值低），然后将溶液煮沸20min，此时析出了黑色PtS_2沉淀，冷却后补加少量pH=7的水，回复溶液原有体积，再次测定pH值，滤出沉淀，分析滤液中Pt含量，结果列于表5。

表5　与反应时的pH值回降

序　号	取Pt量/mg	加NaCl量/mg	0.1mol/L HCl/mL	溶液pH值	加Na_2S/mL	加Na_2S后pH值	煮沸后pH值	滤液中含Pd/mg
1	19.68	100	20	1.04	4.5	6.25	2.37	<0.006
2	19.68	100	20	1.05	4.5	6.20	2.35	<0.006
3	39.36	200	40	0.98	10.6	5.64	2.43	<0.006
4	39.36	200	40	0.98	10.7	5.55	2.41	<0.006
5	59.04	300	60	0.98	15.8	5.45	2.33	<0.006
6	59.04	300	60	0.98	15.9	5.35	2.34	<0.006
7	147.60	300	60	0.94	19.2	5.25	1.84	<0.006
8	147.60	300	60	0.91	19.2	5.34	1.84	<0.006

从表5可看出，上述操作能定量沉淀Pt，且加热析出沉淀时有相当数量的H^+放出。计算表5中各号样品所放出H^+的毫摩尔数与参与反应Pt的Na_2S的毫摩尔数列于表6。

表6　pH值回降时反应放出的氢离子数量

序　号	取Pt量/mmol	加Na_2S量/mmol	溶液体积/mL	放出的H^+/mmol
1	0.10	0.90	24.5	0.11
2	0.10	0.90	24.5	0.11
3	0.21	2.11	50.6	0.19
4	0.21	2.14	50.7	0.20
5	0.31	3.16	75.8	0.36
6	0.31	3.17	75.9	0.35
7	0.77	3.80	79.2	1.15
8	0.77	3.80	79.2	1.15

从表5、表6看出，在1~6号试样中，试液的Pt浓度相同，所用的Na_2S成比例增加，其Pt量和pH值回降放出的H^+量之间有近似于1∶1的对应关系，但Pt浓度增大

时（7号、8号）放出的H^+比上述比例大得多。

（2）过量Na_2S与H_2PtCl_6反应产物的光密度变化。在室温下，把过量Na_2S加入H_2PtCl_6溶液中时，溶液颜色从黄向橘红色转变。为了考察反应产物的透光特性，用ZeissVSU-2P型分光光度计测定表7中两份溶液的光密度变化，其中1号为用于进行比较的纯H_2PtCl_6，结果绘于图2。

表7　测定光密度曲线变化的溶液组分及测试条件

序　号	取Pt量/mg	加NaCl量/mg	0.1mol/L HCl/mL	4mol/L Na_2S/mL	液槽厚度/cm	温度/℃
1	19.68	100	20	0	0.5	20
2	19.68	100	10	10	0.5	20

从图2看出，室温下使用过量的Na_2S与H_2PtCl_6混合时，溶液的吸收光曲线立即发生很大变化，这种变化在168h后都尚未达到平衡，表明形成了一种需较长时间才能达到反应平衡的新的配合物。

（3）少量Na_2S与H_2PtCl_6反应时溶液透光度的特殊变化。变动Na_2S与H_2PtCl_6的混合比例，使总体积为20mL，总Pt量相等，混合后立即用72型分光光度计在430nm波长测定溶液的透光度T，并每隔5min测定一次，结果出现了一种与pH值回降相类似的特殊现象。试样的组分列于表8，透光度随时间的变化关系绘入图3。

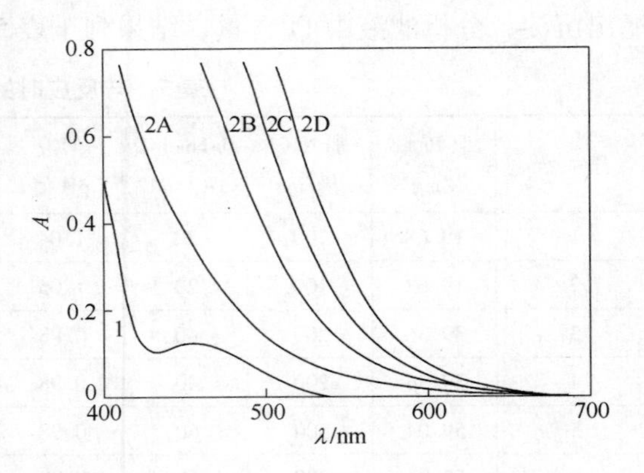

图2　H_2PtCl_6加过量Na_2S后的吸光曲线
（线1为表7中的1号，纯H_2PtCl_6；线2为表7中的2号）；
2A—混合后立即测定；2B—混合后24h测定；
2C—96h后测定；2D—168h后测定

表8　测定透光度变化的试样组分

序　号	取Pt量/mg	加NaCl/mg	0.1mol/L HCl/mL	0.2mol/L Na_2S/mL	总体积/mL	Pt：S原子比
1	19.68	100	19.5	0.5	20	约1：1
2	19.68	100	19.0	1.0	20	约1：2
3	19.68	100	18.0	2.0	20	约1：4
4	19.68	100	14.0	6.0	20	约1：12
5	19.68	100	12.0	8.0	20	约1：16
6	19.68	100	10.0	10.0	20	约1：20

图3表明，当Na_2S用量在2mL以下时，反应产物的透光度随Na_2S的增加而降低，并且每个试样（1~3号）的透光度随时间的增长而不断地下降。当Na_2S用量大于2mL后，反应产物的透光度随Na_2S的增加而升高，并且每份试样（4~6号）的透光度随时间的增加而稍缓慢地升高。取1~6号试样在5min时测得的溶液透光度作图，所得曲线示于图4，它清楚地表示着Na_2S与H_2PtCl_6的反应机理按Na_2S用量而划分为两种过程。

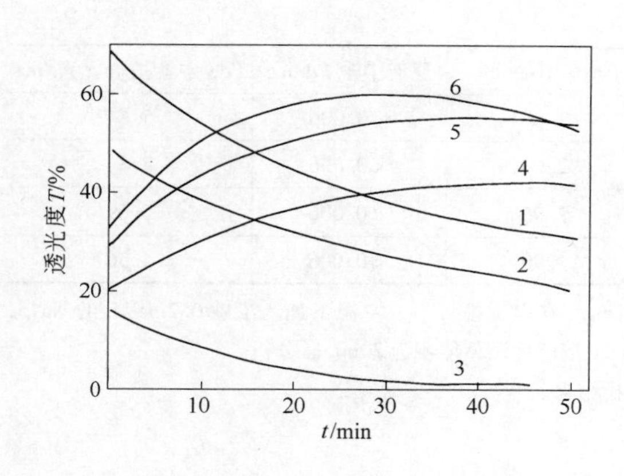

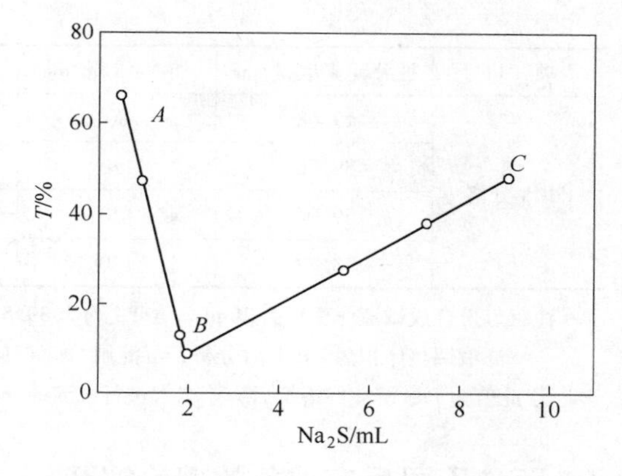

图 3 Na_2S 与 H_2PtCl_6 不同比例混合后透光度随时间的变化

（液槽厚度 0.5cm，波长 430nm，曲线 1 ~6 对应表 8 中 1 ~6 号）

图 4 改变 Na_2S 用量时在反应 5min 时的 T 的变化

Na_2S 与 H_3RhCl_6、H_3IrCl_6 反应时，均观察到 pH 值的回降现象以及透光度的特殊变化的情况。

3 两种反应机理的应用

根据上述研究结果，显然可利用两种反应机理引起的动力学速度差异，从 Ir(Ⅲ)、Rh(Ⅲ)和 Pt(Ⅳ)中选择性沉淀 Pd(Ⅱ)，达到 Pd-Ir、Pd-Rh 和 Pd-Pt 的两元分离。

从表 9 看出，Pd-Ir 分离的效果相当好，经一次沉淀分离后，滤液中的 Pd 和沉淀中的 Ir 均降至分析检出下限以下。Pd-Rh 分离时，少量 Rh 夹杂于 PdS 沉淀中，经二次沉淀后，共沉淀的 Rh 可降至小于 0.3%。Pd-Pt 分离时，Pt 的共沉淀量显著增大，且只与 Pd 总量有关而与 Pt 浓度无关。还可看出由于 Rh(Ⅲ)价态稳定，Pd-Rh 分离消耗的 Na_2S 量最低；Pd-Ir 分离时合成试液中存在大量 Ir(Ⅳ)，Na_2S 加入后，Ir(Ⅳ)首先被还原为 Ir(Ⅲ)，棕红色褪去，然后才开始沉淀 Pd，因此 Na_2S 耗量增大；Pd-Pt 分离时，部分 Pt(Ⅳ)也被还原到 Pt(Ⅱ)，或 SH^- 部分进入 Pt 的内配位界，Na_2S 耗量也增大。

表 9 Na_2S 选择性沉淀 Pd(Ⅱ)的实验结果

项 目	被分元素取量/mg	加 NaCl 量/mg	Na_2S 用量/mL	滤液中含 Pd/mg	PdS 中含被分元素/mg
Pd-Ir 分离	8.55	80	2.90	<0.006	<0.1
	17.10	80	2.90	<0.006	<0.1
	25.65	80	3.00	<0.006	<0.1
	34.20	80	3.00	<0.006	<0.1
Pd-Rh 分离	3.57	200	2.30	<0.006	0.38
	7.14	200	2.30	<0.006	0.34
	10.71	200	2.30	<0.006	0.31
	14.28	200	2.30	<0.006	0.45
	14.28	200	2.30	<0.006	0.04①

续表 9

项　目	被分元素取量/mg	加 NaCl 量/mg	Na_2S 用量/mL	滤液中含 Pd/mg	PdS 中含被分元素/mg
Pd-Pt 分离	19.68	80	2.80	<0.006	5.64
	39.36	120	2.90	<0.006	5.84
	59.04	120	2.95	<0.006	5.69
	78.72	120	2.90	<0.006	4.56

注：每份合成试液体积均为 20mL，含 Pd 均为 39.52mg，在电磁搅拌下，室温下加入浓度 0.2mol/L 的 Na_2S，滤液调整体积为 20mL 后分析，沉淀用 $HCl + H_2O_2$ 溶解后调整体积为 20mL 后分析。

① 此值为 PdS 沉淀经溶解后，第二次进行沉淀的分析结果。

4　两种不同反应现象的理论解释

Na_2S 与 Pd(Ⅱ)及 Ir(Ⅲ)、Rh(Ⅲ)、Pt(Ⅳ)的氯配酸反应时出现的两种不同现象，不能用现有的硫化物沉淀理论来解释，需要引入新概念。作者从铂族金属氯配离子结构特性和动力学活性差异出发，提出了一些新的见解，可以满意地解释上述实验结果。

4.1　Na_2S 以水解产生的 SH^- 参与反应

Na_2S 极易水解，反应式为：

$$S^{2-} + H_2O \rightleftharpoons SH^- + OH^- \tag{1}$$

$$SH^- + H_2O \rightleftharpoons H_2S + OH^- \tag{2}$$

式（1）为一级水解，水解平衡常数 $K_1 = 8$；式（2）为二级水解，水解平衡常数 $K_2 = 1.1 \times 10^{-7}$。略二级水解不计，可算出本文所用 0.2mol/L Na_2S 的水解度为 97.5%，其中$[S^{2-}] = 0.005$mol/L，$[SH^-] = [OH^-] = 0.195$mol/L。若把 0.2mol/L Na_2S 溶液加入 6mol/L HCl 中，则 S^{2-} 与 H^+ 结合为 SH^-，使 S^{2-} 的浓度锐减，同时 SH^- 将与 H^+ 结合产生 H_2S。但是，当把 Na_2S 溶液滴加到含 H_2PdCl_4 的 6mol/L HCl 中时，立即观察到产生酱黑色的胶态物，随着 Na_2S 量的增多，析出黑色 PdS 沉淀，整个过程嗅不到 H_2S 味，可见反应相当迅速。由于在这种条件下［SH^-］比［S^{2-}］大得多，因此可认为 SH^- 直接参与了反应。在有关著作中，叶治镳[8]曾提出过类似观点，他认为 H_2S 与 Cu^{2+} 的反应是 SH^- 参与反应，其中经过生成中间过渡态的阶段，反应式为

$$Cu^{2+} + 2SH^- \longrightarrow Cu(SH)_2 \longrightarrow CuS + H_2S \tag{3}$$

4.2　SH^- 可从 Pd(Ⅱ)配离子 z 轴方向与 Pd 接触直接发生反应

$PdCl_4^{2-}$ 为 d^8 电子组态的平面正方形构型。根据配位化学中的价键理论[9]，在 Pd(Ⅱ)的氯配离子中，金属离子留有 8 个 d 电子，充满 d_{xy}、d_{yz}、d_{xz} 及 d_{z^2} 等四个 d 轨道，余出 $d_{x^2-y^2}$ 与 5s 及 5p 组成 dsp^2 杂化轨道供四个配体 Cl^- 使用，而在 z 轴方向则留有 5p_z 空轨道，如下图示：

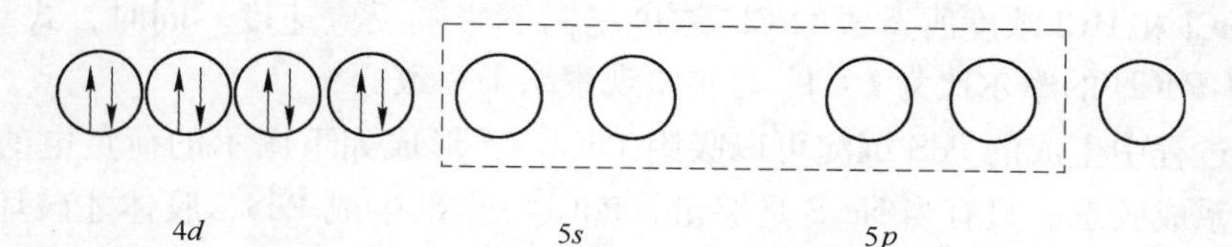

Orgel[10] 曾指出 d^8 平面正方配合物在SN2反应中一个进攻的配体必须沿 z 轴方向接近。当 SH^- 沿 z 轴接近 $PdCl_4^{2-}$ 配离子时，它可与Pd(Ⅱ)离子直接接触，硫原子上的一对电子将进入Pd的 $5p_z$ 空轨道，形成五配位的过渡态配合物，由于 SH^- 根的电负性值很低[11]，给电子能力很强，使Pd(Ⅱ)束缚4个 Cl^- 的能力降低，即给予 $PdCl_4^{2-}$ 一种去稳作用，加上 $PdCl_4^{2-}$ 本身的动力学活性高，中间过渡态配合物很不稳定，它将迅速分解并放出 H^+，如下式：

$$HS^- + PdCl_4^{2-} \longrightarrow H:S:\text{(Cl, Cl, Pd, Cl, Cl)} \longrightarrow H^+ + PdS + 4Cl^- \quad (4)$$

常见的平面正方形配离子在贵金属中还有 $AuCl_4^-$ 和 $PtCl_4^{2-}$，Au(Ⅲ)比Pd(Ⅱ)高一个正电荷，拉电子能力强，因此 Na_2S 与它的反应速度更快。作者用 Na_2S 分离Au-Ir、Au-Rh和Au-Pt时获得了更佳的效果[12]，而且Au-Ir分离时还观察到沉淀Au的速度高于Ir(Ⅳ)的还原。在Au形成硫化物沉淀完全后，红棕色的Ir(Ⅳ)才变黄绿色的Ir(Ⅲ)。$PtCl_4^{2-}$ 因动力学惰性高，在一般取代反应中比 $PdCl_4^{2-}$ 的反应速度慢 10^5 倍[13]，因此在室温下加 Na_2S 可嗅到 H_2S 的生成而不形成PtS沉淀。

4.3　对六配位配离子，SH^- 只能先进行配位基交换反应

$IrCl_6^{3-}$、$RhCl_6^{3-}$ 和 $PtCl_6^{2-}$ 为 d^6 电子组态的正八面体构型，6个配体将金属离子团团围住。根据价键理论，Ir(Ⅲ)、Rh(Ⅲ)和Pt(Ⅳ)还留有6个 d 电子，填满了 d_{xy}、d_{xz} 和 d_{yz} 三个 t_{2g} 轨道，余下的两个空 d 轨道和 s 轨道、p 轨道组成 d^2sp^3 杂化，并为六个配体 Cl^- 所占用。这种构型的配离子比较稳定，正如Orgel指出，"低自旋配合物及具有6个d电子的配合物经常是很不活泼的，特别是具有3个 d 电子和在 t_{2g} 轨道中有6个电子的配合物通常在溶液中发生极慢的配体交换反应"[10]。

作者认为当 SH^- 与 Cl^- 发生交换反应时，随着 Na_2S 用量不同，可以有1个、2个，以至6个 SH^- 进入配离子内界，然后释放出 H^+，析出硫化物沉淀或形成硫代盐配合物，因而出现了复杂的反应现象。

4.4　沉淀实验现象的解释

Na_2S 溶液中水解产生的 OH^- 将使反应体系的pH值升高，但式（3）反应释放的 H^+ 又将使体系的pH值降低，因此在沉淀Pd(Ⅱ)的过程中体系的pH值恒定不变。

由于反应机理系 SH^- 直接与Pd(Ⅱ)离子接触，而不是先与 Cl^- 配体进行交换，因

此增加 NaCl 和 HCl 浓度所造成的 Cl^- 浓度增高不影响反应速度。同时，式（3）表明 Na_2S 与 H_2PdCl_4 的摩尔比为 1∶1，与实验观察结果一致。

反应过程中生成的 PdS 沉淀可以吸附 $PdCl_4^{2-}$，形成如下图示的荷负电的大体积离子，使体系成胶态。只有当 Na_2S 足够量，$PdCl_4^{2-}$ 全部生成 PdS，胶体才破坏，因此可观察到一个沉淀凝聚的突变终点。又由于 NaCl 有破坏胶体的作用，当体系中 NaCl 量较多或因 Pd 浓度大消耗 Na_2S 多而间接增大 NaCl 量时，可较早的观察到反应终点，这就解释了表 3 中 Na_2S 耗量略微降低的原因。

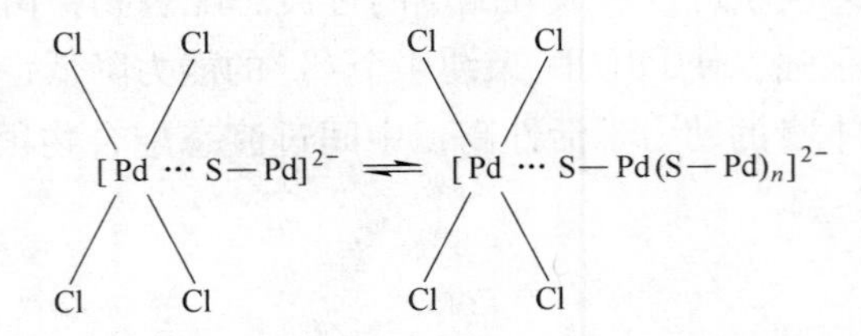

从表 4 看出，Na_2S 的加入量、加入速度及加入方式对生成何种反应物影响很大。PdS 并不溶解于过量 Na_2S，因此若缓慢加入 Na_2S 待定量沉出 PdS 后再加大量 Na_2S，即使沸水浴中加热 1h，沉淀也不溶解。若将 H_2PdCl_4 滴入 Na_2S 溶液中，或快速将大量 Na_2S 溶液倾入 H_2PdCl_4 中，则生成红棕色或酱黑色的硫代盐溶液，即配离子 $PdCl_4^{2-}$ 在碱性环境中与大量过量的 SH^- 及 OH^- 接触，发生以下反应：

$$[PdCl_4]^{2-} + 4SH^- \rightleftharpoons [Pd(SH)_4]^{2-} + 4Cl^- \tag{5}$$

$$[Pd(SH)_4]^{2-} + 2OH^- \rightleftharpoons [PdS_2]^{2-} + 2SH^- + 2H_2O \tag{6}$$

在 Taimni 和 Beamish 的工作中，所用 Na_2S 过量太多，Pd 与 Na_2S 的比值高达 1∶1000，因此它们获得的是 Pd 的硫代盐，未能观察到定量沉淀钯的实验现象。

4.5 Na_2S 与 Ir(Ⅲ)、Rh(Ⅲ)、Pt(Ⅳ)反应现象的解释

由于 SH^- 不能与正八面体配阴离子的中心离子直接接触，必须待配离子的一个配体 Cl^- 脱开后发生交换，因此反应速度缓慢，一部分 SH^- 将与体系中的 H^+ 结合，放出 H_2S。同时，由于 H^+ 的消耗及从 Na_2S 溶液中带入 OH^-，体系的 pH 值将不断上升，因而不可能出现沉淀 Pd 过程中那样 pH 值恒定的现象。

当 Na_2S 的加入量较少时，进入 $PtCl_6^{2-}$ 配离子内界的 SH^- 数量不多，产生的混合配位基配离子不稳定，从内界缓慢放出 H^+，析出 PtS_2 沉淀，这就出现了 pH 值回降现象以及相应于图 3 中曲线 1、2、3 透光度逐渐降低的现象。这种现象又相应于图 4 中的 *AB* 阶段，其反应式可推测为：

$$2SH^- + PtCl_6^{2-} \rightleftharpoons PtCl_4(SH)_2^{2-} + 2Cl^- \tag{7}$$

$$PtCl_4(SH)_2^{2-} \rightleftharpoons PtS_2 + 4Cl^- + 2H^+ \tag{8}$$

或

$$3SH^- + PtCl_6^{2-} \rightleftharpoons PtCl_3(SH)_3^{2-} + 3Cl^- \tag{9}$$

$$PtCl_3(SH)_3^{2-} = PtS_2 + 3Cl^- + H^+ + H_2S \tag{10}$$

当 Na_2S 的加入量较多，体系的 $pH > 10$ 后，$PtCl_6^{2-}$ 中的 Cl^- 可全部被 SH^- 取代，

生成六巯基配离子，此时溶液已成碱性，这种配离子将放出 H_2S，生成硫代盐配合物，这就是图3 中曲线4、5、6 出现的情况，并相应于图4 中的 *BC* 阶段。推测反应式如下：

$$PtCl_6^{2-} + 6SH^- \rightleftharpoons Pt(SH)_6^{2-} + 6Cl^- \tag{11}$$

$$Pt(SH)_6^{2-} \rightleftharpoons PtS_3^{2-} + 3H_2S \tag{12}$$

以上两过程与 $PtCl_6^{2-}$ 加碱水解的情况类似，随着 OH^- 基进入内界数目的增多，最后则生成可溶性的六羟基合铂配阴离 $Pt(OH)_6^{2-}$。

4.6 Pd(Ⅱ)与Ir(Ⅲ)、Rh(Ⅲ)、Pt(Ⅳ)分离效果差异的解释

$IrCl_6^{3-}$ 和 $RhCl_6^{3-}$ 为性能稳定的配离子，Ir(Ⅲ)为重铂族离子，其配离子的热力学稳定性和动力学惰性均高于 Rh(Ⅲ)的配离子，因此，Pd-Ir 分离的效果优于 Pd-Rh 分离。$PtCl_6^{2-}$ 可被还原为 $PtCl_4^{2-}$，后者为平面正方形，它虽然惰性高不易被 Na_2S 沉淀，但它 *z* 轴方向的裸露易被 PdS 吸附而共沉淀。较详细的研究结果表明[14]：当 Pt 浓度固定时，Pt 的共沉淀量（%）随 Pd 浓度的增加而增加；当 Pd 浓度固定时，Pt 的共沉淀绝对量（mg）几乎与浓度无关，但共沉淀率（%）则随 Pt 浓度的增加而降低，这些都说明一定量的 PdS 沉淀只能吸附一定量的 Pt 的配离子。

5 结语

（1）Na_2S 与 H_2PdCl_4 在室温下即迅速反应，当严格控制用量时，可发现沉淀突然凝聚的反应终点，消耗的 Na_2S 与 Pd 的比值为1∶1。当溶液 $pH<2$ 时，沉淀过程中体系的 pH 值恒定不变，嗅不到 H_2S 味，并且不受［H^+］和［Cl^-］的影响。在相似条件下，Na_2S 与 H_3IrCl_6、H_3RhCl_6 和 H_2PtCl_6 的反应情况则大不相同，作者认为表征了两种不同的反应机理。

（2）利用两种反应速度的差异，可以从 Pd、Pt、Rh、Ir 混合溶液中选择性沉淀 Pd，也可以进行 Pd 与 Ir、Rh、Pt 的两两分离，其中 Pd-Ir 分离效果最好，Pd-Rh 次之，Pd-Pt 分离时 Pt 的共沉淀较严重。

（3）从铂族金属氯配离子几何构型和动力学惰性的差异出发，解释了全部实验结果。认为 Na_2S 系以水解产生的 SH^- 直接参与反应，$PdCl_4^{2-}$ 为平面正方形构型，SH^- 可从 *z* 轴方向直接与 Pd 接触，属双分子亲核取代反应（SN2），速度极快。$IrCl_6^{3-}$、$RhCl_6^{3-}$ 和 $PtCl_6^{2-}$ 为八面体构型，Cl^- 配体将金属离子团团围住，SH^- 只能先与 Cl^- 进行配体交换，属 SN1 反应，速度缓慢。此外，$IrCl_6^{3-}$ 为重铂族配离子，动力学惰性高于 $RhCl_6^{3-}$，因此，Pd-Ir 分离效果优于 Pd-Rh，$PtCl_6^{2-}$ 可被 Na_2S 还原为平面正方形的 $PtCl_4^{2-}$，因此 Pd-Pt 分离时，Pt 的共沉淀突出。

参考文献

［1］Beamish F E. Talanta. 1958，1：5.

［2］Ginzburg S I，Ezerskaya N A，et al. Analytical Chemistry of Platinum Metals. New York，1975：212.

［3］Taimni I K，Salaria G B S. Analyt. Chim. Acta. 1954，11：329.

[4] Taimni I K, Agatwal R P. Analyt. Chim. Acta. 1954, 10: 312.
[5] Taimni I K, Tandon S N. Analyt. Chim. Acta. 1960, 22: 553.
[6] Sant S B, Chow A, Beamish F E. Anal. Chem. 1961, 33: 1257.
[7] Pittwell L. Nature. 1965, 207: 1181.
[8] 叶治镳. 无机分析化学原理[M]. 上海：上海科技出版社，1961：266.
[9] 徐光宪. 物质结构(下册)[M]. 北京：人民教育出版社，1962：369.
[10] 欧格尔 L E. 过渡金属化学导论配位场理论[M]. 北京：科学出版社，1966：82，85.
[11] 陈念贻. 键参数函数及其应用[M]. 北京：科学出版社，1976：21.
[12] 陈景，杨正芬. 有色金属. 1982.
[13] 巴索洛 F，皮尔逊 R G. 无机反应原理[M]. 北京：科学出版社，1987：251.
[14] 陈景. 贵金属. 1980，2：1.

丁二酮肟与Ni(Ⅱ)、Pd(Ⅱ)、Pt(Ⅱ)的螯合反应及FT-IR光谱研究*

摘　要　本文从Ni(Ⅱ)、Pd(Ⅱ)、Pt(Ⅱ)的电子结构阐明丁二酮肟在不同条件能选择性沉淀它们的原因。并通过FT-IR光谱测定丁二酮肟形成螯合环后C═N及N—O键伸展振动频率的变化，进一步了解这种原因。

1　前言

早在1910年人们就发现丁二酮肟能与Ni(Ⅱ)发生螯合反应，形成难溶于水的鲜红色螯合物Ni(HON═C(CH$_3$)—C(CH$_3$)═N—O)$_2$(以下用DMG表示丁二酮肟)。此反应除了大量铜存在时有一定干扰外，对所有贱金属具有很高的选择性。丁二酮肟还能定量地选择性沉淀Pd(Ⅱ)。在贵金属冶金中可以从大量Pt、Rh、Ir中用丁二酮肟沉淀分离微量Pd。Ni(DMG)$_2$和Pd(DMG)$_2$都可烘干称重作为测定Ni(Ⅱ)和Pd(Ⅱ)的标准重量法[1]，丁二酮肟因此常被称为镍试剂或钯试剂。此外，在加热反应溶液的条件下，丁二酮肟还可以沉淀Pt(Ⅱ)，甚至沉淀Cu(Ⅱ)。

对于Ni(DMG)$_2$和Pd(DMG)$_2$的分子结构，前人曾进行过详尽研究，如Godycki和Rundle[2]用X射线分析得出Ni(DMG)$_2$的分子结构见图1。

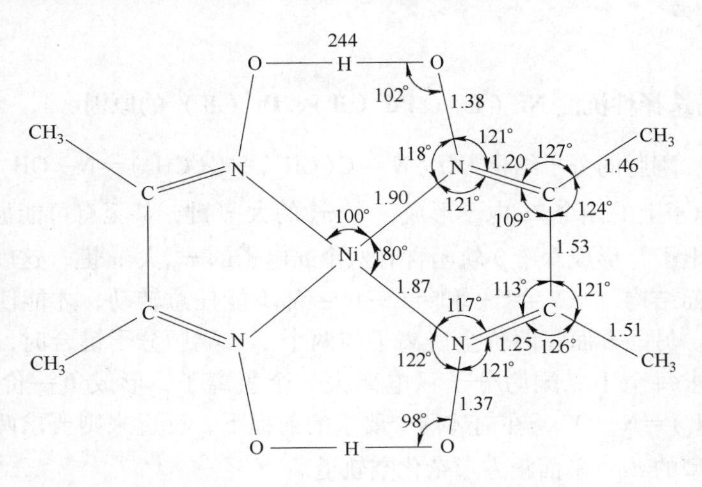

图1　Ni(DMG)$_2$的分子结构

他们证实了螯合分子中存在一个极短的OH…O氢键（0.244nm），并认为这种极短的氢键可以是对称性的，氢原子与两个氧原子是等距的。Frasson和他的同事[3]对

* 本文合作者有：周晓明；原载于《贵金属》1997年第18卷(增刊)。

$Pt(DMG)_2$进行X射线分析得到的OH…O距离则为0.303nm。

前人的研究多侧重在测定上述螯合物的结构，本文则从分析化学和冶金的角度用分子结构理论讨论为什么在周期表几十种金属元素中丁二酮肟能够选择性沉淀Ni(Ⅱ)、Pd(Ⅱ)和Pt(Ⅱ)，为什么沉淀这三种元素时要求有不同的反应条件。本文还测定了这些螯合物的红外光谱，分析讨论了红外光谱数据中出现的规律。

2 实验方法

2.1 螯合物的制备

（1）丁二酮肟镍的制备。在过量的Ni(Ⅱ)溶液中加入柠檬酸作掩蔽剂，加入稍为过量的氨水（pH>5）和丁二酮肟的乙醇溶液，立即生成鲜红色螯合物丁二酮肟镍絮状沉淀。过滤，离子水充分洗涤后红外灯下烘干。

（2）丁二酮肟钯的制备。在过量的Pd(Ⅱ)酸性溶液中加入丁二酮肟的乙醇溶液，生成黄色螯合物丁二酮肟钯絮状沉淀。过滤、离子水充分洗涤后红外灯下烘干。

（3）丁二酮肟铂的制备。分别在Pt(Ⅱ)的中性溶液（pH=7）和酸性溶液（pH=1~2）中加入丁二酮肟的乙醇溶液，于水浴中90℃下加热2h，两种条件都生成棕色螯合物丁二酮肟铂絮状沉淀。过滤、乙醇洗涤以除去多余的丁二酮肟后红外灯下烘干。

2.2 红外光谱测试

仪器：美国170sx傅里叶变换红外光谱仪。条件：分别采用石蜡油和KBr压片法制样，扫描32/min，中红外测试。

3 讨论

3.1 丁二酮肟选择性沉淀Ni（Ⅱ）、Pd（Ⅱ）、Pt（Ⅱ）的原因

已知在丁二酮肟的分子结构HO—N═C(CH_3)—C(CH_3)═N—OH中，—N═C—C═N—四个原子上的四个2p电子形成一个π_4^4的大π键，甚至有可能加上两个氧原子上的两对孤对电子，形成六个p轨函含有八个p电子的π_6^8大π键，这就要求丁二酮肟分子呈一个平面结构，—N═C—和═C—C═都不能任意转动，才能使分子的能量保持在最低状态。另一方面，两价金属离子与两个丁二酮肟分子键合时，为了形成中性螯合物，又要求每个丁二酮肟分子只电离去一个氢离子，形成负一价的HO—N═C(CH_3)—C(CH_3)═N—O^-，在前述两个要求的前提下，反过来则要求两价金属离子必需能提供内轨型的dsp^2平面正方形杂化空轨道。

在周期表中，主族和副分族的两价金属离子，除Cu(Ⅱ)在特殊情况下外，其他如Be(Ⅱ)，Mg(Ⅱ)、Ca(Ⅱ)、Sr(Ⅱ)、Ba(Ⅱ)、Zn(Ⅱ)、Cd(Ⅱ)、Hg(Ⅱ)以至Sn(Ⅱ)，Pb(Ⅱ)等都不可能形成平面正方形的配合物。在过渡系的金属中，Rh(Ⅰ)、Ir(Ⅰ)和Au(Ⅲ)也能形成平面正方形配合物或配离子，但它们都不是两价离子。因此，能同时满足两个条件的只有电子构型为$3d^8$的Ni(Ⅱ)、$4d^8$的Pd(Ⅱ)以及$4f^{14}5d^8$的Pt(Ⅱ)。

对于Cu(Ⅱ)，当与能形成五元环或六元环的双齿有机配体反应时，它可以把一个

d 电子激发到 $4p_z$ 轨道，然后用 $3d$，$4s$ 和 $4p$ 组成 dsp^2 杂化空轨道形成平面正方形的配合物，或两个平面形叠合的立体形配合物[4]。因此在一定条件下也能形成 $Cu(DMG)_2$ 螯合物。

由于上述原因，使丁二酮肟能从复杂金属成分的溶液中选择性地定量沉淀Ni(Ⅱ)、Pd(Ⅱ)和Pt(Ⅱ)。

3.2 丁二酮肟沉淀 Ni、Pd、Pt 反应条件不同的原因

根据配位场理论，由配体场引起过渡金属离子 d 轨道能级分裂的能级差 Δ_0（或称分离能）与该金属所处的周期数有关。通常当配体相同时，同一族中相同电荷的金属离子从第四周期到第五周期 Δ_0 约增大 30% ~50%，从第五周期到第六周期约增大 20% ~30%[5]。Δ_0 越大则配体场稳定化能 LFSE 也越大，相应的配位键则越牢固。从 Ni(Ⅱ)到 Pd(Ⅱ)、再到 Pt(Ⅱ)，恰好是从第四周期到第五周期再到第六周期的三个同族的二价离子，它们与丁二酮肟形成的配位键，其键强度必然是 Ni(Ⅱ) < Pd(Ⅱ) < Pt(Ⅱ)。这个推断已从对 $M(DMG)_2$ 红外光谱做简正坐标分析获得的 M—N 伸缩振动力常数(10^{-8}N/Å,1Å = 0.1nm)为：Ni1.88 < Pd2.84 < Pt3.77(GVF)[6]所证实。

上述分析表明，相对而言，丁二酮肟较难与 Ni(Ⅱ)发生螯合反应。当处于酸性条件如在盐酸介质中时，Ni(Ⅱ)的存在状态与 HCl 浓度有关，HCl 浓度相当高时，它可以是四面体的 $NiCl_4^{2-}$，HCl 浓度很低时，它可以是八面体的 $Ni(H_2O)_6^{2+}$，这两种配离子的配体与中心离子的结合都很松散，不会影响螯合反应。但在酸性条件下的丁二酮肟却不易发生氢离子电离，形成螯合反应需要的负离子结构形式为 HO—N ═ $C(CH_3)$—$C(CH_3)$═N—O^-，而且它的两个氮原子（—N ═）中。至少有一个很可能与 H^+ 键合，这样将降低—N ═的碱性，也即是降低氮原子上孤对电子的配位能力，所以在酸性条件下丁二酮肟不能沉淀 Ni(Ⅱ)。必须在氨性溶液中提高它的酸式离解趋势和—N ═的碱性，才能选择性沉淀 Ni(Ⅱ)。

对于 Pd(Ⅱ)，在盐酸溶液中它是平面正方形的配离子$[Pd(H_2O)_nCl_{4-n}]^{n-2}$($n$ = 1 ~4)，HCl 浓度高时主要是 $PdCl_4^{2-}$，Pd 的这些配离子中配体与中心离子的结合也不牢固，属于动力学活性很高的配离子。但是，前已述及丁二酮肟与 Pd(Ⅱ)形成的 Pd—N 配位键的键能比与 Ni(Ⅱ)的要大得多，也就是反应推动力将比对 Ni(Ⅱ)的大得多。这样，螯合反应降低的体系自由能可以补偿丁二酮肟酸解反应所需的离解能。因此丁二酮肟在酸性条件下即可以选择性沉淀 Pd(Ⅱ)。

对于 Pt(Ⅱ)，虽然它与丁二酮肟形成的 Pt—N 配位键比 Pd—N 键更强，但它属于重铂族，其 $PtCl_4^{2-}$ 配离子的热力学稳定性和动力学惰性比轻铂族的 $PdCl_4^{2-}$ 高得多[7~10]，如前者的 $\lg\beta_4$ = 16，后者的 $\lg\beta_4$ 则为 11.45 ~ 12.3；K_2PtCl_4 中 Pt—Cl 键的平均键能为 372.6kJ/mol。K_2PdCl_4 中 Pd—Cl 键键能则为 347.5kJ/mol；向 $PtCl_4^{2-}$ 的溶液中滴加 Na_2S 溶液时，不会沉出 PtS，而会释放出 H_2S，并形成 Pt(Ⅱ)与 SH^-配位的配合物，但 $PdCl_4^{2-}$ 的溶液中无论［HCl］多高，滴入 Na_2S 时立即沉出 PdS 沉淀，并且嗅不到 H_2S 味。这些情况表明由于 $PtCl_4^{2-}$ 中的配位键牢固，在室温下很难断键而与丁二酮肟反应，只有加热溶液，给反应以活化能，使 Pt—Cl 键断开，丁二酮肟才能与之螯合。

以上所述定性地解释了 Ni(Ⅱ)、Pd(Ⅱ)、Pt(Ⅱ)与丁二酮肟的螯合反应需要不同的反应条件的原因。

3.3 丁二酮肟与 Ni(Ⅱ)、Pd(Ⅱ)、Pt(Ⅱ)螯合物的 FT-IR 光谱

用石蜡油制样法和 KBr 压片法测定的丁二酮肟及三种螯合物的 FT-IR 光谱结果以及前人测定的有关结果[10]列入表 1。

表 1 丁二酮肟金属螯合物的红外吸收频率 (cm^{-1})

螯合物	$\nu_{C=N}$			$\nu'_{C=N}$			ν_{N-O}			ν'_{N-O}		
	石蜡油	KBr	文献	石蜡油	KBr	文献	石蜡油	KBr	文献	石蜡油	KBr	文献
丁二酮肟	1682	1650					981	983		905	908	
Ni	1572	1572	1560				1240	1240	1235	1101	1101	1100
Pd	1548	1549	1550	1502	1502	1500	1256	1255	1250	1089	1089	1090
Pt	1547	1548		1493	1495		1260	1260		1088	1087	

表中数据可讨论于下：

（1）本文用石蜡油法和 KBr 压片法测得的两种数据除 DMG 的 $\nu_{C=N}$ 值外，其他数据基本相同。此外 Ni(Ⅱ)的 $\nu_{C=N}$ 值略高于文献值，其余数据与文献值也基本一致。

（2）对 DMG 而言，石蜡油法和 KBr 法测得的 $\nu_{C=N}$ 值不同，这种情况是因"此峰对油相及浓度比较敏感，稀溶液中为游离态，$\nu_{C=N}$ 在 1685 ~ 1660cm^{-1} 区；研糊状及 KBr 压片为凝聚态，存在氢键，$\nu_{C=N}$ 降至 1660 ~ 1640cm^{-1}"[11]。我们认为在石蜡油法中，DMG 分子被石蜡油包裹隔离，其状接近于在稀溶液中，不易形成氢键，因此其测定值略高于 KBr 压片法的测定值。

（3）与 DMG 相比，Ni(Ⅱ)、Pd(Ⅱ)、Pt(Ⅱ)螯合物中 $\nu_{C=N}$ 吸收频率普遍降低，对 Ni(Ⅱ)降低 110cm^{-1}，对 Pd(Ⅱ)降低 134cm^{-1}，对 Pt(Ⅱ)降低 135cm^{-1}，即 DMG 中的 C ═N 键在形成螯合环后被显著削弱，但 ν_{N-O} 吸收频率则在形成螯合环后约增高 259 ~ 279cm^{-1}。这种现象在红外光谱学中已是一种规律，如王宗明等[12]的著作中指出：当环中有张力时，环内各键削弱，伸缩频率降低；而由环突出的键被增强，频率升高，强度增加。

从离子半径考察时，按乔利[13]给出的平面正方形离子半径 Ni(Ⅱ)0.049nm，Pd(Ⅱ)0.064nm，Pt(Ⅱ)0.060nm 来看，$Ni(DMG)_2$ 中环的张力应最大。但在 $Pd(DMG)_2$ 和 $Pt(DMG)_2$ 中 C ═N 键还进一步被削弱。我们认为这可能是 Pd—N 配位键和 Pt—N 配位键强于 Ni—N 键，氮原子上的孤对电子更靠近 Pd、Pt 离子，这种配位键上的诱导效应引起螯合环上 C ═N 键进一步被削弱。

（4）由于 DMG 螯合配位时两个氮上的孤对电子状态有差异，即在 HO—N_I ═ $C(CH)_3$—$C(CH)_3$ ═N_{II}—O^- 负离子中，N_I 上的孤对电子受羟基氢的影响被 N_I 束缚较紧，而 N_{II} 上的孤对电子受氧原子上一个过剩电子的影响具有更强的给予性（碱性）。因此，如图 1 所示，在 $Ni(DMG)_2$ 中有两种不同长度的 M—N 键、C ═N 键和 N—O 键。对于 Ni(Ⅱ)没有观察到 $\nu_{C=N}$ 吸收峰，对 Pd(Ⅱ)和 Pt(Ⅱ)则 $\nu_{C=N}$ 和 $\nu_{C=N}$，ν_{N-O} 和 ν'_{N-O} 都有明显的差异。两种 M—N 键的差异见表 2。

表 2　Ni(Ⅱ)、Pd(Ⅱ)、Pt(Ⅱ)螯合物的两种 M—N 键的吸收频率　(cm^{-1})

螯合物	M—N	M—N
$Ni(DMG)_2$	495	322
$Pd(DMG)_2$	505	359
$Pt(DMG)_2$	518	378

4　结语

(1) 本文用分子结构理论解释了丁二酮肟能选择性地与 Ni(Ⅱ)、Pd(Ⅱ)、Pt(Ⅱ)形成 $M(DMG)_2$ 螯合物的原因。

(2) 从盐酸介质中 Ni(Ⅱ)、Pd(Ⅱ)的存在状态以及酸性和碱性条件下丁二酮肟的存在状态，解释了沉淀 Ni(Ⅱ)、Pd(Ⅱ)需要不同反应条件的原因；从 $PtCl_4^{2-}$ 具有较高的热力学稳定性和动力学惰性，解释了沉淀 Pt(Ⅱ)需要加热反应溶液的原因。

(3) 本文用石蜡油法和 KBr 压片法测定了 $Ni(DMG)_2$、$Pd(DMG)_2$ 和 $Pt(DMG)_2$ 三种螯合物的 FT-IR 光谱，讨论了各吸收峰的一些变化规律。

参考文献

[1] 株洲冶炼厂，等．有色冶金中元素的分离与测定[M]．北京：冶金工业出版社，1979：120，460.

[2] Godycki L E，Rundle R E. Acta Cryst. 1953(6)：487.

[3] Frasson E，Panattoni C，Zannetti R. Acta Cryst. 1959(12)：1027.

[4] Melnik M. Coord Chem Rev. 1981(36)：1.

[5] 张祥麟．络合物化学[M]．北京：冶金工业出版社，1979：89.

[6] Bigotto A，Galasso V，Dealti G. Spectrochim Acta. 1970，26A：1939.

[7] 陈景．贵金属．1984(3)：1.

[8] 陈景．贵金属．1994(3)：1.

[9] 陈景．铂族金属化学冶金理论与实践[M]．昆明：云南科技出版社，1995：1.

[10] Blinc R，Hadzi D. J Chem Soc. 1958：4536.

[11] 谢晶曦．红外光谱在有机化学和药物化学中的应用[M]．北京：科学出版社．1987：133.

[12] 王宗明，何欣翔，等．实用红外光谱学[M]．北京：石油工业出版社．1982：209.

[13] 乔利 W L. 现代无机化学(下册)[M]．北京：科学技术文献出版社．1989：367.

盐酸介质中铜置换法分离贵金属*

摘　要　用旋转圆盘法测定了 HCl 浓度对铜置换金、钯、铂、铑反应速率的影响及 Rh(Ⅲ)的水合程度对其被铜置换速率的影响，报道了用铜粉置换分离 Au-Rh、Pd-Rh 和 Pt-Rh 的实验结果。

1　引言

用铜置换法富集金、银在湿法冶金中是一种古老的方法。对于铂族金属，青山新一和渡边清[1]曾定性考察过铜粉与钯、铑、钌和锇的氯配酸盐在不同 HCl 浓度和不同温度下置换反应的现象；并利用铜粉不能置换铱的特性，从化学分析角度拟定了定量分离贵金属的流程[2]。Beamish 等[3,4]则提出了用铜粉定量分离铂族金属中最难分离的铑和铱。熊宗国等[5]研究了用铜从贵贱金属混合液中置换贵金属的动力学。

本文对除银以外的贵金属间，用铜置换分离进行了研究和讨论。

2　实验部分

2.1　试剂

实验用试剂包括：

（1）贵金属氯配酸储备液。$HAuCl_4$、H_2PdCl_4 和 H_2PtCl_6 液分别用金、钯、铂（>99.99%）经王水溶解、赶硝后制得；H_3RhCl_6 用粗铑粉（99%）加 NaCl 高温氯化，TBP 萃取除去贵金属杂质，氢型阳离子交换树脂除去贱金属及钠离子后制得[6]；H_2IrCl_6 用光谱纯$(NH_4)_2IrCl_6$ 加王水破坏 NH_4^+，再用 HCl 反复赶硝制得。

（2）铜片。选用紫铜片（99.9%），剪成直径 4cm 的铜片，中心钻一小孔，用聚四氟乙烯螺帽固定在搅拌轴末端。铜片使用前用稀铬酸洗液腐蚀除去氧化膜，蒸馏水冲洗干净，用乙醇擦拭，再用蒸馏水充分冲洗干净。

（3）活性铜粉。用 $CuSO_4$ 溶液加锌粉置换制得，呈海绵态，纯度 99%。

2.2　实验方法

具体实验操作如下：

（1）铜置换单个贵金属反应速率的测定。自制一套带盖及恒温夹层的玻璃反应器，其直径 55mm，高 60mm。将一台旋转圆盘电极改装为搅拌器，搅拌轴（ϕ9mm）及下端螺帽均为聚四氟乙烯制作，转速由数字显示。该装置的电源经电子交流稳压器稳压，由精密恒温水浴提供循环水，因而具有恒温、恒转速、高精度的特点。

* 本文合作者有：崔宁，杨正芬；原载于《铂族金属化学冶金理论与实践》，云南科技出版社，1995：106～113。

按预定浓度抽取一定量的贵金属储备液于小烧杯中，红外灯下烤干。残渣用预定酸度的 HCl 溶液溶解后，转入 100mL 容量瓶中，用水稀释至刻度。将此溶液转移至反应器中，待温度升至 50℃后，通入高纯氮气，15min 后放入带铜片的搅拌轴，调转速至 700r/min 并开始计时，反应在高纯氮气氛下进行。按预定的时间间隔每次抽取样品液 2mL。通过小漏斗滤入 10mL 容量瓶中，用水洗净滤纸并稀释至刻度，用化学比色法测定样品液中贵金属的浓度，每次实验取 7 个样。

（2）水合程度对铜置换 Rh(Ⅲ)反应速率的影响实验。抽取一定数量的 H_3RhCl_6 储备液，红外灯下烤干，残渣用水溶解后冷态下加入 NaOH 溶液，水解产生 $Rh(OH)_3$ 沉淀，过滤，稍加洗涤后，用 1mol/L HCl 溶解沉淀，转移至 500mL 容量瓶中加入 29.22g NaCl，用 1mol/L HCl 溶解并稀释至刻度。这样配制成 $[Rh(H_2O)_6]^{3+}$ 的氯盐溶液，其介质为 1mol/L HCl 和 1mol/L NaCl。将上述溶液分别盛在 5 个 100mL 容量瓶中，取一份进行铜置换实验，其余 4 份放入 50℃的恒温烘箱中，适时取出进行铜置换实验，并用分光光度计测定试液的吸收曲线。根据文献［7］数据推断溶液中 Rh(Ⅲ)的配离子状态。

（3）金、钯、铂与铑的分离实验。取两种贵金属储备液于适当容积的烧杯中，红外灯下蒸干。残渣用一定体积的稀 HCl 溶解，加入自制的活性铜粉，在调温电磁搅拌器上搅拌反应一定时间，滤出溶液，分析被置换金属的残留量。置换渣清洗净后，用 $HCl + H_2O_2$ 溶解，分析其中的铑含量。

3　结果和讨论

3.1　不同酸度下的置换反应速率

置换反应在氮气氛下进行，温度 50℃，搅拌器转速 700r/min。实验表明，在 0.1mol/L HCl 介质里，置换速率依次为 Au(Ⅲ) > Pd(Ⅱ) > Pt(Ⅳ)，而 Rh(Ⅲ)、Ir(Ⅲ)几乎不被置换；在 3mol/L HCl 介质里，铜置换 Au(Ⅲ)、Rh(Ⅲ)速率加快，反应 5min Au(Ⅲ)置换率 η 高达 99.8%，反应 120min Rh(Ⅲ)的 η 为 93%，其余金属的置换速率为 Pd(Ⅱ) > Pt(Ⅳ)，但 Ir(Ⅲ)仍不被置换。

Hahn 等[8]认为铜置换 $HClO_4$ 介质中的 Pd(Ⅱ)属假一级反应，动力学方程为：

$$-\frac{dt}{dc} = kCA/V \tag{1}$$

式中，A 为铜片面积；C 为被置换贵金属的溶液浓度；V 为溶液体积。

在我们的实验中 $A = 24.8cm^2$，$V = 100cm^3$。若忽略每次取样 2mL 的影响，A、V 可视为常数，因此将式（1）积分得：

$$\lg\frac{C_0}{C_t} = Kt \tag{2}$$

式中，$K = kA/(2.303V)$，用式（2）处理实验数据绘制置换反应的动力学曲线得图 1 和图 2。

由图可见，在 0.1mol/L HCl 介质中，金、钯的直线性极差，不是一级反应。铂的曲线在前 40min 属 Pt(Ⅳ)→Pt(Ⅱ)的置换反应诱导期，其后直线性较好，120min 后斜率变小。这是因为铜片表面被金属铂覆盖后形成阻止铜离子转入溶液的障碍层，导致

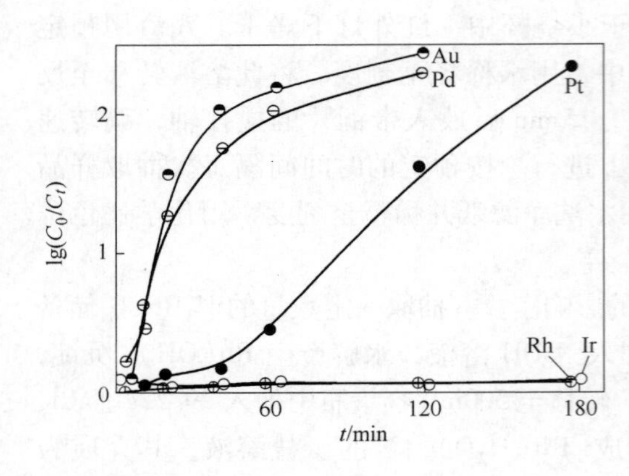

图 1　0.1mol/L HCl 中铜置换贵金属的动力学曲线

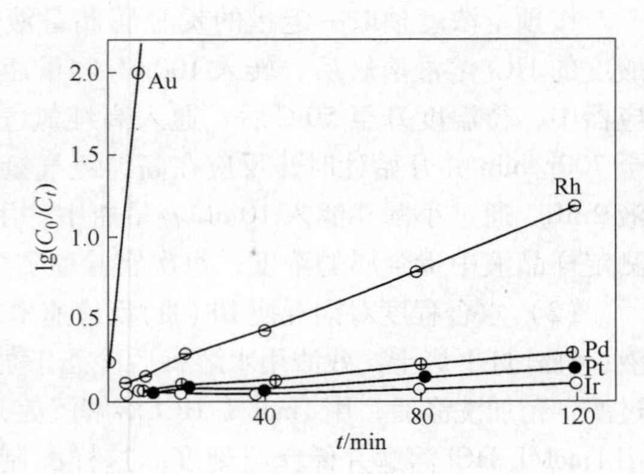

图 2　3.0mol/L HCl 中铜置换贵金属的动力学曲线

反应速度降低。铑、铱的置换速率接近于零。这表明在此条件下，铜置换可使金、钯、铂与铑、铱分离。在 3.0mol/L HCl 介质中用铜置换可以分离铂族元素中最难分离的铑和铱，其效果比 Beamish[4] 在 1mol/L HCl 介质中的分离更好。

3.2　Rh(Ⅲ)的水合程度对置换反应速度的影响

将介质均为 1mol/L HCl-1mol/L NaCl，但在 50℃下放置时间不同，因而水合状态不同的三份试样在置换实验前用分光光度计测定吸收曲线。根据吸收峰的差异判定其主要配离子状态为：A 号为 $Rh(H_2O)_6^{3+}$ 及 $Rh(H_2O)_5Cl^{2+}$，B 号为 $Rh(H_2O)_4Cl_2^+$ 及 $Rh(H_2O)_3Cl_3$，C 号为 $Rh(H_2O)Cl_5^{2-}$ 及 $RhCl_6^{3-}$。在 50℃、700r/min，氮气保护下测定置换反应速度，然后分别以 η、$\lg C_0/C_t$ 对 t 作图得图 3 和图 4。

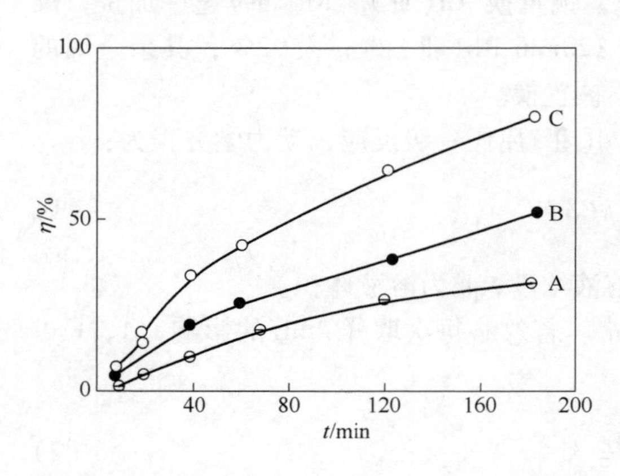

图 3　Rh(Ⅲ)的水合程度对置换速度的影响

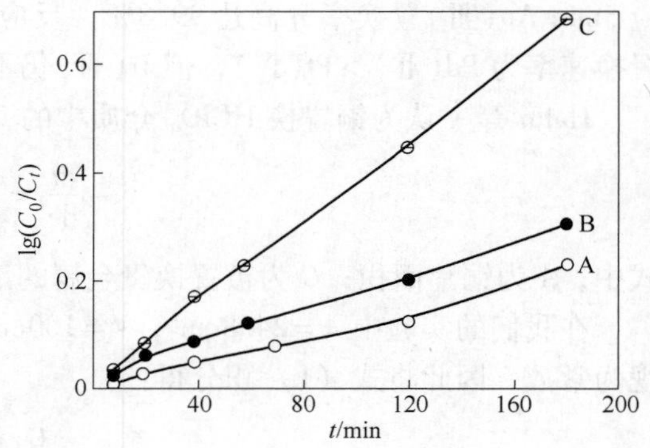

图 4　铜置换 Rh(Ⅲ)的动力学曲线

由图可以知道，随着 Rh(Ⅲ)配离子从水合阳离子 $Rh(H_2O)_6^{3+}$ 向氯配阴离子转化，其被铜置换的速度不断增快，这有力地表明 Rh(Ⅲ)以氯配阴离子形态直接从铜片上夺取电子更为有利。该结果表明，若要抑制铜置换铑应降低酸度。反之亦然，这一点与专利文献［9］的结论一致。

3.3 样品分析

用自制活性铜粉，采用充分抑制铜置换铑的反应条件进行 Au-Rh、Pd-Rh 和 Pt-Rh 的分离实验，结果列于表1。结果表明：铜粉置换可以达到金、铂，钯与铑粗分，其中 Au-Rh 的分离效果最好；钯、铂的置换完全程度取决于反应终点的判断，与其绝对含量无对应关系。

表1　铜粉置换分离 Au-Rh，Pd-Rh、Pt-Rh 的实验结果

置换前液组分含量/mg		置换后液组分含量/mg		置换率 η/%	
Au	Rh	Au	Rh	Au	Rh
25	12.5	0.015	12.39	99.9	0.86
25	12.5	0.058	12.37	99.8	1.04
50	12.5	0.145	12.41	99.7	0.72
50	12.5	0.040	12.43	99.9	0.58
Pd	Rh	Pd	Rh	Pd	Rh
12.5	12.5	0.355	11.98	97.2	4.2
12.5	12.5	0.343	12.17	97.3	2.7
25.0	12.5	0.045	11.94	99.8	4.5
50.0	12.5	0.188	11.60	99.6	7.2
Pt	Rh	Pt	Rh	Pt	Rh
50	12.5	1.325	11.73	97.4	3.10
100	12.5	1.950	11.81	97.3	2.80
200	12.5	0.325	12.10	99.8	1.60
200	12.5	4.025	11.17	98.0	5.30

由于置换法具有操作简便、置换渣易于过滤、残留铜在铂、钯的精制（氯化铵沉淀法）过程中容易除去以及置换后溶液中的铑还可以在改变反应条件下再用铜置换富集等优点，被成功地用于生产。

4　小结

通过对本章实验进行分析，得出以下结论；

（1）用旋转圆盘法，在 50℃、700r/min、氮气保护下测定铜置换 Au(Ⅲ)、Pd(Ⅱ)、Pt(Ⅳ)、Rh(Ⅲ)、Ir(Ⅲ)的反应速率。在 0.1mol/L HCl 酸度时，置换反应的速度顺序为 Au(Ⅲ) > Pd(Ⅱ) > Pt(Ⅳ) > Rh(Ⅲ) ≈ Ir(Ⅲ)；在 3mol/L HCl 酸度时，置换反应的速率顺序为 Au(Ⅲ) > Rh(Ⅲ) > Pd(Ⅱ) > Pt(Ⅳ) ≫ Ir(Ⅲ)。在这两种条件下 Ir(Ⅲ)都几乎完全不被置换，酸度对铜置换铑的反应速度影响很大。

（2）对于不同水合程度的 Rh(Ⅲ)氯配离子，含氯配体越多的配阴离子越易被铜置换，表明氯离子是比水分子更易传递电子的“桥”。

（3）用铜粉置换法分离 Au-Rh、Pd-Rh 和 Pt-Rh，金、钯、铂的置换率在97% ~ 99.9%之间，铑的共置换率一般小于5%。

参考文献

[1] 青山新一，渡边清．日本化学杂志．1954，75(1):20.
[2] Ibid. 1955，76(6):597.
[3] Zachariasen H，et al. Talanta. 1960，4(6):597.
[4] Beamish F E，et al. Analysis of Noble Metals[M]. Academic Press Inc.，1977：227.
[5] 熊宗国，等．贵金属．1982，3(1):1.
[6] 陈景，俞守耕，等．贵金属冶金．1974，1：21.
[7] 吴传初，江林根，等．贵金属．1984，9(4):37.
[8] Hahn E H，et al. Trans Met. Soc，AIME. 1968(236):1098.
[9] British Patent. 2074 190A，1981.

盐酸浓度对铜置换沉淀铑(Ⅲ)的影响*

摘　要　用旋转圆盘法研究了从高氯酸介质、硫酸介质和盐酸介质中 Cu 置换 Rh(Ⅲ)的效果。发现在前两种酸中 Cu 不能置换 Rh；硫酸介质中加入盐酸后，随体系中 Cl^- 浓度的增加，置换 Rh 的速率加快；对于盐酸介质，实验证明进入溶液中的 Cu 为一价 Cu，且在酸度高时出现明显的放氢反应，本文讨论了有关的反应现象和实验结果。

1　引言

我们报道过用铜粉置换法分离 Rh 与 Au、Pd、Pt 的实验结果[1]，指出盐酸浓度的增加会大大加速置换沉淀 Rh(Ⅲ)的反应速度。然而文献中尚有许多令人置疑的提法，如有人认为，由于铜置换 Rh 的反应速度很小，盐酸浓度对其置换反应速度没有影响[2]，所给出的 Cu 置换各个贵金属的反应式中 Cu 均被氧化为二价离子，还认为在硫酸介质中 Cu 照样可置换 Rh，只不过反应速度比盐酸介质更慢[3]，这些结论与我们的研究结果有很大矛盾，本文的实验数据将有助于澄清上述问题。

2　实验部分

2.1　试液制备

实验试液包括：

（1）氯铑酸溶液：纯 H_3RhCl_6 制备同前文。

（2）硫酸铑溶液：取一定数量的纯 H_3RhCl_6 溶液热态下用 NaOH 水解沉淀出 $Rh(OH)_3$，用2% Na_2SO_4 溶液洗涤沉淀，除去吸附的 Cl^-，将沉淀转入烧杯中，用1∶1 稀 H_2SO_4 溶解，稀释至500mL，得到橙黄色硫酸铑溶液。化学比色法标定 Rh 浓度为14.1g/L。用 $BaCl_2$ 溶液重量法测定[SO_4^{2-}]为0.51mol/L，NaOH 溶液滴定[H^+]，扣除生成 $Rh(OH)_3$ 所耗的 OH^-，[H^+]为0.55mol/L。

（3）高氯酸铑溶液：抽取上述硫酸铑储备液7.5mL，稀释至约20mL，冷态下加 NaOH 水解沉淀出 $Rh(OH)_3$，至 pH＝8～9，放置12h，抽滤出沉淀并用水转入烧杯中，加72%浓度的 $HClO_4$ 2.6mL，加热煮沸，冷后滤去少量未溶物，稀释至100mL 备用。NaOH 溶液滴定 H^+，计算得［H^+］为0.25mol/L，［ClO_4^-］为0.28mol/L，化学标定 Rh 浓度为1.25g/L，0.01mol/L。

（4）含有不同氯离子浓度的硫酸铑溶液。取硫酸铑储备液每份7.3mL，加入不同量的固体 NaCl 及一定量的 Na_2SO_4 溶液，在容量瓶中稀释至100mL，放入50℃的恒温箱中，使每份溶液均恒温放置7天（168h）。使 Rh(Ⅲ)阳离子转化为含氯离子配体数

* 本文合作者有：崔宁，杨正芬；原载于《贵金属》1988年第2期。

不同的配离子，测定可见光谱，然后进行铜置换实验。

2.2 测定置换反应速度的实验方法

采用旋转圆盘法，反应条件均为50℃，转速700r/min，具体操作参见前文。

2.3 铜电极电位测定

用直径2mm的纯铜丝制成选择电板，甘汞电极作参比电极，PXJ-IB型数字式离子计测定电位，电源经电子交流稳压器稳压，离子计用标准电池校准，甘汞电极亦经校准。

3 结果及讨论

3.1 高氯酸介质中Cu置换Rh(Ⅲ)

高氯酸离子是公认为不与铂族金属配位的阴离子，因此在高氯酸铑溶液中Rh应以水合阳离子$Rh(H_2O)_6^{3+}$存在，Cu置换实验的数据列入表1。由表1看出，Rh浓度数值波动在分析误差内，表明Cu不能从$HClO_4$介质中置换Rh，但由于$HClO_4$有氧化性，反应中有少量Cu转入溶液。

表1 $HClO_4$介质中Cu置换时Rh及Cu浓度的变化 (g/L)

取样时间/min	0	20	40	60	80	120
[Rh]	1.125	1.135	1.130	1.135	1.145	1.135
[Cu]	0	0.013	0.035	0.055	0.075	0.107

3.2 硫酸介质中Cu置换Rh(Ⅲ)

一般认为SO_4^{2-}也不易与Rh(Ⅲ)配位，但有人在研究电镀所用的$Rh_2(SO_4)_3$镀液时，曾指出Rh的存在状态至今还不能认为完全清楚[4]。硫酸铑溶液的可见光谱绘于图1。从图1看出，吸收峰位于415nm，而文献[5]给出$Rh(H_2O)_6^{3+}$的吸收峰为393～396nm，$Rh(H_2O)_5Cl^{2+}$为425～426nm，因此我们配制的硫酸铑中可能还含有少量氯离子。无论含游离H_2SO_4很少的试液（$[H^+]$ = 0.01mol/L）或含1.5mol/L H_2SO_4的试液，Cu片都不能从其中置换沉淀Rh，实验结果列入表2。

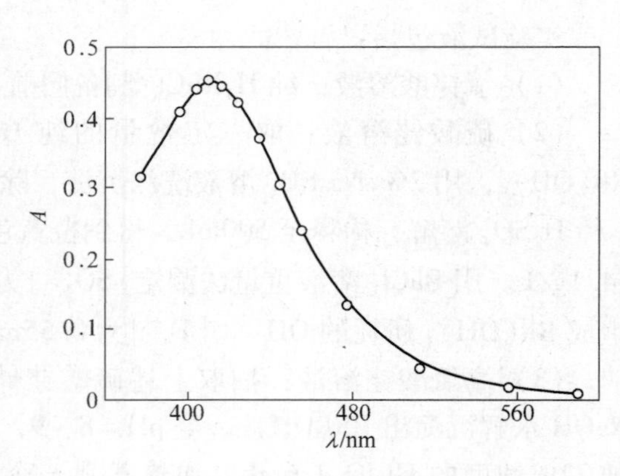

图1 硫酸铑溶液的可见光谱图

表2 Cu置换反应不同取样时间的铑浓度 (g/L)

编号	$[H^+]$ /mol·L⁻¹	$[SO_4^{2-}]$ /mol·L⁻¹	取样时间/min				
			0	20	40	80	120
A-1	0.01	0.16	1.12	1.10	1.10	1.10	1.12
A-2	3	1.5	1.08	1.10	1.08	1.10	1.10

3.3　加入氯离子的影响

配制四种含不同浓度氯离子的试液（编号 A-3 至 A-6，见表3）进行 Cu 置换实验，反应 2h 后置换率 η 与 [Cl^-] 的关系绘于图 2，四种试液的可见吸收光谱绘于图 3。

表 3　不同 [Cl^-] 的四种试液组分

组分浓度/mol·L^{-1}	[Rh]	[H^+]	[SO_4^{2-}]	[Cl^-]
A-3	0.01	0.01	0.16	0.12
A-4	0.01	0.01	0.16	0.50
A-5	0.01	0.01	0.16	1.00
A-6	0.01	0.01	0.16	2.00

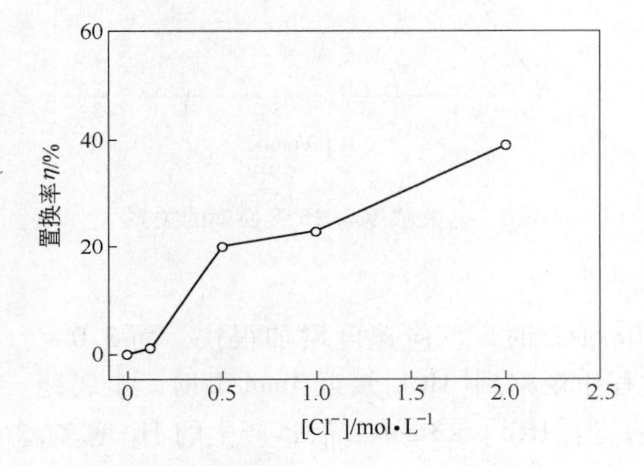

图 2　[Cl^-] 与置换率的关系

图 3　不同 [Cl^-] 的溶液的可见光谱

从图 2 看出，置换率 η 随 [Cl^-] 增加而增高。当 [Cl^-] = 0.1mol/L 时，Cu 仍不能置换 Rh(Ⅲ)，当 [Cl^-] = 2.00mol/L 时，2h 的置换率为 39%。从图 3 看出，四种试液中 Rh(Ⅲ) 配离子的状态并不相同，低 [Cl^-] 时为水合阳离子，高 [Cl^-] 时为氯配阴离子。根据研究结果[1,6]，[Cl^-] 的增高以及 $Rh(H_2O)_6^{3+}$ 向 $RhCl_6^{3-}$ 的转化这两种因素均会提高反应速度，因此图 2 应为双因素影响的结果。

把 A-3 至 A-6 试样的实验数据，按一级反应动力学公式处理的结果与 2mol/L HCl 介质中的实验结果做比较一并绘入图 4。从图 4 看出，2mol/L HCl 介质中的反应速度明显地比含 2mol/L [Cl^-] 的 H_2SO_4 介质的高得多，这种差别是因为 [H^+] 也是促进置换反应的因素而引起的。

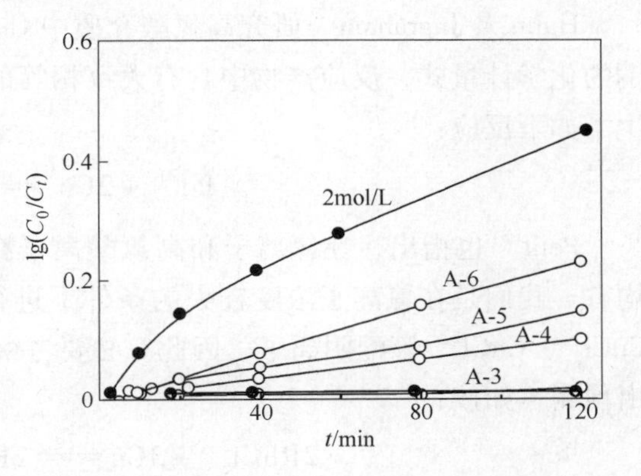

图 4　[Cl^-] 对置换反应速度的影响

需要指出的是根据我们的研究，Cu 置换 Rh(Ⅲ) 并非真正的一级反应，因为 Rh 的初始浓度增加时，反应速度明显降低，反应半衰期延长，而一级反应的速度是不受初始浓度影响的，因此只能作为假一级看待。

3.4 盐酸浓度的影响

在纯 HCl 介质中，[HCl]从 0.1mol/L 至 5.0mol/L 变化时，置换反应的动力学曲线见图 5，反应两小时时 η 对[HCl]的关系见图 6。

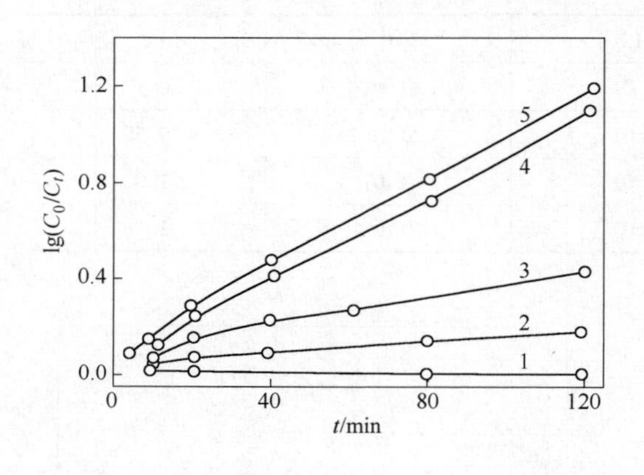

图 5　盐酸浓度对置换反应速度的影响

[HCl](mol/L)：1—0.1；2—1.0；3—2.0；4—3.0；5—5.0

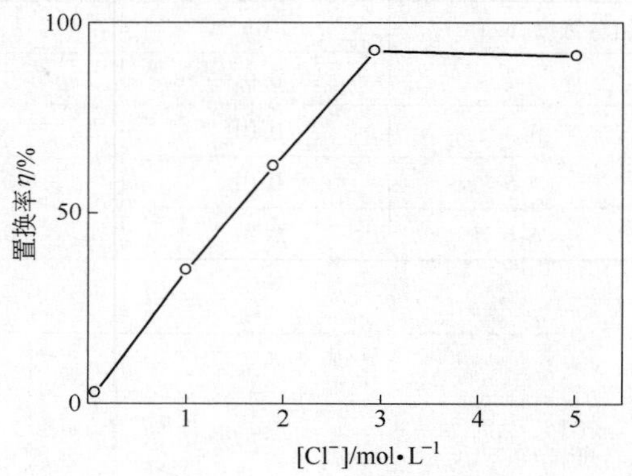

图 6　盐酸浓度与 2h 置换率的关系

从图 5 和图 6 看出，[HCl]从 2.0 ~ 3.0mol/L 时，反应速度增加很快，而 3.0 ~ 5.0mol/L 时，速度变化很小，我们在反应过程中观察到[HCl]接近 3mol/L 时，金属铑的表面上有氢气小泡发生，加速了置换速度，当[HCl] > 3mol/L 后，产生的 H_2 增多，置换速度则相对变化不大。

3.5 置换反应式的确定

一般认为铜置换贵金属时，铜均以二价离子 Cu^{2+} 转入溶液，如文献 [2] 给出铜置换 Rh(Ⅲ)的反应式为：

$$Rh^{3+} + 1.5Cu = Rh + 1.5Cu^{2+} \tag{1}$$

Hahn 及 Ingraham[7] 研究高氯酸介质中 Cu 置换 Pd 时，发现并不完全符合生成二价铜的化学计量式，反应产物中含有大致相等的 Cu^{+} 和 Cu^{2+} 离子，因此他们认为同时发生了如下反应：

$$Pd^{2+} + 2Cu = Pd + 2Cu^{+} \tag{2}$$

Petit[8] 也指出，在氯离子和高氯酸离子存在下，电化溶解铜的价态是一价和二价均有。我们是在氯离子浓度较大的条件下进行置换反应的，氯离子可与 Cu^{+} 配位生成 $CuCl_2^-$、$CuCl_3^{2-}$ 等配阴离子，因此有必要考察反应的化学计量式，从热力学计算可以做出预测，如按：

$$2RhCl_6^{3-} + 3Cu \rightleftharpoons 2Rh + 3Cu^{2+} + 12Cl^- \tag{3}$$

反应式进行时，其氧化还原电位 $E^{\ominus}$ 可由半电池反应计算：

$$RhCl_6^{3-} + 3e \rightleftharpoons Rh + 6Cl^- \qquad E^{\ominus}_{还原} = 0.44V \tag{4}$$

$$Cu \rightleftharpoons Cu^{2+} + 2e \qquad E^{\ominus}_{氧化} = -0.34V \tag{5}$$

总反应的 $E^{\ominus} = 0.10V$，反应推动力 $\Delta G^{\ominus}$ 为：

$$\Delta G^{\ominus} = -nEF = -3 \times 0.10 \times 96.5 = -28.95kJ/mol \tag{6}$$

但若按式（7）反应时，

$$RhCl_6^{3-} + 3Cu = Rh + 3CuCl_2^- \tag{7}$$

由于半电池反应 $Cu + 2Cl^- \rightleftharpoons CuCl_2^- + e$ 的 $E^{\ominus}_{氧化} = -0.19V$，则反应推动力为：

$$\Delta G^{\ominus} = -nEF = -3 \times 0.25 \times 96.5 = -72.38kJ/mol \tag{8}$$

因此盐酸介质中 Cu 置换 Rh(Ⅲ)应生成一价铜，而不是二价铜。

在不同[HCl] + [NaCl]的介质中，铜片置换反应一小时，取样分析溶液中的[Rh]和[Cu]的实验结果列入表 4。从表 4 看出：（1）当介质为 1mol/L HCl + 1mol/L NaCl，离子强度 $I = 2$ 时，不同反应温度的三组实验的反应产物铜离子，按 Cu^+ 计算的物质的量恰好等于置换出的金属铑物质的量的三倍。温度升高时反应速度加快，两种产物的绝对量增加；（2）当介质为[HCl] + [NaCl] = 2.5mol/L，$I = 2.5$ 时，反应速度随其中[H^+]而增加，且 Rh：Cu 的比值与 1：3 的偏差增大，其原因是有微量 H_2 产生。表 4 结果有力地表明置换反应是按式（7），而不是按式（3）进行。

表 4　置换反应产物的数量关系

编号	反应条件				生成的金属铑/mol	进入溶液中的铜/mol	Rh：Cu
	温度/℃	时间/min	[HCl]/mol·L⁻¹	[NaCl]/mol·L⁻¹			
B-1	30	60	1.0	1.0	0.0015	0.0046	1：3
B-2	50	60	1.0	1.0	0.0040	0.0119	1：3
B-3	60	60	1.0	1.0	0.0069	0.0207	1：3
B-4	50	60	0.5	2.0	0.0039	0.0116	1：3
B-5	50	60	1.5	1.0	0.0062	0.0200	1：3.2
B-6	50	60	2.0	0.5	0.0068	0.0260	1：3.8

3.6　[Cl^-]及[H^+]影响置换反应速度的原因

在研究 Cu 置换 Rh 的动力学时[6]，我们已分别考察过[H^+]及[Cl^-]对反应速度的影响，获得动力学方程为：

$$-\frac{d[Rh]}{dt} = 10^{-2.9}[Rh][H^+]^{0.39}[Cl^-]^{1.96}t \tag{9}$$

可以看出[Cl^-]比[H^+]对反应速度影响更大。

Cu 片在 HCl 介质中由于少量原子以 Cu^+ 形式进入溶液而使 Cu 片带负电荷，HCl 浓度越高越易生成 $CuCl_2^-$ 离子，Cu 片上的电位越负。我们在室温下（约 25℃）测得铜对甘汞电极的电极电位见表 5。

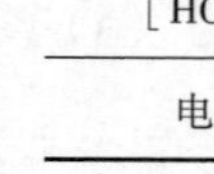

表 5 铜对甘汞电极的电极电位

[HCl]/mol · L^{-1}	1	3	5
电极电位/mV	-267 ±0.2	-325 ±0.2	-400 ±0.2

因此，Cu 片将可吸附一层 H^+，$[H^+]$ 越高吸附的量越大，借 H^+ 作桥，再吸附 $[RhCl_6]^{3-}$ 配阴离子形成中间活化配合物，然后电子从 Cu 上传递到中心离子 Rh(Ⅲ) 上，使 Rh(Ⅲ) 还原为金属。

4 小结

通过对实验结果进行分析，提出以下结论：

(1) Cu 不能置换高氯酸介质或硫酸介质中的 Rh(Ⅲ) 阳离子，硫酸介质中 Cl^- 的存在是 Cu 置换 Rh 的必要条件。

(2) 盐酸介质中 Cu 置换 Rh(Ⅲ) 的反应速度随盐酸浓度的增加而迅速增高，当 [HCl] ≥3mol/L 时，明显地出现 $2H^+$ 还原为 H_2 的副反应。

(3) 确定了盐酸介质中 Cu 置换 Rh 时进入溶液中的铜离子是一价，而不是二价，其化学反应式如式 (7)。

(4) 置换机理是在盐酸介质中铜片带上负电荷后，先吸附 H^+，再吸附 $[RhCl_6]^{3-}$ 形成中间活化配合物，然后电子从 Cu 上传递到 Rh(Ⅲ) 中心离子上。

参考文献

[1] 陈景，崔宁，杨正芬．稀有金属．1988，7：161 ~165.

[2] 熊宗国，等．贵金属．1982，3：1.

[3] Ibid. 1987，8.

[4] Lowenheim F A. Modern Electroplating[M]. 1974，中译本．现代电镀[M]．北京：机械工业出版社，1984：421.

[5] 吴传初，江林根，等．贵金属．1984，5：37.

[6] 陈景，崔宁，杨正芬．ICHM'88. Beijing，1988：637 ~640.

[7] Hahn E H，Ingraham T R. Trans. Met. Soc. AIME. 1966(236)：1098.

[8] Petit M C. Electrochem. Acta[J]. 1965(10)：291.

关于铜不能置换 Ir(Ⅲ)氯配离子的讨论*

摘　要　指出用热力学数据，反应自由能变化 $\Delta F^{\ominus}$、贵金属配离子还原为金属的标准电极电位 $E^{\ominus}$ 以及贵金属氯配离子的不稳定常数 $K_{不稳}$，都不能解释铜置换贵金属的速度顺序。针对铜不能置换铱（Ⅲ）的原因，讨论了热力学与动力学两种研究的目的、特点和局限性，并着重指出贵金属配离子热力学稳定性与动力学惰性的差异。

在《贵金属》1982 年第一期，有人发表了《铜置换回收贵金属的动力学》一文（以下简称Ⅰ文）[1]，笔者曾提出了一些不同看法[2]，而且在 1986 年后，对铜置换单个贵金属的动力学进行了较详尽的研究[3~8]，许多问题已得到澄清。如铜置换贵金属时，进入盐酸溶液中的铜离子是一价铜，它与氯离子形成配离子，盐酸浓度对铑的置换速度有强烈影响，盐酸浓度大于 3mol/L 后，置换铑的速度比钯还快等。但Ⅰ文作者最近又发表了坚持观点的文章（以下简称Ⅱ文）[9]。本文仅从争论的焦点，铜不能置换铱的原因，进一步阐明笔者的观点。

Ⅰ文中获得盐酸浓度在 2mol/L 左右时，铜置换贵金属的反应速度顺序为 Au(Ⅲ) > Pd(Ⅱ) > Pt(Ⅳ) > Rh(Ⅲ) > Ir(Ⅲ)。这个结果基本上是正确的。作为动力学研究，关键的问题是应从反应机理及贵金属氯配离子的动力学活性来解释这个速度顺序的原因。但Ⅰ文作者基本上是从热力学数据来讨论和分析。笔者就此提出以下看法。

1　关于置换反应的标准自由能变化

冶金工作者在动力学研究中常首先计算反应的标准自由焓变化 $\Delta G^{\ominus}$（或标准自由能变化 $\Delta F^{\ominus}$），其目的是从热力学角度了解所研究的反应能否自发进行以及了解反应推动力的大小。如果所研究的几种反应的速度顺序与反应推动力大小顺序一致，也可定性地作为解释反应速度顺序的一种依据。

Ⅰ文列举了计算的贵金属阳离子及贵金属氯配离子将铜氧化为二价铜的标准自由能变化（原文用 ΔF，应为 $\Delta F^{\ominus}$），数据表明标准自由能变化值是不能解释铜置换贵金属的实验结果的。比如，Cu 置换 $IrCl_6^{3-}$ 的 $\Delta F^{\ominus} = -96.5$kJ/mol，置换 $PdCl_4^{2-}$ 的 $\Delta F^{\ominus}$ 为 -48.5kJ/mol，$PtCl_4^{2-}$ 为 -64.0kJ/mol，其反应推动力顺序应为 Ir(Ⅲ) > Pt(Ⅱ) > Pd(Ⅱ)，但实验结果却恰恰相反，Cu 置换 Pd(Ⅱ)相当快，仅次于 Au(Ⅲ)，对 $IrCl_6^{3-}$ 则根本不能置换。

2　Nernst 方程的应用

Nernst 方程最重要的应用是由实验测定溶液中物种的浓度、弱酸的电离常数、配离

---

* 本文原载于《贵金属》1993 年第 1 期。

子的离解常数（不稳定常数）以及难溶盐的溶度积等。利用对氢离子浓度敏感的玻璃电极可以测定溶液的 pH 值，利用离子选择性电极可以测定各种特定的离子。反之它也可测定一个反应体系的电极电位。

笔者曾指出在铜置换贵金属配离子时应用 Nernst 方程有一定的局限性，指的正是 $IrCl_6^{3-}$。笔者还认为定量地使用 Nernst 方程应该是对较简单的反应体系，而且测定离子浓度应该是在反应达到平衡时才准确。如果在复杂的混合溶液中，用一支铂电极和一支甘汞电极测定，就能使“体系电位”和 Au、Pd、Pt、Rh、Ir 的置换率关联起来，那么在Ⅰ文的图 2 中，就无法解释何以“体系电位”从 700mV 降低到 100mV，而 $IrCl_6^{3-}$ 的浓度仍保持不变，不能被 Cu 置换。

Ⅱ文重新计算了 Cu 置换 $IrCl_6^{3-}$ 的 $\Delta G^\ominus$ 为 -77.21kJ/mol，比笔者计算的 $\Delta G^\ominus = -125.4$kJ/mol 小，并认为笔者的计算有误，指出：“说明应用 Nernst 方程计算铜置换铱的结果与实际情况是基本一致的”[9]。其实，笔者计算是从 $E^\ominus_{IrCl_6^{3-}/Ir} = 0.77$V 出发，Ⅱ文则从 $E^\ominus_{Ir^{3+}/Ir} = 1.00$V 出发，利用 $IrCl_6^{3-}$ 的 $K_{不稳} \approx 10^{-20}$ 代入 Nernst 方程，再计算出 $E_{IrCl_6^{3-}/Ir} = 0.6067$V。两种算法之差应归因于 $K_{不稳}$ 值是否可靠。再说，-77.21kJ/mol 也比 Cu 置换 $PdCl_4^{2-}$ 的 $\Delta G^\ominus = -4.5$kJ/mol 低得多，同样不能说明铱不被铜置换的原因。

3　关于配离子的不稳定常数

Ⅱ文中提出：“铂族金属离子还原成金属状态的顺序与 MCl_6^{3-}/M 或 MCl_4^{2-}/M 体系的标准电位顺序不一致。而符合下列顺序：Pd > Pt > Rh > Ir，即与这些元素的氯配合物不稳定常数的顺序相一致。不稳定常数的近似值为 $PdCl_4^{2-} \approx 10^{-13}$，$PtCl_4^{2-} \approx 10^{-18}$，$RhCl_6^{3-} \approx 10^{-19}$，$IrCl_6^{3-} \approx 10^{-20}$。即配离子不稳定常数越小，对应的电极电位也就越低，这才是造成铱不被铜置换的根本原因。”笔者就此谈几点看法：

（1）首先肯定贵金属还原的实验顺序与其相应配合物的标准电位顺序不一致，而是与其不稳定常数的大小顺序一致，其后又认为不稳定常数越小，对应的电极电位越低。这是一种逻辑循环的分析，因为既然不稳定常数的大小与电极电位相对应，那么电极电位的顺序也必然是 Pd > Pt > Rh > Ir，即应与实验结果相一致。

（2）一篇文章的论点，应能解释全部实验结果，做到观点首尾一致。$AuCl_4^-$ 的不稳定常数为 10^{-22}，比 $IrCl_6^{3-}$ 还稳定得多，但在铜置换贵金属实验中，$AuCl_4^-$ 的还原速度最快，这是用不稳定常数无法解释的。

（3）按照Ⅱ文中被认为符合 Nernst 方程的计算方法，这里也用不稳定常数计算一下钯的电极电位：

$$E_L = E^\ominus_{m^{n+}/m} + \frac{0.059}{n}\lg K_{不稳}$$

$$E^\ominus_{Pd^{2+}/Pd} = 0.987（见 Ⅰ 文表3）$$

Pd 的 $K_{不稳} \approx 10^{-13}$，则：

$$E_{PdCl_4^{2-}/Pd} \approx 0.987 + \frac{0.059}{2}\lg 10^{-13} \approx 0.6035\text{V}$$

此值比Ⅱ文计算的 $E_{IrCl_6^{3-}/Ir} = 0.6067$V 还略小，但 Pd 的 $K_{不稳}$ 比 Ir 大七个数量级，这

结果又该如何解释呢?

这主要是由于配离子不稳定常数也是一个热力学常数。黄子卿先生指出:"热力学有它的限度,热力学能够解答许多问题,但解答的肯定性往往是不足的","热力学能指出必要条件,但不能拟出满足条件。例如热力学指出某一过程能够自动进行,但是这个过程需要多少时间才能完成,热力学不能回答,换一句话说,热力学不能解决速度问题","一涉及速度问题,如电导、扩散、化学动力学等,热力学就毫无用处"[10]。

动力学是研究反应速度及其影响因素的科学,通过动力学研究可以了解反应机理,从而控制反应进行的条件。对于研究贵金属配合物的各种反应,我们要区别配离子的稳定性与惰性的含意。配离子的稳定性(stability)和不稳定性(unstability)是热力学上的概念。从能量的角度看,稳定性依赖于反应物与产物之间的能量差(反应能)。配离子的惰性(inert)和活性(labile)才是动力学上的概念,配离子的活性依赖于反应物与过渡态之间的能量差(活化能)[11]。

80 年代以来,在贵金属化学冶金中,人们愈来愈重视贵金属配合物热力学稳定性和动力学惰性之间的差异。Stern[12] 指出,$AuCl_4^-$ 的一水合反应平衡常数 $K=4.6\times10^{-5}$ mol^{-1},热力学上是比较稳定的,但其一水合反应的速率常数 $K=2.2\times10^{-2}s^{-1}$,动力学上却是活性的。$AuCl_4^-$ 的积累不稳定常数为 10^{-22},热力学上看已相当稳定,但同位素 Cl^{-*} 交换反应证明,其内界配体 Cl^- 与 Cl^{-*} 交换十分迅速。相反,$IrCl_6^{3-}$ 的一水合反应平衡常数 $K=2.5mol^{-1}$,热力学上相当不稳定,但一水合反应的速率常数 $k=9.4\times10^{-6}s^{-1}$,一水合反应的半寿期 $T_{1/2}=20h$,动力学上又是相当稳定。

笔者从分析铂族金属原子结构的特点,提出了由于重铂族(Os、Ir、Pt)与轻铂族(Ru、Rh、Pd)在热力学稳定性与动力学惰性之间的差别而引起的许多规律[13,14]。按照笔者的观点,铜置换贵金属时,铜可以视为一种给电子的亲核试剂,尽管反应机理在较高盐酸浓度下,速率受电化学反应控制,但贵金属氯配离子被还原的速度顺序符合笔者提出的反应活性顺序[15]。此顺序可以用 $K_a=1/(mne)$ 表示,K_a 为反应活性常数,m 为配离子的负电荷数,n 为配位数,e 为与中心原子周期数有关的电负性值,其物理意义为:配离子携带的负电荷愈多,水化层愈牢固;配位数愈高,中心离子被配体包围得愈紧密;中心离子电负性值愈大,它与配体的键合愈强,这些都不利于与给电子的亲核试剂接触和反应。因此,K_a 值愈大,反应活性愈大。当采用 Allred-Rochow 的电负性值时,$AuCl_4^-$ 的 K_a 值为 0.1761,$PdCl_4^{2-}$ 为 0.0926。$PtCl_6^{2-}$ 为 0.0579,$RhCl_6^{3-}$ 为 0.0383,$IrCl_6^{3-}$ 为 0.0358。这些数值符合各种实验观察到的反应活性顺序。

$IrCl_6^{3-}$ 不能被 Cu 置换,也不能被强还原剂如水合肼,或 $NaBH_4$ 还原,其原因正是因为 Ir(Ⅲ)还原需要的活化能很大。我们研究加压氢还原 $IrCl_6^{3-}$ 已做出了有力的证明,必须将温度提高到 80℃以上,$IrCl_6^{3-}$ 才开始还原出金属,低于此温度时,无论使用多高的氢压,$IrCl_6^{3-}$ 都不能被还原。我们测得加压氢还原铱的反应前期属界面化学反应控制,表观活化能竟高达 76.1kJ/mol[16]。

总的说来,笔者认为Ⅰ文及Ⅱ文的主要问题是从热力学观点,用热力学数据来解释动力学的研究结果,因而产生一些难于解释的矛盾。

参考文献

[1] 熊宗国，等．贵金属，1982，3(1):1～11.
[2] 陈景．贵金属，1988，9(1):1～11.
[3] 陈景，崔宁，杨正芬．贵金属，1988，9(2):7.
[4] 陈景，崔宁，杨正芬．稀有金属，1988，7(3):161.
[5] 陈景，崔宁．全国第二届湿法冶金学术会议论文集(下册)．长沙，1991：1129.
[6] 潘诚，陈景，谭庆麟．贵金属，1991，12(4):23.
[7] Chen Jing，et al. Chinese Science Bulletin，1989，34(6):522.
[8] Chen Jing，et al. Proceeding of the First International Conference on Hydrometalluryg，Bejing，1988：637.
[9] 熊宗国．贵金属，1991，12(4):67～73.
[10] 黄子卿．物理化学[M]．北京：人民教育出版社，1955：51.
[11] 张祥麟，康衡．配位化学[M]．长沙：中南工业大学出版社，1986：343.
[12] Stern E W. Symposium on Recovery，Reclamation and Refining，of Precious Metals. IPMI，Inc.，March 10～13，1981.
[13] 陈景．贵金属，1984，5(3):1～9.
[14] 陈景．贵金属，1991，12(1):7～16.
[15] 陈景．贵金属，1985，6(3):12～19.
[16] 聂宪生，陈景，谭庆麟．贵金属，1990，11(3):1～12.

盐酸介质中铜置换钯的两种反应机理*

摘　要　本文用旋转圆盘法研究盐酸浓度对Cu置换Pd(Ⅱ)反应的影响。发现在低盐酸浓度（0.1mol/L）和高盐酸浓度（≥0.3mol/L）时，反应速度差异很大，反应现象也截然不同。研究结果表明，低酸度下Cu起了还原剂的作用使Pd的水合离子迅速还原；高酸度下Cu与Pd的氯配阴离子发生电化学反应。本文用两种反应机理解释了实验现象和数据。

1　引言

在盐酸介质中，铜可以置换除铱之外的金、铂、钯、锇等贵金属，但不能置换贱金属，因此，铜置换可用来分离钯-铱、锇-铱和铂-铱，还可用来分离贵贱金属。我们曾提出用湿法还原制取的活性铜粉使金、铂、钯与锇、铱分离，然后进行二次置换使锇、铱分离的工艺流程，并于1982年应用于工业生产[1,2]。此外，我们还详细研究过盐酸介质中铜置换锇（Ⅲ）的动力学及机理[3,4]，讨论过铜置换贵金属动力学研究中的问题[5]，并发现在铂族金属催化下铜在盐酸中能发生放氢反应[6]。

Hahn 和 Ingraham[7] 曾研究过在高氯酸介质中铜置换钯（Ⅱ）的动力学。由于高氯酸根不能与钯（Ⅱ）配位，反应机理还比较简单，但在盐酸介质中，氯离子能与Pd(Ⅱ)和Cu(Ⅰ)形成各种配离子，反应体系中物种比较复杂，而铂族金属的精炼又几乎都在盐酸介质中进行，因此开展此项研究是很有必要的。

2　实验部分

2.1　试剂

氯钯酸 H_2PdCl_4：称取一定量99.95%纯度的海绵钯溶于王水，浓缩至近干后HCl反复处理三次，赶尽 HNO_3，转入1000mL容量瓶中，用1mol/L HCl稀释至刻度作储备液，化学法分析浓度为0.101mol/L。

紫铜片：纯度99.97%。盐酸：分析纯。氯化钠：分析纯。

2.2　实验方法

具体实验操作可分为：

（1）置换反应。采用旋转圆盘法。剪取厚1mm，ϕ20mm的紫铜片，圆心钻孔，用聚四氟螺栓固定在旋转圆盘电极的聚四氟转轴上，转速为数字显示。反应器为夹套玻璃制成，容积150mL，用精密恒温槽通循环水控温在50℃ ±0.2℃。每次吸取10mL钯储备液，于红外灯下烘干，用预定酸度和氯离子浓度的溶液100mL溶解并转入反应器，

* 本文合作者有：崔宁；原载于《贵金属》1993年第4期。

放入铜片，开始反应后按预定时间吸取反应液 2mL，经过小漏斗滤入 10mL 容量瓶，小心洗净滤纸使样品液至容量瓶刻度，化学法分析钯浓度及铜浓度。

预备实验考察表明，当圆盘转速在 300r/min、500r/min、700r/min 及 900r/min 时，置换反应速率均不变。这表明转速大于 300r/min 后，反应已进入化学反应速率控制区，因此本实验转速取 700r/min。

部分反应先向溶液中鼓入高纯氮气十分钟，驱除可能溶解的微量氧，然后在液面上不断吹氮气保护，结果表明与空气接触对反应速率影响甚微。

（2）放氢反应。实验方法见文献［8］。

（3）紫外及可见光谱。采用日本岛津 MPS-2000 多用自动记录分光光度计绘制。

3 实验结果

3.1 盐酸浓度对反应速度的影响

实验结果绘入图 1、图 2，实验中的现象记入表 1。

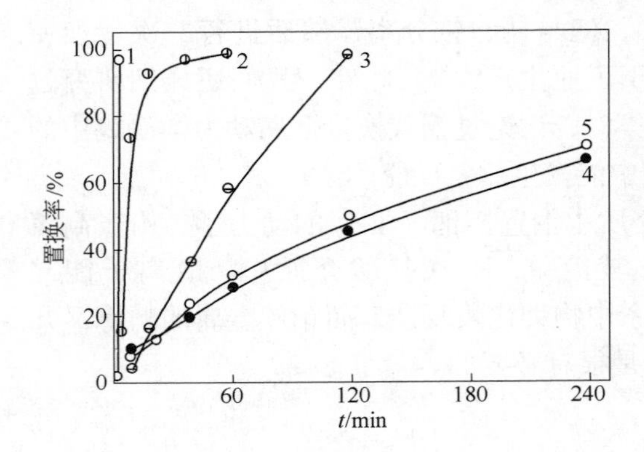

图 1 不同酸度下置换率与时间的关系

［HCl］（mol/L）：1—0.01；2—0.1；3—1.0；4—3.0；5—5.0

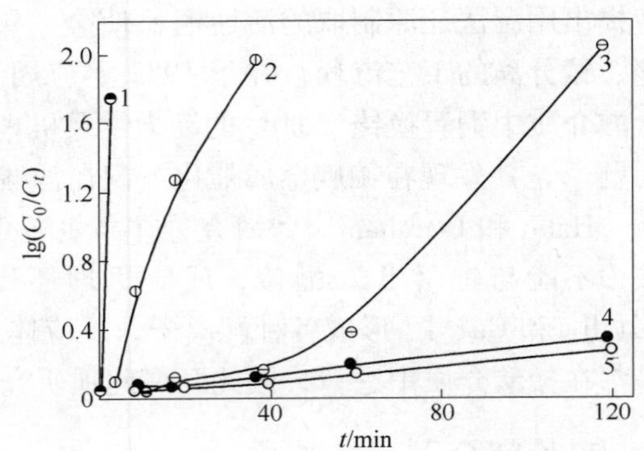

图 2 不同酸度下置换速率与时间的关系

［HCl］（mol/L）：1—0.01；2—0.1；3—1.0；4—3.0；5—5.0

表 1 不同酸度下铜置换钯的反应现象

［HCl］/mol·L^{-1}	反应现象
0.01	铜片放入后立即变黑，1min 内出现细粒钯黑，溶液浑浊、黑色、不透明，5min 时凝聚出海绵钯，溶液清亮，10min 时反应完全
1.0	铜片放入后变黑，溶液呈棕红色，逐渐产生钯黑，堆积在旋转的铜片上，1h 后钯黑被甩开，反应速度加快，120min 反应完全
5.0	铜片放入后逐渐变灰，溶液一直清亮，无钯黑产生，明显观察到铜片上产生氢气泡，240min 时钯置换率 66%，铜片上的钯呈银灰色镀层，有龟裂纹

可以看出，盐酸浓度在 0.01mol/L 及 0.1mol/L 的实验现象和结果与较高酸度 3mol/L 及 5mol/L 时差别颇大，以下将分别讨论；

（1）低酸度下铜置换钯（Ⅱ）的反应。从图 1、图 2 中曲线 1 可看出，反应速度相当快，在 5min 内反应即已完成。反应中铜溶解量与溶液中钯减量的摩尔比为 1∶1，因此可以判断溶液中的铜为二价铜离子。在0.1mol/L HCl 中的反应现象与在0.01mol/L HCl 中的反应现象类似（图1、图2 曲线2），仅反应速度稍慢，40min 时置换率为98.8%，60min 时置换率为99.3%。

（2）较高酸度下铜置换钯（Ⅱ）的反应。在3.0mol/L 及5.0mol/L 盐酸中的置换反应数据列入表2。从表2 可以看出，盐酸浓度在3.0mol/L 及5.0mol/L 时，置换反应速度均比低酸度下慢得多，5.0mol/L 盐酸中的反应速度略稍高于3.0mol/L 盐酸中的反应速度。铜增量与钯减量的摩尔比均大于2，且随时间延长而明显增加，随酸度增大而增加。

表2　3mol/L 及5mol/L 盐酸中置换反应的实验结果

时间/min	[HCl]，3mol/L				[HCl]，5mol/L			
	η/%	$-\Delta Pd$	ΔCu	$\Delta Cu/\Delta Pd$	η/%	$-\Delta Pd$	ΔCu	$\Delta Cu/\Delta Pd$
10	8.3	0.0008	0.0020	2.5	6.2	0.0006	0.0031	5.2
20	11.5	0.0011	0.0032	2.9	12.4	0.0012	0.0049	4.1
40	18.8	0.0018	0.0051	2.8	22.7	0.0022	0.00102	4.6
60	29.2	0.0028	0.0110	3.9	32.0	0.0031	0.0165	5.3
120	45.8	0.0044	0.0189	4.3	49.5	0.0048	0.0305	6.4
240	63.5	0.0061	0.0393	6.4	66.0	0.0064	0.0465	7.3

注：表中 η 为钯的置换率，ΔCu 为铜溶解物质的量，ΔPd 为钯被置换物质的量。

3.2　氢离子浓度对反应速率的影响

用NaCl 控制［Cl^-］，将［H^+］=0.01mol/L，［Cl^-］为3.0mol/L 及5.0mol/L 的实验数据与［HCl］为3.0mol/L 及5.0mol/L 的实验数据，按一级反应处理后一并绘入图3，反应产物的摩尔比变化绘入图4。

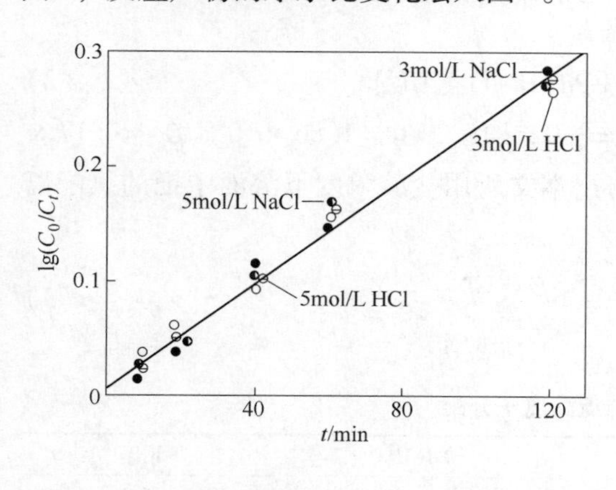

图3　［Cl^-］为3.0mol/L 及5.0mol/L 时［H^+］对反应速率的影响

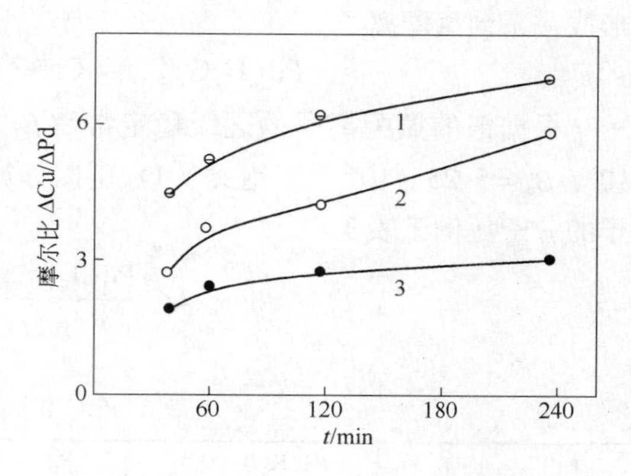

图4　［Cl^-］及［H^+］对铜溶解量的影响
1—5mol/L HCl；2—3mol/L HCl；3—3mol/L NaCl

从图3 可以看出，四种条件下的实验数据几乎都重叠在同一条直线上，仅60min 后的数据略有降低。将60min 前的数据线性回归后，求得在50℃下，3.0～5.0mol/L NaCl 或HCl 中铜置换钯的反应速率为2.723×10^{-3}/min，其相关系数为0.9994，速率方程的积分式：

$$\lg C_0/C_t = 2.723 \times 10^{-3} t - 0.002 \tag{1}$$

图3、图4表明：氯离子浓度大于3mol/L后，铜置换钯属一级反应，反应速度几乎与氯离子浓度和氢离子浓度的变化无关，但反应中铜的溶解速度则随两种离子浓度的增加而增加，ΔCu与ΔPd的摩尔比均大于2，进入溶液中的铜应为一价铜离子并与氯离子形成配离子。

3.3 铜置换钯过程中的放氢反应

在5mol/L浓度的盐酸中置换钯时，可以明显地观察到有放氢副反应发生。这是由于铜片放入盐酸中后随盐酸浓度的增加，可以形成一些$CuCl_2^-$、$CuCl_2^{3-}$以至$CuCl_4^{3-}$等配离子，使铜片带有过剩负电荷，当有铂族金属沉积于铜片上后，则形成了铜与铂族金属的微电池。由于铂族金属的氢超电势很低，氢离子可在其上放电，发生阴极放氢反应，铜则不断发生阳极溶解，此现象作者已有报道[6]，并测定了铂族金属相对的氢超电势顺序为Rh < Pt < Ru < Pd[9]。由于钯的氢超电势相对较高，因此只有当盐酸浓度高达5.0mol/L时，才能明显观察到氢气泡的产生。放氢反应的存在可以满意地解释表2、图4中ΔCu以及ΔCu/ΔPd数值的差异。

4 两种反应机理的推断

4.1 Pd(Ⅱ)在溶液中的存在状态

以上讨论表明，盐酸浓度在0.01~0.1mol/L和在3~5mol/L时，所发生的置换反应有本质差别，应该是发生了两种反应机理。

首先需了解盐酸浓度对溶液中Pd(Ⅱ)状态的影响，Pd(Ⅱ)在含有Cl^-的溶液中可形成一系列氯配离子。

$$Pd(H_2O)_4^{2+} + nCl^- = [Pd(H_2O)_{4-n}Cl_n]^{2-n} \tag{2}$$

根据钯的氯配离子的逐级稳定常数$\beta_1 = 3.02 \times 10^3$，$\beta_2 = 1.86 \times 10^6$，$\beta_3 = 4.17 \times 10^8$，$\beta_4 = 5.25 \times 10^9$[10]，用式（3）可以计算出本文所用盐酸浓度下溶液中钯的氯配离子的分配比例于表3。

$$\varphi_n = \frac{[PdCl_n]^{2-n}}{[Pd_{总}]} = \frac{\beta n[Cl^-]^n}{\sum_n^4 \beta n[Cl^-]^n} \tag{3}$$

表3 Pd(Ⅱ)的氯配离子分配 (%)

$[HCl]/mol \cdot L^{-1}$	$[Pd(H_2O)_3Cl]^+$	$[Pd(H_2O)_2Cl_2]$	$[Pd(H_2O)Cl_3]^-$	$[PdCl_4]^{2-}$
0.01	4.40	27.13	60.8	7.7
0.1	0.30	1.94	43.4	54.6
1	0	0.03	7.4	92.6
3	0	0	2.6	97.4
5	0	0	1.6	98.4

固定钯浓度为0.0188mol/L，变动[HCl]测得的紫外及可见吸收光谱见图5。

表3表明，当［HCl］在1 ~ 5mol/L时，溶液中的$[PdCl_4]^{2-}$配离子高达92.6% ~ 98.4%，这与图5中［HCl］为1mol/L、3mol/L、5mol/L的三条吸收曲线几乎完全重叠相一致，它们的峰值变化在472.5 ~ 472.9nm之间。吸光值A随［HCl］增高分别为1.514，1.534和1.551，但在［HCl］= 0.01mol/L时，溶液中$[Pd(H_2O)_2Cl_2]$占27.13%，$[Pd(H_2O)Cl_3]^-$占60.8%，相应地吸收曲线1峰值紫移至426.1nm。A值增高为2.082。

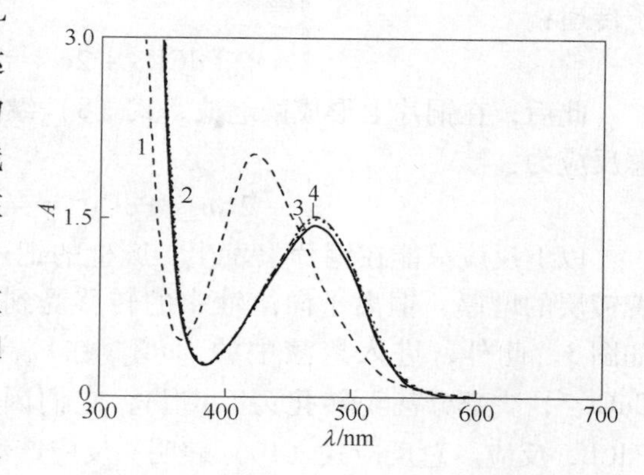

图5 不同盐酸浓度下Pd(Ⅱ)的吸收光谱

［HCl］（mol/L）：1—0.01；2—1.00；3—3.00；4—5.00

阙振寰等[11]的研究表明，在低酸度下，Pd(Ⅱ)的水合、氯合反应十分迅速，在进行离子交换时，它们可以全部被阳离子交换树脂吸附，也可以全部被阴离子交换树脂吸附。此外，我们研究二正辛基亚砜（DOSO）萃取钯（Ⅱ）的动力学及机理[12]以及胡希民等[13]研究石油亚砜萃取钯（Ⅱ）的机理均证实在低酸度和高酸度存在着两种不同的反应机理。

4.2 盐酸浓度在0.01 ~ 0.1mol/L时的反应机理

在铜片表面可以发生下列反应：

$$2Cu + [Pd(H_2O)_2Cl_2] + 2Cl^- = Pd + 2[CuCl_2]^- + 2H_2O \quad (4)$$

而在液相中则可以发生：

$$2[CuCl_2]^- + [Pd(H_2O)_2Cl_2] = Pd + 2Cu^{2+} + 6Cl^- + 2H_2O \quad (5)$$

总反应为：

$$2Cu + 2[Pd(H_2O)_2Cl_2] = 2Pd + 2Cu^{2+} + 4Cl^- + 2H_2O \quad (6)$$

反应（4）由于置换产生的Pd使铜片放入溶液后立即变黑，反应（5）在液相中进行，因而产生的钯黑使溶液浑浊。总反应表明，反应产物ΔCu与ΔPd的摩尔比为1∶1，铜为二价离子，这些都与观察到的实验现象和数据相符。此外，还可发生下列反应：

$$Cu + Cu^{2+} + 4Cl^- = 2CuCl_2^- \quad (7)$$

式（5）和（7）交替进行可使$CuCl_2^-$呈几何级数增加，从而使反应速度十分迅速。

当然，$[Pd(H_2O)Cl_3]^-$也可能引发上述的一系列反应，$[Pd(H_2O)_2Cl_2]$与$[Pd(H_2O)Cl_3]^-$，还存在互相转化的平衡，实际情况很复杂。以上讨论主要说明反应机理是Cu使钯配离子发生了化学还原。

4.3 盐酸浓度在3 ~ 5mol/L时的反应机理

由于［Cl^-］高，铜片放入溶液后，将发生以下反应：

$$Cu + 2Cl^- = CuCl_2^- \quad (8)$$

式（8）使铜片带有过剩负电荷，它可以借H^+为桥，吸附$[PdCl_4]^{2-}$，然后发生电子传递：

$$PdCl_4^{2-} + 2e \longrightarrow Pd + 4Cl^- \quad (9)$$

此后，在铜片上形成微电池，式（8）继续进行属阳级反应，式（9）为阴极反应，总反应为：

$$2Cu + PdCl_4^{2-} \longrightarrow Pd + 2CuCl_2^- \quad (10)$$

以上反应只能在铜片上发生，产生的钯逐渐镀在铜片上，因此溶液不会浑浊，随着镀层的增厚，铜离子向溶液中的转移受到障碍，在60min后，反应速度有所降低，如图3。此外，进入溶液中的 $CuCl_2^-$ 在较高氯离子浓度的溶液中部分可以转化为 $CuCl_3^{2-}$，少部分甚至转化为 $CuCl_4^{3-}$，它们因带负电荷高而有牢固的水化层，难于与 $PdCl_4^{2-}$ 反应。总反应式（10）表明，反应产物 ΔCu：ΔPd 为2：1。

从热力学考察，[Cl^-] 增大后，对 $PdCl_4^{2-}$ 的还原和 $CuCl_2^-$ 的氧化都不利，见式(11)[14]、式(12)[15]及相应的还原电位：

$$PdCl_i^{2-i} + 2e \longrightarrow Pd + iCl^- \quad (11)$$

$$E_{[PdCl_i]^{2-i}/Pd} = E^{\ominus}_{[PdCl_i]^{2-i}/Pd} + 0.02955\lg[PdCl_i]^{2-i} - 0.02955\lg[Cl^-]^i \quad (12)$$

$$Cu^{2+} + 2Cl^- + e \longrightarrow CuCl_2^- \quad (13)$$

$$E = 0.495 - 0.1182pCl + 0.591\lg(a_{Cu^{2+}}/a_{[CuCl_2]^-}) \quad (14)$$

这些也都说明 [Cl^-] 将会明显地影响铜置换钯（Ⅱ）的反应。

5 小结

在盐酸介质中铜置换钯（Ⅱ）存在着两种不同的反应机理。当[Cl^-] <0.1mol/L 时，发生的是化学还原，反应速度极快，产物为钯黑及二价铜离子；当[Cl^-] >3mol/L 后，反应属电化学置换，速度减慢，铜发生阳极溶解，$PdCl_4^{2-}$ 则在微电池的阴极上还原，产物为金属钯镀层及一价铜的氯配离子。在 HCl 浓度高时，还可观察到放氢反应发生。

参考文献

[1] 陈景，等．稀有金属．1988，7：161.
[2] 中国科学技术研究成果公报．1985，52(8)：13.
[3] 陈景，崔宁，杨正芬．贵金属．1988，9：7.
[4] 陈景，崔宁，杨正芬．1988年国际湿法冶金论文集．北京，英文版：637～640.
[5] 陈景．贵金属．1988，9：1.
[6] 陈景，崔宁，杨正芬．Chinese. Science Bulletin. 1989(6)，34：522.
[7] Hahn E H，Ingraham T R. Trans TMS/AIME. 1966，236，1098.
[8] 陈景，崔宁，杨正芬．1988年全国冶金物理化学学术会议论文集．600.
[9] 陈景，潘诚，崔宁．贵金属．1992，13：14～18.
[10] Hogtcldt E. Stability Constants of Metal Ion Complexes[M]. Part A，1982.
[11] 阙振寰，白中育．贵金属．1979，1：1.
[12] 张永柱，陈景，谭庆麟．贵金属．1988，9：10.
[13] 胡希民，龙惕吾等．贵金属．1989，10：1.
[14] 何蔼平．贵金属．1982，3：1.
[15] 蒋汉瀛．湿法冶金过程物理化学[M]．北京：冶金工业出版社，1987：130.

铜置换贵金属动力学研究方法评论*

摘　要　针对文献中研究铜置换贵金属动力学出现的一些问题，讨论了实验方法、Nernst方程的应用、Cu在盐酸溶液中的阳极氧化反应、置换反应的反应级数、扩散控制、Cu置换贵金属的速度顺序以及Cu不能置换 $IrCl_6^{3-}$ 的原因等七个问题。指出了热力学数据解释动力学实验结果的局限性，溶液体系电位与氧化还原反应电位的差异，置换贵金属时进入溶液中Cu离子的价态，置换反应是一级反应还是假一级反应等问题的答案。

1　引言

在湿法冶金中，置换法是与浸出、沉淀、萃取和离子交换同等重要的一种技术。置换反应是发生在固液界面的多相反应。而且往往伴有配合、水解、放氢等副反应发生。置换反应速度通常受被置换金属离子从体相进入传质界面层的扩散控制，个别体系属化学反应控制，并与沉积物的结构和性质密切相关，其反应机理本质上属电化学范畴。对于贵金属，由于其在溶液中以各种价态和不同几何构型的配合物存在，在盐酸介质中带负电荷的贵金属氯配离子如何在微电池的阴极放电，给研究铜置换贵金属的动力学和机理带来更多的困难。

有关置换反应的理论在M. E. Wadsworth[1]的评论中，以及他与H. Y. Sohn[2]的专著中均有论述。本文综合作者的两篇论文[3,4]，对文献中研究铜置换贵金属动力学出现的一些问题，做适当的引申讨论。

2　关于实验方法

实验方法对置换反应动力学的研究非常重要。为了提供基元反应速率常数的更精确的信息以及分析传质的相对重要性，必须重视在发生置换反应的表面上流体动力学的流动方式。已经设计出了许多实验技术，其中最常用的是旋转圆盘法和旋转圆筒法。前者可使动力学研究体系保持层流运动，它的雷诺数（Reynolds number）为：

$$Re = \gamma^2\omega/v \tag{1}$$

后者可使反应表面与液体保持恒定的线速度，它的雷诺数为：

$$Re = \upsilon d/v \tag{2}$$

式中，γ 为圆盘半径，cm；ω 为角速度，rad/s；υ 为运动黏度，cm^2/s；v 为圆桶的圆周线速度，cm/s；d 为圆桶直径，cm。

对于旋转圆盘法开始出现湍流的雷诺数为 $Re\approx10^5$，而旋转圆筒法仅为 $Re\approx10^1$，也即说后者即使在很低的雷诺数下也将出现湍流，因此文献中采用旋转圆盘法者居多。

雷诺数的大小不仅影响传质速度，而且也影响表面沉积物的结构和性质，这方面

* 本文原载于《贵金属》1988年第1期。

前人已进行过广泛研究。即使在层流状态下反应（$\gamma^2\omega/v<10^5$），从圆盘中心到边缘(小雷诺数到大雷诺数)，沉积物外观也会出现从粗糙到纹理致密的过渡。如果在湍流状态下，圆盘中心甚至会形成有相当高度的锥体。因此有人指出，流体的流动不仅在宏观上决定了表面沉积物受剪切力移动的程度，而且在微观上决定了表面沉积物的基本特征和结构，即影响到成核和晶粒长大的作用。

文献中有人在使用旋转圆盘时，圆盘的半径大到5.66cm，有效面积达201.28cm²，其转速用280r/min，雷诺数已高达$5.66\times280\times2\pi/60\times0.01=0.94\times10^5$（计算中取25℃时水的运动黏度$\upsilon$为0.01cm²），接近产生湍流的下限。显然，这样的实验装置不仅圆盘表面剪切力方向流体速度的不均匀性增大，而且过大的铜片不易保持平整，更易引起湍流。在这种情况下，该研究用变动搅拌转速，取转速为0，280r/min，550r/min三种条件，求出铜置换Au、Pd、Pt、Rh、Ir的速率常数与搅拌速度的关系式，并判定置换反应属液相控制，恐怕这些计算式和结论都是不太可靠的。

此外，试液的配制也值得注意。如果动力学的研究要计算出铜置换各个贵金属氯配离子的反应速率常数和活化能，最好是使用单种贵金属的试液。因为铜置换Au、Pd、Pt、Rh、Ir的反应速度相差很大，在使用混合溶液时，Au、Pd将迅速覆盖住铜表面，Pt、Rh、Ir则失去了接触表面的可能，至少相当于大大缩小了新鲜铜表面，而且Au、Pd在铜表面的沉积会导致反应动力学从化学反应控制转化为铜离子穿越产物层的扩散控制，所得的数据就很难处理和分析。如果是针对某种生产料液进行的应用研究，那么所得结果都应指明是特定条件下的表观反应速率常数和表观活化能。

3 关于能斯特方程的应用

能斯特（Nernst）方程是表明电池的电动势与它的标准电势以及反应物、生成物浓度之间的关系。应用Nernst方程可以通过实验测定溶液中物种的浓度、弱酸的电离常数、配离子的离解常数（不稳定常数）以及难溶盐的溶解积等。利用对氢离子浓度敏感的玻璃电极可以测定溶液的pH值，利用离子选择性电极可以测定各种特定的离子浓度。

对于一种置换反应，例如Zn置换Cu^{2+}的反应，从Nernst方程可以导出

$$E=E^{\ominus}+\frac{RT}{nF}\ln\frac{a_{Cu^{2+}}}{a_{Zn^{2+}}} \tag{3}$$

式中，E为Zn-Cu^{2+}电池的电动势；$E^{\ominus}$为$E^{\ominus}_{Cu/Cu^{2+}}$和$E^{\ominus}_{Zn/Zn^{2+}}$两种标准电极电势之差，即$0.337-(-0.763)=1.10V$。

由于Nernst方程只适用于可逆电池，E的测定需用盐桥把$CuSO_4$和$ZnSO_4$溶液分开，并且分别以Cu和Zn作电极[5]。

在Cu置换贵金属的动力学研究中，有的作者用Nernst方程“导出”了下式

$$E=E^{\ominus}+\frac{RT}{nF}\ln\frac{[MCl_m^{x-}]}{[Cu^{2+}]^{\frac{m-x}{2}}} \tag{4}$$

该作者将式中的E定义为含有Au、Pd、Pt、Rh、Ir五种贵金属氯配离子的溶液的“体系电位”，$E^{\ominus}$定义为各贵金属离子及铜离子标准电极电位的代数和，讨论了E值与

置换率的关系，并且用铂电极作指示电极，饱和甘汞电极作参比电极，测定 E 值。

式（4）的推导及应用方法至少存在以下问题：

（1）Nernst 方程对置换反应导出的式（3）的 E 值，是置换金属发生阳极氧化，被置换金属离子发生阴极还原所形成的电池反应的电动势，不是以 Pt 电极测定的反应溶液的“体系电位”。Pt 电极是没有选择性的氧化还原电极，其电极材料只用作导体，与 Nernst 方程中的定义不符。

（2）在盐酸介质中铜置换贵金属时，阳极溶解产生的是一价铜的氯配离子 $CuCl_2^-$，而不是二价铜离子 Cu^{2+}。

（3）Nernst 方程及其推导式均属热力学公式，它们可用来判定一个可逆反应进行的程度，但不能判定在一般条件下该反应是否能反应，如式（3）的置换反应达到平衡态时，电池电动势 $E=0$，可以算出此时 Cu^{2+} 与 Zn^{2+} 的活度比，即反应终点置换达到的程度。对于贵金属的氯配离子，有的反应是热力学上允许而在一般条件下动力学上不能发生的，此时则不能滥用 Nernst 方程去计算。如对 Cu 置换 $IrCl_6^{3-}$，其阳极氧化反应、阴极还原反应及电池总反应可分别写出如下：

$$Cu + 2Cl^- \rightleftharpoons CuCl_2^- + e \qquad E^\ominus_{氧化} = -0.19V$$

$$IrCl_6^{3-} + 3e \rightleftharpoons Ir + 6Cl^- \qquad E^\ominus_{还原} = 0.77V$$

$$IrCl_6^{3-} + 3Cu \rightleftharpoons Ir + 3CuCl_2^- \qquad E^0 = 0.58V \tag{5}$$

式（5）的标准自由能变化为：

$$\Delta G^\ominus = -nE^\ominus F = -3 \times 0.58 \times 96.5 = -167.9kJ/mol$$

负值很大，表明式（5）的反应推动力很大。如达到平衡时，按式（3）可进行计算

$$0.58 + \frac{0.591}{3}\lg\frac{a_{IrCl_6^{3-}}}{a_{CuCl_2^-}} = 0$$

$$\frac{a_{IrCl_6^{3-}}}{a_{CuCl_2^-}} = 3.62 \times 10^{-30}$$

活度比相当小，意味着置换将相当彻底。但事实恰恰相反，即使在沸腾温度下，无论用多长的反应时间，Cu 都不能置换 $IrCl_6^{3-}$，那种认为 Nernst 方程适用于铜置换 Ir(Ⅲ)的观点是错误的。

4 关于铜在盐酸溶液中的阳极氧化反应

铜在盐酸溶液中置换贵金属时，发生阳极氧化而溶解，那么，铜是以二价 Cu^{2+} 还是以一价态转入溶液中呢？这本来是一个有待从实验结果判断的问题，但在文献中有人把五种贵金属与铜反应的化学计量式全被武断地作为生成 Cu^{2+} 离子处理。

L. I. 安特列波夫曾指出[6]，在低极化作用范围内，铜的阳极溶解采用一种双步骤的电化学反应形式。每一步骤失去一个电子，第二个电子的脱离是最缓慢的步骤。

$$Cu = Cu^+ + e$$

$$Cu^+ = Cu^{2+} + e$$

但在高的阳极极化作用下，Cu 的溶解则以单步骤发生，两个电子同时失去。

为了考察铜在盐酸介质中的极化，我们曾用连续滴定测定氯离子对 Cu 的电极电位的影响[7]（图 1），结果表明随着氯离子浓度的增高，Cu 的电极电位越来越负。HCl 的影响比 NaCl 略大，这可能系前者 Cl^- 的活度系数更大所致。

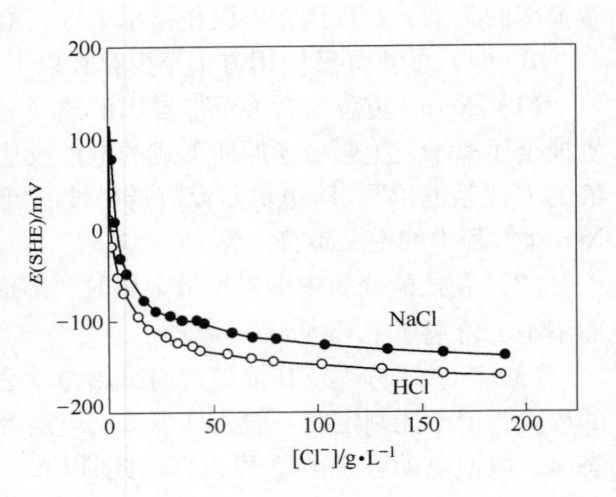

图 1　氯离子浓度对铜电极电位的影响

根据 T. Tran 和 A. J. Swinkel 的工作[8]，铜在盐酸介质中不仅生成 $CuCl_2^-$ 配离子，而且当 $[Cl^-] > 0.5mol/L$ 后，还会形成 $CuCl_3^{2-}$ 及 $CuCl_4^{3-}$。

在盐酸介质中铜置换贵金属时，Cu 的阳极溶解反应系在负电位下发生，且形成了比较稳定的一价铜的氯配阴离子，因此不会生成二价铜阳离子。

我们曾考察了几种反应条件下 Cu 置换 Rh(Ⅲ)的反应产物的计量关系，结果表明被置换的 Rh 的物质的量与进入溶液中 Cu 的物质的量的比值为 1∶3，证实了反应生成的铜离子为一价[9]。这里再给出在反应进程中这种比值与时间关系的一个实验结果，也证明生成的铜离子为一价，见表 1。

表 1　置换反应产物的比值与时间的关系

反应时间/min	10	40	60	90	120	180
转入溶液中的 Cu 量/mol	0.0017	0.0074	0.0094	0.0134	0.0157	0.0205
置换出的 Rh 量/mol	0.0006	0.0026	0.0031	0.0044	0.0051	0.0065
Cu∶Rh	2.83	2.85	3.03	3.05	3.08	3.15

注：溶液体积 100mL；成分浓度（mol/L）：$[RhCl_6^{3-}] = 0.01$，$[HCl] = 0.02$，$[NaCl] = 2.0$；Cu 片半径 2.0cm，温度 50℃，Cu 片转速 700r/min。

对于 Cu 置换 Au(Ⅲ)、Pd(Ⅱ)、Pt(Ⅳ)的情况，因 Au(Ⅲ)、Pt(Ⅳ)有氧化性，能与 $CuCl_2^-$ 反应，可能有部分 Cu^{2+} 产生，但可以推测，在高氯离子浓度下，反应还必然以生成一价铜为主。

5　关于置换反应的反应级数

文献中有的作者肯定铜置换贵金属属一般的一级反应，这也是一个值得讨论的问题。

早在 1876 年，Boguski 就提出置换反应的速率方程为下式[10]

$$-\frac{dc}{dt} = k\frac{A}{V}c \tag{6}$$

式中，c 为被置换金属的离子浓度；A 为置换金属的总表面积；V 为反应溶液的体积；k 为反应速率常数。

式（6）移项积分得：

$$\ln\frac{C_o}{C_t} = k\frac{A}{V}c \tag{7}$$

当 $\ln C_o/C_t$ 或 $\lg C_o/C_t$ 对 t 作图得一直线时，则反应为一级反应。上百年的研究工作表明，置换反应通常的确遵循式（7），但并非绝对，在有些情况下也有二级反应。对于贵金属配合物，由于反应的复杂性，应该谨慎从事，需要通过研究验证。

众所周知，一级反应最重要的判据是反应的半衰期为常数，由于

$$t_{1/2} = \frac{1}{K}\ln\frac{C_o}{C_t} = \frac{1}{K}\ln 2 = \frac{0.693}{K}$$

因此，只有当 C_o 变化不影响表观速度常数 K 或不影响反应速率常数 k 时，$t_{1/2}$ 才为常数，反应才是真正的一级反应。

我们在研究 Cu 置换 Rh(Ⅲ)的动力学工作中，曾考察了 C_o 的影响。在变动 C_o 时，$\lg C_o/C_t$ 对 t 作图得图 2，用线性回归求出反应速率常数列入表 2，从图 2 及表 2 看出，C_o 明显地影响反应速率常数。C_o 愈大，反应速率愈小，可见不是真正的一级反应。从表 2 还可以看出，C_o 对沉积物性质的影响，C_o 大时，反应前期在单位时间、单位 Cu 片面积上沉积的金属铑量大，形成致密的黏附膜，阻止 Cu^{2+} 进入液相，C_o 小时发生了放氢副反应，催化加速了反应速度。

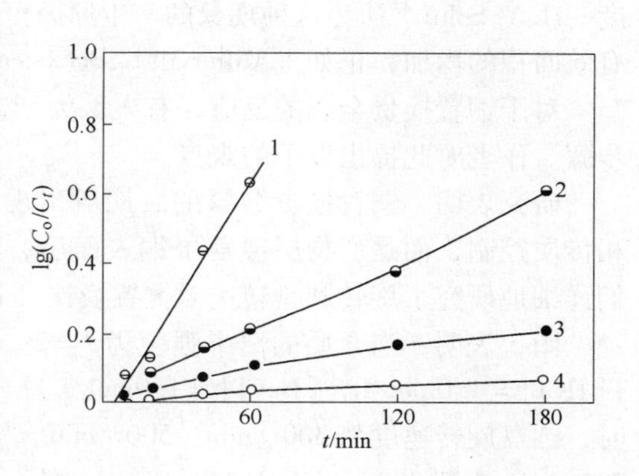

图 2　初始浓度 C_o 对置换反应的影响

初始铑浓度（mol/L）：1—0.005；2—0.01；3—0.02；4—0.05

表 2　变动初始浓度时的反应速率常数及反应现象

初始铑浓度/mol·L^{-1}	0.005	0.01	0.02	0.05
反应速率常数 k/cm·s^{-1}	22.83×10^{-4}	5.90×10^{-4}	1.72×10^{-4}	0.73×10^{-4}
沉积层外观	银色、有粗大龟裂纹	有裂纹	有细裂纹	致密、均匀无裂纹
反应现象	有 H_2 产生	有细小气泡	无气泡	无气泡

注：反应条件：[HCl] 为 1.0mol/L；[NaCl] 为 1.0mol/L，50℃，700r/min。

实际上，从式（6）也可推知 k 与 C_o 有关。式（6）表明，$\frac{dc}{dt}$不仅与置换金属的总表面积 A 成正比，而且与反应溶液的总体积 V 成反比。必须考虑 V 是因为置换反应只能在固液界面上进行，当 A 及 C_o 固定后，若 V 小则 C_t 的变化快，k 相对变大；若 V 大则 C_t 变化慢，k 相对变小。反之，如果固定了 A 及 V，像一般研究实验中那样，且当采用适当的搅拌强度，使反应在动力学区（化学反应控制）进行时，则 C_o 的变化将影响到 k，C_o 增大时 k 减小，C_o 减小时 k 增大。鉴于上述原因，许多人把置换反应的速率方程称为赝一级速率方程（pseudo first-order rate equation）[11]。

6 关于扩散控制

在固液反应的动力学研究中，扩散控制有两种类型，一种是反应物在体相中和传质界面层中浓度差引起的液相扩散控制，其反应速度随搅拌强度而增大；一种是固体反应物表面被产物层覆盖，阻止固体反应物分子进入液相，这种扩散控制则与搅拌强度无关。M. E. Wadsworth[1] 曾指出，在已研究过的大量置换反应中，反应速度几乎都属于液相控制，仅有 Pd(Ⅱ)/Cu 和 Cu^{2+}/Ni 两种体系例外，属于化学反应控制。有趣的是置换反应的产物层一般并不阻碍反应的进行，相反，它还常常促进反应的动力学速度。H. Y. Sohn[2] 认为这种现象的产生原因可归于反应的电化学性质以及表面沉积物的有效面积的增加，正如 J. Miller 和 L. Beckstead[12] 的实验所证实的那样。

对于铜置换贵金属的反应，有人认为配离子向沉积层-溶液界面扩散是过程的限制步骤。作者对此提出以下的观点。

研究表明，铜置换贵金属的后期所出现的扩散控制，与前人的结论不同，并非液相传质控制，而是产物层覆盖了铜表面后，阻止铜离子进入液相的固相传质控制。我们详细地研究了旋转圆盘转速对铜置换铑（Ⅲ）反应速度的影响[13]，结果绘于图 3。

图 3 表明，当介质的离子强度为 $I=2$（[HCl] = 1.0mol/L，[NaCl] = 1.0mol/L）时，圆盘旋转速度从 300r/min、500r/min、700r/min 直至 900r/min，$\lg(C_o/C_t)$ 对 t 的数据都落在一条直线上（A 线），反应速度不受搅拌强度的影响，属化学反应控制。在这些实验中，均观察到产物沉积层发生龟裂，它不阻碍 Cu^+ 从固相进入液相。当介质离子强度为 $I=1$（[HCl] = 1.0mol/L，[NaCl] = 0）时，$\lg(C_o/C_t)$ 对 t 的直线在约 60min 处发生转折（B 线），反应速度变慢，表明置换机理发生了变化，但其第二阶段并不是液相传质控制，因为它也不受搅拌强度的影响。在这些实验中，观察到产物沉积层均匀致密，不发生龟裂，因此应该属于 Cu^+ 离子转入液相时受到阻碍的固相传质控制。这个结论可用生成致密反应产物层的动力学处理方法来验证。

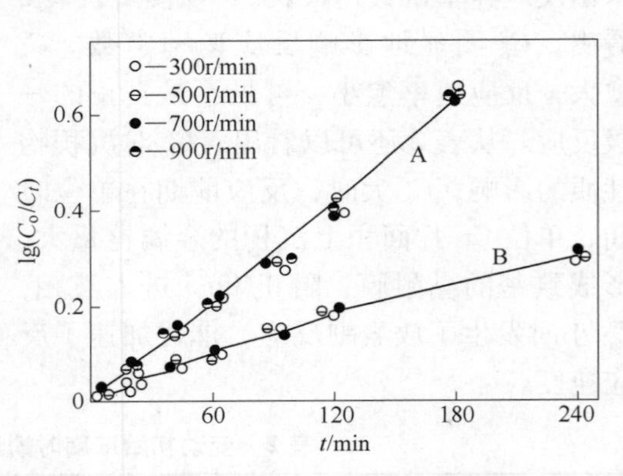

图 3 铜圆盘转速对置换铑反应速度的影响

A—离子强度 $I=2$；B—$I=1$

设产物层厚度的增长速度与厚度本身成反比：

$$\frac{dy}{dt}=\frac{k}{y} \tag{8}$$

式中，y 为产物层厚度。

式（8）的积分式为：

$$y^2 = 2kt + B \tag{9}$$

因 $t=0$ 时，$y=0$，故积分常数 $B=0$。

又设 V 体积溶液中，铑浓度为 C_t 时，反应产物的质量为 W，则：

$$W = (C_o - C_t)V$$

$$\frac{dw}{dt} = -V\frac{dC_t}{dt} \tag{10}$$

再设铜离子穿越产物层的扩散系数为 D，铜片面积为 A，在 t 时刻传质界面层中的 Rh 浓度为 C'_t。由于反应不受液相传质控制，在一定搅拌强度下，可将 C'_t 视为与 C_t 相等，令 α 为比例系数，则从式（10）可得：

$$\frac{dw}{dt} = -V\frac{dC_t}{dt} = -\frac{\alpha DAC'_t}{y} = -\frac{\alpha DAC_t}{y} \tag{11}$$

将式（9）求出的 y 代入式（11）则得：

$$\frac{dC_t}{dt} = \frac{aDAC_t}{V\sqrt{2kt}} = K\frac{C_t}{\sqrt{t}} \tag{12}$$

式（12）中：

$$K = \frac{aDA}{\sqrt{2k}}$$

从式（12）移项后积分得：

$$-\ln C_t = 2K\sqrt{t} + K' \tag{13}$$

式（13）表明，当置换反应受产物层固相传质控制时，$-\ln C_t$ 对 $\sqrt{t}$ 作图应为一直线。将图 3 中 A 线上，300r/min 的七个数据按（13）处理得图 4。

图 4 中直线线性很好，证实了 Cu 置换 Rh(Ⅲ) 的后期，由于形成了致密产物层，反应速度受 Cu^+ 离子穿越产物层的固相传质控制。

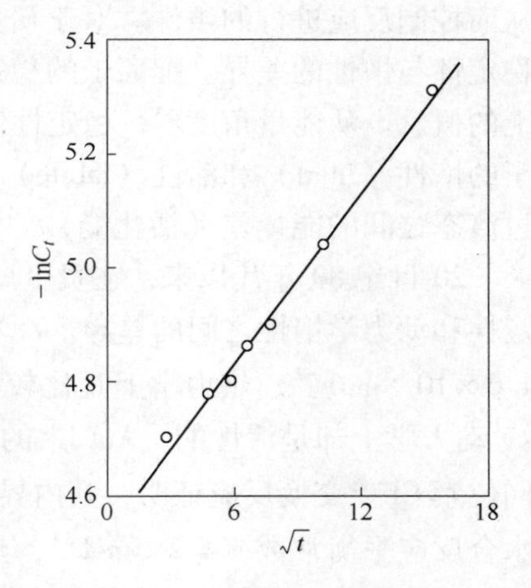

图 4　$-\ln C_t$ 与 $\sqrt{t}$ 的关系

7　关于铜置换贵金属速率顺序的解释

当介质盐酸浓度不大于 2mol/L 时，铜置换贵金属的反应速率顺序为 Au(Ⅲ) > Pd(Ⅱ) > Pt(Ⅳ) > Rh(Ⅲ) > Ir(Ⅲ)。此顺序不能用反应推动力的大小，即 $\Delta G^{\ominus}$ 的大小来解释。比如，按 Cu 发生阳极氧化形成 $CuCl_2^-$ 的实验结果，可以算出 Cu 置换 $PdCl_4^{2-}$ 的 $\Delta G^{\ominus}$ 为 −83.18kJ/mol，而置换 $IrCl_6^{3-}$ 的 $\Delta G^{\ominus}$ 为 −167.91kJ/mol。置换 Ir(Ⅲ) 的反应推动力比置换 Pd(Ⅱ) 大得多，但实验结果却是置换 Pd(Ⅱ) 的反应速度很快，而置换 Ir(Ⅲ) 的反应却不能发生。

文献中有人用配离子的不稳定常数值来解释上述置换顺序，认为不稳定常数的近似值为 $PdCl_4^{2-} \approx 10^{-13}$，$PtCl_4^{2-} \approx 10^{-16}$，$RhCl_6^{3-} \approx 10^{-19}$，$IrCl_6^{3-} \approx 10^{-20}$，因为 Pt(Ⅳ) 在置换过程中首先还原为 Pt(Ⅱ)，故这些数据符合 Pd(Ⅱ) > Pt(Ⅳ) > Rh(Ⅲ) > Ir(Ⅲ) 的置换速率顺序。作者就此提出不同看法：

(1) 一种论点应能解释全部实验结果，做到观点首尾一致。$AuCl_4^-$ 的不稳定常数为 10^{-22}，比 $IrCl_6^{3-}$ 的还小得多，但铜置换贵金属的实验中，$AuCl_4^-$ 被置换的反应速度最大，这是用不稳定常数无法解释的。

(2) 本文第三节中已述及，配离子不稳定常数可以根据 Nernst 方程测定，它是一种与电池反应的 E 或 $E^{\ominus}$ 相关联的热力学常数，既然按 $E^{\ominus}$ 计算的 $\Delta G^{\ominus}$ 不能解释置换速率顺序，那么不稳定常数也是不能用来解释的。

其实，按照积累不稳定常数的定义，对配离子［ML_n］的 $K_{不稳}$ 为：

$$K_{不稳} = \frac{[M][L]^n}{[ML_n]}$$

对 Au(Ⅲ)、Pd(Ⅱ) 和 Pt(Ⅱ) 氯配离子的 $n=4$，对 Rh(Ⅲ) 和 Ir(Ⅲ) 则 $n=6$，配体浓度的指数值不相同，$K_{不稳}$ 的影响也就难以比较。

由于置换反应的速率顺序属动力学顺序，应该从贵金属氯配离子的动力学活性来解释，用本书第一章中提出的贵金属氯配离子与亲核反应的活性顺序，可以满意地解释上述置换顺序。

8 关于铜不能置换 $IrCl_6^{3-}$ 的原因

铜不能置换 $IrCl_6^{3-}$ 纯属动力学因素。热力学指出某一过程能够自动进行，但这个过程需要多少时间才能完成热力学不能回答，换言之，热力学不能解决速度问题。"一涉及速度问题，如电导、扩散、化学动力学等，热力学就毫无用处"[14]。

动力学是研究反应速度及其影响因素的科学。通过动力学研究可以了解反应机理，从而控制反应进行的条件。对于研究贵金属配合物的各种反应，我们要区别配离子的稳定性与惰性的差异。配离子的稳定性（stability）和不稳定性（unstability）是热力学上的概念。从能量角度看，稳定性依赖于反应物与产物之间的能量差（反应能）；配离子的惰性（inert）和活性（labile）是动力学上的概念，配离子的活性依赖于反应物与过渡态之间的能量差（活化能）。

20 世纪 80 年代以来，在贵金属化学冶金中人们愈来愈重视贵金属配合物热力学稳定性和动力学惰性之间的差异。Z. W. Stern[15] 指出，$AuCl_4^-$ 的一水合反应平衡常数 $K = 4.6 \times 10^{-5} mol^{-1}$，热力学上是比较稳定的，但其一水合反应的速率常数 $K = 2.2 \times 10^{-2} s^{-1}$ 动力学上却是活性的。$AuCl_4^-$ 的积累不稳定常数为 10^{-22}，热力学上已相当稳定，但同位素 Cl^{-*} 交换反应证明，其内界配体 Cl^- 与 Cl^{-*} 交换十分迅速。相反，$IrCl_6^{3-}$ 的一水合反应平衡常数 $K = 2.5 mol^{-1}$，热力学上不够稳定，但一水合反应的速率常数 $K = 9.4 \times 10^{-6} s^{-1}$，一水合反应的半寿期 $T_{1/2} = 20h$，动力学上又比较稳定。

$IrCl_6^{3-}$ 不能被 Cu 置换，也不能被还原剂甲酸、水合肼等还原，甚至 $NaBH_4$ 在酸性条件下也不能使其还原，其原因是 Ir(Ⅲ) 还原需要的活化能很大，这种特性从热力学上是无法解释的。

铜置换贵金属时，铜是一种给电子试剂，贵金属氯配离子在微电池阴极的放电速度与其在阴极上形成过渡态所需的活化能有关，铜置换贵金属的速率顺序应该用贵金属氯配离子的活性顺序去解释。

9 结语

本文讨论了7个问题，其中涉及Nernst方程的应用范围，热力学数据能否解释全部动力学的研究结果，溶液的“体系电位”与氧化还原反应的电池电动势有没有差异，配离子稳定性和惰性的定义等概念问题；涉及盐酸介质中铜置换贵金属时进入溶液中的铜离子是一价或二价，置换速率受扩散控制是液相传质控制还是产物沉积层引起的固相传质控制，置换反应是一级反应还是假一级反应等结论是否正确的问题；还涉及实验方法有关的实验装置与试液配制问题。作者希望这些问题的提出和讨论会有助于更深入地了解贵金属氯配离子的反应动力学特性。

参考文献

[1] Wadsworth M E. Trans. TMS/AIME. 1969，245(7):1981～1934.

[2] Sohn H Y，Wadsworth M E. Rate Processes of Extractive Metallurgy [M]. Plenum Press，1979：197～244.

[3] 陈景. 贵金属. 1988，9(1):1.

[4] 陈景. 贵金属. 1993，14(1):61.

[5] Masterton W L，Slowinski E J. Chemical Principles 中译本下册[M]. 北京：北京大学出版社，1980：222～226.

[6] 安特列波夫 L I. 理论电化学[M]. 北京：高等教育出版社，383.

[7] 陈景，等. 科学通报. 1988，33(17),1358.

[8] Tran T，Swinkels D A J. Hydrometallurgy. 1986，15(3):281.

[9] 陈景，等. 贵金属. 1988，9(2):7～12.

[10] Habashi F. Principles of extractive metallurgy[J]. Hydrometallurgy，1970(2):228.

[11] Hahn E H，Ingraham T R. Trans. TMS/AIME. 1966，236：1098.

[12] Miller J，Beckstead L. Trans. TMS/AIME. 1973，4：1967.

[13] Chen Jing，et al. ICHM' 88. Beijing，1988：637～640.

[14] 黄子卿. 物理化学[M]. 北京：人民教育出版社，1955：51.

[15] Stern E W. Symposium on Recovery，Reclamation and Refining of Precious Metals. sponsored by IPMI [C]. March 10～13，1981.

铂催化下铜在盐酸中的放氢反应*

在氢电势表中，Cu^{2+}/Cu 的标准电极电势 $\varphi^{\ominus}=0.34V$，Cu^{+}/Cu 的 $\varphi^{\ominus}=0.52V$，因此无论生成二价铜的电池反应 $Cu+2H^{+}=Cu^{2+}+H_2$，或生成一价铜的 $Cu+H^{+}=Cu^{+}+1/2H_2$ 均不能发生，通常可概述为铜不能与氢离子发生放反应。一些著作则引申为铜不能置换盐酸中的氢，甚至从热力学计算进行证明。我们在研究中发现，如在铜片的局部表面上用电镀或化学镀（化学镀液为 H_2PtCl_6，0.01mol/L；HCl，1.0mol/L）镀上铂，放入3mol/L以上浓度的盐酸中时，即使在室温下，铂表面上也会迅速产生氢气泡，在反应开始的0.5h内，犹如锌块放入稀盐酸中一般。研究结果表明：（1）放氢量及反应速度随盐酸浓度和反应温度的增高而增高。（2）放氢速度与镀层铂的状态有关，并随镀铂面积的增大而加快，但与铜面积无关。（3）盐酸中 H^{+} 减少的物质的量（用氢气体积换算），等于溶解的铜按一价铜计算的物质的量（化学分析测定）。（4）放氢反应过程中局部镀铂的铜电极电势（在25℃，5.75mol/L HCl中测定）从开始时约 -90mV（SHE）迅速下降，40min时为 -138mV，同时浸入该溶液中的铜电极电势则从 -200mV逐渐上升至 -167mV，以后两者不断逼近。上述结果可确定此电化学反应的阳极过程为 Cl^{-} 与Cu反应，形成 $CuCl_n^{(n-1)-}$ 配离子（$n=1\sim4$），其中主要的阳极反应式及其平衡电极电势为：

$$CuCl_2^{-}+e \rightleftharpoons Cu^{+}2Cl^{-} \tag{1}$$

$$\varphi_{平}=\varphi^{\ominus}+\frac{RT}{F}\ln\frac{a_{CuCl_2}}{a_{Cl^-}^2} \tag{2}$$

式（2）中 $\varphi^{\ominus}=0.194V$。当 Cl^{-} 活度足够大，$CuCl_2^{-}$ 活度相当小时，$\varphi_{平}$ 可为负值，则热力学允许Cu与HCl发生放氢反应，但由于铜的氢超电势高于HCl中 H^{+} 还原的平衡电极电势，动力学因素使反应速度非常缓慢，观察不到氢气析出，而铂的氢超电势很低，遂在镀铂表面上发生明显地放氢反应。

---

* 本文合作者有：崔宁，杨正芬；原载于《科学通报》1988年第17期。

铑催化下铜在盐酸中的放氢反应*

摘　要　纯铜片在盐酸中几乎不溶解，但若在铜片上镀有 Rh 后，Rh-Cu 片在盐酸中可自发发生放氢反应。本文基于这一观象，采用测定 Rh-Cu 片在 HCl 中放氢体积的方法，考查了 $[Cl^-]$、$[H^+]$、温度等因素对 Rh-Cu 片放氢反应的影响，求得各动力学影响因素与放氢体积的关系式和反应活化能。从热力学角度解释了这一反应现象并提出了放氢反应机理。

1　前言

在标准状态下，铜很难与非氧化性酸起反应。但我们[1]在研究工作中发现，如果在铜片的局部表面上镀铂，则铜可在铂催化下与盐酸发生反应并自发放氢。对此观象，曾做了较多的实验并从热力学角度做了较圆满的解释。

在实验中我们还发现其他铂族金属也具有类似的催化性，且不同的铂族金属其对铜放氢反应的催化活性不同。经文献检索表明，尚未发现有文献报道在铂族金属催化下铜在盐酸中放氢反应的研究。本文在前文[1]工作的基础上，着重考察了在铑催化下铜在 HCl 中放氢反应的各动力学因素，推导了放氢量与 $[Cl^-]$、$[H^+]$、温度及反应时间等的关系式，并对铑的催化性能做了热力学解释，使其对生产应用有所裨益。

2　实验装置及方法

2.1　实验装置

本实验采用测定 H_2 体积来考察各动力学影响因素，实验装置如图 1（a）所示。氢气出口接气体测量仪（通冷却水恒温），气体体积读数可精确到 ±0.05cm³，预备实验检查体系密封性好，在 24h 内装置中气体体积不发生变化。

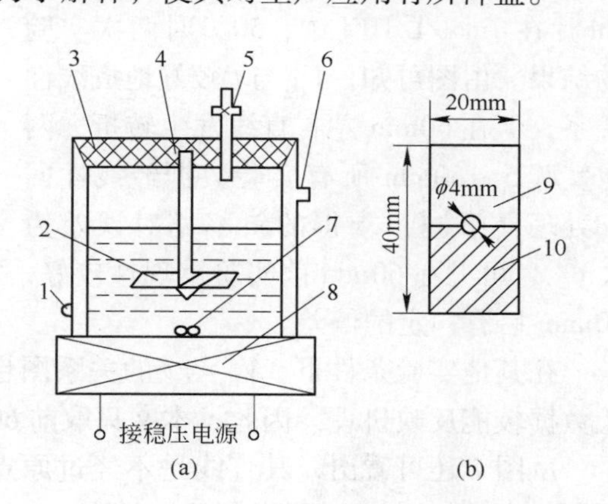

图 1　测定 H_2 体积的实验装置(a)及电极形状(b)

1—恒温水进口;2—Rh-Cu 电极;3—橡皮塞;4—Teflon 轴;5—氢气出口（三通管）；6—恒温水出口；7—磁力棒；8—磁力搅拌器；9—铜片；10—铑镀层

2.2　实验方法

（1）铜片处理：将紫铜片（纯度为 99.98%）剪切成图 1（b）形状，经 000 号金相砂纸抛光后，用 1∶20 铬酸洗液浸泡 5～7min，除去表面氧化膜，蒸馏水冲洗，无水乙醇擦拭，二次蒸馏水冲洗擦干，在半端铜片上用化学沉积法镀铑。

＊ 本文合作者有：潘诚，谭庆麟；原载于《贵金属》1991 年第 4 期。

（2）化学镀铑：不同的镀液成分对化学镀铑表面性质影响极大。实验表明；随着HCl浓度及镀液温度的上升，其镀铑铜片在HCl中放H_2量明显增加，但也造成镀层附着力下降，容易脱落。经反复实验，最后确定镀液成分为：H_3RhCl_6，0.01mol/L；HCl，0.1mol/L。每次镀前取5cm^3镀液在红外灯下烘干，6mol/L HCl转化三次烘干后用5$cm^3$0.1mol/L HCl溶液将镀液转入石英比色槽中，立即将刚处理过的铜片插入（镀液刚好覆盖铜片一半面积），在恒温桶内（15℃）镀150min，取出后用二次蒸馏水冲洗干净，立即进行实验。

（3）实验过程：准确配制所需浓度反应液100cm^3，用$HClO_4$或NaCl恒定离子强度为4，实验前先鼓泡通入高纯$H_2$10min，驱除可能溶有的O_2并使反应液中H_2量饱和。恒温水控温±0.2℃，恒定搅拌强度。

3　实验结果及讨论

3.1　实验数据的处理

本文首先考察了Rh-Cu片在4mol/L HCl中，50℃时放氢体积与时间的关系，分别做了V_{H_2}（按气态方程转换为50℃时的放氢体积）一至四次方与时间t（min）的关系图，结果发现，$V_{H_2}^3$与t较好地成线性关系外，其他方次均较差。图2为Rh-Cu片在4mol/L HCl中，50℃时两次实验的结果。由图可知，$V_{H_2}^3$与t较好地成线性关系，但在60min左右直线发生转折，两次实验5～60min所有实验数据经线性回归处理（下同）求得的斜率相对误差为4.3%，可见在60min前实验重现性较好，60mim后有一定的偏差。

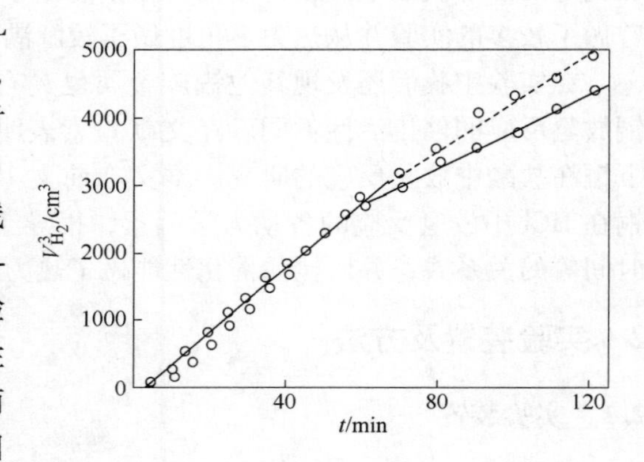

图2　4mol/L HCl，50℃时$V_{H_2}^3$与时间的关系

在其他实验条件下，$V_{H_2}^3$与t的关系图也与图2相类似。一般情况下，反应前期实验数据较能反映机理，因此，本文只取前60min所有实验数据进行讨论和处理。

从图2还可看出，其直线是不经过原点的，出现滞后现象的原因估计是由于反应初期析出的H_2被Rh吸附和吸收所致。

3.2　氯离子浓度对铑铜片放氢反应的影响

在恒定离子强度$I=4$（加不同量$HClO_4$），[H^+]=4mol/L，50℃，恒定搅拌速度下考察了氯离子浓度对Rh-Cu片放H_2的影响（图3）。从图3看出，$V_{H_2}^3$与t（5～60min）线性关系较好，且随[Cl^-]增加$V_{H_2}^3$显著增加。线性回归法求得各直线斜率K，将其除以铑总表面积（S，cm^2）的立方得k，ln$k$对ln[Cl^-]作图得图4，由图4可求得关系式为：

$$\ln k = -8.12 + 4.18\ln[Cl^-] \quad (1)$$

式中，k 为单位时间单位铑面积上放氢量的立方数，cm^3/min。

从式（1）可见[Cl^-]对放氢反应影响较大。

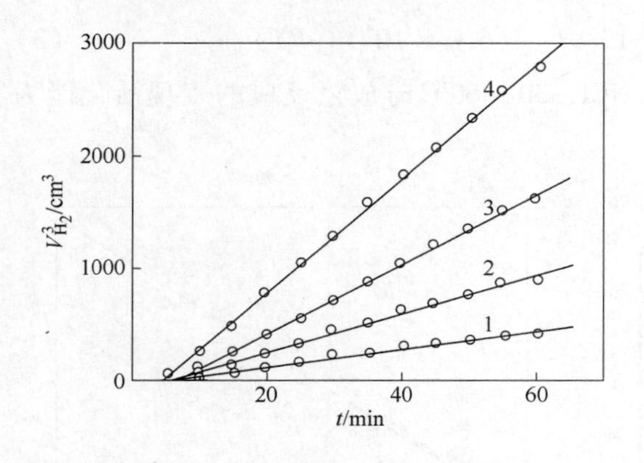

图3　[Cl^-] 对 $V^3_{H_2}$的影响（$I=4$）

[Cl^-]/mol · L^{-1}：1—1.0；2—2.5；3—3.0；4—3.5

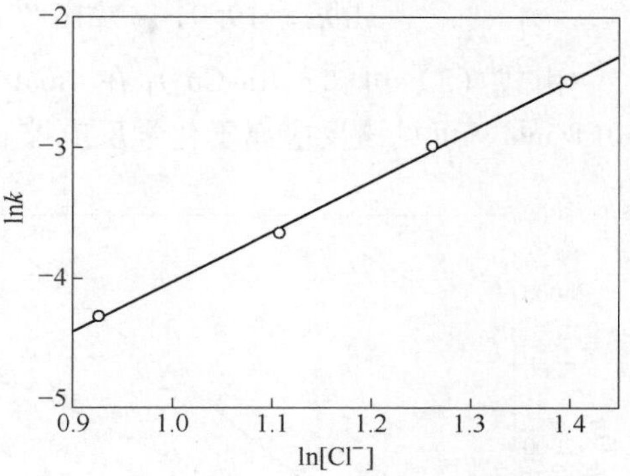

图4　$\ln k$ 与 $\ln$[Cl^-]的关系

3.3　氢离子浓度对 Rh-Cu 片放氢反应的影响

采用加 NaCl 恒定离子强度 $I=4$，[Cl^-]$=4$mol/L，恒定搅拌速度，在 50℃ 下考察了氢离子浓度([H^+]$=1\sim4$mol/L)对 Rh-Cu 片放 H_2 反应的影响（图5）。从图5 看出，随着[H^+]浓度的增加，$V^3_{H_2}$也增加，但没有[Cl^-]的影响大。将斜率 k 取对数对 $\ln$[H^+]作图（图6），求得其关系式为：

$$\ln k = -3.89 + 1.12\ln[H^+] \tag{2}$$

从式（2）$\ln$[H^+]的系数看出，[H^+]对放氢反应速率的影响小于[Cl^-]的影响。

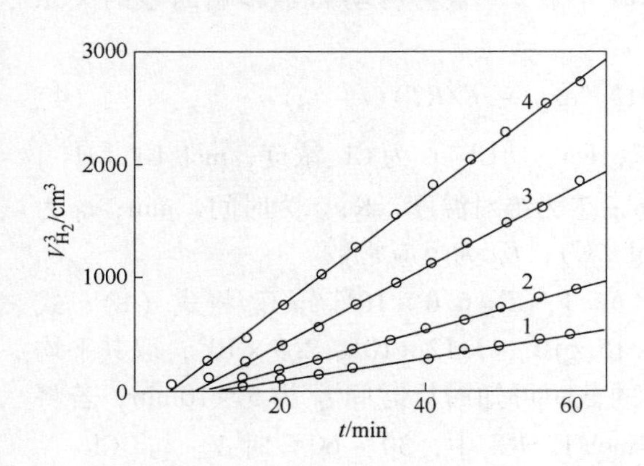

图5　[H^+]对 $V^3_{H_2}$的影响（$I=4$）

[H^+]/mol · L^{-1}：1—1；2—2；3—3；4—4

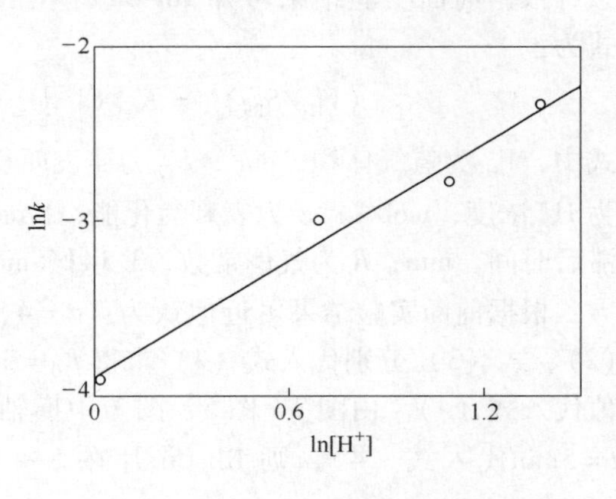

图6　$\ln k$ 与 $\ln$[H^+]的关系

3.4　温度对 Rh-Cu 片放氢反应的影响

在 4mol/L HCl 中考察了不同温度（30～60℃）时 Rh-Cu 片的放 H_2 情况，结果列于图7。由图7可知，温度对 $V_{H_2}^3$ 影响较大，由回归法求得的各直线斜率后，作出 Arrhenius 图（图8），求得其关系式为：

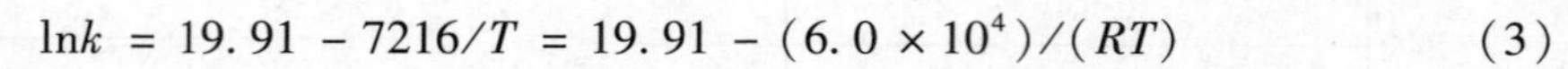

$$\ln k = 19.91 - 7216/T = 19.91 - (6.0 \times 10^4)/(RT) \quad (3)$$

由式（3）可知，Rh-Cu 片在 4mol/L HCl，30 ~ 60℃时放氢反应的表观活化能为 60kJ/mol，可见该反应属于化学反应控制。

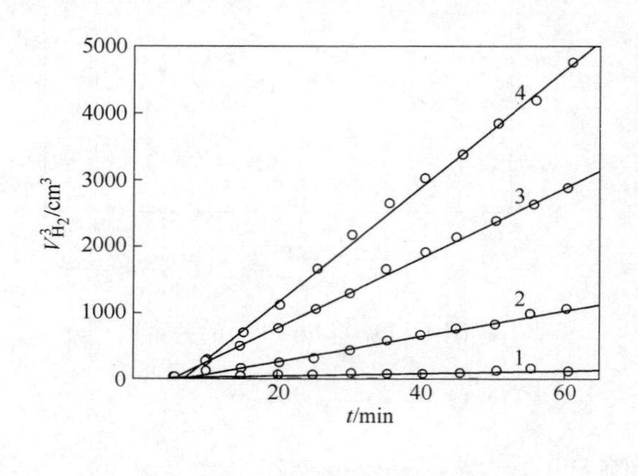

图7　温度对 $V_{H_2}^3$ 的影响（4mol/L HCl）

1—30℃；2—40℃；3—50℃；4—60℃

图8　lnk 与 1/T 的关系

3.5　Rh-Cu 片在 HCl 中放氢反应速度关系式的推导

Rh-Cu 片在 HCl 中的放氢反应受诸多因素的影响，较显著的影响因素有镀层性质及面积、温度、氯离子浓度、氢离子浓度等。若固定化学镀条件，则镀层性质基本一致，根据前面实验结果可知 Rh-Cu 片在 HCl 中放 H_2 量与各动力学影响因素的关系式为：

$$(V_{H_2}/S_{Rh})^3 = K_0[Cl^-]^a[H^+]^b \exp(-E/RT)(t - t_0) \quad (4)$$

式中，V_{H_2} 为氢气体积，cm³；S_{Rh} 为铑表面积，cm²；[Cl^-] 为 Cl^- 浓度，mol/L；[H^+] 为 H^+ 浓度，mol/L；E 为表观活化能，J/mol；T 为绝对温度，K；t 为时间，min；t_0 为滞后时间，min；R 为气体常数，3.14J/(mol · K)；K_0 为反应常数。

根据前面实验结果可近似认为：$a=4$，$b=1$，$E=6.0\times10^4$J/mol。将式（1）、式（2）、式（3）分别代入式（4）求得 $K_0=3.15\times10^5$，3.12×10^5，2.9×10^5，取其平均值代入式（4）。由图3、图5、图7中横轴的截距可知滞后时间 t_0 为 5 ~ 10min，若将 $t=5$min代入式（4），则 Rh-Cu 片在 1 ~ 4mol/L HCl 中，30 ~ 60℃时 V_{H_2} 与[Cl^-]、[H^+]等的关系式为：

$$(V_{H_2}/S_{Rh})^3 = 3.06 \times 10^5[Cl^-]^4[H^+]\exp(-6.0 \times 10^4/RT)(t - 5) \quad (5)$$

3.6　Rh-Cu 片在盐酸中放氢反应的热力学解释

纯铜片在 HCl 中是观察不到放氢反应的，但在局部镀有 Rh 时，即使在 1mol/L HCl 中，也可看出有大量气泡产生。发生放氢反应的原因是：铑与铜构成了短路原电池，

裸露的铜表面与 Cl^- 发生反应，形成 $CuCl_n^{(1-n)}$ 配离子，金属铜片获得的电子转移到镀铑表面，氢气便在铑表面上产生，整个电池反应一直进行到溶液中的 $CuCl_n^{(1-n)}$ 离子活度使得铜的平衡电极电位（负值）接近在该盐酸中镀铑表面的氢超电势时达到平衡。前文[1]已用 Nernst 方程做了说明，本文用 φ-pCl 图再做如下的解释。

在标准状态下，$Cu\text{-}Cl^-\text{-}H_2O$ 系中与本文有关的反应式及相应的电极电势[2]如下：

$$CuCl + e \rightleftharpoons Cu + Cl^- \tag{6}$$

$$\varphi = 0.124 + 0.0519pCl$$

$$CuCl + Cl^- \rightleftharpoons CuCl_2^- \tag{7}$$

$$pCl = -1.19 - \lg a_{CuCl_2^-}$$

$$CuCl_2^- + e \rightleftharpoons Cu + 2Cl^- \tag{8}$$

$$\varphi = 0.194 + 0.1182pCl + 0.0159\lg a_{CuCl_2^-}$$

以上仅给出 CuCl、$CuCl_2^-$ 的反应式及平衡电极电势，对于 $CuCl_3^{2-}$、$CuCl_4^{3-}$ 在本实验条件下是存在的，且随着［Cl^-］的增加其所占比例显著增大[3]，但由于缺少可靠的热力学数据，在此不作讨论。

将式(6)～式(8)作 φ-pCl 图（图9），加上 H^+ 放电的氢线（9 线）

$$H^+ + e \rightleftharpoons 1/2H_2 \tag{9}$$

$$\varphi = -0.0519pH$$

从图9可看出在9线与8线交叉点的左侧，存在一个很小的发生放氢的反应区。$CuCl_2^-$ 的活度愈小，反应区域愈大（如 $a_{CuCl_2^-}=10^{-4}$ 时的区域），这就是 Cu 可以和 HCl 发生放氢反应的热力学原因。当然，此反应只有在铂族金属的催化作用下，以短路原电池的形式，才能以可观察到的反应速度进行。

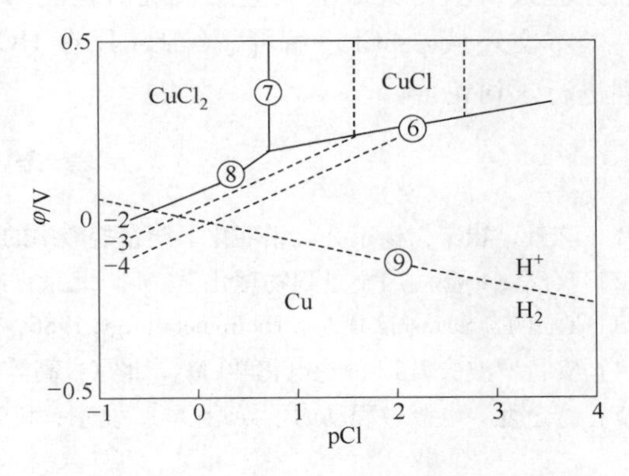

图9　$Cu\text{-}Cl^- - H_2O$ 系 φ-pCl 图

（25℃，-2，-3，-4 为 $\lg a_{CuCl_2^-}$ 值）

3.7　放氢反应机理的讨论

放氢反应机理的研究一直吸引着电化学家们的重视，至今其理论还在不断地深化和完善。根据安特罗波夫[4]和查全性[5]的论著，放氢机理有四种不同的类型。

从本文研究的实验结果来看，我们认为在局部镀铑铜片上的放氢机理在反应的前 60min 应属于以下类型：电化学步骤（快）+电化学脱附（慢）。

电化学步骤是指 H^+ 在铑表面上放电，形成吸附氢原子。因为 Rh-Cu 片在盐酸中的电极电势为负值，这个过程相对地应该是快过程，即：

$$H^+ + e \rightleftharpoons Rh\text{—}H_{ads}$$

电化学脱附是指液相中的 H^+ 从吸附于铑表面上的氢原子上夺取电子，形成氢分子。因为此步骤还要从金属铑上再转移一个电子，形成键能相当大的氢分子，它应该是一个慢过程，也即是反应的速率控制步骤。这样它可解释本文实验获得的反应速率与氢离子浓度的一次方成正比（复合脱附则与[H^+]二次方成正比），电化学脱附的表达式为：

$$Rh—H_{ads} + H^+ + e \rightleftharpoons H_2$$

当反应进行到约60min后，由于Rh-Cu片的电极电势值上升，接近H^+放电的平衡电极电势，反应推动力大大减小。被吸附于金属铑上的氢原子不可能再具有负氢（H^-）的性质，作为速率控制步骤的电化学脱附机理将转化为复合脱附机理，放H_2反应速率显著降低（见图2），复合脱附式为：

$$Rh—H_{ads} + Rh—H_{ads} \rightleftharpoons H_2$$

上述解释符合一般电化学论著中的观点："在平滑的Pt、Pd等电极上，当电极极化不大时氢析出过程很可能是复合步骤控制的；而在毒化了的电极表面上或极化较大时则可能是电化学脱附步骤控制的。"

4 结语

本文通过测定Rh-Cu片在HCl中的放H_2体积考察了[Cl^-]、[H^+]、温度等因素对Rh-Cu片放氢反应的影响，得出：

$$V_{H_2}^3 = 3.06 \times 10^5[Cl^-]^4[H^+]\exp(-6.0 \times 10^4/RT)(t-5)$$

的经验式，求得其放氢反应的表现活化能为60kJ/mol，属于化学反应控制。

本文还从φ-pCl图解释了纯Cu片在HCl中发生放H_2的原因，并对放氢反应的机理进行了讨论。

参考文献

[1] 陈景，崔宁，杨正芬．铂催化下铜在盐酸中的放氢反应[J]．科学通报，1988，33(17):1356.
[2] 蒋汉瀛．湿法冶金过程物理化学[M]．北京：冶金工业出版社，1982：129.
[3] Tran T，Swinsels D A J. Hydrometallurgy. 1986，15(3):281.
[4] 安特罗波夫 L I. 理论电化学[M]．北京：高等教育出版社，1984：433.
[5] 查全性．电极过程动力学导论[M]．北京：科学出版社，1987：335.

铂钯钌铑的氢过电位比较研究*

摘　要　测定了局部镀有 Pt、Pd、Ru 和 Rh 等铂族金属的铜片电极在盐酸介质中放氢反应的电极电位，获得该 4 种铂族金属氢过电位大小顺序为 Rh < Pt < Ru < Pd。用测定放氢量做了验证，推导出铑在 4mol/L HCl 中，50℃及 $i = 1mA/cm^2$ 时的氢过电位为 0.116V。

1　前言

铂族金属具有很高的抗化学腐蚀性，最低的氯过电位和氢过电位，尽管价格昂贵，但镀钌和钌钛、钌铱钛涂层钛阳极仍已大量用于氯碱工业，而且人们还在研究铂族金属如何用于氯碱工业作阴极[1]。此外，在燃料电池，太阳能电解水、锌电解中的气体扩散电极[2]等方面，铂族金属也被广泛用作电极材料。

文献中很难查到铂、钯以外的其他铂族金属的氢过电位。作者发现[3]当纯铜片上局部镀有铂时，铜能在盐酸中溶解，并在镀铂面上发生放氢反应。此现象对其他铂族元素也同样发生，但各个铂族元素放氢速度和放氢量都不相同，这显然提供了一种比较铂族元素氢过电位的实验方法，本文报道初步研究结果。

2　实验方法

2.1　铜片上局部镀铂族金属

将纯铜片剪成图 1 所示的带柄矩形，用金相砂纸磨光，1∶10 稀铬酸洗液浸泡 3min，蒸馏水冲净，无水乙醇擦拭，蒸馏水再冲净，将矩形的半端插入化学镀液中 2h，取出用蒸馏水冲净后立即使用。

化学镀液分别为纯 H_2PtCl_6、H_2PtCl_4、H_3RuCl_6 和 H_3RhCl_6 溶液，其中［HCl］= 1.0mol/L，金属离子浓度均为 0.01mol/L。镀铑时上述镀液的速度过快，将［HCl］提高到 5.0mol/L。镀钌在 80℃恒温箱中进行，其余在室温 20℃下进行。

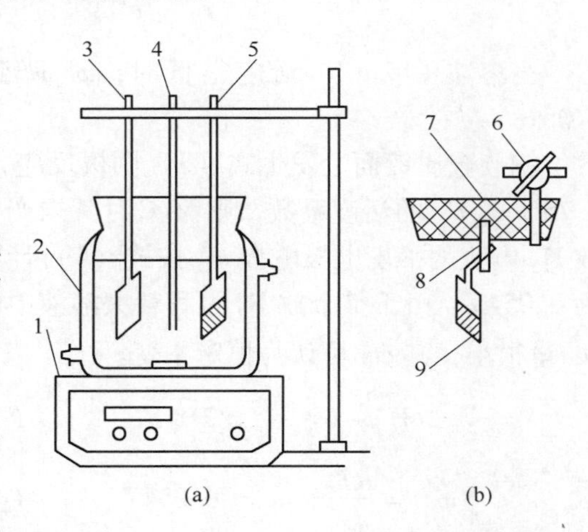

图 1　测定电极电势及放氢量的装置
1—电磁搅拌器；2—夹套恒温杯；3—纯 Cu 电极；4—甘汞电极；5—局镀电极；6—三通阀；7—橡皮塞；8—Teflon 轴；9—铂族金属镀面

2.2　放氢反应中电极电位的测定

如图 1（a）所示，在恒温水循环控温的夹套玻璃杯中盛 150mL 给定浓度的盐酸溶

---

* 本文合作者有：潘诚，崔宁；原载于《贵金属》1992 年第 1 期。

液，先通入高纯 N_2 鼓泡 10mim，然后将纯铜片电极、局部镀有铂族金属的铜片电极（以下简称局镀电极）以及甘汞电极同时插入到液面下，将通 N_2 管口移至液面上继续用 N_2 气氛保护，开动电磁搅拌，立即以甘汞电极为参比电极分别测定其他两种电极的电势，电势值以 PXY-Ⅱ型离子计数字显示，每 5min 记录一次，读数精确至 0.1mV。

2.3 放氢量的测量

用图 1（b）中橡皮塞把局镀电极固定在 Teflon 轴上，在夹套杯中盛 100mL 给定浓度的盐酸溶液，用 N_2 鼓泡 10min，将橡皮塞紧盖在夹套杯上，开动电磁搅拌，立即打开玻璃三通阀，使产生的氢气进入集气系统，每 5min 记录一次 H_2 体积，读数可精确至 0.05mL，3h 结束，取盐酸溶液分析溶解的铜量。

3 结果讨论

3.1 Pt、Pd、Ru、Rh 局镀电极在放氢反应中电势变化的比较

局镀电极在盐酸中的放氢反应实际是一种电偶自腐蚀反应。铜基片发生式（1）阳极反应，并按式（2）产生电势 φ_{Cu}：

$$Cu + 2Cl^- \rightleftharpoons CuCl_2^- + e \tag{1}$$

$$\varphi_{Cu} = \varphi^{\ominus}_{CuCl_2^-/Cu} + \frac{RT}{F}\ln\frac{a_{CuCl_2^-}}{a^2_{Cl^-}} = 0.194 + 0.059\lg a_{CuCl_2^-} - 0.059\lg a^2_{Cl^-} \tag{2}$$

当溶液中 $CuCl_2^-$ 活度很低时，φ_{Cu} 降到负值，通常放氢反应开始时，φ_{Cu} 可达 -0.18V左右。

铂族金属镀面上发生式（3）阴极反应，在 4mol/L HCl 中，取平均活度系数 $\gamma_{\pm}$ = 1.76[4] 为 H^+ 的活度系数，则 50℃时其未产生放 H_2 电流的平衡电极电势 $\varphi^{\ominus}_{H}$ 按式（4）计算为 0.054V。由于整个放 H_2 过程耗去溶液中的 H^+ 量很小，其 $\varphi^{\ominus}_{H}$ 可认为恒定不变。

$$H^+ + e \rightleftharpoons 1/2H_2 \tag{3}$$

$$\varphi^{\ominus}_{H} = \frac{RT}{F}\ln a_{H^+} = 0.054V \tag{4}$$

按图 1（a）装置测定 4mol/L HCl 中，50℃下，Pt、Pd、Ru、Rh 局镀电极在放 H_2 反应过程中电势变化曲线（1～4 线），以及同时测得纯铜电极电势曲线（1～4 虚线）绘于图 2。

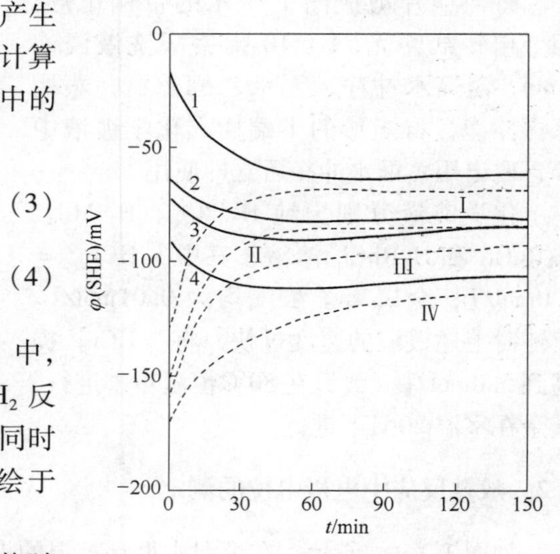

图 2　局镀电极与纯 Cu 电极电势

1—镀 Rh；2—镀 Pt；3—镀 Ru；4—镀 Pd；Ⅰ、Ⅱ、Ⅲ、Ⅳ—对应的纯 Cu 电极电势

由于纯铜电极上未有电流通过，其电势随时间增高是溶液中 $a_{CuCl_2^-}$ 增大所致，因此这些曲线每一瞬间的电势相当于局镀电极在该瞬间

铜基片上的平衡电极电势 $\varphi^{\ominus}_{Cu}$，而每一瞬间的 $\Delta\varphi=\varphi^{\ominus}_{H}-\varphi^{\ominus}_{Cu}$ 对应于每种局镀电极在该瞬间放氢的反应推动力。从图 2 可以看出，反应推动力开始时很大，且在第一小时内衰减十分迅速。局镀电极的电势实际上是一种混合电势，或言腐蚀电势。反应初期由于强烈放氢，其值较高，然后因 $\varphi^{\ominus}_{Cu}$ 的升高而迅速降低，约 1h 后逐渐逼近 $\varphi^{\ominus}_{Cu}$，此时放氢已十分微弱，达到稳态平衡的腐蚀电势。此时 $\varphi_{混合}=\varphi^{\ominus}_{H}=\varphi_{H}$，根据式（5）：

$$\eta_{K}=\varphi^{\ominus}_{H}-\varphi_{H} \tag{5}$$

可以定性地确定此四种铂族金属镀层的氢过电位大小顺序为 Rh < Pt < Ru < Pd。在 3mol/L HCl 中测定获得的氢过电位大小顺序也与此相同。由于 Cu 片在本工作采用的实验条件下不能置换 Ir 和 Os，因此未能测定它们的氢过电位。

氢过电位大小与阴极电流密度有关，我们曾详细地研究了局部镀铑电极的放氢反应动力学[5]，发现放氢体积（V_H，mL）的立方与时间成正比，在 4mol/L HCl，50℃条件下，其 K 值为 $49.0cm^3/min$，即，

$$V_{H}^{3}=K(t-5) \tag{6}$$

式（6）中（$t-5$）是由于铑放氢有滞后现象，在计算电流密度时可近似代入 t，再根据文献［6］报道电流密度与反应速度关系式（7）就可求得式（8）：

$$i_{H}=-\frac{nF}{\nu_{H}}=\frac{dm_{H}}{Sdt}=-\frac{1\cdot F}{\left(-\frac{1}{2}\right)S}\times\frac{dV_{H}}{22400}\times\frac{1}{60dt} \tag{7}$$

$$i_{H}=1.49\times10^{-6}\frac{F}{S}\times\frac{dV_{H}}{dt} \tag{8}$$

$$i_{H}=0.022t^{-\frac{2}{3}} \tag{9}$$

式（7）中 $S=7.9cm^2$ 为镀铑面积，F 为法拉第常数，ν_H 为式（3）氢分子的反应数。式（8）中时间单位为分钟。按式（8），反应开始后第一分钟镀铑面上的放氢电流密度为 $22mA/cm^2$，第 100min 仅为 $1mA/cm^2$，结合图 2 数据，可知在 4mol/L HCl 中，50℃，$i=1mA/cm^2$ 时，铑的氢超电势为 0.116V。

3.2 局部镀铂，镀铑铜片上放氢量的测定

为了验证铑的氢超电势低于铂的实验结果。直接测定了相同时间内的放氢量，并分析放氢反应后溶液中的铜离子浓度。实验中每 5min 记录一次氢气体积，表 1 中给出部分数据。

表 1 局镀 Pt、Rh 面上放 H_2 体积

时间/min	25℃体积/mL		50℃体积/mL	
	Rh	Pt	Rh	Pt
30	18.20	5.50	49.50	16.40
60	26.80	7.20	67.15	20.15
90	32.20	8.10	77.10	21.70
120	35.80	8.65	83.75	22.90

续表 1

时间/min	25℃体积/mL		50℃体积/mL	
	Rh	Pt	Rh	Pt
150	38.10	9.30	88.40	23.50
180	39.55	9.80	92.50	23.67
放 H_2 量的物质的量	2.58×10^{-3}	6.39×10^{-3}	5.57×10^{-3}	1.44×10^{-3}
溶液中 Cu 量的物质的量	2.60×10^{-3}	6.90×10^{-3}	5.43×10^{-3}	1.50×10^{-3}

从表 1 看出，在相同条件下，Rh 镀面上的放 H_2 量为 Pt 的 4 倍左右。氢的物质的量与铜的物质的量基本相等，证明进入溶液中的铜为一价铜离子。

4　结语

本文提出了一种比较铂族金属氢过电位的简易方法，测得 4 种铂族金属氢过电位大小顺序为 Rh < Pt < Ru < Pd。本工作为进一步研究铂族金属阴极放氢反应动力学和机理提供了一种新途径。

参 考 文 献

[1] Grove D V. Platinum Met. Rev.，1985：29，98.

[2] Walter J. Proceedings of International Precious Metals Institute Conference 10th. 1986：347.

[3] 陈景，等. 科学通报. 1988：33，1358.

[4] Adamsen A W. 物理化学教程(中译本，下册)[M]. 北京：高等教育出版社，1984：40.

[5] 潘诚，等. 铑催化下铜在盐酸中放氢反应的研究[J]. 贵金属. 1991，12(4)：23.

[6] 查全性，等. 电极过程动力学导论[M]. 北京：科学出版社，1987：85.

铂族金属加压氰化与加压氢化

常温常压下氰化钠溶液只能溶解金、银，但在加压提高反应温度的条件下，氰化钠可与铂族金属反应，可以从物料中浸出提取铂族金属。

本部分中的加压氰化反应研究始于从汽车废催化剂中回收铂、钯、铑，后将此技术拓展到处理我国云南金宝山的低品位铂钯硫化铜镍矿。2004 年研究成功了具有原创性的直接处理硫化浮选精矿全湿法生产铂、钯新工艺，为此种难处理低品位矿提供了一种环境污染小、工序少、周期短、有价金属回收指标高、经济效益明显的工艺流程。

加压氢化的研究源于文献中认为即使氢压很高，Ir (Ⅲ) 的氯配离子也不能还原至金属。我们的研究发现，Ir (Ⅲ) 的氢还原存在一个临界温度，前人的结论系因实验所用的温度低于这个临界温度。加压氢还原 Rh (Ⅲ) 的研究表明，Rh (Ⅲ) 还原为金属的速率很快，据此也研究了加压氢还原分离铑、铱的效果。

加压氰化处理铂钯硫化浮选精矿全湿法新工艺*

摘　要　目前世界上所有知名的铂族金属生产厂均采用从硫化铜镍浮选精矿用火法熔炼高锍捕集铂族金属的工艺，整个流程十分繁冗，周期长，环境污染大。采用新研究成功的浮选精矿→加压氧化酸浸→加压氰化→置换富集贵金属的高效、低污染、短流程全湿法新工艺，对云南金宝山浮选精矿进行了批量为5kg的扩大试验，并就S、Fe、SiO_2、MgO及贵金属在全湿法工艺中的走向与传统火法工艺进行了比较讨论。

1　引言

铂族金属在矿石中的品位很低，无论原生铂矿或伴生铂族金属的硫化铜镍矿，品位大多在每吨几克的量级（10^{-6}）。经过浮选富集后，浮选精矿中铂族金属含量可以提高到大于100g/t（10^{-4}），铜、镍、钴等有价金属品位提高到百分之几。我国金川原矿中Pt、Pd含量仅0.4g/t，浮选精矿中只能达到2～3g/t。对于有价金属品位如此低的浮选精矿，全世界所有知名的铂族金属生产厂均首先采用火法处理。浮选精矿经焙烧或烘干后，用电炉或闪速炉熔炼出铜镍低锍，铂族金属被捕集在低锍中，然后低锍经氧气吹炼为高锍。高锍中的铂族金属品位视原矿品位而差异很大，如南非英帕拉公司和吕斯腾堡铂矿公司的高锍中，铂族金属含量分别可达0.125%及0.15%，而我国金川公司的高锍中，铂族金属品位仍仅20g/t左右。高锍的后续处理工艺基本上采用湿法，如英帕拉公司采用三段加压酸浸，不断分离高锍中的Fe、Ni、Cu、S，最后获得品位约20%的铂族金属精矿，后者送入精炼工段，再经过复杂的分离提纯处理才能得到铂族金属产品。总而言之，现有铂族金属的生产工艺十分复杂，周期很长，污染治理的工作量也非常大。

能否用氰化法像处理金矿那样简便地处理铂族金属矿石或浮选精矿呢？估计肯定有不少科研工作者考虑过和探索过，但由于铂族金属在常温下不被氰化物浸蚀，因此长期以来未见有成功的报道。1991年至1995年，美国国家矿务局报道了用高温氰化法从汽车废催化剂中浸出铂族金属[1~3]，并申请了美国专利[4]。对堇青石载体的废催化剂，Pt和Pd的浸出率仅为80%～85%，Rh为70%～75%。1992年，Bruckard及McDonald等[5,6]报道了用加压氰化法处理澳大利亚Coronation Hill矿经混汞法提金后的尾矿。Coronation Hill矿为含高品位贵金属的石英长石斑岩，成分为：Au 90.9g/t，Pt 3.6g/t，Pd 9.2g/t，Fe 2.19%，SiO_2 62.7%，S 0.10%及低于0.02%的Cu、Zn、Pb。显然，该矿属氧化矿，S含量很低，几乎不含硫化矿物。他们的研究结果表明：在100～125℃下，pH值为9.5～10.0，氰化6h，Au的浸出率大于95%，Pd浸出率为90%，Pt浸出率为80%。但对于含铂族金属的硫化浮选精矿，至今未见有用氰化法处

* 本文合作者有：黄昆，陈奕然，赵家春，李奇伟；原载于《中国有色金属学报》2004年第14卷专辑1。

理的研究报道。

云南金宝山矿是我国仅次于金川的铂族金属资源，探明的 Pt + Pd 金属储量为 45.246t，Pt + Pd 平均品位 1.4555g/t，Cu 品位一般为 0.08%，Ni 为 0.17%，S 为 0.61%，Fe 为 9.88%，属低品位铂钯矿。但矿体的较富地段硫化物明显增高，硫化矿物有黄铁矿、磁黄铁矿、黄铜矿及镍黄铜矿等[7]，因此从富矿体矿石经浮选获得的浮选精矿含 S 达 13.4%，Fe 14.8%，属于含铂钯的硫化浮选精矿。1997 年以来，我国多家单位开展了金宝山硫化浮选精矿冶炼工艺的研究，除火法工艺外也研究了常压氧化酸浸及氰化湿法处理。文献[8]对有关工作进行了总结，该作者对全湿法工艺做了否定，认为氰化法不能从铂矿石中有效地溶解铂族元素。

作者从 2001 年开始研究用加压氰化法处理金宝山矿的硫化浮选精矿，发现直接使用加压氰化时，铂族元素的浸出效果很差，但如果先进行加压氧化酸浸，使物料中各种硫化矿全部转化为硫酸盐转入溶液，则继后加压氰化浸出的铂钯回收指标相当满意。本项研究形成的工艺为浮选精矿→加压氧化酸浸→加压氰化→置换富集贵金属，是一种类似于难处理金矿生产工艺的高效、清洁、短流程工艺，已申请了中国专利[9]。对加压氰化处理含铂族金属的铜镍硫化矿我们做过一些介绍[10]，本文主要报道用 50L 容积加压釜进行扩大试验的结果，并就浮选精矿中各种主要成分在流程中的走向与传统火法工艺进行了对比讨论。

2 全湿法新工艺的扩大试验结果

2.1 试料成分与研究设备

2.1.1 试料

从云南金宝山低品位铂钯矿的富矿体中采掘出矿石 25t，经破碎、球磨及连续浮选获得浮选精矿供冶炼工艺研究使用。富矿体按 Pt + Pd 品位 6g/t 左右圈定。物相及组分分析表明：富矿体属易选的原生硫化矿，贵金属矿物呈细微颗粒，绝大部分与铜镍的硫化矿物连生，或被包裹。贵金属矿物种类很多，主要有铁自然铂、碲铂矿、碲钯矿、等轴锡铂矿、斜方锡钯矿等。主要脉石矿物是蛇纹石、辉石、角闪石、绿泥石、方解石、滑石等。富矿体主要有价金属的平均品位为：Pt 2.31g/t，Pd 3.88g/t，Ni 0.29%，Cu 0.25%，Co 0.014%。连续浮选获得的浮选精矿具有代表性的成分分析结果列于表 1。

表 1 连续浮选获得的浮选精矿主要成分

$Pt/g \cdot t^{-1}$	$Pd/g \cdot t^{-1}$	质量分数/%						
		Cu	Ni	Co	Fe	S	MgO	SiO_2
34	52.4	3.45	3.86	0.24	14.8	13.4	19.3	26.9

2.1.2 研究设备

用容积为 3L 的不锈钢高压釜（TFYX-3 型，最大承压 35MPa，最高加热温度 350℃）内置半球形底，直径 10cm 的玻璃圆筒反应杯。进行了批量 200g 浮选精矿的反应条件优化实验，确定了全湿法新工艺的原则流程及相关反应控制条件。在小型实验取得成果的基础上进行放大试验。由大连高压釜容器制造有限公司非标设计制造了容积 50L 的高压釜，承压 7.0MPa，最高加热温度 350℃，材质为 316L 钢，电磁搅拌，最大转速 500r/min，桨叶为螺旋推进式，电阻丝外加热，功率 15kW，釜内置钛材内胆。控制柜安装有设定温度、反应温度、釜内压力及搅拌转速等数显表头。控温精度 ±3℃。扩大试验每次批量为 3kg 或 5kg 的浮选精矿，固液比 1∶4，反应温度 160～200℃，压力 2.0MPa。

2.2 样品分析方法

固体料中的贵金属分析用火试金法，根据预计的品位确定取样量，品位愈低取样愈多，以保证分析精度。用铅在高温下捕集贵金属，灰吹分去大量铅后的铅扣用化学法溶解，然后用微量比色法分析，允许的相对误差为 ±10%。

溶液样品中的贵贱金属均用化学法分析。

部分重要的固体样品除火试金法分析外，还用碱熔法处理，用催化比色法分析，结果与火试金法对照。

由于 5kg 试料中的 Pt、Pd 含量仅有 400 多毫克，用置换法获得的贵金属过滤在滤纸上的量非常少，因此将滤纸与贵金属渣一起用 $HCl + H_2O_2$ 溶解，至黑渣溶尽，滤纸雪白时滤去纸渣，洗净，溶解液与洗水合并，控制一定体积分析贵金属浓度。采用此种操作可提高数据的准确可靠程度。

2.3 小试研究确定的工艺流程

小型实验研究中发现：直接用浮选精矿进行加压氰化时，无论怎样变动固液比、反应温度、氧压、搅拌强度、时间等因素，均不能获得好的浸出指标，究其原因是浮选精矿与难处理金矿类似，大量的硫化铁包裹了铂族金属，而且硫化物在矿浆中是耗氧物种，它的存在将无法使反应体系的电位提高到浸出铂族金属所需的氧化电位。因此，工艺流程的第一步采用加压氧化浸出使所有硫化物转化为氧化物。曾进行了酸性和碱性加压氧化浸出效果的比较研究，发现前者的反应速度和试剂成本比后者有利，因此确定使用硫酸介质。

加压氧化酸浸时，全部贱金属均转入溶液，Cu、Ni、Co 的浸出率均大于 99%。由于浮选精矿中铂钯矿物的物种复杂，加以反应体系中难免存在少量氯离子，因此有少量铂钯分散在酸浸液中，但可用铜片从中快速置换回收。

加压酸浸渣进行两段加压氰化后，最终氰化渣的质量仅为浮选精矿质量的 20%，Pt + Pd 品位可降低到小于 10g/t，按渣品位计算时，Pt、Pd 的浸出指标达到了非常理想的程度。

在加压氰化过程中，浮选精矿含有的少量 Rh、Ir、Au、Ag 也均能得到满意的回收。

小型实验确定的加压氰化提取铂族金属的工艺流程见图 1。

2.4 5kg 批料的扩大试验结果

3 批 5kg 批料的扩大试验结果列于表 2～表 6 中。

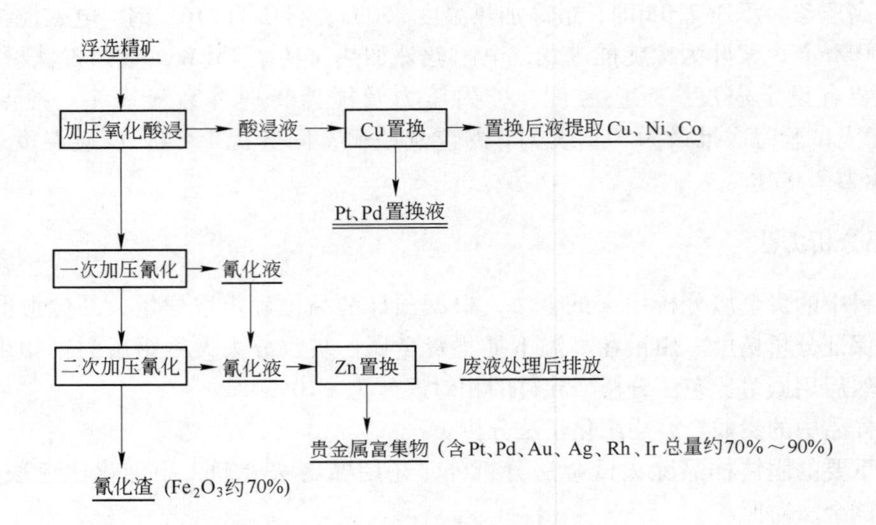

图1　处理含铂钯硫化浮选精矿全湿法工艺原则流程图

表2　加压氧化酸浸贱金属的浸出效果

编号	物料	质量/kg	品位/%			金属量/g			浸出率/%		
			Cu	Ni	Co	Cu	Ni	Co	Cu	Ni	Co
	浮选精矿	5.00	4.28	3.86	0.3	214	193	15			
No. 1	浸出渣	2.04	0.07	0.02	<0.005	1.43	0.41	<0.10	99.33	99.79	>99.32
No. 2	浸出渣	2.19	0.08	0.03	<0.005	1.75	0.66	<0.10	99.18	99.66	>99.33
No. 3	浸出渣	2.18	0.07	0.02	<0.005	1.52	0.44	<0.10	99.29	99.77	>99.26

表3　两段加压氰化的铂钯回收效果

编号	物　料	数量	品位(g/t)或浓度(g/L)		金属量/mg		回收率/%	
			Pt	Pd	Pt	Pd	Pt	Pd
	浮选精矿	5.00kg	36.73	51.42	183.65	257.10		
	二次氰化渣	1.01kg	7.3	1.76	7.37	1.78	95.99	99.31
No. 1	酸浸回收富液	4.00L	0.0044	0.0080	18	32	90.39	99.96
	氰化回收富液	5.00L	0.0296	0.0450	148	225		
	二次氰化渣	1.00kg	6.6	1.52	6.6	1.52	96.41	99.41
No. 2	酸浸回收富液	4.00L	0.0030	0.0070	12	28	93.66	100.74
	氰化回收富液	5.00L	0.0320	0.0462	160	231		
	浮选精矿	5.00kg	32.14	50.31	160.70	251.55		
	二次氰化渣	1.00kg	6.7	1.75	6.7	1.75	95.83	99.30
No. 3	酸浸回收富液	4.00L	0.0037	0.0092	15	37	92.72	99.78
	氰化回收富液	5.00L	0.0268	0.0428	134	214		

表 4　两段加压氰化的铑、铱、金、银回收效果

编号	物　料	数量	品位(g/t)或浓度(g/L)				金属量/mg				回收率/%			
			Rh	Ir	Au	Ag	Rh	Ir	Au	Ag	Rh	Ir	Au	Ag
	浮选精矿	5.0kg	1.58	0.88	5.0	41	7.9	4.4	25	205				
No. 1	二次氰化渣	1.01kg	0.4	<0.1	0.42	17	0.4	<0.1	0.42	17.1	94.9	97.7	98.3	91.7
	氰化回收富液	5.0L	0.0014	0.0008	0.0053	0.0336	7.0	4.0	26.5	168	88.6	90.9	106	82.0
No. 2	二次氰化渣	1.01kg	0.3	<0.1	0.21	21	0.3	<0.1	0.21	21.1	96.2	97.7	99.2	89.7
	氰化回收富液	5.0L	0.0013	0.0008	0.0060	0.0358	6.5	4.0	30.0	179	82.3	90.9	120	87.3
No. 3	二次氰化渣	1.01kg	0.3	<0.1	0.33	22	0.3	<0.1	0.33	22	96.2	97.7	98.7	89.3
	氰化回收富液	5.0L	0.0015	0.0009	0.0050	0.0327	7.5	4.5	25.0	164	94.9	102	100	80.0

表 5　（No. 2）两段加压氰化渣的全组分分析结果

元　素	Pt	Pd	Rh	Ir	Au	Ag	Cu	Ni
含量/g · t^{-1}	6.6	1.52	0.3	<0.1	0.21	21	0.07	0.03
元　素	Co	Fe	S	SiO_2	CaO	MgO	Al_2O_3	
含量/%	<0.005	48.62	<1.0	27.0	12.46	2.10	<0.5	

注：按 No. 2 氰化渣的光谱定性分析结果对所含元素进行化学分析。

表 6　5L 氰化回收富液的主成分分析结果

元　素	Pt	Pd	Rh	Ir	Au
浓度/g · L^{-1}	0.0320	0.0462	0.0013	0.0008	0.0060
含量/mg	160	231	6.5	4	30
元　素	Ag	Cu	Ni	Co	Fe
浓度/g · L^{-1}	0.0358	0.003	0.007	<0.0005	0.011
含量/mg	179	15	35	—	55

注：贵金属共 715.5mg，铂钯占 54.6%，其他贵金属占 30.7%。

从表 2 ~ 表 6 中所列数据看出：

（1）含铂族金属的硫化铜镍浮选精矿经加压氧化酸浸后，按浸出渣分析值计算 Cu、Ni、Co 的浸出率为 99.18% ~99.79%，大部分 Fe 以 Fe_2O_3、FeO(OH)形态保留在渣中。

（2）酸浸渣经两次氰化后，按氰化渣中 Pt、Pd 品位计算时，浸出率为：Pt 95.83% ~96.41%，Pd 99.30% ~99.41%。若按从加压酸浸液和加压氰化液置换获得的金属量计算回收率则为：Pt 90.39% ~93.66%，Pd 接近 100%。

（3）浮选精矿中 Rh、Ir、Au、Ag 在全湿法新工艺中均可得到回收。从二次氰化渣和氰化回收富液两边计算，Au 的回收指标最高，Rh、Ir 次之。Ag 有少量分散在加压酸浸液中，因而指标稍低，Ag 的最低值为 80%。Rh、Ir 因试料中品位太低，回收数据波动较大。

(4) 最终氰化渣的主要成分是 Fe 48.62%，按 Fe_2O_3 计已接近 70%。其次是 SiO_2 27.0%，CaO 2.46%。贵金属除 Ag 稍高外，其余均已低微。

(5) 从 1 份 5L 氰化回收富液的主要成分分析结果看出，Zn 粉置换渣中贵金属品位可高达 85.3%。

3 全湿法新工艺与传统火法富集工艺的比较

全湿法新工艺第 1 步氧化酸浸将大于 99% 的 Cu、Ni、Co 转入溶液，除 Fe 大量以 Fe_2O_3 及 FeO(OH)保留在渣中外，其余所有贱金属理论上均将转入溶液中。此步反应的渣率为 50% 左右，Pd 有少量分散，Pt 次之，Rh、Ir 不进入酸浸液，贵金属大体上富集 2 倍。再经两次加压氰化后，氰化渣率按浮选精矿计已降至 20%，氰化液进行置换富集，获得的贵金属富集物品位可大于 85%（见表 6）。这样，经过四道工序，Pt、Pd 可从 86.4g/t 富集近 7000 倍，四道工序均有良好的操作环境，显然这是一种高效、高回收、清洁、少污染的冶金短流程。现按浮选精矿中主要成分在湿法工艺中的反应及走向与传统火法富集工艺比较于下。

3.1 硫的走向

全湿法新工艺中，加压氧化酸浸一道工序即可使浮选精矿中 13.4% 的 S 全部转化为 SO_4^{2-}，其反应放热还减少了供热需求。但对于火法富集贵金属的传统工艺，在精矿焙烧、电炉或闪速炉熔炼低锍、氧气吹炼高锍等过程中均不同程度地产生 SO_2，且能耗很高，所获高锍中还含有约 22% 的 S[11]，此后处理高锍的各种湿法方案都需不断脱硫，即使处理高锍磨磁浮产出的铜镍合金，经过盐酸加氯气氧化浸出铜镍后，其浸出渣仍需脱硫。

3.2 铁的走向

浮选精矿含 Fe 14.8%，大部分以 FeS 的形态存在。在全湿法新工艺的加压氧化酸浸反应中，除约 10% ~18% 的 Fe 仍以硫酸盐保留在溶液中外，其余的 Fe^{3+} 离子在高温下发生水解，以对氰化反应不产生干扰的 Fe_2O_3 和 FeO(OH)形式一直保留到最后的氰化渣中。在传统火法工艺中，大部分 Fe 在熔炼时靠与 SiO_2 造渣以及氧化吹炼时除去，但在高锍中 Fe 含量仍有 2% ~4%。

3.3 MgO 的走向

在全湿法工艺中，MgO 可以中和加压氧化酸浸过程中产生的 H_2SO_4，降低浸出液的酸度，有利于溶剂萃取法提取 Cu、Ni、Co，因此 MgO 含量多少不影响湿法工艺。在火法富集工艺中，因为炉渣的成分是 FeO-MgO-CaO-SiO_2 四元系，MgO 含量增高时炉渣的熔点、黏度急剧增高。金宝山矿富矿体的原矿中，MgO 含量为 27.5%，这就要求浮选时严格抑制 MgO，从而影响了贵金属的选别及回收指标。尽管采取了措施，金宝山浮选精矿中的 MgO 含量仍高达 20% 左右，仍给熔炼操作带来困难，并增加了电耗成本。

3.4 SiO_2 的走向

加压氧化酸浸使全部 SiO_2、大部分 Fe 以及绝大部分贵金属保留于浸出渣中，其余所有贱金属、S、MgO 均将全部或大部分转入溶液。在我们的实验中，通常氧化酸浸渣率为50%。一次加压氰化渣的渣率对浮选精矿为25%左右，二次氰化渣率再次降为20%左右。表5中二次氰化渣 SiO_2 的含量为27.0%，与浮选精矿中的含量基本一致，可以推断在碱性加压氰化过程中，呈细微颗粒的 SiO_2 将有相当一部分被溶解。

在传统火法工艺中，浮选精矿中的 SiO_2 主要靠熔炼造渣除去。

3.5 贵金属走向

在全湿法工艺处理过程中，加压氧化酸浸打开了 FeS 矿对贵金属矿的包裹，使其绝大部分呈活性的微细粒状暴露在酸浸渣物料的渣粒表面。由于体系反应终点的氧化电位高，一些铂钯矿物，特别是铋碲钯矿、砷锡钯矿、锑钯矿等可能被氧化溶解，导致少量钯进入溶液，也可能由于体系中不可避免地存在少量氯离子而引起钯和铂在酸浸液中分散。从表3数据可算出分散在酸浸液中的 Pd 仅为总 Pd 量的12% ~15%，Pt 为总 Pt 量的6% ~10%。实验中多次酸浸液的分析结果还表明，Rh、Ir、Au 基本上不进入酸浸液，Ag 则有10% ~20%进入酸浸液。这些贵金属因处于硫酸介质中，因此在室温下即可用铜片快速置换回收。

加压氰化时，可能被 SiO_2 包裹的贵金属因 SiO_2 在高温碱性溶液中的溶解而被裸露出来，因此经过二次氰化后，Pt、Pd、Rh、Ir、Au、Ag 等贵金属虽然在浮选精矿中品位仅为 10^{-5} 量级，但均获得了相当满意的回收指标。

在传统火法工艺中，贵金属首先将以金属原子态被捕集入低锍中，随后进入高锍，高锍如果吹炼至出现铜镍合金，则90%的贵金属将进入合金相中。这样一来，贵金属过早地失去了细粒分散的矿物活性状态，也丧失了选择性浸出它们的可能性。锍后续的湿法工艺只能不断地分离其中的铁、镍、铜、硫，最后可获得品位小于20%的贵金属精矿，进入精炼工段还要继续分离贱金属。这样必然导致工序多和处理周期长，必将影响贵金属的回收指标，并增加了生产成本。

4 结语

报道了用加压氰化新工艺处理云南金宝山含铂族金属硫化浮选精矿的5kg批量扩大试验结果。新工艺包含加压氧化酸浸→两段加压氰化→氰化液 Zn 置换四步工序。在加压氧化酸浸过程中，Cu、Ni、Co 的浸出率皆大于99%，S 转化为 SO_4^{2-}，大量 Fe 以 Fe_2O_3 及 FeO(OH)形态保留于酸浸渣中。经两段加压氰化处理后，按氰化渣计算 Pt 的浸出率大于95%，Pd 的浸出率大于99%。Pt、Pd 在置换渣中的品位与浮选精矿相比富集了近7000倍。Rh、Ir、Au、Ag 在新工艺中也得到满意的回收。本文还从 S、Fe、MgO、SiO_2 及贵金属在新工艺中的走向与传统的火法处理工艺进行了对比讨论，表明加压氧化酸浸与加压氰化组成的新工艺属于高效率、低污染、短周期的全湿法新工艺，对 Cu、Ni 含量低，铂族金属品位不高的硫化浮选精矿具有良好的应用前景。

参 考 文 献

[1] Desmond D P, Atkinson G B, Kuczynski R J. High-temperature Cyanide Leaching of Platinum Group Metals from Automobile Catalysts—Laboratory Tests[R]. RI29384. United States: Bureau of Mines, 1991.

[2] Kuczynski R J. Atkinson G B, Walters L A. High temperature Cyanide Leaching of Platinum Group Metals from Automobile Catalysts—Process Development Unit [R]. RI29428. United States: Bureau of Mines, 1992.

[3] Kuczynski R J, Atkinson G B, Donlinar W J. High-temperature Cyanide Leaching of Platinum Group Metals from Automobile Catalysts—Pilot Plant Study[R]. RI29543. United States: Bureau of Mines, 1995.

[4] Atkinson G B, Kuczynski R J, Desmond D P. Cyanide Leaching Method for Recovering Platinum Group Metals from a Catalytic Converter Catalyst: US, 5160711[P]. 1993.

[5] Bruckard W J, McDonald K J, Mcinnes C M, et al. Platinum, palladium and gold extraction from Coronation Hill ore by cyanidation at elevated temperatures[J]. Hydrometallurgy, 1992, 30(2):211.

[6] McInnes C M, Sparrow G J, Woodcock J T. Extraction of platinum, palladium and gold by cyanidation of Coronation Hill ore[J]. Hydrometallurgy, 1994, 35(2):141.

[7] 朱云川．中国矿情(第二卷)——金属矿产[M]．北京：科学出版社，1999：481.

[8] 刘时杰．铂族金属矿冶学[M]．北京：冶金工业出版社，2001：140，142，181，183.

[9] 陈景，黄昆，陈奕然．从低品位铂钯硫化浮选精矿中提取铂族金属及铜镍钴等有价金属新工艺．中国，02122502.8[P].2002.

[10] 黄昆，陈景．加压湿法冶金处理含铂族金属铜镍硫化矿的应用及研究进展[C]//中国有色金属学会第五届学术年会—2003 年中国国际有色金属工业高科技论坛论文集．北京，2003：13，16.

[11] 何焕华，蔡乔方．中国镍钴冶金[M]．北京：冶金工业出版社，2000：45.

加压氰化法提取铂族金属新工艺及反应机理讨论*

摘　要　在常温常压下，氰化钠与铂族金属不发生反应。但在高温（120～200℃）下，氰化钠却可以像溶解黄金那样与铂族金属反应。本文报道作者们研究提出的加压氰化法处理含铂钯浮选精矿新工艺及处理失效汽车尾气净化催化剂工艺的扩大试验结果。对于铂钯品位在80g/t左右的浮选精矿，经用加压氧化酸浸预处理后，进行两段加压氰化，从浸出液中用Zn粉置换可以获得贵金属品位达70%～90%的富集物，提取率为：Pt 90%～94%，Pd 99%。对于铂钯铑品位在1000～2000g/t的失效汽车催化剂，首先经过一次能清除积炭、油污的预处理，然后进行两段加压氰化，提取率可以达到：Pt 95%～96%，Pd 97%～98%，Rh 90%～92%。本文对反应机理也进行了简要探讨。

1　前言

在铂族金属资源的原生铂矿中，铂族金属的含量通常在每吨几克到十几克量级（10^{-5}～10^{-6}）。在伴生铂族金属的硫化镍铜矿中，铂族金属品位更是低到百万分之几，甚至千万分之几（10^{-6}～10^{-7}）。经过浮选处理后，原生铂矿的浮选精矿中，铂族金属品位可以被富集提高几十倍，达到100g/t以上（$>10^{-4}$），镍、铜品位达到百分之几。但其余约90%的组分是价值不大的硅酸盐、铝酸盐、氧化钙、氧化镁及黄铁矿等。对于这样的浮选精矿物料，人们普遍认为只能用火法处理，首先熔炼出低锍，然后氧化吹炼为铜镍高锍，以锍来捕集微量的铂族金属，再从锍中用各种湿法冶金手段分离去大量的铁、钴、镍、铜等贱金属，获取品位达百分之几十的贵金属富集物。这样一种思路对铂族金属冶金工业的发展已经支配了一个多世纪。因此，直到目前，国内外知名的铂族金属生产厂毫无例外地都使用了首先进行火法熔炼的工艺，有的著作[1]还专门论证了湿法冶金处理铂族金属矿是不可能的。

认为不能用湿法冶金提取铂族金属的另一个原因是常温常压下氰化钠与铂族金属基本上不发生化学反应。Bruckard 和 McInnes 等[2～5]报道过在100～125℃下，pH 值为9.5～10.0时，氰化6h，Pd 的氰化浸出率为90%，Pt 浸出率为80%。但他们处理的矿物是澳大利亚 Coronation Hill 矿经混汞提金后的尾矿。该矿属于氧化矿，含硫量仅0.1%，Pt 3.6g/t，Pd 9.2g/t，Fe 2.19%，SiO_2 62.7%，Cu、Zn、Pb 总量低于0.02%。显然这种成分与一般的硫化浮选精矿差异极大。对于硫化矿的浮选精矿，氰化钠不可能从中浸出提取铂族金属。因此，至今未见有用氰化法处理硫化浮选精矿的报道。

火法熔炼处理含铂族金属的硫化浮选精矿对环境污染大、工序太多、周期太长，将不可避免地造成铂族金属的分散损失。而且铂族金属一旦进入高锍后，即被大量的贱金属硫化物熔体包裹，失去了高度分散时的活性状态。当高锍用湿法酸浸，包括加

* 本文原载于《铂族金属冶金化学》，科学出版社，2008：165～175。

压氧化酸浸来分离其中大量的贱金属时，无论工艺如何先进，所得铂族金属富集物的品位都不可能高于50%，给下一步贵金属的精炼提纯又带来了困难。鉴于上述原因，我们研究了用加压氰化（高温氰化）来浸出硫化浮选精矿中的铂族金属。由于硫的存在对氰化钠溶解铂族金属有严重的影响，因此首先采用加压酸浸法使浮选精矿中的所有硫化矿物转变为硫酸盐或氧化物，然后进行两段加压氰化，选择性地溶解所有贵金属，取得了非常满意的浸出效果。氰化液用锌粉置换可以获得贵金属品位达70%～90%的富集物。

加压氰化法还可用于从失效汽车催化剂中浸出铂族金属。由于汽车废催表面上的积炭、油污等对氰化反应有影响，加之在高温使用过程中活性贵金属被烧结或热扩散到载体表层内，因此采用适宜的预处理方法清除废催表面的有害物和打开载体对铂族金属的包裹对提高浸出指标十分重要。本文采用的预处理方法[6]不同于文献中已报道的方法，所得的浸出指标也明显高于文献报道[7,8]。

本文还简要地讨论了铂族金属氰化反应的一些机理研究结果。

2 全湿法处理含铂族金属硫化浮选精矿的试验结果

全湿法处理含铂族金属硫化浮选精矿的原则流程为：浮选精矿→加压氧化酸浸预处理→酸浸渣进行两级加压氰化浸出→氰化液破坏氰根后进行锌粉置换→贵金属富集物。

试料为中国云南金宝山低品位铂钯硫化矿经破碎、球磨、浮选获得的浮选精矿。铂族金属及金含量的分析数据为火试金法所得。

三批5kg批料的扩大试验获得的铜、镍、钴氧化浸出率及铂、钯氰化浸出率结果分别列于表1及表2。

表1 加压氧化酸浸试验铜镍钴的浸出结果

批号	物 料	质量/kg	品位/%			金属量/g			浸出率/%		
			Cu	Ni	Co	Cu	Ni	Co	Cu	Ni	Co
	浮选精矿	5.00	4.28	3.86	0.3	214	193	15			
No. 1	酸浸渣	2.04	0.07	0.02	<0.005	1.43	0.41	<0.10	99.33	99.79	>99.32
No. 2	酸浸渣	2.19	0.08	0.03	<0.005	1.75	0.66	<0.10	99.18	99.66	>99.33
No. 3	酸浸渣	2.18	0.07	0.02	<0.005	1.52	0.44	<0.10	99.30	99.74	>99.29

表2 两级加压氰化 Pt 和 Pd 的浸出结果

批 号	物 料	质量/kg	品位/g·t^{-1}		金属量/mg		回收率/%	
			Pt	Pd	Pt	Pd	Pt	Pd
	浮选精矿	5.00	36.73	51.42	183.65	257.10		
No. 1	二次氰化渣	1.01	7.3	1.76	7.37	1.78	95.99	99.31
No. 2	二次氰化渣	1.00	6.6	1.52	6.6	1.52	96.41	99.41
	浮选精矿①	5.00	32.14	50.31	160.70	251.55		
No. 3	二次氰化渣	1.00	6.7	1.75	6.7	1.75	95.83	99.30

①浮选精矿系分袋包装，第三批料取自另一袋，因此对主金属 Pt，Pd 重新取样分析，其余金属未进行分析。

由表1数据可知，在加压氧化酸浸段，浮选精矿中的Cu、Ni、Co几乎都完全转入酸浸液，其浸出率均大于99%。

由表2数据可看出，酸浸渣经两级氰化浸出后，最终氰化渣质量仅为浮选精矿质量的20%~25%，氰化渣的Pt+Pd品位可降低到小于10g/t。按渣品位计算时，浸出率为：Pt 95.83%~96.41%，Pd 99.30%~99.41%。

由于5kg试料中的Pt、Pd含量仅有四百多毫克，用锌粉置换获得的贵金属过滤在滤纸上的量非常少，试验采取将滤纸与贵金属渣一起用 $HCl+H_2O_2$ 溶解。由锌粉置换渣溶解液的组分浓度分析值计算锌粉置换渣中的贵金属的品位（见表3）。

表3　锌置换渣溶解液的分析结果　(g/L)

锌置换渣溶解液①	Pt	Pd	Rh	Ir	Au	Ag	Cu	Ni	Co	Fe	Zn
No. 1	0.0296	0.0430	0.0014	0.0008	0.0045	0.0276	0.003	0.001	<0.0005	0.014	0.0006
No. 2	0.0320	0.0426	0.0014	0.0008	0.0044	0.0288	0.003	0.001	<0.0005	0.011	0.0008
No. 3	0.0268	0.0418	0.0015	0.0009	0.0046	0.0302	0.003	0.001	<0.0005	0.012	0.0008

①每份锌粉置换渣溶解液体积均为5.00L。

根据表3中数据计算可看出，Zn粉置换渣中铂、钯占56.0%~59.3%，其他贵金属占27.4%~30.3%。与浮选精矿中含量相比，铂、钯富集了六千多倍，可直接分离提纯为贵金属产品。

加压氰化过程中，浮选精矿含有的少量Rh、Ir、Au、Ag也均能得到满意的回收。

3　从失效汽车催化剂中加压氰化浸出铂族金属的试验结果

扩大试验的工艺流程为：汽车废催→预处理→两段加压氰化浸出→浸出液锌粉置换。

三批5kg批料的扩大试验至氰化渣的结果列于表4。

表4　汽车废催经两级加压氰化浸出Pt、Pd、Rh的结果

批号	物　料	质量/kg	品位/g·t⁻¹			金属量/mg			回收率/%		
			Pt	Pd	Rh	Pt	Pd	Rh	Pt	Pd	Rh
No. 1	汽车废催 CHJ-1	5.00	727.2	593.1	182.9	3636.0	2965.5	914.5			
	二次氰化渣	3.02	48.5	25.7	29.3	146.5	77.6	88.5	95.97	97.38	90.32
No. 2	汽车废催 CHJ-2	5.00	991.3	461.3	231.6	4956.5	2306.5	1158.0			
	二次氰化渣	3.00	83.5	16.7	33.5	250.5	50.1	100.5	94.95	97.83	91.32
No. 3	汽车废催 CHJ-3	5.00	718.3	594.7	173.1	3591.5	2973.5	865.5			
	二次氰化渣	3.05	50.0	27.5	22.8	152.5	83.9	69.5	95.75	97.18	91.97

可见，按氰化渣中铂、钯、铑品位计算时，浸出回收率分别可达到：Pt 95%~96%，Pd 97%~98%，Rh 90%~92%。

新工艺的预处理工序不但可清除汽车废催表面的积炭、油污等有害污染物，还可打开载体对铂族金属的包裹，得到的Pt、Pd、Rh浸出回收率较之文献报道的指标有明显提高。两者对比列于表5。

表 5 本文浸出率与文献值的比较

工艺类别	项目	Pt	Pd	Rh
本文工艺	试料品位/$g \cdot t^{-1}$	718.3	594.7	173.1
	（两段氰化 + 一段洗涤）浸出渣/$g \cdot t^{-1}$	50.0	27.5	22.8
	浸出率/%	95.75	97.18	91.97
美国国家矿务局工艺	试料品位/$g \cdot t^{-1}$	772.2	273.9	49.5
	（两段氰化 + 两段洗涤）浸出渣/$g \cdot t^{-1}$	135.63	75.57	11.55
	浸出率/%	82	72	77
	试料品位/$g \cdot t^{-1}$	849.4	164.3	80.6
	（四段氰化 + 四段洗涤）浸出渣/$g \cdot t^{-1}$	83.4	36.0	9.9
	浸出率/%	90	78	88

4 反应机理探讨

4.1 加压氧化法处理含铂族金属硫化浮选精矿

浮选精矿中，铂、钯以超显微微细粒包裹体形式分散嵌镶赋存于硫镍矿、黄铜矿、黄铁矿等硫化矿物中。

加压氧化酸浸过程发生的主要化学反应如下：

$$CuFeS_2 + 2H_2SO_4 + O_2 = CuSO_4 + FeSO_4 + 2S^0 + 2H_2O \quad (1)$$

$$FeNi_2S_4 + 2H_2SO_4 + 3O_2 = 2NiSO_4 + FeSO_4 + 3S^0 + 2H_2O \quad (2)$$

$$2FeS_2 + 2H_2SO_4 + O_2 = 2FeSO_4 + 4S^0 + 2H_2O \quad (3)$$

$$4FeSO_4 + 2H_2SO_4 + O_2 = 2Fe_2(SO_4)_3 + 2H_2O \quad (4)$$

$$FeS_2 + Fe_2(SO_4)_3 = 3FeSO_4 + 2S^0 \quad (5)$$

$$Fe_2(SO_4)_3 + 3H_2O = Fe_2O_3 + 3H_2SO_4 \quad (6)$$

$$Fe_2(SO_4)_3 + 4H_2O = 2\alpha\text{-}FeO(OH) + 3H_2SO_4 \quad (7)$$

$$MgO + H_2SO_4 = MgSO_4 + H_2O \quad (8)$$

$$CaO + H_2SO_4 = CaSO_4 + H_2O \quad (9)$$

在高温、高氧压及长时间反应条件下，贱金属硫化物可完全氧化为硫酸盐，各反应式生成的 S^0 也进一步氧化为 SO_4^{2-}。

经加压氧化酸浸后，酸浸渣中 Cu、Ni 等硫化物矿相从 X 射线衍射图考察已基本消失，见图 1。

从图 1 可见，浸出渣主要物相为 Fe_2O_3、FeO(OH) 及 SiO_2 等。

图 2 和图 3 分别为酸浸渣电镜照片及其能谱分析图，对图 2 中出现的数颗微细亮粒做微区能谱分析，见图 4。

从图 4 的能谱可见，图 2 中亮粒微区的铂、钯含量很高。这表明浮选精矿经加压酸浸后，贱金属硫化矿对铂钯矿的包裹已打开，铂、钯金属颗粒得以暴露出来。

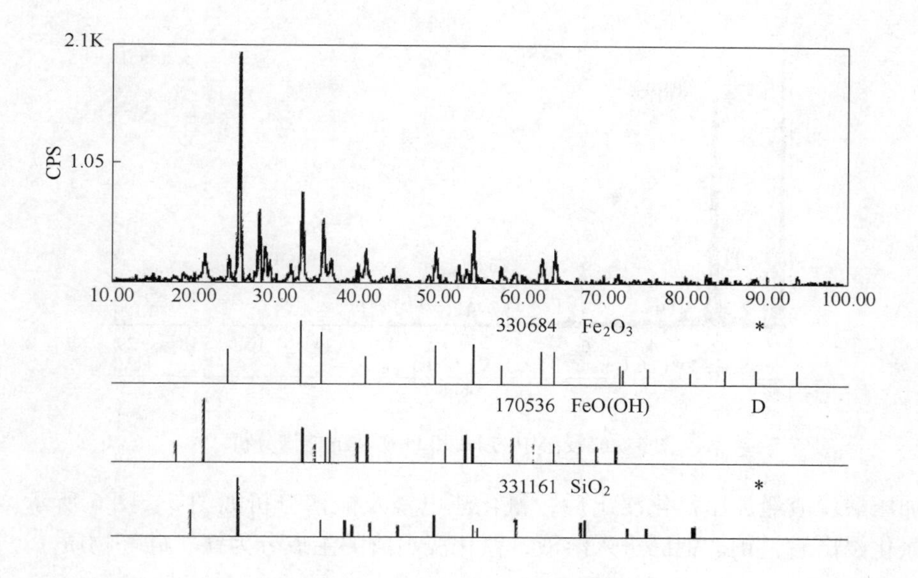

图 1　加压酸浸渣的 XRD 图

图 2　加压酸浸渣的扫描电镜图

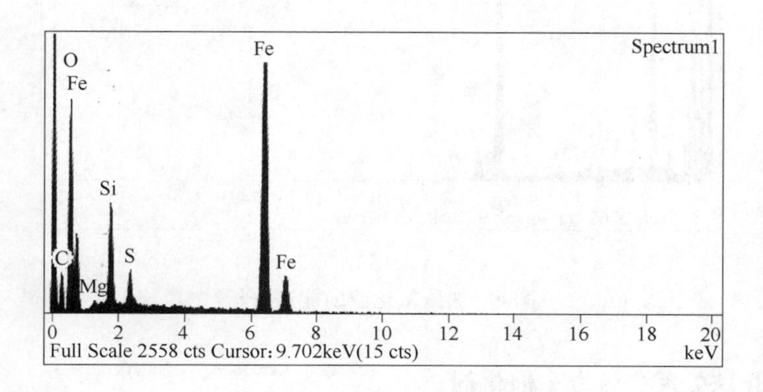

图 3　加压酸浸渣的能谱图

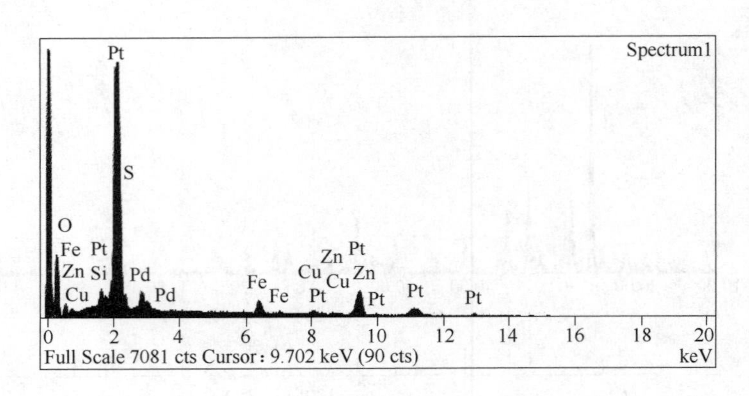

图 4　酸浸渣中的 Pd 和 Pt 矿粒的能谱分析

加压酸浸渣经加压氰化浸出后，氰化渣电镜及能谱分析如图 5、图 6 所示。可见，加压氰化浸出后，铂、钯已进入溶液，氰化浸出渣的主成分为铁、硅等物质。

图 5　加压氰化渣的扫描电镜图

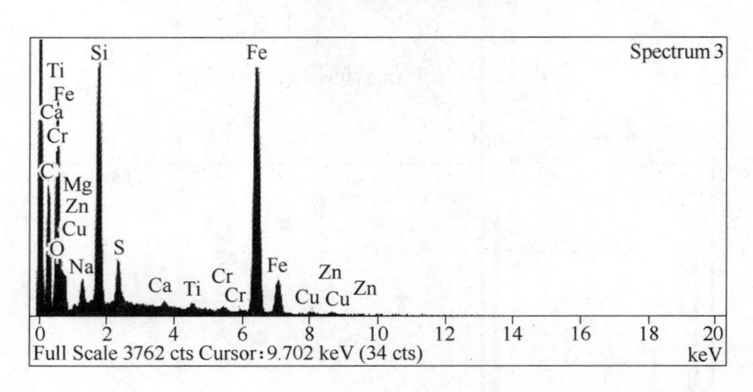

图 6　加压氰化渣的能谱分析

4.2　加压氰化法处理失效汽车催化剂

试验研究发现，汽车废催经预处理后，被载体包裹的铂族金属颗粒可以暴露出来。

预处理渣电镜照片如图7所示。对图7中亮白色颗粒做微区能谱分析，如图8所示。图8中可观察到明显的Pt的谱线。

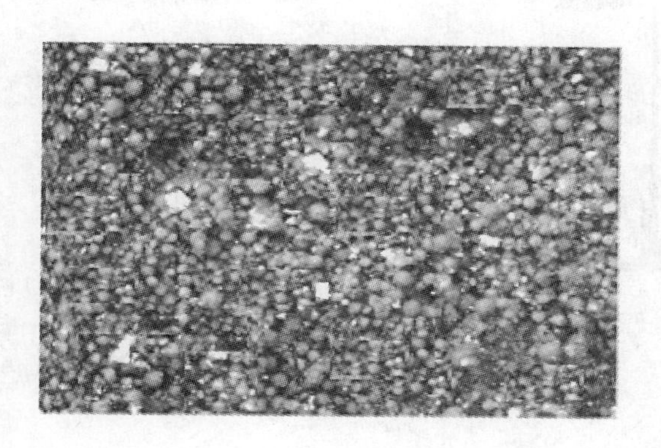

图7　汽车废催预处理渣的扫描电镜

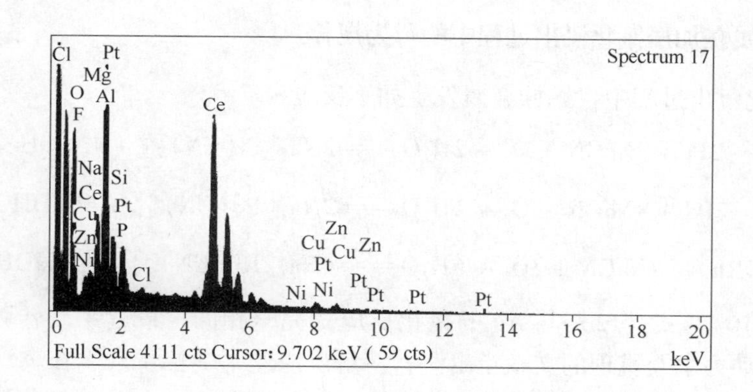

图8　汽车废催预处理渣的能谱图

预处理渣经加压氰化浸出后，载体的包裹可进一步被打开。其氰化渣电镜及能谱分析如图9、图10所示。

图9　汽车废催加压氰化渣的扫描电镜图

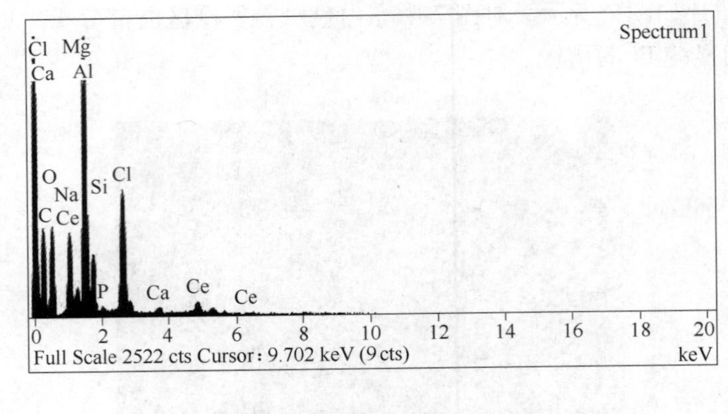

图 10　汽车废催加压氰化渣的能谱图

从图 10 看出，氰化渣已全部是载体矿物相，未发现铂族金属谱线，说明渣表面的铂族金属已转入氰化浸出液。

4.3　铂族金属在加压氰化浸出过程中的行为规律

加压氰化浸出过程中，铂族金属发生如下反应：

$$2Pt + 8NaCN + O_2 + 2H_2O = 2Na_2[Pt(CN)_4] + 4NaOH \tag{10}$$

$$2Pd + 8NaCN + O_2 + 2H_2O = 2Na_2[Pd(CN)_4] + 4NaOH \tag{11}$$

$$4Rh + 24NaCN + 3O_2 + 6H_2O = 4Na_3[Rh(CN)_6] + 12NaOH \tag{12}$$

以上式(10)~式（12）与 Au 的氰化反应式完全相同。最近用旋转圆盘电极研究 Au 氰化溶解动力学及机理的文献指出[9]，溶解反应速率受控于发生在 Au 表面的反应，其溶解行为是溶液中氰化物及氧浓度的函数。本文认为铂族金属的氰化溶解也受控于表面反应，其机理应该与 Au 的相类似，所不同的是铂族金属的金属键合能高，而且原子被氧化为配离子的中心离子时，失去的电子数也高于 Au，因此必须在高温下才能发生氰化溶解反应。

过渡金属的熔点与金属的键合强度有密切的关系。Pd、Pt、Rh 的熔点（℃）分别为：1552、1772 及 1966[10]，依次升高。它们对酸的抗腐能力也是依次升高，如 Pd 的细粉可被浓 HNO_3 或浓 H_2SO_4 溶解，Pt 仅能被王水溶解，Rh 则不被王水溶解。因此这三种铂族金属的氰化溶解顺序应该也是 Pd > Pt > Rh。我们在研究汽车废催氰化溶解铂族金属的大量条件试验中，无论变动反应温度（图 11）、变动氧分压（图 12）或变动 NaCN 初始浓度（图 13），均观察到氰化浸出顺序是 Pd > Pt > Rh[11]。

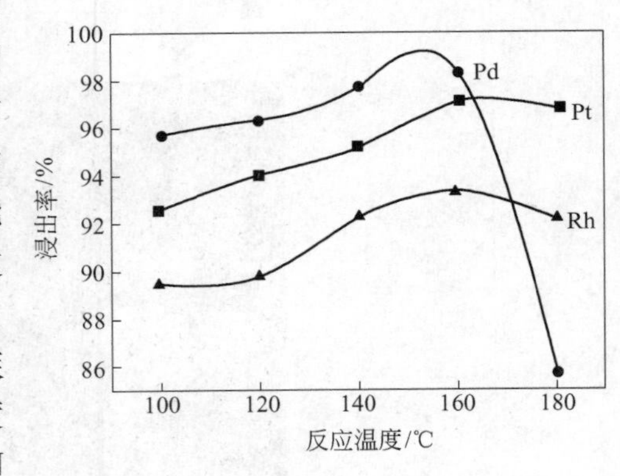

图 11　反应温度对铂族金属浸出率的影响
（NaCN 6.25g/L，1h，O_2 分压 1.5MPa）

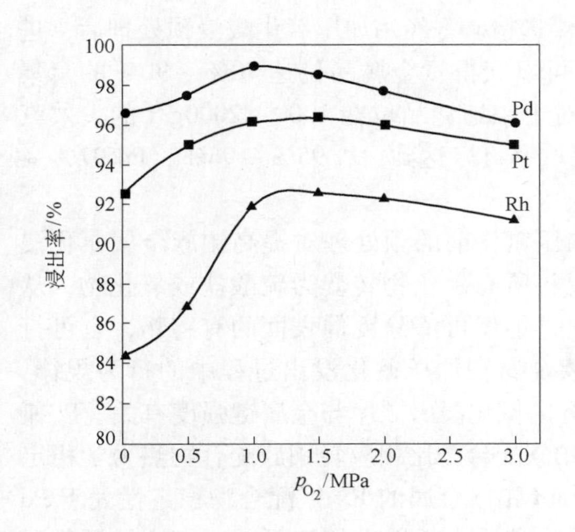

图 12　氧分压对铂族金属氰化浸出的影响
（NaCN 6.25g/L，160℃，1h）

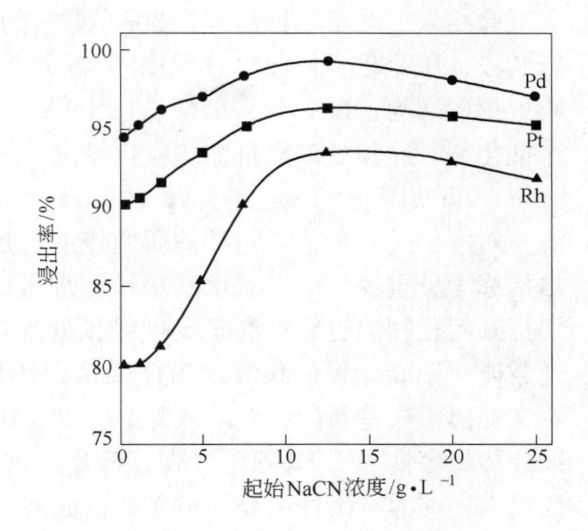

图 13　NaCN 浓度对铂族金属氰化浸出的影响
（160℃，1h，O_2 分压 1.5MPa）

从图 11 看出，当反应温度大于 160℃ 后，Pd 的浸出率陡然下降。这是因为 $Pd(CN)_4^{2-}$ 配离子不稳定，在高温下重新分解为金属 Pd 造成的。图 12 看出，过高的氧分压会引起三种铂族金属的浸出率都有所降低。三种铂族金属的热分解反应式如下：

$$Pd(CN)_4^{2-} + 3/2O_2 + 7H_2O = Pd + 4NH_3 + 4CO_2 + 2OH^- \quad (13)$$

$$Pt(CN)_4^{2-} + 3/2O_2 + 7H_2O = Pt + 4NH_3 + 4CO_2 + 2OH^- \quad (14)$$

$$Rh(CN)_6^{3-} + 9/4O_2 + 21/2H_2O = Rh + 6NH_3 + 6CO_2 + 3OH^- \quad (15)$$

至于图 13 中 NaCN 浓度过大时也引起浸出率降低的原因，我们认为系因表面化学反应需要把 CN^- 和 O_2 都吸附到金属表面，CN^- 浓度过大，它们在金属表面占用的活性原子位置过多，O_2 的吸附受到影响造成的。这种氰化过程对溶液中氰化物浓度与氧气浓度要求满足一定的最佳匹配比值的现象在金的氰化反应研究中已被前人观察到[12]。

此外，Pt 氰配合物稳定性大于 Pd 氰配合物的原因，可用作者提出的“铂族金属配合物存在重铂族配合物比相同价态、相同配位体和相应配离子结构的轻铂族配合物的热力学稳定性更大，动力学惰性更高”的规律[13]解释。Rh 氰配合物稳定性也高于 Pd 氰配合物的原因则可用配离子几何构型不同进行解释。$Pd(CN)_4^{2-}$ 配离子呈平面正方形，O_2 可以从 z 轴方向与中心离子接触，而 $Rh(CN)_6^{3-}$ 配离子呈八面体，中心离子被配体团团围住，需待一个氰配离子断键后，氧才能进入内界与之反应[14]。

以上对氰化溶解铂族金属的反应现象只做了一些简要的解释。实际的反应可能更为复杂。它将涉及铂族金属的原子结构、金属键强度[15]、金属表面原子性质、配离子的配位能、吸附过渡态的活化能以及电化学反应的电子传递等问题。

5　结语

本文报道了加压氰化法新工艺处理含铂钯浮选精矿及失效汽车废催两种物料的扩

大试验结果。对于铂钯品位在80g/t左右的浮选精矿，经用加压氧化酸浸预处理后，进行两段加压氰化，从浸出液中用Zn粉置换可以获得贵金属品位达70%～90%的富集物，提取率为：Pt 90%～94%，Pd 99%。对于铂钯铑品位在1000～2000g/t的失效汽车催化剂，经预处理后再加压氰化浸出，提取率可以达到：Pt 95%～96%，Pd 97%～98%，Rh 90%～92%。

对浸出过程工艺矿物学的研究表明：加压氰化前的预处理对提高铂族金属氰化浸出指标十分重要。加压氧化酸浸预处理可以将所有硫化物转变为硫酸盐或氧化物，从而打开硫化物的包裹；汽车废催经预处理后，不但可清除废催表面的有害物，也可打开载体对铂族金属的包裹。为深入认识铂族金属在加压氰化浸出过程中的行为规律，本文提出了一些新的解释。认为Pd＞Pt＞Rh的氰化浸出顺序与金属键强度有关。Pt氰配合物稳定性大于Pd氰配合物，符合“重铂族配合物比相应轻铂族配合物热力学稳定性更大，动力学惰性更高”的规律。而同属4*d*铂族金属的Rh氰配合物稳定性大于Pd氰配合物，可以从几何构型不同的配离子的化学反应活性进行解释。研究结果深化了对加压氰化技术提取铂族金属的反应过程机理的认识。

参考文献

[1] 刘时杰．铂族金属矿冶学[M]．北京：冶金工业出版社，2001：140，181.
[2] Bruckard T. Recovery of gold and PGM from low grade copper ore of LOGM[J]. Fizkochemiczne Problemy Minerallurgi/Phisicochemical Problems of Mineral processing，1998，32：21～29.
[3] McInnes C M，Sparrow G J，Woodcock J T. Extraction of platinum，palladium and gold by cyanidation from Coronation Hill ore[J]. Hydrometallurgy，1993(31)：157～164.
[4] Bruckard W J，McDonald，McInnes C M，et al. Platinum，palladium and gold extraction from Coronation Hill ore by cyanidation at elevated temperature[J]. Hydrometallurgy，1992(30)：211～217.
[5] Duyvesteyn S，Liu H，Duyvesteyn W P C. Recovery of platinum group metals from oxide ores-TML process[C]//Proceedings of the international symposium hydrometallurgy'94. London：Chapman & Hall for the IMM and Society of Chemical Industry，1994.
[6] 陈景，黄昆．加压氰化法提取铂族金属新工艺：中国，01130222.4[P]. 2001.
[7] Atkinson G B. Cyanide leaching method for recovering platinum group metals from a catalytic converter catalyst：US，5160711[P]. 1992.
[8] Desmond D P. High-temperature cyanide leaching of platinum group metals from automobile catalysts-laboratory test[R]. RI-9384，United States：Bureau of Mines，1991.
[9] Wadsworth M E，Zhu X，Thompson J S，et al. Gold dissolution and activation in cyanide solution：Kinetics and mechanism[J]. Hydrometallurgy，2000，57：1～11.
[10] 麦松威，周公度．高等无机结构化学[M]．北京：北京大学出版社，2001.
[11] 黄昆．加压氰化法提取铂族金属新工艺研究[D]．昆明：昆明理工大学，2004.
[12] 古映莹．金氰化过程氰根与氧气浓度的最佳比值[J]．黄金，1994，15(6)：50～52.
[13] 陈景．铂族金属化学冶金理论与实践[M]．昆明：云南科技出版社，1995.
[14] 黄昆，陈景．铂族金属加压氰化浸出过程行为探讨[J]．金属学报，2004，40(3)：270～274.
[15] 陈景．原子态与金属态贵金属化学稳定性的差异[J]．中国有色金属学报，2001，11(2)：286～293.

金宝山铂钯浮选精矿几种处理工艺的讨论*

摘　要　云南金宝山铂矿是我国目前发现的第一个具有工业开采价值的原生铂矿。已公开报道的处理其浮选精矿的冶炼工艺包括：微波加热或硫酸熟化预处理后湿法提取铂钯；火法造锍熔炼富集后再湿法处理高镍锍或低镍锍；直接加压氧化酸浸后加压氰化浸出铂钯。本文对上述几种工艺进行了比较讨论。指出：工艺方案一存在化学试剂耗量大，有害气体污染环境，Cu、Ni、Co难于分离和Pt、Pd浸出率低等缺点；工艺方案二则工序繁冗，能耗高，污染严重，周期长，贵金属富集物品位低，经济上难以创效；工艺方案三更适合处理金宝山铂钯浮选精矿，且具有铂钯回收指标高、工序短、成本低、无SO_2污染等优点。加压氧化酸浸后进行加压氰化的全湿法新工艺突破了处理含铂族金属硫化矿只有采用火法熔炼才能有效地捕集铂族金属的传统观点，对提高金宝山铂矿资源的综合利用水平具有重要意义。

我国铂族金属矿产资源稀少，已探明的金属储量仅300多吨。甘肃省金川硫化铜镍矿中的伴生铂矿占总资源量的60%以上。云南的铂族金属矿产资源居全国第二位，目前已发现12个矿床点，其中大理地区的金宝山矿已探明可供开采的铂钯储量为45t[1]，A+B+C+D级储量为82t，占云南省已探明总储量的67%，是我国目前发现的第一个具有工业开采价值的原生铂钯矿。金宝山矿中铂加钯平均品位为1.4555g/t，矿物种类繁多，嵌布粒度极细。铜、镍平均品位分别为0.14%和0.22%，均在工业开采的边界品位以下，而影响火法熔炼温度的MgO含量却高达27%～29%。原矿的物相分析表明，主要矿物的相对含量为：黄铜矿0.38%，紫硫镍矿0.36%，镍黄铁矿0.02%，黄铁矿0.71%，磁铁矿10.73%，铬铁矿0.94%，而橄榄石、蛇纹石等脉石成分高达87.51%[2]。

由于铂族金属是我国急需的重要战略资源，有关部门及冶金界对金宝山铂钯矿的开发利用研究十分重视。1997年9月，“云南金宝山低品位铂钯矿资源综合利用”项目被批准列入“九五”国家重点科技攻关项目计划。1998年底，承担选矿研究任务的广州有色金属研究院首先取得了突破性进展，研究成功的浮选工艺可使铂、钯、铜、镍的回收率（%）分别达到：77.35，76.93，88.13和57.48。按该流程，用25t原矿进行了连续扩大试验，产出的浮选精矿提供各有关单位在研究冶炼工艺时使用。各单位所用浮选精矿物料的组分分析值略有差异，本文作者所用的一份浮选精矿组分化学分析结果[3]列于表1。

表1　金宝山矿连续浮选获得的精矿主要成分

元　素	Pt	Pd	Rh	Ir	Os	Ru	Au	Ag	ΣPMs
品位/$g \cdot t^{-1}$	36.73	51.42	1.58	0.88	0.82	0.63	5.0	41	92.06
元　素	Cu	Ni	Co	Fe	S	MgO	SiO_2	CaO	Al_2O_3
品位/%	4.28	3.86	0.30	18.32	14.15	19.3	26.9	2.89	2.05

注：昆明贵金属所分析室分析。

* 本文合作者有：黄昆，陈奕然；原载于《稀有金属》2006年第3期。

本文根据已公开发表的几种金宝山浮选精矿冶炼工艺流程进行比较讨论。

1 处理金宝山浮选精矿的几种工艺流程

1.1 微波加热或硫酸熟化预处理后的湿法提取铂钯工艺

马宠等[4]最早简要地报道了将金宝山精矿经微波辐射预处理10min后进行湿法提取有价金属的研究结果，其原则流程见图1。

微波预处理使用的微波频率为2450MHz。实验在功率为1.5kW的微波马弗炉中进行。研究报告没有给出两级浸出反应的具体条件及浸出液组分，仅笼统地指出Cu、Ni、Pt、Pd的最终浸出率可分别达到（%）：98.89，97.21，87.95和95.43。该文认为微波预处理与传统焙烧工艺相比可大幅度降低能耗，作业时间短，可避免有害气体污染，流程简单，建设规模可大可小。

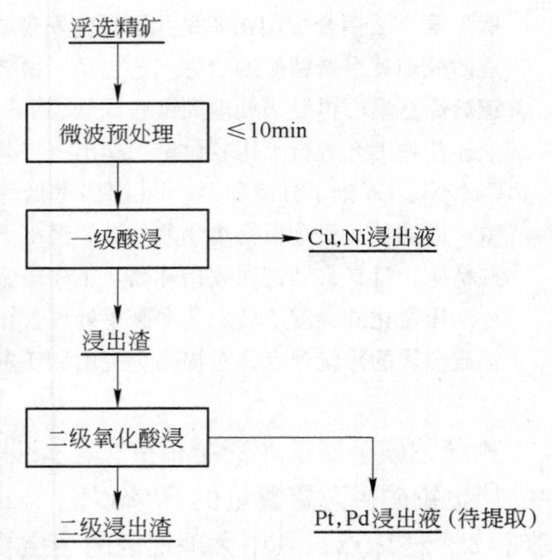

图1 微波预处理的湿法提取工艺流程

吴萍[5]的研究报告指出，虽然微波处理具有“快速加热、内外一致加热和选择性加热的特性，使矿物晶粒间产生热应力，导致晶间缝扩展变宽，从而达到破坏矿物晶体结构，改变矿物物相和元素价态，打开包裹体的目的”，但进行微波加热预处理该精矿的试验结果表明效果并不好，于是他们把图1中的微波预处理改为硫酸熟化后硫酸预浸。通过正交试验获得预处理的最佳条件是：熟化后硫酸用量（矿：酸）为1：0.5，熟化温度150℃，时间10h。预浸酸量1：0.8，液固比4：1，温度常温，时间2.5h。预浸可使铜、镍、钴的浸出率分别达到99.55%、98.74%和92.17%。二级氧化酸浸使用酸度为2.9mol/L，氧化剂用量50%，温度95℃，时间2.5h，据称铂钯浸出率分别为89.93%和89.26%。此文没有给出一次酸浸液中Fe、Mg的浓度，二级氧化酸浸渣的组成分以及Pt和Pd浸出液中其他贱金属的含量，从而也就难于了解精矿试料主成分FeS和MgO走向。

1.2 火法造锍熔炼捕集贵金属的工艺

目前国内外所有知名的铂族金属生产厂都无一例外地使用火法造锍熔炼捕集贵金属到铜镍铁锍中。此步操作可将占精矿量约70%的全部硅酸盐脉石和大量硫化铁以熔渣形式排出。铜镍铁锍经氧化吹炼获得铜镍高锍。高锍中的铂族金属品位因各厂家所用浮选精矿不同而差异很大。我国金川的铜镍高锍中铂族金属品位仅约20g/t，而南非美伦斯基矿产出的高锍中可达到3000g/t。对高锍的处理技术国内外各厂家采用了不同的湿法浸出工艺，目的都是分离其中的铜镍贱金属，使浸出渣中的铂族金属品位进一步提高。如南非英帕拉（Impala）公司将高锍细磨后采用三段加压浸出，最后获得铂族金属加金品位大于45%的贵金属精矿。吕斯腾堡公司将高锍经磨—磁—浮分离出铜镍合金，再经加压酸浸获得铂族金属加金品位约60%的贵金属精矿。金川的高锍因贵金属品位太低，磨磁浮产出的铜镍合金需进行二次硫化熔炼，并进行二次磨磁浮分离，获得的二次铜镍合金经盐酸氯气浸出和脱硫后才得到贵金属精矿，而且贵金属品位仅达到 13.87%[6]。

金宝山课题组基本上承袭了传统火法熔炼的技术路线，研究提出了两个工艺流程，见图 2 和图 3[7]。

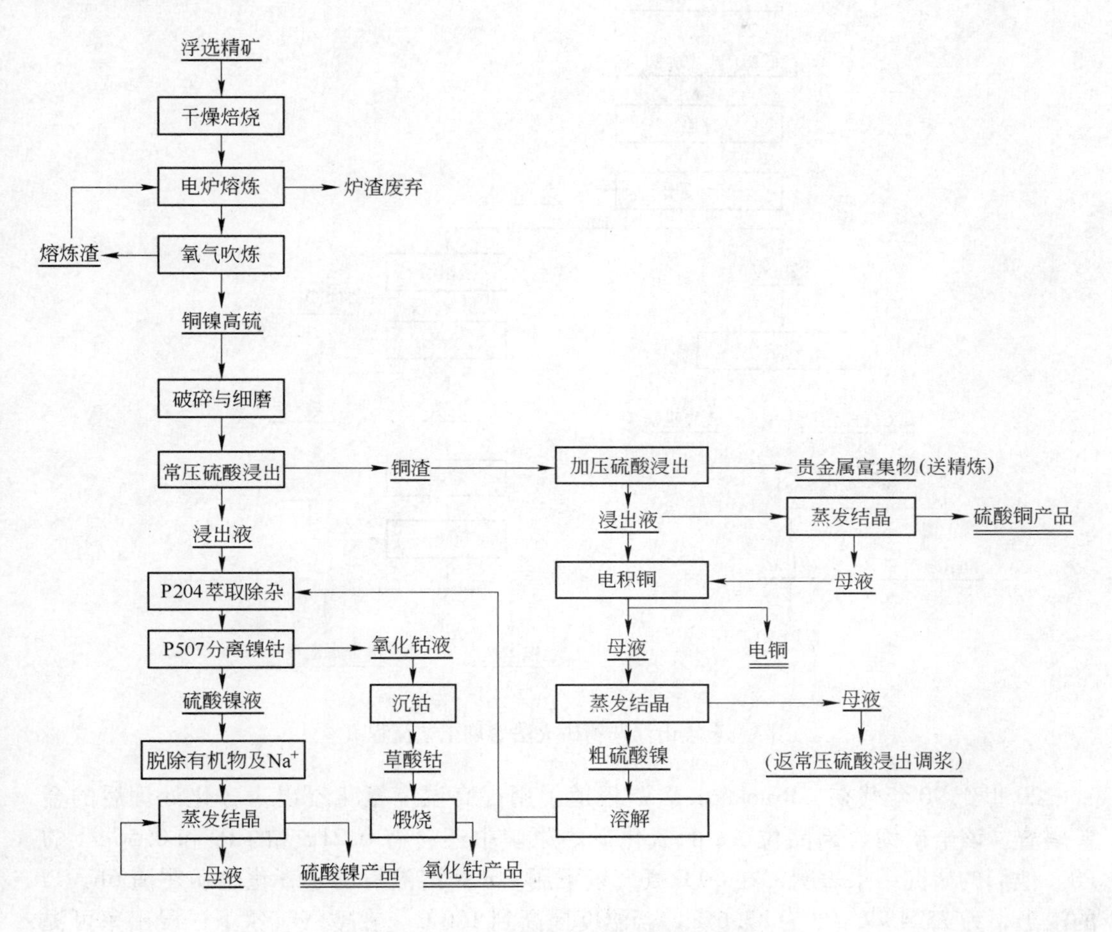

图 2　金宝山浮选精矿火法熔炼工艺流程 A

对于图 2 和图 3 的流程 A 和 B，从浮选精矿到电炉熔炼铜镍铁低锍两者完全一致，主要不同点在于流程 B 不采用氧气吹炼高锍的工序。文献[7]认为流程 B 中一段浸出液冷却结晶的产品硫酸亚铁中会夹带 20% Ni、Co，如进一步处理硫酸亚铁则工艺更趋复杂，因此倾向于采用流程 A。

1.3　加压氧化酸浸预处理后进行加压氰化的全湿法新工艺

文献[8，9]专门讨论了“浮选精矿直接湿法冶金的问题”，否定了直接用湿法冶金提取铂族金属的可能性。

铂族金属与氰化物虽然都能形成稳定的氰配阴离子，如 $Pt(CN)_4^{2-}$、$Pd(CN)_4^{2-}$ 离子，但在常温常压下，氰化物溶液很难浸蚀金属态的铂族金属。

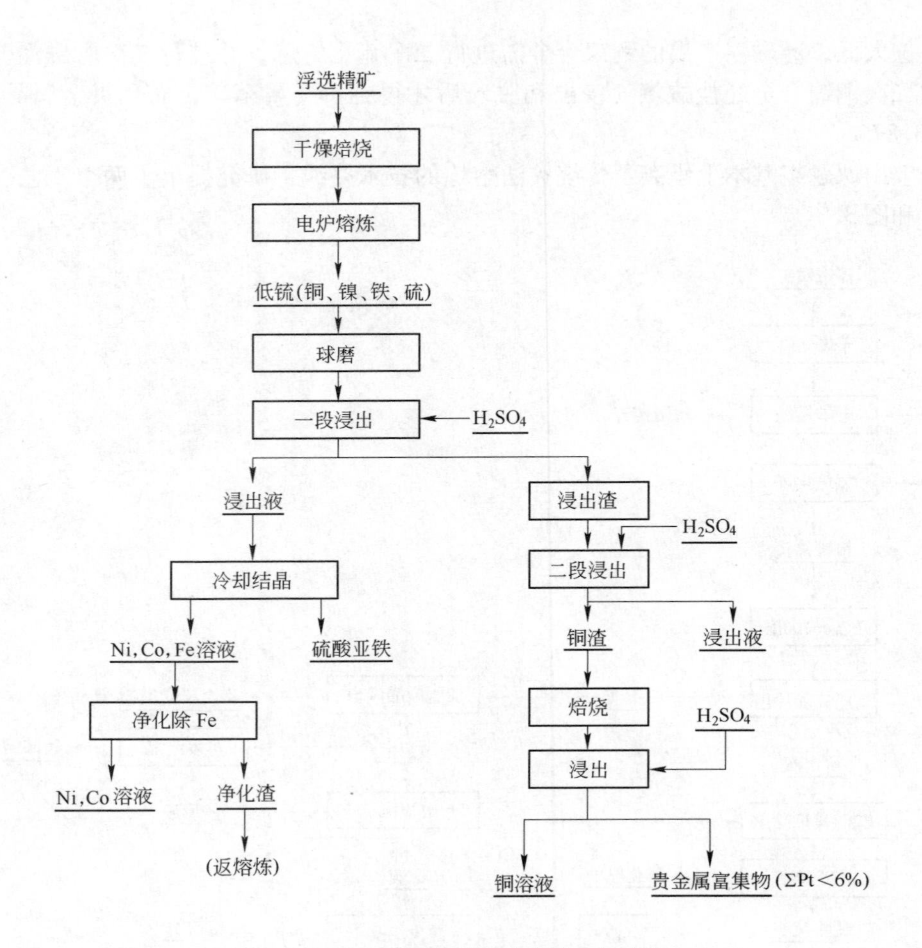

图 3　金宝山浮选精矿火法熔炼工艺流程 B

20 世纪 90 年代初，Bruckard 等[10] 报道了用提高温度氰化浸出汞齐化处理后的金矿尾渣。该金矿为含高品位 Au 的氧化矿。原矿中还含有 0.21g/t 的 Pt 和 0.56g/t 的 Pd。他们的研究结果表明，在 80℃氮气氛下用 NaCN 溶液浸出汞齐化金矿尾渣 6h，Pt 的浸出率为 75.4%，Pd 为 87.6%，若温度提高到 100℃，在空气气氛下，浸出率可提高到 Pt 78.9%，Pd 91.9%。

2000 年作者研究用加压氰化法直接处理金宝山浮选精矿，在空气气氛下恒定总压为 2.0MPa，反应温度 160℃，恒温搅拌 1h 后，Pt 的浸出率仅 27.8%，Pd 63.51%。即使对浮选精矿预先进行充分洗涤或湿磨，也不能明显提高 Pt 和 Pd 的氰化浸出率。但在对预处理方法进行深入研究后发现，若像处理难处理金矿那样，在酸性介质中对浮选精矿进行充分氧化浸出，然后再进行加压氰化，按氰化渣计算则 Pt 的浸出率大于 95%，Pd 的浸出率大于 99%[11]。我们提出的加压氰化全湿法新工艺流程见图 4。

按图 4 流程用 50L 容积高压釜进行过多次投料批量 5kg 的扩大试验，其中连续三批的加压氧化酸浸结果列入表 2；对应的 Pt、Pd 浸出率按氰化渣计算的结果列入表 3；从 Cu 置换渣溶解液和 Zn 置换渣溶解液计算的 Pt、Pd 回收率列入表 4。

有关全湿法新工艺更详细的研究结果可参见文献[3，12，13]。

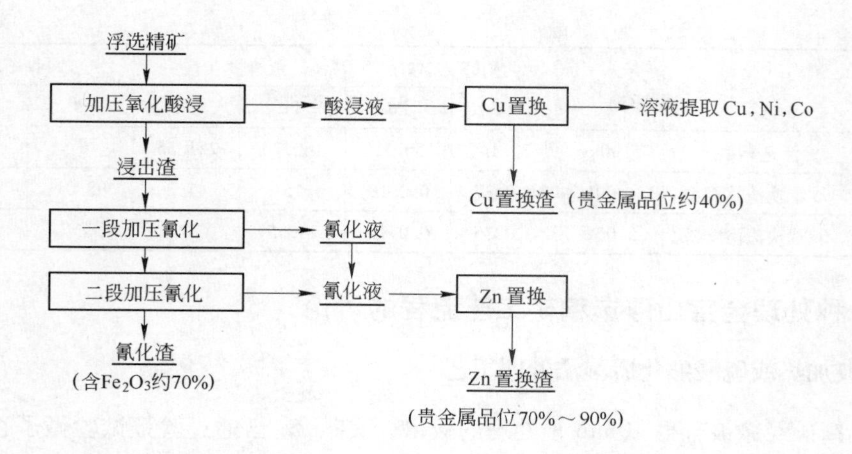

图4　金宝山浮选精矿全湿法处理新工艺

表2　加压氧化酸浸贱金属的浸出效果

批号	物料	质量/kg	品位/%			金属量/g			浸出率/%		
			Cu	Ni	Co	Cu	Ni	Co	Cu	Ni	Co
	浮选精矿	5.00	4.28	3.86	0.3	214	193	15			
No. 1	酸浸渣	2.04	0.07	0.02	<0.005	1.43	0.41	<0.1	99.33	99.79	>99.32
No. 2	酸浸渣	2.19	0.08	0.03	<0.005	1.75	0.66	<0.1	99.18	99.66	>99.33
No. 3	酸浸渣	2.18	0.07	0.02	<0.005	1.52	0.44	<0.1	99.30	99.74	>99.29

表3　两段加压氰化的铂、钯浸出回收效果（按氰化渣品位计算）

批号	物料	数量/kg	品位/$g \cdot t^{-1}$		金属量/mg		回收率/%	
			Pt	Pd	Pt	Pd	Pt	Pd
	浮选精矿	5.00	36.73	51.42	183.65	257.10		
No. 1	二次氰化渣	1.01	7.3	1.76	7.37	1.78	95.99	99.31
No. 2	二次氰化渣	1.00	6.6	1.52	6.6	1.52	96.41	99.41
	浮选精矿①	5.00	32.14	50.31	160.70	251.55		
No. 3	二次氰化渣	1.00	6.7	1.75	6.7	1.75	95.83	99.30

①浮选精矿系分袋包装，第三批料取自另一袋，因此对主金属Pt、Pd重新取样分析，其余金属未进行分析。

表4　两段加压氰化的铂、钯浸出回收效果（按置换获得的金属量之和计算）

批号	物料	数量	浓度/$g \cdot t^{-1}$		金属量/mg		回收率/%	
			Pt	Pd	Pt	Pd	Pt	Pd
	浮选精矿	5.00kg	36.73	51.42	183.65	257.10		
No. 1	Cu置换渣溶解液	4.00L	0.0044	0.0105	18	42	90.39	99.96
	Zn置换渣溶解液	5.00L	0.0296	0.0430	148	215		
No. 2	Cu置换渣溶解液	4.00L	0.0030	0.0120	12	48	93.66	101.52
	Zn置换渣溶解液	5.00L	0.0320	0.0426	160	213		

续表4

批号	物　料	数量	浓度/g·t⁻¹		金属量/mg		回收率/%	
			Pt	Pd	Pt	Pd	Pt	Pd
No. 3	浮选精矿	5.00kg	32.14	50.31	160.70	251.55	98.01	101.85
	Cu 置换渣溶解液	4.00L	0.0037	0.0118	15	47.2		
	Zn 置换渣溶解液	5.00L	0.0285	0.0418	142.5	209		

2　对几种处理金宝山浮选精矿工艺流程的讨论

2.1　微波加热或硫酸熟化后湿法处理工艺

浮选精矿经微波辐射10min预处理的效果，文献[5]已通过验证试验做了否定，至于用硫酸“熟化”10h后进行常温预浸的工艺，本文认为存在以下主要问题：(1) 浮选精矿中18.32%的Fe，14.15%的S，19.3% MgO以及约5%的CaO与Al_2O_3将与硫酸反应，在150℃下将有大量的SO_2、H_2S等有害气体产生，污染严重；(2) 常温预浸液中Fe^{2+}、Mg^{2+}、Ca^{2+}浓度未作报道，虽然Cu、Ni、Co的浸出率尚好，但难于分离提取；(3) 二级氧化酸浸要求浸出Pt、Pd，将消耗大量的氧化剂，使工艺成本增高；(4) 氧化酸浸的Pt、Pd浸出率偏低，由于溶液成分复杂，Pt、Pd浓度很低，贵金属富集物很难满足精炼要求。总之，从经济成本、环境保护、操作条件和技术指标来看，上述工艺都存在大量问题。

2.2　火法造锍熔炼工艺

尽管目前国内外铂族金属生产厂家都在使用造锍熔炼捕集铂族金属，但作者认为对于金宝山浮选精矿物料，它并不是一种合理的工艺流程。理由如下：(1) 粒度很细和含水量高的浮选精矿要经过烘干、烧结才能送进电炉，而熔炼出的低锍或高锍又要经过破碎和磨细后才能进入湿法浸出处理；(2) 由于精矿中MgO含量高达19%，图2和图3工艺流程中的电炉熔炼必须加入Fe渣，以配制适宜的SiO_2-MgO-CaO-FeO系渣型，熔炼温度还高达1350℃[14]，而且小规模熔炼产生的低浓度SO_2烟气很难治理；(3) 图2流程靠氧气吹炼除Fe的效果有限，残留的Fe尚需P204萃除；图3流程靠冷却结晶除硫酸亚铁，晶体中将吸留20%的Ni、Co，而结晶母液中仍含有相当数量的Fe；(4) 这两个流程获得的贵金属富集物中，铂族金属的品位小于6%，尚不能满足精炼的要求。从总体看两个流程的工序十分繁冗，周期过长，有价金属的回收指标必然受到影响，经济上难于创效。

2.3　加压氰化全湿法处理工艺的优点

从图4看出，全湿法流程属一种工序少、周期短、能耗低、污染小和操作环境好的新工艺，具有以下优点：(1) 加压氧化酸浸的硫酸耗量仅为精矿量的10%。在反应过程中全部硫化矿物被转化为硫酸盐，反应使Cu、Ni、Co的浸出率均大于99%，反应产生的硫酸被MgO、CaO等碱性脉石成分中和，使浸出液酸度可低到pH = 2，大量的Fe^{3+}离子则在高温下水解入渣，对Cu、Ni、Co的分离十分有利；(2) 加压氧化酸浸的渣率为50%，渣料粒度变细，贵金属矿粒的包裹被打开，有利于后续对贵金属的浸出；(3) 两次加压氰化过程使渣率最终降到20%，表明被 SiO_2 包裹的贵金属矿粒也被裸露，致使 Pt 的浸出率大于95%，Pd 的浸出率大于99%；(4) 用置换法从加压氧化酸浸液中及氰化液中回收贵金属。置换渣为品位很高的贵金属富集物，Cu 置换渣中 Pt、Pd 品位约40%，杂质主要是机械脱落带入的铜。Zn 置换渣中 Pt、Pd 及其他贵金属品位达70% ~90%，对后续的贵金属精炼分离十分有利。从表4数据看出，从两种渣获得的 Pt 的平均回收率大于94%，Pd 回收率约99%，如此高的扩大试验技术指标充分体现了新工艺的先进性。

3 结语

简要地讨论了已公开报道的处理云南金宝山低品位铂矿浮选精矿的几种工艺流程。其中用微波加热或硫酸熟化预处理后的湿法提取铂钯工艺存在化学试剂耗量大，有害气体污染环境，Cu、Ni、Co 难于分离和 Pt、Pd 浸出率低等缺点；火法造锍熔炼后湿法处理高镍锍或低镍锍的工艺则工序繁冗，能耗高，污染严重，周期长，贵金属富集物品位低，经济上难以创效；加压氧化酸浸后进行两级加压氰化的工艺则是工序少、周期短、能耗低、污染小、投资少、厂房占地面积小，经济技术指标高的全湿法新工艺。

参考文献

[1] 朱训．中国矿情(第二卷)——金属矿产[M]．北京：科学出版社，1999：475.

[2] 胡真，徐晓萍．西南某低品位铂钯矿选矿工艺研究[J]．有色金属，2000，52(4):225.

[3] 黄昆．加压氰化法提取铂族金属新工艺研究[D]．昆明：昆明理工大学，2004.

[4] 马宠，寇建军．含铂钯铜镍精矿湿法冶金处理新工艺[J]．矿产综合利用，1999，10：47.

[5] 吴萍．铂钯矿湿法预处理试验研究[J]．有色金属（冶炼部分），2002，3：35.

[6] 卢宜源，宾万达．贵金属冶金学[M]．长沙：中南大学出版社，2004：284.

[7] 卢学纯，刘瑜．铂钯精矿冶炼综合回收新工艺之我见[J]．有色金属设计，2004，31(4):1.

[8] 刘时杰．铂族金属矿冶学[M]．北京：冶金工业出版社，2001：181.

[9] 刘时杰．铂族金属提取冶金技术发展及展望[M]//有色金属科技进步与发展—纪念有色金属创刊50周年．北京：冶金工业出版社，1999：149.

[10] Bruckard W J, McDonald K J. Platinum, palladium, and gold extraction from Coronation Hill ore by cyanidation at elevated temperatures [J]. Hydrometallurgy, 1992, 30: 211.

[11] 陈景，黄昆，陈奕然，等．加压氰化处理铂钯硫化浮选精矿全湿法新工艺[J]．中国有色金属学报，2004，14(专辑1):41.

[12] 陈景，黄昆，陈奕然．加压氰化法提取铂族金属新工艺：中国，01130222[P]. 2001.

[13] 陈景，黄昆，陈奕然．低品位铂钯硫化矿浮选精矿提取铂族金属及综合利用回收铜镍钴等有价金属新工艺：中国，02100502[P]. 2002.

[14] Wu Xiaofeng, Xiong Kunyong. Smelting the Pt Pd concentrate of Jinbaoshan[C]//Deng Deguo. ISPM'99 International Symposium on Precious Metals. Kunming: Chinese Nonferrous Metal Society, 1999: 363.

含铂族金属铜镍硫化矿加压湿法冶金的应用及研究进展*

摘　要　加压湿法冶金应用于处理重有色金属硫化矿发展迅速，在环境保护及强化金属提取方面显示了明显的优越性。本文以加压湿法冶金处理含铂族铜镍硫化矿过程中铂族金属的行为为主线，介绍了该领域的最新研究进展。分别简要评述了加压氨浸、加压酸浸、加压碱浸和加压氰化等过程所适应的物料特性、工艺特征和生产实践。对铂族金属在加压浸出过程中的行为进行了讨论。

伴生铂族金属的铜镍硫化矿是获取铂族金属的重要资源。其传统冶炼工艺是先采用火法富集铂族金属，如浮选精矿—焙烧—造锍熔炼—磨浮分选—镍精矿熔炼粗镍—电解—阳极泥处理—分离提纯铂族金属，或浮选精矿—焙烧—造锍熔炼—高锍湿法浸出分离贵贱金属—精矿回收铂族金属。此类工艺的特点在于：以有色金属选冶流程为主体，附带富集提取铂族金属，实现有价金属全面综合回收，但对提取铂族金属而言流程过于冗长，若浮选精矿中铂族金属品位低，则分散损失较大，收率受到影响；若主金属铜镍钴品位过低，则工艺成本增高，经济效益受到影响，且环境污染严重。尽管存在上述问题，目前国内外处理含铂族硫化铜镍矿的生产工艺仍几乎全部采用火法造锍富集铂族金属。究其原因系铂族金属在原矿或浮选精矿中品位太低，而标准电极电位则很高，试图直接氧化酸溶浮选精矿时，试剂耗量大，溶液成分复杂，设备防腐要求高，环境污染更为严重，铂族金属则很难完全溶解，因此有人认为“直接从浮选精矿中用湿法浸溶提取铂族金属，从经济和技术两方面衡量都没有产业化应用的条件”[1]。

加压湿法冶金具有反应速度快，流程短，操作环境好，副产元素硫，能耗低，加工成本低，建设投资小等一系列优点，符合冶金行业可持续发展、走新型工业化道路的要求。近几十年来，加压工艺应用于处理重有色金属硫化矿及难处理金矿等方面在国际上已发展成为相当成熟的技术[2~11]。但是，截止到目前，该工艺的应用多以提取铜、镍、钴、锌、金等为主要目的，对加压浸出过程中铂族金属的行为至今未见专门的总结和评述。

本文对加压湿法冶金在处理含铂族铜镍硫化矿提取回收铂族金属领域的应用进行总结，分别简要评述了加压氨浸、加压酸浸、加压碱浸和加压氰化等过程所适应的物料特性、工艺特征和生产实践，讨论了该领域在加压氰化方面的最新进展。

1　加压氨浸

加压氨浸技术[12~16]在重有色金属冶炼实践中最早应用。1948~1954 年间，加拿大

* 本文合作者有：黄昆；原载于《稀有金属》2003 年第 6 期。

Sherritt Gordon 矿业公司发展了 Sherritt 氨浸法，1954 年在 Fort Saskatchewan 建立了世界上第一个用加压氨浸法处理硫化镍精矿的生产厂，这也是世界上首次将加压浸出工艺用于有色金属提取冶金的实例。

加压氨浸处理有色金属硫化矿具有工艺简单，设备防腐容易解决，环境污染轻，并能回收大部分硫的特点，对难选多金属硫化矿特别有效。但该法在处理含铂族铜镍硫化矿或其浮选精矿时，由于贵金属能形成氨配合物而在溶液中分散，造成溶液成分复杂、提取回收流程冗长，因而无法适用于处理含贵金属品位高的物料。另外，工业实施中还需考虑氨的回收，试剂消耗较大，也限制了该工艺的发展。

目前，世界上采用加压氨浸工艺具有代表性的生产厂有 Fort Saskatchewan 镍精炼厂[12,14]和澳大利亚的 Kwinana 镍精炼厂[13,16]。前者自 1954 年投产以来，生产能力已从最初的年产 7700t 镍粉增加到年产 24900t，处理的原料也由原来的单一硫化镍精矿扩大为能够处理镍钴焙砂、铜镍钴浮选精矿和各种镍锍的混合料。加压氨浸采用两段逆流浸出，第一段浸出温度为 85℃，压力为 0.83MPa；第二段浸出温度为 80℃，压力为 0.9MPa，以压缩空气为氧化剂。铂族金属分散损失控制小于 20%。Sherritt Gordon 矿业公司为该厂开发研制的卧式多室搅拌高压釜，迄今仍被广泛应用。

Kwinana 镍精炼厂处理的物料为硫化镍精矿和镍高锍，处理的工艺由两段加压浸出增为三段浸出，即在原流程前增加一段常压浸出用来溶解合金相中的镍，此时所需氧量不高。三段浸出增加了氧的利用率，并且铂族金属分散损失率也下降到小于 10%。

2 加压酸浸

随着设备材质及制造技术的发展，酸性介质的加压浸出得到迅速发展。与加压氨浸相比，采用加压酸浸技术更适用于处理含铂族金属的硫化矿及铜镍锍。20 世纪 70 年代以后建立的铂族金属生产厂，大多在火法熔炼后采用酸性加压浸出技术[17~35]。这主要是因为它可在高效综合回收铜镍钴等有价金属的同时，铂族金属基本无分散损失，能够获得高品位的铂族金属精矿。

加压酸浸在工业上的应用主要分为两大类：一类是常压-加压酸浸，即浸出由一段或几段常压浸出和一段加压浸出组成，如芬兰 Outokumpu 公司的 Harjavalta 精炼厂；另一类是两段或多段加压浸出，如南非 Impala 铂厂。

Harjavalta 精炼厂处理的物料为粒状高镍锍，工艺流程由四部分组成，即磨矿、浸出、净化和电积。常压浸出为三段，浸出温度 90℃。常压浸出后，浸出渣送卧式五隔室高压釜进行加压浸出，加入高压釜的溶液为来自镍电积系统的阳极液。高压釜直径为 2.9m、长 11.5m，分为 5 个隔室，每个隔室有机械搅拌。加压反应为硫酸介质，压力为 2MPa，操作温度 200℃，铂族金属富集率大于 98%。

采用类似流程的还有 20 世纪 60 年代投产的南非 Springs 镍精炼厂、英美 Pindulla 冶炼厂和 70 年代投产的美国 Amax 公司的镍港精炼厂。

由于铜、镍、钴等金属及其硫化物，在不同酸度、温度、氧分压条件下有不同的行为，要兼顾到贱金属的相互分离提取，加压酸浸技术常常用两段或多段选择性浸出。

Impala 铂厂处理高锍的三段加压酸浸工艺流程示于图 1[34]。第一段加压浸出（135℃，1MPa）产出含铜低的硫酸镍溶液，第二段（140℃，0.9MPa）将铜镍钴金属

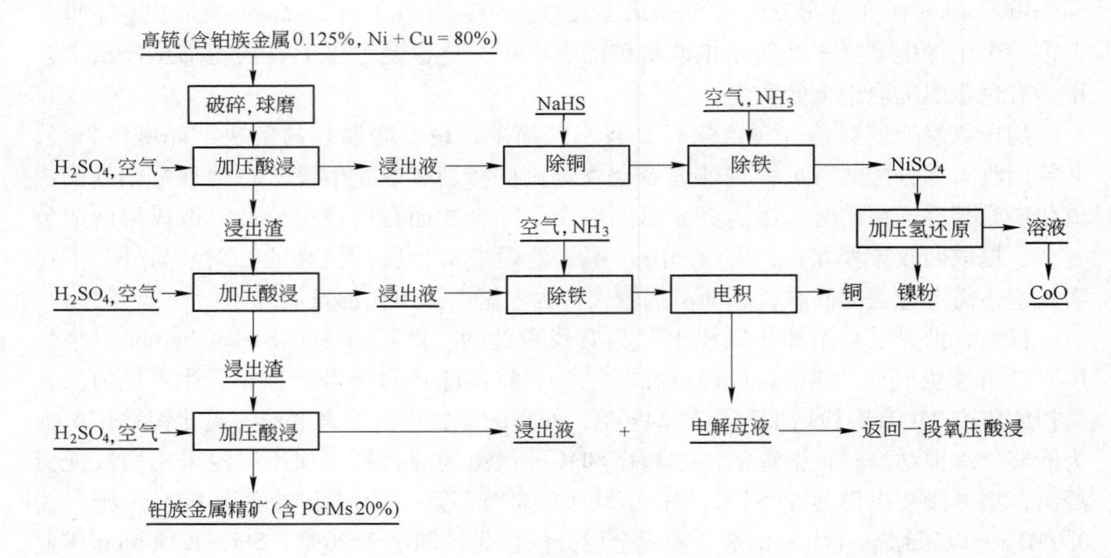

图1　Impala公司的加压酸浸原则流程图[34]

及硫化物氧化浸出分离，第三段（140℃，1MPa）分离残余的贱金属。三段加压浸出后可使浸出渣中贵金属品位比原料提高约300倍。

南非Rustenburg精炼厂[34]年产铂族金属45~50t，是西方国家最大的铂族金属生产者。与Impala公司生产工艺的差别在于：先用高锍缓冷→磨细→磁选技术，获得富集铂族金属的磁性铜镍合金和含铂族金属较低的非磁性硫化物，然后分别加压酸浸。此外，南非Western铂厂、Barplats铂厂和Northam铂厂，以及前苏联的诺里尔斯克矿冶公司等[20]，也都是采用两段加压酸浸流程处理贵金属铜镍高锍，获得高品位铂族金属精矿。

Sherritt Gordon矿业公司[18]加压硫酸浸出法广泛适用于含铂族金属铜镍高锍的处理，其浸出工艺条件为：第一段选择性浸镍和沉淀铜，在温度85~90℃的常压下或在温度120~135℃下加压浸出；第二段最大限度地浸取硫化物，产出铂族金属高品位精矿，富集比达10倍以上，贱金属和硫的总回收率大于99%。第二段浸出温度为150~160℃，压力为0.2~0.35MPa。

我国新疆喀拉通克铜镍矿阜康冶炼厂[32]在国内首次使用国产加压浸出反应釜处理含铂族金属镍铜高锍。在吹炼时适当过吹制备金属化高锍，再水碎—磨细，用一段常压浸出和一段加压浸出（温度160℃，压力0.8MPa）闭路完成镍、钴与铜的分离，从硫酸加压浸出渣中提取铂族金属。铂族金属富集率高达98%。

3　加压碱浸

加压酸浸过程中，当物料中含硫高（>20%）时，通常的氧分压下很难使硫完全氧化转化，它们残留在浸出渣中降低贵金属的富集效果，从而将增加后续分离硫的工序。另外，对于含硫低（<10%），且含有大量耗酸碱性脉石的硫化矿或其浮选精矿，若采用加压酸浸技术则经济上不合理。

对具有以上特性的含铂族硫化矿物采用加压氧化碱浸工艺是适宜的。在碱性介质中，溶液中的氧浓度相对较高，加速了硫的氧化转化，有利于破坏矿物结构中硫化物对铂族金属的包裹，使铂族金属解离出来。而且，高压釜也可不用价格很贵的钛材，普通耐碱腐蚀的钢材即可满足工艺要求。

美国犹他州巴里克公司 Mercur 矿山[36,37]曾采用加压氧化碱浸处理铜镍硫化矿，日生产能力达750t。加压浸出温度为215℃，压力为3.4MPa，铂族金属富集比大于20倍。由于 NaOH 试剂费用较贵，美国专利[38]提出 Na_2CO_3 可用作碱性剂，而 $Ca(OH)_2$ 仅适用于矿浆浓度在20%以下的情况。

刘时杰等[39]研究了加压氧化碱浸处理从铜镍合金分离大部分铜镍后的含贵金属富集物，该物料中除含贱金属硫化物外，还含大量元素硫。试料加 NaOH 溶液浆化后转入高压釜，加压浸出温度为140~150℃，氧分压为0.7MPa。贱金属硫化物氧化为可溶性硫酸盐，Cu、Ni 氧化浸出率高于98%，获得的铂族金属精矿品位达54%。

陈景等[40]研究了云南低品位铂钯硫化矿浮选精矿的加压碱浸工艺。该浮选精矿总硫含量15%，而脉石中含 MgO 等碱性物质高达25%。浸出反应在140~180℃，氧分压1.0MPa 下进行，铂族金属富集率达99%。

4 加压氰化

氰化法从19世纪末就被用于处理矿山金矿。估计目前世界上85%以上的金矿是用该法处理。此方法能广泛应用的重要原因是，在碱性介质中氰化物可高选择性地配合溶解金、银，同时，从氰化液中用活性炭吸附、锌粉置换、阴离子交换树脂吸附等方法能方便有效地回收金。

多年来，化学及冶金界曾试图用类似提金的方法用氰化物来直接处理含铂族金属矿物。但由于在常温常压下氰化钠溶液基本上不能浸出铂和钯[41]，这方面的工作一直进展不大。

加压氰化（或称高温氰化）处理含铂族金属物料是最近几年才出现的高新技术。通过提高反应温度来加快浸出速度，可使常温常压下不能氰化的铂钯发生氰化反应。用加压氰化回收失效催化剂中铂族金属的技术美国国家矿务局已有专门报道[42~45]。

文献[46，47]报道了用加压氰化法处理属氧化矿的含铂钯高品位金矿的实验结果。采用的矿料为高品位石英-长石斑岩，其主要成分为：Au 90.9g/t，Pt 9.2g/t，Pd 2.19g/t，Fe 2.19%，$SiO_2$62.7%，S 0.1%并含有低于0.02%的 Cu、Zn 或 Pb。该文所用的流程为：矿石球磨→混汞法提金→尾渣室温或高温氰化→活性炭吸附金铂钯→从载金炭回收金铂钯。论文建议的最佳条件为空气加压，温度范围100~125℃，时间4~6h，pH 值为9.5~11.5，贵金属浸出率 Au 95%~97%，Pt 73%~79%，Pd 87%~92%。

对于含铂族金属的硫化矿，欲用加压氰化法处理时则问题将复杂得多[48]。一是氰化物溶液的硫化物矿浆体系中，其体系电位很难提高到浸出铂族金属所需的氧化电位；二是硫化矿中大量的硫化铁对铂族金属的包裹，很难用细磨或其他办法打开；三是必须考虑铜、镍、钴等有价金属的综合回收；四是氰化物的耗量远比对氧化矿时大，从而提高了冶炼成本。可能正是上述种种原因，导致迄今在文献中未见用加压氰化法处理硫化矿或其浮选精矿的报道。

陈景等[49,50]研究提出了通过对含铂族金属硫化浮选精矿进行加压氧化酸浸处理后，再采用加压氰化，实现了直接选择性浸出提取铂钯，并能综合回收铜镍钴等有价金属的创新工艺。该技术小型实验结果铂族金属回收率高达98%以上，铜镍钴等贱金属冶炼总收率也达到了99%以上，贵贱金属分离容易，氰化物等试剂耗量小，对硫化矿或其浮选精矿中MgO、CaO、S、Fe等含量无特殊要求，减小了选矿工序的压力，对物料适应性强，可形成能够处理各种含铂族硫化矿或其浮选精矿的共性技术。工艺过程中无有害废渣和废气排放，废液易处理，污染很小，属清洁、短流程新工艺。目前，该项研究已完成实验室小试、50L高压釜中试，最近已进入产业化建设。

该项研究提供了一条全湿法处理铜镍品位偏低的含铂族硫化矿或其浮选精矿的技术途径，突破了氰化法不适于浸出铂族金属的观念，具有原创性[49,50]。

5 铂族金属在加压浸出过程中行为的讨论

硫化矿在硫酸介质中进行加压氧化浸出时，按热力学分析，在1MPa氧压下，反应体系的氧化电位不会超过铂族金属的氧化电位，加之在硫酸介质中铂族金属不会与SO_4^{2-}形成配位化合物，因此，在通常的氧压浸出条件下不可能发生铂族金属的溶解损失。这就为彻底地浸出贱金属并使硫化物氧化至元素硫甚至将元素硫氧化为硫酸创造了有利条件。通常在加压硫酸浸出过程中，铂族金属皆能以很高的回收率富集在浸出渣中。

当硫化矿在NH_4OH介质中加压氧化浸出时，由于铂族金属具有很强的形成配合物的能力，氨分子又是具有一对自由电子的良配体，极易形成氨合配离子，导致铂族金属的溶解分散。在氨浸过程中，铜、镍、硫的氧化浸出率高于90%时，贵金属已大量溶解。温度越高，浸出时间越长，贵金属的溶解分散越大。在80℃、氧分压0.5MPa条件下浸出6h，几乎全部钯及约50%的其他贵金属皆溶解在浸出液中。

氯离子也与铂族金属易生成氯配阴离子，当硫酸介质中含有Cl^-时，将导致部分铂族金属溶解而转入浸出液，易溶顺序为Pd > Rh > Ru > Pt > Os。氯离子浓度在0.1～10g/L范围内，氯离子浓度、浸出液酸度及浸出温度越高，铂族金属的溶解损失率越大。在$[Cl^-]=10g/L$，$[H_2SO_4]=1mol/L$，150～160℃，$p_{O_2}=0.7MPa$条件下，钯的溶解损失可高于90%，其他铂族金属的溶解损失则高于50%。

此外，在氰化物介质中，CN^-属配位力很强的软碱基团，按热力学分析，能与铂族金属形成可溶性的氰配阴离子，但实际过程中该反应对硫化矿或其浮选精矿在常温常压条件下几乎不会发生。只有当硫化矿经预处理后在加压高温氰化条件下，铂族金属才会发生氰化反应。

6 结语

本文介绍了加压湿法冶金处理含铂族金属铜镍硫化矿的应用概况以及该领域的最新研究进展。分别简要叙述了加压氨浸、加压酸浸、加压碱浸和加压氰化等过程所适应的物料特性、工艺特征、生产实践和科研进展。加压氨浸过程由于易造成铂族金属分散，不适于处理含贵金属品位高的物料。硫酸介质中加压氧化酸浸更适合于处理含铂族金属硫化矿及铜镍锍。20 世纪 70 年代以后建立的铂族金属生产厂，大都在火法富集工序后采用了酸性加压浸出技术。对含硫高或含有大量碱性脉石的物料，采用加压碱浸工艺比较适宜。加压氰化法处理含铂族金属物料是最近几年才出现的新技术，已用于处理含铂族失效汽车催化剂回收铂族金属。该法不适于直接处理含铂族金属硫化矿，但若将物料经加压氧化酸浸预处理，则可以实现直接从含铂族硫化矿或其浮选精矿中选择性浸出提取铂钯，并综合回收铜镍钴等有价金属的目的，此技术路线的产业化正在进行中。

参 考 文 献

[1] 刘时杰．铂族金属矿冶学[M]．北京：冶金工业出版社，2001：181.

[2] Komnitsas K. Pressure hydrometallurgy[J]. Mineral Engineering，2001，14(8):106.

[3] 柯家骏．湿法冶金中加压浸出过程的进展[J]．湿法冶金，1996(2):1.

[4] 邱定蕃．加压湿法冶金过程化学与工业实践[J]．矿冶，1994，3(4):55.

[5] Holmes J A. 应用湿法冶金技术的新经验[J]．张仁里译．湿法冶金，1993(4):53.

[6] Habashi F. A Testbook of Hydrometallurgy[M]. University of Laval，Quebec，1993：45.

[7] Habashi F. Pressure Hydrometallurgy/ Past，Present and Future[C]// Yang Xianwan，Chen Qiyuan and He Aiping eds. Proceedings of the third International Conference on Hydrometallurgy，ICHM'98. Kunming，China：International Academic Publishers，1998：27.

[8] Berezowsky R M G S. Recovery of Metals by Pressure Oxidation Leaching[J]. J. of Metals. 1991，43(2):9.

[9] Berezowsky R M G S. Gold Extractive Metallurgy Technology and Practices[C]//Weir D R. Proceeding of the First Joint International Meeting between SEM and AusIMM. Reno，Nevada：AusIMM，1989：58.

[10] 编委会．黄金生产工艺指南[M]．北京：地质出版社，2001：251.

[11] Brugman C F，Kerfoot D G E. Progress in Nickel Hydrometallurgy[C]// Ozberk E，Marcusom S W. Nickel Metallurgy Vol. 1. Montreal：CIM，1986：512.

[12] Boldt J R. Nickel Hydrometallurgy[M]. Toronto：Toronto Longmans Canada Ltd，1967：299.

[13] Copping J K. Mining and Metallurgical Practice in Australasia[C]// Woodcock J. Proceeding of Australia Mining and Metallurgy Conference. Melbourue：AusIMM，1980：590.

[14] Kerfoot D G，Weir D R. Extractive Metallurgy of Nickel and Cobalt[C]// Jha M C，Hill S D. Precious Metals 1988. Warrendale PA：TMS，1988：241.

[15] Deng Tong. Process in Extractive Metallurgy of Nickel and Cobalt[C]// Proceedings of the International Conference on Mining and Metallurgy of Complex Nickel Ores. Jinchuan，China：Metallurgical Industry Publisher，1993：59.

[16] Western Mining Corporation Limited. Kwinana Nickel Refinery Description of Operations[R]. Australia：Western Mining Co. Limited，1996.

[17] Hofirek Z，Kerfoot D G. Pressure Leaching of Copper-Nickel Matte[J]. Hydrometallurgy，1992，29(1～3):357.

[18] Boldt J R. The Winning of Nickel，Its Geology，Mining and Extractive Metallurgy[R]. Toronto：International Nickel Company of Canada Ltd，1967.

[19] 黄其兴，王立川，朱鼎之．镍冶金学[M]．北京：中国科学技术出版社，1990：151.

[20] 黄振华．国内外高镍锍精炼技术的进步与展望[C]// 邱定蕃．有色金属科技进步与展望——纪念《有色金属》创刊50 周年专辑[C]．北京：冶金工业出版社，1999：226.

[21] Berezowsky R M G S. Pressure Oxide Acid Leaching of Metals：US，4323541[P]. 1982.

[22] Stencholt E O. Zaachariasen H, Lund J H, et al. Extractive Metallurgy of Nickel and Cobalt[C]// Tyroler GP. and Landolt CA. eds. Nickel Metallurgy. Canada: TMS, 1988: 403.

[23] Papangel V G. Hydrometallurgy of Nickel[J]. Canadian Metallurgical Quarterly. 1990, 29(1):1.

[24] 刘时杰．铂族金属提取冶金技术发展与展望[C]// 邱定藩．有色金属科技进步与展望——纪念《有色金属》创刊50周年专辑．北京：冶金工业出版社，1999：148.

[25] Duizac J E, Chen T T. Hydrometallurgy of nickel-matte[J]. Can. Metall. Q. 1987, 26(3):256.

[26] Liu Shijie. Advances and Prospect of Extractive Metallurgy of PGMs[C]// Deng Deguo. International Symposium on Precious Metals. ISPM'99. Kunming, China: Yunnan Science and Technology Press, 1999: 381.

[27] Tyroler P M, Sanmiya T S, Hodlkin E W. Hydrometallurgy of Nickel and Cobalt[C]// Tyroler G P, Landolt C A. Nickel Metallurgy. Canada: TMS, 1988: 391.

[28] 刘时杰译．南非的铂[M]．北京：冶金工业出版社，1989：157.

[29] Borbat V F. Autoclave technology of treatment of nickeliferous pyrrhotite concentrates[J]. Metallurgy, 1980: 49.

[30] Soyen H Y. 硫化矿提取冶金进展[M]．包晓波译．北京：冶金工业出版社，1991：137.

[31]《浸矿技术》编委会．浸矿技术[M]．北京：原子能出版社，1994：248.

[32] 北京矿冶研究总院．新疆喀拉通克铜镍矿湿法精炼新工艺半工业试验报告[R]．北京：北京矿冶研究总院，1993.

[33] 彭容秋．有色金属提取冶金手册[M]．北京：冶金工业出版社，1992：88.

[34] 刘时杰．铂族金属矿冶学[M]．北京：冶金工业出版社，2001：198.

[35] Carvalho T M, Haines A K, Da Silva E J, et al. Start-up of the Sherritt Pressure Oxidation Process at Sao Bento[C]// Bryn Harris. Precious Metals 1989. Canada: IPMI, 1989: 319.

[36] White L. Pressure Hydrometallurgy at Bullike Co. [J]. Journal of Eng. & Mining, 1990, 190(2):168.

[37] Thomas K K. 美国巴里克公司矿山碱性加压氧化工艺[J]．国外金属矿选矿，1997(8):21.

[38] Freeport Chem. Co. Pressure Oxidation Leaching of Refractory Gold Ores: US, 4738718[P]. 1992.

[39] 刘时杰．铂族金属矿冶学[M]．北京：冶金工业出版社，2001：201.

[40] Huang Kun, Chen Jing. Pressure Oxide Leaching of Low-grade Pt-Pd Sulfide Flotation Concentrates [C]// Larry Manziek eds. Precious Metals 2001. Canada: IPMI, 2001: 227.

[41] McInnes M F, Sparrow G J, Woodcock J T. Extraction of platinum, palladium and gold by cyanidation [J]. Hydrometallurgy, 1993(31):157.

[42] Desmond D P, Atkinson G B, Kuczynski R J. High-temperature Cyanide Leaching of Platinum Group Metals from Automobile Catalysts-Laboratory Tests[R]. RI-9384, United States: Bureau of Mines, 1991.

[43] Kuczynski R J, Atkinson G B, Walters L A. High-temperature Cyanide Leaching of Platinum Group Metals from Automobile Catalysts-Process Development Unit[R]. RI-9428, United States: Bureau of Mines, 1992.

[44] Kuczynski R J, Atkinson G B, Donlinar W J. High-temperature Cyanide Leaching of Platinum Group Metals from Automobile Catalysts-Pilot Plant Study[R]. RI-9543, United States: Bureau of Mines, 1995.

[45] Atkinson G B, Kuczynski R J, Desmond D P. Cyanide Leaching Method for Recovering Platinum Group Metals from a Catalytic Converter Catalyst: US, 5160711[P].

[46] Bruckard W J, Mcdonald K J, Mcinnes C M, et al. platinum, palladium and gold extraction from coronation hill ore by cyanidation at elevated temperatures[J]. Hydrometallurgy, 1992(30):211.

[47] McInnes C M, Sparrow G J, Woodcock J T. Extraction of platinum, palladium and gold by cyanidation of coronation hill ore[J]. Hydrometallurgy, 1994, 35(2):141.
[48] Yopps D L, Baglin E G. Extracting Platinum-Group Metals from Stillwater Complex Flotation Concentrate[C]// Smith R W, Misra M. Mineral Bioprocessing, Proceeding of the Conference held in Santa Barbara, CA, USA [C]. Warrendale P. A.: The Minerals, Metals and Material Society, 1991: 247.
[49] 陈景，黄昆，陈奕然. 从低品位铂钯硫化浮选精矿中提取铂族金属及铜镍钴等有价金属新工艺：中国，02122502.8[P]. 2002.
[50] 陈景，黄昆. 加压氰化法提取铂族金属新工艺：中国，01130222.4[P]. 2001-11-01.

金、银、铜氰化溶解速率及硫离子对其影响的比较*

摘　要　用旋转圆盘法在相同的实验条件下，对金、银、铜的氰化溶解速率进行研究。当氰化钠浓度为5.00g/L、圆盘转速为600r/min、温度为30℃时，获得表观速率常数的顺序为：Au > Ag > Cu。在氰化钠溶液中加入微量硫化钠后，硫离子抑制氰化反应的影响程度为：Au > Ag > Cu。分析讨论了电化学反应机理，提出了相应的观点并对实验结果进行了解释。

1　引言

19世纪末，用氰化钠溶液从金矿石中提取金的方法被应用于黄金的工业生产，这是湿法冶金发展史上的一座里程碑。一百多年以来，90%以上的矿产金都来自氰化法。氰化法提取金在现代仍然居统治地位。

对于氰化物溶金反应的热力学和动力学，人们已做过相当深入的研究。早期的研究偏重在热力学计算确定氰化溶金的反应式，计算反应平衡常数以及绘制 E-pH 图。动力学研究则在于了解溶液中的氧浓度、氰根浓度、金的总面积、搅拌速度以及温度等因素对反应速率的影响。对于反应机理，从19世纪中期起，曾出现过氧论、氢论、过氧化氢论、氰论、腐蚀论和电化学溶解论[1]，比较公认的是电化学过程[2]。阳极反应是金以配离子形式进入溶液并释放出等当量的电子；阴极反应是溶解在水中的氧作为去极剂夺取过剩的电子。对于阳极反应文献中有两种写法，如在文献[3，4]中为：

$$Au + 2CN^- \longrightarrow Au(CN)_2^- + e$$

而在文献[1,5,6]中为：

$$Au \longrightarrow Au^+ + e$$

$$Au^+ + 2CN^- \longrightarrow Au(CN)_2^-$$

两种差别在于是否存在先形成 Au^+ 的过程。

近年来，Wadsworth 等[7,8]用电化学方法研究金的溶解机理，用晶体表面传质伴随电荷传输的过程解释了所获得的实验数据，对 $Au(CN)_2^-$ 配离子的形成过程又提出了新的观点。

银常伴生在金矿物中，银的氰化反应也被广泛地研究过。但对于氰化溶解银和溶解金的反应速率比较，文献中说法不一。如文献[3]认为，在扩散控制范围内，“在同样条件下，金和银应以同一速度溶解”。在文献[1，5]引用的氰化液浓度与金银氰化溶解量的图中，金的氰化溶解速率快于银。只有文献[9]认为，“根据原电池电动势的大小，可以排列出金属氰化由易到难的顺序为：铜、银、金、钯，铂不能被氰化”，但其他文献报道的金银的氰化溶解速率顺序并不符合标准电位值顺序。

* 本文合作者有：王宇，韦群燕，谢琦莹；原载于《中国有色金属学报》2007年第1期。

从化学性质来看，地质学家还认为 Au 原子由于受相对论效应的影响，Au 可与 S^{2-}、SH^-、CN^- 等负离子形成可迁移的配合物，在矿床形成的过程中，甚至比 Cu、Pb、Zn 还不稳定[10~12]。

对于铜的氰化，文献[1，3，13]均认为，铜矿物和金属铜都是耗氰物质，金矿石中存在千分之几的铜，都会造成氰化物大量消耗，通常铜含量应控制在 0.1% 以下，但未查到氰化溶解铜动力学研究的报道。

金、银、铜同属周期表中的 I_B 族，原子的外电子结构相似，化学性质相近，其氰化反应可能随周期数变化。文献中金、银、铜氰化反应的热力学计算、动力学速率顺序以及反应机理的观点比较混乱，因此在同等条件下，特别是在化学反应控制区，对氰化溶解速率进行比较研究，深化对反应过程的认识，将具有一定的学术意义。此外，已知在氰化溶金的反应过程中，10^{-6} 量级的硫离子（S^{2-}）即可显著地抑制金的氰化。因此，生产中要求硫离子要低于 $0.05\times10^{-4}\%$[14]。但文献中缺乏硫离子对银、铜氰化速率影响程度的报道。本文对此问题也进行了比较实验，并定性的讨论了其影响的原因。

2 实验

实验设备：旋转圆盘设备：转速可精确控制，并用数字显示，转轴及固定金属圆片的螺栓使用聚四氟乙烯材质。Au、Ag、Cu 片材纯度均为 99.99%，厚度为 0.5mm，剪成外径 18mm，内径 5mm 的圆环，用螺栓拧在搅拌轴上。反应器为容积 200mL 的玻璃夹套烧杯。其他实验设备为：超级恒温水浴锅，可见分光光度计和扫描电镜（飞利浦 XL30 ESEM-TMP 扫描电镜）。

实验步骤：配制 pH 值为 10.5，浓度为 50.0g/L 的氰化钠贮备液。配制 1g/L 的硫化钠储备液。取稀释到预定浓度的氰化钠溶液 150mL 于玻璃夹层反应器中，用超级恒温水浴的外循环水使夹层反应器在预定温度下恒温半小时。金属片使用前以 P1200 砂纸打磨至光亮，用蒸馏水冲干净，再用乙醇棉球擦拭去油污，再次用水冲干净，并用滤纸吸干水分后立即使用。将旋转圆盘调到预定转速后浸入溶液中。按一定时间间隔取样，每次取出溶液 2mL，每个实验取样 6 次。

样品处理：样品溶液用少量王水破坏氰根，赶硝，转入 25mL 容量瓶中制成 10%（体积分数）盐酸溶液待测。

Cu 和 Au 样品用分光光度法测定，Cu 的标准曲线的相关系数为 0.9996。Au 的标准曲线相关系数为 0.9999。Ag 的样品液用原子吸收光谱直接测定。

氰化后的 Au 片用蒸馏水冲洗，并在空气中自然阴干后，立即用扫描电镜观测其表面形貌。

3 实验结果

3.1 相同条件下金、银、铜氰化溶解速率的比较

在 30℃，600r/min 转速下，Au、Ag、Cu 三种金属片在 5.00g/L 氰化钠溶液中溶解的样品浓度数据列入表 1。

表1　Au、Ag、Cu 氰化溶解过程中溶液金属浓度随时间的变化

反应时间/h	C_{Au}/mmol · L^{-1}	C_{Ag}/mmol · L^{-1}	C_{Cu}/mmol · L^{-1}
0.5	0.0952	0.2549	0.3189
1.0	0.2398	0.4170	0.6063
1.5	0.3274	0.5792	0.8583
2.0	0.4340	0.8109	1.0870
2.5	0.5838	0.9620	1.3460
3.0	0.6599	1.1350	1.5710

将表1中数据换算为单位面积上金属溶解量（mmol/cm^2），对时间作图得图1。

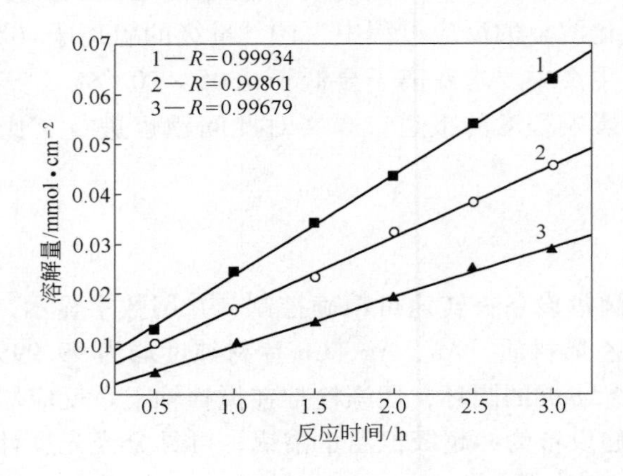

图1　相同氰化条件下，Au、Ag、Cu 的溶解量与时间的关系
1—Cu；2—Ag；3—Au

从图1中三条回归线的斜率得到 Au、Ag、Cu 在30℃氰化溶解的表观速率常数分别为(mmol/(cm^2 · h))：0.0098，0.0144，0.0199。从图1可以明显看出，溶解速率顺序是 Au < Ag < Cu。

3.2　硫离子对金、银、铜氰化溶解速率的影响

在表1相同的实验条件下，氰化前向溶液中加入少量 Na_2S 溶液，使氰化钠溶液中含有 5×10^{-4}%、10×10^{-4}%的硫离子浓度，定时取样，测定金属浓度，数据列入表2。计算出溶解速度后绘入图2。

表2　氰化液中含微量硫离子时金属溶解量随时间的变化

元 素	硫离子浓度/%	溶解量/mmol · cm^{-2}					
		0.5h	1.0h	1.5h	2.0h	2.5h	3.0h
Au	5×10^{-4}	0.0028	0.0049	0.0063	0.0076	0.0088	0.0099
Au	10×10^{-4}	0.0024	0.0042	0.0055	0.0067	0.0076	0.0085
Ag	5×10^{-4}	0.0060	0.0107	0.0139	0.0144	0.0167	0.0204
Cu	5×10^{-4}	0.0123	0.0216	0.0288	0.0393	0.0469	0.0579

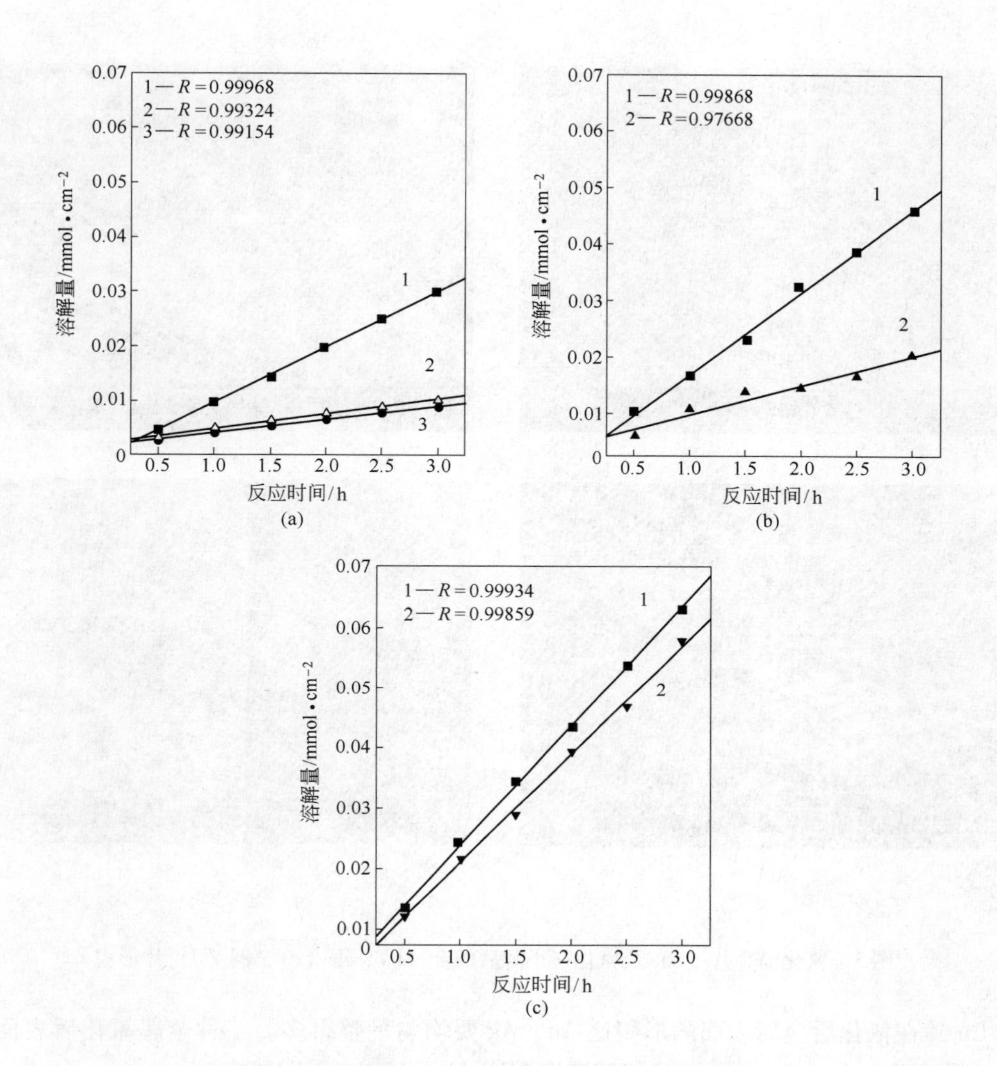

图2　微量硫离子对 Au、Ag、Cu 氰化溶解速度的影响

(a) Au 片；(b) Ag 片；(c) Cu 片

硫离子浓度：1—0；2—$5\times10^{-4}\%$；3—$10\times10^{-4}\%$

从图 2(a)、(b)、(c) 的比较看出，$5\times10^{-4}\%$ 的硫离子对 Au 的氰化溶解速率影响最大，对 Ag 的影响次之，对 Cu 的影响最小。对 Au 而言，硫离子浓度从 $5\times10^{-4}\%$ 增加到 $10\times10^{-4}\%$ 后，其影响已不再增加。

3.3　扫描电镜及能谱仪探测金、银、铜表面形态及吸附物

将表 1 中氰化反应前和反应后的 Au 片、Ag 片、Cu 片用蒸馏水冲洗，并在空气中阴干，用扫描电镜观察其形貌，得到图 3(a)～(d)。

从图 3 可以看出，在氰化前 Au 片上有明显的磨痕，Ag、Cu 片上也有相似的磨痕(图略)，这些擦痕是砂纸打磨造成的。比较氰化后 Au 片、Ag 片、Cu 片的形貌可以看出，反应速度最慢的 Au 片在氰化后出现尺寸较大的无规则坑状形貌，而反应速度最快

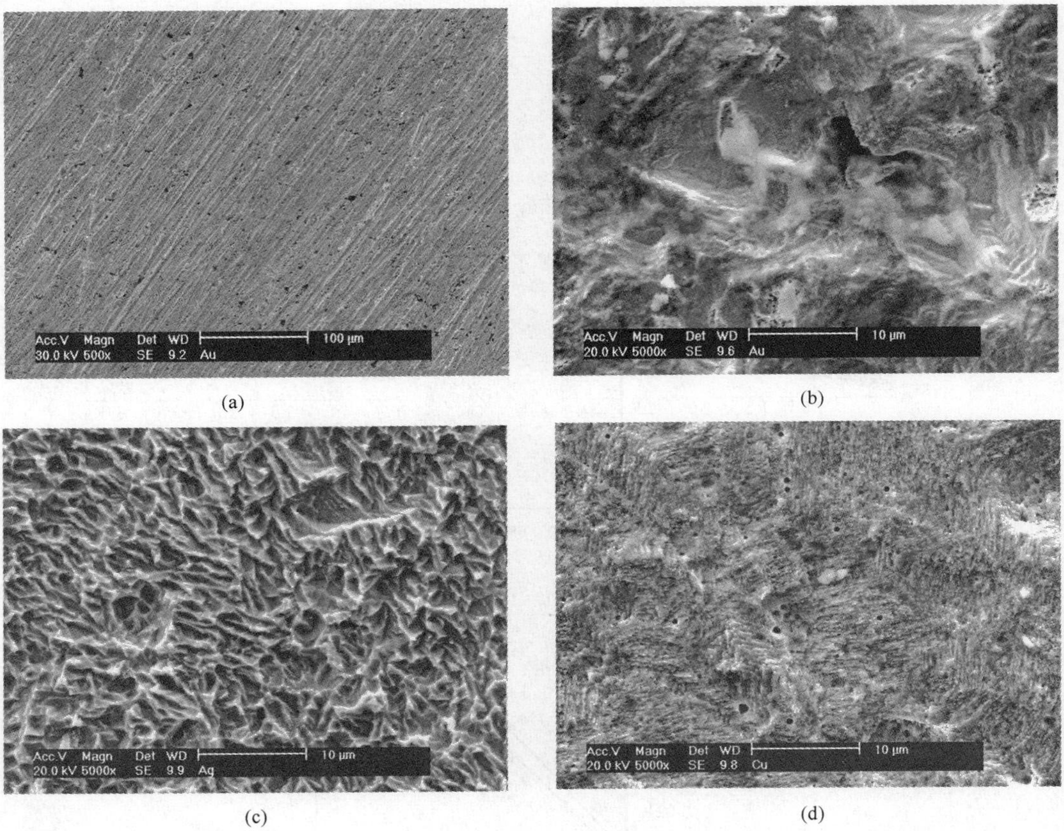

(a)

(b)

(c)

(d)

图3　氰化前金片（a）及氰化三小时后的金（b）、银（c）、铜（d）片形貌

的 Cu 片在氰化后金属表面的形貌比 Au、Ag 要均匀平整得多。三种金属氰化后表面的粗糙顺序为：Au > Ag > Cu，与溶解速度顺序 Au < Ag < Cu 相反。

从能谱仪探测氰化后的 Au、Ag、Cu 表面能谱，计算出的表面元素含量百分比可以看出，仅只在氰化后的 Au 表面，发现存在着用蒸馏水冲洗不掉的 CN 及 O_2 物种（见表3）。其原因可能是 Au 对吸附物种的吸附力强，已经从物理吸附转化为化学吸附。也可能是氰化过程中 Ag、Cu 表面比较平整，吸附物种容易被蒸馏水冲洗掉。

表3　氰化后金、银、铜片的表面能谱数据

样　品	元　素	$w/\%$	$x/\%$
金　片	C	10.14	43.16
	N	6.47	23.62
	O	3.55	11.32
	Au	79.12	20.53
银　片	Ag	100.00	100.00
铜　片	Cu	100.00	100.00

4 讨论

本文采用600r/min的圆盘转速，是使氰化溶解反应离开扩散控制区，确保在化学反应控制区进行。本文获得了 I_B 族元素的氰化表观速率常数的大小顺序为 Au < Ag < Cu，这个顺序恰恰是它们化学活泼性的顺序。然而要从现有热力学、动力学以及反应机理的研究结果来解释这个顺序的理论含意却很不容易。

4.1 前人对热力学和动力学研究结果的概况

通过对金、银氰化溶解过程的热力学研究。前人提出的化学反应式有：

$$2Au + 4CN^- + O_2 + 2H_2O = 2Au(CN)_2^- + 2OH^- + H_2O_2 \quad (1)$$

$$2Au + 4CN^- + H_2O_2 = 2Au(CN)_2^- + 2OH^- \quad (2)$$

$$2Au + 4CN^- + \frac{1}{2}O_2 + H_2O = 2Au(CN)_2^- + 2OH^- \quad (3)$$

由于采用的热力学数据不同，文献中按式(1)~式(3)计算的平衡常数 K 及吉布斯自由能变化 $\Delta G_{298}^{\ominus}$ 数值也不相同，有些数据甚至差别很大。虽然式（2）的 K 值很大，$\Delta G_{298}^{\ominus}$ 值更负，但文献作者都指出由于动力学的原因，Au的氰化反应历程相当准确地符合反应式（1）。文献[13]还指明式（1）占总反应的85%，式（2）仅占总反应中的15%。式（3）出现在文献［1］中，是H. A. 卡柯夫斯基的研究结果，按式（3）计算的 K 值为 2.3×10^{33}，$\Delta G_{298}^{\ominus}$ 为 -190.443kJ。Au氰化按式（3）进行的依据或在总反应中的权重，文献中未见说明。

对于银的氰化溶解反应，文献中认为是与金相同的式（4）、式（5）两式：

$$2Ag + 4CN^- + O_2 + 2H_2O = 2Ag(CN)_2^- + 2OH^- + H_2O_2 \quad (4)$$

$$2Ag + 4CN^- + H_2O_2 = 2Ag(CN)_2^- + 2OH^- \quad (5)$$

文献[3]和[13]给出上两式的 K 值和 $\Delta G_{298}^{\ominus}$ 值均相同。对于式（4），K 值为 3×10^5，$\Delta G_{298}^{\ominus}$ 为 -30.9kJ；对于式（5），K 值为 5×10^{42}，$\Delta G_{298}^{\ominus}$ 为 -243kJ。与Au氰化相比，Ag氰化的式（4）、式（5）在总反应中所占的比例相近，也就是说Ag的氰化反应可以用式（4）和式（5）的加和式来描述。

对于铜的氰化反应，文献［3］认为“金属铜在充气的氰化溶液中，溶解情况与贵金属相似”，反应式为：

$$4Cu + 8CN^- + O_2 + 2H_2O = 4Cu(CN)_2^- + 4OH^- \quad (6)$$

并认为与金相比，不同的是，“铜也可以被水氧化，甚至在无氧时也可溶解”。

$$2Cu + 6CN^- + 2H_2O = 2Cu(CN)_3^{2-} + 2OH^- + H_2 \quad (7)$$

此外，如果氰化物溶液中[NaCN] > 0.1%（质量分数）时，大部分溶解的铜将以 $Cu(CN)_4^{3-}$ 配离子存在。对于式（6）、式（7）两式，未见到热力学计算的 K 值和 $\Delta G_{298}^{\ominus}$ 值。

以上情况表明：金、银、铜氰化反应的化学计量式以及在总反应中的权重并不相同；热力学计算出的 $\Delta G_{298}^{\ominus}$ 值的大小并不支配反应式在总反应中的权重；现有的热力学数据不能排列出三种金属氰化反应推动力的大小顺序。

对于动力学研究，文献［3］总结了旋转圆盘法研究金、银的氰化溶解速率的一些结果，指出当圆盘转速不高（≤150r/min）时，反应在扩散控制区进行，而且“在同样条件下金和银应以同一速度溶解”。实验测出的溶解速率数据是银略低于金，该作者认为“对此问题的最终答案尚未找到”。但是，文献[1，5]都引用了 Habashi 在 1943 年和 1951 年分别测定金、银氰化溶解速度的实验结果（见表4）。可以看出金的溶解速度明显大于银。这些结果与本文在[NaCN]＝0.5%，圆盘转速 600r/min 及 30℃下测得的 Au、Ag 溶解速度顺序相反。

表4　金银的氰化溶解速度

元　素	溶解质量/mg	需用时间/min		备　注
		$NaCN + O_2$	$NaCN + H_2O_2$	
Au	10（0.051mmol）	5～10	30～90	1943 年
Ag	5（0.046mmol）	15	180	1951 年

4.2　从电化学反应机理分析

近年来对 Au 氰化溶解机理的深入研究认为溶解速率受控于 Au 表面上发生的电化学反应。其阳极反应过程为：

$$Au + CN^- \rightleftharpoons AuCN^-_{(ads)} \quad (8)$$

$$AuCN^-_{(ads)} \rightleftharpoons AuCN_{(ads)} + e \quad (9)$$

$$AuCN_{(ads)} + CN^- \rightleftharpoons Au(CN)_2^- \quad (10)$$

式（8）～式（10）中的角标（ads）表示物种为吸附态。决定金溶解速度的是最后两步。在较正的阳极区（+0.39～+0.64V）时，最后一步式（10）占优势；在中间电势区（−0.26～+0.39V）时，则中间步骤式（9）占优势[15]。对于上述反应的机理，Wadsworth 等[8]还描绘出直观的图示（图4），并指出此模型预示着 Au 的溶解行为是氰化物浓度和氧浓度的函数。Kunimatsu 等[16]用 Fourier-Transform 红外反射光谱研究

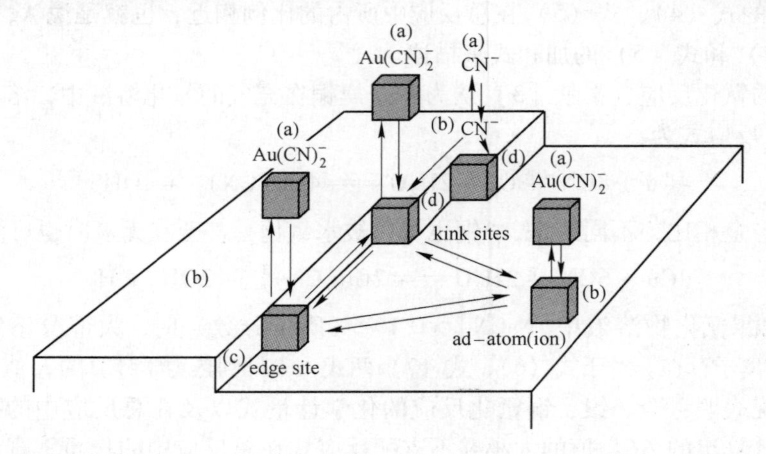

图4　Au 表面发生的各种反应途径[8]

指出，线状吸附的氰离子是 Au 表面上突出的物种。Sawaguchi[17] 使用 STM、LEED 及 Auger 电子光谱等表面表征技术研究也指出，在 Au 表面上形成了一层 AuCN。这些结果与我们用电子能谱观察到的结果相一致。

但是，按式(8) ~ 式（10）以及图 4，仍然无法解释在本文条件下测出的氰化溶解速率是 Cu > Ag > Au。

4.3 本文观点及实验结果解释

本文认为氰化溶 Au 的表面反应应该同时考虑氧的吸附。图 5（a）示意出 CN^- 离子和水中溶解的 O_2 分子在 Au 表面被吸附的情况。图 5（b）示意出吸附了 CN^- 的 Au 原子把电子转移给吸附了 O_2 的 Au 原子的情况。由于氧分子可能会横着同时被两个 Au 原子吸附，实际情况可能会复杂一些。本文认为在化学反应控制的范围条件下进行氰化溶解时，Au 原子间电子的这种转移，以及电子离开 Au 原子向氧分子的转移都是表面反应中的速率决定步骤，即阳极反应中的式（9）和析出电子的阴极反应都是速率决定步骤。

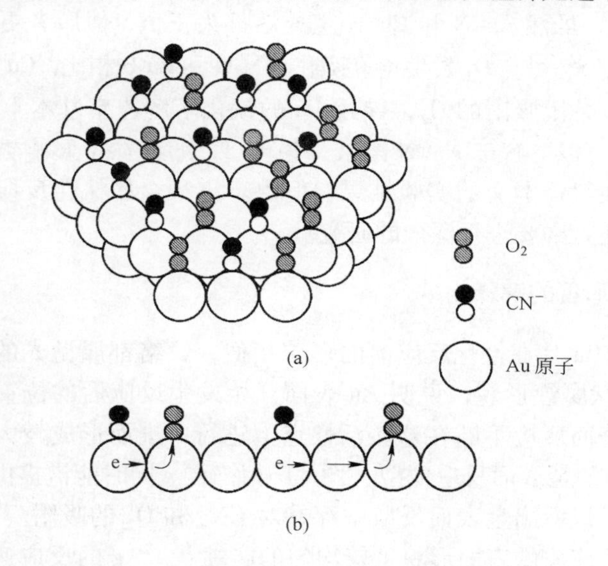

图 5　CN^- 离子和 O_2 分子在 Au 表面被吸附的示意图（a）和 Au 表面电子转移的示意图（b）

由于金属失去电子是氰化反应的速率决定步骤，那么 Cu、Ag、Au 的氰化溶解速度将取决于失去电子的难易程度，也就是符合本文的实验结果——Cu 的氰化溶解速率最快，Ag 次之，Au 最慢。本文提出的同时吸附 CN^- 及 O_2 的模型还可满意地解释前人研究动力学所证实的结论——当溶液中氧的浓度高时，Au 的溶解速率随氰离子浓度的增大而增大；当溶液中氰离子浓度高时，反应速率则随氧浓度的增大而增大。

此外，图 5 模型也符合早期的许多研究结果。如：（1）$[CN^-]/[O_2]$ 有一个最佳的临界值，相当于 Au 表面上吸附 CN^- 的原子数与吸附 O_2 的原子数有一个最有利于反应进行的比值；（2）在扩散控制区反应时，与氧能否高速供给到 Au 表面有关，但过高的氧浓度反而会降低氧化速率，提高了反应的活化能等。

4.4 硫离子降低氰化反应速率的原因及影响顺序的解释

在氧的存在下，硫离子能使 CN^- 转化为 CNS^-，而且更重要的是它强烈地吸附在金的表面，使 Au 表面钝化而抑制了 Au 的氰化溶解速率。这种现象可以从 Au 对硫的亲和力大于对 CN^- 和 O_2，S^{2-} 可以取代被吸附的 CN^- 和 O_2，从而导致 Au 氰化溶解速率的显著降低来解释。

对于 Ag 和 Cu 吸附 CN^-、O_2、S^{2-} 的能力，也可从有关化合物的热力学数据（表5）来分析。

表5 Ag 和 Cu 有关化合物的生成焓（$\Delta_f H^\ominus$）数据

物 种	AgCN	CuCN	Ag_2O	Cu_2O	Ag_2S	Cu_2S
$\Delta_f H^\ominus$/kJ·mol^{-1}	146.0	90.0	-31.1	-168.6	-32.59	-79.5

注：Data from《Lange's handbook of chemistry》[18]。

从表5数据看出，虽然 AgCN 和 CuCN 生成焓都为正值，但后者更易生成。Ag_2O 和 Ag_2S 的 $\Delta_f H^\ominus$ 值相近，S^{2-} 可与 O_2 发生竞争吸附。Cu_2O 和 Cu_2S 相比，Cu 将优先吸附 O_2。

S^{2-} 难以取代 Cu 片上吸附的 O_2，导致 Cu 的氰化溶解速率基本上不受 S^{2-} 的影响。此外也可以从 Cu_2S 可以溶解于 NaCN 溶液来说明 S^{2-} 的存在不影响铜的氰化反应。以上推断可以较满意地解释本文的实验结果，但由于三种金属氰化反应的复杂性，对于硫离子的影响机理还有必要进行深入的研究。

4.5 氰化后金表面形貌的解释

Au 片、Ag 片、Cu 片在氰化反应前的形貌相似，纹络都属抛光的划痕。金在氰化3h 后形成分散的坑状腐蚀形貌，说明 Au 表面开始发生反应后的位置周边会形成一些表面的活性位点，表面反应不断在这些活性点上进行，进而形成较大的坑穴。这种现象与 Wadsworth 提出的金表面反应模型（图4）相符合。同时能谱提供的金氰化后表面元素分析的结果也可以看出金表面反应中存在对 CN^- 和 O_2 的吸附。Cu 片上的氰化反应速度很快，氰化反应后的表面形貌呈较均匀的腐蚀状。Ag 的反应速度居中，坑穴较小，较均匀。

5 结论

（1）本文用旋转圆盘法，在氰化钠浓度为 5.00g/L（0.5% 质量分数）、圆盘转速600r/min、温度 30℃时，获得 Au、Ag、Cu 的氰化表观速率常数分别为(mmol/(cm^2·h))：0.0098，0.0144 及 0.0199，表明氰化溶解的速度顺序是 Au < Ag < Cu。

（2）当氰化液中含有 5×10^{-4}% 的硫离子时，Au、Ag、Cu 的氰化都受到抑制，其影响程度顺序为 Au > Ag > Cu。

（3）本文提出 CN^- 和 O_2 在金属表面同时吸附的模型，认为在化学反应控制区条件下，金属原子给出电子，如吸附态的 $AuCN^-$ 转化为吸附态的 AuCN + e，以及 O_2 从金属原子夺取电子是速率控制的步骤，可以较满意的解释 Au < Ag < Cu 的溶解速率顺序。氰化后金表面的能谱分析符合本文模型。

（4）硫离子抑制氰化溶解速度的顺序可以从生成焓推断的 Au 亲硫强于亲氧，Cu 亲氧强于亲硫，Ag 居中。因而硫离子对 Au 的氰化影响最大，对 Cu 影响最小而获得解释。

参考文献

[1] 黄礼煌. 金银提取技术[M]. 北京：冶金工业出版社，2001：133 ~ 147.

[2] 赵怀志，宁远涛. 金[M]. 长沙：中南大学出版社，2003：50.

[3] 马斯列尼茨基 N H，等. 贵金属冶金学[M]. 北京：原子能出版社，1992：72 ~ 106.

[4] Kondos P D，Morrison P M. Process optimization studies in gold cyanidation [J]. Hydrometallurgy，1995，39：235 ~ 250.

[5] 孙戬. 金银冶金[M]. 北京：冶金工业出版社，1986：77.

[6] Yannopoulos J C. 金的提取冶金[M]. 田广荣，李关芳，蒋鹤麟译. 昆明：中国有色金属工业贵金属信息网，1992：107.

[7] Wadsworth M E. Surface processes in silver and gold cyanidation [J]. Int. J. Miner. Process，2000，58：351 ~ 368.

[8] Wadsworth M E，Zhu X，Thompson J S，et al. Gold dissolution and activation in cyanide solution：kinetics and mechanism[J]. Hydrometallurgy，2000，57：1 ~ 11.

[9] 黎鼎鑫，王永录. 贵金属提取与精炼 [M]. 长沙：中南大学出版社，2003：153.

[10] 涂光炽，刘秉光，等. 金矿——人类最早认识和利用的矿产[M]. 北京：清华大学出版社及暨南大学出版社，2002：102.

[11] 蔡玲，孙长泉，等. 伴生金银综合回收[M]. 北京：冶金工业出版社，1999：30.

[12] 黄初登. 金矿床成因、勘探与贵金属回收[M]. 北京：冶金工业出版社，2000：40 ~ 43.

[13] 卢宜源，宾万达. 贵金属冶金学[M]. 长沙：中南大学出版社，2004：54 ~ 80.

[14] Adamson R J. Gold metallurgy in South Africa [M]. 1973(中译本):292.

[15]《黄金生产工艺指南》编委. 黄金生产工艺指南[M]. 北京：地质出版社，2000：131.

[16] Kunimatsu K，Seki H，Golden W G，et al. A Study of the gold/cyanide solution interphase by in-situ polarization modulated FT IRRAS[J]. Langmuir，1988，4：337 ~ 341.

[17] Sawaguchi T，Yamada T，Okinaka Y，et al. Electrochemical scanning tunneling microscopy and ultrahigh-vacuum investigation of gold cyanide adlayers on Au(Ⅲ) formed in aqueous solution[J]. J. Phys. Chem，1995，99：14149 ~ 14155.

[18] 迪安 J A. 兰氏化学手册[M](第 15 版). 魏俊发，等译. 北京：科学出版社，2003.

加压氢还原铱（Ⅲ）的动力学*

摘　要　研究了加压氢还原 $IrCl_6^{3-}$ 为金属铱的动力学，实验观察了高压釜的搅拌强度、铱的初始浓度、氢分压、氢离子和氯离子浓度、温度及晶种等因素变动对还原速率的影响。结果表明氢还原铱的过程是一种涉及气液固三相参加的多相反应，一旦形成晶核后反应将主要在晶粒表面进行；还原过程分两个阶段，前期受界面化学反应控制，后期受 $IrCl_6^{3-}$ 的传质控制；发现氢还原铱存在一个临界温度，指出前人未能将铱的氯配离子还原到金属态系因所用的实验温度过低。

1　引言

加压氢还原法虽是湿法冶金中的重要技术，但在铂族金属冶金中的有关报道非常少。V. Ipatieff 和 A. Andreevskii[1] 在 20 世纪 20 年代曾对加压氢原 $PtCl_4^{2-}$ 进行了研究。稍后，V. Ipatieff 和 V. G. Tronev 又对 Pt、Pd、Rh、Ir 的湿法加压氢还原做了考察，提出以配离子还原为金属的速度顺序为 Pd > Rh > Pt[2,3]。70 年代中，A. Illisi[4] 报道了用 H_2 沉淀回收镍阳极泥中的 Os。英国专利也报道了用 H_2 从盐酸介质中沉淀回收 Os[5]。80 年代以来有专利涉及氢还原铂族金属[6~9]。1982 年在第六届国际贵金属会议上，M. Findly 发表了从溶液中加压氢还原铂族金属的论文[10]，较系统地研究了温度、压力、配体和物种对 Pt、Pd、Rh、Ru 氢还原程度的影响，提出了反应机理。

铱是铂族金属中最难还原的一个元素。在盐酸介质中，除铱之外其他铂族金属均可被铜粉置换，也可被甲酸、水合肼等还原剂还原。即使用电极电位很负的锌，也不能完全置换铱。对于铱的这种动力学惰性，作者曾从贵金属配离子结构进行了解释[11]，因此，用氢还原铱的研究应该是很有价值的，遗憾的是 Ipatieff 等在 50℃、氢压为 10.1MPa，用两天时间仅能将 Ir(Ⅳ)的配离子还原为 Ir(Ⅲ)状态，未能获得金属铱。Findly 则没有研究铱。实际上，迄今还未有人对湿法氢还原铱做过系统研究，也没有人对单个铂族元素的加压氢还原做过动力学研究。

本文讨论了影响氢还原铱的各种动力学因素，为利用加压氢还原法分离铂族金属的可能性提供理论依据。

2　实验方法

实验原料、装置及操作：

（1）原料与试剂。氯铱酸（H_2IrCl_6）是用光谱纯（$(NH_4)_2IrCl_6$）为原料，在烧杯中加王水，加热，氧化分解铵离子，然后按常规方法反复多次加 HCl 赶尽 HNO_3，反复加蒸馏水浓缩驱除过量的 HCl，然后将溶液转入 500mL 的容量瓶中，蒸馏水稀释至刻度

* 本文合作者有：聂宪生；原载于《铂族金属化学冶金理论与实践》，云南科技出版社，1995：165 ~ 182。

后备用。化学法标定铱浓度为21.79g/L。

氢气纯度大于99.95%；氮气纯度大于99.995%，含氧量小于0.0015%；盐酸为分析纯试剂；氯化钠为一级试剂。

（2）实验装置。采用容积为0.1L往复式搅拌高压釜，搅拌速度40~120r/min。动力学实验采用容积为2.0L旋转搅拌式高压釜，最高工作压力7.35MPa，搅拌速度0~1500r/min，用铜-康铜热电偶配合UJ-36型电位差计，可控硅控制电流控温。测温精度±0.5℃，控温精度±1.0℃。为避免不锈钢部件引起铱的还原，0.1L的高压釜用玻璃试管作反应容器，聚四氟乙烯（Teflon）棒加工了往复式搅拌器。2.0L的高压釜使用专门加工的上釉白瓷杯作反应容器，并将不锈钢取样管换为纯铂管，将热电偶套管镀上金属铑，搅拌轴套上聚乙烯胶管，搅拌叶片换为聚四氟乙烯材质，接缝处用环氧树脂密封。

（3）实验操作。取一定量H_2IrCl_6储备液用盐酸和蒸馏水配成所需组分浓度的试液。盛入高压釜反应器内，加盖密封。对于使用0.1L高压釜的探索实验，用4.9×10^5Pa的钢瓶高压氢气洗釜内5次，保持釜内氢压9.8×10^4Pa，开始通电升温至预定温度，将氢压快速调至预定值，搅拌，计时。反应至预定时间时，立即将氢压降至9.8×10^4Pa停止搅拌和加热，将釜体取出，用电扇强行冷却至室温放气，开盖取样分析。

对于用2.0L容积高压釜进行动力学实验时，每次使用1000mL H_2IrCl_6溶液，先用4.9×10^5Pa的高纯N_2清洗釜内5次，保持N_2压为3×10^5Pa，防止釜内溶液沸腾，通电升温至预定温度，迅速通H_2，待氢分压达预定值时，搅拌并计时，按预定时间间隔连续取样，每次约取15mL溶液，用化学分析法测定铱浓度。

3 反应模型与数据处理

反应模型与数据处理具体包括：

（1）反应模型。根据探索试验结果，设计了在2.0L高压釜中进行动力学实验的条件，数据用溶液中铱的残留率（C/C_0）对反应时间t作图，获得各种动力学曲线，其中温度的影响见图1。从实验结果看出，当反应温度大于100℃后，铱的还原速度随时间的变化曲线出现了转折，温度越高，转折越明显，因此可以推测反应过程受两种不同反应规律所支配。使用电子计算机求反应级数的方法[12]，得到反应前期（转折点以前）对铱浓度的表观反应级数为1，即反应服从动力学控制的一级方程。

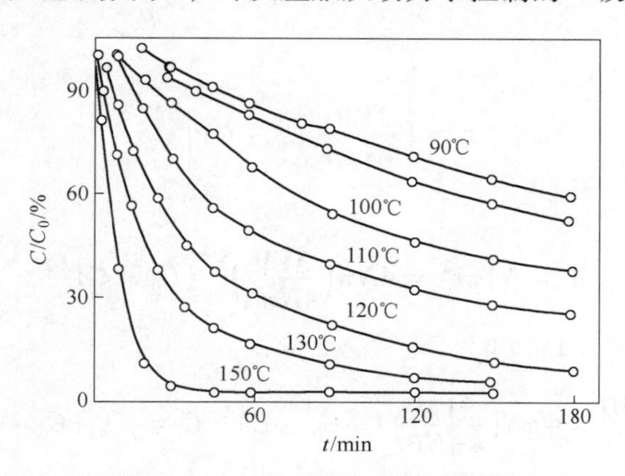

图1　温度对氢还原铱反应速度的影响

根据加压氢还原金属的一般理论，考虑到铂族金属具有极强的吸收 H_2 的特性[13]，当体系中形成金属铱的晶粒后，还原反应将优先在晶粒表面上进行。当溶液中的铱浓度降至某一数值时，铱在溶液内的传质将成为反应的控制步骤，反应规律将发生变化。

文献[14]已证实氢从溶液中到反应表面的扩散不是反应速率的控制步骤，因此在反应前期，液相中铱离子浓度较高，与反应界面上的浓度差较大，铱离子扩散的推动力大，此时界面化学反应是表观反应速率的控制步骤。当反应进入后期，溶液中的铱离子浓度降低，与反应界面上的浓度差减小，传质速率变慢。当达到某一点后，传质速率慢于化学反应速率，成为反应的控制步骤。

（2）反应前期的数据处理。反应前期因属化学反应控制，在每一反应过程中氢分压保持恒定，将包括于表观反应速率常数 k_1 中，而反应速率对铱离子浓度的关系经过计算机运算为一级，故按一级反应公式处理，其微分式与积分式分别为式（1）及式（2）：

$$-\frac{\mathrm{d}C}{\mathrm{d}t} = k_1 C \tag{1}$$

$$\ln\frac{C_0}{C_t} = k_1 t \tag{2}$$

（3）反应后期的数据处理。反应后期为铱离子的扩散速率控制，设反应溶液体积为 V，铱晶粒的总表面积为 A，扩散系数为 D，铱离子在溶液中的浓度为 C，在反应界面的浓度为 C''，浓度梯度为 $\mathrm{d}C/\mathrm{d}x$，扩散层厚度为 δ。当扩散达准稳态时，根据菲克定律可得：

$$\frac{\mathrm{d}C}{\mathrm{d}t} = -\frac{DA}{V}\times\frac{\mathrm{d}C}{\mathrm{d}x} = -\frac{DA}{V}\frac{(C-C'')}{\delta} \tag{3}$$

当反应主要由扩散控制时，可近似认为 $C''=0$，则：

$$\frac{\mathrm{d}C}{\mathrm{d}t} = -\frac{DA}{V}\times\frac{C}{\delta} \tag{4}$$

设晶粒总数为 N，每个晶粒的半径为 r，晶粒密度为 ρ，铱相对原子质量为 M，则：

$$N\times\frac{4}{3}\pi r^3 = (C_0 - C)V\frac{M}{\rho} \tag{5}$$

可解出：

$$r = \left[\frac{3VM}{4N\pi\rho}(C_0 - C)\right]^{1/3} \tag{6}$$

因此可得：

$$A = N4\pi r^2 = 4N\pi\left(\frac{3VM}{4N\pi\rho}\right)^{2/3}(C_0 - C)^{2/3} \tag{7}$$

将式（7）代入式（4）得：

$$\frac{\mathrm{d}C}{\mathrm{d}t} = \frac{\delta D}{V}\times 4\pi N\left(\frac{3VM}{4\pi NP}\right)^{2/3}(C_0 - C)^{2/3}C = -k_2(C_0 - C)^{2/3}C \tag{8}$$

式（8）的积分式为：

$$\frac{1}{C_0^{2/3}}\left\{\sqrt{3}\arctan\left[\frac{2(1-C/C_0)^{1/3}+1}{\sqrt{3}}\right]-1/2\ln\left[1-\frac{3C_0^{1/3}(C_0-C)^{1/3}}{C_0^{2/3}+C^{1/3}(C_0-C)^{1/3}+(C_0-C)^{2/3}}\right]\right\}$$

$$-\frac{\sqrt{3}\arctan\sqrt{3}/3}{C_0^{2/3}}=k_2t \tag{9}$$

（4）数据处理方法。用扩展 Basic 语言将式（2）和一元线性回归方程编成计算机程序，代入有关的实验数据，通过计算机进行线性回归处理，得出不同反应条件下的反应速率常数 k_1 值，类似地编制了用线性回归计算式（9）k_2 值的程序。同时对式（2）、式（9）中有关的 x、y 的相关性进行检验[15]，得到的相关系数大于0.954，其置信度为99%。

4 实验结果

考察各种因素对反应速率的影响，除专门指明外，其他实验条件均为 $t=120℃$，$p_{H_2}=10^6$ Pa，$C_0=2.84\times10^{-3}$mol/L，［HCl］=0.1mol/L，搅拌转速500r/min。

4.1 搅拌强度

500r/min 及 1200r/min 两种搅拌强度下的实验结果见表1。

表1 搅拌强度与表观速率常数的关系

转速/r·min^{-1}	反应前期 k_1/min^{-1}	反应后期 k_2/min^{-1}
500	2.35×10^{-2}	0.86×10^{-2}
1200	2.51×10^{-2}	1.68×10^{-2}

可以看出，实验结果与反应模型相符。在反应前期，由于化学反应为速率控制步骤，搅拌强度的影响小，从500r/min 增至1200r/min 时，k_1 几乎不变。在反应后期，扩散成为速率控制步骤，搅拌影响增大，k_2 值增加一倍。

4.2 铱的初始浓度

变动初始浓度 C_0 的实验结果见表2。

表2 初始浓度 C_0 与表观速率常数的关系

初始浓度 C_0/mol·L^{-1}	反应前期 k_1/min^{-1}	反应后期 k_2/min^{-1}
5.67×10^{-4}	2.61×10^{-2}	1.59×10^{-2}
2.84×10^{-3}	2.35×10^{-2}	0.86×10^{-2}
5.67×10^{-3}	2.21×10^{-2}	0.57×10^{-2}

从表2看出，初始浓度对反应前期的 k_1 影响甚小，C_0 增大10倍时，k_1 减小约15%。此实验结果与模型相符。

在反应后期，还原过程是一个二级连串反应。当反应处于准稳态时，此连串反应的扩散传质速度等于化学反应速度，铱离子在晶粒表面的浓度 C''保持不变，则：

$$\frac{dC''}{dt}=\beta(C-C'')-kC''=0 \tag{10}$$

式中，β 为传质系数；k 为化学反应速率常数。

由式（10）得：

$$C'' = \frac{\beta}{\beta + k}C \tag{11}$$

反应后期的速度为：

$$-\frac{dC}{dt} = kC'' = \frac{\beta}{\beta + k}kC \tag{12}$$

式（12）与式（8）应相等，因此：

$$\frac{\beta k}{\beta + k}C = k_2(C_0 - C)^{2/3}C \tag{13}$$

因反应后期时 $C_0 \gg C$，可近似地取 $C_0 - C \approx C_0$，则得：

$$\frac{\beta k}{\beta + k} \times \frac{1}{k_2} = C^{2/3} \tag{14}$$

式（14）表明，k_2 的倒数与 C_0 的 2/3 次方成正比，或 $k_2^{2/3}$ 的倒数与 C_0 成正比，将表 2 中 k_2 数据按此关系作图得一条直线，其直线性表明模型推断与实验数据吻合。

4.3 氢分压

实验获得的反应速率常数见表 3。

表 3 氢分压对反应速率的影响

氢分压/MPa	k_1/min^{-1}	k_2/min^{-1}
0.25	13.3×10^{-3}	7.49×10^{-3}
0.50	16.2×10^{-3}	8.27×10^{-3}
1.00	23.5×10^{-3}	8.62×10^{-3}

从数据看出氢分压对反应速度的影响前期较后期更明显。对于反应前期，可写出含氢分压作变量的速率方程为：

$$-\frac{dC}{dt} = k''p_{H_2}^{n}C^{m} \tag{15}$$

此式与式（2）对应，故得：

$$-\frac{dC}{dt} = k''p_{H_2}^{n}C^{m} = k_1C \tag{16}$$

由于已证实 $m = 1$，故：

$$k''p_{H_2}^{n} = k_1 \tag{17}$$

式（17）表明氢分压的 n 次方对 k_1 作图应得一直线，其中 n 为氢对反应速率的级数，实质为基元反应式中 H_2 的系数。令 $n = 1$ 作图得一条直线。

对于反应后期，当反应达准稳态时，则：

$$-\frac{dC}{dt} = \beta(C - C'') = k''p_{H_2}^{n}C'' \tag{18}$$

$$C'' = \frac{\beta}{\beta + k'' p_{H_2}^n} C \tag{19}$$

则有：

$$-\frac{dC}{dt} = k'' p_{H_2}^n \frac{\beta}{\beta + k'' p_{H_2}^n} C \tag{20}$$

式（20）与式（8）对应，又取 $C_0 - C \approx C_0$，则可得：

$$\frac{1}{C_0^{2/3} k_2} = \frac{1}{\beta} + \frac{1}{k''} \times \frac{1}{p_{H_2}^n} \tag{21}$$

式（21）表明 $1/k_2$ 对 $1/p_{H_2}^n$ 作图应为一直线，将表 3 中数据按此关系并令 $n = 1$ 作图，曲线的直线性很好，表明 $n = 1$ 合理以及实验反应模型也合理。但是，氢还原 Ir(Ⅲ)的化学计量式（22）中，H_2 的系数为 3/2，不应为 1。

$$IrCl_6^{3-} + 3/2H_2 = Ir + 3H^+ + 6Cl^- \tag{22}$$

对此，我们认为因为 $IrCl_6^{3-}$ 是相当稳定的配离子，氢还原时可能经历两步历程，首先是 Ir(Ⅲ)→Ir(Ⅰ)，这是一步慢反应；然后从 Ir(Ⅰ)→Ir。一价铱配合物的存在在文献中已肯定，它虽为平面正方形的 d^8 电子构型，但因中心离子正电荷太低，一般只形成含中性有机分子的 R_2IrX_2 配合物。对于 $IrCl_4^{3-}$，将因配体的静电排斥而相当不稳定。因此，Ir(Ⅰ)→Ir 将为快速过程。正因为这样，动力学求出的氢分子的反应级数只反映了 Ir(Ⅲ)→Ir(Ⅰ)的基元反应过程。

4.4 盐酸和氯离子浓度

盐酸浓度和氯离子浓度对反应速率都有影响。

（1）盐酸浓度的影响。实验结果列入表 4。

表 4 盐酸浓度对反应速率的影响

[HCl]/mol·L⁻¹	k_1/min⁻¹	k_2/min⁻¹	反应现象
0.001	9.74×10^{-3}	6.44×10^{-3}	0~5min 内有 $Ir(OH)_4$ 沉淀存在
0.01	1.13×10^{-2}	5.54×10^{-3}	0~5min 内有 $Ir(OH)_4$ 沉淀存在
0.1	2.35×10^{-2}	8.62×10^{-3}	未发现沉淀物
0.6	8.42×10^{-2}	8.98×10^{-3}	未发现沉淀物

考虑到盐酸对不锈钢高压釜的腐蚀，实验仅在低酸度中进行。当[HCl]≤0.01mol/L 时，反应过程的前 5min，取样时观察到有蓝黑色絮状的水解产物 $Ir(OH)_4$ 和混有一定数量半透明、近无色的胶状沉淀 $Ir_2O_3 \cdot H_2O$，极难过滤。经一段时间后，随着溶液中铱的还原，蓝黑色的氢氧化物逐渐消失，无色胶体继续存在，但随反应进行而渐减，反应速率比正常情况慢。从表 4 看出，随［HCl］的增加，k_1 和 k_2 均增大。

对于反应前期，假设盐酸浓度 C_{HCl} 与反应速率有如下关系：

$$-\frac{dC}{dt} = k''' C C_{HCl} \tag{23}$$

式（23）与式（1）类比得：

$$k'''C_{HCl} = k_1 \tag{24}$$

将 k_1 对［HCl］作图直线性很好，表明反应速率常数与盐酸浓度呈正比关系。

对于反应后期，当反应达准稳态时有：

$$-\frac{dC''}{dt} = \beta(C - C'') - k'''C''C_{HCl} = 0 \tag{25}$$

类似前述的处理可解出：

$$\frac{1}{C_0^{2/3}k_2} = \frac{1}{k''C_{HCl}} + \frac{1}{\beta} \tag{26}$$

按式（26）取$\frac{1}{k_1}$对$\frac{1}{[HCl]}$作图，结果表明数据符合推论。

（2）氯离子浓度的影响。恒定［H^+］，加 NaCl 增加［Cl^-］，实验结果列于表 5。

表 5　氯离子浓度对反应速率的影响

NaCl 加入量/mol · L^{-1}	k_1/min^{-1}	k_2/min^{-1}
0	23.5×10^{-3}	8.62×10^{-3}
3	111.1×10^{-3}	5.98×10^{-3}

从表 5 看出，氯离子浓度的增加显著地加速了前期的反应速度。对于反应后期，由于 3mol/L NaCl 体系中离子强度大，导致铱配离子的扩散速率减慢，反应速度降低。

当从热力学观点考察时，H^+ 和 Cl^- 都是反应产物，见式（22），不应促进氢还原反应的正向进行。但动力学实验获得了相反结果，对此我们将在机理讨论中解释。

4.5　温度的影响

实验结果见表 6。

表 6　温度对反应速率的影响

温度/℃	k_1/min^{-1}	k_2/min^{-1}
90	0.407×10^{-2}	①
100	0.702×10^{-2}	0.576×10^{-2}
110	1.39×10^{-2}	0.642×10^{-2}
120	2.35×10^{-2}	0.862×10^{-2}
130	4.92×10^{-2}	1.10×10^{-2}
150	14.2×10^{-2}	1.45×10^{-2}

① $t \leqslant 90$℃ 的实验因反应速度慢，在实验时间范围内反应未进行到后期。

用表 6 数据作阿累尼乌斯图，可求得反应前期的表观活化能 E_1 为 76.1kJ/mol，相应的阿累尼乌斯方程为：$\ln k_1 = -\frac{18200}{RT} + 19.7$；反应后期的表观活化能 E_2 为 25kJ/mol，相应方程为 $\ln k_2 = -\frac{6090}{RT} + 3.02$。我们还在氢分压为 5×10^5 Pa 进行了温度条件实验，获得的 E_1 为 78.6kJ/mol，E_2 为 24.5kJ/mol，与 $p_{H_2} = 10^6$ Pa 的实验结果基本

相同。E_1 值的大小符合理论要求的典型化学反应控制，E_2 值比理论要求的典型扩散控制稍大，达到了混合控制的下限[16]，可能系化学反应绝对速率过慢所致。

从预备实验看到，温度小于80℃后，尽管提高氢分压，反应速度都相当慢，甚至无金属铱产生。当将相应于80℃的 k_1 值绘入表6数据的图中时，它严重地偏离阿累尼乌斯直线，因此可以认为，80℃左右是氢还原铱的一个临界温度，Ipatieff 等在 10^7Pa 的氢压和两天的反应时间而未能得到金属铱，系因为它使用的温度仅50℃。

4.6 晶种的影响

为验证本文模型的可靠性，考察了晶种的影响。在实验开始前向溶液中加入1000mg 平均直径为0.302nm 的铱粉作晶种，所得数据见表7。由此看出晶种加速了氢还原反应，k_1 值增大一倍多，反应开始时间缩短一半，前期反应延续时间以及前期与后期的转折时间均明显缩短，而对属扩散控制的反应后期，晶种的影响甚微。

表7 铱粉晶种对反应速率的影响

晶种加入量/mg	k_1/min^{-1}	k_2/min^{-1}	通 H_2 后还原反应开始的时间	前期反应延续时间/min	前期与后期转折时间
0	0.702×10^{-2}	0.576×10^{-2}	第10min	80	第90min
1000	1.65×10^{-2}	0.582×10^{-2}	第5min	55	第60min

注：反应温度为100℃。

晶种加速化学反应的原因系氢分子具有稳定的电子结构，键能为430kJ/mol，惰性很大，当有晶种存在时，氢分子被大量吸附于铱粒表面。根据催化理论，氢分子被吸附时将断开 H—H 键，形成两个 M—H 键。被金属束缚的氢具有原子氢的性质，甚至可以从金属中拉来电子具有负氢的性质[17]，活性很大。另一方面，在金属铱的表面上氢的浓度将大大超过体相浓度，这两者都促使铱配离子的还原将优先在晶粒表面上进行，并使还原反应速度加快。

5 氢还原铱的机理

本文实验的起始溶液为Ir(Ⅳ)的 H_2IrCl_6，由于Ir(Ⅳ)能自动还原为Ir(Ⅲ)[18]，在探索实验中也观察到在0.1mol/L HCl 酸度下，当温度大于100℃后，在未通 H_2 之前，溶液颜色已从棕红变为近于无色，紫外及可见光谱鉴定证明 Ir(Ⅳ)已全部还原为Ir(Ⅲ)，因此机理讨论以 $IrCl_6^{3-}$ 为起点。

$IrCl_6^{3-}$ 虽为相当稳定的配阴离子，但在低盐酸浓度介质中容易发生水合和羟合反应，生成含水分子和 OH^- 的各种混合配体配合物，组分复杂。D. A. Fine[19] 曾指出，此时要考虑 pH 值、氯离子浓度、温度、溶液来源及放置时间的综合影响，一般认为当 pH = 1(0.1mol/L HCl)时，Ir(Ⅲ)溶液中将以 $Ir(H_2O)_2Cl_4^-$ 和 $Ir(OH)_2Cl_4^{3-}$ 为主成分，但为了方便讨论，我们仍从 $IrCl_6^{3-}$ 开始。

从动力学数据还无法推断成核过程的机理，但可借用催化加氢的理论[20]来说明。在足够高的温度下，溶液中的氢分子与铱配离子碰撞时发生异裂，负氢离子（H^-）进入配离子内界，形成了不稳定的过渡态活化配合物，它迅速分解为活泼的 Ir(Ⅰ)配离子，Ir(Ⅰ)配离子为四配位的平面正方形构型，其空着的 z 轴方向为氢分子直接接触中心铱离子提供了方便，因此它迅速与氢完成还原反应。

一旦形成了晶粒后，反应将优先在晶粒表面进行，均相反应转变为多相界面反应，且多相界面反应又分为以化学反应为控制步骤的前期和以扩散为控制步骤的后期。由于晶粒表面的氢分子已转变为被束缚和被活化了的氢原子，$IrCl_6^{3-}$ 的中心离子又被6个配体 Cl^- 紧紧包围，氢对铱的电子传递将借氯离子作“桥”，如 $IrCl_6^{2-}$ 还原为 $IrCl_6^{3-}$ 那样，按外层机理[21]进行。

从慢过程考察，可知 H_2 对反应速率的级数为1，铱浓度对反应速度为一级反应。而且形成活化配合物需要吸收能量，温度成了非常关键的因素。

对于各种水合、羟合配离子，如 $Ir(OH)Cl_5^{3-}$、$Ir(H_2O)Cl_5^{2-}$、$Ir(H_2O)_2Cl_4^-$ 及 $Ir(OH)_2Cl_4^{3-}$ 等，原则上也能与 H_2 反应，但对于在界面上按外层机理进行的反应来说，因 H_2O 和 OH^- 不适宜作传递电子的“桥”，从统计学的观点，配离子内界的 H_2O 和 OH^- 配体愈多，形成过渡态活化配合物的几率愈小，反应速度因而减慢。当溶液的酸度很低时，如[HCl]≤0.01mol/L，铱配离子内界的 H_2O 和 OH^- 增多，以致一加热就形成了 $Ir(OH)_4$ 和 $Ir_2O_3 \cdot H_2O$ 等水解沉淀，阻碍了反应的进行。$[H^+]$ 的增高能阻止羟合反应和水合配离子的酸式离解，阻止水解产物的生成，$[Cl^-]$ 的增高能使混合配体配合物转变为有利于反应的 $IrCl_6^{3-}$，因此，在本文实验条件下，观察到 H^+ 和 Cl^- 能加速氢还原铱的反应速度。

6 小结

通过对实验结果的分析得出以下结论：

（1）盐酸介质中铱的氢还原是一种有气液固三相参加的多相反应，一旦形成晶核后，由于铂族金属具有很强的吸附氢的能力，反应将主要在晶粒表面进行。

（2）还原过程前期受界面化学反应控制，表观活化能为76.1kJ/mol，后期受铱配离子的传质控制，表观活化能为25kJ/mol。

（3）反应前期的速率在宏观上与溶液中铱配离子及氢分压的一次方成正比，反应速度受 $[H^+]$、$[Cl^-]$ 及晶种等因素影响，后期反应服从菲克第一定律导出的扩散速率方程，搅拌强度、铱的初始浓度对反应速度影响较明显，其他因素影响甚微。

（4）发现80℃左右是氢还原铱的临界温度，前人未能将溶液中的铱配离子还原到金属态，系所用的实验温度过低。

（5）还原反应机理是铱晶粒吸附和活化了的原子态氢，以铱配离子的配体 Cl^- 为“桥”，向铱传递电子。前人讨论的氢分子发生异裂，负氢离子进入配离子内界的均相反应，应只是成核期的反应。本文观点能解释全部实验现象。

参考文献

[1] Ipatieff V, Andreevskii A. Compt., Rend. 1926, 183: 51~53.

[2] Ipatieff V, Tronev V G. Compt., Rend. Acad. Sci, URSS. 1935, 1: 622~624. Chem. Abstr., [J]. 1935, 4(29):4658.

[3] Ibid. URSS. 1935, 1: 627~629. Chem. Abstr. 1935, 5(29):4658.

[4] Illisi A, et al. Met. Trans. 1978, 2(1):431.
[5] 美国专利 . 1158565.
[6] WO Patent. 8101188.
[7] US Patent. 4422911.
[8] 日本公开专利 . J82 82435.
[9] 特开昭 . 57-8243.
[10] Findly M. Proceedings of the sixth International Precious Metals Institute Conference[C]. June 7 ~ 11, 1982: 477 ~ 501.
[11] 陈景 . 贵金属 . 1985, 8: 12.
[12] 韩其勇 . 冶金过程动力学[M]. 北京: 冶金工业出版社, 1983: 37 ~ 42.
[13] Pourbaix M. 贵金属-水系电位-pH 图集[M]. 李月娥, 储建华译 . 沈阳: 沈阳黄金专科学校, 1982: 39.
[14] 中国科学院化工冶金研究所 . 译文集, 湿法冶金浸取与还原的物理化学[M]. 1978: 155 ~ 163.
[15] 南京大学数学系计算数学专业 . 概率统计基础和概率统计方法[M]. 北京: 科学出版社, 1979: 198 ~ 211.
[16] 蒋汉瀛 . 湿法冶金过程物理化学[M]. 北京: 冶金工业出版社, 1984: 72.
[17] 邓景发 . 催化作用原理导论[M]. 吉林: 吉林科学技术出版社, 1984: 74, 80, 97, 366.
[18] 吴传初, 江林根, 刘元方 . 贵金属 . 1984, 4(5):39.
[19] Fine D A. J. Inorg. Nucl. Chem. 1970, 32: 2731.
[20] Olive G H, Olive S. Coordination Catalysis[M]. 徐吉庆, 等译 . 北京: 科学出版社, 1986: 228 ~ 253.
[21] 大淹仁志, 田中元冶 . 舟桥重信 . 溶液反应的化学[M]. 俞开钰译 . 北京: 高等教育出版社, 1985: 270 ~ 292.

加压氢还原法分离铑、铱*

摘　要　根据重铂族Ir的氯配离子其动力学惰性远高于轻铂族Rh的氯配离子的特性，实验考察了温度、氢压、反应时间和铑铱浓度比对加压氢还原分离铑、铱的效果。结果表明，对铱浓度远大于铑浓度的物料及两者浓度相近的物料，可以达到良好的分离，进一步讨论了氢还原分离铑铱的原理。

1　引言

铑、铱分离在铂族金属的分析化学和精炼提纯中都是难度大的课题，研究工作十分活跃。在1986年召开的全国贵金属学术会议上，与铑、铱分离提纯有关的论文就有6篇[1]。

早期研究提出的多为沉淀法[2]，Ti(Ⅲ)、Cr(Ⅲ)、V(Ⅱ)及Hg(Ⅰ)的盐类都可以选择性还原铑。铜粉可以选择性置换铑，我们提出的活性铜粉置换法在我国金川贵金属生产中获得了应用[3,4]。但以上方法都会把大量其他金属离子带入铱溶液中，对铱的提纯不利。

氢还原法是一种不引入任何有害杂质的还原沉淀法。Ipatieff[5]等在30年代曾研究过加压氢还原铂族金属。他在50℃和9.8MPa氢压条件下，用了2天时间仅能将Ir(Ⅵ)还原为Ir(Ⅲ)，可见铱配离子相当难还原到金属态。Findly[6]在1982年报道了加压氢还原Pd、Ru、Pt、Rh的研究，铑的氯配离子在室温及低氢压下可以还原为金属铑。显然，用加压氢还原法有可能分离铑、铱。我们曾详细研究过加压氢还原铱的工艺[7]及动力学[8]，发现反应温度是氢还原铱的关键因素，温度大于80℃，铱配离子才可能被氢还原至金属态，因此提出用加压氢还原法提纯铱的新方法[9]。本文报道用加压氢还原法分离铑、铱的实验结果。

实验方法同前文。全部试液酸度均为[HCl]=0.1mol/L，搅拌速度均为62r/min。

2　实验结果

2.1　加压氢还原铑的反应条件考察

考察加压氢还原铑的条件具体包括：

（1）温度对还原铑的影响。固定氢压为4.9×10^4 Pa，反应时间120min，初始铑浓度$C_{Rh}^0=0.3$g/L。实验结果列于表1。

表1　温度对氢还原铑的影响

温度/℃	20	40	60	80	90
残余铑浓度/g·L^{-1}	<0.001	<0.001	<0.001	<0.001	<0.001
还原率 η/%	>99.7	>99.7	>99.7	>99.7	>99.7

* 本文合作者有：聂宪生；原载于《贵金属》1992年第2期。

表1表明，当氢压为4.9×10^4 Pa时，20℃下即可使溶液中的铑全部还原到分析下限。

（2）氢压的影响。固定温度为30℃，其他条件同（1），变动氢压。实验结果列于表2。

表2　氢压对还原铑的影响

氢压/Pa	9.8×10^4	14.7×10^4	29.4×10^4	49.0×10^4
残余铑浓度/$g\cdot L^{-1}$	<0.001	<0.001	<0.001	<0.001
还原率 η/%	>99.7	>99.7	>99.7	>99.7

表2表明，在30℃下，9.8×10^4 Pa的氢压即可使溶液中的铑离子完全还原为金属。

2.2　加压氢还原铱的条件考察

（1）温度的影响。固定氢压为9.8×10^4Pa，反应时间180min，初始铱浓度$C_{Ir}^0=0.153$g/L。实验结果列于表3。

表3　温度对氢还原铱的影响

温度/℃	60	80	90	100	110	120	140
残余铱浓度/$g\cdot L^{-1}$	0.151	0.140	0.086	0.064	0.045	0.007	<0.002
还原率 η/%	1.5	8.2	43.9	58.3	70.7	95.5	>98.6

表3表明，温度对氢还原铱影响极大，温度低于80℃时，铱几乎不被还原。

（2）氢压的影响。固定温度为90℃，反应时间120min，$C_{Ir}^0=0.153$g/L。实验结果列于表4。

表4　氢压对还原铱的影响

氢压/Pa	14.7×10^4	49.0×10^4	63.7×10^4	78.5×10^4	98.0×10^4	147.0×10^4	196.0×10^4
残余铱浓度/$g\cdot L^{-1}$	0.146	0.124	0.122	0.117	0.108	0.091	0.085
还原率 η/%	4.3	18.7	20.1	23.6	29.5	40.3	44.5

从表4看出，当温度略高于铱还原的临界温度时，氢压的增加对铱还原率的增长速度影响不大，但也看出即使在90℃及氢压14.7×10^4Pa时。铱的还原率也很低。

2.3　各种因素对氢还原法分离铑、铱的影响

影响氢还原法分离铑、铱的因素具体包括：

（1）温度的影响。固定氢压为29.4×10^4Pa，反应时间120min，$C_{Rh}^0=C_{Ir}^0=0.30$g/L。实验结果列于表5。

表5　温度对氢还原法分离铑、铱的影响

温度/℃	20	40	60	80	100
残液铑浓度/$g\cdot L^{-1}$	<0.001	<0.001	<0.001	<0.001	<0.001
铑还原率 η/%	>99.7	>99.7	>99.7	>99.7	>99.7
铱还原率 η/%	1.82	1.83	24.5	28.5	52.6

从表5可以看出，在40℃以下的实验条件下，铑、铱分离效果很好。随着温度的

升高，铱的还原率逐渐增大，分离效果降低。

（2）反应时间的影响。在室温23℃，氢压9.8×10^4Pa，$C_{Rh}^0=C_{Ir}^0=1.0$g/L 条件下的实验结果列于表6。

表6　反应时间对氢还原法分离铑、铱的影响

反应时间/min	30	60	90
残液铑浓度/$g\cdot L^{-1}$	1.26	0.95	<0.001
铑还原率 η/%	9.79	32.17	>99.9
铱还原率 η/%	1.33	8.47	9.67

从表6可以看出，反应时间为90min时，铑可以完全还原。按计算，此时有少量的铱进入铑粉中。我们认为在该条件下铱被还原的可能性很小，反应残液中铱离子浓度的略微降低可能是因为取样时未洗沉淀，少量铱的氯配离子被干滤纸和还原出的铑粉吸附所致。

（3）初始铑、铱浓度比对分离铑、铱的影响。固定温度为20℃，氢压14.7×10^4Pa，反应时间120min，变动初始铑、铱浓度。实验结果列入表7。

表7　初始铑、铱浓度比对分离铑、铱的影响

编　号	No. 1	No. 2	No. 3	No. 4
C_{Rh}^0/$g\cdot L^{-1}$	0.03	0.08	1.20	1.20
C_{Ir}^0/$g\cdot L^{-1}$	0.03	1.20	1.20	0.19
C_{Rh}^0/C_{Ir}^0	1	0.07	1	6.3
残液铑浓度/$g\cdot L^{-1}$	<0.001	<0.001	<0.001	<0.001
铑还原率 η/%	>99.7	>99.7	>99.7	>99.7
铱还原率 η/%	1.82	4.65	8.85	57.55

从表7可以看出，在所有条件下，铑均全部被还原为金属态，铱的还原率则与铑、铱的初始浓度有关。如前节所述，我们认为在20℃下铱还原的可能性很小。按表7中数据，计算出每毫克金属铑粉吸附的铱量，则 No. 3 为0.090mg，No. 4 为0.091mg。表6中反应时间为120min时，铱吸附量为0.097mg，这些数据如此接近，表明铱以机械夹杂而损失的观点是可信的。No. 1 与 No. 2 因铑含量太低，滤纸的吸附铱量变得突出，铱的损失将随其初始浓度的增高而加大，并与前面给出的数据有较大差异。

3　讨论

3.1　氢还原法分离铑、铱的原理

实验结果表明，在室温及低氢压条件下，氢气能选择性还原铑，达到铑、铱分离。但是，从热力学数据分析，氢还原法是难以分离铑、铱的，因为：

$$RhCl_6^{3-}+3e \rightleftharpoons Rh+6Cl^- \qquad E^{\ominus}=0.44V \tag{1}$$

$$IrCl_6^{3-}+3e \rightleftharpoons Ir+6Cl^- \qquad E^{\ominus}=0.77V \tag{2}$$

按$\Delta G^{\ominus}=-nFE^{\ominus}$计算，$IrCl_6^{3-}$的还原反应推动力比$RhCl_6^{3-}$的还原反应推动力大得

多，对此需要做一些理论上的解释。

作者曾指出[10~13]，在6个铂族金属中存在着一种规律，重铂族（Os、Ir、Pt）的配离子比具有相同氧化价态、相同配体和相同几何构型的轻铂族（Ru、Rh、Pd）配离子的热力学稳定性更高，动力学惰性更大。对于铂族金属配离子在水溶液中的许多化学反应，通常动力学因素更为重要。能反映 $IrCl_6^{3-}$ 和 $RhCl_6^{3-}$ 热力学稳定性和动力学惰性的一些参数列入表8中。

表8　铑、铱氯配离子的一些参数

配离子	Z^*	Δ/cm^{-1}	K/mol	k/s^{-1}	$E/kJ \cdot mol^{-1}$	$t_{1/2}$/min
$IrCl_6^{3-}$	7.74	25000	1.7	9.4×10^{-6}	125.46	1200
$RhCl_6^{3-}$	6.90	20300	2.5	1.8×10^{-3}	104.55	6.4

注：Z^* 为有效核电荷，Δ 为配体场引起的 d 轨道能级分裂值，K 为氯配阴离子一水合反应的平衡常数，k 为氯配阴离子一水合反应的速率常数，E 为水合反应的活化能，$t_{1/2}$ 为水合反应的半寿期。

从表8数据可以看出，由于Ir(Ⅲ)离子含有14个 $4f$ 电子，它们对 $5d$ 轨道的屏蔽效应较差。因此Ir(Ⅲ)的有效核电荷高于Rh(Ⅲ)的有效核电荷，Ir(Ⅲ)对氯配离子的静电吸引也大于Rh(Ⅲ)的，这明显地反映在配体场引起的 d 轨道能级分裂值 Δ 值的大小上，这是造成 $IrCl_6^{3-}$ 的热力学稳定性和动力学惰性均高于 $RhCl_6^{3-}$ 的主要原因。在热力学稳定性方面，从一水合反应的平衡常数 K 可以看出 $IrCl_6^{3-}$ 比 $RhCl_6^{3-}$ 略为稳定，而动力学稳定性方面相差就非常明显，$IrCl_6^{3-}$ 的一水合反应速率常数为 $RhCl_6^{3-}$ 的1/200，前者的一水合反应半寿期为1200min，而后者仅需6.4min，这就是氢气可以选择性还原 $RhCl_6^{3-}$ 的主要原因。

3.2　关于影响氢还原铱的因素

加压氢还原铱的动力学[6]表明，整个氢还原过程是一个多步骤联合控制的复杂多相催化反应。其反应前期为化学反应控制，表观活化能为77.79kJ/mol；后期为扩散控制，表观活化能为25.47kJ/mol，铱的氢还原与反应温度密切相关。从表3可以看出，温度小于80℃时几乎不发生铱的还原。因此本文实验主要在室温和低氢压下进行铑、铱的分离，以便尽可能抑制铱的还原。

从表5的数据分析，在低于铱还原的临界温度80℃下，已观察到有少量铱被还原，这可能是已还原的铑具有吸附氢的特性，在金属铑表面吸附的氢分子可以被断键活化而具有原子氢的性质，甚至具有负氢的性质[14]，因此可降低还原 $IrCl_6^{3-}$ 的活化能，使得在低于80℃温度下有可能还原出少量铱。

对于表7，由于反应温度仅20℃，氢压仅 14.7×10^4Pa，我们认为氢还原铱的可能性极小，进入铑粉中的铱可能是实验取样方法引起的机械损失。

4　结语

由于高压釜对盐酸不抗腐，因此未考察盐酸浓度的影响，也未考察高浓度铑、铱对氢还原分离效果的影响。但本工作已表明，对铱浓度远大于铑浓度的物料和铑、铱浓度比值接近的物料用加压氢还原法分离铑、铱是很有效的。

景

文

集

参考文献

[1] 中国有色金属学会．全国贵金属学术会议论文摘要汇编[C]．1986，昆明．

[2] Ginzburg S J，Ezerskaya N A. Analytical Chemistry of Platinum Metals. 1975：427 ~ 484.

[3] 陈景，崔宁，杨正芬．稀有金属．1988，7：161.

[4] 科学技术研究成果公报．1985，6：13.

[5] Ipatieff V V，Tronev V G. Compt. Rend. Acad. Sci.，U. R. S. S. 1655，1：622 ~ 624，627 ~ 629.

[6] Findly M. Proceedings of the Sixth International Precious Metals Comference. 1982：477 ~ 451.

[7] Nie Xiansheng，Chen Jing，Tan Qinglin. Precious Metals 1989，Proceedings of the Thirteeth International Precious Metals Institute Comference. 391.

[8] 聂宪生．盐酸介质中高压氢还原铱的动力学研究[D]．昆明：昆明贵金属研究所，1986.

[9] 陈景，聂宪生，等．发明专利公报．1989(9) No. 5. 87104181. 2.

[10] 陈景．贵金属．1984，5(3).

[11] 陈景．贵金属．1965，6(3).

[12] 陈景．贵金属．1980，9(1).

[13] 陈景．铂族金属氧化还原反应的规律[J]．贵金属，1991，1：7 ~ 16.

[14] 邓景发．催化作用原理导论[M]．吉林：吉林科学技术出版社，1984：74 ~ 83，97 ~ 99.

加压氢还原法制取纯铑*

摘 要 本文在固定氢压 $p_{H_2}=0.2MPa$、温度35℃及搅拌转速300r/min的条件下，考察了溶液中HCl浓度、NaCl浓度及铑浓度对氢还原铑(Ⅲ)效果的影响。实验结果表明，铑浓度不大于10g/L时，$t=2h$，铑的还原率大于99.98%；铑浓度增加需延长反应时间；加压氢还原既不会引入也不能除去贱金属杂质。方法具有操作环境条件好、简便快速的特点。

1 引言

纯铑的制取比较困难，制取方法在不断改进。1966年我们研究提出的“萃取—离子交换法”[1]比E. Wichers[2,3]的“亚硝酸盐络合法”前进了一大步。20世纪80年代针对金川公司贵金属物料的复杂性，我们又多次改进此法[4,5]，使铑的提纯工艺更加完善，已能稳定地把铑溶液中的杂质元素特别是铱和铜降到“4N”铑的国标下限以下。但是从纯铑溶液中还原出金属铑，目前采用的两种方法还不尽满意。第一种方法为“甲酸还原法”，还原时需先在近沸状态下用NaOH把溶液调整到pH=8，使铑水解成 $Rh(OH)_3$，再用甲酸使其还原成铑黑。当进行大批量还原时，往往因NaOH中的微量杂质使Rh受到新的污染。在甲酸还原得到的铑中，一些元素如Fe、Si等经常超标，影响了产品的质量。第二种为在乙醇中用氯化铵沉淀，然后煅烧和高温氢还原，虽然此法除贱金属十分有效，但过程冗长，还需用大量乙醇洗涤。为此需研究新的方法以克服上述缺点。

氢还原是一种不引入任何杂质的还原方法，操作简单，过程极短，能从纯铑溶液中一步得到金属铑粉。早在20世纪30年代，V. Ipatieff等[6,7]就曾经对从溶液中用加压氢还原铂族金属做了初步研究，提出了还原金属的速度顺序为Pd > Rh > Ir。1982年M. Findly[8]系统地考察了温度、压力、配体和晶种对铂族金属氢还原速度的影响，并提出了反应机理，指明了Rh的氯配离子在室温及低压下便可被氢还原为金属。但他们试验的铑浓度太低，仅有 15×10^{-3}g/L数量级。80年代后期，我们[9]研究了利用加压氢还原分离铑、铱的方法。铑的还原与M. Findly的结果一致，但铑浓度也不高，仅有0.3g/L到1.0g/L左右。要把氢还原法用于制取纯铑的生产过程，上述工作还显得不够充分。本文对加压氢还原制取纯铑做了进一步的考察，采用接近实际生产的条件，以求把此技术推广到纯铑的生产中。

2 实验方法

2.1 原料和试剂

氯铑酸（H_3RhCl_6）溶液是从不纯溶液提纯而得，铑浓度为25.6g/L。氯铑酸钠和

* 本文原载于《铂族金属化学冶金理论与实践》，云南科技出版社，1995：292～299。

氯铑酸铵溶液是从上述溶液转化而得。盐酸、氯化钠及氯化铵均为分析纯试剂，氢气用高纯钢瓶氢。

2.2 实验装置

采用GS-2型高压釜，容积2L，最大承受压力7.5MPa，最高温度300℃，搅拌转速0～1500r/min。釜内使用上釉白瓷杯作反应容器，免除溶液对釜体的浸蚀，搅拌叶片用有机玻璃材质。

2.3 操作

按预定的铑浓度抽取铑储备液于小烧杯中，红外灯下烘干，再配入适量的HCl或NaCl，用蒸馏水溶解并稀释到210mL，取10mL作初始浓度分析，其余转入白瓷反应杯中。加盖，通电升温，当温度达到预定值后，用0.5MPa的氢气清洗釜内5次，然后维持0.2MPa的氢压并开始搅拌和计时，到反应终点时停止搅拌，放出氢气，打开釜盖取出试液。过滤上清液并量体积，再取10mL分析铑含量。实验所得的铑粉经洗涤和烘干后，取样进行定量光谱分析，测定纯度。

3 结果和讨论

3.1 还原铑的理论极限

氢还原铑可用下式表示：

$$RhCl_6^{3-} + 3/2H_2 \rightleftharpoons Rh + 3H^+ + 6Cl^- \quad (1)$$

$$E = E^{\ominus} + (0.0591/3)\lg(a_{[RhCl_6]^{3-}} p_{H_2}^{3/2} / a_{H^+}^3 a_{Cl^-}^6) \quad (2)$$

其中 $E^{\ominus} = E^{\ominus}_{RhCl_6^{3}/Rh} = 0.44V$，因此上式可写为：

$$E = 0.44 + 0.0197\lg a_{RhCl_6^{3-}} + 0.0197\lg(p_{H_2}^{3/2} / a_{H^+}^3 a_{Cl^-}^6) \quad (3)$$

实验中 $p_{H_2} \approx 2\times10^5Pa$，若取溶液pH=1，则 $a_{H^+}^3 = (0.1)^3$，$a_{Cl^-}^6 = (0.1)^6$ 极限时 $E=0$，即可得：

$$\lg[RhCl_6^{3-}] = -22.33 + 9.45 \approx -13 \quad (4)$$

从热力学计算来看，还原是相当彻底的，理论上溶液中铑浓度可降到 10^{-13} mol/L。

3.2 温度、氢压对还原沉淀的影响

M. Findly[8] 用铑浓度为 $(15\sim25)\times10^{-6}$ g/L 的溶液做了氢还原，发现室温下 H_2 气鼓入溶液中就能使铑还原。我们[9] 用0.3g/L Rh的溶液初步考察了小于90℃及小于0.5MPa条件下的还原过程。实验结果表明铑很容易被还原。20℃和0.1MPa的氢压下，2h就能使溶液中的铑降到分析下限，结果与热力学分析一致。本文将进一步考察其他条件的影响。以下实验除特殊指明外，条件均为：pH=1，$p_{H_2}=0.2MPa$，$t=120min$，温度35℃，搅拌速度300r/min。

3.3 酸度对还原沉淀的影响

考虑到酸度过高会造成对压力釜的腐蚀，只做了0.1～1.5mol/L HCl范围内的实

验，结果见表1。

表1 酸度对还原沉淀的影响

酸度/mol·L^{-1}	0.1	0.5	1.0	1.5
初始 C_{Rh}^0/g·L^{-1}	2.82	2.76	2.60	2.56
残液 C_{Rh}/g·L^{-1}	$<5\times10^{-4}$	$<5\times10^{-4}$	$<5\times10^{-4}$	$<5\times10^{-4}$
还原率/%	>99.98	>99.98	>99.98	>99.98

3.4 氯离子浓度对还原沉淀的影响

固定初始 $C_{Rh}^0=2.5$g/L，改变溶液中NaCl的浓度从0~3.0mol/L，结果见表2。

表2 氯离子浓度对还原沉淀的影响

NaCl浓度/mol·L^{-1}	0	0.5	1.0	2.0	3.0
残液 C_{Rh}/g·L^{-1}	$<5\times10^{-4}$	2.4×10^{-3}	$<5\times10^{-4}$	$<5\times10^{-4}$	1.1×10^{-3}
还原率/%	>99.98	99.91	>99.98	>99.98	99.95

3.5 阳离子及水合铑对还原沉淀的影响

考察了H^+、Na^+、NH_4^+等阳离子以及铑转化为水合阳离子$Rh(H_2O)_6^{3+}$对还原的影响，初始 $C_{Rh}^0=10$g/L，实验结果见表3。

表3 阳离子及水合铑对还原的影响

物种类型	H_3RhCl_6	Na_3RhCl_6	$(NH_4)_3RhCl_6$	$[Rh(H_2O)_6]^{3+}$
残液 C_{Rh}/g·L^{-1}	$<5\times10^{-4}$	$<5\times10^{-4}$	$<5\times10^{-4}$	$<5\times10^{-4}$
还原率/%	>99.98	>99.98	>99.98	>99.98

从上述几个表中可看出，酸度、氯离子浓度及阳离子的种类在本实验的条件下都不影响还原沉淀，2h的还原时间可使溶液中的铑都从10g/L降到小于5×10^{-4}g/L，还原率大于99.9%。这些都说明铑的还原很容易，操作简便。

3.6 初始C_{Rh}^0对还原的影响

由于实际生产中所处理的纯铑液浓度一般在10g/L以上，有必要对初始C_{Rh}^0对还原的影响进行考察，结果见表4。

表4 初始C_{Rh}^0对还原率η的影响

初始 C_{Rh}^0/g·L^{-1}	2.5	7.5	10.0	16.2	25.4
η^*(2h)/%	>99.98	>99.98	>99.98	96.47	31.25
η(6.5h)/%	>99.98	>99.98	>99.98	>99.98	99.45
$t(\eta>99\%)$/min	约25	约50	约70	约130	约360

表4列举了不同C_{Rh}^0时还原2h和6.5h的还原率，以及还原率大于99%所需要的还原时间。数据表明，初始C_{Rh}^0的变化要求还原时间做相应的变化。若其他条件相同时，

要彻底还原铑，还原时间需随初始 C_{Rh}^0 的增加而增加。当 $C_{Rh}^0>15g/L$ 时，在 2h 内就不能把铑还原彻底，必须适当延长时间。其原因可能是初始 C_{Rh}^0 的增加使溶液的黏度、离子强度显著增加，从而 H_2 在溶液中的溶解扩散阻力增加，导致了还原速率降低。为验证此种推测，进行了下列两组实验：

（1）在 $p_{H_2}=0.2MPa$，35℃，$t=2h$，pH = 1，$C_{Rh}^0=6.1g/L$ 的条件下，不搅拌，获得 $\eta=51\%$；$C_{Rh}^0=7.5g/L$，搅拌速度 300r/min，获得 $\eta\geq99.98\%$。

（2）在 $p_{H_2}=0.2MPa$，1mol/L HCl，2mol/L NaCl，$C_{Rh}^0=25.4g/L$，35℃，$t=6.5h$ 条件下，搅拌速率 300r/min，获得 $\eta=99.4\%$；$C_{Rh}^0=24.0g/L$，65℃，$t=2.5h$，搅拌速率 600r/min，获得 $\eta>99.9\%$。

从上述结果可以看出，适当强化还原条件，尤其是增强搅拌强度，减少氢在溶液中的扩散阻力，对还原十分有利，显著地缩短了还原时间。

综合其他因素来看，加压氢还原铑的方法所要求的条件并不苛刻，氢压 $p_{H_2}<0.3MPa$，量度 $T<70℃$，酸度、铑浓度、配体及盐浓度都可以在较大范围内变动，因此操作比较方便、稳定，而且这些条件也很容易得到满足，所以把加压氢还原铑的方法用于铑粉的生产是容易实现的。

3.7 还原产物铑粉的纯度

从原理看，加压氢还原只要注意工作环境的清洁是不会给产品造成污染的。实验中我们对含微量镍的铑溶液及纯 Na_3RhCl_6 溶液进行了还原考察，初始纯浓度大于 10g/L，还原后所得的铑粉用蒸馏水洗净 HCl 和 NaCl，再经烘干后取样作定量光谱分析，结果见表 5。

表 5 加压 H_2 还原制得铑粉的光谱分析结果 （%）

元素	Au	Ag	Cu	Al	Fe	Sn	Pb	Pt	Pd	Ir	Ni	Si
No. 1	$<10\times10^{-4}$	3×10^{-4}	2×10^{-4}	6.7×10^{-4}	5.9×10^{-4}	$<2.6\times10^{-4}$	$<5\times10^{-4}$	$<10\times10^{-4}$	$<1.3\times10^{-4}$	$<10\times10^{-4}$	$>10\times10^{-4}$	130×10^{-4}
No. 2	$<10\times10^{-4}$	0.68×10^{-4}	2×10^{-4}	25×10^{-4}	5.6×10^{-4}	$<2.6\times10^{-4}$	$<5\times10^{-4}$	$<10\times10^{-4}$	$<1.3\times10^{-4}$	$<10\times10^{-4}$	$<2.6\times10^{-4}$	50×10^{-4}
铑国标	10×10^{-4}	10×10^{-4}	10×10^{-4}	30×10^{-4}	20×10^{-4}	10×10^{-4}	10×10^{-4}	10×10^{-4}	10×10^{-4}	10×10^{-4}	10×10^{-4}	30×10^{-4}

注：铑国标指 99.99% 纯铑的国家标准。

表 5 中 No. 1 系还原前铑溶液含 Ni 0.0033g/L，按全部进入铑粉中计算，则铑中含 Ni 0.013%，与光谱结果一致。No. 2 为提纯了的 Na_3RhCl_6 溶液所还原的铑粉，还原前经化学分析，除 Si 未分析外，Cu、Fe、Ni 均小于分析下限，与光谱分析结果吻合。以上结果说明，加压氢还原制取纯铑的方法没有进一步除杂的作用，但也不会给产品带来新的污染。铑粉中的 Si 含量较高，可以在溶液制作过程中酸性条件下加强过滤效果，也可以用 HF 浸煮产品铑粉除去微量硅。

4 小结

加压氢还原制取纯铑是一种有应用价值的方法，它具有以下优点：

（1）流程短，纯溶液经一步还原就能获得金属铑粉，还原彻底，直收率高，不带入任何污染产品的杂质。用蒸馏水洗净氯离子和钠离子后，即可获得纯铑粉产品。

（2）由于还原所需的压力不大，温度不高，酸度也不高，故对设备的要求不苛刻，操作方便，容易控制。

（3）可对 H_3RhCl_6、Na_3RhCl_6 或 $(NH_4)_3RhCl_6$ 的纯溶液进行还原。初始铑浓度、酸度、NaCl 浓度均可在较大范围内变化，能为一般生产条件所接受。

参 考 文 献

[1] 陈景，等．贵金属冶金．1974，1：21～34.

[2] Wichers E，Cilchrist R. Trans. Am. Inst. Min. Met. Eng. 1928：76，619.

[3] Mellor J W. A Comprehensive Treaties on Inorganic and Theoritical Chemistry[J]. 15：549.

[4] 陈景，等．中国，90108932X[P].

[5] 白中育，等．中国，87105623[P].

[6] Ipatieff V. Tronev V G. Compt. Rend. Acad. Sci. URSS[J]. 1935，1：622～624. Chem. Abstr. 1935，29：4658.

[7] Ibid. 1935，1：627～629.

[8] Findly M. Proceeding of the Sixth International Precious Metals Institute Conference[C]. June，7～11，1982：477.

[9] 陈景，聂宪生．贵金属．1992，2：7.

铂族金属与金的溶剂萃取研究

对于铂族金属之间的相互分离，目前最好的方法是溶剂萃取法。

本部分中用TBP萃取分离不同价态的铂族金属氯配酸，获得萃取顺序 $MCl_6^{2-} > MCl_4^{2-} > MCl_6^{3-}$ 的机理研究工作完成于1980年，并在第一届中美冶金双边交流学术会议上报告（1981年，北京）。其后对贵金属氯配离子的溶剂萃取分类及反应机理进行过更详细的研究及实验数据的归纳总结，对配位取代萃取机理及离子缔合萃取机理提出了两种不同萃取能 E_{ex} 的定性公式。

从碱性氰化液中萃取金是1983年后湿法冶金研究中的一个热点课题。作者提出将水溶性的阳离子表面活性剂按与 $Au(CN)_2^-$ 的摩尔比为1:1加入氰化液中后，再用TBP加稀释剂进行萃取的思路引起了人们的兴趣，已有许多相关论文发表，尽管此方法在实用上问题还很多，但对丰富贵金属的溶剂萃取理论是有益的。

本部分还加入了一篇《从汽车废催中回收铂族金属研究的进展》的综述。

贵金属氯配离子的两类溶剂萃取及反应机理*

摘　要　本文从热力学和动力学分析较详尽地讨论了贵金属溶剂萃取化学中最常见的离子缔合机理的萃取和配位取代机理的萃取。提出按离子缔合机理萃取时，反应体系的萃取能为 $\Delta E_{ex} = -\Delta E_{H} + \Delta E_{hy} - \Delta E_{ca} - \Delta E_{as}$，对贵金属氯配阴离子的萃取顺序为 $MCl_4^- > MCl_6^{2-} > MCl_4^{2-} > MCl_6^{3-}$，完全符合“最小电荷密度原理”。配位取代机理萃取时，萃取能为 $\Delta E_{ex} = -\Delta E_{M-L} + \Delta E_{hy} - \Delta E_{ca} - \Delta E_{Cl^-}$，萃取顺序为 $AuCl_4^- > PdCl_4^{2-} \gg PtCl_6^{2-} \approx RhCl_6^{3-} \approx IrCl_6^{3-}$。指出了两种萃取机理的反应特征及反萃原理，并以工业中的实际应用为例进行了阐述。

1　引言

铂族金属精矿经 $HCl\text{-}Cl_2$ 体系浸出后，通常用蒸馏法分离浸出液中的 Os 和 Ru，其余贵金属稳定的氯配离子是 $AuCl_4^-$、$PdCl_4^{2-}$、$PtCl_6^{2-}$、$RhCl_6^{3-}$、$IrCl_6^{3-}$，它们可以用溶剂萃取法分离。有的精炼厂使 Ru 保留在萃取 Au、Pd、Pt 后，以 $Ru(NO)Cl_5^{2-}$ 的形式萃取。

文献中有大量文章报道了铂族金属精炼厂的全萃取工艺及萃取反应机理，其中 P. Charlesworth[1]、G. P. Demopoulos[2] 和最近 M. B. Mooiman[3] 都把萃取机理分为三类：（1）溶剂化机理，如酮类或醚类萃金。（2）内界配位取代机理，如硫醚或羟肟萃钯。（3）离子缔合机理，如叔胺萃铂。许多文章都以萃取剂分类进行讨论，而对萃取过程的热力学和动力学研究甚少。作者认为在铂族金属精炼工艺中使用的萃取主要是离子缔合和配位取代两种反应机理，存在着两种不同的萃取顺序[4]，作者与张永柱合作的一些工作中曾进行过较详尽地讨论[5~7]，本文将从热力学和动力学分析进行讨论。

2　离子缔合机理的萃取

离子缔合萃取有如下特点：（1）萃合物中贵金属氯配阴离子的结构保持不变，与水相中相同。（2）萃合物中有 H^+ 参与。（3）萃取动力学速度快，一般混相几分钟即可达到平衡。（4）萃取率随盐酸浓度变化。（5）反萃容易。（6）因缔合盐在有机相中溶解度有限，金属的萃取饱和容量不大。

以 L 表示萃取剂分子，则离子缔合萃取的通式可写为：

$$mL + mH^+ + MCl_n^{m-} \rightleftharpoons (LH^+)_m MCl_n^{m-} \tag{1}$$

2.1　离子缔合萃取的热力学分析

此类萃取的萃取剂分子都含有一个能与质子键合的碱性基团，如烷基氧化膦中的

* 本文原载于《铂族金属化学冶金理论与实践》，云南科技出版社，1995：249 ~ 266。

$\rangle P=O$，烷基亚砜中的 $\rangle S=O$，叔胺中的N以至酮类的 $\rangle C=O$。由于烷基的送电子性，这些基团的氧原子上和氮原子上的电子云密度较大，因此都趋向于与质子键合形成有机锌离子或有机铵离子，并释放一份质子化能 ΔE_H。当水溶液中的氢离子与萃取剂分子键合而进入有机相时，水相中的氯离子或贵金属氯配阴离子亦将因电中性原理而进入有机相，即发生了萃取过程。ΔE_H 是此类萃取的主要的反应推动力。

氯离子或贵金属氯配离子进入有机相时必须剥离开周围的水化层中的水分子，需要吸收一份能量，其值即水化能 ΔE_{hy}。它们在有机相中与溶剂及萃取剂分子发生一定的吸引作用，会释放一份溶剂化能，但其值远小于 ΔE_{hy}，为简化讨论可忽略不计。

氯离子或贵金属氯配离子在氢键缔合很强的水中撑开了一个空腔，具有一份能量 ΔE_{w-w}，它们进入有机相时，为了撑开一个新的空腔需要吸收一份能量 ΔE_{S-S}，前者的值比后者大，因此它们的转移会释放一份空腔能 ΔE_{ca}（cavitation energy），$\Delta E_{ca}=\Delta E_{w-w}-\Delta E_{S-S}$。

此外，由于有机相内的介电常数远小于水，正负离子将因库仑引力增大而发生缔合，也将释放一份缔合能 ΔE_{as}。

忽略熵变的影响时，离子缔合萃取过程的能量变化为：

$$\Delta E_{ex}=-\Delta E_H+\Delta E_{hy}-\Delta E_{ca}-\Delta E_{as} \tag{2}$$

式（2）可分项讨论如下：

（1）萃取剂分子碱性基团的碱度愈高，即“软硬酸碱理论”中所谓的“愈软”，则 ΔE_H 值愈大，愈有利于萃取。例如，对含磷萃取剂的萃取能力为：$(RO)_3PO<(RO)_2RPO<(RO)R_2PO<R_3PO$。这是因为烷基R的送电子能力比烷氧基RO强。这个顺序符合 $P=O$ 键碱性大小顺序[8]；对含氮萃取剂的萃取能力为：$RNH_2<R_2NH<R_3N$。胺类萃取铂的分配比 D 与盐酸浓度的关系见图1。图中季铵盐（R_4NCl）具有最强的萃取能力，它的萃合物中不含有 H^+，属于典型的阴离子交换机理。

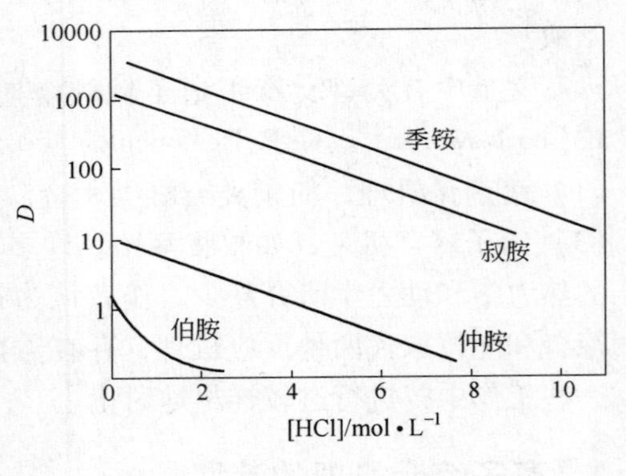

图1　胺类萃铂的分配比与盐酸浓度关系

（2）氯配阴离子的体积愈大，携带的负电荷愈少，则 ΔE_{hy} 愈小，愈有利于萃取。$AuCl^-$ 只携带一个负电荷，最容易被萃取，即使用质子化倾向不大的醇类、醚类和酮类，虽然 ΔE_H 不大，但因 ΔE_{hy} 很小，仍可使 ΔE_{ex} 成负值，因此它们能很好地萃取 $AuCl_4^-$。例如二丁基卡必醇（C_4H_9-O-C_2H_5-O-C_2H_5-O-C_4H_9）和甲基异丁基酮（CH_3-CO-iC_4H_9），都是生产上已使用多年的金的萃取剂。

$PtCl_6^{2-}$ 和 $PdCl_4^{2-}$ 携带两个负电荷，ΔE_{hy} 比较大，醚类和酮类已很难萃取它们，需要用 ΔE_H 更大的萃取剂，如TBP或二烷基亚砜萃取。

$RhCl_6^{3-}$ 和 $IrCl_6^{3-}$ 携带三个负电荷，ΔE_{hy} 很大，即使用 ΔE_H 最大的胺类，也很难萃取它们，除非在其内界引入大体积配体，降低配离子的面电荷密度，如引入 I^-、SCN^-

和 $SnCl_3^-$ 配体，或引入中性分子，如吡啶，才可以改善它们的可萃性。

作者用 TBP 萃取 Pt(Ⅳ)、Pd(Ⅳ)、Ir(Ⅳ)、Pt(Ⅱ)、Pd(Ⅱ)、Rh(Ⅲ)、Ir(Ⅲ)等七种氯配酸所得出的萃取率曲线明显地符合上述规律[9]。最近 R. A. Grant 给出的 TOA 和 TBP 的萃取率曲线，也完全符合上述规律[10]，见图 2、图 3。

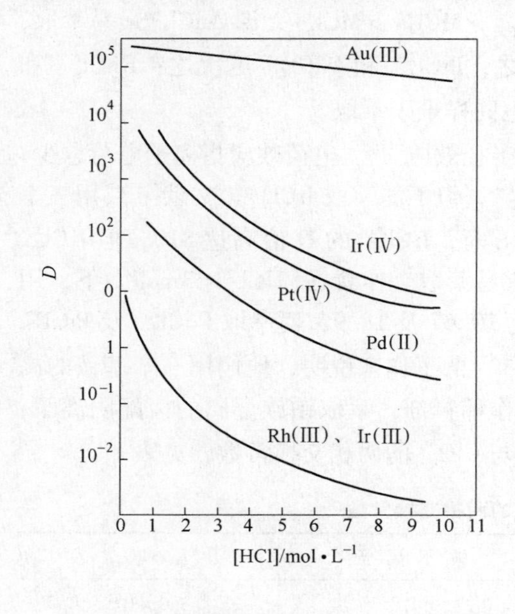

图 2　三辛胺萃取贵金属的分配系数与盐酸浓度的关系

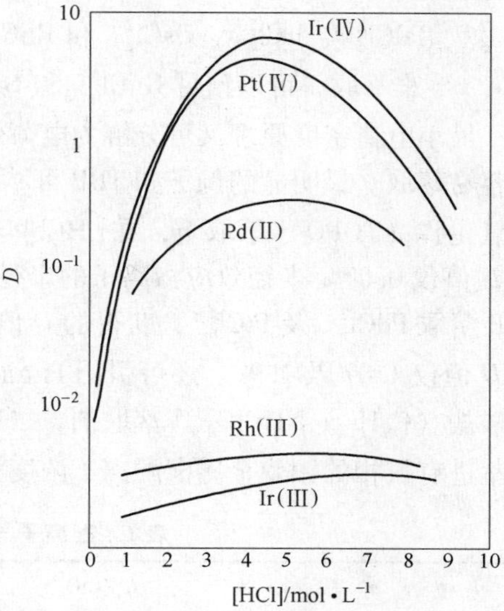

图 3　磷酸三丁酯萃取贵金属的分配系数与盐酸浓度的关系

(3) 从空腔能的定义可以推断，对于携带相同电荷的配离子，体积愈大，ΔE_{ca} 愈大，愈有利于萃取。如 $PtCl_6^{2-} > PtCl_4^{2-}$，$PdCl_6^{2-} > PdCl_4^{2-}$。

(4) 有机相的介电常数愈低，ΔE_{as} 愈大，愈有利于萃取。

2.2 离子缔合萃取的动力学分析

为了保持萃取过程中盐酸浓度不变，通常有机相需与盐酸溶液预平衡，于是萃取过程变为两步：

$$\overline{L} + H^+ + Cl^- \rightleftharpoons \overline{LH^+\ Cl^-} \tag{3}$$

$$m\,\overline{LH^+\ Cl^-} + MCl_n^{m-} \rightleftharpoons \overline{(LH^+)_m MCl_n^{m-}} + mCl^- \tag{4}$$

从式 (3)、式 (4) 看出，离子缔合萃取机理可视为阴离子交换机理。在式 (3) 中，虽然 H^+ 和 Cl^- 都要跨越两相界面才能进入有机相，但因水相中盐酸浓度以 mol/L 计，在两相界面层中 [H^+] 和 [Cl^-] 都很大，萃取剂分子与 H^+ 的键合很容易发生。式 (4) 是阴离子交换过程，不需要形成过渡态化合物，因此反应速度很快。

2.3 最小电荷密度原理及离子缔合萃取顺序

以上讨论表明，ΔE_{hy} 及 ΔE_{ca} 与贵金属配离子的电荷及体积有关。根据离子缔合理论[11] ΔE_{as}也与配离子的电荷及体积有关。电荷愈小，体积愈大，则 ΔE_{hy}愈小，而 ΔE_{ca}及 ΔE_{as}愈大，从而 ΔE_{ex}愈负，愈有利于萃取。这就是所谓的“最小电荷密度原理”。

由于文献中缺乏有关配阴离子的半径或体积数据，无法求出面电荷密度。通常人们用配离子电荷与其包含的原子数之比作为代替面电荷密度的一种量度，按这个比值的大小，离子缔合萃取的顺序为：$MCl_4^- > MCl_6^{2-} > MCl_4^{2-} > MCl_6^{3-}$，即 $AuCl_4^-$ 最易萃取，$PtCl_6^{2-}$、$PdCl_6^{2-}$、$IrCl_6^{2-}$、$OsCl_6^{2-}$ 和 $RuCl_6^{2-}$ 次之；$PtCl_4^{2-}$ 和 $PdCl_4^{2-}$ 更次之；$RhCl_6^{3-}$ 和 $IrCl_6^{3-}$ 最难萃取，可以预见 $RuCl_6^{3-}$ 和 $OsCl_6^{3-}$ 也同样难于萃取。

最小电荷密度原理又可分解为电荷效应与半径效应[12]。电荷效应指离子电荷愈少，愈容易萃取。最明显的例子如 TBP 可萃取 $IrCl_6^{2-}$，但不能萃取 $IrCl_6^{3-}$。文献[13]用三辛基氧化膦（TOPO）萃取 Ir，在[HCl] = 4mol/L 时，$IrCl_6^{2-}$ 的 D 值高达 810，但 $IrCl_6^{3-}$ 的 D 值仅 0.07。半径效应指离子的半径愈大愈易萃取。作者在[HCl] = 3mol/L 下，用 TBP 萃取 $PdCl_6^{2-}$ 及 $PtCl_6^{2-}$，获得的 D 值分别为 10.67 及 18.9，而萃取 $PdCl_4^{2-}$ 及 $PtCl_4^{2-}$ 的 D 值仅 1.87 及 1.99。还可引用 Гиндин 等[14,15]的工作来说明，他们用三辛基铵的高氯酸盐（$(C_8H_{17})_3NHClO_4$）作萃取剂，二氯乙烷作稀释剂，萃取铂族金属的卤配阴离子，从萃进有机相的铂族金属卤配离子浓度计算其与 ClO_4^- 的两相交换常数，见表 1。

表 1　配离子与 ClO_4^- 的两相交换常数

被萃离子	K_a/ClO_4^-	被萃离子	K_a/ClO_4^-
PtF_6^{2-}	1×10^{-10}	PtI_4^{2-}	3.0×10^{2}
$PtCl_6^{2-}$	1.8×10^{-1}	$PdCl_4^{2-}$	3.4×10^{-4}
$PtBr_4^{2-}$	5.3×10^{1}	$PdBr_4^{2-}$	3.2×10^{1}
$PtPyCl_5^-$	1.5×10^{3}	$Pd(SCN)_4^{2-}$	1.4×10^{3}
$PtCl_4^{2-}$	1.4×10^{-4}	PdI_4^{2-}	3.0×10^{6}
$PtBr_4^{2-}$	1.6×10^{-1}	$Pd(NO_2)_4^{2-}$	1.6×10^{-2}

从表 1 看出，随着配离子体积的增大，其可萃性迅速增大，当把中性配体吡啶（Py）引入配离子内界时，不仅增大了配离子体积，而且减少了一个负电荷，两相交换常数从 $PtCl_6^{2-}$ 到 $PtPyCl_5^-$ 增大 8000 倍，从 $PtCl_4^{2-}$ 到 PtI_4^{2-} 增大 200 万倍。至于亚硝酸根为配体时，因它的两个氧具有一定的亲水性，不能改善配离子的可萃性。

2.4　离子缔合萃取的反萃

从式（3）、式（4）可知，若降低水相中的［H^+］，则将不利于有机相中 LH^+ 的形成，导致离子缔合盐分解。另一方面若大幅度增大水相中［Cl^-］，则将促使式（4）的平衡向左移动，也同样导致贵金属配离子返回水相。因此可用水或氯化钠溶液进行反萃，也可用含有低电荷密度阴离子的无机酸，如 HNO_3 和 $HClO_4$ 进行反萃。对于胺类的萃取，由于离子缔合盐比较稳定，可以用稀碱溶液反萃，氢氧根将更有效地破坏胺类萃取剂在有机相中的缔合盐。

此外，对于容易还原到低价态的氯配阴离子，如 $IrCl_6^{2-}$，可以用抗坏血酸、亚硫酸或水合肼等还原剂的水溶液反萃。容易还原到金属态的 $AuCl_4^-$，通常则用草酸溶液与有机相一起加热还原反萃。

离子缔合萃取的反萃速度一般都相当快。

2.5 离子缔合萃取在冶金中的一些应用实例

2.5.1 金的萃取

INCO 在英国的 Acton 精炼厂用二丁基卡必醇（DBC）萃金，Matthey Rustenburg 精炼厂用甲基异丁基酮（MIBK）萃金。这两种萃取剂在盐酸浓度大于 4mol/L 后，能大量萃取 $FeCl_4^-$、$SbCl_6^-$、$SnCl_6^{2-}$ 等低电荷密度大体积的贱金属氯配阴离子，对 $PtCl_6^{2-}$ 和 $PdCl_4^{2-}$ 也有一定量萃取，但对 $RhCl_6^{3-}$、$IrCl_6^{3-}$ 则不萃取，因此我们认为其萃取机理也属离子缔合。这两种萃取剂在低酸度下萃取时，对金有很好的选择性。刘谟禧等[16]曾比较了两种萃取剂对 Au(Ⅲ)、Pt(Ⅳ)、Fe(Ⅲ)的萃取情况，结果列入表 2。

表 2 DBC 和 MIBK 萃取性能的比较

萃取剂	萃残液/g·L^{-1}			萃取率/%			分配比 D		
	Au	Pt	Fe	Au	Pt	Fe	Au	Pt	Fe
DBC	0.0094	0.68	0.95	99.24	1.45	14.41	130.9	0.014	0.168
MIBK	0.0102	0.56	0.31	99.18	18.84	72.04	120.6	0.232	2.581

注：萃原液（g/L）：Au 1.24，Pt 0.69，Fe 1.11；[HCl] 2.5mol/L；相比 1∶1；混相 10min。

表 2 数据看出，DBC 和 MIBK 对 $AuCl_4^-$ 的萃取率相近，但对 $PtCl_6^{2-}$ 和 $FeCl_4^-$ 的萃取则前者低于后者，其原因可认为是 DBC 的质子化能力低于 MIBK。萃金时进入有机相的各种杂质均可用稀盐酸洗除，Au 仅微量被洗下。载金有机相用草酸还原反萃。

2.5.2 钯的萃取

工业上各精炼厂萃钯的萃取反应都不属于离子缔合机理，因如用离子缔合萃取剂萃取时，$PtCl_6^{2-}$ 将比 $PdCl_4^{2-}$ 更易被萃，不能做到选择性分离钯。

MRR 工厂用羟肟萃钯时加入一种加速添加剂，或称相转移剂。实际上是加入少量有机胺，使 $PdCl_4^{2-}$ 以离子缔合机理快速萃入有机相，然后羟肟与 $PdCl_4^{2-}$ 发生螯合反应，释放出的有机胺又使另外的 $PdCl_4^{2-}$ 进入有机相，从而加速了萃钯的速度。这种过程可示意于式（5）、式（6）。式中 R 表示有机胺，L 表示羟肟：

$$2\,\overline{RH^+\,Cl^-} + PdCl_4^{2-} \rightleftharpoons \overline{(RH^+)_2PdCl_4^{2-}} + 2Cl^- \quad (5)$$

$$\overline{(RH^+)_2PdCl_4^{2-}} + 2L \rightleftharpoons \overline{PdL_2} + 2\,\overline{RH^+\,Cl^-} + 2Cl^- \quad (6)$$

显然，这样的萃取会使一部分 $PtCl_6^{2-}$ 也进入有机相，只不过因其在有机相内因空间障碍不会发生螯合反应，数量有限而已。另一些钯的萃取剂如 8-羟基喹啉衍生物[17]、石油亚砜[18]和烷基亚砜，在高酸度下([HCl]≥4mol/L)共萃铂钯时，钯也是先以离子缔合机理进入有机相，随后发生配位取代反应。

2.5.3　铂的萃取

Acton 精炼厂用 TBP 在 5～6mol/L HCl 浓度下萃铂，MRR 用三辛胺（TOA）萃铂，都属于离子缔合萃取。TBP 的缺点是萃取容量不太高，含 60% 的 TBP 有机相，铂的萃取容量为 10g/L 左右。TOA 比 TBP 具有更强的碱性，可以在低酸度下发生质子化，因而萃取的酸度低，其缺点是反萃比较困难。

2.5.4　铱的萃取

通常萃铂时需使铱完全处于 $IrCl_6^{3-}$ 状态，萃铂后则需将它氧化为 $IrCl_6^{2-}$，再用 TBP 或 TOA 按离子缔合机理萃取。$RhCl_6^{3-}$ 保留在萃铱的残液中，一般用沉淀法提纯。

3　配位取代机理的萃取

配位取代机理的萃取具有以下特点：（1）萃取剂分子进入贵金属配离子内界，形成疏水性的中性配合物；（2）氢离子不参与反应，萃取率随配体 Cl^- 浓度的增高而降低；（3）萃取动力学速度慢，混相时间需要几小时才能达到平衡；（4）反萃困难；（5）中性有机配合物在有机相中溶解性较好，萃取容量较大。

3.1　配位机理萃取的热力学分析

此类机理萃取的萃取剂分子通常含有对贵金属亲和力很强的硫离子，如烷基硫醚 R—S—R、烷基亚砜 R—SO—R（硫原子以 sp^3 杂化轨道成键，处于四面体的一个顶点）以及硫代三烷基膦 $R_3P{=}S$[19]，或者含有能形成螯合结构的环，如 β 羟肟和 8-羟基喹啉衍生物。当这些萃取剂分子进入贵金属氯配离子内界构成疏水性中性配合物（ML_2Cl_2）或螯合物（ML_2）时，由于 M—L 键强于 M—Cl 键，会释放一份能量，其值为两种键能之差，可称为配位能，以 ΔE_{M-L} 表示。与缔合机理类似，贵金属配离子从水相进入有机相要吸收一份水化能 ΔE_{hy}，也释放一份数值不大的有机相内的溶剂化能。当从配离子内界逐出的配体 Cl^- 返回水相时又释放 Cl^- 的水化能，此外还有空腔能 ΔE_{ca}（$MCl_n{}^{m-}$ 从水相进有机相此值为负，配体 Cl^- 返回水相此值为正，但因 Cl^- 体积小，后者可略去不计）。若不考虑熵变，则萃取过程的能量变化为：

$$\Delta E_{ex} = -\Delta E_{M-L} + \Delta E_{hy} - \Delta E_{ca} - \Delta E_{Cl^-} \tag{7}$$

从式（7）看出，萃取反应能否进行主要将取决于配位能 ΔE_{M-L} 的大小，此项是配位机理萃取的主要的反应推动力。分项讨论如下：

（1）贵金属离子与配体氯的 M—Cl 键愈弱，与萃取剂分子的 M—L 键愈强，则愈有利于萃取，因此轻铂族的 Ru、Rh、Pd，特别是 Pd，容易发生此类反应，对萃取剂则是那些能与贵金属离子强烈键合或螯合的容易发生此类反应。

（2）在低酸度下，$PdCl_4^{2-}$ 可因水合反应形成低负电荷的 $Pd(H_2O)Cl_3^-$，甚至中性的 $Pd(H_2O)Cl_2$，这样可大大降低 ΔE_{hy}，有利于进入有机相。这种水合反应的平衡受控于［Cl^-］，因此［Cl^-］愈低，萃取率愈高。

（3）从萃取平衡式看，氯离子为反应产物，［Cl^-］的增大也将使平衡常数降低。

$$\overline{2L} + PdCl_4^{2-} \rightleftharpoons \overline{[PdL_2Cl_2]} + 2Cl^- \tag{8}$$

（4）空腔能及氯离子水化能的影响，类似离子缔合机理。

3.2 配位机理萃取的动力学分析

（1）有机相中的萃取剂分子和水相中的贵金属氯配离子在相界面很难直接发生配位反应，只有配阴离子进入有机相或萃取剂分子进入水相，作为均相反应配位取代才容易发生，因此，此类萃取的反应速度比离子缔合机理慢得多。

（2）对于某一萃取剂，发生配位反应的难易取决于配阴离子的几何构型和动力学活性。平面正方形的 $AuCl_4^-$ 和 $PdCl_4^{2-}$ 在 z 轴方向没有配体，萃取剂分子最易与金属离子键合，其中 Au(Ⅲ)又比 Pd(Ⅱ)更易键合。$PtCl_4^{2-}$ 则动力学活性差，它比 $PdCl_4^{2-}$ 稳定性大 10^5 倍，因此在高酸度下的亚砜萃取中。虽然两者都先以离子缔合机理进入有机相，但 $PdCl_4^{2-}$ 在有机相中转化为［PdL_2Cl_2］萃合物的速度比 $PtCl_4^{2-}$ 的转化快得多，因此用动力学方法求出的萃取反应速率常数，前者比后者大得多[20]。

对于正八面体的 $PtCl_6^{2-}$、$RhCl_6^{3-}$ 和 $IrCl_6^{3-}$，它们的亲核取代反应按 SN1 机理进行，必须首先断开一个配体 Cl^-，萃取剂分子才能与金属离子键合，这些配离子用常用萃取剂萃取时，几乎还未发现有配位机理的萃取。只有在高酸度下用亚砜萃取 $RhCl_6^{3-}$ 时，由于 $RhCl_6^{3-}$ 的动力学活性较大，少量以离子缔合机理萃入有机相后，会从玫红色转化为黄色的［$Rh(R_2SO)_3Cl_3$］，然后再以离子缔合萃进另一份 $RhCl_6^{3-}$，随着这两种平衡的变化，可以使 Rh(Ⅲ)的萃取率达到一定程度。席德立[21]和作者的研究都观察到此种现象。

在分析化学中，有许多特殊的亲核试剂，如巯基苯并噻唑，可与 $PdCl_4^{2-}$ 发生反应而被有机溶剂萃取，但对 $RhCl_6^{3-}$ 和 $IrCl_6^{3-}$ 则需在 $SnCl_2$ 存在下，$SnCl_3^-$ 配体进入 Rh(Ⅲ)、Ir(Ⅲ)配阴离子内界后，才能被萃取。

（3）对于某一种氯配阴离子，例如 $PdCl_4^{2-}$，不同萃取剂分子与贵金属离子键合的难易取决于萃取剂分子键合基团的碱度和整个分子结构的空间位阻碍效应。近年来中国学者的研究充分证实了这种规律。如马恒励、袁承业等[22]研究二烃基硫醚的化学结构对萃取金钯的影响时，获得硫醚对萃钯的平衡速度见图 4，可以看出 DNAS(二正戊基硫醚)、DNOS(二正辛基硫醚)和 DIAS(二异戊基硫醚)的反应速度最快，PIAS(苯基异戊基硫醚) 和 DIOS（二异辛基硫醚，枝链在 β 碳上［$C_4H_9CH(C_2H_5)$-CH_2］$_2$S)次之，而 α 碳上有枝链的 DSOS(二仲辛基硫醚，［$C_6H_{13}CH(CH_3)$］$_2$S)、PSOS（苯基仲辛基硫醚，$C_6H_5SCH(CH_3)$-C_6H_{13}）以及 DSAS（二仲戊基硫醚，［$C_3H_7CH(CH_3)$］$_2$S)反应速度最慢，分配比 D 最低，可见 α 碳上枝链引起的空间障碍对反应速度影响极大。

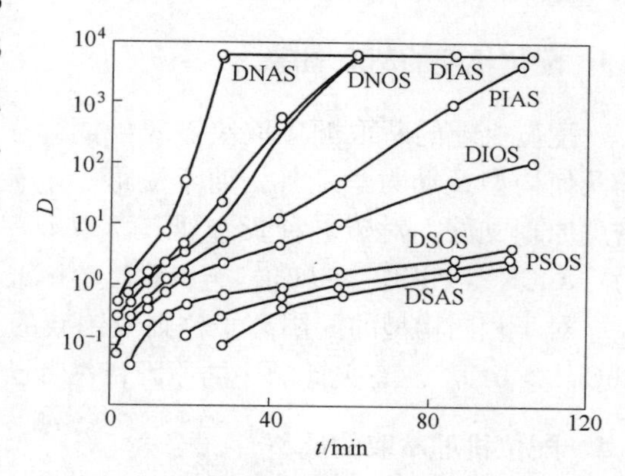

图 4　不同结构硫醚萃取钯的平衡速度

王文明[23]研究了亚砜结构对萃取 Pd(Ⅱ)的影响，获得的规律与硫醚萃钯类似，见图5。

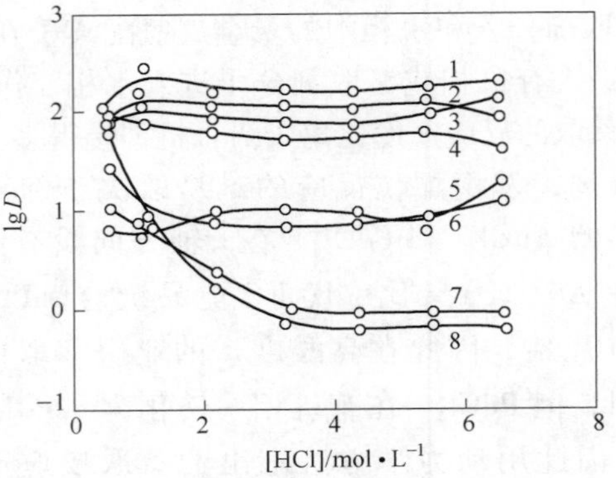

图5　不同结构亚砜萃取钯的等温线

（萃取剂浓度0.2mol/L，稀释剂1,1,2-三氧乙烷）

1—DNOSO（二正辛基亚砜）；2—DIOSO（二异辛基亚砜）；3—DNASO（二正戊基亚砜）；4—DIASO（二异戊基亚砜）；5—DSOSO（二仲辛基亚砜，$C_6H_{13}CH(CH_3)SOCH(CH_3)C_6H_{13}$）；6—DSASO（二仲戊基亚砜，$C_3H_7CH(CH_3)SOCH(CH_3)C_3H_7$）；7—DTSO（二对甲苯基亚砜，$CH_3C_6H_4SOC_6H_4CH_3$）；8—DPSO（二苯基亚砜，$C_6H_5SOC_6H_5$）

图5中DSOSO及DSASO由于α碳上带甲基，空间障碍大，萃Pd的*D*值不高，而DTSO及DPSO因苯环吸电子降低了 $\rangle$S═O 的碱度，加上空间障碍，因此萃Pd的*D*值最低。

（4）加速剂的影响。为了加快配位机理萃取 Pd(Ⅱ)的速度，可向有机相中加入少量有机胺，使萃取混相时间从几小时缩短到一小时，其机理本文在前节中已述及。文献[24]给出加速剂作用的图示见图6。

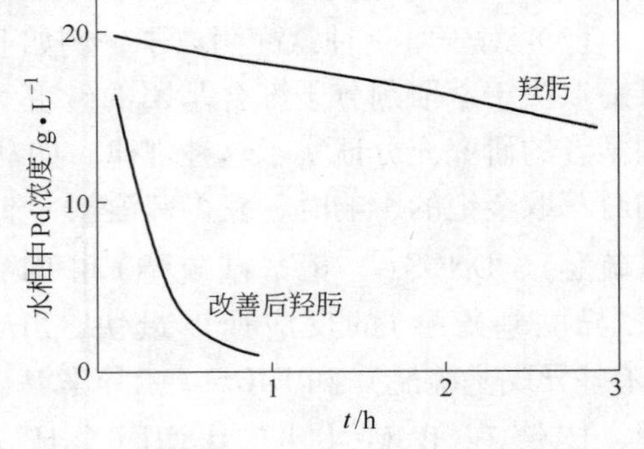

图6　加速剂对β-羟肟萃取Pd的影响

3.3　配位机理的萃取顺序

配位机理的萃取顺序取决于氯配阴离子的几何构型及动力学活性，而不受最小电荷密度原理支配。对于五种贵金属其萃取顺序为：$AuCl_4^- > PdCl_4^{2-} \gg PtCl_6^{2-} \approx RhCl_6^{3-} \approx IrCl_6^{3-}$。

对于相同构型的配阴离子，则轻铂族的可萃性大于重铂族，如：$PdCl_4^{2-} > PtCl_4^{2-}$；$RhCl_6^{3-} > IrCl_6^{3-}$。有关此顺序的原因，作者已在许多文章中述及。

3.4　配位机理萃取的反萃

对于配位机理的萃取，欲使贵金属离子重新返回水相，必须破坏中性配合物或螯合物，通常可使用以下方法：

（1）用含有配位能力很强的亲水性配体的试剂。使形成具有亲水性表面的新的配离子，如用 NH_4OH、$NaNO_2$、$(NH_2)_2CS$ 使 Pd(Ⅱ)形成 $Pd(NH_3)_4^{2+}$、$Pd(NO_2)_4^{2-}$ 或 $Pd(SCN_2H_4)_4^{2+}$ 等配离子。

（2）用浓盐酸（如大于10mol/L）使 Pd(Ⅱ)与β-羟肟或8-羟基喹啉衍生物形成的螯合物重新开环，Pd(Ⅱ)则形成 $PdCl_4^{2-}$ 返回水相。

（3）用强还原剂直接从有机相中将贵金属离子还原为金属。

（4）从有机相中直接电沉积贵金属。

3.5 配位取代机理萃取在冶金中的应用实例

配位机理的萃取在冶金中只用于萃钯，目前在工业上使用的此类萃取剂也不多。

（1）二正辛基硫醚（DOS）[25]。Acton 精炼厂用于萃 Pd，以一种高闪点的脂肪烃为稀释剂，DOS 浓度为 25%（体积分数），操作在搅拌容器中进行。需数小时才能达平衡，有机相最高负荷可达 40g/L 钯。经一级萃取后残液中 Pd 可小于 $1\times10^{-4}\%$，用盐酸洗涤负载有机相后，用氨水反萃 Pd，最后制成金属 Pd，纯度大于 99.95%。

（2）β-羟肟。羟肟萃取剂种类很多，在有色冶金中用于萃取铜。MRR 用β-羟肟萃 Pd，其结构式为：

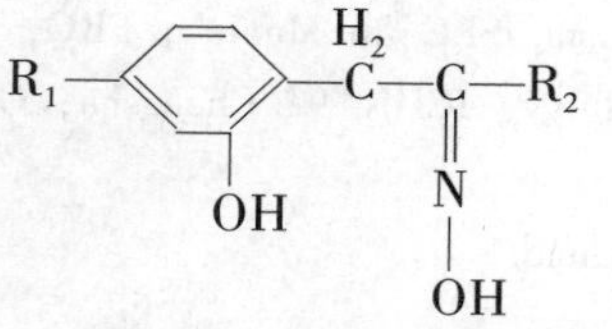

R_1—— 烷基

R_2—— 烷基、芳基或芳烷基

随 R_1、R_2 的改变而有各种牌号的β-羟肟。它萃取钯有高的分配比，为了克服动力学缓慢，可加入加速添加剂。

（3）7-烷基-8-羟基喹啉[26]。Demopoulos 近年来推荐它作钯萃取剂，在较高酸度下可共萃铂钯，共萃铂钯的动力学速度快，只需 3min 即可达到平衡。金属萃取容量 Pt + Pd 为 30g/L 左右。其结构式为：

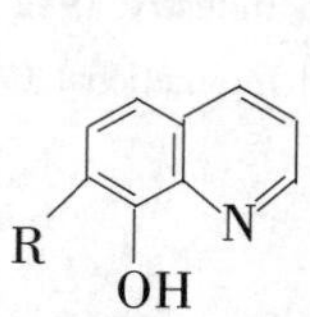

（4）石油亚砜。胡希民等[27]研究用石油亚砜萃钯或共萃铂钯，进行过工业试验。

4 小结

盐酸介质中金及铂族金属氯配离子的萃取可以分为两大类：一类是氯配阴离子进入有机相后结构不发生变化的离子缔合机理萃取，其动力学速度快，反萃容易，萃取顺序为 $MCl_4^- > MCl_6^{2-} > MCl_4^{2-} > MCl_6^{3-}$，即服从最小电荷密度原理。另一类是萃取剂分子进入配阴离子内界，形成中性萃合物或螯合物的配位机理，其萃取动力学速度慢，反萃困难，萃取顺序为 $AuCl_4^- > PdCl_4^{2-} \gg PtCl_6^{2-}$、$RhCl_6^{3-}$、$IrCl_6^{3-}$，萃取速率及分配比取决于配阴离子的动力学活性以及萃取剂分子键合基团的碱度和分子结构的位阻效应。

参考文献

[1] Charlesworh P. Platinum Metals Review. 1981，25(3):106~112.

[2] Demopoulos G P. CIM Bulletin. 1989，82(923):165~171.

[3] Mooiman M B. in Proceeding of IPMI. 1993.

[4] 陈景. 中国第一届溶剂萃取会议论文摘要. 北京，1985：44.

[5] Zhang Yongzhu，et al. EPD Congress 1992 TMS Annual Meeting. San Diego. USA：295.

[6] Zhang Yongzhu，et al. Proceedings of the Second Intentional Conference on Hydrometallurgy. Chang Sha，China，1992，1：566.

[7] 张永柱，等. 贵金属. 1991，12(2):1~10.

[8] 马荣骏. 溶剂萃取在湿法冶金中的应用[M]. 北京：冶金工业出版社，1979：63.

[9] 陈景，等. 金属学报[J]. 1982，2：235~244.

[10] Grant R A. Proceeding of IPMI. 1990：7~39.

[11] 黄子卿. 电解质溶液理论导论[M]. 北京：科学出版社，1983：118~125.

[12] 徐光宪，等. 萃取化学原理[M]. 上海：上海科学技术出版社，1984：46.

[13] 张维霖，等. 贵金属[J]. 1981，3：1~10.

[14] Гиндин Л М，и др. Изв СО АН СССР. Сер. Хим. Наук，Вып 6，1980：55.

[15] Паскорин Ь Н，и др. 湿法冶金中译本[M]. 北京：原子能出版社，1984：376.

[16] 刘谟禧，等. 贵金属萃取工艺研究(一)[M]. 长沙矿冶研究所，1982.

[17] Demopoulos G P，et al. Proc. Int. Solvent Extraction Conf. ISEC'86. Munich，FRG，Ⅱ，1986：581.

[18] Cheng Fei，et al. Proc. 2nd Int. Conf. on Hydrometallurgy，ICHN'92. Changsha，China，Ⅰ，1992：556.

[19] Cyanex 471x Extractant. Technical Bulletin from Cyanamid.

[20] 张永柱，等. 贵金属. 1991，12(2):1~10.

[21] 席德立，等. 贵金属. 1980，2(2):9~18.

[22] 马恒励，等. 贵金属. 1989，10(2):1~8.

[23] 王文明. 贵金属. 1990，11(2):1~5.

[24] Reavill L R P，Charlesworth P. Proceeding of ISEC 80. Ⅲ.

[25] Barnes J E，Edwards J D. Chemistry and Industry. 1982，6 March：151.

[26] Demopoulos G P. Proceeding of the Second International Conference on Hydrometallurgy，Changsha. China，1992，1：448.

[27] 胡希民，等. 贵金属. 1989，10(3):1~7.

磷酸三丁酯及烷基氧化膦萃取铂族金属氯配酸的机理*

摘　要　研究了从盐酸介质中用 TBP 萃取 Pt(Ⅳ)、Pd(Ⅳ)等 7 种氯配酸时，HCl 浓度对萃取分配系数的影响。在改进了对 Pd(Ⅳ)、Ir(Ⅳ)的氧化条件后，获得的萃取顺序完全符合 $MCl_6^{2-}>MCl_4^{2-}>MCl_6^{3-}$。本文还用烷基氧化膦 TOPO 及 TRPO 作萃取剂进行了对比实验，考察了 H_2SO_4 及 $HClO_4$ 加入 HCl 体系时对萃取分配系数的影响，测定了有机相的可见光谱与红外光谱，并从热力学角度推导出与前人观点不同的萃取体系能量变化的定性公式。根据公式解释了实验获得萃取顺序的内涵，烷基氧化膦萃取能力高于 TBP 的原因，分配曲线存在峰值的原因，以及 H_2SO_4 具有助萃作用、$HClO_4$ 具有抑萃作用的原因。

1　引言

磷酸三丁酯（TBP）及三烷基氧化膦（TRPO）等带有磷酰基（ ═P ═O）的碱性萃取剂对铂族金属氯配酸的萃取机理，Berg[1] 和 Ефимова[2] 有过研究。由于铂族金属价态复杂，有些高价态的配离子接触萃取剂和稀释剂时，容易还原为低价态，如易萃的 $IrCl_6^{2-}$ 容易还原为几乎不被萃取的 $IrCl_6^{3-}$；分配系数高的 $PdCl_6^{2-}$ 容易还原为分配系数低的 $PdCl_4^{2-}$，以致在萃取过程中很难保持单一的高价态，这就导致文献中报道的分配系数不一致。

为了了解不同价态的铂族金属的氯配酸的萃取行为，我们改进了 Ir(Ⅳ)，Pd(Ⅳ)的氧化条件和萃取条件，考察了从 HCl 介质中用 TBP 萃取 Pt(Ⅳ)、Pd(Ⅳ)、Ir(Ⅳ)、Pt(Ⅱ)、Pd(Ⅱ)、Ir(Ⅲ)和 Rh(Ⅲ)等的 7 种氯配酸时，分配系数与 HCl 浓度的关系；考察了在 HCl 体系中加入 H_2SO_4、$HClO_4$ 时，无机酸阴离子与配金属酸阴离子的竞争萃取。此外，还用碱性更强的三辛基氧化膦（TOPO）及混合烷基氧化膦（TRPO）与 TBP 做了对比试验，研究了萃取有机相的可见及红外光谱。实验结果表明：不同价态的铂族金属的氯配酸，随着配阴离子负电荷多少及体积大小的不同，萃取分配系数有明显的差异；分配系数不仅与体系中的 H^+ 浓度有关，也与提供 H^+ 的无机酸阴离子有关。根据实验结果，推导了一些描述萃取机理的定性公式，较为满意地解释了观察到的各种实验现象。

2　萃取条件与待萃液的处理

有机相及水相各 10mL，在分液漏斗中混相，于 20 ~ 25℃ 摇荡 10min。有机相先用相应浓度的酸预平衡一次后使用。

从 H_2PtCl_6、H_2IrCl_6 待萃液中取出够分成 8 份的储备液于小烧杯中，在低温电炉上浓缩后，加 10% $NaClO_3$ 溶液 1 ~ 2mL 氧化，反应完全后在红外灯下蒸干，用 25mL

* 本文合作者有：杨正芬，崔宁；原载于《金属学报》1982 年第 2 期。

3mol/L 的 HCl 溶解，每份取 3mL 在分液漏斗中，加 12mol/L 浓 HCl 及水调整成不同酸度，且每份总体积为 10mL。在萃取过程中仍发现有极少量 Ir(Ⅳ)还原为 Ir(Ⅲ)，但分配系数比 H_2O_2 氧化的文献值高得多。

H_2PdCl_6 待萃液因在水溶液中不稳定，能自动放出 Cl_2 而还原为 H_2PdCl_4，故将每份调整好酸度的待萃液通 Cl_2 3min，并向每份与相应酸预平衡后的有机相通 Cl_2 2min，使两相含有游离 Cl_2，然后混相。尽管这样操作可能会降低有机相中 TBP 的活度，但所得的分配系数仍可明显地高于不含 Cl_2 的操作。

H_3RhCl_6 待萃液在放置过程中容易发生水合反应，故将储备液取出置于小烧杯中，浓缩蒸干，并加少量浓 HCl 再蒸干两次，使其可能生成的局部水合离子转化为氯配离子，然后调整酸度萃取。

对 H_3IrCl_6 待萃液，向每份调整好酸度的 H_2IrCl_6 待萃液中加两滴 5% 抗坏血酸溶液（约 0.1mL），使 Ir(Ⅳ)还原为 Ir(Ⅲ)，此过程肉眼可看到由红棕色溶液转变黄绿色。抗坏血酸的引入可能会导致分配系数比纯 H_3IrCl_6 体系稍高。

3 实验结果

3.1 HCl 浓度对分配系数的影响

用 100% TBP 萃取 7 种不同价态的铂族金属氯配酸的结果绘于图 1。从图 1 看出，TBP 萃取铂族金属氯配酸有两个特点：一是分配系数与配金属酸阴离子的电荷及构型有关，或与金属离子的氧化价态有关。Pt(Ⅳ)、Ir(Ⅳ)、Pd(Ⅳ)组成的 $PtCl_6^{2-}$、$IrCl_6^{2-}$、$PdCl_6^{2-}$ 萃取分配系数最高；Pt(Ⅱ)、Pd(Ⅱ)组成的 $PtCl_4^{2-}$、$PdCl_4^{2-}$ 分配系数次之；Ir(Ⅲ)、Rh(Ⅲ)组成的 $IrCl_6^{3-}$、$RhCl_6^{3-}$ 分配系数最低。二是每种配金属酸的分配系数均随介质酸度而变，并且都在 3~5mol/L HCl 范围有峰值。

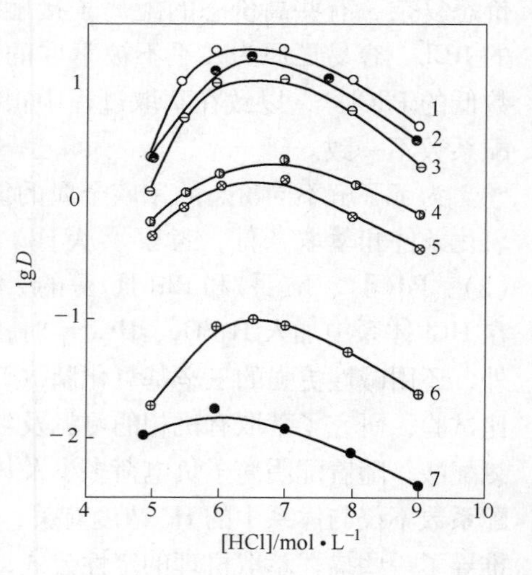

图 1 HCl 浓度对萃取七种铂族金属氯配酸的分配系数的影响

1—H_2PtCl_6；2—H_2IrCl_6；3—H_2PdCl_6；4—H_2PtCl_4；5—H_2PdCl_4；6—H_3IrCl_6；7—H_3RhCl_6

3.2 H_2SO_4 及 $HClO_4$ 加入 HCl 体系时对萃取分配系数的影响

在恒定 3mol/L HCl 浓度下，用 H_2SO_4 或 $HClO_4$ 调高酸度，观察对萃取的影响，结果表明：H_2SO_4 能提高分配系数；$HClO_4$ 则强烈地降低分配系数，这种助萃和抑萃作用对 Pt(Ⅳ)、Ir(Ⅳ)、Pd(Ⅳ)、Pt(Ⅱ)和 Pd(Ⅱ)均普遍存在，Rh(Ⅲ)、Ir(Ⅲ)因萃取率太低未进行研究。

对 Pt(Ⅳ)的实验结果如图 2 所示，从图 2 看出，在 HCl 体系中的 H^+ 浓度超过 5mol/L 后，Pt(Ⅳ)的 D 值即显著下降（曲线 2）。当保持 3mol/L HCl 浓度，并用 H_2SO_4 提高 H^+ 浓度，则在相同的总 H^+ 浓度下，Pt(Ⅳ)的

D 值比单纯 HCl 时高，但随 H_2SO_4 浓度的增高也出现峰值（曲线 1）。加入 $HClO_4$ 则强烈地抑制萃取，1mol/L 的 $HClO_4$ 浓度可使 Pt(Ⅳ)的分配系数降低到小于 0.01（曲线 3）。以上结果表明配金属酸的分配系数不仅与 H^+ 浓度有关，而且与体系中无机酸的阴离子种类有关，在各阴离子之间存在着竞争关系。

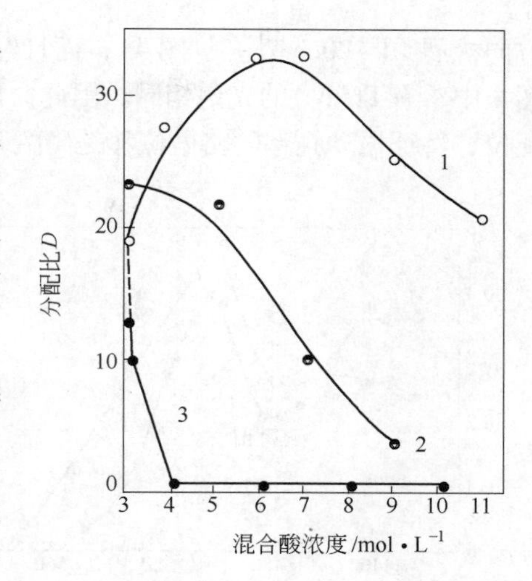

图 2　H_2SO_4 和 $HClO_4$ 加入 HCl 体系时对萃取 Pt(Ⅳ)的影响

1—3mol/L HCl + H_2SO_4；

2—3mol/L HCl + HCl；

3—3mol/L HCl + $HClO_4$

3.3　三辛基氧化膦(TOPO)及混合烷基氧化膦(TRPO)萃取铂族金属氯配酸的对比实验

由于烷基氧化膦的烷基比 TBP 的酯氧基送电子性强，故在烷基氧化膦的磷酰基氧原子上将有更多的负电荷，即具有更强的碱性。因此，它将更容易使氢离子或水合氢离子溶剂化，对配金属酸将具有更高的萃取能力。我们用苯作稀释剂，将 TOPO 及 TRPO 与 TBP 做了萃取 Pt、Pd 的对比实验，结果列于表 1。

表 1　两种烷基氧化膦及 TBP 萃取 Pt 和 Pd 的结果

萃 取 剂	Pt(Ⅳ)	Pd(Ⅳ)	Pt(Ⅱ)	Pd(Ⅱ)
10% TBP-C_6H_6	0	0	0	0
10% TOPO-C_6H_6	19.83	23.54	7.40	2.29
10% TRPO-C_6H_6	65.67	40.91	10.76	3.24

从表 1 看出，10% TBP-苯已不能萃取 Pt、Pd，但 10% 的 TOPO 及 TRPO 却具有相当高的萃取分配系数，甚至比 100% TBP 的还高。此外，还可看出，四价 Pt、Pd 的分配系数大于二价 Pt、Pd。

3.4　有机相的可见光谱与红外光谱

铂族金属氯配酸萃入 TBP 有机相后，颜色仍与水相相同，表明了配阴离子在有机相中结构未发生变化。在 7 种氯配酸中，Ir(Ⅳ)、Pd(Ⅳ)最易还原，前者的还原还伴随颜色从棕红色 $IrCl_6^{2-}$ 转变为黄绿色 $IrCl_6^{3-}$。H_2IrCl_6 水相及新萃取的 TBP 有机相（因色太深，用苯作适当稀释）的吸收曲线绘于图 3。从图 3 看出，水相和有机相两条吸收曲线形状相似。仅吸收峰有微小位移，表明即使是最容易还原的 $IrCl_6^{2-}$，刚进入 TBP 相时结构也未发生明显变化。

当 TBP 分子进入配合物内界时，其磷酰基的特征振动频率将向低波数有较大移动。如文献[3]指出，TBP 分子进入 $UO_2(NO_3)_2$ 内界配位时，P ═O 键振动频率从 1275cm^{-1}移至 1180cm^{-1}。文献[4]指出，TBP 分子与 UCl_4 生成配合物时，P ═O 键振动频率从 1272cm^{-1}移至 1128cm^{-1}。我们测定了含有浓度约 1g/L 和 20g/L 以及约 8g/L Ir(Ⅳ)的 TBP 有机相的红外光谱，仅观察到磷酰基振动频率（1272cm^{-1}）略向低波数方向扩展 10～20cm^{-1}（见图4），而且经过与 3mol/L HCl 平衡后的 TBP 的红外光谱也与图4中萃有 Pt(Ⅳ)的光谱相同。因此，可认为 TBP 分子没有直接与配金属酸的金属原子配位，特征振动频率的略微位移是磷酰基上的氧原子与 H^+ 或 H_3O^+ 形成氢键造成的。

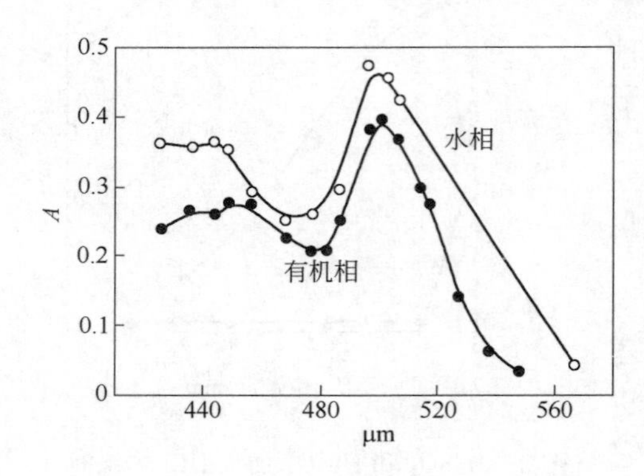

图3　水相中和 TBP 有机相中 H_2IrCl_6 的可见光谱

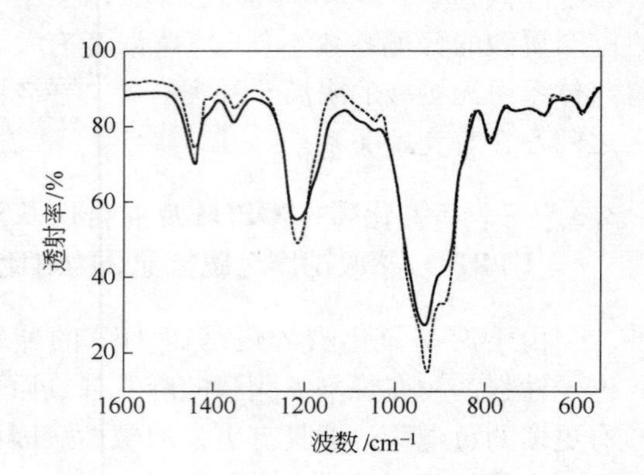

图4　纯 TBP（实线）和萃有 H_2PtCl_6 的 TBP（虚线）的红外光谱图

4　讨论

4.1　铂族金属氯配酸的萃取机理与“最小电荷密度”原理

Berg[1]最早认为 TBP 萃取 Ir(Ⅳ)主要按式（1）机理进行：

$$IrCl_{6(w)}^{2-} + 2H_w^+ \rightleftharpoons H_2IrCl_{6(w)} \rightleftharpoons H_2IrCl_{6(o)} \quad (1)$$

Ефимова[2]与 Berg 观点类似，认为烷基氧化膦按式（2）萃取 Ir(Ⅳ)：

$$H_2IrCl_{6(w)} + nR_3PO_{(O)} \rightleftharpoons (R_3PO)_nH_2IrCl_{6(o)} \quad (2)$$

我们认为 Berg 和 Ефимова 的这两个萃取反应式是不够正确的，因为：(1) 配金属酸是相当强的酸[5]，在水相中不易缔合为分子；(2) 两平衡式没有反映出氢离子的溶剂化，而是配金属酸整个分子的溶剂化；(3) 我们的实验结果表明，配阴离子的电荷和体积对萃取分配系数影响很大，而两平衡式不能表现这种影响。

尽管目前对萃取配金属酸的机理在溶剂化数、水合分子数以及萃合物在有机相中的存在状态等方面还有一些分歧[6～8]，但绝大多数作者都认为配金属酸的萃取机理主要是靠氢离子发生溶剂化，配阴离子则独立进入有机相中，以便使有机相电性中和。根据实验结果，我们认为铂族金属二元配金属酸的萃取机理可类比 $HAuCl_4$ 的萃取机理[9]表示为两种情况：

$$2H^+ + MCl_6^{2-} + 2nTBP_{(o)} \rightleftharpoons 2(H^+ \cdot nTBP)_{(o)} + MCl_{(o)}^{2-} \quad (3)$$

$$2H^+ + MCl_6^{2-} + 2nTBP_{(o)} \rightleftharpoons [2(H^+ \cdot nTBP) \cdots MCl_6^{2-}]_{(o)} \quad (4)$$

式（3）及式（4）表示萃取过程是水相中的 H^+ 与 TBP 分子借氢键生成溶剂化离子，然后与金属配阴离子一起进入有机相，其差别在于式（3）表示两种离子在有机相中呈离解状态，式（4）表示两种离子在有机相中组成离子对。当有机相的介电常数高时，萃取以式（3）进行，当有机相的介电常数低时，萃取以式（4）为主。实验使用 100% TBP，介电常数 $\varepsilon_0=7.96$（30℃）。根据 Kertes[10] 用 100% TBP 萃取 HCl 的实验，HCl 在有机相中离解度仅千分之几。如水相 HCl 浓度为 6.285mol/L 时，有机相中 HCl 浓度为 1.924mol/L，离解度为 0.57%。因此，我们认为铂族金属氯配酸在有机相中主要也将以离子对形式存在，即萃取主要按式（4）进行，又根据 Kulkarni[11] 测得 TBP 萃取 H_2PtCl_6 的溶剂化数仅为 2～3，可以将式（4）简化：

$$2H^+ + MCl_6^{2-} + 2TBP_{(o)} \rightleftharpoons [(H^+ \cdot TBP)_2 \cdots MCl_6^{2-}]_{(o)} \tag{5}$$

从热力学角度考察式（5）时，萃取二元配金属酸过程中体系自由能变化将主要来自三方面：（1）H^+ 从水相进入有机相的转移能，它应为 H^+ 和 TBP 分子结合所释放的能量与 H^+ 脱离水相中水分子吸引所消耗的能量的代数和，亦即 H^+ 的溶剂化能与水合能之差；（2）配阴离子 MCl_6^{2-} 的转移能；（3）正负离子在有机相中的配对能。我们将以上三种能量变化的代数和称为萃取能，作为萃取难易的量度。H^+ 的转移能以 ΔE_H 表示，配阴离子的转移能可根据描述离子-溶剂相互作用的伯恩公式导出[12]，离子配对能可近似地根据静电吸引作用推导，则得式：

$$\Delta E_{萃取} = -\Delta E_H + \frac{(z_i e)^2}{2r_i}\left(\frac{1}{\varepsilon_0} - \frac{1}{\varepsilon_w}\right) - 2\frac{z_i z_H e^2}{\varepsilon_0 l} \tag{6}$$

式中，r_i 为配阴离子半径；$z_i e$ 为配阴离子电荷；ε_0 为有机相介电常数；ε_w 为水相介电常数；l 为正负离子对中 H^+ 与配阴离子电荷重心间的距离；$z_H e$ 为 H^+ 电荷，等于 1。

因 $\varepsilon_0 < \varepsilon_w$，式（6）的第二项恒为正。式（6）适用于 H_2MCl_6 型的配金属酸。对于 H_3MCl_6 型的配金属酸，离子在有机相中的配对能将难以估计，可暂假定其与 H_2MCl_6 型近似。

从式（6）看出，铂族金属氯配酸的萃取是靠氢离子与溶剂分子生成溶剂化阳离子以及正负离子在有机相中配对所释放的能量来补偿阴离子的转移能，因此必须在强酸介质中进行。若萃取剂的碱性愈强（如 TOPO 及 TRPO），则第一项 ΔE_H 的绝对值愈大，愈有利于萃取。有机相介电常数 ε_0 增大时，虽可降低配阴离子的转移能，但同时却降低了正负离子的配对能。当 ε_0 大到一定数值时，正负离子在有机相中将不配对，而以离子状态存在。文献中经常使用所谓"最小电荷密度原理"来定性地判断离子的可萃性，库兹涅佐夫[3] 提出使用"离子比电荷"参数，即离子电荷与离子中原子数之比代替"离子面电荷密度"，但他未从原理上做更深入的阐述，且错误地认为双电荷配阴离子都不被萃取，甚至包括分配系数很高的 $PtCl_6^{2-}$。实际上从式（6）可知，对于一种碱性萃取剂，影响配金属酸萃取的难易主要是第二项，当配阴离子的半径 r_i 愈大，电荷 $z_i e$ 愈小，则第二项的绝对值愈小，愈易于萃取。这就相当直观地解释了"最小电荷密度原理"。图 1 中萃取顺序是 $MCl_6^{2-} > MCl_4^{2-} > MCl_6^{3-}$，离子比电荷参数恰恰为 $0.286 < 0.400 < 0.429$。

4.2 分配系数曲线存在峰值的解释

从图 1 看出，TBP 萃取铂族金属氯配酸时，随着水相 HCl 浓度的增加，分配系数呈单峰曲线变化，且一般均在 3～5mol/L HCl 范围出现峰值。Casey[4] 认为，分配系数最初随 HCl 酸度而上升是由于氢离子的溶剂化作用逐渐增大，并认为“峰值”时全部溶剂化的氢离子与氯离子或被萃的配金属酸阴离子进行缔合配对，以后的降低则由于氯离子对配阴离子的竞争所致。但是，从 Kertes[10] 的工作看出，当水相 HCl 浓度在 3.330mol/L 及 5.565mol/L 时，TBP 有机相中的 HCl 浓度分别仅为 0.604mol/L 及 1.540mol/L，而 TBP 本身的浓度约为 3.67mol/L，即并非所有的 TBP 分子都生成了带一个质子的鎓阳离子，因此 Casey 的观点是值得商榷的。

由于 HCl 的浓度比配金属酸浓度大得多（在我们的实验中 HCl 在 1 ~ 9mol/L 变化，配金属酸则为 10^{-3}mol/L 量级），HCl 与配金属酸的竞争将十分突出。竞争能力取决于氯离子与配金属酸阴离子两者从水相进入有机相的转移能大小，实际上主要取决于两者水化能的大小，此外还取决于两者的水相浓度。由于两种酸都同时萃入有机相，我们写出综合平衡式为：

$$nH^+ + nTBP + MCl_6^{2-} + mCl^- \rightleftharpoons \{[H^+ \cdot TBP]_2 \cdots MCl_6^{2-}\}_{(o)} + m\{H^+ \cdot TBP \cdots Cl^-\}_{(o)} \tag{7}$$

式（7）中 $n = 2 + m$，从式（7）可写出平衡常数公式为：

$$K = \frac{([H^+ \cdot TBP]_2 \cdots MCl_6^{2-})_{(o)} (H^+ \cdot TBP \cdots Cl^-)^m_{(o)}}{(H^+)^n (TBP)^n_{(o)} (MCl_6^{2-}) (Cl^-)^m} \tag{8}$$

式（8）中右端各圆括号项均表示活度，略去电荷符号，用横线表示有机相中的两种离子对，并引入活度系数则得：

$$K = \frac{\overline{[H_2MCl_6]}\ \gamma_{(o)}\ \overline{[HCl]}^m \gamma^m_{HCl(o)}}{[H]^n \gamma^n_H [TBP]^n_{(o)} \gamma^n_{TBP} [MCl_6] \gamma_M [Cl]^m \gamma^m_{Cl}} \tag{9}$$

由于配金属酸的浓度较小，假定其浓度系数 $\gamma_M = 1$，并假定有机相中的活度系数 $\gamma_{(o)}\gamma^m_{HCl(o)}/\gamma^n_{TBP}$ 等于常数，则可得：

$$K' = \frac{D_M D^m_{HCl}}{[H]^n \gamma^n_H [TBP]^n_{(o)} \gamma^m_{Cl}} \tag{10}$$

式（10）中 $D_M = \overline{[H_2MCl_6]}/[MCl_6]$，$D_{HCl} = \overline{[HCl]}/[Cl]$，式（10）重排后得：

$$D_M = K'[H]^n [TBP]^n_{(o)} \gamma^n_H \gamma^m_{Cl} \frac{1}{D^m_{HCl}} \tag{11}$$

从式（11）看出，配金属酸的分配系数 D_M 与萃取体系的酸度、有机相中游离 TBP 浓度以及水相中氢离子和氯离子的活度系数有关。当水相中［H^+］增高时，γ_H、γ_{Cl} 将逐渐降低，$[TBP]_{(o)}$ 亦因 H_2MCl_6 及大量 HCl 萃入有机相而降低，因此 D_M 将在中等的［H^+］和中等的 $[TBP]_{(o)}$ 时有峰值。这样，式（11）就定性地解释了水相酸度增加时分配曲线的变化规律。

实际上萃取过程是相当复杂的，HCl 浓度增加时，可以降低水的活度，削弱配金属酸阴离子的水化作用，促进配阴离子进入有机相。此外，HCl 浓度的增加还会影响其在有机相中萃合物的组成[10]，并明显地改变了它本身的分配系数，这些作用都不可能包含在式（11）中。

4.3 H_2SO_4 和 $HClO_4$ 的助萃与抑萃作用

从式（11）可以看出，配金属酸的分配系数 D_M 与体系中共存的无机酸的分配系数 $1/D^m_{HCl}$ 存在反比关系。当无机酸的分配系数高时，D_M 将减小；反之，无机酸分配系数低时，D_M 将增大。根据式（6）以及“最小电荷密度原理”，理论上可以判断三种无机酸的萃取顺序为 $HClO_4 > HCl > H_2SO_4$。前人用 100% TBP 萃取 $HClO_4$[13]、HCl[10] 及 H_2SO_4[14] 的实验结果证明此顺序是完全正确的，如当 $HClO_4$、HCl 及 H_2SO_4 平衡水相浓度为 2.002mol/L、2.333mol/L 及 2.34mol/L 时，它们的分配系数分别为 0.557、0.096 及 0.074。因此，当在 HCl 体系中加入一部分 $HClO_4$ 来提供 H^+ 时，由于大量 ClO_4^- 上有机相而强烈地抑制了铂族金属氯配酸的萃取，而当加入一部分 H_2SO_4 来提供 H^+ 时，由于 SO_4^{2-} 不易进入有机相，因此使铂族金属氯配酸的分配系数有一定程度的提高。当然，由于 SO_4^{2-} 的水化作用比 Cl^- 强，其降低水相中水分子活度的作用，也有利于 D_M 的增加。

5 小结

通过对实验结果的分析得出以下结论：

（1）本文研究了 TBP 萃取 Pt(Ⅳ)、Pd(Ⅳ)、Ir(Ⅳ)、Pt(Ⅱ)、Pd(Ⅱ)、Rh(Ⅲ)、Ir(Ⅲ) 7 种氯配酸时，HCl 浓度对分配系数的影响。在改进 Ir(Ⅳ)、Pd(Ⅳ)的萃取条件后，获得这两种氯配酸的分配系数比文献值高，从而在 7 种氯配酸的分配系数中清晰地出现了 $MCl_6^{2-} > MCl_4^{2-} > MCl_6^{3-}$ 的规律，给利用不同氧化价态萃取分离铂族金属提供了依据。

（2）进行了两种烷基氧化膦与 TBP 萃取 Pt(Ⅳ)、Pd(Ⅳ)、Pt(Ⅱ)、Pd(Ⅱ)氯配酸的对比实验，表明烷基氧化膦具有比 TBP 高得多的萃取能力，其分配系数同样是 $MCl_6^{2-} > MCl_4^{2-}$。此外，观察到 H_2SO_4 加入 HCl 体系中时，能使萃取分配系数提高，而 $HClO_4$ 加入时，则有强烈的抑萃作用。

（3）根据萃取有机相的可见光谱及红外光谱，以及前人对萃取 $HAuCl_4$ 的研究，认为 TBP 或烷基氧化膦萃取配金属酸主要是依靠氢离子与溶剂分子生成溶剂化的阳离子，配阴离子进入有机相时结构未发生变化。本文因此提出了萃取铂族金属氯配酸的反应平衡式，并指出 Berg 及 Ефимова 给出的反应平衡式中的错误。

（4）从热力学角度推导了一个表述萃取过程能量变化的定性公式，认为萃取时的能量变化主要包括氢离子的转移能、配阴离子的转移能以及正负离子在有机相中的配对能三个方面，该公式可以满意地解释实验获得的萃取次序，以及烷基氧化膦具有更高萃取能力的原因，实际上它可以解释文献中广泛使用的所谓“最小电荷密度原理”。

（5）推导了表述配金属酸分配系数与水相氢离子浓度、有机相 TBP 浓度以及共存的无机酸分配系数之间关系的近似式，解释了分配曲线中存在峰值的原因，并解释了 H_2SO_4 和 $HClO_4$ 具有助萃和抑萃作用的原因。

参 考 文 献

[1] Berg E G. Senn W L. Anal. Chim. Acta. 1958(19): 12.

[2] Ефимова Е М，и др. Цвет. Met.，1973，11：32.
[3] 泽菲洛夫 A П，等．萃取论文集（中译本）[M]．下册，1965：193，260.
[4] Casey A T，Davies E，Meek T L. Wagner E S. Solvent Extraction Chemistry，Proc. of the Int. Conf. Held at Gothenburg，Sweden. 27Aug. ~ 1Sep. 1966，Dyrssen D，Liljenzin J O. et al. North-Holland，1967：310，327.
[5] Diamond R M，Tuck D G. Prog. Inorg. Chem. 1960(2):109.
[6] Meyers D A，McDonald R L. J. Am. Chem. Soc. 1967(89):486.
[7] Hufen T H. McDonald R L. Solvent Extrantion Research，Proc. on the Fifth Int. Conf. on Solvent Extraction Chemistry. Heldin Jerusalem，Israel，Sept. 1968，Kertes A S，Marcus Y. Wiley-Interscience，New York，1968：83.
[8] Widmer H M. Solvent Extraction Proc. of the Int. Solven Extraction Conf. The Hague，April 1971，Soc. Chem. Ind.，London，1971：37.
[9] Tocher M I，Whitney D C，Diamond R M. J. Phys. Chem. 1964(68):368.
[10] Kertes A S. J. Inorg. Nucl. Chem. 1960(14):104.
[11] Kulkarni M M，Sathe R M. India J. Chem. 1966(4):258.
[12] Bockris J M，Reddy A K N. Modern Electrochemistry[M]. Pienum Press，Vol. 1，1970：57.
[13] Kertes A S，Kertes V，J. Appl. Chem. 1960(10):287.
[14] Иколотова Э И，Карташова Н А. Зкстракция Еитралъными Орга Ническими Соелннениями，1976：85.

硫酸和高氯酸对 TBP 萃取铂族金属的影响*

摘　要　报道 TBP 从盐酸介质中萃取 Pt(Ⅳ)、Pd(Ⅳ)、Ir(Ⅳ)、Pt(Ⅱ)、Pd(Ⅱ)时，硫酸和高氯酸对萃取分配比的影响。硫酸的加入普遍提高了分配比，高氯酸则抑制分配比。进一步研究证实无机酸阴离子与铂族金属氯配阴离子存在竞争萃取作用，支持了 TBP 按鎓盐机理萃取铂族金属氯配酸的观点。

1　前言

TBP 萃取铂族金属前人已有广泛研究[1~3]。本文继续开展研究的原因是：(1) 不少作者测定 TBP 萃取铂族金属氯配酸的分配比时，经常不指明氧化价态，或在实验中对氧化价态控制不严，所得的萃取顺序很不一致[4~5]。Casey 等[6]虽然指明了价态，但测定的最大分配比是 Pt(Ⅳ) 18.8，Os(Ⅳ) 6.0，Ir(Ⅳ) 2.8，Pd(Ⅱ) 2.3，Ru(Ⅳ) 0.6，Rh(Ⅲ) 0.01 缺乏明显的规律，其中 Ir(Ⅳ)和 Ru(Ⅳ)还偏低甚大。我们较严格地控制氧化价态后，发现分配比非常符合下列顺序：$MCl_6^{2-} > MCl_4^{2-} > MCl_6^{3-}$。其中 4 价的 MCl_6^{2-} 型配离子 D 值均大于 10，而 3 价的 MCl_6^{3-} 型的 D 值仅百分之几[7]。因此有必要深入研究，澄清文献中报道的萃取顺序混乱。(2) TBP 萃取铂族金属氯配酸的机理，少数人认为是鎓盐机理，或氢离子水化-溶剂化机理，而更多的著作中认为萃合物是未离解的氯配金属酸，如 H_2IrCl_6[1,3]，或认为萃合物组成是 $H_2PtCl_5 \cdot 3TPB$(4mol/L HCl) 和 $H_2PtCl_6 \cdot 3TPB$(6mol/L HCl)[8]，这也有必要继续开展机理的研究。(3) 为了改善 TBP 对铂族金属的萃取，前人的工作一般是引入能够参与配位的离子或分子，如 SCN^-、Br^-、I^- 和 $SnCl_3^-$ 等[9]，很少有人研究难配位或不配位的 SO_4^{2-} 和 ClO_4^- 加入 HCl 体系的影响。作者在前文[7]已指出，H_2SO_4 的加入能提高 $PtCl_6^{2-}$ 的分配比，$HClO_4$ 则强烈地降低分配比，但两种无机酸对 TBP 萃取 Pd(Ⅳ)、Ir(Ⅳ)、Pt(Ⅱ)、Pd(Ⅱ)的影响则尚未见报道。

本文的实验数据进一步支持了 TBP 按鎓盐机理，或按氢离子水化溶剂化机理萃取铂族金属氯配酸的观点，进一步证实体系中各种阴离子存在着竞争萃取，表明在 TBP 萃取时严格控制铂族金属氧化价态的重要性和采用混酸体系改善萃取分配比的可能性。

2　实验与结果

2.1　试剂及实验方法

所用铂族金属氯配酸溶液的制备、萃取条件及分析方法均与前文[7]同。混酸体系的调整方法为：将一份铂族金属氯配酸溶液在红外灯下蒸干，用 3mol/L HCl 溶解。抽

* 本文合作者有：杨正芬，崔宁；原载于《贵金属学》1986 年第 4 期。

取若干份，每份3mL，按计算加入6mol/L HCl、20mol/L H_2SO_4（或 $HClO_4$）以及 H_2O 各数毫升，使总体积为10mL。混酸酸度符合预定要求。对于Pt(Ⅳ)、Ir(Ⅳ)的储备液，蒸干前加入1mL 10 %的 $NaClO_3$ 氧化，对Pd(Ⅳ)则在萃前通入氯气3min，使溶液中含有过量氯气。有机相TBP用各种相应于被萃水相的混合酸（H_2SO_4 + HCl 或 $HClO_4$ + HCl）预平衡一次，然后进行萃取。

对于 H_2SO_4 + HCl 体系中的萃取，系将萃残水相通过干滤纸滤入容量瓶中，分析金属浓度，并用差减计算有机相金属浓度。对于 $HClO_4$ + HCl 体系，用3mol/L HNO_3 反萃有机相两次，每次5mL，干滤后分析金属浓度，萃残液金属浓度用差减计算。

2.2 硫酸加盐酸介质中TBP萃取铂族金属的实验结果

在3mol/L HCl介质中增加 H_2SO_4 后，萃取铂族金属的结果见表1。

表1 萃取实验结果（H_2SO_4 + HCl）

金属	取量/mg	水相体积/mL	水相酸度/mol·L^{-1}			萃残液浓度/g·L^{-1}	有机相浓度/g·L^{-1}	分配比 D
			H_2SO_4	HCl	[H^+]			
Pt(Ⅳ)	10.50	10	0	3	3	0.053	0.997	18.8
	10.50	10	1	3	4	0.037	1.013	27.4
	10.50	10	3	3	6	0.031	1.019	32.9
	10.50	10	4	3	7	0.031	1.019	32.9
	10.50	10	6	3	9	0.041	1.009	24.6
	10.50	10	8	3	11	0.049	1.001	20.4
Pd(Ⅳ)	10.06	10	1	3	4	0.092	0.914	9.91
	10.06	10	2	3	5	0.084	0.922	10.98
	10.06	10	3	3	6	0.071	0.935	13.17
	10.06	10	4	3	7	0.064	0.942	14.72
	10.06	10	6	3	9	0.071	0.935	13.17
	10.06	10	8	3	11	0.139	0.867	6.24
Ir(Ⅳ)	11.62	10	0	3	3	0.080	1.082	13.5
	11.62	10	1	3	4	0.070	1.092	15.6
	11.62	10	2	3	5	0.057	1.105	19.4
	11.62	10	4	3	7	0.049	1.113	22.7
	11.62	10	5	3	8	0.052	1.110	21.3
	11.62	10	8	3	11	0.064	1.098	17.2
Pt(Ⅱ)	9.40	10	0	3	3	0.320	0.620	1.94
	9.40	10	1	3	4	0.266	0.674	2.53
	9.40	10	3	3	6	0.219	0.721	3.29
	9.40	10	4	3	7	0.215	0.725	3.37
	9.40	10	6	3	9	0.225	0.715	3.18
	9.40	10	8	3	11	0.226	0.714	3.16
Pd(Ⅱ)	10.50	10	0	3	3	0.358	0.692	1.93
	10.50	10	1	3	4	0.296	0.754	2.55
	10.50	10	3	3	6	0.258	0.792	3.07
	10.50	10	4	3	7	0.288	0.762	2.65
	10.50	10	6	3	9	0.284	0.766	2.70
	10.50	10	8	3	11	0.326	0.724	2.22

2.3　高氯酸加盐酸介质中TBP萃取铂族金属的实验结果

在3mol/L HCl介质中加入$HClO_4$后，萃取Pt(Ⅳ)、Ir(Ⅳ)、Pd(Ⅱ)的实验结果见表2。

表2　萃取实验结果（$HClO_4 + HCl$）

金属	取量/mg	水相体积/mL	水相酸度/mol·L⁻¹			萃残液浓度/g·L⁻¹	有机相浓度/g·L⁻¹	分配比D
			$HClO_4$	HCl	$[H^+]$			
Pt(Ⅳ)	10.50	10	0.06	3	3.06	0.078	0.972	12.5
	10.50	10	0.12	3	3.12	0.098	0.952	9.7
	10.50	10	1	3	4	1.046	0.004	0.004
	10.50	10	3	3	6	1.032	0.018	0.02
	10.50	10	5	3	8	1.040	0.010	0.01
	10.50	10	7	3	10	1.036	0.014	0.01
Ir(Ⅳ)	11.96	10	0	3	3	0.053	1.143	21.6
	11.96	10	1	3	4	1.179	0.017	0.01
	11.96	10	3	3	6	1.186	0.010	<0.01
	11.96	10	5	3	8	1.182	0.014	0.01
	11.96	10	7	3	10	1.173	0.023	0.02
	11.96	10	9	3	12	1.182	0.014	0.01
Pd(Ⅱ)	10.06	10	1	3	4	1.000	0.006	<0.01
	10.06	10	3	3	6	1.000	0.006	<0.01
	10.06	10	5	3	8	0.998	0.008	<0.01
	10.06	10	7	3	10	0.990	0.016	0.02
	10.06	10	9	3	12	0.990	0.016	0.02

2.4　混合酸介质与盐酸介质萃取结果比较

为了便于比较，将表1和表2中的分配比与前文[7]纯HCl介质中TBP的萃取分配比分别绘于图1。

3　讨论

对于TBP萃取铂族金属氯配酸的机理以及H_2SO_4和$HClO_4$对萃取H_2PtCl_6的影响，前文[7]已有详细讨论，本文仅做一些补充说明。

3.1　铂族金属的价态是影响TBP萃取分配比的重要因素

由于前人报道的TBP萃取铂族金属氯配酸的分配比较低，一般认为它只能部分地萃取铂族金属，有人甚至认为TBP和其他磷酸酯对贵金属的萃取并不重要。我们则认为不重视或不严格控制铂族金属的价态而测定的分配比是不可靠的。在前文[7]中，我们曾给出纯盐酸介质测得的最大分配比为：Pt(Ⅳ)，22.39；Pd(Ⅳ)，10.67；Ir(Ⅳ)，

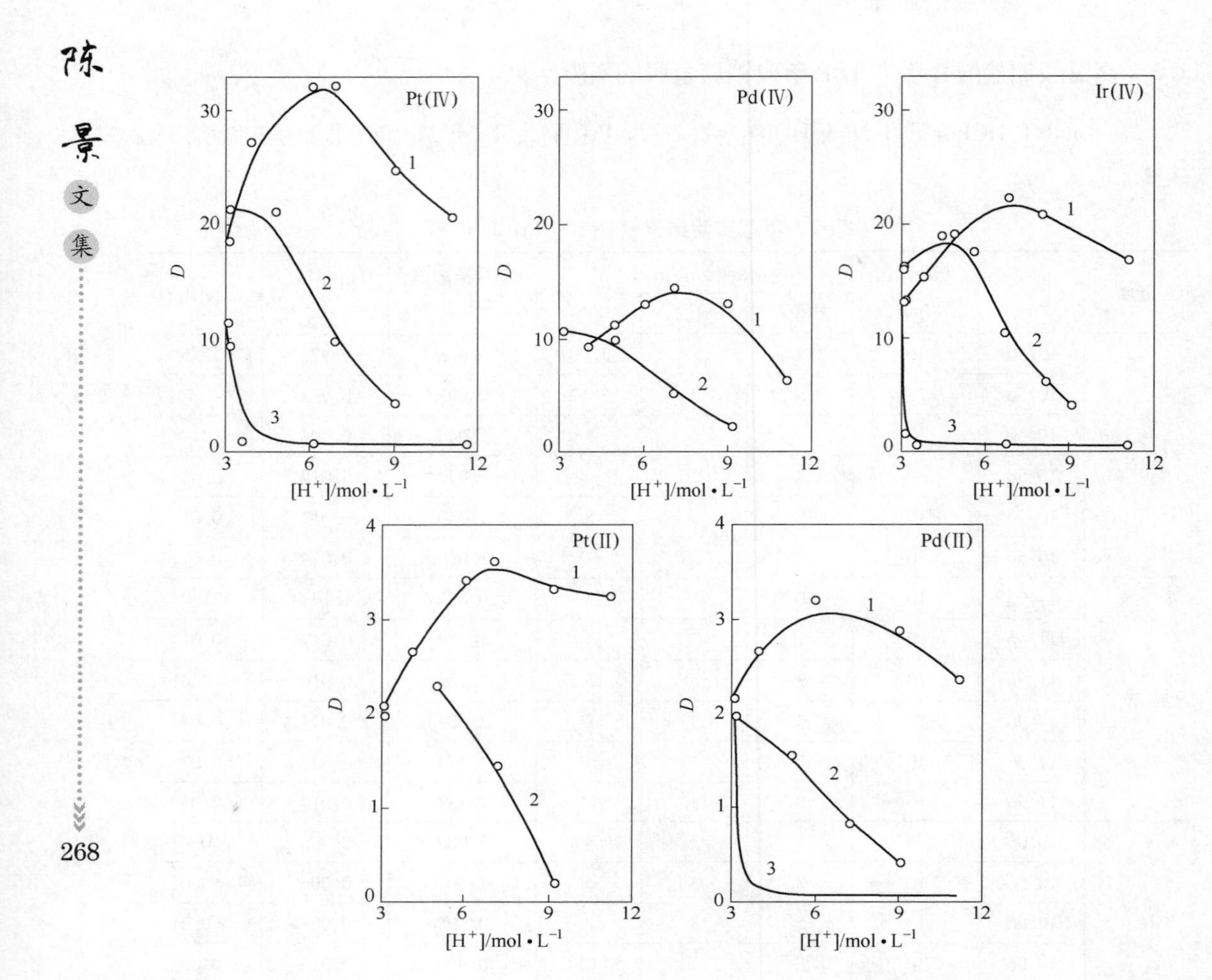

图1　不同介质中，TBP对Pt、Pd、Ir的萃取

1—H_2SO_4 + HCl；2—HCl；3—$HClO_4$ + HCl

19.73；Pt(Ⅱ)，2.23；Pd(Ⅱ)，1.87；Ir(Ⅲ)，0.09；Rh(Ⅲ)，0.02。本文给出硫酸加盐酸混合体系中最大分配比为：Pt(Ⅳ)，32.6；Pd(Ⅳ)，14.72；Ir(Ⅳ)，22.7；Pt(Ⅱ)，3.37；Pd(Ⅱ)，3.07。这些数据表明，四价金属离子的$PtCl_6^{2-}$、$PdCl_6^{2-}$、$IrCl_6^{2-}$均有较高的分配比；二价的$PtCl_4^{2-}$和$PdCl_4^{2-}$分配比要低一个数量级；三价态的$RhCl_6^{3-}$和$IrCl_6^{3-}$分配比又低了两个数量级。在这些配离子中，Pt(Ⅳ)的配离子很稳定，文献中报道的分配比较高。Ir(Ⅳ)很容易还原为Ir(Ⅲ)，试样氧化不好或TBP中的微量还原性组分都会降低Ir(Ⅳ)的分配比，因此文献中的数据波动甚大。Pd(Ⅳ)在水中会自动还原为Pd(Ⅱ)，我们系在含游离Cl_2的体系中测定的，其分配比还稍低于Pt(Ⅳ)、Ir(Ⅳ)。Rh(Ⅳ)只能在固态盐Cs_2RhCl_6和$Cs_2Rh(H_2O)Cl_5$中才能稳定存在，无法进行萃取测定。我们从长期实践中还看到，即使是较稳定的$PtCl_6^{2-}$，萃取分配比要准确地重现也是困难的，因为在萃取过程中它毕竟可能有少量还原为Pt(Ⅱ)。

金属氧化价态影响TBP萃取分配比的原因是不同价态的铂族金属离子其氯配阴离

子具有不同的配位数、几何构型和负电荷数，从而使这些配离子具有不同的面电荷密度和不同的水化能。配离子携带的负电荷愈多，水化能愈大，愈不易从水相转入有机相。如果把 TBP 萃取分配比高达 10^3 以上的 $AuCl_4^-$ 参与考虑，那么贵金属氯配酸的萃取顺序为：$MCl_4^- > MCl_6^{2-} > MCl_4^{2-} > MCl_6^{3-}$。如果用表征配离子电荷密度的电荷数对配离子包含的原子数的比值来排列，上列顺序恰恰是 $1/5 < 2/7 < 2/5 < 3/7$。由于上列萃取顺序的实验数据非常明显，我们认为它可以作为论述“最小电荷密度原理”的典型示例。

氧化价态对可萃性的影响可利用来分离性质十分相近的铂族元素。前人报道用 TBP 分离铑、铱时，要经九级萃取，Ir(Ⅳ)的萃取率才可达 99%，Rh(Ⅲ)在水相中的残余率为 94%[3]。我们在改进氧化条件后，两级萃取即可使 Ir(Ⅳ)的萃取率达 99% 以上，若铱与铑的比值在 1∶50 左右时，两级萃取可以使比值降至小于 10^{-5}，即铱在铑中的含量小于 0.001%，这种高效率地分离铑中微量铱用其他方法是很难达到的。

3.2 铂族金属氯配酸以离子形态进入有机相

文献中普遍认为铂族金属氯配酸以中性缔合酸分子萃入 TBP 有机相，整个中性酸分子被 2 ~4 个 TBP 分子溶剂化而形成萃合物。这种观点对上述的萃取顺序是难于解释的。我们认为由于配金属酸是相当强的酸，不易缔合为分子，而配金属酸的可萃性与配阴离子的电荷密度又十分密切，因此，它们更可能是按离子形态进入有机相。

由于水的介电常数大于有机溶剂的介电常数，根据离子-溶剂相互作用理论[10,11]，离子在水相中的水化能总是大于在有机溶剂中的溶剂化能。从热力学观点看，离子不可能剥离水化分子而进入有机相，而且电中性原理也不容许配阴离子单独进入有机相。问题在于这类萃取是在高氢离子浓度下进行的，中性 TBP 分子的碱性磷酰基 P═O，比水分子更易与氢离子结合，或更确切地说是与水合氢离子结合，也即易形成镁盐离子。形成镁盐离子是释放能量的过程，因此，氢离子趋向于自动进入有机相，但电中性原理也不允许它单独进入有机相。这样，配金属酸能否萃入有机相将取决于形成镁盐离子所释放的能量能否补偿配阴离子从水相转入 TBP 中所需的能量。此外，镁盐离子与配阴离子进入有机相后由于库仑引力的增加而容易形成正负离子对，还可以降低体系能量，也有利于萃取。根据以上观点，镁盐机理的萃取可以分三个过程：

（1）氢离子与 TBP 分子形成镁盐离子转入有机相：

$$H^+_{(w)} + OP(OC_4H_9)_{3(o)} \rightleftharpoons H^+:OP(OC_4H_9)_{3(o)} \quad (1)$$

我们用 $-\Delta E_H$ 表示氢离子的转移能，则

$$-\Delta E_H = -\Delta E_{H溶} - (-\Delta E_{H水}) = -\Delta E_{H溶} + \Delta E_{H水} \quad (2)$$

式（2）表示氢离子的转移能等于它的溶剂化能与水化能之差，而溶剂化能即为式（1）的反应能。氢离子的水化能为 -250kcal/mol[11]，其溶剂化能应比此值更大（绝对值）。如果氢离子是以水合离子转入有机相，那么其转移能将为水合离子的溶剂化能减去水合离子剥去第二水化层所需之能。

（2）氯配阴离子从水相转入有机相：

$$MCl^{2-}_{6\,(w)} \rightleftharpoons MCl^{2-}_{6\,(o)} \quad (3)$$

欲使式（3）右移，需要补充能量，单个带电离子从水相进入有机相所需的能量，可以根据玻恩公式[10]推导得：

$$\Delta E_{\mathrm{i}} = \frac{(Z_{\mathrm{i}}e)^2}{2r_{\mathrm{i}}}\left(\frac{1}{\varepsilon_{\mathrm{o}}} - \frac{1}{\varepsilon_{\mathrm{w}}}\right) \tag{4}$$

式中，r_{i} 为配阴离子半径；$Z_{\mathrm{i}}e$ 为配阴离子电荷；ε_{o}，ε_{w} 分别为有机相和水相的介电常数。

由于 $\varepsilon_{\mathrm{o}} < \varepsilon_{\mathrm{w}}$，因此 ΔE_{i} 恒为正值。

（3）锌盐离子和配阴离子在有机相中形成离子对：

$$2H^+ : OP(OC_4H_9)_{3(o)} + MCl_{6\,(o)}^{2-} \rightleftharpoons [MCl_6^{2-} \cdots 2H^+ : OP(OC_4H_9)_3]_{(o)} \tag{5}$$

式（5）释放的离子配对能可表示为：

$$-\Delta E_{\mathrm{P}} = -2\frac{Z_{\mathrm{i}}Z_{\mathrm{H}}e^2}{\varepsilon_{\mathrm{o}}l} \tag{6}$$

式中，l 为正负离子电荷重心间的距离。

上述三种过程中，前两过程应是同时进行的。综合三个过程中的能量变化，可以得到萃取能公式为：

$$\Delta E_{萃取} = -\Delta E_{\mathrm{H}} + \Delta E_{\mathrm{i}} - \Delta E_{\mathrm{P}} = -\Delta E_{\mathrm{H}} + \frac{(Z_{\mathrm{i}}e)^2}{2r_{\mathrm{i}}}\left(\frac{1}{\varepsilon_{\mathrm{o}}} - \frac{1}{\varepsilon_{\mathrm{w}}}\right) - 2\frac{Z_{\mathrm{i}}Z_{\mathrm{H}}e^2}{\varepsilon_{\mathrm{o}}l} \tag{7}$$

式（7）与文献中其他作者[3,8]推导的描述“最小电荷密度原理”的萃取能公式有本质差别，它建立在配金属酸以离解状态进入有机相的观点上。从式（7）可说明对于铂族金属氯配酸的萃取，含磷萃取剂的萃取能力应该是 $(RO)_3PO < R(RO)_2PO < R_2(RO)PO < R_3PO$，因此 $-\Delta E_{\mathrm{H}}$ 将随此顺序而增大（绝对值），氯配阴离子 r_{i} 愈大，电荷 $Z_{\mathrm{i}}e$ 愈小，则愈易于萃取，因为所需补偿的能量 ΔE_{i} 也愈小。稀释剂的介电常数 ε_{o} 愈大，虽可降低 ΔE_{i}，但同时也降低了 ΔE_{P}，最终是不利于萃取，因此氯仿加入 TBP 中时，能显著降低 TBP 萃取金属的萃取率[12]。

3.3 硫酸和高氯酸的影响来自阴离子的竞争萃取

从表 1 和表 2 及图 1 看出，$H_2SO_4 + HCl$ 的混合酸体系能使萃取分配比比纯盐酸体系有所提高，使分配比曲线的峰移向更高的氢离子浓度范围，而 $HClO_4 + HCl$ 的混酸体系则强烈地降低了分配比，对比数据列于表 3。

表 3　萃取分配比的比较

介　质	Pt(Ⅳ)	Pd(Ⅳ)	Ir(Ⅳ)	Pt(Ⅱ)	Pd(Ⅱ)
7mol/L HCl	9.98	5.30	9.51	1.42	0.76
3mol/L HCl + 4mol/L H_2SO_4	32.9	14.72	22.7	3.37	2.65
3mol/L HCl + 4mol/L $HClO_4$①	0.02	—	0.01	—	<0.01

①根据表 2 取平均值。

硫酸和高氯酸对 TBP 萃取分配比的两种不同影响用本文观点是极易解释的。SO_4^{2-} 比 ClO_4^- 多一个负电荷，一般来说，水化热约与电荷的平方成正比，则 SO_4^{2-} 的水化能

将比 ClO_4^- 大四倍，而 Cl^- 则因半径小于 ClO_4^-，其水化能亦将大于 ClO_4^-（Cl^- 的水化热约为 70kcal/mol），可以估计三种酸的可萃性顺序是 $HClO_4 > HCl > H_2SO_4$。实际上，对于 TBP 萃取这三种无机酸前人已做过大量工作，可以根据资料数据[13]绘出图 2。

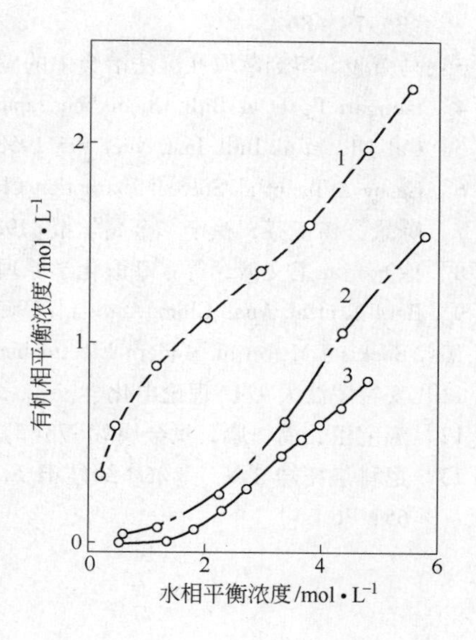

图 2　TBP 对 $HClO_4$、HCl、H_2SO_4 的萃取平衡曲线

1—$HClO_4$；2—HCl；3—H_2SO_4

在任何水相平衡浓度下，有机相的平衡浓度均符合估计的萃取顺序，而且 $HClO_4$ 比 HCl 可萃性大得多，HCl 比 H_2SO_4 则可萃性稍高。当 H_2SO_4 加入 HCl 体系中时，提高的氢离子浓度使式（1）右移，有利于萃取，但 SO_4^{2-} 不如 Cl^- 易上有机相，因而有利于式（3）右移，即提高了氯配金属酸的分配系数。当 $HClO_4$ 加入 HCl 体系时，虽然它也提供了氢离子，但 ClO_4^- 易进入有机相，它可以满足有机相电中性的要求，从而使式（3）左移，即强烈地抑制了铂族金属的萃取。从我们在前文[7]中导出的氯配金属酸分配比 D_M 与介质 HCl 分配比 D_{HCl} 的关系，也可清晰地说明 H_2SO_4 和 $HClO_4$ 的两种不同影响，这里不再赘述。

值得指出的是 H_2SO_4 的助萃和 $HClO_4$ 的抑萃是在 TBP 按锌盐机理萃取配金属酸时出现的现象，当 TBP 按配位机理萃取其他金属时，结果就可能发生变化，如 TBP 萃取硝酸铀酰时，由于 SO_4^{2-} 能与 UO_2^{2+} 结合，它的加入就不是提高铀的分配比，而是降低分配比。

4　结语

本文报道硫酸和高氯酸对 TBP 萃取 Pt(Ⅳ)、Pd(Ⅳ)、Ir(Ⅳ)、Pt(Ⅱ)、Pd(Ⅱ)等氯配酸的影响，所有实验结果均表明 H_2SO_4 能提高萃取分配比，$HClO_4$ 则强烈地降低分配比。进一步证实铂族金属氯配酸的萃取应属锌盐机理，这类酸的阴离子结构直接影响了可萃性顺序，并严格符合“最小电荷密度原理”。H_2SO_4 和 $HClO_4$ 的影响系它们的阴离子与配金属酸阴离子发生竞争萃取作用。由于铂族金属离子的价态决定了氯配阴离子的构型及电荷数，因此，同一种铂族金属不同价态可萃性差异甚大，文献中那些不指明铂族金属价态的萃取分配比是不够准确的。

注：本工作完成于 1980 年，黄万兰、闭保国、金人美、赵丽莎等同志承担化学元素分析工作，谨此致谢。

参 考 文 献

［1］ Гиндин Л М，Ж. Всесоюзного Химического Общества И. М. Д. И. Менделеева，1970，Вим. 4，395～410.

［2］ Гиндин Д М，и др. Изв СО АН СССР Сер Хим Наук，1980，No. 5，53. 译文见贵金属 . 1982

(3):79 ~ 86.
[3] 马荣骏. 溶剂萃取在湿法冶金中的应用[M]. 北京：冶金工业出版社，1979：355 ~ 362.
[4] Ishimori T, et al. Bull. Chem. Soc. Japan. 1960(33):636.
[5] Gal J I, et al. Bull. Inst. Nucl. Sci. 1958(8):67.
[6] Casey A T, et al. Solvent Extraction Chemistry Proceeding of the Inter Conf. 1966, 1967, 343 ~ 305.
[7] 陈景，杨正芬，崔宁. 金属学报. 1982(2)：235 ~ 244.
[8] 徐光宪，王文清，等. 萃取化学原理[M]. 上海：上海科学技术出版社，1984：85，162.
[9] Berg E. et al. Anal. Chim. Acta[J]. 1962(27)：248.
[10] Bockis J M, et al. Modern Electrochemistry[M]. P1enuum Press. 1970：1, 57.
[11] 安特罗波夫 L I. 理论电化学[M]. 北京：高等教育出版社，1984：60，71.
[12] 温宝臣，周一康. 贵金属. 1978(2):19.
[13] 尼科洛托娃 З N，卡尔塔绍娃 H A. 萃取手册(第1卷)[M]. 北京：原子能出版社，1981：58，65，76.

铂族元素亚砜配合物及其配位化学的某些规律*

摘 要 本文从分析亚砜的分子结构特点，讨论了亚砜作萃取剂时与各种被萃金属的配位情况。指出对重金属离子亚砜主要以氧原子配位，对铂钯的配阴离子主要以硫原子参与配位。还讨论了亚砜萃取盐酸的机理；亚砜、砜及硫醚萃取时性能差异的原因；亚砜分子结构差异对萃取性能的影响；以及亚砜萃取 Pt(Ⅱ)时形成顺式配合物，但萃取 Pd(Ⅱ)时形成反式配合物的原因。

1 引言

一些作者曾研究了亚砜萃取铂族元素的基础理论及分离工艺。然而，有关亚砜物理化学性质及其与贵金属配位取代反应的研究还不够全面。比如，为什么 Pd(Ⅱ)常形成反式配合物，而 Pt(Ⅱ)却形成顺式产物？本文拟从亚砜的结构、萃取行为、配位方式，以及通过硫醚、亚砜和砜的萃取性质的对比来了解亚砜与铂族元素配合物的配位化学性质并初步总结出一些铂族元素萃取化学的普遍规律。

2 亚砜的分子结构

亚砜的空间构型可分为两种：平面三角型 $R_2S\longrightarrow O$[1] 和四面体型[2]。就硫氧键的结构则有三种观点：S→O，S ═O[3] 及为解释硫配位而提出的 $\overset{\ominus}{S}\equiv\overset{\oplus}{O}$[4]。

已知亚砜分子中硫和氧原子都可参与配位。其中硫原子有两对孤对电子，一对与氧形成 σ 键，另一对与中心金属离子配位，并使亚砜分子呈四面体构型。而氧原子则用其一对孤对电子与硫的 $3d$ 空轨道形成 $p\pi—d\pi$ 键[5]，因而硫氧键具有双键性质。键长（表 1）、偶极矩（表 2）[6] 和红外特征吸收峰[7] 均可证实硫氧双键的存在。

进一步考虑到：$\nu_{S—O}<\nu_{C—O}$ 及 μ(亚砜) > μ(酮)[5]，可以认为，亚砜分子的 $p\pi—d\pi$ 键并不如共价双键那么牢固。再则，硫氧键的极性和键矩表明氧原子电荷密度偏负性而硫原子电荷密度偏正，均说明硫氧键并非为纯双键而是半极性双键 S ═O。

表 1 各种 S，O 键键长 (pm)

键 型	S—O	S ═O	R_2S ═O	S≡O
键 长	169.0	149.0	147.5	137.0

* 本文原载于《铂族金属冶金化学》，科学出版社，2008：246～252。

表2 亚砜分子 S、O 键偶极矩 μ

亚 砜	$(CH_3)_2SO$	$(C_2H_5)_2SO$	$(i\text{-}C_4H_9)_2SO$	R_2SO	$(C_6H_5)_2SO$
μ/D	3.90	3.85	3.92	3.78 ~ 3.85	3.90

根据科顿[8]报道的二甲基亚砜（DMSO）及其配合物［$PdCl_2$·2DMSO］的立体空间结构参数（表3），亚砜是以硫原子 sp^3 杂化轨道成键形成四面体结构，而不是以 sp^2 杂化轨道成键形成平面三角形结构。

表3 DMSO 及［$PdCl_2$，2DMSO］分子结构参数

项 目	键长/pm					键角/(°)	
	C—H	S═O	C—S	Pd—Cl	Pd—S	C—O—S	C—S—C
DMSO	108	147	184			106	100
Pd-DMSO		147.5	177.8	228.7	228.9	109.1	

亚砜分子在红外光谱 990 ~ 1220cm^{-1} 范围内有一强吸收特征峰 ν_{S-O}，其中饱和脂肪族亚砜的 ν_{S-O} 在 1080 ~ 1070cm^{-1}，而且亚砜分子的共轭效应和物理状态（固、液）对此吸收峰位置影响不大。关于二正辛基亚砜的红外光谱（图1）及其解析（表4）如下。

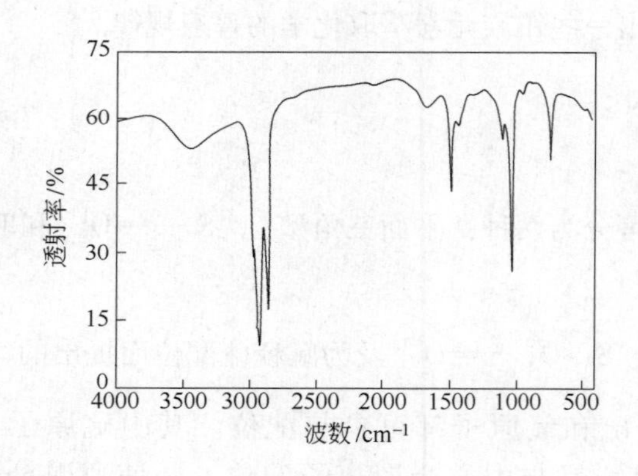

图1 DOSO 的红外光谱

表4 二正辛基亚砜 DOSO 红外光谱分析

键振动吸收	$\nu_{as(CH_3)}$	$\nu_{as(CH_2-S)}$	$\nu_{s(CH_3)}\nu_{s(CH_2-S)}$	$\nu_{(CH_2-S)}$	$\nu_{(S-O)}$
λ/cm^{-1}	2955	2922	2851	1467	1018

3 亚砜的配位性能及方式

已经有分别以硫配位、氧配位及硫氧原子混合方式配位的配合物的报道。当氧原子参与配位时，氧原子的负电荷向金属离子方向移动而削弱了硫氧键强度，$\nu_{S=O}$ 值降低；反之，当以硫原子配位时，$\nu_{S=O}$ 吸收值增大。因此，通过比较配合物红外光谱 $\nu_{S=O}$ 值与游离基的 $\nu_{S=O}$ 值大小，可方便地确定其配位方式。

3.1 氧原子配位

重金属离子 Ni^{2+}、Co^{2+}、Fe^{2+}、Zn^{2+}、Cd^{2+}、Cu^{2+} 和 Sn^{4+} 氯配离子与亚砜形成四面体配合物后 $\nu_{S=O}$ 值降低，表明亚砜是以氧原子配位。此外，亚砜与铀酰、钍、锆和铊等形成配合物的 $\nu_{S=O}$ 较其相应未配位的亚砜 $\nu_{S=O}$ 值小 70～100cm^{-1}，这种配位方式类似于这些金属与有机膦 P ═O 键中氧原子配位后 $\nu_{P=O}$ 值降低[10]。

只有$[Pd(IASO)_4](BF_4)$是以氧原子配位的铂族元素亚砜配合物，原因之一可能是由于参与配位的亚砜分子数高达4，为了空间上的便利只好采取氧原子配位。

3.2 硫原子配位

与上述重金属离子情形不同，铂族元素和 Hg^{2+} 的亚砜配合物基本上是以硫原子配位方式成键。可能的原因是：

（1）贵金属的亲硫性。贵金属的电负性为2.1～2.3与硫2.6相近，且硫的第一电离势（10.357eV）较氧（13.614eV）更接近于铂（9.0eV）或钯（8.33eV）。硫较氧更易给出电子，Pt(Ⅱ)、Pd(Ⅱ)则可以接受硫的外层孤对电子形成配位键。另一方面，硫原子半径（90.4pm）比氧（60.4pm）大而与 Pt(Ⅱ)、Pd(Ⅱ)(80pm)接近。这样，几何构型还可能允许 Pt(Ⅱ)、Pd(Ⅱ)的 d 电子向硫的空 d 轨道转移从而形成 $d\pi$—$d\pi$ 反馈键（所有参数选自文献[11]）。

（2）根据软硬酸碱规则，Pt(Ⅱ)、Pd(Ⅱ)、Hg(Ⅱ)等属软酸 SA；而硫醚、亚砜属软碱 SB，SB 倾向于与 SA 类金属形成稳定化合物。

（3）亚砜分子为四面体构型，对平面正方形的 Pt(Ⅱ)、Pd(Ⅱ)配离子而言，在空间上硫参与配位较氧更有利。

3.3 硫氧混合配位

这种配合物较少，有$[Pd(DMSO)_4](ClO_4)_2$等[12]，其结构为顺式。

4 亚砜的萃取性能讨论

4.1 亚砜萃取盐酸

由于亚砜中氧原子带负电荷，因而它可以与 H^+ 缔合形成鎓盐而萃取盐酸，亚砜萃取 HCl 的反应为：

$$H^+ + Cl^- + (4-q)H_2O + qL_{(O)} = HCl \cdot qL \cdot (4-q)H_2O_{(O)} \quad (q \leqslant 3) \qquad (1)$$

式（1）中 L 表示亚砜，有机相溶剂化物中 L 与水分子数之和为4，与普通水合 H^+ 一般以 $[H(H_2O)_4]^+$ 的形态存在相符。既然 H^+ 为水合状态，则萃合物以 $[H(4-q)H_2O \cdot qL]^+ \cdot Cl^-$ 表示较合适，它表明萃合物是以离子缔合体存在于有机相中，其相应的萃取机理简称为鎓盐机理，或更确切地称为氢离子水化溶剂化机理，萃合物的红外光谱中 $\nu_{S=O}$ 向低频方向略微移动证实了 $R_2SO \cdots H^+(H_2O)_n$ 氢键的存在。

从图2可知：当[HCl]>2mol/L时，烷基亚砜才开始萃取盐酸，[HCl]>4mol/L后鎓盐化才明显增大。由于苯环大π键吸电子效应降低了氧原子上电荷密度，只有当[HCl]>7mol/L时，芳基亚砜才开始萃取HCl，而鎓盐化能力很弱的硫醚几乎不萃取HCl。所以烷基亚砜在[HCl]<2mol/L的低酸度内只能以配位机理萃取，[HCl]>2mol/L后则可以以鎓盐化机理萃取，这是造成亚砜萃Pd(Ⅱ)时萃取率曲线出现“凹谷”的主要原因。

[H^+]的增大有利于亚砜的鎓盐化，但当[HCl]>8mol/L后，由于生成了水溶性较大的鎓盐产物[$H^+(H_2O)_3L$]Cl^-，从而降低了盐酸的萃取率，因此在[HCl]<7mol/L范围内鎓盐产物主要是[$H^+(H_2O)_3L$]Cl^-。

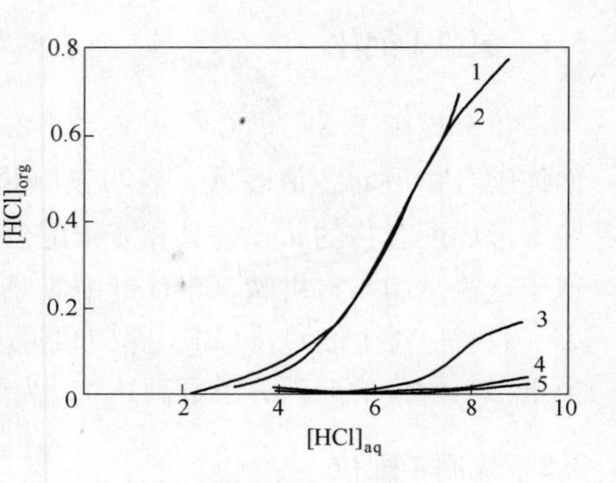

图2 亚砜、硫醚萃取盐酸性能比较
([L]=1mol/L)
1—DOSO；2—DHSO；3—DTSO；
4—DHS；5—DOS

4.2 亚砜与硫醚及砜的差异

从$R_2S \rightarrow R_2SO \rightarrow R_2SO_2$，$\nu_{S-O}$值增大，偶极矩亦增大，如硫醚偶极矩为1.55～1.65D，亚砜偶极矩为3.78～3.35D，砜的偶极矩为4.41～4.53D。氧原子数的增加，使硫原子的正电荷密度升高，硫给出电子能力降低，配位能力也就减小。X射线的研究结果及光电子能谱的研究都表明硫原子上的正电荷密度从硫醚到砜逐渐升高。曾研究了$(C_8H_{17})_2S$、$(C_8H_{17})_2SO$、$(C_8H_{17})_2SO_2$对Hg(Ⅱ)、Pd(Ⅱ)、Ag(Ⅰ)、Au(Ⅲ)的萃取，指出当用0.5mol/L的萃取剂从0.1mol/L HCl介质中萃取Pd(Ⅱ)时，三类萃取剂的分配系数分别为226、24及0.19，证实了上述推论。因此，$(C_8H_{17})_2SO_2$作为萃取剂是没有意义的。

4.3 亚砜分子结构差异的影响

在亚砜R_2SO中，当R由环烷基→烷基→芳基过渡时，萃取能力降低。这是因从环烷基→烷基→芳基给电子能力降低，吸电子能力增加，因而降低了硫氧键中的电荷密度，使氧原子的电荷密度降低。对亚砜分子中S、O电荷密度大小的研究结果[13]：烷基亚砜为$S^{+0.326e}$、$O^{-0.47e}$，芳基亚砜为$S^{+0.1766e}$、$O^{-0.37e}$证实了这一点。此外，图2中烷基亚砜鎓盐化程度大大胜过芳基亚砜也证实了上述讨论，因此，环烷基亚砜是萃取贵金属最有效的萃取剂。

5 Pd(Ⅱ)、Pt(Ⅱ)亚砜配合物的顺反异构[14,15]

含两个亚砜分子的Pd(Ⅱ)、Pt(Ⅱ)配合物有顺反异构。

在远红外区反式配合物只有单一的M—Cl吸收，而顺式配合物则有两个M—Cl吸收。已证实随着不同亚砜配体L的变换，cis-ML_2Cl_2的M—Cl值变化大，而trans-ML_2Cl_2的ν_{M-Cl}值变化小。P. A. 刘易斯[13]等认为：反式产物中两个M—Cl键受到相互排斥的约束，顺式中两个 M—Cl 键则具有伸缩活性。

5.1 PdL_2Cl_2 的结构

Pd(Ⅱ)的配合物 PdL_2Cl_2（L = DMSO、TMSO，DESO、NPSO、NBSO、IASO、DOSO）的中红外（图3）及远红外（图4）研究结果均为单一的 ν_{SO} 及 $\nu_{Pd—Cl}$，表明为反式配合物。科顿研究了［$PdCl_2$ · 2DMSO］的立体结构（图5、表3），其结果更直观地证明了这一点。

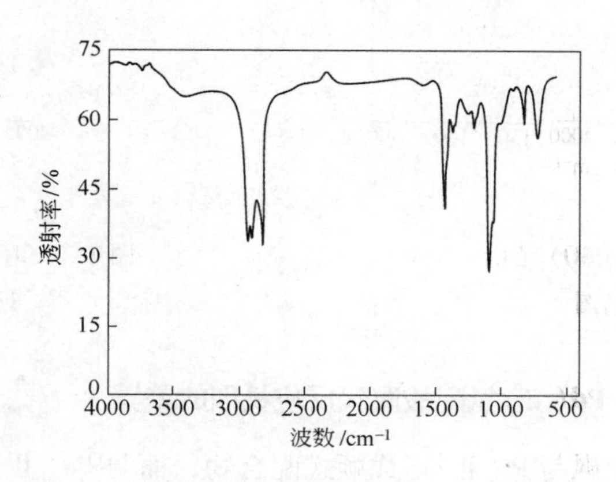

图3 $Pd(DOSO)_2Cl_2$ 的红外光谱

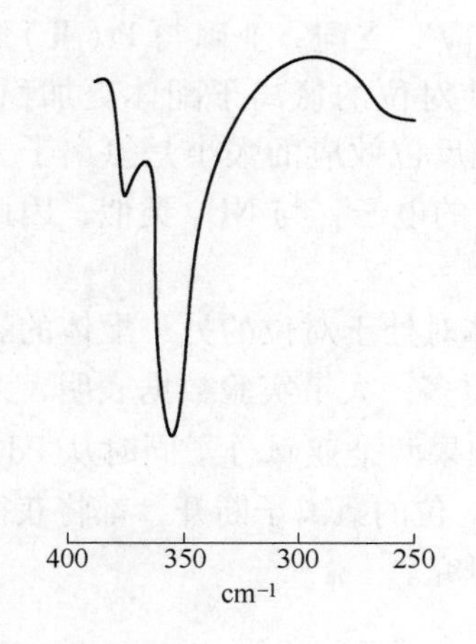

图4 $PdCl_2(CH_2SOCH_2C_6H_5)_2$ 的远红外光谱

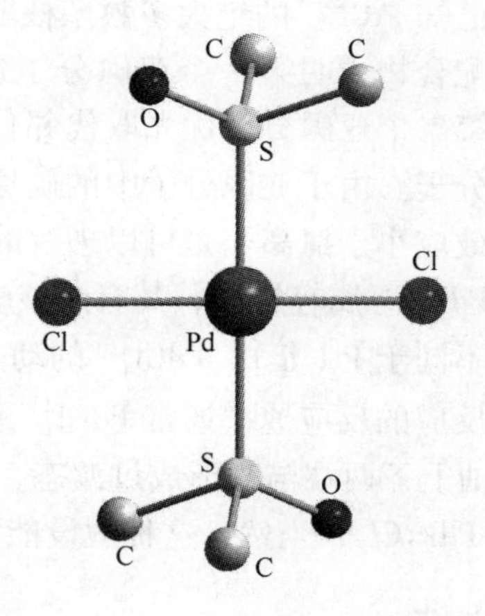

图5 $Pd(DMSO)_2Cl_2$ 的分子结构立体示意图

5.2 ［PtL_2Cl_2］的结构

PtL_2Cl_2（L = DMSO、TMSO、DESO、NPSO、NBSO、DOSO）的红外光谱研究结果（图6）表明 $\nu_{S—O}$ 的对偶性差，且 $\nu_{M—Cl}$ 值（图7）随 L 的不同变化大，除（$PtCl_2$ · 2IASO）外，其余均为顺式配合物。

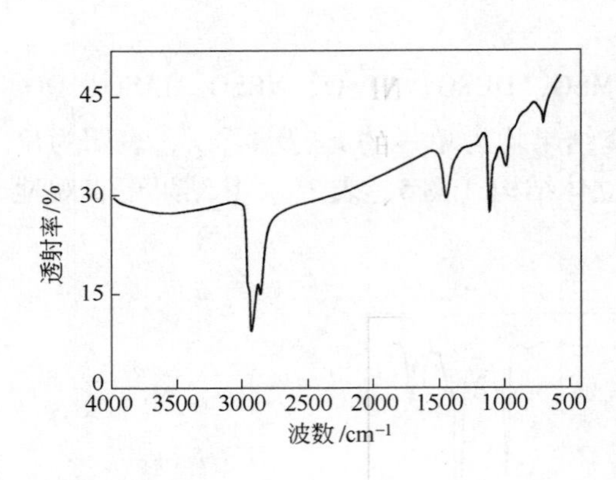

图6　$PtCl_2(DMSO)_2$ 的红外光谱图

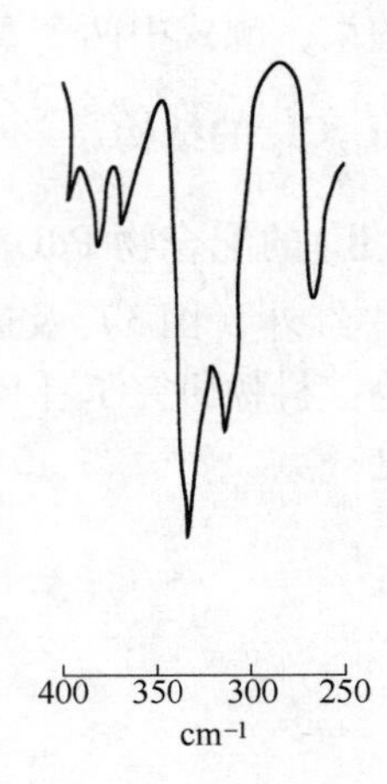

图7　$PtCl_2(CH_3SOCH_2C_6H_5)_2$ 的远红外光谱图

5.3　亚砜与Pt(Ⅱ)、Pd(Ⅱ)氯配酸取代反应机理的差异

上述讨论可知，亚砜与Pt(Ⅱ)形成顺式配合物，而与Pd(Ⅱ)则形成反式配合物，其反应机理必然有一定差异，但现有的配位化学理论尚未注意也不能解释此问题，本文在此仅提出一些不成熟的见解。

已知 $PtCl_4^{2-}$ 的绝大多数亲核取代反应都受“反位效应”支配，亚砜与Pt(Ⅱ)形成顺式配合物说明第一个亚砜分子进入配合物内界后，使对位的氯离子配体更加稳定，于是第二个亚砜分子优先取代邻位的氯配体，也就是说反位效应的大小是氯离子大于亚砜分子。由于亚砜分子中的硫原子具有一对可供配位的电子，与 NH_3 类似，因此其反位效应小于氯离子是可以理解的。

Pd(Ⅱ)属轻铂族，其有效核电荷低于Pt(Ⅱ)，配体对处于对位的另一配体的影响也应不同于Pt(Ⅱ)，$PdCl_4^{2-}$ 的动力学活性比 $PtCl_4^{2-}$ 大得多，大量实验数据表明，亲核取代反应的反应速率通常 $PdCl_4^{2-}$ 比 $PtCl_4^{2-}$ 大 10^5 倍。如果两个亚砜分子同时从 $PdCl_4^{2-}$ 的 z 轴上下两端与其形成过渡态，那么无论哪两个处于对位的氯离子断开，都将获得反式的 PdL_2Cl_2，当然，这种假设能否成立尚有待于深入研究。

6　小结

（1）亚砜分子中硫氧原子形成的键应为半极性双键 S═O。

（2）亚砜分子与重金属离子主要形成以氧原子配位的配合物，而与铂族元素主要是以硫原子配位。

（3）在[HCl]<2mol/L 的溶液中，亚砜以配位机理萃取Pd(Ⅱ)，萃合物为反式 PdL_2Cl_2，但不能萃取Pt(Ⅱ)；在[HCl]>2mol/L 后，亚砜分子先质子化形成锌盐阳离子，然后以离子缔合机理萃取 $PdCl_4^{2-}$ 和 $PtCl_4^{2-}$，在有机相中Pd(Ⅱ)形成反式萃合物 PdL_2Cl_2，Pt(Ⅱ)则形成顺式 PtL_2Cl_2。

(4) 萃取能力的顺序分别为：砜 < 亚砜 < 硫醚，以及芳基亚砜 < 烷基亚砜 < 环烷基亚砜。

参 考 文 献

[1] Charles C P. Sulfur Bonding[M]. New York, 1962.

[2] Allen D W. Acta. Cryst. 1950(45):3.

[3] Crumper C W N, Walker S. Trans. Faraday Soc. 1956(52):454.

[4] Cotton F A, Wilkinson G. Advauced Inorganic Chemistry[M]. New York: Interscience, 1972: 454.

[5] Jiling University. Organic Chemistry[M]. Beijing: Education Press, 1960.

[6] Cotton F A, Francis R. J. Am. Chem. Soc. 1960, 82(12):2986 ~ 2991.

[7] Dong Qinglian. Infrared Spectrum[M]. Beijing: Oil Industry Press. 1977.

[8] Bennelt M J, Cotton F A, Weaver D L. Acta. Cryst. 1967, 23(5):788 ~ 796.

[9] Zhang Yongzhu. Kunming Research Institute of Precious Metals, 1986: 12 ~ 32.

[10] Yuan Chenye, Nuclear Energy, 1974(6):1 ~ 10.

[11] Lai Anbon. Element Period Table[M]. Shanghai Science Press, 1979.

[12] Wayland B B, Schramm R P F. Inorg. Chem., 1969, 11(6):1280 ~ 1284.

[13] Lewis P A, et al. J. Less Common Metals, 1976, 45(2):103 ~ 210.

[14] Price J H, et al. Inorg Chem, 1972, 11(6):1280 ~ 1284.

[15] Kitching W, et al. Inorg Chem, 1970, 9(3):541 ~ 549.

二正辛基亚砜萃取钯(Ⅱ)、铂(Ⅱ)动力学及机理的比较*

摘 要 本文用振荡混相法考察了二正辛基亚砜萃取 Pd(Ⅱ)、Pt(Ⅱ)时的各种影响因素，用定速搅拌法研究了相关的动力学。获得了水相盐酸浓度、有机相中萃取剂浓度、萃取反应温度对萃取速率的影响；给出了萃取 Pd(Ⅱ)、Pt(Ⅱ)的速率方程；分析了两种萃合物的组成及结构；讨论了相应的萃取反应机理。动力学研究表明，在同等条件下 Pd(Ⅱ)的萃取速率约为Pt(Ⅱ)的 10^5 倍。机理研究表明，低酸度下（[HCl]<2.0mol/L）亚砜以配位机理萃取 Pd(Ⅱ)，但不能萃取 Pt(Ⅱ)；高酸度下二正辛基亚砜则以离子缔合—配位先后两步机理萃取 Pd(Ⅱ)和 Pt(Ⅱ)。

1 引言

亚砜是一种中性含硫萃取剂，应用亚砜萃取分离贵金属近年来有许多报道。作者曾用两相充分混合法研究了二正辛基亚砜（DOSO）从盐酸介质中萃取 Pd(Ⅱ)的动力学及机理，考察了水相氢离子浓度、氯离子浓度、有机相 DOSO 浓度及温度对萃取的影响，解释了 Pd(Ⅱ)萃取率-[HCl]曲线中在［HCl］为 2mol/L 附近出现“凹谷”的原因[1]。

作者[2]曾归纳出铂族金属化学冶金中的一条规律：“重铂族配合物比相应的轻铂族配合物热力学稳定性更强，动力学惰性更大”。为考察此规律对萃取反应的适用程度，因此研究了 DOSO 萃取 Pt(Ⅱ)，本章对 DOSO 萃取 Pd(Ⅱ)、Pt(Ⅱ)的研究结果做对比介绍。

2 实验方法及数据处理

2.1 试剂及方法

（1）Pt(Ⅱ)、Pd(Ⅱ)溶液：铂溶液用分析纯 K_2PtCl_4 试剂配制，取一定量试剂溶解于0.10mol/L 盐酸中，Pt 浓度为 0.01mol/L。钯溶液用 99.99% 海绵钯溶于稀王水，浓缩近干后赶硝三次，然后用 0.10mol/L HCl 溶解干渣，使 Pd 浓度为 0.01mol/L。

（2）二正辛基亚砜（DOSO），白色固体粉末，用苯作溶剂，配成所需浓度使用。

（3）萃取实验：考察影响萃取的各种因素的实验用 60mL 分液漏斗进行，手摇振荡混相，用比色法分析萃残液，详细操作条件见文献[1]。

（4）饱和萃合物制备及组分分析：用一份 0.10mol/L DOSO-C_6H_6 有机相（10mL）连续萃取若干份铂或钯溶液，直至出现粒状固态萃合物，且萃残液金属浓度不变为止，有机相经离心分离除去夹杂水。低酸度下铂不被萃取，无萃合物，Pd(Ⅱ)萃合物在苯

* 本文合作者有：张永柱，谭庆麟；原载于《贵金属》1991 年第 2 期。

挥发后为橘黄色粉末。高酸度下(6mol/L HCl) Pt(Ⅱ)的萃合物为黄色糊状物，Pd(Ⅱ)的为血红色糊状物，均不能干燥，只分析其饱和金属容量。固态萃合物则用高温燃烧法测定其中的S和Cl，王水溶解比色测定Pd。

(5) 结构分析：紫外光谱用PU8800型分光光度计，红外光谱用FR-IR仪，KBr压片法。

(6) 动力学研究方法：实验在自制密封的夹层恒温水套玻璃反应器（ϕ55mm，高50mm）中恒速搅拌进行，预备实验表明，搅拌速度大于600r/min时，可消除扩散因素的影响，因此实验采用1000r/min，其他条件为25℃，相比1∶1，0.10mol/L DOSO-C_6H_6，0.002mol/L Pt(Ⅱ)，0.002mol/L Pd(Ⅱ)，比色法测定萃残液中金属浓度。

2.2 数据处理[1]

就 $(M)_{aq} \underset{K'_r}{\overset{K'_f}{\rightleftharpoons}} (M)_{arg}$ 类型的一级反应，当[DOSO] > [M]，$a_t \approx [M]_t$ 时，则反应速率的微分方程为：

$$-\frac{da_t}{dt} = K'_f a_t - K'_r(a_0 - a_t) = (K'_f + K'_r)a_t - K'_r a_0 \tag{1}$$

式中，K'_f为正向表观速率常数；K'_r为逆向表观速率常数；a_0为水相中金属的初始浓度；a_t为t时刻金属浓度（用活度a表示浓度）。

积分式（1），得动力学速率模型式（2）：

$$a_t = \frac{a_0 K'_f}{K'_f + K'_r} e^{-(K'_f - K'_r)t} + \frac{K'_r}{K'_f + K'_r} a_0 \tag{2}$$

通过t时刻实验数组（t，a_t）输入计算机进行迭代运算，即可求出K'_f和K'_r值。运算结果表明：a_t的理论回归值能较好地与萃残液中铂、钯浓度相吻合。速率方程主要由K'_f决定，K'_r值对式（2）的影响很小。

3 结果及讨论

3.1 水相盐酸浓度对萃取的影响

水相盐酸浓度对DOSO萃取Pd(Ⅱ)有特殊的影响，当用0.20mol/L DOSO-C_6H_6萃取时，萃取率对[HCl]的曲线在2mol/L [HCl]处出现“凹谷”[1]，因此本文将盐酸浓度的影响分为小于2mol/L和大于2mol/L两个范围讨论。

(1) [HCl] < 2mol/L，低酸度下的萃取。恒定[Cl^-]（用加入NaCl调整），变动[H^+]的实验结果表明，当[Cl^-] = 2mol/L时，[H^+]的影响相当小，Pd(Ⅱ)萃取率几乎不变，求得$K'_f = 4.11 \times 10^{-3} min^{-1}$。当[$H^+$] = 0.1mol/L，变动[$Cl^-$]时，则Pd(Ⅱ)萃取率随[$Cl^-$]的增大而降低，萃取速度较慢，混相时间增长则萃取率增加，数据经用线性回归求得[Cl^-]的反应指数为−0.80。

低酸度下DOSO几乎完全不萃取Pt(Ⅱ)，当酸度为0.1mol/L时，萃取混相时间长达30min，铂仍不被萃取。

（2）［HCl］>2mol/L，较高酸度下的萃取。DOSO 萃取 Pd（Ⅱ）、Pt（Ⅱ）的萃取率和萃取速度都随［HCl］的增大而迅速增高。

对于 Pd（Ⅱ），恒定$[Cl^-]$=4mol/L，变动$[H^+]$的动力学实验结果列于表1，用$\ln K_f'$对$\ln[H^+]$作图绘于图1，经线性回归求得$[H^+]$的反应指数为2.46。

表1　不同$[H^+]$时萃取 Pd（Ⅱ）的K_f'

$[H^+]$/mol·L^{-1}	2.5	3.0	3.5	4.0	4.5
K_f'/min^{-1}	9.06×10^{-3}	0.013	0.020	0.028	0.038

注：恒定$[Cl^-]$=4mol/L。

若恒定［HCl］=3.5mol/L 及 4.5mol/L，加入不同量 NaCl，实验结果表明，$[Cl^-]$的变化不影响 Pd（Ⅱ）的萃取率。

对于 Pt（Ⅱ），盐酸浓度的影响列入表2及图2，数据经线性回归求得［HCl］对K_f'的反应指数为12.10，可知 Pt（Ⅱ）的萃取率对［HCl］的变化更敏锐。

表2　不同［HCl］时萃取 Pt（Ⅱ）的K_f'

$[H^+]$/mol·L^{-1}	4.0	4.5	5.0	5.5	6.0
K_f'/min^{-1}	5.85×10^{-3}	0.020	0.053	0.200	0.900

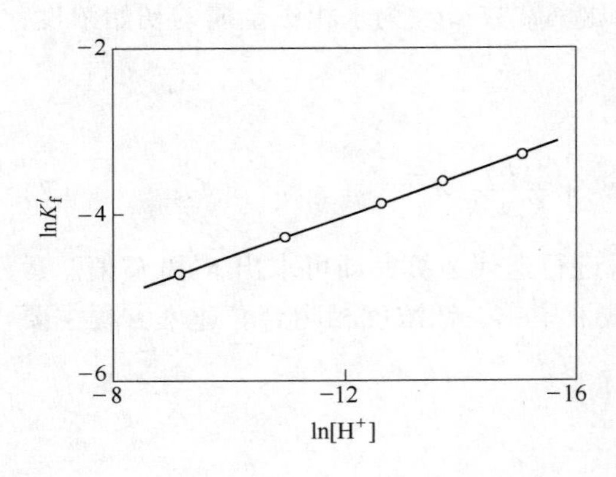

图1　$[H^+]$对萃取 Pd（Ⅱ）K_f'的影响

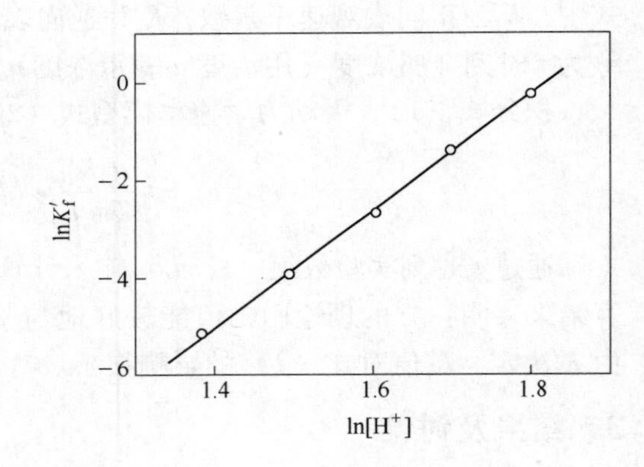

图2　［HCl］对萃取 Pt（Ⅱ）的K_f'的影响

3.2　有机相 DOSO 浓度对萃取的影响

恒定水相的盐酸浓度，变动有机相［DOSO］，Pd（Ⅱ）、Pt（Ⅱ）的萃取率及萃取速率均随［DOSO］的增高而增高，高酸度下萃取时，不同［DOSO］的K_f'值列入表3，K_f'对 ln［DOSO］作图绘入图3。

表3　不同［DOSO］萃取 Pd（Ⅱ）、Pt（Ⅱ）的K_f'

［DOSO］/mol·L^{-1}		0.05	0.10	0.15	0.20
K_f'/min^{-1}	Pd（Ⅱ）	0.010	0.028	0.072	0.111
	Pt（Ⅱ）	0.009	0.053	0.193	0.243

注：萃取 Pd（Ⅱ）的水相［HCl］为4mol/L，萃取 Pt（Ⅱ）的水相［HCl］为5mol/L。

从图 3 看出，［DOSO］变化对萃取 Pt(Ⅱ)的影响比对 Pd(Ⅱ)更敏锐。表 3 数据经线性回归求得［DOSO］对萃取 Pd(Ⅱ)的 K_f'的反应指数为 1.77，其截距值为 0.645，可求出 $K_f = 10^{-1.20}min^{-1}$。萃取 Pt(Ⅱ)的 K_f'的反应指数为 2.97，截距值 4.05，$K_f = 10^{-6.67}min^{-1}$。

同样方式可获得低酸度下（0.1mol/L HCl）萃取 Pd(Ⅱ)时，［DOSO］对 K_f'的反应指数为 1.11 截距值 -0.76，$K_f = 10^{-1.14}min^{-1}$。

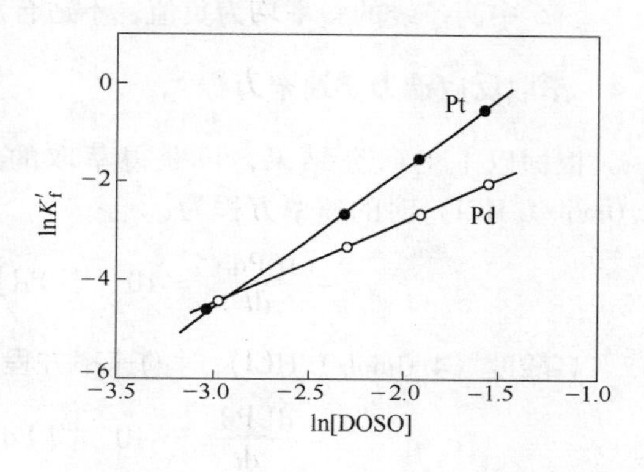

图 3 ［DOSO］对萃取 Pd(Ⅱ)、Pt(Ⅱ)K_f'的影响

3.3 温度对萃取的影响

对于 Pd(Ⅱ)，在低酸度[HCl] =0.1mol/L 下萃取时，萃取率及萃取速率随温度的升高而加大，不同温度下的 K_f'列入表 4，$\ln K_f'/T$ 作图绘入图 4，根据阿累尼乌斯方程可求出正向反应的活化能为 19.4kJ/mol。

表 4 低酸度下萃取 Pd(Ⅱ)时温度对 K_f'的影响

温度/℃	15	25	35	40
K_f'/min^{-1}	0.033	0.041	0.053	0.060

在高酸度下萃取时，无论 Pd(Ⅱ)或 Pt(Ⅱ)，萃取速率均随温度升高而降低，有关数据列入表 5 及绘入图 5。

表 5 不同温度下萃取 Pd(Ⅱ)、Pt(Ⅱ)的 K_f'

温度/℃		15	20	25	30	35
K_f'/min^{-1}	Pd(Ⅱ)	0.052	0.042	0.028	0.013	—
	Pt(Ⅱ)	0.071	0.058	0.053	0.044	0.036

注：萃取 Pd(Ⅱ)的水相［HCl］为 4mol/L，萃取 Pt(Ⅱ)的水相［HCl］为 5mol/L。

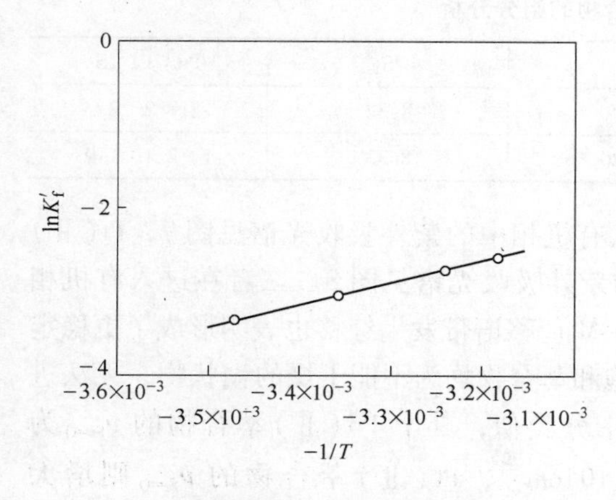

图 4 低酸度下温度对 K_f'的影响

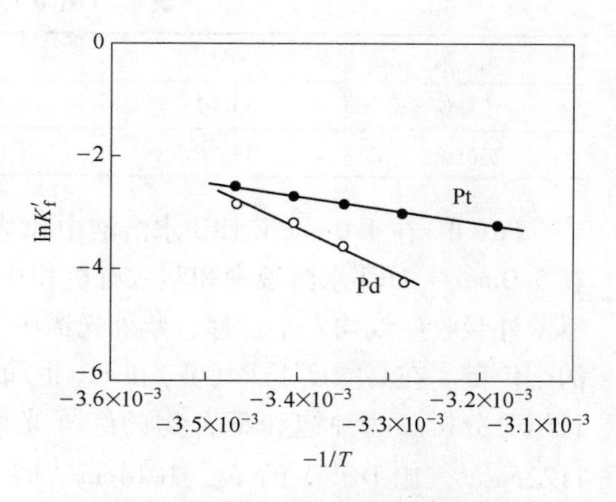

图 5 高酸度下温度对 K_f'的影响

图 5 中两条线的斜率均为负值，不适合用阿累尼乌斯方程求活化能。

3.4 萃取反应动力学速率方程

根据以上的研究结果，可获得萃取的速率方程。对于 Pd(Ⅱ)，低酸度（小于 2.0mol/L HCl）时的速率方程为：

$$-\frac{d[Pd]}{dt}=10^{-1.14}[Pd][Cl^-]^{-0.80}[DOSO]^{1.11} \quad (3)$$

高酸度（4.0mol/L HCl）时的速率方程为：

$$-\frac{d[Pd]}{dt}=10^{-1.20}[Pd][H^+]^{2.46}[DOSO]^{1.77} \quad (4)$$

对于 Pt(Ⅱ)获得［HCl］为 5.0mol/L 时的速率方程：

$$-\frac{d[Pt]}{dt}=10^{-6.67}[Pt][H^+]^{12.1}[DOSO]^{2.97} \quad (5)$$

3.5 萃合物的组成及结构

测定［HCl］= 0.1mol/L 时水溶液中 Pd(Ⅱ)的可见吸收光谱，与萃取后有机相的可见吸收光谱一并绘入图 6，从图看出吸收曲线发生显著紫移，表明萃入有机相后 Pd(Ⅱ)形成了新的配合物，新配体 DOSO 引起更大的配位体场能级分裂，使 *d-d* 跃迁需要的能量更高。

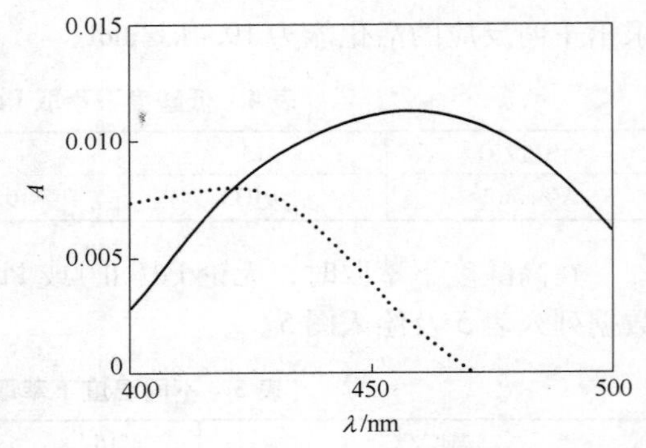

图 6 Pd(Ⅱ)在水相和有机相的可见光谱
——水相；……有机相

饱和萃合物干燥后为黄色非晶态固体粉末，元素分析值及按 Pd（DOSO)$_2$Cl$_2$ 计算的理论值列于表 6，二者吻合甚好，因此萃合物应为 Pd(DOSO)$_2$Cl$_2$。

表 6 Pd(Ⅱ)萃合物的组分分析 （%）

元素	Pd	Cl	S	Pd : Cl : S
计算值	14.67	9.78	8.82	1 : 2 : 2
实测值	14.86	10.20	8.33	1 : 2.1 : 1.9

Pd(Ⅱ)在 4.0mol/L HCl 水溶液中和萃入有机相中的紫外吸收光谱见图 7，Pt(Ⅱ)在 5.0mol/L HCl 水溶液中和萃入有机相中的紫外吸收光谱见图 8。二者在进入有机相后紫外吸收曲线均发生红移，紫外光谱中 L→M 荷移谱带发生红移也表明形成了更稳定的配位键。在高酸度下 Pd(Ⅱ)和 Pt(Ⅱ)的饱和萃合物均为不能干燥的糊状物，无法进行组分分析。两种饱和萃合物的红外光谱十分类似，其中 Pd(Ⅱ)萃合物的 $\nu_{S=O}$ 为 1122cm^{-1}，比 DOSO 的 $\nu_{S=O}$ 1018cm^{-1} 增大 104cm^{-1}，Pt(Ⅱ)萃合物的 $\nu_{S=O}$ 则增大 123cm^{-1}，与文献[3，4]的结果相似，表明 DOSO 进入内配位界，并用硫原子与

Pd(Ⅱ)、Pt(Ⅱ)配位。推测这些萃合物含有一定量的含水鎓盐，在0.1mol/L DOSO有机相中，Pd(Ⅱ)的饱和萃取容量为3.5g/L，Pt(Ⅱ)为7.12g/L两者的溶剂化数均为3，因此可能的结构为[$M(DOSO)_2Cl_2$]·[$H^+(H_2O)(DOSO)\cdot Cl^-$]。

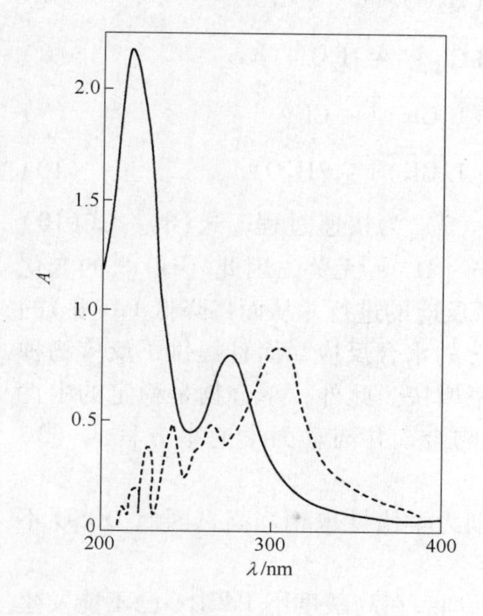

图7　Pd(Ⅱ)在水相与有机相的紫外光谱（[HCl]=4.0mol/L）
——水相；------有机相

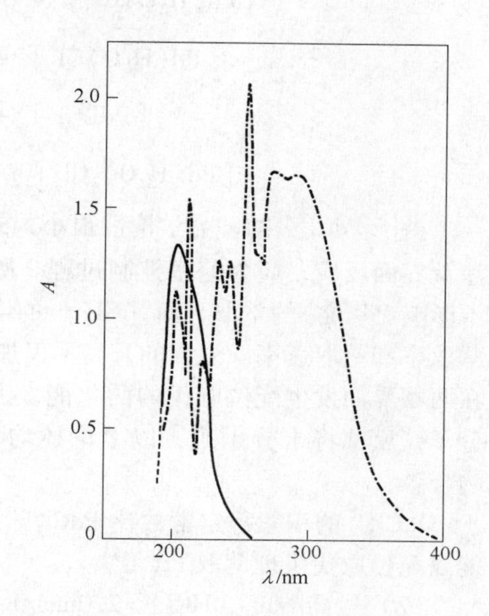

图8　Pt(Ⅱ)在水相与有机相的紫外光谱（[HCl]=5.0mol/L）
——水相；-·-·-有机相

3.6　萃取反应机理的推断

（1）低酸度（[HCl]<2.0mol/L）下的萃取机理。低酸度下DOSO能定量萃取Pd(Ⅱ)，但不能萃取Pt(Ⅱ)，其原因来自$PdCl_4^{2-}$的热力学稳定性和动力学惰性远低于$PtCl_4^{2-}$，表7列举了两种配离子一些可对比的热力学数据。

表7　Pd(Ⅱ)、Pt(Ⅱ)氯配离子的一些热力学数据

配离子	M—L键能 /kJ·mol^{-1}	d轨道分裂Δ /cm^{-1}	积累稳定常数 ($\lg\beta_4$)	平衡常数K① /mol	水合焓变ΔH② /kJ·mol^{-1}
$PdCl_4^{2-}$	347.3	25920	11.45	4.6×10^{-2}	−2.8
$PtCl_4^{2-}$	372.4	28250	16.6	1.3×10^{-2}	−4.4

①指一水合反应的平衡常数。②指从MCl_4^{2-}转化为[$M(H_2O)Cl_3$]$^-$的水合焓变。

在低酸度下，$PdCl_4^{2-}$迅速发生水合反应，按计算[5]，[HCl]=0.10mol/L时，带一个负电荷的[$Pd(H_2O)Cl_3$]$^-$可达29.06%，[HCl]=0.01mol/L时，[$Pd(H_2O)Cl_3$]$^-$可达59.67%，中性分子$Pd(H_2O)Cl_2$可达24.84%。这两种物种的水合分子以及周围的水化层分子不牢固，在混相过程中可以与有机相内的DOSO在两相界面接触发生配位基取代反应。由于键强度为Pd—DOSO>Pd—Cl>Pd—H_2O，最终可生成具有疏水性表面的中性萃合物分子$[Pd(DOSO)_2Cl_2]$。萃取历程可推测为（L = DOSO）：

$$PdCl_4^{2-} + H_2O \rightleftharpoons [Pd(H_2O)Cl_3]^- \tag{6}$$

$$[Pd(H_2O)Cl_3]^- + H_2O \rightleftharpoons [Pd(H_2O)_2Cl_2] + Cl^- \tag{7}$$

$$[Pd(H_2O)Cl_3]^- + \overline{L} \rightleftharpoons \overline{[PdLCl_3]^-} + H_2O \tag{8}$$

$$[PdLCl_3]^- + \overline{L} \rightleftharpoons \overline{[Pd(L_2Cl_2)]} + Cl^- \tag{9}$$

$$[Pd(H_2O)_2Cl_2] + \overline{2L} \rightleftharpoons \overline{[Pd(L_2Cl_2)]} + 2H_2O \tag{10}$$

由于$PdCl_4^{2-}$的动力学惰性很小，式（6）、式（7）为快速过程，式(8)～式(10)涉及界面反应，应为速率控制过程。所有反应式与$[H^+]$无关，因此$[H^+]$的变化不影响Pd(Ⅱ)的萃取，而$[Cl^-]$的增大则抑制了反应的进行，从而将降低Pd(Ⅱ)的萃取率和萃取速率。温度的升高不仅加速了$PdCl_4^{2-}$的水合反应，而且提供了反应物种在两相界面发生配位取代的活化能，因此萃取速率增快。此外，萃合物是稳定的中性分子，反萃将十分困难，以上论述均与实验现象吻合，并与动力学速率方程式（3）吻合。

$PtCl_4^{2-}$的积累稳定常数比$PdCl_4^{2-}$大10^5倍，动力学惰性也相当高，因此DOSO不能以配位取代机理萃取Pt(Ⅱ)。

（2）较高酸度($[HCl] > 2.0mol/L$)下的萃取机理。在高酸度下$PdCl_4^{2-}$已不能发生水合反应，按计算在3.0mol/L的HCl中，$[PdCl_4]^{2-}$配离子已占98.63%，DOSO萃取Pd(Ⅱ)和Pt(Ⅱ)将首先以鎓盐机理或称离子缔合机理进行，即DOSO将先夺取水相中的H^+发生质子化，生成带正电荷的鎓离子，同时将水相中面电荷密度较低的配阴离子带入有机相，使两相均达到电中性。在有机相中，由于DOSO活度大，它与MCl_4^{2-}配离子的配位取代反应已不涉及相界面的障碍，于是将生成与低酸度下萃取时一样的萃合物，作者把这种机理称为鎓盐—配位机理，其萃取反应方程如下：

$$2\,\overline{L} + 2H^+ \rightleftharpoons 2\,\overline{LH^+} + Q \tag{11}$$

$$2\,\overline{LH^+} + MCl_4^{2-} \rightleftharpoons \overline{(LH^+)_2MCl_4^{2-}} + Q \tag{12}$$

$$\overline{(LH^+)_2MCl_4^{2-}} \rightleftharpoons \overline{ML_2Cl_2} + 2H^+ + 2Cl^- \tag{13}$$

总反应式为：

$$\overline{2L} + MCl_4^{2-} \rightleftharpoons \overline{ML_2Cl_2} + 2Cl^- \tag{14}$$

由于HCl的摩尔浓度比MCl_4^{2-}的摩尔浓度通常大几十倍至几百倍，因此也伴随发生萃取HCl的反应，其中H^+也可能以浒离子H_3O^+形式进入有机相。

$$\overline{L} + H(H_2O)^+ + Cl^- \rightleftharpoons L(H_3O)^+Cl^- \tag{15}$$

由于亚砜分子的氧原子比水分子的氧原子具有更大的电子云密度，因此亚砜分子的质子化是放热反应，而且$[H^+]$是几个摩尔的量级，相界面的$[H^+]$很高，质子化反应的速度将相当快，式（12）是伴随式（11）同时发生，因此鎓盐机理的萃取是快速过程。由于平面正方形配离子MCl_4^{2-}的面电荷密度比八面体型MCl_6^{2-}的大，加以离子缔合的鎓盐在有机相中的溶解度比较小，因此MCl_4^{2-}萃取率不高，但式（13）的进行可以破坏式（12）的平衡，最终将使这类机理的萃取具有很高的萃取率。式（13）涉及配位基交换反应，是整个萃取过程的速率控制步骤，其中的速率控制因素则是 MCl_4^{2-} 配离子的动力学活性及有机相中 DOSO 的活度。图 3 中用截距值求得萃取 Pd（Ⅱ）的 $K_f = 10^{-1.20}\ min^{-1}$，Pt（Ⅱ）的 $K_f = 10^{-6.67}\ min^{-1}$，两者相差 10^5 倍，即反映了 $PdCl_4^{2-}$ 与 $PtCl_4^{2-}$ 两种配离子动力学活性的差异，此数据与两种配离子一水合反应速率常数相差的数量级相同，见表 8。

表 8　Pd（Ⅱ）、Pt（Ⅱ）氯配离子的一些动力学数据

配离子	一水合速率常数 K/s^{-1}	一水合半寿期 $t_{1/2}$	低酸度萃取 K_f/min^{-1}	高酸度萃取 K_f/min^{-1}
$PdCl_4^{2-}$	9.1	0.08s	$10^{-1.14}$	$10^{-1.20}$
$PtCl_4^{2-}$	3.9×10^{-5}	4.9h	约 0	$10^{-6.57}$

还需指出的是高酸度下萃取时温度升高萃取率降低，其中温度对 Pd（Ⅱ）的影响更明显（见图 5），这可能来自反应式（12），温度升高使热力学稳定性小和动力学活性大的 $PdCl_4^{2-}$ 水合趋势增大。此外，［H^+］的影响对 Pt（Ⅱ）的反应指数为 12.1，对 Pd（Ⅱ）为 2.46（见式（4），式（5）），相差很大。其原因可能是来自实验中变动［H^+］时，对 Pd（Ⅱ）是恒定［Cl^-］= 4mol/L，［H^+］从 2.5mol/L 变至 4.5mol/L，对 Pt（Ⅱ）则未控制离子强度，而是［HCl］从 4.0mol/L 至 6.0mol/L 变化，离子强度的增加会产生盐析效应，促进对 $PtCl_4^{2-}$ 的萃取。另一原因是 Pt（Ⅱ）的有效核电荷高于 Pd（Ⅱ），其氯配离子 MCl_4^{2-} 的真实面电荷密度不会完全相同，对式（12）的影响也不尽相同，对这个问题的深入揭示有待进一步研究。

4　小结

本文对比论述了 DOSO 萃取 Pd(Ⅱ)、Pt(Ⅱ)的动力学及反应机理，得出以下结论：

（1）在低酸度下（［HCl］< 2.0mol/L），DOSO 以配位取代反应机理萃取 Pd（Ⅱ），萃合物为 $Pd(DOSO)_2Cl_2$，但不能萃取 Pt（Ⅱ）。［HCl］> 2.0mol/L 后，DOSO 以锌盐—配位取代两步机理萃取 Pd（Ⅱ）和 Pt（Ⅱ），萃合物为 $[M(DOSO)_2Cl_2][DOSO \cdot H(H_2O)^+Cl^-]$ 混合物。

（2）萃取动力学研究表明，在同等条件下 Pd（Ⅱ）的萃取速率约为 Pt（Ⅱ）的 10^5 倍，此数据与文献中其他动力学研究工作报道的结果吻合[6]。

（3）本文的研究结果再一次证实作者提出“重铂族配合物比相应的轻铂族配合物热力学稳定性更强，动力学惰性更高”的规律的正确性。

参 考 文 献

［1］张永柱，陈景，谭庆麟．贵金属，1988，9(4)：10. 贵金属，1991，12(2)：1.

［2］陈景．贵金属，1984，5(3)：1.

［3］Lewis P A，et al. J. Less-Common Metals，1976，45(2)：193.

［4］Нцколаев А В. Ж. Неорг. Ним. 1970，15(5)：1336.

［5］陈景，崔宁．贵金属，1993，14(4)：1.

［6］Basolo F，Gray H B，Pearson R C. J. Am. Chem. Soc. 1960，82：4200.

2-乙基己基辛基硫醚树脂固相萃取钯的研究*

摘　要　合成和鉴定了新萃取剂2-乙基己基辛基硫醚（EHOS），研究了EHOS树脂萃取钯的性能。实验表明，在0.1mol/L盐酸介质中，EHOS树脂萃Pd(Ⅱ)的萃取率大于99%，研究了EHOS树脂萃取钯的机理，结果表明，EHOS树脂通过EHOS分子上的硫原子与钯(Ⅱ)配位，形成2∶1配合物。硫脲是有效反萃剂，从萃合物的晶体结构看出，硫脲通过S原子与Pd(Ⅱ)配位，萃合物以Pd原子为中心构成平面正方形结构。选择了汽车催化剂浸出液进行固相萃取分离试验，钯回收率大于97%。

目前从铂族金属富集物分离提纯出单个铂族金属产品的工艺技术有沉淀法[1~3]、溶剂萃取法[4~9]。沉淀法选择性不高，流程长，直收率低；溶剂萃取法规模生产时残留槽底的贵金属溶液不容易抽出，特别是出现第三相时技术上很难处理[10~11]。

固相萃取技术20世纪70~80年代开始应用于稀贵金属分离提纯中，传统的固相萃取固定相以苯乙烯-二乙烯苯为骨架，疏水性比较强，萃取剂与树脂骨架的亲和性较差，萃取剂较易流失。国际上固相萃取技术发展的一个最新动态是开发亲水亲脂两亲平衡型固相萃取吸附剂（hydrophilic-lipophilic polymers），其主要合成方法是通过化学反应在疏水性的树脂骨架上引入适当数量的亲水基团[12~15]，但此方法合成成本高。本论文以甲基丙烯酸甲酯为单体，二甲基丙烯酸乙二醇酯为交联剂或二乙烯苯与二甲基丙烯酸乙二醇酯组成复合交联剂，经聚合反应形成共聚物骨架，此骨架除具有疏水性的烷基链外，还具有带一定极性的酯基官能团，属中等极性共聚物，而被包埋于其中的萃取剂硫醚分子中的硫原子具有孤对电子，可与Pd(Ⅱ)离子配位。由于此共聚物骨架极性适中，共聚物骨架与被吸附萃取剂分子中的疏水基团和亲水基团都可以发生作用，与传统苯乙烯-二乙烯苯疏水骨架比较，共聚物骨架与萃取剂之间的作用力增强，萃取剂不易流失[16~17]，稳定性能好。

本文建议了一种操作简便、分离效率高、环境污染小、成本低，以高分子微球聚合物为固定相，固相萃取分离铂、钯的方法，并对固相萃取钯机理进行了研究。

1　实验部分

1.1　试剂与仪器

主要试剂：2-乙基己基辛基硫醚（EHOS），自制；汽车废催化剂浸出液，浙江煌盛铂业有限公司提供；硫脲，天津化学试剂公司，分析纯；甲基丙烯酸甲酯、二甲基丙烯酸乙二醇酯、二乙烯苯、聚乙烯醇及偶氮二异丁腈等试剂均为国药集团化学试剂公司产出，分析纯。

* 本文合作者有：黄章杰，谢明进；原载于《无机化学学报》2009年第9期。

主要仪器：Z-2000偏振塞曼原子吸收光谱仪，日本日立公司；BRUKER AV-500核磁共振仪，瑞士 Bruker 公司；Vario EL 有机元素分析仪，德国 Elementar 公司；Bruker AXS APEX Ⅱ CCD 面探X射线单晶衍射仪，德国Bruker公司；岛津IR-450型红外光谱仪，日本岛津公司；UV-2401 PC 紫外可见分光光度计，日本岛津公司；PHILIPS XL30 ESEM TMP 扫描电镜，荷兰 Philips-FEI 公司；HY-2 多用调速振荡器，江苏医疗仪器厂。

1.2 固相萃取固定相的合成及表征

1.2.1 萃取剂 EHOS 的合成及结构鉴定

在装有回流冷凝管、滴液漏斗的500mL三口烧瓶中加入辛基硫醇29.2g(0.2 mol)和无水乙醇160mL，搅拌下加入氢氧化钠8.0g(0.2 mol)，搅拌回流30min，用滴液漏斗滴加38.6g(0.2 mol)溴代2-乙基己烷，滴毕后继续加热搅拌回流2h，过滤，蒸去滤液中的溶剂得到2-乙基己基辛基硫醚粗品，硅胶柱层析分离，得2-乙基己基辛基硫醚纯品。产率92.2%。合成路线见图1。

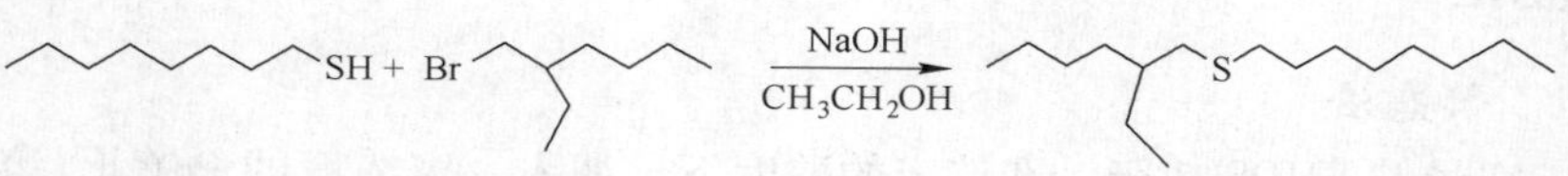

$$\text{C}_8\text{H}_{17}\text{SH} + \text{Br-CH}_2\text{CH(C}_2\text{H}_5\text{)C}_4\text{H}_9 \xrightarrow[\text{CH}_3\text{CH}_2\text{OH}]{\text{NaOH}} \text{C}_4\text{H}_9\text{CH(C}_2\text{H}_5\text{)CH}_2\text{-S-C}_8\text{H}_{17}$$

图1 2-乙基己基辛基硫醚合成路线

IR光谱（KBr压片，cm^{-1}）：2924，2859，1458，1376（$—CH_2—$，$—CH_3$），1286，1063（C-S-C）；^1H NMR（500MHz，$CDCl_3$）δ：2.49～2.46（m，4H），1.60～1.54（m，3H），1.48～1.28（m，18H），0.91～0.86（m，9H）ppm；^{13}C NMR（125MHz，$CDCl_3$）δ：39.78，37.15，33.28，32.84，32.23，30.19，29.63，29.35，25.97，23.40，23.05，14.47，11.19 ppm；$C_{16}H_{34}S$ 元素分析理论值（%）：C，74.35；H，13.27；实验值（%）：C 74.43，H 13.29。

1.2.2 EHOS 树脂合成

EHOS树脂的合成方法详见文献[18]，筛洗210～250μm产品用于固相萃取。硫醚的含量通过氧瓶燃烧法[19]测定其中含硫量，从含硫量求算出树脂中萃取剂的含量。实验测得萃取剂的含量为：EHOS（49.2%，质量分数）。

1.2.3 EHOS 树脂的扫描电子显微镜分析

以扫描电子显微镜对EHOS树脂的结构进行了观察，结果如图2所示。从图2(a)可以定性看出，EHOS树脂为外形呈规则圆球形的高分子微球聚合物，通过控制反应条件可以得到不同粒径的EHOS树脂。在盐酸介质中，Pd(Ⅱ)与EHOS形成的配合物被EHOS树脂吸附，EHOS树脂固相萃取Pd(Ⅱ)所形成的萃合物晶体在图2(b)中清晰可见。

此外还利用比表面积测定、热重分析等对树脂进行了表征。实验测得[18]：比表面积：1153m^2/g；平均孔径：15.4nm；总孔容：2.23mL/g，EHOS树脂在温度低于135℃时质量基本保持恒定，无降解现象发生。研究表明EHOS树脂具有良好的孔结构、较高的比表面积和良好的热稳定性。

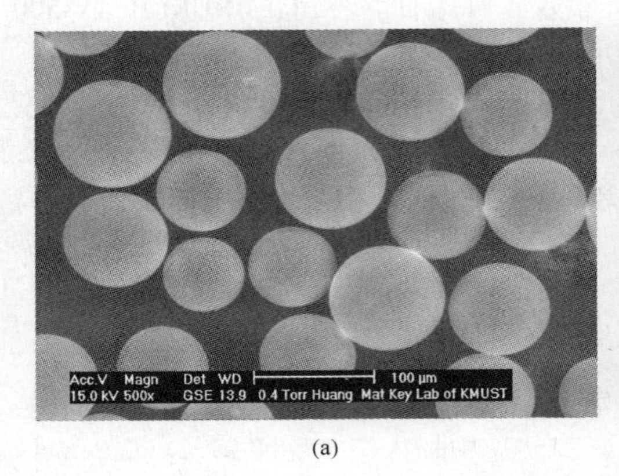

(a)

(b)

图2 Pd(Ⅱ)经EHOS树脂萃取前后的扫描电镜图

(a) Before extraction; (b) After extraction

1.3 实验方法

1.3.1 静态法

称取一定量的EHOS树脂，在选定的酸度下，加入一定浓度的Pd(Ⅱ)溶液，室温振荡至平衡，过滤，滤液用原子吸收法测定。差减法计算静态分配比 D 及萃取率 E。实验测得，在0.1mol/L的盐酸介质中，20℃温度下EHOS树脂萃Pd静态萃取容量为每克干树脂萃取0.771mmol Pd。

1.3.2 动态法

保持一定的流速，在室温下将Pd(Ⅱ)溶液通过由EHOS树脂填装的固相萃取柱(树脂质量经准确称量)，取一定浓度Pd(Ⅱ)溶液，连续过柱，控制一定线速度，分段测定流出液中的Pd(Ⅱ)含量，直至流出液中Pd(Ⅱ)浓度等于或接近原溶液浓度时停止操作，绘制穿透曲线，计算动态萃取容量（mmol/g)。

2 结果与讨论

2.1 EHOS树脂固相萃取钯的性能研究

2.1.1 HCl浓度对EHOS树脂萃取分离Pd(Ⅱ)的影响

实验结果表明，盐酸浓度在0.1~2.5mol/L内，Pd(Ⅱ)的萃取率均大于99%，盐酸浓度在0.1~2.0mol/L时，Pt(Ⅳ)、Rh(Ⅲ)、Cu^{2+}、Ni^{2+}、Zn^{2+}、Pb^{2+}除少量机械夹带外几乎完全不萃取，盐酸浓度大于2mol/L时，Fe^{3+}被少量萃取（见图3)。低盐酸浓度下硫醚树脂较稳定不易氧化，但过低盐酸浓度又会导致Pd(Ⅱ)的水解，为保证Pd与其他铂族金属及贱金属完全分离及固相萃取体系的稳定性，选择0.1mol/L的盐酸溶液作为固相萃取介质。

2.1.2 EHOS树脂萃取钯动态萃取容量测定

采用210~250μm和125~149μm两种粒度EHOS树脂分别进行穿透实验（柱直径

1.0cm)，考察树脂粒度对柱效的影响。取7.5mg/mL Pd(Ⅱ)溶液，连续过柱，流速为1mL/min（线速度约为1.2cm/min），绘制穿透曲线（图4）。

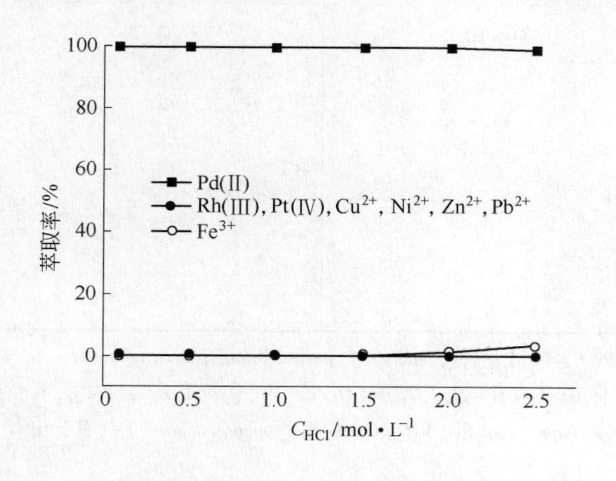

图3 盐酸浓度对萃取Pd(Ⅱ)及其他离子的影响

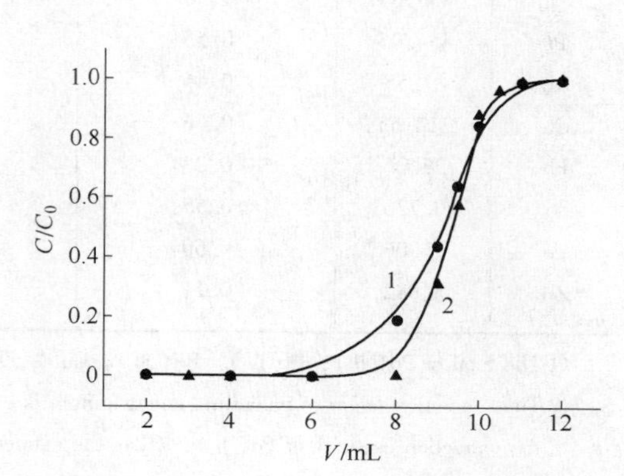

图4 穿透曲线
（树脂粒度：1—210~250μm；2—125~149μm）

由穿透曲线可计算动态萃取容量和理论塔板数[20]，实验结果列入表1。

表1 EHOS树脂动态萃取容量（20℃）

Column parameters	Particle size 210~250μm	Particle size 125~149μm
Theoretical column plate number (n)	27	108
Theoretical column plate height(H)/mm	1.11	0.28
Dynamic extraction capacity /mmol·g^{-1}	0.737	0.818

实验数据表明，树脂粒度小时柱效高，但树脂粒度太小容易引起过柱流速过慢，影响萃取速度。所以应保持适宜粒度，本论文实验采用210~250μm的树脂。

室温下酸性硫脲溶液可将钯从EHOS树脂上反萃，反萃率大于98%。1次循环和80次循环的树脂动态萃取容量、反萃体积、反萃率等数据均比较接近[18]，该树脂稳定，循环性能较好。

2.1.3 固相萃取分离钯、铂的实验

用钯铂混合的合成溶液及二次资源实际料液，在低酸度下选择性萃取钯的实验结果示于表2。

表2 EHOS树脂固相萃取钯实验结果

Element	Total①/mg	Extraction rate E/%	Separation factor②β (D_{Pd}/D_{Pt})	Recovery of palladium/%
Pd	102.1	99.1	4.01×10^4	97.5
Pt	54.25	0.28		
Pd	252	99.2	4.03×10^4	97.7
Pt	164	0.30		

续表 2

Element	Total①/mg	Extraction rate E/%	Separation factor② β (D_{Pd}/D_{Pt})	Recovery of palladium/%
Pd	486.05	99.0	1.81×10^4	97.3
Pt	454.05	0.55		
Rh	87.55	0.46		
Cu	212.55	0.66		
Pb	25.06	0.28		
Ni	0.726	0.55		
Fe	1.006	0.60		
Zn	3.082	0.71		

①The total of Pd(Ⅱ), Pt(Ⅳ), Rh(Ⅲ), Cu^{2+}, Pb^{2+}, Ni^{2+}, Fe^{3+} and Zn^{2+} passed through resin column.

②The separation factor of palladium and platinum is calculated as $\beta = D_{Pd}/D_{Pt} = (Q_1/Ce_1)/(Q_2/Ce_2)$, where Q_1 is the extraction capacity of Pd(Ⅱ), Q_2 is the extraction capacity of Pt(Ⅳ), Ce_1 is the concentration of Pd(Ⅱ) in residue, and Ce_2 is the concentration of Pt(Ⅳ) in residue.

实验1：以含钯2.042g/L，铂1.085g/L的合成样进行实验，用粒度210～250μm，萃取剂含量49.2 %的EHOS树脂作固定相，固相萃取柱规格为：直径1.5cm，介质盐酸浓度为0.1mol/L，控制过柱流速为线速度约为0.6cm/min，用2%的酸性硫脲溶液反萃柱上的Pd(Ⅱ)，控制反萃液线速度约为1.2cm/min。

实验2：以含钯5.04g/L，铂3.28g/L的合成样进行实验，固相萃取柱规格为：直径2.0cm，其他实验条件同实验1。

实验3：用浙江煌盛铂业公司提供的汽车废催化剂浸出液稀释后进行实验，固相萃取柱规格为：直径3.0cm，其他实验条件同实验1。

从表2可以看出，用EHOS树脂固相萃取在低酸度介质中能定量将汽车废催化剂浸出液中的钯与铂、铑及贱金属分离，EHOS树脂对Pd(Ⅱ)-Pt(Ⅳ)分离因子β值大于10^4，说明EHOS树脂对Pd(Ⅱ)具有较高的萃取选择性，萃取了少量铂、铑及贱金属应是机械夹带所致。

2.2 EHOS树脂固相萃取和反萃钯机理研究

用红外吸收光谱、紫外-可见吸收光谱、萃合物单晶结构等多种手段研究了EHOS树脂固相萃取Pd(Ⅱ)的机理。成功培养出了硫脲-Pd(Ⅱ)萃合物单晶，从分子结构水平上阐述了硫脲反萃钯的机理。

2.2.1 EHOS树脂固相萃取钯机理

2.2.1.1 红外光谱分析

EHOS树脂吸附Pd(Ⅱ)前后的红外吸收光谱见图5，EHOS硫醚—C—S键特征峰在萃取钯前后变化明显，萃钯前在1286cm^{-1}和1063cm^{-1}处有吸收，萃钯后这些吸收峰消失，

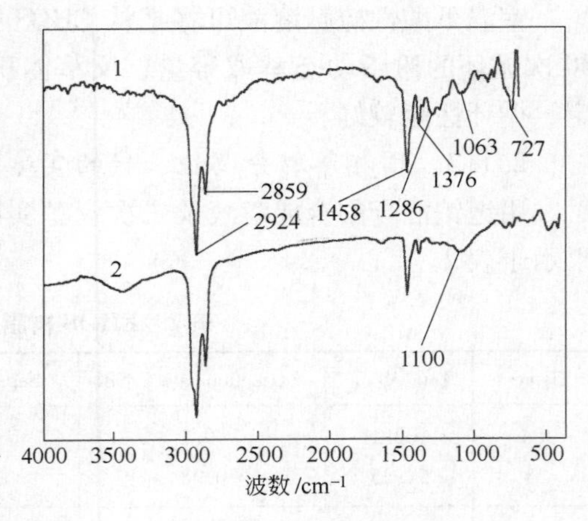

图5 EHOS树脂萃取Pd(Ⅱ)前(1)、后(2)的红外吸收光谱

出现 $1100cm^{-1}$ 新吸收峰。

由于出现了新的特征吸收带和原特征吸收峰消失，表明发生了化学吸附，即 Pd(Ⅱ)以生成新的配合物的形式而被萃取[21]，说明 EHOS 硫醚分子与 Pd(Ⅱ)发生了配位取代反应。

2.2.1.2 紫外-可见光谱分析

Pd(Ⅱ)在 0.1mol/L HCl 溶液中在 400 ~ 800nm 可见光谱区最大吸收峰出现在 459nm 处，当 EHOS 萃取 Pd(Ⅱ)后，萃合物在 425nm 处出现一弱吸收峰，原 459nm 处吸收峰消失（见图 6）；在 200 ~ 400nm 紫外区，Pd(Ⅱ)在 223nm 和 279nm 处有两个明显的吸收峰，EHOS 与 Pd(Ⅱ)所形成的萃合物在 223nm 和 279nm 处吸收峰消失，在 316nm 处出现新吸收峰（见图 7），表明 EHOS 与 Pd(Ⅱ)发生了配位取代反应生成了新配合物[22]。而固体紫外也显示 EHOS 树脂萃取钯后在 425nm 处出现明显吸收峰，有别于Pd(Ⅱ)在 459nm 处出现的吸收峰（见图 8），固体紫外同样表明 EHOS 树脂与 Pd(Ⅱ)发生了配位取代反应。

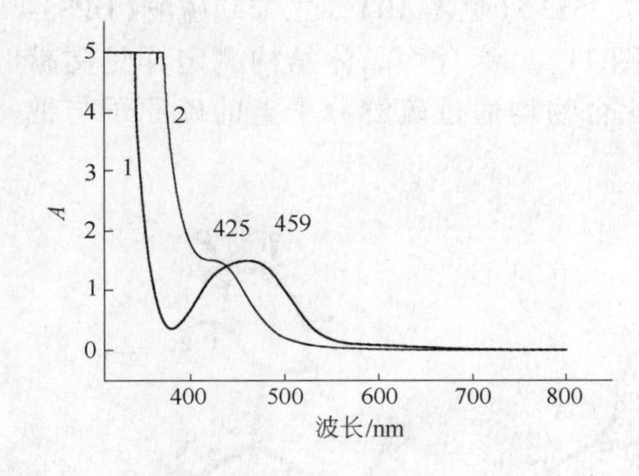

图 6 Pd(Ⅱ)水相（1）和 EHOS-Pd(Ⅱ)萃合物（2）的可见光谱图

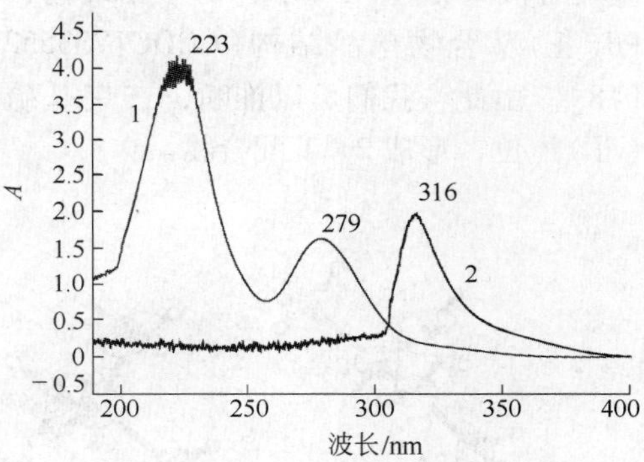

图 7 Pd(Ⅱ)水相（1）和 EHOS-Pd(Ⅱ)萃合物（2）的紫外光谱图

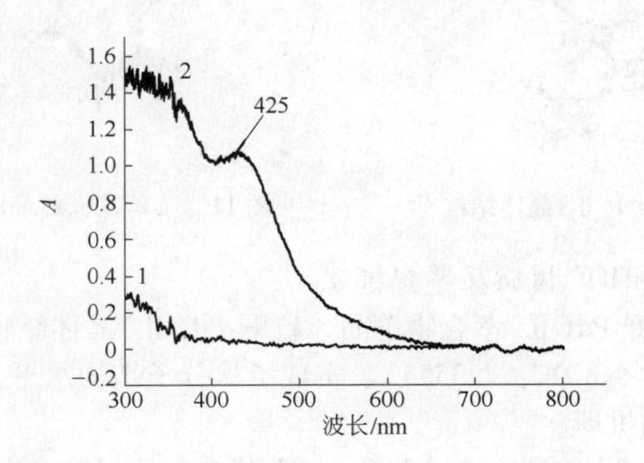

图 8 EHOS 树脂（1）和 EHOS 树脂萃取钯（2）的紫外-可见光谱图

2.2.1.3　等摩尔系列法

用等摩尔系列法确定萃合物的组成。

称取不同量 EHOS 硫醚树脂几份，加入不同量的 Pd(Ⅱ)标准溶液(1.149g/L)，使 Pd(Ⅱ)与 EHOS 的总物质的量为 300μmol，在 0.1mol/L 盐酸介质中按萃取平衡法所得结果以萃取量 Q 对 n_{EHOS}/n_{Pd} 作图，求得最大萃取量时，EHOS 与 Pd(Ⅱ)的摩尔比为2∶1，说明萃合物分子的组成为：n_{EHOS}∶$n_{Pd(Ⅱ)}$ =2∶1，EHOS 与 Pd(Ⅱ)生成 2∶1 配合物（见图9）。

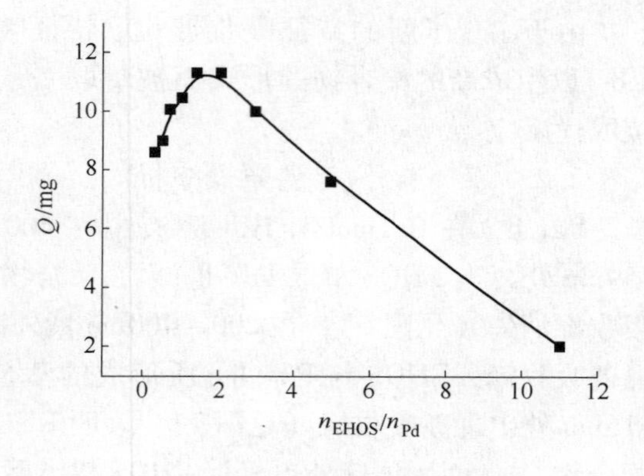

图9　等摩尔系列法确定组分

2.2.1.4　萃合物结构分析

本实验室得到了其他二烷基硫醚与 Pd(Ⅱ)所形成配合物的单晶结构，如：二异戊基硫醚(DIS)-Pd(Ⅱ)萃合物单晶结构(CCDC:733553)(见图10)，二苯基硫醚(DPS)-Pd(Ⅱ)萃合物单晶结构(CCDC:733552)(见图11)，萃合物晶体结构测定详见文献[18]。由此，我们可以推断，二烷基硫醚类化合物均通过硫醚分子上的硫原子与钯(Ⅱ)配位，形成2∶1 配合物。

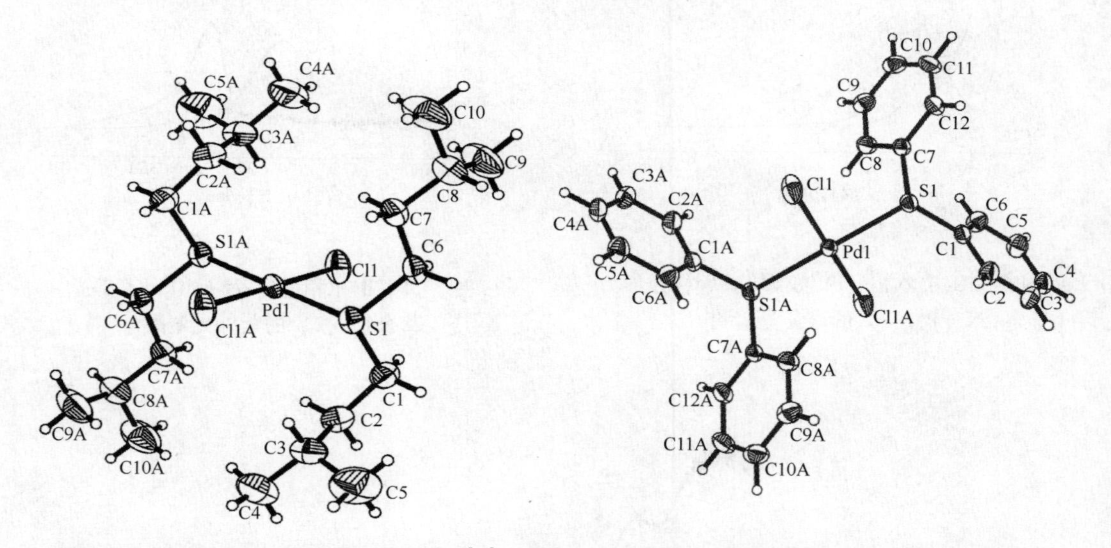

图10　二异戊基硫醚-Pd(Ⅱ)晶体结构[18]　　图11　二苯基硫醚-Pd(Ⅱ)晶体结构[18]

2.2.2　硫脲从 EHOS 树脂反萃钯机理

成功地培养出硫脲-Pd(Ⅱ)萃合物单晶，硫脲-Pd(Ⅱ)晶体结构见图12，其晶体结构测定详见文献[18]（CCDC：733555）。实现了从分子结构水平上研究硫脲从固相萃取柱上反萃 Pd(Ⅱ)的机理。

从图12 硫脲-Pd(Ⅱ)的晶体结构看出，硫脲通过 S 原子与 Pd(Ⅱ)配位，Pd(Ⅱ)分别与四个硫脲分子配位，处于对位的 Pd—S 键的键长相等，Pd 原子和两个处于对位的 S 原子间的键角为 180.00°，Pd 原子和四个 S 原子处于同一平面上。配合物以 Pd 原子

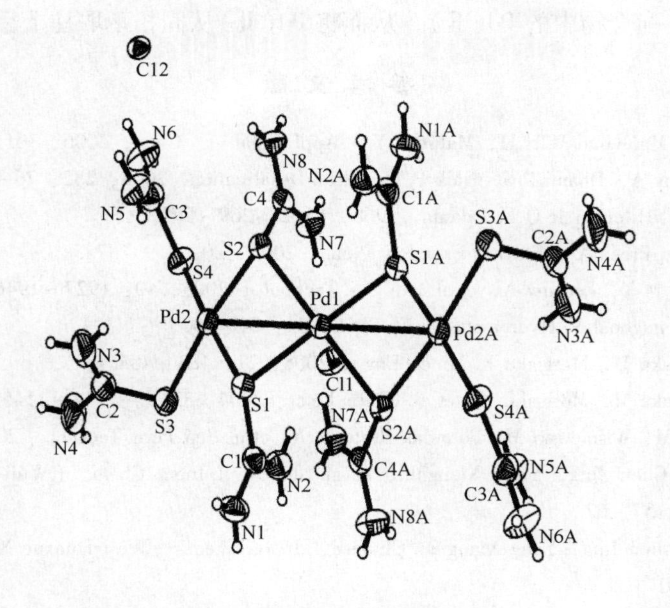

图 12　硫脲-Pd(Ⅱ)晶体结构[18]

为中心构成平面正方形结构，四个硫脲分子分别占据平面正方形四个角，由于配合物外围的基团—NH_2 都是亲水基，因此不能被 EHOS 树脂吸附而进入水相。此硫脲配合物类似单核氯化四硫脲合钯配合物的晶体结构已有文献报道[23,24]，但我们得到的多核 Pd 晶体结构相邻两个 Pd—Pd 键的键长较短（0.32472nm），表明 Pd 原子之间存在弱的金属键作用力。

3　结论

合成了新萃取剂 EHOS，制成了具有一定亲水性的 EHOS 树脂，用于固相萃取钯，该 EHOS 树脂其共聚物骨架与传统萃淋树脂苯乙烯-二乙烯苯骨架比较，骨架极性适中，共聚物骨架与萃取剂之间的作用力增强，树脂与包埋的萃取剂亲和性更好，萃取剂不易流失，树脂的再生和循环性能良好，在 0.1mol/L 盐酸介质中，EHOS 树脂（EHOS 含量 $w=49.2\%$，树脂粒度 210～250μm）萃 Pd(Ⅱ)的萃取率大于 99%，Pt(Ⅳ)、Rh(Ⅲ)、Cu^{2+}、Ni^{2+}、Zn^{2+}、Pb^{2+}、Fe^{3+} 几乎不被萃取，EHOS 树脂对 Pd(Ⅱ)具有极高的萃取选择性，EHOS 树脂对 Pd(Ⅱ)-Pt(Ⅳ)分离因子 β 值大于 10^4，EHOS 树脂萃取 Pd(Ⅱ)静态萃取容量为 0.771mmol/g，动态萃取容量为 0.737mmol/g，将 EHOS 树脂用于汽车废催化剂浸出液中固相萃取钯，可实现钯与其他铂族金属及贱金属的分离，硫脲是有效反萃剂。

紫外-可见吸收光谱、红外吸收光谱及萃合物结构分析等研究表明，EHOS 树脂萃取 Pd(Ⅱ)的机理为配位取代机理。EHOS 树脂通过硫醚分子上的硫原子与 Pd(Ⅱ)配位，形成 2∶1 配合物，从而实现对 Pd(Ⅱ)的高选择性固相萃取。硫脲反萃 Pd(Ⅱ)也为配位取代机理，硫脲通过 S 原子与 Pd(Ⅱ)配位，Pd(Ⅱ)分别与四个硫脲分子配位，硫脲分子与 Pd(Ⅱ)的配位能力较 EHOS 分子与 Pd(Ⅱ)的配位能力强，故硫脲分子夺取

了 EHOS-Pd(Ⅱ)配合物中的 Pd(Ⅱ)，从而将 Pd(Ⅱ)从固相萃取柱上反萃下来。

参 考 文 献

[1] Barakat M A, Mahmoud M H H, Mahrous Y S. Appl. Catal. A: Gen., 2006, 301: 182~186.

[2] Dakshinamoorthy A, Dhami P S, Naik P W, et al. Desalination, 2008, 232: 26~36.

[3] Velazquez J A, Hileman Jr O E. Talanta, 1968, 15(2):269~271.

[4] Preston J S, du Preez A C. Solvent Extr. Ion Exch., 2002, 20: 359~374.

[5] Kedari S, Coll M T, Fortuny A, et al. Sep. Sci. Technol., 2005, 40: 1927~1946.

[6] Rane M V, Venugopal V. Hydrometallurgy, 2006, 84: 54~59.

[7] Narita H, Tanaka M, Morisaku K. Miner. Eng., 2008, 21: 483~488.

[8] Narita H, Tanaka M, Morisaku K, et al. Chem. Lett., 2004, 33(9):1144~1145.

[9] Regel-Rosocka M, Wisniewski M, Borowiak-Resterna A, et al. Sep. Purif. Technol., 2007, 53: 337~341.

[10] Xie Qiying, Chen Jing, Yang Xiangjun, et al. Chinese J. Inorg. Chem. (Wuji Huaxue Xuebao), 2007, 23(1):57~62.

[11] Xie Qiying, Chen Jing, Yang Xiangjun. Chinese J. Inorg. Chem. (Wuji Huaxue Xuebao), 2008, 24(6):897~901.

[12] Sun J J, Fritz J S. J. Chromatogr. A. 1990, 522: 95~105.

[13] Chanmbers T K, Fritz J S. J. Chromatogr. A, 1998, 797: 139~147.

[14] Schmidt L, Sun J J, Fritz J S, et al. J. Chromatogr. A, 1993, 641: 57~61.

[15] Fritz J S, Masso J J. J. Chromatogr. A, 2001, 909: 79~85.

[16] Huang Wenqiang, Li Chenxi. Adsorption Separation Material. Beijing: Chemical Industry Press, 2005: 23~26.

[17] Zhao, Wenyuan, Wang Yijun. Materials Chemistry of Functional Polymer. Beijing: Chemical Industry Press, 2003: 293~297.

[18] Huang Zhangjie. Thesis for the Doctorate of Kunming University of Science and Technology. 2008.

[19] Chen Yaozu, Du Dihua. Quantitative Analysis of Trace Organics. Beijing: Science Press, 1978: 175~178.

[20] Ye Zhenhua, Song Qing, Zhu Jianhua. Industrial Chromatography and Application of Basic Theory. Beijing: China Petrochemical Press, 1998: 86~93.

[21] Fu Xiancai, Shen Wenxia, Yao Tianyan. Physical Chemistry. Beijing: Higher Education Press, 2005: 949~951.

[22] Chen Jing. Platinum-Group Metals Metallurgy Chemistry. Beijing: Science Press, 2008: 258~262.

[23] Jian Fangfang, Xiao Hailian, Sun Pingping. Chinese J. Inorg. Chem. (Wuji Huaxue Xuebao), 2003, 19: 401~404.

[24] Shun'ichiro O, Tsuyoshi K, Kazumi N, et al. Bull. Chem. Soc. Jpn., 1960, 33(6):861~862.

从工厂蒸馏锇钌残液中萃取分离贵金属的研究*

摘 要 本文用实验室自己合成的烷基亚砜作萃取剂，考察了萃取单元素 Pd(Ⅱ)、Pt(Ⅳ)、Rh(Ⅲ)、Ir(Ⅲ)时盐酸浓度对萃取率的影响；用烷基亚砜在低酸度下先萃Pd(Ⅱ)和在高酸度下共萃 Pd(Ⅱ)、Pt(Ⅱ)两种方案考察了对合成溶液的萃取效果，并以工厂两种组分浓度不同的锇钌蒸残液为料液，先分离除去贱金属杂质，然后以 DBC、亚砜及 TBP 进行全萃取分离，取得了良好的分离指标，本文给出了 Au、Pd、Pt、Rh、Ir 在全萃取分离中的分配和走向。

1 引言

对于铂族金属（PGM）的精炼，溶剂萃取比经典沉淀法具有分离彻底、回收指标高、可连续操作、厂房占地小和劳动条件好等许多优点[1]。目前，世界上最大的几家 PGM 精炼厂都已使用全萃取（integrated solvent extraction）工艺进行生产。其中国际镍公司（INCO）的 Acton 精炼厂是先蒸馏分离锇、钌，然后用二丁基卡必醇（DBC）萃金，二正辛基硫醚（DOS）萃钯，磷酸三丁酯（TBP）先萃铂，后萃铱，最后从残液中用化学法提取铑[2]。近年来该厂的工艺已能处理从第一资源和第二资源获得的各种物料，如果物料的贵金属含量低，则经过一些火法及浸出处理，提高品位再并入主流程[3]，英国 Royston 的 Matthey Rustenburg 精炼厂（MRR）用甲基异丁基酮（MIBK）萃金，羟基肟萃钯，然后蒸馏锇钌，再用叔胺先萃铂，后萃铱，从残液中提取铑。南非的 Lonrho 精炼厂则用 SO_2 沉金，用一种未公布的溶剂共萃铂、钯，然后蒸馏锇，萃取钌，离子交换法分离铱和铑，TBP 萃取精炼铱[4]。此外，德国的 Degussa、美国的 Engelhard、前苏联的 Nachezbdinck 等著名精炼厂都不同程度地使用了溶剂萃取法。

中国金川公司的贵金属精炼工艺是首先蒸馏分离锇、钌。近年来，由于精矿料中贵金属品位下降，蒸残液中贱金属含量相对增加，有时贵：贱达到1∶4，还含有大量硫酸钠，给溶剂萃取分离贵金属增加了很多困难。

对于研究适用于金川的全萃取工艺有两个问题值得重视。第一是贵贱金属的分离。虽然 Reavill 等[5]报道 Rustenburg 公司的萃取工艺料液中贱金属的含量为 50～200g/L，但 Edwards 的专利[6]指出，贱金属含量高时会污染其后萃取的贵金属。他在蒸馏锇、钌时用溴酸钠作氧化剂，溶液的 pH 值维持在大约 3～4，此时大多数贱金属都发生水解，如果贱金属量大，则将沉淀滤出单独处理以回收其中带走的贵金属。若贱金属量少则酸化溶液重新溶解水解渣后进行萃取分离。对于金川料液，除了铜、铁、镍等贱金属量高外，还含有大量的硫酸钠，直接进行萃取是不利的。第二是要选择适当的钯的萃取剂。Acton 精炼厂用 DOS 萃钯，萃取的动力学速度慢，只能用间隙操作设备，MRR

---

* 本文合作者有：朱碧英，张可成；原载于《贵金属》1994 年第2期。

用的羟基肟则需加入一种加速添加剂，如加入少量的有机胺，来改善萃取速度，但这对萃钯的选择性则有一定影响。Lonrho 厂使用了一种未公布的溶剂共萃铂和钯，Demopoulos[4] 认为选择性反萃似乎困难，可能需用常规的化学分离法。基于以上原因，对钯的萃取研究一直不断地有新的报道。如 Demopoulos[7] 提出用 8-羟基喹啉衍生物（derivatives of 8-hydroxyquinoline）萃钯或共萃铂、钯；Dimmit[8] 等提出用 MOC-15 萃取剂萃钯，以及程飞等[9] 提出用石油亚砜共萃铂、钯等。针对以上问题，本文讨论能成功地从金川料液中先分离贱金属，然后对只含微量贱金属的溶液进行全萃取分离各个贵金属的新工艺。与国际上报道的各种萃取工艺相比，在首先分离贱金属，使用动力学速度快的钯萃取剂，以及共萃铂、钯后进行选择性反萃等方面本研究都有新颖性，而且对金川料液萃取分离的指标令人十分满意。

2 实验部分

（1）料液：除考察 Pd(Ⅱ)萃取剂选择性萃取分离铂、钯和共萃铂、钯的实验采用合成溶液外，对贵贱金属分离及全萃取实验均是不同时期从金川贵金属车间取得的两种实际料液，其主要金属组分列入表 1 中。

（2）试剂：萃金试剂为二丁基卡必醇（DBC）。萃钯试剂为实验室合成的亚砜，无色无臭液体，以自制的磺化煤油为稀释剂。萃铂试剂为磷酸三丁酯（TBP）或用 Pd(Ⅱ)萃取剂。萃铱试剂为 TBP。

（3）实验方法：料液经贵贱分离后获得的贵金属富液作萃原液，其贵金属浓度可根据需要调整。萃取采用玻璃分液漏斗，混相用调速多用振荡器。对每种贵金属均顺流萃三次，有机相洗涤三次，逆流反萃三次。反萃液经处理后调整体积与萃原液体积相等然后分析，洗涤液并入最后的萃残液。因此，每份萃原液最后被分离为金、钯、铂、铱四种反萃液及萃残铑溶液五种产物，无任何其他排放液。

样品溶液的分析均用微量化学分析法，其中金用孔雀绿比色法，铂和钯用 D. D. O 比色法，铑用氯化亚锡比色法，铱浓度较高时用硫酸、磷酸和高氯酸混酸比色法，浓度低时用催化比色法。

3 贵贱金属分离的实验结果

为便于比较，每次实验取 100mL 料液，经贵贱分离处理后，所得的贵金属溶液仍调整体积为 100mL，排放液体积调整为 200mL。由于分析方法均为微量分析法，因此在贵金属溶液中只分析 Cu、Ni、Fe 含量，排放液中则分析 Au、Pd、Pt、Rh、Ir 浓度，其余用差减值。两种料液的实验结果列入表 1。

表 1　贵贱金属分离的实验结果

料液		组分金属浓度/$g \cdot L^{-1}$							
		Au	Pd	Pt	Rh	Ir	Cu	Ni	Fe
Ⅰ号料液		3.10	6.05	13.65	0.60	0.41	6.67	1.80	2.66
贵金属富液	No. 1	3.098	6.05	13.65	0.599	0.407	0.0071	<0.001	<0.001
	No. 2	3.099	6.05	13.65	0.599	0.407	0.0048	<0.001	0.029
	No. 3	3.099	6.05	13.65	0.598	0.408	0.030	<0.001	0.034

续表 1

料 液		组分金属浓度/g·L^{-1}							
		Au	Pd	Pt	Rh	Ir	Cu	Ni	Fe
排放液	No. 1	0.0008	<0.0005	<0.0005	0.0005	0.0014	3.33	0.90	1.33
	No. 2	0.0007	<0.0005	<0.0005	0.0006	0.0013	3.33	0.90	1.30
	No. 3	0.0007	<0.0005	<0.0005	0.0010	0.0022	3.30	0.90	1.29
Ⅱ号料液		1.25	1.66	2.58	0.21	0.17	13.21	8.13	2.40
贵金属富液	No. 4	1.25	1.66	2.58	0.21	0.17	0.037	0.004	0.019
	No. 5	1.25	1.66	2.58	0.21	0.17	0.017	0.042	0.006
	No. 6	1.25	1.66	2.58	0.20	0.16	0.003	<0.001	0.026
排放液	No. 4	0.0005	<0.0005	<0.0005	<0.0005	0.0004	6.58	4.06	1.18
	No. 5	<0.0005	<0.0005	<0.0005	<0.0005	0.0002	6.59	4.03	1.19
	No. 6	<0.0005	<0.0005	<0.0005	0.0049	0.0044	6.60	4.06	1.17

表 1 数据表明，研究成功的贵贱金属分离方法除 6 号实验排放液中有微量铑、铱损失外，其余实验中贵金属都几乎没有化学损失，回收接近 100%，而对贱金属则可将 98% ~99% 的 Cu、Ni、Fe 排除。贵：贱对Ⅰ号料液从 1：0.47 变为 1：0.003，最好的为 1：0.0003；对Ⅱ号料液则从 1：4.06 变为 1：0.01，最好为 1：0.005。此外还排除了全部 SO_4^{2-} 及 Na^+，为以后的全萃取工艺提供了一种只含微量贱金属的料液。

4 萃取分离贵金属的实验结果

4.1 Pd(Ⅱ)萃取剂萃取钯、铂、铑、铱单元素考察

已知 DBC 萃金在盐酸浓度为 0.5 ~6mol/L 时萃取率都高达 99.9% 以上，除 Fe、Sb、Sn、Te 等元素干扰萃金外，铂族金属及其他贱金属的萃取率都不高，并可用适当浓度的盐酸从载金有机相洗去，因此本文未做萃金的条件考察。

TBP 萃取分离铑、铱国际上已为 Acton 和 Lonrho 两大精炼厂的生产流程采用，作者曾对 TBP 萃取铂族金属的机理及在铑、铱分离方面的应用做过详尽的研究[10~13]，本文对 TBP 萃取铂和铱也不做条件考察。

本文重点考察自制的 Pd(Ⅱ)萃取剂萃取钯或共萃铂、钯。以磺化煤油为稀释剂，有机相含 Pd(Ⅱ)萃取剂为 0.5mol/L，相比 1：1，混相时间均为 5min，分别考察萃取 Pd(Ⅱ)、Pt(Ⅳ)、Rh(Ⅲ)、Ir(Ⅲ)单元素时盐酸浓度对萃取率的影响，结果绘入图 1。

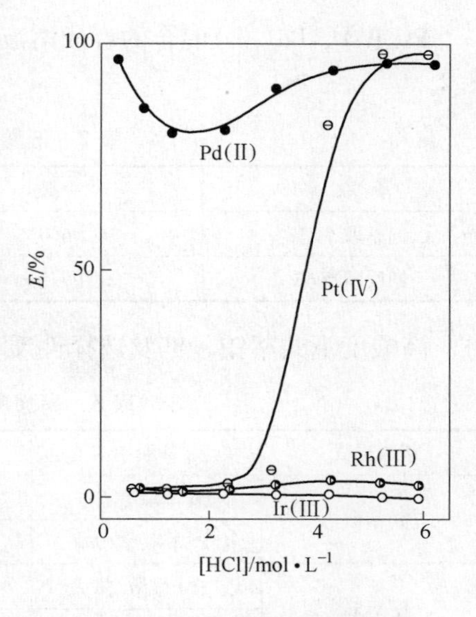

图 1 盐酸浓度对亚砜萃取 Pd(Ⅱ)、Pt(Ⅳ)、Rh（Ⅲ）、Ir（Ⅲ）的影响

从图1看出，我们可用Pd(Ⅱ)萃取剂在低酸度下选择性萃取Pd(Ⅱ)，也可在较高酸度下共萃Pt(Ⅳ)和Pd(Ⅱ)，两种情况下Rh(Ⅲ)的萃取率都不高，Ir(Ⅲ)则不被萃取。

萃取机理研究[14]表明，在低酸度下（[HCl]<1mol/L）萃取时，萃取剂分子（L）与Pd(Ⅱ)的水合氯配离子形成疏水性的中性配合物而进入有机相，如式（1）、式（2）所示。Pt(Ⅳ)、Rh(Ⅲ)、Ir(Ⅲ)均为六配位的八面体配离子，不发生此类反应。

$$Pd(H_2O)_2Cl_2 + 2L \rightleftharpoons PdL_2Cl_2 + 2H_2O \qquad (1)$$

$$[Pd(H_2O)_2Cl_3]^- + 2L \rightleftharpoons PdL_2Cl_2 + 2H_2O + Cl^- \qquad (2)$$

在高酸度下（[HCl]≥4mol/L）萃取时，Pt(Ⅳ)、Pd(Ⅱ)先以锌盐机理萃进有机相，如式（3）、式（4）所示，以后有机相中的（$(LH^+)_2PdCl_4^{2-}$）缔合萃合物由于$PdCl_4^{2-}$配离子的热力学稳定性和动力学活性大而迅速转化为PdL_2Cl_2，如式（5）所示，因此在有机相中Pt(Ⅳ)、Pd(Ⅱ)的存在状态是不相同的，可以在共萃后进行选择性反萃。$RhCl_6^{3-}$及$IrCl_6^{3-}$因带有三个负电荷，面电荷密度大，具有牢固的水化层，不能进入有机相。

$$PtCl_6^{2-} + 2H^+ + 2L \rightleftharpoons (LH^+)_2PtCl_6^{2-} \qquad (3)$$

$$PdCl_4^{2-} + 2H^+ + 2L \rightleftharpoons (LH^+)_2PdCl_4^{2-} \qquad (4)$$

$$(LH^+)_2PdCl_4^{2-} \rightleftharpoons PdL_2Cl_2 + 2H^+ + 2Cl^- \qquad (5)$$

4.2 合成溶液萃取分离铂、钯的实验

Pt(Ⅳ)、Pd(Ⅱ)混合的合成溶液，在低酸度下选择性萃取钯的实验结果示于表2、图2。

表2 低酸度下萃取和反萃钯的结果

萃取率	一级	二级	三级
钯萃取率/%	96.0	99.95	>99.99
钯反萃率/%	99.5	99.90	>99.99

高酸度下共萃铂、钯及选择性反萃的实验结果示于表3、图3。

表3 高酸度下共萃铂、钯的实验结果

萃取形式	萃取率	一级	二级	三级
共萃取	Pd萃取率/%	98.1	99.97	>99.99
	Pt萃取率/%	97.7	99.9	>99.99
反萃Pt	Pd分散/%	0.2	0.25	0.25
	Pt反萃率/%	99.1	99.7	99.9
反萃Pd	Pd反萃率/%	77.5	99.1	99.6

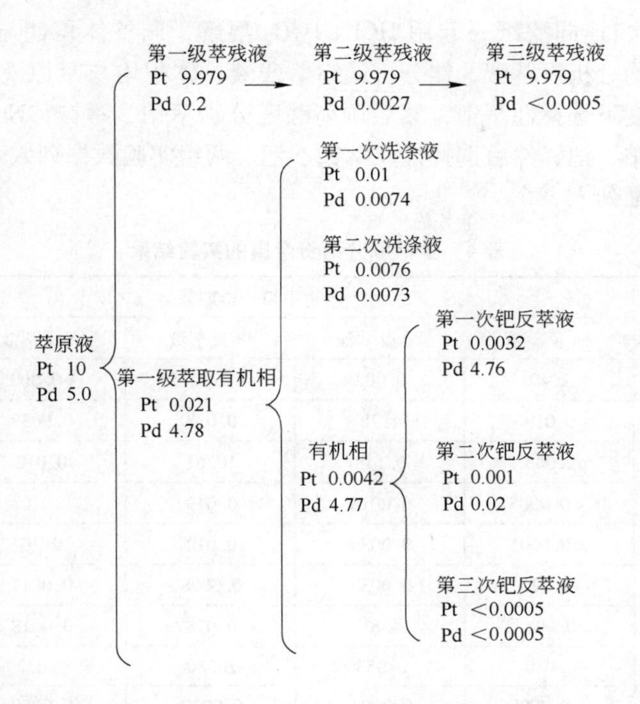

图2 低酸度下萃取分离铂、钯的金属走向（数据单位：g/L）

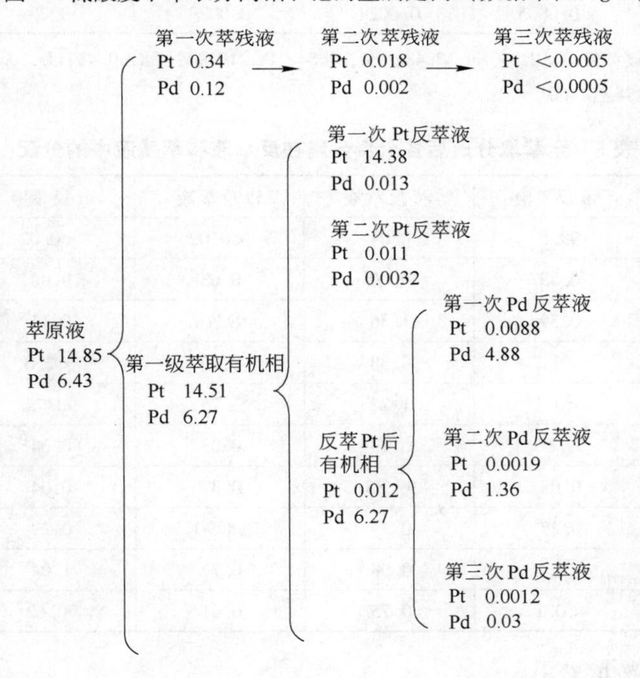

图3 高酸度下共萃铂钯的金属走向（数据单位：g/L）

5 金川料液的全萃取分离实验

用表1中经贵贱分离获得的贵金属富液进行全萃取分离。载金有机相经还原反萃后抽滤出海绵 Au，连同滤纸一起用 $HCl + H_2O_2$ 溶解，调整体积使与萃原液相同后分析。铂、钯、铱均分析反萃液，铑分析最终萃残液，体积均与萃原液相同。其中 No. 1 实验采用在低酸度下选择性萃钯，然后调高酸度分别萃铂、萃铱。No. 2 实验则采用在适当酸度下共萃铂、钯，然后选择性反萃铂、钯。两组实验数据列入表 4，贵金属在五种反萃液中的分配列入表 5。

表 4　全萃取分离贵金属的实验结果

序号	元素	产物中组分金属浓度/g · L^{-1}				
		Au 反萃液	Pd 反萃液	Pt 反萃液	Ir 反萃液	Rh 萃残液
No. 1	Au	2.47	0.002	<0.0005	<0.0005	<0.0005
	Pd	0.019	4.78	0.033	0.0039	<0.0005
	Pt	0.043	0.148	10.61	0.012	<0.0005
	Rh	<0.0005	0.0018	0.019	<0.01	0.46
	Ir	<0.0005	0.0039	0.012	0.30	<0.01
No. 2	Au	2.47	0.0032	0.0008	0.0011	<0.0005
	Pd	0.004	4.81	0.018	0.0018	<0.0005
	Pt	0.030	0.053	10.80	0.032	0.0041
	Rh	<0.0005	0.0004	0.0037	0.0050	0.47
	Ir	<0.0005	0.0024	0.0029	0.29	0.028

注：萃原液组分金属浓度（g/L）：Au，2.48；Pd，4.84；Pt，10.92；Rh，0.48；Ir，0.32。No. 1 为选择性萃 Pd，No. 2 为共萃 Pt、Pd。

表 5　全萃取分离后各个贵金属在反萃液和萃残液中的分配　（%）

序号	元素	Au 反萃液	Pd 反萃液	Pt 反萃液	Ir 反萃液	Rh 萃残液
No. 1	Au	99.6	0.08	<0.02	<0.02	<0.02
	Pd	0.39	98.76	0.68	0.08	<0.01
	Pt	0.39	1.36	97.16	0.11	<0.005
	Rh	<0.1	0.38	3.96	<2.0	95.83
	Ir	<0.1	1.22	3.75	93.75	<3
No. 2	Au	99.60	0.13	0.03	0.04	<0.02
	Pd	0.08	99.38	0.37	0.04	<0.01
	Pt	0.27	0.49	98.90	0.29	0.04
	Rh	<0.1	0.08	0.77	1.04	97.92
	Ir	<0.1	0.75	0.91	90.62	8.75

从表 4、表 5 数据看出：

（1）DBC 萃取 Au 时，少量 Pt、Pd 会被萃入有机相，由于按电荷密度 $PtCl_6^{2-} < PdCl_4^{2-}$，有机相中的 Pt 量略高于 Pd，$RhCl_6^{3-}$ 和 $IrCl_6^{3-}$ 因电荷密度大，不进入 DBC。

（2）在钯反萃液中都含有少量 Pt，占总 Pt 量的 1 % 左右，互含比 Pt/Pd 对 No. 1 为 0.03，对 No. 2 为 0.01。

（3）在铂反萃液中也含有少量 Pd，为总 Pd 量的 0.37% ~0.68%，互含比 Pd/Pt 对 No. 1 为 0.003，对 No. 2 为 0.002。

（4）全萃工艺获得的铱反萃液中，Au、Pd 含量均很低，铂含量稍高，Pt/Ir 为 4% ~11%。

（5）全萃工艺获得的萃残铑溶液中，Au、Pd、Pt 含量都相当低，几乎都降到小于 0.0005g/L 的分析下限，我们还分析了其中的 Cu、Ni、Fe，含量都小于 0.002g/L，铑中的主要杂质是铱，在 No. 1 样品中 Ir/Rh 已小于 2%，No. 2 中因萃铱的条件控制不好，铱含量较高。

（6）全萃工艺按反萃液计算，回收率（%）为：Au，99.6；Pd，98.76 ~99.38；Pt，97.16 ~98.9；Rh，93.75 ~90.62；Ir，95.83 ~97.92。

6 小结

通过对实验进行的分析得出以下结论：

（1）本文提出了一种先分离贵贱金属再进行全萃取的新工艺，它可从贵金属总量低于贱金属总量数倍的料液中获得贵：贱为 1：（0.01 ~0.005）的贵金属溶液，排放液中 Au、Pd、Pt 无化学损失，回收率接近 100%，Rh、Ir 有微量损失，但回收率仍大于 99%。本工艺还完全排除了料液中的 SO_4^{2-} 和 Na^+，使贵金属转入盐酸介质。

（2）贵金属的萃取分离用 DBC 萃金，自制的亚砜萃钯或共萃铂、钯，TBP 萃铂、萃铱，最后的萃残液为主体铑溶液。DBC、亚砜及 TBP 均无色无臭，萃取及反萃动力学速度快，分相迅速。萃取分离的回收率：Au >99%，Pd >98%，Pt >97%，Rh > 95%，Ir >90%，进一步优化条件后，指标可望更高。

（3）全萃取获得的主体铑溶液已呈粉红色，几乎不含 Au、Pd、Pt 和贱金属，只含有少量 Ir，对提纯为价格昂贵的铑十分有利。

参 考 文 献

[1] Charlesworth P. Platinum Metals Review，1981，25(3)：106.

[2] Barnes J，Edwards J D. Chem. Ind，1982，March：151.

[3] Rimmer B F. Precious Metals，1989，IPMI：917.

[4] Demopoulos G P. CIM Bulletin，1989，82：165.

[5] Reavill L R P，et al. Proceeding of ISEC 80. vol3.

[6] Edwards J D. European Pat. 81303955.9，1982.

[7] Demopoulos C P. In：ICHM'92. Int'l Academic Publishers. 1992：448.

[8] Dimmit J H，Colby S J. In：Precious，Metals 1989，B. Harris，ed. IPMI[C]. 1989：229.

[9] Cheng Fei，et al. In：ICHM'92. Int. l Academic Publishers. 1992：556.

[10] Chen Jing，et al. Acta Metallurgica Sinica，1982，18(2)：235.

[11] Chen Jing，et al. Precious Metals(China)，1988，7：7.

[12] Chen Jing. Precious Metals. 1991，L. Manzicked.，IPMI，1991：275.

[13] Chen Jing，et al. China：Patent. 90108932. X，1990.

[14] Zhang Kecheng. Thesis for the master of science[D]. Kunming Institute of Precious Metals，1992.

溶剂萃取及离子交换法制取纯铑*

摘 要 本文介绍了20世纪60年代中期，作者课题组最早研究用TBP萃取铑中贵金属杂质和用阳离子交换树脂分离贱金属杂质制取99.99%纯铑的条件实验结果。对于工厂产出的不纯氯铑酸溶液，其中的Ir极难分离，需对料液进行预处理，使铱的配合物转化为易萃的$IrCl_6^{2-}$，本文给出了批量达2.3kg铑的扩大试验结果，并介绍了作者的专利方法——沉淀萃取法分离铑中微量贱金属的结果。

1 引言

纯铑（99.99%）的制取方法比制取纯的铂、钯、铱、锇困难得多。E. Wichers等曾在1928年公布了他们的亚硝酸盐络合法[1]，此后直至60年代，西方著名的精炼厂都使用此法[2,3]。此法虽有一些优点，但操作过程冗长，特别是分离铱的效果差。为了使铱的含量降到光谱分析下限，需要反复络合提纯六七次[4]。列别金斯基提出的三氨化法及五氨化法[5]则存在不少缺点，他曾对三氨化法做了改进[6]，但未见生产应用报道。

萃取化学的发展给分离提纯铂族金属提供了新的手段。菲多连柯及格西丁等用各种胺类萃取分离铂族金属[7~10]，据称用三正辛胺、三异丁胺以及特殊结构的其他季铵盐可以从铑中分离铱。伯格及威尔逊等则在分析化学中研究用磷酸三丁酯（TBP）来分离提纯铂族金属[11~14]，但在20世纪60年代时这些研究工作都未在冶金生产中使用。

在20世纪80年代，国际上著名的铂族金属精炼厂都使用溶剂萃取法生产商品金属铑，所有的工艺都是先萃取分离其他铂族金属，最后再用萃取或离子交换分离铑和铱[15]，如马赛·吕斯腾堡精炼厂（MRR）用一种强碱性萃取剂（胺类）萃取铑中的铱[16]，国际镍公司的阿克统精炼厂（Acton）用弱碱性萃取剂TBP萃取铑中的铱[17]，南非的伦罗精炼厂（Lonrho）则用离子交换树脂分离Ir(Ⅳ)和Rh（Ⅲ）。对于铑铱分离提纯的方法原理，最近理查得（A. G. Richard）[18]做了较全面的论述。

作者在20世纪60年代中期曾较详细地研究过TBP萃取法除贵金属杂质和离子交换法除贱金属杂质制取99.99%纯铑的工艺条件[19]，并制出光谱分析用的铑基体。80年代中期，我们又研究改进了制取纯铑的工艺，在溶剂萃取前对不纯铑溶液进行预处理，严格控制铑溶液中铱的状态和价态，使从任何复杂物料中分离获得的不纯铑，在精炼后铱含量都能降到小于$10 \times 10^{-4}\%$[20]。我们还用溶剂萃取法代替离子交换法分离铑中的全部微量贱金属，使产品铑的纯度能稳定地达到99.99%，并具有相当高的直收率[21]，本文将择要介绍上述这些研究的结果。

* 本文原载于《铂族金属冶金化学》，科学出版社，2008：271~279。

2　溶剂萃取分离铑中贵金属杂质

2.1　实验方法

（1）试剂：磷酸三丁酯（TBP）：化学纯试剂，未经碱洗或蒸馏，萃取前先用与水相浓度相同的盐酸平衡一次后使用。

氯铑酸溶液：条件实验的氯铑酸用纯度为99%的铑粉经火法氯化制得，为了同时考察TBP萃取时各种贱金属的行为，将Fe、Cu、Ni、Co、Al、Mg、Zn、Sn、Pb等的化学纯氯化物制成浓度1.0g/L的溶液加入氯铑酸中使用。一部分提纯效果的实验则直接使用工厂提供的料液。

氯铂酸、氯钯酸系用纯度99.9%以上的相应氯盐溶于盐酸制得。氯铱酸用纯$(NH_4)_3IrCl_6$经氢型离子交换树脂交换后制得。磺化煤油用市售煤油自制。

其余试剂均采用化学纯或分析纯试剂。

（2）萃取操作：水相及有机相均取15mL，相比1∶1。取一定量的铂族金属溶液于小烧杯中，加入一定量的NaCl，红外灯下蒸干，用10mL一定酸度的盐酸溶解，加入2mL H_2O_2 氧化Ir（Ⅲ）为Ir(Ⅳ)，加盖加热至不再分解小气泡，然后转入60mL的分液漏斗中，用3mL浓度相同的盐酸洗净烧杯，使水相总体积为15mL。加入15mL与盐酸预平衡过的TBP，放入恒温箱中平衡15min，振荡5min，再放入恒温箱中平衡15min，以控制萃取温度。分相后水相通过滤纸滤入50mL容量瓶中，洗净滤纸至溶液达容量瓶刻度。有机相用10~15mL 3mol/L HNO_3 反萃三次，全部滤入50mL容量瓶中至刻度。分析萃残液及反萃液中的金属浓度，计算萃取率及分配比。

用氯气作氧化剂时，直接用细嘴玻管向15mL水相中通氯气3min。

（3）铑的纯度分析：为了解每步萃取对提纯铑的效果，从萃余液中取出相应于200~300 mg金属铑的溶液，红外灯下蒸发至小体积，加入适量的光谱纯NH_4Cl，烘干，转入瓷坩埚内入马弗炉中煅烧，700℃下保持半小时，冷后用蒸馏水漂洗钠盐至无钠离子，在石英管内通氢还原，700℃下半小时，最后在CO_2气流中冷却，所得海绵铑做光谱定量分析。

2.2　结果与讨论

2.2.1　酸度对TBP萃取Pt(Ⅳ)、Pd(Ⅳ)、Ir(Ⅳ)氯配酸的影响

水相分别为H_2PtCl_6、H_2PdCl_6和H_2IrCl_6，金属离子浓度为：Pt 10.24mg/L，Pd 6.00mg/L，Ir 9.47mg/L。萃取温度25℃，结果绘入图1。

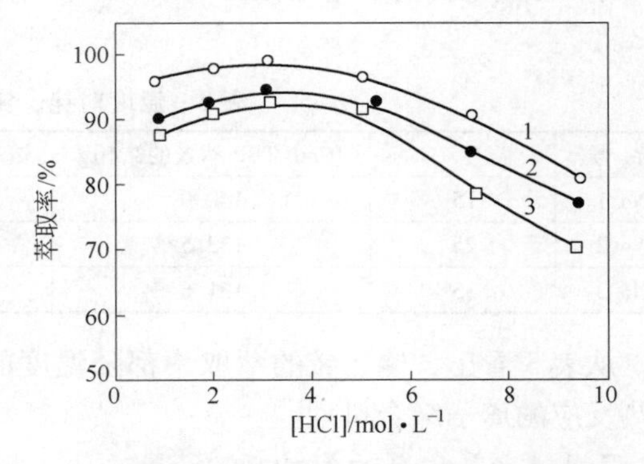

图1　盐酸浓度对萃取微量铂、钯、铱的影响

1—Pt；2—Pd；3—Ir

从图1看出，在2~5mol/L HCl范围内，Pt(Ⅳ)、Pd(Ⅳ)、Ir(Ⅳ)的萃取率均在90%以上，据此选定4mol/L浓度为其他条件实验时的酸度。

2.2.2　铑浓度对TBP萃取的影响

由于铑的萃取率很低，采用平衡分

相放出水相后，抽取 10mL 有机相反萃三次分析铑含量，结果列入表 1。

表 1　铑浓度对 TBP 萃取的影响

序　号	Rh 浓度/g · L^{-1}	10mL TBP 中 Rh 总量/mg	萃取率/%
No. 1	10	0. 713	0. 71
No. 2	20	1. 375	0. 69
No. 3	30	2. 075	0. 69
No. 4	40	3. 075	0. 77
No. 5	50	3. 475	0. 69

表 1 表明：铑浓度从 10g/L 增加到 50g/L 时，有机相中的 Rh 浓度也不断增高，但 Rh 的萃取率都恒定在 0. 7% 左右。

研究过程中发现，不同的预处理条件对铑的萃取率有一定影响，数值波动在 0. 2% ~1% 之间，而且在连续分级萃取时，铑的萃取率会逐级降低，表 2 列出一批较有代表性的数据。

表 2　连续分级萃取时铑萃取率的变化

序　号	水相铑总量/g	水相铑浓度/g · L^{-1}	萃取级数	10mL TBP 中铑总量/μg	萃取率/%
1-A			1	2940	0. 98
1-B	0. 45	30	2	1725	0. 58
1-C			3	1275	0. 43
2-A			1	2350	0. 78
2-B	0. 45	30	2	1175	0. 39
2-C			3	925	0. 31
3-A			1	1100	0. 37
3-B	13. 75	30	2	870	0. 29
3-C			3	770	0. 26

注：水相酸度 4mol/L HCl，含饱和 NaCl，取样系从全部有机相中吸取 10mL，反萃分析 Rh 含量。

2. 2. 3　温度对萃取分离铑、铱的影响

水相铑浓度 30g/L，含铱 0. 05%，［HCl］为 4mol/L，含饱和 NaCl，实验结果见表 3。

表 3　温度对铑、铱萃取率的影响

序 号	温度/℃	10mL TBP 萃入的铱/μg	铱萃取率/%	10mL TBP 萃入的铑/μg	铑萃取率/%
No. 1	15	140. 0	93. 3	1600	0. 53
No. 2	25	133. 5	89. 0	1400	0. 47
No. 3	35	131. 6	87. 7	1200	0. 40

从表 3 看出，铑、铱的萃取率都随温度的升高而略有降低，表明其萃取机理属于放热反应的离子缔合机理。

2. 2. 4　氧化剂的影响

从图 1 看出，欲有效地萃取分离铑中的贵金属杂质，需将 Pd(Ⅱ)、Ir(Ⅲ)氧化为

Pd(Ⅳ)、Ir(Ⅳ)，本实验用TBP萃取钯考察了双氧水氧化和氯气氧化的效果(见表4)。

表4　氧化剂种类对萃取钯的影响

水相HCl浓度/mol·L^{-1}	H_2O_2 氧化		Cl_2 氧化	
	分配比	萃取率/%	分配比	萃取率/%
1	0.60	37.7	5.92	85.6
2	1.10	52.3	9.00	90.0
3	1.73	63.3	10.25	91.1
5	1.73	63.3	9.00	90.0
7	1.29	56.3	5.00	83.3
9	1.16	53.7	2.46	71.1

从表中数据看出，用双氧水作氧化剂时，Pd(Ⅱ)不能完全转化为Pd(Ⅳ)，萃取率显著降低。

由于使用Cl_2作氧化剂，我们所得Ir(Ⅳ)的萃取分配比D比E. W. Berg的数据高得多。此外在研究萃取单元素铱的实验中，我们也观察到与Berg[11]结论相同的现象，即Ir(Ⅳ)溶液与TBP接触后，萃残液中的铱已部分被还原为Ir(Ⅲ)，如第二次萃取前不继续氧化，则Ir不能萃上有机相。为了满足生产工艺连续操作的要求，我们向TBP中通入少量氯气，阻止TBP中还原性成分对Ir(Ⅳ)的还原作用，其效果与分级氧化相同。

2.2.5　合成样考察提纯锇的效果

根据条件实验结果，选定萃取条件为：［HCl］4mol/L，相比1∶1，温度室温，混相5min。用合成样连续萃取三次，每次抽取一定体积水相制成锇粉做光谱定量分析，结果列入表5。

表5　TBP萃取提纯锇的效果　　　　(%)

杂质加入量		分级氧化			氧化一次但TBP含Cl_2		
		一次萃取	二次萃取	三次萃取	一次萃取	二次萃取	三次萃取
Ir	0.1	<0.002	<0.002	<0.002	<0.002	<0.002	<0.002
Pt	0.1	0.03	<0.002	<0.002	0.003	<0.002	<0.002
Pd	0.05	0.0043	<0.0002	<0.0002	0.0066	<0.0002	<0.0002
Fe	0.1	0.0050	0.0058	0.0032	0.0050	0.0039	0.0028
Sn	0.05	<0.0008	<0.0008	<0.0008	<0.0008	<0.0008	<0.0008
Pb	0.05	<0.001	<0.001	<0.001	<0.001	<0.001	<0.001

注：萃原液中还加入以下杂质（%）：Cu 0.1，Ni 0.1，CO 0.1，Al 0.05，Mg 0.05，Ag 0.05，分析数据表明TBP对这些元素无萃取作用，故未将数据列入表中。

从表5看出，TBP萃取分离锇中的铱、铂、钯效果非常好，可使0.1% Ir、0.1% Pt和0.05% Pd通过两级萃取后含量均降到光谱下限小于0.002%及小于0.0002%（光谱上无线条），此效果远远优于亚硝酸盐络合法。对于贱金属中的锡、铅和铁，因能形成$SnCl_6^{2-}$、$PbCl_4^{2-}$和$FeCl_4^-$配阴离子，TBP萃取也能全部或大部分除去，但对Cu、Ni、Co、Al、Mg等杂质则不能萃除。此外，用氯气分级氧化与只氧化一次但用含有少量氯气的 TBP 连续萃取，两者效果一致，这就为生产的连续操作提供了有利条件。

2.2.6　工厂实际料液萃取分离铱的效果

使用工厂料液（粗氯铑酸）进行 TBP 萃取提纯时，我们发现铑中的铂和钯很容易分离到光谱分析下限，但铱的除尽却相当困难。当 Ir 含量下降到万分之几时，无论怎样强化氧化条件，这部分 Ir 都不能被 TBP 萃取，所得到的产品铑达不到 99.99% 的纯度。根据多年的实践经验，我们认为微量的这部分铱是在生产工艺处理过程中，形成了比较复杂的配合物，它们很难转化为易萃的 $IrCl_6^{2-}$ 配阴离子。据此我们研究成功一种对粗氯铑酸进行预处理的方法[20]，使铱恢复到易萃状态。

经预处理后的料液可用含有 15% 三烷基氧化膦（TRPO）的 TBP 萃取，也可用纯 TBP 萃取。两份容积一升的水相经两级萃取的实验结果列入表 6。

表 6　15%TRPO-TBP 萃取铑中铱、钌的金属平衡

序号	名　称	金属量/mg			分配/%		
		Rh	Ir	Ru	Rh	Ir	Ru
No. 1	萃残液	36774	0.04	1.98	97.96	0.01	1.43
	酸洗液	613	0.07	1.00	1.63	0.02	0.72
	一级反萃液	94	314.96	133.92	0.26	99.74	97.02
	二级反萃液	60	0.70	1.13	0.16	0.22	0.82
	总计	37541	315.77	138.03	100.01	99.99	99.99
No. 2	萃残液	38299	0.06	3.24	97.69	0.02	2.32
	酸洗液	786	0.18	0.87	2.00	0.06	0.62
	一级反萃液	65	290.78	132.37	0.17	99.76	94.89
	二级反萃液	55	0.45	3.02	0.14	0.15	2.16
	总计	39205	291.47	139.5	100.00	99.99	99.99

从表 6 看出，工厂料液 No. 1 经预处理后，一级萃取即可将 99.7% 以上的 Ir 萃除，萃残液中 Rh：Ir 达到 10^6：1，即 Rh 中含 Ir 量为 1×10^{-4}%，Rh 的直收率为 97.7%，加上酸洗液中的 Rh，Rh 的回收率可达 99%，此外还可萃除 97% 以上的 Ru（通常铑料液中不含 Ru）。No. 2 也有同样的分离效果。至于 Pt、Pd、Au 等贵金属杂质，通常萃除效果均优于 Ir，因此，用溶剂萃取分离铑中的贵金属杂质是相当满意的方法。

3　离子交换和溶剂萃取分离铑中贱金属

3.1　离子交换法分离铑中贱金属杂质

采用磺化聚苯乙烯型阳离子交换树脂，用 6mol/L HCl 漂洗，再用 2mol/L HCl 洗，直至用 NH_4SCN 检验时无 Fe^{3+} 离子，用 pH = 1.5 的水挤去交换柱中的盐酸，至流出液 pH = 1.5 即可进行交换。交换时采用 2cm/min 的线速度，交换完后再用 pH = 1.5 的水挤出交换柱中的氯铑酸溶液，用 6mol/L HCl 淋洗柱子中的树脂，淋洗液中的铑用水解出 $Rh(OH)_3$ 回收。

我们用合成样考察了不同铑浓度的溶液进行离子交换时分离贱金属的效果，结果

列入表7。

表7　离子交换分离铑中贱金属的效果

原料中杂质/%		交换后杂质含量/%		
		铑浓度10g/L	铑浓度20g/L	铑浓度30g/L
Fe	0.1	0.0010	0.0005	<0.0005
Cu	0.1	0.0010	0.0010	0.0011
Ni	0.1	0.0026	0.0019	0.0015
Co	0.1	<0.0008	<0.0008	<0.0008
Sn	0.05	<0.0005	<0.0005	<0.0005
Pb	0.05	0.0075	0.0520	~0.1
Mg	0.05	0.0015	0.0007	0.0012
Al	0.05	<0.0005	0.0003	<0.0005

注：合成试液经离子交换后，取出一部分加入适量光谱纯 NH_4Cl，制成铑粉进行光谱定量分析。

从表7看出，离子交换对分离铑中的Fe、Cu、Ni、Co、Sn、Mg、Al等贱金属都十分有效，仅对Pb效果差。而且还可看出，铑浓度增大时，不影响交换效果，因此可采用30g/L铑的浓度进行交换。

3.2　溶剂萃取分离铑中的贱金属杂质

离子交换法具有料液需浓缩近干以调整交换前溶液的pH值，交换后体积膨胀太大以及少量铑会上树脂等缺点，因此我们提出了一种用沉淀后溶剂萃取分离铑中贱金属的方法[20]。

有机相用一种溶剂和一种能与多种贱金属反应的试剂组成，条件试验表明，对贱金属的萃取率与水相酸度和萃取剂在有机相中的浓度有关，在较佳条件下，可一次同时萃除铑溶液中各种常见贱金属，两份合成液经一次萃取后的贱金属浓度变化列于表8。

表8　溶剂萃取分离铑中贱金属合成样实验结果

加入元素	浓度/g·L^{-1}	萃残液中金离子浓度/g·L^{-1}		萃取率/%	
		No.1	No.2	No.1	No.2
Fe	0.056	<0.005	<0.005	>91	>91
Cu	0.064	<0.005	<0.005	>91	>91
Ni	0.059	<0.005	<0.005	>91	>91
Co	0.059	<0.005	<0.005	>91	>91
Al	0.027	0.0013	0.0027	95.2	90.0

注：试液中五种金属浓度均相应于0.001mol/L。由于化学分析给出的数据为小于0.005g/L，因此萃取率计算为大于91%。

在用工厂实际料液进行实验室放大试验时，我们先用TBP萃除经预处理后的料液中的贵金属杂质，然后降低酸度至2mol/L HCl，再用沉淀萃取贱金属。用灵敏度高的分析方法考察萃残液中 Ir 和 Fe 的浓度，计算相对于 Rh 的 Fe、Ir 含量列于表 9，根据实践经验，此种纯度的溶液经甲酸还原或氯化铵沉淀处理后，产品铑的纯度已能满足 99.99% 要求。

表 9　萃取分离贱金属时的除铁效果

序　号	水相体积 /mL	水相组分浓度/$g \cdot L^{-1}$		萃残液 Fe 浓度 /$g \cdot L^{-1}$	Rh 中 Fe、Ir 量/%	
		Rh	Ir		Fe	Ir
No. 1	1000	42.2	<0.00007	0.00096	22×10^{-4}	$<1.6 \times 10^{-4}$
No. 2	1000	38.7	<0.00007	0.00080	21×10^{-4}	$<1.8 \times 10^{-4}$
No. 3	1000	31.7	<0.00007	0.00096	30×10^{-4}	$<2.2 \times 10^{-4}$
No. 4	1000	35.8	<0.00007	0.00070	20×10^{-4}	$<1.9 \times 10^{-4}$

以上两种分离方法比较时，对分离微量 Ag、Cu、Pb，萃取法优于离子交换法；对分离微量 Al、Mg、Zn，离子交换法优于萃取法。

4　甲酸还原或氯化铵沉淀制取铑粉

分离了贵金属杂质和贱金属杂质后的氯铑酸溶液纯度已相当高，可以用甲酸还原成铑黑，也可以用 NH_4Cl 沉淀后经煅烧和高温氢还原为铑粉。

甲酸还原过程中需加 NaOH 调整溶液的 pH 值，NaOH 和甲酸的纯度会影响产品铑的质量，还原出的铑黑应洗涤至洗水中无钠离子，烘干后在 700℃ 下通氢还原为铑粉。

氯化铵沉淀法有进一步排除贱金属杂质的作用，但氯铑酸铵 $(NH_4)_3RhCl_6$ 在水中的溶解度相当大，即使加入过量氯化铵和盐酸提高溶液中的氯离子浓度，铑在滤液中的分散仍将相当可观。我们系在适宜的铑浓度时加氯化铵，并加入数倍体积的乙醇，这样可使 $(NH_4)_3RhCl_6$ 的溶解降到相当低的程度。过滤并烘干的 $(NH_4)_3RhCl_6$ 可以直接在氢气流中煅烧为铑粉，也可先煅烧为氧化铑，再经高温氢还原为铑粉。

用氯化铵沉淀法处理两批按本文工艺提纯的工厂料液获得的产品铑纯度分析列于表 10。

表 10　料液组分及产品铑的纯度分析结果

元　素	料液杂质含量/%		铑粉杂质含量/%		99.99% 国标/%
	No. 1	No. 2	No. 1	No. 2	
Ir	1.5	4.48	$<10 \times 10^{-4}$	$<10 \times 10^{-4}$	30×10^{-4}
Pt	0.05	0.46	$<10 \times 10^{-4}$	$<10 \times 10^{-4}$	30×10^{-4}
Pd	0.33	0.60	$<1.3 \times 10^{-4}$	$<1.3 \times 10^{-4}$	10×10^{-4}
Cu	0.01	0.40	$<0.6 \times 10^{-4}$	1.5×10^{-4}	10×10^{-4}
Fe	0.0006	0.03	2.8×10^{-4}	7.1×10^{-4}	20×10^{-4}

续表 10

元　素	料液杂质含量/%		铑粉杂质含量/%		99.99% 国标/%
	No. 1	No. 2	No. 1	No. 2	
Ni	0.0006	0.03	$<2.6\times10^{-4}$	$<2.6\times10^{-4}$	10×10^{-4}
Au			$<10\times10^{-4}$	$<10\times10^{-4}$	10×10^{-4}
Ag			$<0.64\times10^{-4}$	$<0.64\times10^{-4}$	10×10^{-4}
Sn			$<2.6\times10^{-4}$	$<2.6\times10^{-4}$	10×10^{-4}
Pb			$<5.1\times10^{-4}$	$<5.1\times10^{-4}$	10×10^{-4}
Si			10×10^{-4}	$<3.5\times10^{-4}$	30×10^{-4}
Al			2.6×10^{-4}	11×10^{-4}	30×10^{-4}

注：料液杂质含量按化学分析浓度与 Rh 浓度计算，铑粉杂质含量为光谱定量分析，“ $<$ ”表示低于光谱分析灵敏度，光谱上无线条。No. 1 试验批量为 1kg 铑，No. 2 批量为 2.3kg 铑。

从表 10 看出，按本文工艺制出的铑粉，纯度已高于国家标准 99.99% 纯铑的要求。

5　小结

（1）用 TBP 可同时萃除氯铑酸中 Au、Pd、Pt、Ir、Ru 等贵金属杂质，本文实验结果给出了影响萃取效果的主要因素。

（2）对于复杂的实际料液，TBP 萃 Ir 至一定程度后，余存的 Ir 极难萃尽，但通过对料液的预处理，转变 Ir 的状态和价态，TBP 萃取可使 Rh 中 Ir 含量降低到小于 $10\times10^{-4}\%$ 的光谱分析下限。

（3）氯铑酸溶液中的各种微量贱金属杂质，可通过离子交换法除去，也可用本文的溶剂萃取法除去，分离了贵贱金属杂质后的纯铑溶液可用甲酸还原为铑黑，也可用 NH_4Cl 沉淀后煅烧及高温氢还原为铑粉。

（4）用工厂生产的粗氯铑酸料液，批量产出 1kg 及 2.3kg 铑粉的放大试验表明，本文工艺制出的铑粉纯度已高于 99.99% 纯铑的要求。

参 考 文 献

[1] Wichers E, Gilchrist R. Trans. Am, Inst. Min. Met. Eng., 1928, 76: 619.
[2] Gilchrist R. Chem. Revs., 1943, 32: 307.
[3] Clemens F S. Industry Chemist, 1962, 38(449):345.
[4] Int. Nickel CO. (INCO), Chem. Processing, 1961, 7(11):8, 80.
[5] 兹发京采夫 O E. 金银及铂族金属精炼中译本[M]. 1958: 140.
[6] Лебединский В В, Приладной Ж. Хим., 1959, 32(4):928.
[7] Федоренко Н В, Иванова Н И, Неорг Ж. Фим, 1965, 10(3):721.
[8] Гиндин Л М, Неорг Ж. Фим., 1965, 10: 502.
[9] Федоренко Н В. Zavodsk. Lab., 1964, 30: 402.
[10] Долгих В Ц, и др. Цвет. Металлы. 1964, 4: 9.
[11] Berg E W. Anal, Chem. Acta, 1958, 19: 109.
[12] Wilson R B, Jacobs W D. Anal, Acta. Chem. 1961, 33: 1650.
[13] Berg E W, Lau E Y. Anal, Chim. Acta, 1962, 27(3):248.

[14] Fage G H, Inman W R. Anal, Chem. 1963, 35: 985.
[15] Demopoulos G P. CIM Bulletin, 1989, 82(923):165.
[16] MacGregor J J, CB Patent, 1495: 931.
[17] Barnes J E, Edward J D. Chem, and Ind, 1982: 151.
[18] Richard A G. in Proceeding of IPMI, 1990: 7 ~ 39.
[19] 陈景，等．贵金属冶金，1974，1：21 ~ 34(贵金属研究所资料).
[20] 陈景，等．中国，90108932. X.
[21] Chen Jing. in Proceeding of IPMI, 1991: 275 ~ 282.

N235萃取Pt体系产生第三相的影响因素*

摘　要　通过测定叔胺（N235）萃取Pt体系中HCl及H_2PtCl_6在两相中的分配，测定第三相的电导率、体积和水分含量，研究了第三相的形成以及各因素对萃取Pt的影响。实验结果表明：（1）无论有机相中有或无改性剂TBP，无论$C_{HCl(init)}$高或低，叔胺均能高效率萃取H_2PtCl_6，且一级萃取率大于99%。（2）稀释剂的种类影响第三相的体积、电导率和水含量，但不影响对Pt的萃取率。以$C_{12}H_{26}$为稀释剂逐级萃取Pt时，有机相中Pt浓度高于13.21g/L即出现第三相；以磺化煤油为稀释剂时，有机相中Pt浓度可以高达23.72g/L而不出现第三相。

用胺类萃取剂从盐酸介质中萃取Pt(Ⅳ)在20世纪60年代后已有过广泛的研究[1]。用三辛胺（TOA）萃取Pt早已在工业生产中应用[2]，用三烷基胺N235萃取Pt也进行过工业试验[3,4]。

由于叔胺萃取时容易出现第三相，通常在有机相中都需加入一种醇或TBP作改性剂。但前人报道的研究工作几乎都是在避开第三相的条件下进行的，因此，对产生第三相的影响因素，如稀释剂种类、改性剂用量、盐酸浓度变化等，特别是用改性剂消除第三相的原因及第三相的组成结构与性质认识还不够深入。

近年来，对于三相萃取体系的研究已经成为新的热点课题之一[5~11]。傅洵等[12]报道了三辛胺-正庚烷-HCl-H_2O体系中形成第三相的行为，通过透射电镜观察，表明第三相的微观结构均为层状，未发现球状或其他几何形状的聚集体。朱屯[13]认为，“酸化的胺在稀释剂中互相形成氢键 $N{\equiv}N{-}H^+\cdots X^-$，发生聚合，如叔胺生成聚合物（$R_3NH^+X^-$）$_n$，从而影响它们的萃取能力”。陈景等[14]研究了N235萃取HCl时第三相的形成及改性剂消除第三相的作用机理，根据测定第三相的电导率变化，认为第三相不是聚合物，而是一种离子液体；改性剂TBP可以与质子化的叔胺R_3NH^+形成两端均带疏水性的大体积阳离子$R_3NH^+O{=}P(OC_4H_9)_3$，从而使这种离子液体能溶于脂肪烃稀释剂。

鉴于目前对第三相组成结构认识观点分歧颇大，本文研究了R_3N-HCl-H_2PtCl_6-稀释剂-改性剂这一复杂体系。通过测定变动组分时，第三相的电导率、体积和水分含量，进一步了解第三相的形成及消除机理，以及各组分对萃取Pt的影响，期望对生产实践有一定的指导作用。

1　实验部分

1.1　试剂与仪器

主要试剂：三烷基叔胺（N235），工业级，烷基均为直链C_nH_{2n+1}（$n=8$，10），

* 本文合作者有：刘月英，谢琦莹；原载于《中国有色金属学报》2009年第7期。

平均相对分子质量 387，密度 0.8153g/cm^3（25℃），上海有机化学研究所生产；磷酸三丁酯（TBP），分析纯，天津试剂一厂生产；正十二烷（$C_{12}H_{26}$），工业级；盐酸，分析纯；磺化煤油，实验室自己制备。

主要设备：722 型-紫外分光光度计；电导率仪（DDS-307），上海雷磁厂生产；台式 800 型离心机；787 型卡氏水分测定仪（Metrohm 787 KF Titrino），容量法测定。

1.2 试液的配制

有机相：(1)取 20%(体积分数)N235 用正十二烷或磺化煤油作为稀释剂。(2) 取 20%(体积分数)N235 用正十二烷或磺化煤油作为稀释剂，再加入 30%（体积分数）TBP 作为改性剂。本文中萃取剂在有机相中的浓度皆为体积百分浓度。

1.3 实验及分析方法

分别取 10mL H_2PtCl_6 储备液于 6 只小烧杯中，在低温电炉上浓缩近干，用 20mL 各种预定酸度的 HCl 溶液溶解并转入分液漏斗中，然后再加入 20mL 有机相（O/A = 1∶1），混合振荡 10min，静置分层直至界面清晰，如果出现乳化或三相，可将分液漏斗放在 25℃的恒温箱中静置 24h。若两相仍存在乳化，则将其转移到离心管中，进行 1000r/min 或 2000r/min 离心分离，直到两相均透明清亮为止。分相后萃残液取出 2mL 利用分光光度法测定 Pt 浓度和萃取率，其余用 NaOH 标准溶液滴定 HCl 浓度和萃取率，清亮的有机相和第三相用电导仪测定电导率。第三相和上层清亮有机相用卡尔·费休法进行水分测定。

在本文中，待萃液盐酸浓度用 $C_{HCl(init)}$ 表示，萃残液中铂的浓度用 $C_{Pt(W)}$ 表示，有机相中盐酸浓度用 $C_{HCl(o)}$ 表示，铂浓度用 $C_{Pt(o)}$ 表示，有机相电导率用 $\kappa_{(o)}$ 表示，第三相体积用 V_3 表示。

2 结果与讨论

2.1 水相盐酸浓度对萃取 HCl 及 H_2PtCl_6 的影响

2.1.1 无改性剂 TBP 时的萃取结果

固定有机相组成为 20% N235-$C_{12}H_{26}$ 及水相中 Pt 浓度为 4.84×10^{-3}mol/L，变动起始盐酸浓度 $C_{HCl(init)}$（以下简称水相盐酸浓度）的萃取结果列入表 1。

表 1 无改性剂时萃取 HCl 及 Pt 的结果

No.	$C_{HCl(init)}$ /mol·L^{-1}	$C_{HCl(o)}$ /mol·L^{-1}	E_{HCl} /%	$C_{Pt(o)}$ /mol·L^{-1}	E_{Pt} /%	$\kappa_{(o)}$/μS·cm^{-1}		V_3 /mL	$w(H_2O)$ /%	$Z(n_{HCl}/n_{N235(o)})$
						Up layer	Third phase			
1	0.993	0.343	34.5	0.0048	99.9	0.0	36.5	6.1	3.92	0.82
2	2.034	0.341	16.7	0.0048	99.9	0.0	36.2	5.7	4.23	0.81
3	3.010	0.402	13.4	0.0048	99.9	0.0	36.3	5.3	4.97	0.96
4	3.983	0.491	12.3	0.0048	99.9	0.0	36.1	5.3	4.98	1.17
5	5.078	0.599	11.8	0.0048	99.9	0.0	36.2	4.9	5.03	1.43
6	6.051	0.694	11.5	0.0048	99.9	0.0	36.4	4.8	5.52	1.65
7	6.930	0.762	11.0	0.0048	99.9	0.0	36.3	4.8	5.74	1.81
8	7.945	0.851	10.7	0.0048	99.9	0.0	36.2	4.7	5.81	2.03

从表1数据看出：（1）有机相中无改性剂时，水相盐酸浓度从0.993mol/L至7.945mol/L范围的全部萃取实验均出现第三相。（2）随着水相盐酸浓度的升高，有机相中的HCl浓度也逐渐增加，但由于前者的增幅远大于后者，因此盐酸的萃取率则不断下降。（3）水相酸度的变化不影响Pt的高萃取率，表明配阴离子$PtCl_6^{2-}$的亲水性和水化能远小于Cl^-，保证了$PtCl_6^{2-}$将优先萃入有机相。（4）从有机相上层的电导率为零及第三相出现$PtCl_6^{2-}$的橘黄色，可以推断萃入有机相的HCl和H_2PtCl_6将全部富集在第三相中。（5）第三相的电导率不受水相酸度的影响，但第三相的体积随水相酸度的增加而减小，第三相的水含量却逐渐增多。（6）第三相中盐酸物质的量$n_{HCl(o)}$与N235物质的量$n_{N235(o)}$的比值Z不断增大，表明第三相的组成结构相当复杂，在$C_{HCl(init)}=7.945mol/L$时，Z值已大于2，即HCl分子数比N235分子数多两倍以上，这种现象，只在研究HNO_3体系的文献中报道过[15]，对HCl体系尚未见报道。

2.1.2　加改性剂TBP后的萃取结果

固定有机相组成为20% N235-30% TBP-$C_{12}H_{26}$，固定水相中Pt的浓度为$4.84\times10^{-3}mol/L$，与表1对应变动水相HCl浓度，所得的$C_{HCl(o)}$、E_{HCl}、$C_{Pt(o)}$、E_{Pt}等试验数值与表1几乎完全一致，差别仅在于$C_{HCl(init)}$从0.993～5.078mol/L（No.1～5）的5份实验均不出现第三相。$C_{HCl(init)}$从6.051～7.945mol/L（No.6～8）的3份实验中有机相仍然出现分层，上层和第三相的体积、电导率和水含量均呈规律性变化，见表2。

表2　加改性剂后在高酸度仍出现第三相的情况

No.	$C_{HCl(init)}$ /mol·L^{-1}	有机相/mL		有机相电导率 $\kappa_{(o)}$/μS·cm^{-1}		含水量/%	
		Up layer	Third phase	Up layer	Third phase	Up layer	Third phase
6	6.051	4.8	15.7	0.0	105.9	0.03	7.96
7	6.930	6.2	14.5	0.0	142.2	0.02	8.65
8	7.945	7.3	13.4	0.0	178.1	0.02	9.25

从表2数据看出，（1）随着水相酸度的升高，再次出现的第三相体积逐渐缩小，电导率大幅度升高（比表1约高3～5倍），水分含量也随之增高。（2）第三相体积因组分中有TBP而显著大于表1中第三相的体积。同时从有机相上层体积数据分析，可推知此时的第三相中还含有一些稀释剂$C_{12}H_{26}$。（3）改性剂消除第三相的原因仍可解释为TBP的膦氧键与有机铵离子结合为可溶于$C_{12}H_{26}$的$R_3NH^+O=P(OC_4H_9)_3$，氯离子则以抗衡离子进入有机相中。（4）在高酸度下（$C_{HCl(init)}\geqslant6.051mol/L$），由于有机相中$C_{HCl(o)}$增大，TBP数量不够，有机相再次分为两层。但此种解释已很难说明表1、表2中各种数据的变化趋势。要弄清楚这些变化趋势尚需采用更有效的测试手段，进行更深入地研究。

2.2　稀释剂种类对第三相体积、电导率和水分含量的影响

2.2.1　无改性剂时的影响

固定有机相中萃取剂N235的量为20%（体积分数），稀释剂为正十二烷或磺化煤油，变动水相起始酸度$C_{HCl(init)}$（具体数据与表1、表2一致），测定第三相的体积V，电导率$\kappa_{(o)}$及水含量ρ（质量分数），结果绘入图1中。

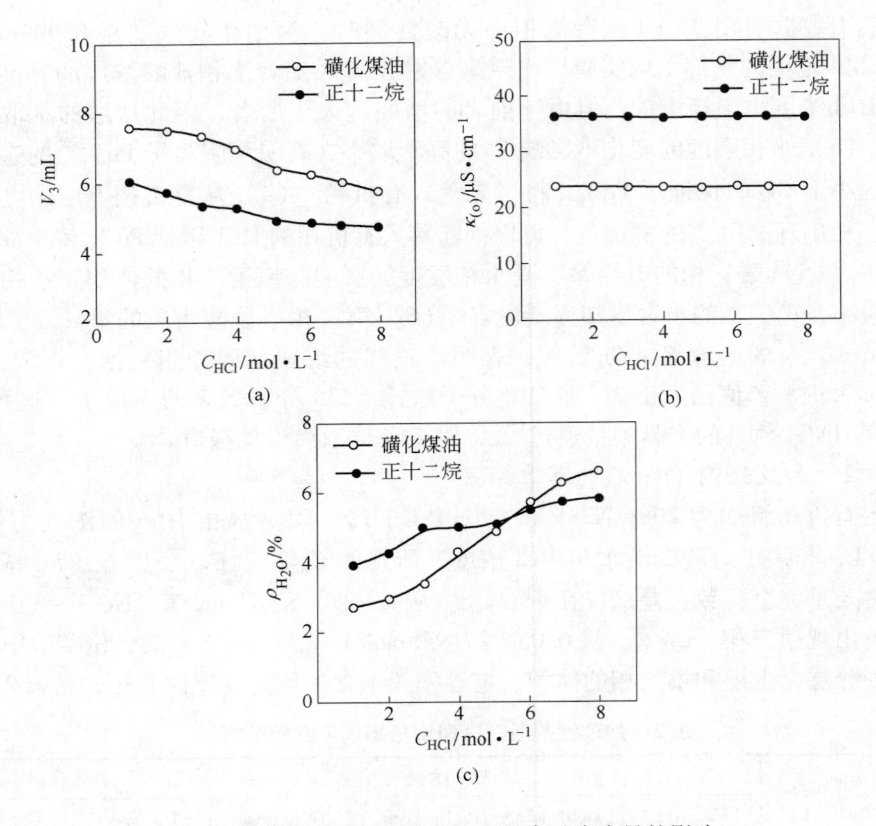

图 1　稀释剂对第三相体积、电导率及水含量的影响

从图 1 看出：（1）正十二烷为稀释剂时其第三相的体积小于磺化煤油为稀释剂时的体积，且都随 $C_{HCl(init)}$ 的增高而缓慢变小。（2）第三相的电导率对两种稀释剂都不随 $C_{HCl(init)}$ 变化而变化，但稀释剂为 $C_{12}H_{26}$ 时第三相的 $\kappa_{(o)}$ 值均高于磺化煤油为稀释剂时的 $\kappa_{(o)}$ 值。（3）第三相的水含量对两种稀释剂均随 $C_{HCl(init)}$ 的增高而增大，但磺化煤油为稀释剂时其变化幅度较大。

2.2.2　*加改性剂后的影响*

固定有机相的组成含 20% N235 及 30% TBP，变动稀释剂和变动 $C_{HCl(init)}$ 的萃取结果表明：改性剂 TBP 可使两种稀释剂的萃取体系在 $C_{HCl(init)}$ 不太高时不出现第三相。但 $C_{12}H_{26}$ 作稀释剂时 $C_{HCl(init)} \geqslant 6.051$mol/L，磺化煤油作稀释剂时 $C_{HCl(init)} \geqslant 7.945$mol/L，两种体系仍然再次出现第三相。此外，有机相的电导率与无改性剂时不同，它随 $C_{HCl(init)}$ 的增高而增高，在出现第三相时，这种含 TBP 的第三相的电导率则大幅度增高，见图 2。

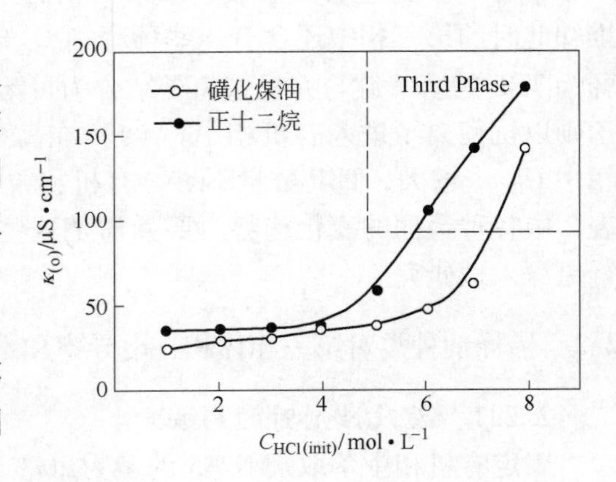

图 2　稀释剂及盐酸浓度对有机相电导率的影响

2.3 稀释剂种类对有机相萃 Pt 容量的影响

取一份 10mL 的有机相，其组成为 20% N235-20% TBP-60% 稀释剂，对若干份 10mL 的水相进行逐级萃取。水相的 $C_{HCl(init)}$ 均恒定为 1.000mol/L，Pt 浓度均为 0.995g/L。第一份萃取完毕分层之后，测定有机相的电导率，再用此份有机相萃取第二份水相，依次类推。分析各级萃残液的 C_{HCl} 及 C_{Pt}，差减法计算各级对 HCl 萃取率及其在有机相浓度的变化。

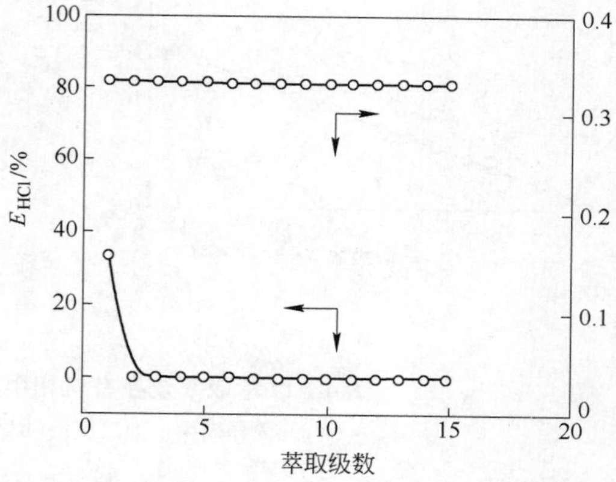

2.3.1 盐酸萃取率及在有机相中浓度与萃取级数的关系

逐级萃取过程中 HCl 的萃取率及在有机相中的浓度变化与萃取级数的关系绘入图 3。

图 3 盐酸萃取率及在有机相中浓度与萃取级数的关系（稀释剂为 $C_{12}H_{26}$）

从图 3 看出，在稀释剂为 $C_{12}H_{26}$ 的第一级萃取中，HCl 的萃取率为 33.4%，有机相中 HCl 浓度为 0.334mol/L。其后各级，HCl 的萃取率均低于零，约为 -0.04%，即萃残液的 HCl 浓度略高于萃取前的 HCl 浓度。这种现象的产生是因为实验方法中是首先将 H_2PtCl_6 储备液在小烧杯中蒸发至近干，然后用 10mL 1.0002mol/L 的盐酸标准液溶解作为待萃液，而在萃取反应中仅只是 H_2PtCl_6 中的配阴离子 $PtCl_6^{2-}$ 进入有机相，有机相中的两个氯离子被交换入水相，因此，从萃残液滴定出的 HCl 浓度均略高于盐酸标准液的酸度。根据我们的观点[13]，萃取反应式可写为式(1)～式（3）：

$$\overline{R_3N} + \overline{OP(OC_4H_9)_3} + H^+ + Cl^- \rightleftharpoons \overline{R_3NH^+ \cdot OP(OC_4H_9)_3 + Cl^-} \tag{1}$$

$$2\,\overline{R_3N} + 2\,\overline{OP(OC_4H_9)_3} + 2H^+ + PtCl_6^{2-} \rightleftharpoons \overline{2\,[R_3NH^+ \cdot OP(OC_4H_9)_3] + PtCl_6^{2-}} \tag{2}$$

$$\overline{2\,R_3NH^+ \cdot OP(OC_4H_9)_3 + 2Cl^-} + 2H^+ + PtCl_6^{2-} \rightleftharpoons \overline{2\,[R_3NH^+ \cdot OP(OC_4H_9)_3] + PtCl_6^{2-}} + 2H^+ + 2Cl^- \tag{3}$$

在上式中，物种上的横线表示在有机相中。在第一级萃取时，式（1）、式（2）均同时进行，而在第二级及其后各级的萃取中只有式（3）在进行。这就是说第一级萃取后，有机相形成了一种具有微弱电导率的液态阴离子交换剂，其后发生的萃取反应是一种 $PtCl_6^{2-}$ 配离子由于面电荷密度低而更容易进入有机相的阴离子交换反应。

2.3.2 不同稀释剂时，Pt 萃取率及其在有机相中浓度与萃取级数的关系

逐级萃取过程中，Pt 萃取率及其在有机相中浓度与萃取级数情况绘入图 4。

图 4(a)和(b)表明，对于正十二烷作稀释剂时，萃取进行到第 15 级时，有机相出

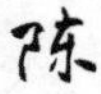

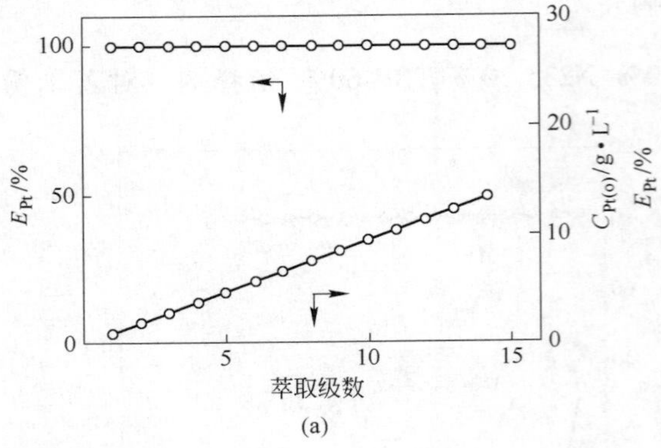

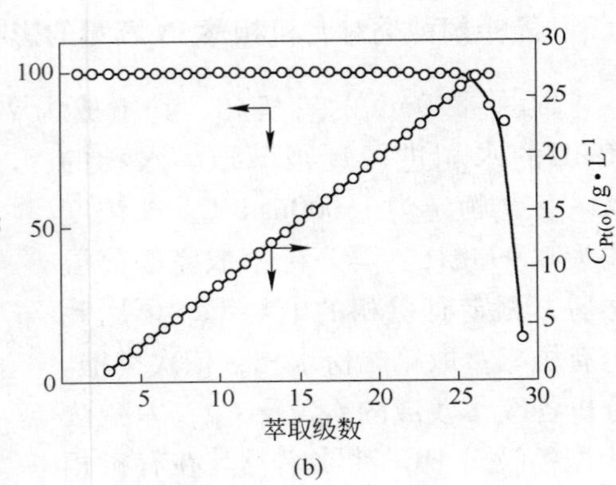

图4　Pt萃取率及在有机相中浓度与萃取级数关系

（a）稀释剂为正十二烷；（b）稀释剂为磺化煤油

现第三相。此前第14级的萃取有机相中Pt浓度达到6.77×10^{-2}mol/L（13.209g/L）。磺化煤油作稀释剂时，萃取可进行到第29级均不出现第三相，在第25级时，Pt的萃取率仍保持大于99%，有机相中的Pt浓度达12.32×10^{-2}mol/L（23.72g/L），其后Pt萃取率迅速下降，第29级时Pt的萃取率仅为15.2%。

2.3.3　有机相电导率与萃取级数的关系

萃铂有机相的电导率与萃取级数关系绘入图5。

图5表明：有机相的电导率随萃取级数的增加而逐渐降低，也就是说，随着有机相中$PtCl_6^{2-}$配离子浓度的升高，电导率降低。这种现象的产生是因为一个$PtCl_6^{2-}$配离子进入有机相要换下两个Cl^-离子，而$PtCl_6^{2-}$在有机相中比Cl^-离子的迁移速度更小所致。此外，图5还表明正十二烷为稀释剂的有机相其电导率低于磺化煤油作稀释剂的有机相，其原因可能是前者分子的碳链更长，黏度较高，阻碍了负载电荷离子的自由运动。

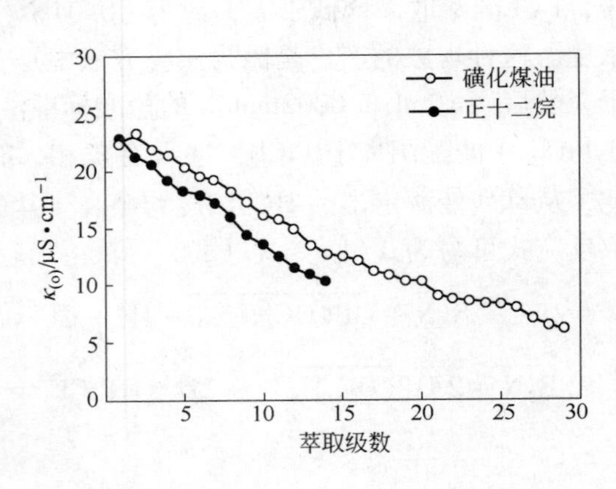

图5　有机相的电导率与萃取级数的关系

3　结语

（1）用叔胺N235从盐酸介质中萃取H_2PtCl_6时，若有机相中不含改性剂，则在$C_{HCl(init)}$=0.993~7.945mol/L的实验范围内均出现第三相。随着第三相中HCl浓度的增高，第三相的体积不断减小，水含量逐渐增加，电导率则基本恒定，而其中摩尔比Z（n_{HCl}/n_{235}）可以达到大于2，这些现象表明第三相的组成结构很复杂，需要深入研究。

（2）若在有机相中加入30% TBP后，$C_{HCl(init)}\leqslant$5.078mol/L的萃取实验均不出现

第三相，但 $C_{HCl(init)}$ ≥6.051mol/L 的实验仍然出现第三相，此种第三相比无 TBP 时萃取体系的第三相，体积和电导率约大 3 ~ 4 倍，水含量约大一倍。

（3）无论有机相中有无改性剂 TBP，无论 $C_{HCl(init)}$ 高或低，叔胺均能高效率萃取 H_2PtCl_6，且一级萃取率大于 99%。

（4）稀释剂的种类影响第三相的体积、电导率和水含量，但不影响对 Pt 的萃取率。

（5）对于含改性剂的有机相，稀释剂的种类还显著地影响 Pt 的萃取容量。以 $C_{12}H_{26}$ 为稀释剂时，有机相中 Pt 浓度高于 13.21g/L 即出现第三相；以磺化煤油为稀释剂时，有机相中 Pt 浓度可以高达 23.72g/L 而不出现第三相。

参 考 文 献

[1] 关根达也，长谷川佑子．溶剂萃取化学[M]．滕藤译．北京：原子能出版社，1981：365 ~ 368.

[2] 卢宜源，宾万达．贵金属冶金学[M]．长沙：中南大学出版社，2004：386 ~ 390.

[3] 余建民．贵金属萃取化学[M]．北京：化学工业出版社，2005：167 ~ 168.

[4] 程飞，古国榜，张振民，等．溶剂萃取分离金川料液中的金钯铂[J]．中国有色金属学报，1996，6(02)：32 ~ 35.

[5] 闫文飞，马刚，翁诗甫，等．表面活性剂从碱性氰化液中萃取金的机理研究．第三相的产生[J]．北京大学学报（自然科学版），2000，36(4)：461 ~ 466.

[6] Kedari C S，Coll T，Fortuny A. Third phase formation in the solvent extraction system Ir(Ⅳ)-cyanex 923[J]. solvent Extraction and Ion Exchange，2005，23：545 ~ 559.

[7] Fu X，Hu X，Cui W，Wang D，Fu X. Three phase extraction study. 1. Tri-butyl phosphate-kerosene/H_2SO_4-H_2O extraction system. Colloids and Surfaces [J]. Physicochemical and Engineering Aspects，1999，152(3)：335 ~ 343.

[8] Fu X，Shi J，Zhu Y，Hu Z. Study on the three-phase extraction system of TBP-kerosen/H_3PO_4-H_2O [J]. Solvent Extraction and Ion Exchange，2002，20(2)：241 ~ 250.

[9] Vidyalakshmi V，Subramanian M S，Srinivasan T G，et al. Effect of extractant structure on third phase formation in the extraction of uranium and nitric acid by N，N-dialkyl amides[J]. Solvent Extraction and Ion Exchange，2001，19(1)：37 ~ 49.

[10] 胡景炘，丛晓红，卢瑛，等．TBP 萃取 $U(NO_3)$ 和 HNO_3 的平衡研究 1. 第三相的形成[J]．核化学与放射化学，1999，21(2)：65 ~ 74.

[11] 刘金晨，刘志平，陈键，陆九芳．TRPO-稀释剂萃取硝酸过程中三相形成机理的研究[J]．核化学与放射化学，1998，20(1)：36 ~ 41.

[12] Fu X，Liu H，Chen H，Hu Z，Wang D. Three-phase extraction study of the TOA-alkane/HCl（Zn^{2+} or Fe^{3+}）system[J]. Solvent Extraction and Ion Exchange，1999，17(5)：1281 ~ 1293.

[13] 朱屯．萃取与离子交换[M]．北京：冶金工业出版社，2005：324 ~ 328.

[14] 谢琦莹，陈景，杨项军，王宇．N235 萃取 HCl 体系中 TBP 消除第三相的作用机理[J]．无机化学学报，2007，23(01)：57 ~ 62.

[15] 刘会洲．微乳相萃取技术及应用[M]．北京：科学出版社，2005：187 ~ 188.

Rh(Ⅲ)-Sn(Ⅱ)-Cl^-体系中 TBP 萃取铑的机理研究*

摘　要　本文对加 $SnCl_2$ 后 TBP 萃取铑、反萃铑、有机相再生及萃取机理做了系统的研究。在优化条件下，TBP 一级萃取铑可获得 99%以上的萃取率。提出了合理、高效的反萃方法，并借助电子光谱和红外光谱研究了 $SnCl_3^-$ 与 Rh（Ⅲ）的配位反应及配合物结构，认为体系生成的配阴离子主要为$[Rh_2(SnCl_3)_nCl_{6-n}]^{4-}$（$n=2\sim4$）；证明萃取机理属离子缔合□盐机理，推断了萃取反应式。

盐酸介质中铑以配阴离子 $RhCl_6^{3-}$ 状态存在。由于带有三个负电荷，水化作用很强，极难用各种有机溶剂萃取，因此，有关的研究报道不多。Berg 等[1]做了用 TBP 分离铂族金属的实验，指出 TBP 对铑的萃取极差（$D_{max}<0.3$）；陈景等[2]也得出萃取 H_3RhCl_6 的分配系数低达 0.02。文献[3]对 1979 年前研究加入大体积配体（如 $SnCl_3^-$，$SnBr_3^-$，SCN^-等），用有机溶剂萃取 Rh(Ⅲ)的工作进行了总结和评述。

由于 $RhCl_6^{3-}$ 配阴离子热力学稳定性差，动力学活性大，有人研究那些能作为配体的萃取剂去萃铑[4,5]。一些研究者研究了亚砜类从盐酸介质中萃取 Rh(Ⅲ)的动力学，讨论了萃取 Rh(Ⅲ)的机理[6~8]。童珏等[9]把 Rh(Ⅲ)溶液蒸干后溶解，迅速用伯胺萃取，据称 Rh(Ⅲ)的萃取率可提高到 90%以上。刘新起等[10,11]研究了 $RhCl_6^{3-}$ 转化为水合阳离子 $Rh(H_2O)_6^{3+}$ 的条件，找到了制备水合阳离子的可靠方法，用阳离子萃取剂 P204、P538 等萃取铑。近几年来，G. P. Demopoulos[12]提出了用 8-羟基喹啉的衍生物分离铂族金属的流程，发现该萃取剂对 Rh(Ⅲ)有一定的萃取作用，进而研究了加 $SnCl_2$ 后用 8-羟基喹啉衍生物萃取铑。他的方法[13]虽申请了专利，但 $SnCl_2$ 加入量过多，反萃方法不好，没有阐明加 $SnCl_2$ 萃铑的机理，且尚未见到应用方面的报道。

本文研究盐酸介质中加 $SnCl_2$ 后用 TBP 萃铑的机理，并提出了高效的反萃方法，以期获得一种冶金上可行的萃取工艺。

1　实验

1.1　主要试剂及仪器

铑标准液（H_3RhCl_6 溶液）：含 Rh 2.56g/L。磷酸三丁酯（TBP）：化学纯。氯化亚锡（$SnCl_2\cdot2H_2O$）：分析纯。盐酸：化学纯。反萃液：由化学试剂配制。

紫外及可见分光光度计 MPS-2000（日本岛津）傅里叶红外光谱仪。

1.2　实验方法

除部分实验另有说明外，有机相系取 10mL TBP 于 60mL 分液漏斗中，用预定酸度

---

* 本文合作者有：邹林华，潘学军；原载于 1996 年《全国冶金物理化学学术年会论文集（昆明）》。

的盐酸预平衡5min，放出水相。氯铑酸萃原液按 Sn：Rh 摩尔比（以后简称β）加入$SnCl_2$，恒温放置至预定时间，混相5min，分相后萃残液用$SnCl_2$比色法分析铑，苯芴酮比色法分析 Sn，用差减法计算萃取率$E(\%)$：

$$E(\%)=\frac{\text{萃原液中金属浓度}-\text{萃残液中金属浓度}}{\text{萃原液中金属浓度}}\times 100\%$$

2　结果与讨论

2.1　Sn∶Rh 摩尔比（β值）对萃取率的影响

由图1可见，当$\beta=4$时，一次 TBP 萃取的萃取率可达99.2%。为究其原因，对氯铑酸及按不同β值加入$SnCl_2$后的萃原液进行了分光光度测定，结果绘于图2及图3。从两图看出：H_3RhCl_6的特征吸收峰在505nm，据文献[14]，相应的配合物结构主要为$[Rh(H_2O)Cl_5]^{2-}$，当加入$SnCl_2$后，此特征峰消失，而在315nm、428nm附近出现新峰，与文献[14]报道的314nm、420nm几乎完全一致。

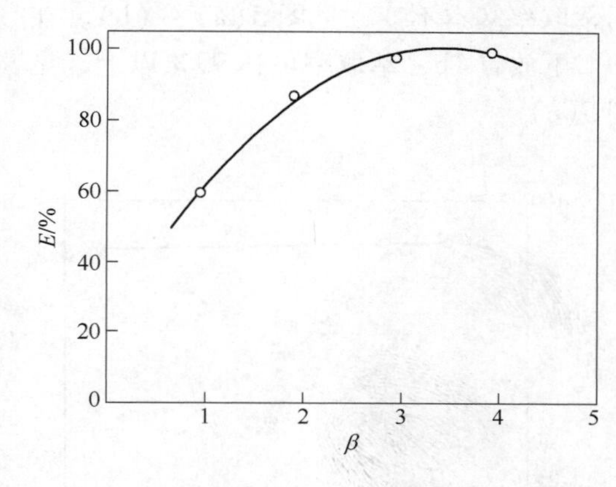

图1　β值与萃取率的关系

可以推断：(1) 影响萃取率的原因是低β值不能使全部的Rh(Ⅲ)形成易于萃取的配合物；(2) 在Rh(Ⅲ)与$SnCl_3^-$形成的配合物中，含$SnCl_3^-$配体愈多，其电子光谱的特征峰波长愈紫移，吸光值也愈高，愈易于萃取。为满足铑的完全萃取，取$\beta=4$。

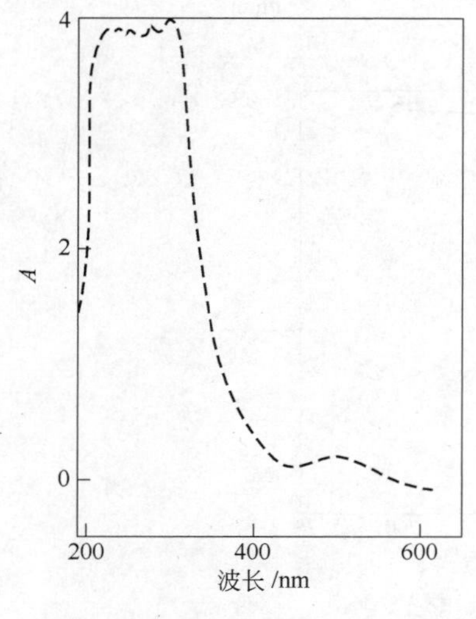

图2　H_3RhCl_6溶液的电子光谱

（$[Rh]=2.5\times10^{-3}$mol/L）

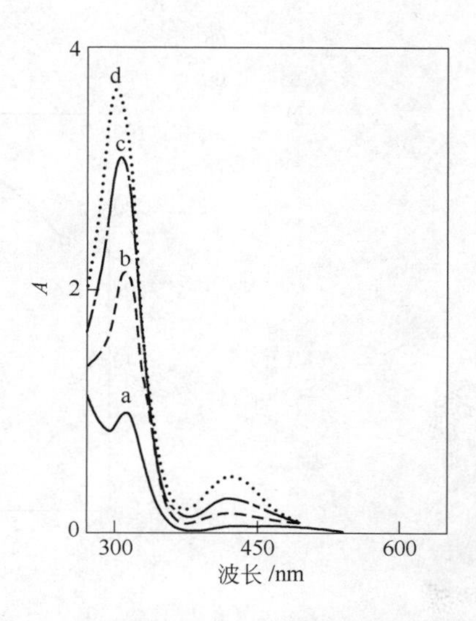

图3　不同β值下含$SnCl_2$萃原液的电子光谱

（$[Rh]=2.5\times10^{-3}$mol/L）

β：a—1；b—2；c—3；d—4

2.2 混相时间对萃取率的影响

由图4可见，3min 即可萃取完全，两相间的反应是快速过程。本文实验的混相时间取 5min，充分保证达到萃取平衡。

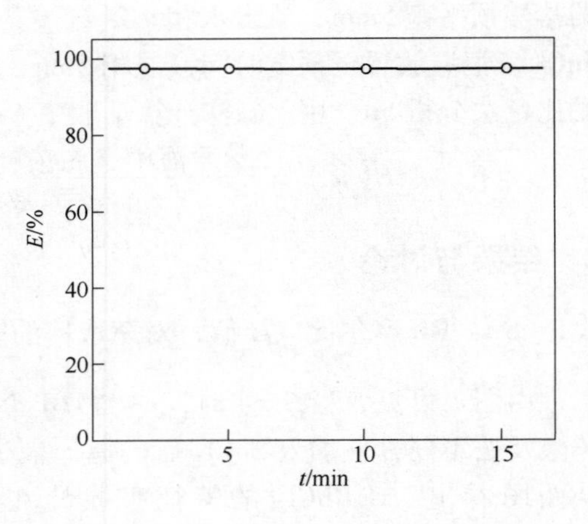

图4　混相时间与萃取率的关系

2.3 放置时间对萃取率的影响

加 $SnCl_2$ 后的放置时间对萃取率有明显影响。在室温下，萃取率随放置时间的增加而增加，在2h内达到90%，再延长时间萃取率基本不变，见图5(a)、(b)。在60℃下放置1h，萃取率可达99%以上，见图5(c)。

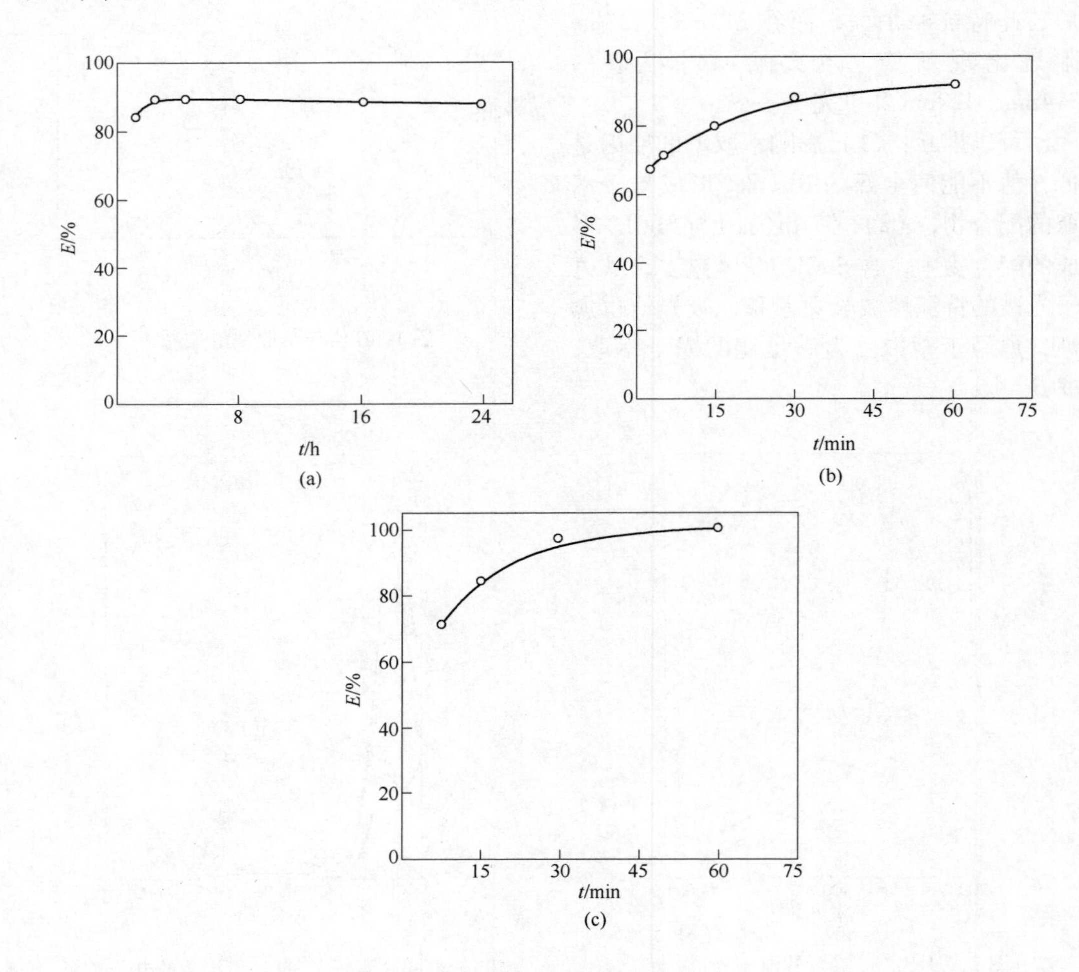

图5　萃取率与放置时间的关系

(a)，(b) 常温；(c) 恒温60℃

用电子光谱考察了萃原液在放置过程中的变化，由图 6 可见，随时间的延长波形及峰值基本不变，仅吸光值略微降低。

2.4 酸度对萃取率的影响

由图 7 可看出：$\beta=4$ 的萃取率远高于 $\beta=2$ 的萃取率，且前者在[HCl]=2mol/L 时有峰值，后者在[HCl]=4mol/L 处。通常［H^+］对萃取铂族金属有明显影响表明萃取机理是 TBP 与 H^+ 结合为𬭩阳离子后与铂族金属配阴离子缔合[2]。最初，萃取率随［H^+］增高而增高，继后，由于［Cl^-］的竞争作用，萃取率逐渐下降。本文选择 3mol/L HCl 为体系酸度，与 J. F. Young[15,16] 研究该体系所用酸度一致。

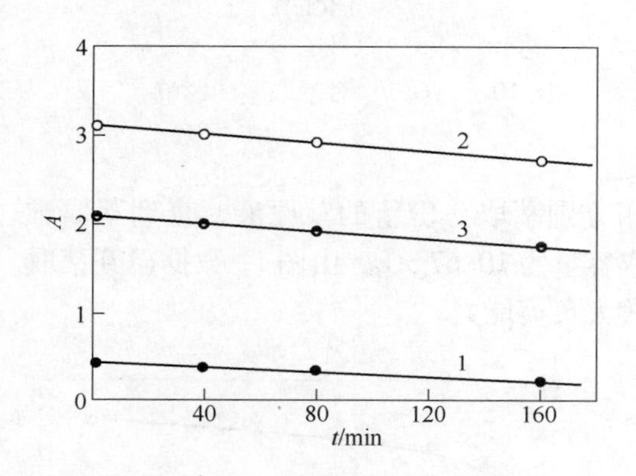

图 6　峰的吸光值随时间变化（$\beta=4$）

λ_{max}：1—248nm；2—315nm；3—255nm

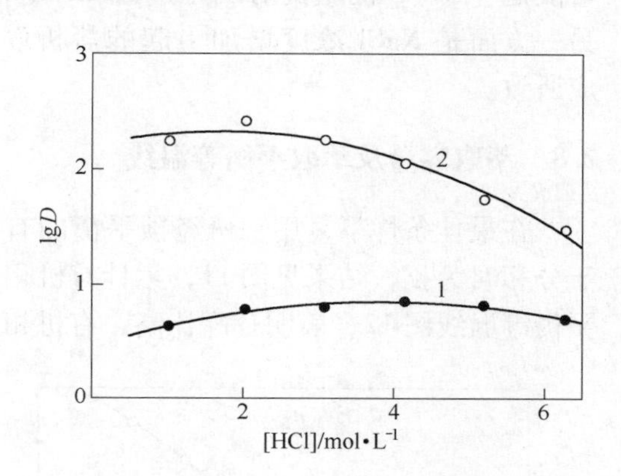

图 7　酸度对萃取率的影响

1—$\beta=2$；2—$\beta=4$

2.5 放置温度对萃取率的影响

由图 8 可见，随温度的升高萃取率增大，在 60℃ 后萃取率基本不变，故本文选用 60℃ 为配位反应温度，与文献[13]一致。

2.6 相比对萃取率的影响

图 9 表明有机相减少时，萃取率略有降低，从利于操作考虑，选用 O/A=1。

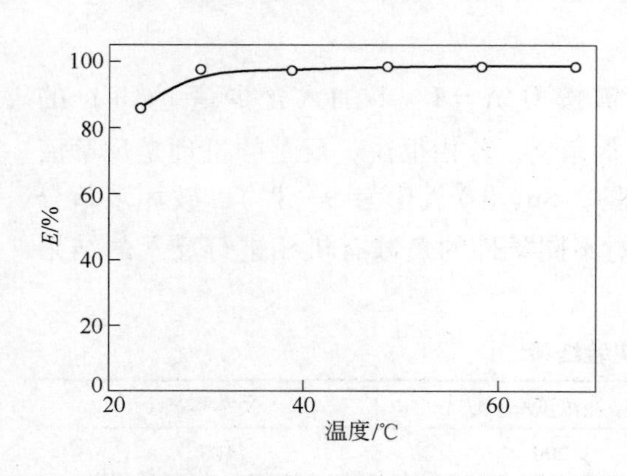

图 8　放置温度与萃取率的关系

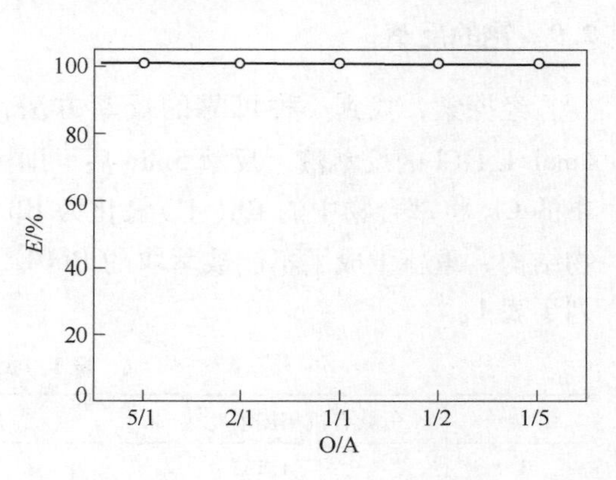

图 9　相比对萃取率的影响

2.7 Cl^-浓度对萃取率的影响

在1mol/L HCl介质中加入不同量的NaCl，常温放置1h，考查了［Cl^-］变化的影响（见图10）。结果表明随［Cl^-］的增大，分配比也增大，且lg$D$与lg［Cl^-］在［Cl^-］< 3mol/L范围内成线性关系。Cl^-对萃取有促进作用的原因一方面可能是［Cl^-］的增高有利于形成$SnCl_3^-$，另一方面是NaCl浓度增加引起的盐析效应所致。

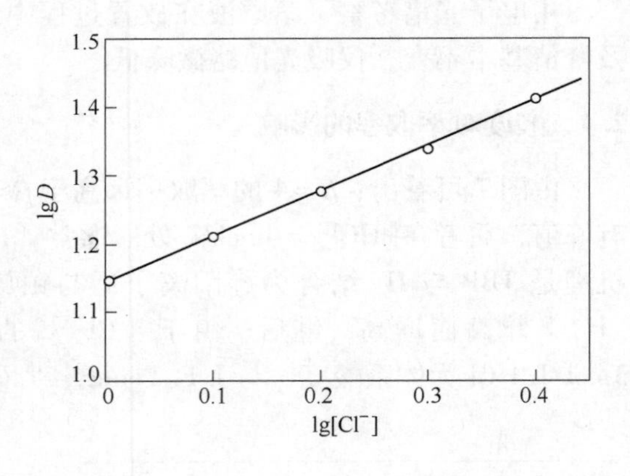

图10 ［Cl^-］对萃取率的影响

2.8 萃取容量及萃取平衡等温线

在最佳条件下，用一份经预平衡的有机相分别萃取9份新的萃原液，直到萃取难于分相时为止，结果见图11，累计有机相萃取容量为10.67g/L。由图11数据得到萃取平衡等温线图12，表明分配比高，有机相有较大负荷能力。

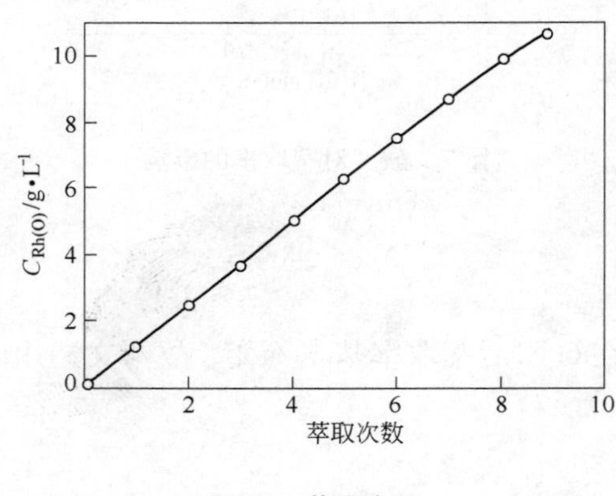

图11 萃取容量

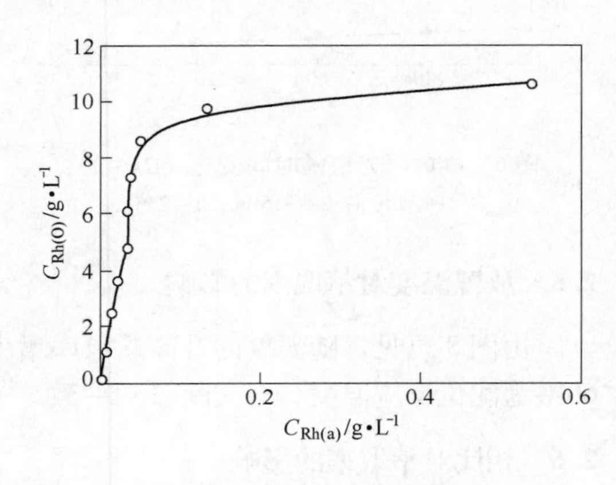

图12 萃取平衡等温线

2.9 铑的反萃

经探索，找到一种可靠的反萃方法，只需按O/A = 1∶1加入含少量$NaClO_3$的4mol/L HCl的反萃液，反萃5min后，即可反萃完全，分相很快。反萃的机理是反萃液中的Cl_2将萃合物中的Rh(Ⅰ)氧化为Rh(Ⅲ)，Sn(Ⅱ)氧化为Sn(Ⅳ)，破坏了萃合物结构，重新生成了不能被萃取的$RhCl_6^{3-}$。对不同条件的负载有机相进行反萃的结果列于表1。

表1 反萃实验结果

编号	负载有机相铑浓度/g·L^{-1}	反萃液铑浓度/g·L^{-1}	反萃率/%
1	1.155	1.200	100①
2	1.163	1.190	100

续表 1

编　号	负载有机相铑浓度/g·L^{-1}	反萃液铑浓度/g·L^{-1}	反萃率/%
3	1.147	1.210	100
4	1.085	1.120	100
5	1.274	1.350	100

①因分析误差，凡反萃率超过 100%，按 100% 计算。

上述结果表明：有机相只需反萃一级即可完全反萃。若负载有机相铑浓度高，可反萃两级，可保证铑完全彻底地反萃下来。

2.10　Sn 的反萃、回收及 TBP 的再生

萃铑前加入的 $SnCl_2$，一部分把 Rh(Ⅲ)还原为 Rh(Ⅰ)，本身被氧化为 Sn(Ⅳ)，以 $SnCl_6^{2-}$ 形式存在；一部分以 $SnCl_3^-$ 配体与 Rh(Ⅰ)配位生成配阴离子。若 $SnCl_2$ 过剩，部分以 $SnCl_3^-$ 游离状态存在。为了解 Sn 在整个过程中的走向及行为，考查了 TBP 对 Sn(Ⅱ)和 Sn(Ⅳ)的萃取，见图 13。结果表明酸度大于 2mol/L HCl 时，无论 Sn(Ⅱ)或 Sn(Ⅳ)几乎都完全萃取。因 $SnCl_3^-$ 和 $SnCl_6^{2-}$ 是以离子缔合质子化形式被萃入有机相，故可用 20% NaOH 反萃锡，以 Na_2SnO_3 形式回收锡，结果见表 2。反萃锡后的 TBP 用 3mol/L HCl 洗涤 5min，用微酸化蒸馏水洗涤两级，每级 3min。处理后的 TBP 可循环使用。

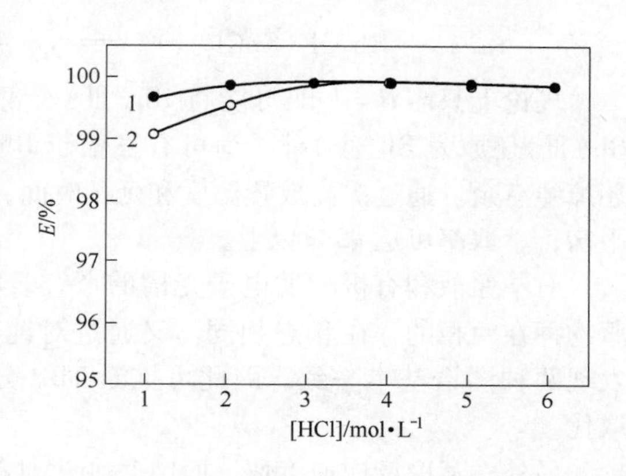

图 13　酸度对 TBP 萃取 Sn(Ⅱ)和 Sn(Ⅳ)的影响
1—Sn(Ⅳ)；2—Sn(Ⅱ)

表 2　Sn 在各阶段水相中的浓度

水　相	萃原液	萃残液	第一级反萃 Rh 溶液	第二级反萃 Rh 溶液	第一级反萃 Sn 溶液
Sn 浓度/g·L^{-1}	5.935	0.004	<0.004	<0.004	4.810

3　萃取机理

$SnCl_2$ 在强盐酸介质中以 $SnCl_3^-$ 存在，其结构见图 14(a)，它能与贵金属离子按图 14(b)所示形成强的 σ—π 配位键[17]，从而形成异常稳定的配阴离子。

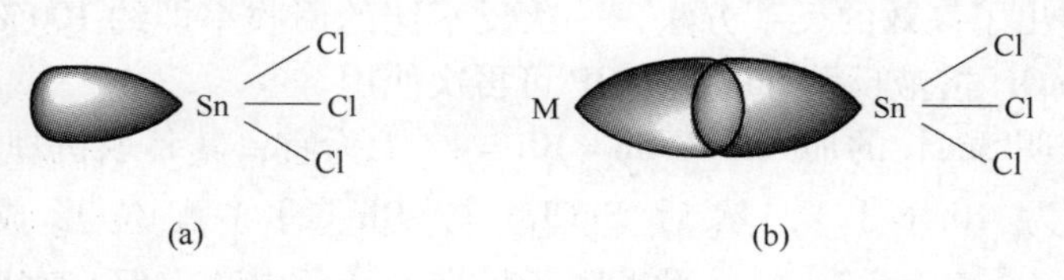

图 14　$SnCl_3^-$ 及其与金属 M 配位结构图

$SnCl_2$ 是一种中强还原剂，$E^{\ominus}_{Sn^{4+}/Sn^{2+}}=0.15V$，而 $RhCl_6^{3-}$ 动力学活性大很容易被还原，在室温下氢气都可将 Rh(Ⅲ)还原为金属铑[18]，故 $SnCl_3^-$ 使 Rh(Ⅲ)还原为Rh(Ⅰ)是完全合理的。另一方面，Rh(Ⅰ)仅带一个正电荷，不可能束缚住四个 Cl^-，迄今无人发现有 $RhCl_4^{3-}$ 存在。作者认为反应中 Rh(Ⅲ)被还原为 Rh(Ⅰ)，并立即形成桥式双核配合物。

本文研究表明，当 $\beta=1$ 时，一半 $SnCl_2$ 用于使 Rh(Ⅲ)还原为 Rh(Ⅰ)，另一半与 Rh(Ⅰ)配位成配阴离子，未被还原的 Rh(Ⅲ)在水溶液中仍以 $[Rh^{Ⅲ}(H_2O)Cl_5]^{2-}$ 形式存在，故 $\beta=1$ 时，铑的萃取率只有50%左右。通过对萃残液电子光谱的考查，证实了上述结论。

在萃原液中存在着如下平衡：

$$2RhCl_6^{3-}+4SnCl_3^-=\!=\!=[Rh_2Cl_4(SnCl_3)_2]^{4-}+2SnCl_6^{2-}+2Cl^- \quad (1)$$

$$trans-[Rh_2Cl_4(SnCl_3)_2]^{4-}\rightleftharpoons cis-[Rh_2Cl_4(SnCl_3)_2]^{4-} \quad (2)$$

理论上只需 $\beta=1$ 即可能将 Rh(Ⅲ)全部转化为 Rh(Ⅰ)。当 $\beta=4$ 时，除用于使 Rh(Ⅲ)还原为 Rh(Ⅰ)外，尚可有三倍于 Rh(Ⅰ)的 $SnCl_3^-$，形成 $[Rh_2Cl_2(SnCl_3)_4]^{4-}$ 还绰绰有余。通过提高放置温度和延长时间，使 Rh(Ⅰ)形成配阴离子的反应达到完全平衡，萃取率可达99%以上。

对萃原液和有机相的电子光谱的考查表明：两者的吸收曲线基本相同，因此，被萃物种在两相的存在状态相同。又通过对纯 TBP 和饱和负载有机相红外光谱的考查，发现两种图谱基本一致。因此可推断 TBP 分子与含 Sn 的 Rh 双核配离子未发生配位取代。

另外，萃取反应速度快，$[H^+]$ 变化对萃取率有明显影响，萃取率对 $[H^+]$ 作图有峰值，当有机相中萃合物结构发生变化，Rh 立即被完全反萃，都表明 $[Rh_2(SnCl_3)_nCl_{6-n}]^{4-}(n=2\sim4)$ 系以离子缔合机理被萃入 TBP 中，TBP 未与 Rh(Ⅰ)配位。根据上述分析，推断其萃取反应式为：

$$4\,\overline{TBP}+4H^+=\!=\!=4\,\overline{TBP\cdot H^+} \quad (3)$$

$$[Rh_2(SnCl_3)_nCl_{6-n}]^{4-}+4\,\overline{TBP\cdot H^+}=\!=\!=\overline{(TBP\cdot H^+)_4[Rh_2(SnCl_3)_nCl_{6-n}]^{4-}}(n=2\sim4) \quad (4)$$

4 结论

（1）本文研究提出在 H_3RhCl_6 溶液中加 $SnCl_2$ 后用 TBP 萃取铑的方法，在最佳条件下一次萃取率大于99%，饱和萃取容量大于10.67g/L。

（2）研究提出了高效的反萃方法，一次反萃铑的回收率即约100%，Sn 仍残留于有机相，再用 NaOH 溶液反萃 Sn 后，TBP 可再次使用。

（3）研究表明 $SnCl_2$ 的加入量以 Sn∶Rh=4∶1 为宜，其萃取机理是 $SnCl_2$ 首先将 Rh(Ⅲ)还原为 Rh(Ⅰ)，然后 $SnCl_3^-$ 与 Rh(Ⅰ)配位形成双核配离子 $[Rh_2(SnCl_3)_nCl_{6-n}]^{4-}(n=2\sim4)$，此配离子虽带四个负电荷，但它有庞大的体积，面电荷密度低，在酸性溶液中被质子化的 TBP 分子以离子对机理萃取。

参考文献

[1] Berg E, et al., Anal Chem, Acta, 1958, 19: 12.
[2] 陈景，杨正芬，崔宁．金属学报，1982，18(2):235～244.
[3] 王永录．贵金属，1979(2):32～44.
[4] Lewis P A, et al. Journal of the Less-Common Metals, 1976, 45(2):193～214.
[5] 谢宁涛，宋焕云，等．贵金属冶金，1980(1～2):1～13.
[6] 席德立，丛进阳．贵金属，1980，1(2):9～17.
[7] 丛进阳，等．金川第三次科研会议论文(内部)，1983，7：51.
[8] 马达弟，龙惕吾．贵金属，1990，11(1):1～9.
[9] 童珏，程子贞，等．化学学报，1984，42：487～490.
[10] 北京大学，金川有色贵金属公司．用溶剂萃取法从金川铑精矿溶液中分离和提纯铑的扩大试验报告，1985：8.
[11] 刘新起，工祥云，等．化学学报，1985，43：327～332.
[12] Demopoulos G P. ICHM'92. Changsha, China, 1992, 448～453..
[13] Demopoulos G P. Benguerl, Elyse, Harris, Garfield B., U. S. Pat. 5201942, 1993.
[14] Ginzbukg S I, Ezerskaya N A. Analytical Chemistry of Platinum Metals, 1975.
[15] Young J F. J. Chem. Soc., 1964(12):5176.
[16] Young J F. J. Am. Chem. Soc., 1963, 85(11):1692.
[17] Bailar J C. Comprehensive Inorganic Chemistry[M]. Vol. 2: 50.
[18] 陈景．铂族金属化学冶金理论与实践[M]．昆明：云南科技出版社，1995.

碱性氰化液中加表面活性剂用 TBP 萃取金的研究*

摘　要　研究提出了在碱性氰化液中加入表面活性剂萃取金的新型萃取体系。考察了平衡 pH 值、有机相组成、CPB：$Au(CN)_2^-$（摩尔比）、混相时间、相比、金初始浓度、温度、萃取剂类型、稀释剂类型及不同表面活性剂对萃取率的影响。控制表面活性剂用量，能使 TBP 选择性地定量萃取金；平衡 pH 值及稀释剂用量对萃取率影响不大；在优化条件下金的萃取率达 98 % 以上；用 30% TBP + 70% 磺化煤油的有机相，金的萃取容量达 38042mg/L。讨论了萃取机理，推断了萃取反应式。

1　引言

20 世纪 70 年代起一些研究者就开始研究从碱性氰化液中萃取金[1,2]，但由于当时缺乏从碱性溶液中萃取阴离子且具有良好选择性的萃取剂而间断。自 Mooiman 等[3] 发表了萃取金的有趣结果后，从碱性氰化液中萃取金的研究空前活跃，公开发表的论文很多，是当今湿法冶金研究中的热门课题之一。

对已取得较好效果的工作按萃取剂分类主要是膦类[4~8]、胺类[9~14]、季铵盐[15,16]、胍类[17]，以及胺类和膦类[18,19]或亚砜和胺类[20]构成的协萃体系。通常萃取体系都是在弱酸性或中性介质中对萃取 $Au(CN)_2^-$ 较有利，而金的工业氰化液为碱性（pH = 10 ~ 11），因此，如何提高对 $Au(CN)_2^-$ 的萃取率以及对其他氰化配阴离子如 $Ag(CN)_2^-$、$Cu(CN)_2^-$、$Zn(CN)_4^{2-}$、$Fe(CN)_6^{4-}$、$Ni(CN)_4^{2-}$ 等的选择性已成为上述文献研究的重点。普遍存在的问题是 pH_{50} 偏低，且对氰化配阴离子的选择性差，成本高，不易反萃等。本文提出有关用表面活性剂提高金(Ⅰ)萃取率的方法文献中尚未见报道。

本文研究加表面活性剂溴化十六烷基吡啶（CPB）从氰化液中萃取金的新型萃取体系。

2　实验方法

2.1　主要试剂

氰亚金酸钾[$KAu(CN)_2$]：分析纯；磷酸三丁酯（TBP）：化学纯，磺化煤油：用市售煤油精制；6 种表面活性剂中，3 种为化学纯试剂，3 种为工业纯试剂。

2.2　实验方法

除部分实验外，均取 10mL 有机相在 60mL 分液漏斗中用预定 pH 值的水溶液预平衡两次，加入 10mL 预定 pH 值（用 NaOH 或 H_2SO_4 调 pH 值）的待萃水相，按与

* 本文合作者有：潘学军；原载于《稀有金属》2000 年第 2 期。

$Au(CN)_2^-$等摩尔比加入表面活性剂CPB后振荡10min，分相后测萃残液的pH值作为萃取反应平衡pH值，萃残液用原子吸收光谱测定金的浓度，用差减法计算萃取率。

3 结果及讨论

3.1 平衡pH值对TBP萃取金的影响

由图1（A线）看出纯TBP萃取$Au(CN)_2^-$时，平衡pH值对萃取率影响很大。pH值从3～6，萃取率随H^+浓度的降低而急剧降低，pH值从7～12，萃取率又随pH值上升而增高。此现象与Mooiman[21]和Miller等[4]用纯DBBP萃取获得的结果类似。

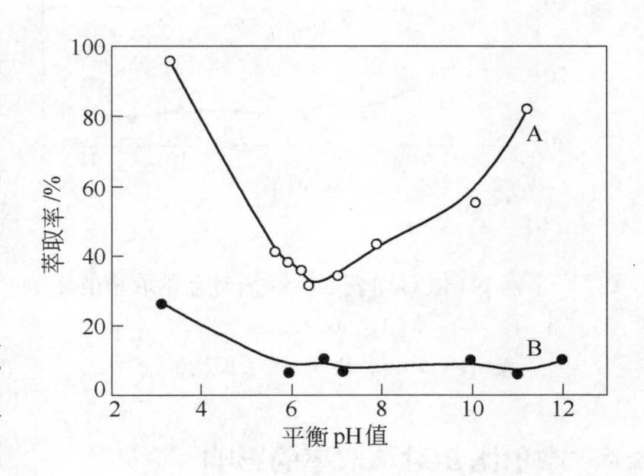

图1 平衡pH值对TBP萃取$Au(CN)_2^-$的影响

（水相含Au 200 mg/ L）

A—纯TBP；B—50% TBP+50%磺化煤油

萃取率对平衡pH值曲线产生凹谷的原因可解释为在低pH值下TBP萃取$Au(CN)_2^-$是先发生质子化，然后在有机相与$Au(CN)_2^-$形成离子对[22]，反应式为：

$$\overline{TBP} + H^+ + Au(CN)_2^- \rightleftharpoons \overline{TBP \cdot H^+ \cdot Au(CN)_2^-} \quad (1)$$

上划横线表示有机相。式（1）表明随［H^+］的降低，反应平衡左移，萃取率下降。当pH>7后，［H^+］已小于10^{-7}mol/L，萃取机理发生变化，$Au(CN)_2^-$与碱金属阳离子M^+（如K^+、Na^+等）形成离子对，然后被TBP溶剂化而进入有机相，pH值愈高，Na^+浓度愈大，萃取率随之增大。Miller等[4]通过测定有机相中的K^+，证实这种机理的反应式为：

$$M^+ + Au(CN)_2^- + m\overline{TBP} \rightleftharpoons \overline{M^+ \cdot Au(CN)_2^- \cdot mTBP} \quad (2)$$

由图1（B线）可看出50% TBP+50%磺化煤油萃取$Au(CN)_2^-$，萃取率显著下降，表明有机相中TBP的浓度对萃取Au有强烈的影响。

3.2 平衡pH值对加表面活性剂时金萃取率的影响

由图2可见，在水相中按CPB：$Au(CN)_2^-$摩尔比（以下简称β）为1：1加入表面活性剂后，在pH=3～12范围内其萃取率明显提高。实验发现加表面活性剂后，分相速度快（1～2min），而无表面活性剂时分相需5～6h。这表明表面活性剂不但可明显提高萃取率，并可明显改善分相。

3.3 有机相中TBP浓度对金萃取率的影响

在图3中，加入表面活性剂后，纯稀释剂（磺化煤油）萃取金时，由于形成第三相，无法计算萃取率。加10% TBP后金萃取率即大于90%，进一步增大TBP的浓度，金的萃取率变化不大。考虑萃取率受TBP浓度影响不大，后续实验均采用30% TBP+70%磺化煤油为有机相。

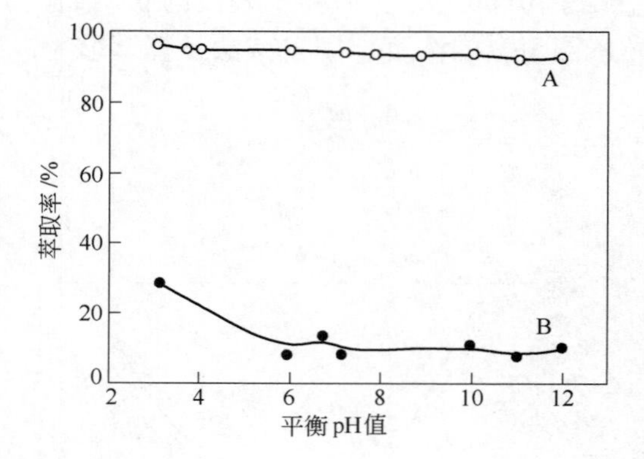

图2 平衡 pH 值对加表面活性剂时金萃取率的影响
（水相含 Au 200mg/L）
A—β = 1∶1；B—不加表面活性剂

100
80
60
40
20
0
萃取率/%
0
20
40
60
80
100
有机相中TBP的体积分数/%
*

图3 有机相中 TBP 浓度对金萃取率的影响
（水相含 Au 200mg/L，β = 1∶1，pH = 10.5，
“ * ”处出现第三相，无法计算萃取率）

3.4 摩尔比 β 对萃取率的影响

由图4可见，在 β 在 0 ~ 1∶1 之间线性相当好，对10个实验数据进行线性回归得：

$$[Au]_{org} = 0.953[CPB]_{aq} + 1.56 \times 10^{-6} \tag{3}$$

式中，$[Au]_{org}$ 为有机相中金浓度；$[CPB]_{aq}$ 为水相中表面活性剂浓度。

当不加表面活性剂，即 $[CPB]_{aq} = 0$ 时，$[Au]_{org} = 1.56 \times 10^{-6}$ mol/L，表明 30 % TBP + 70% 磺化煤油能萃取微量的 $Au(CN)_2^-$，因此直线稍偏离原点。直线斜率为 0.953，接近于 1，表明表面活性剂的阳离子与 $Au(CN)_2^-$ 按 β = 1∶1 形成电中性离子对。

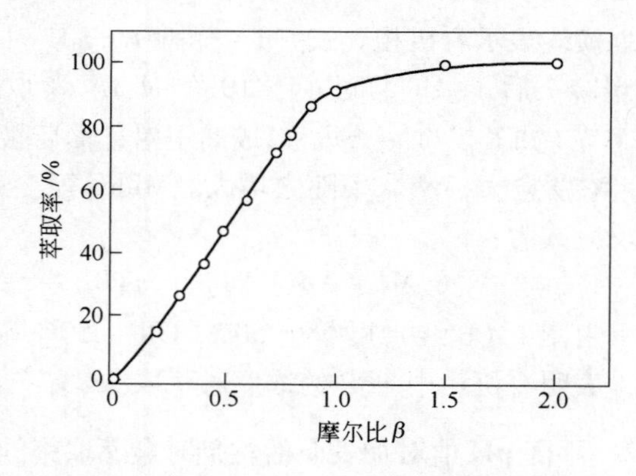

图4 CPB∶$Au(CN)_2^-$ 摩尔比 β 对萃取率的影响
（水相含 Au 200mg/L，pH = 10.5）

由图4还可看出，加大表面活性剂的用量，萃取率可高达 99.7%，但因过量 CPB 的加入使分相困难，经实验探索，只需过量 5%，萃取率即可达 98% 以上，故后续实验按 β = 1.05∶1 加入 CPB。

3.5 混相时间、相比及平衡温度对萃取率的影响

实验结果表明，混相时间 1min，萃取率可达 98% 以上，且分相速度快。延长混相时间萃取率变化不大。本实验混相时间 10min，充分保证达到萃取平衡。当水相/有机相（A/O）体积比在 1∶1 至 10∶1 之间变动时，萃取率随相比（A/O）增大稍有下降，但变化不大。这种大相比下短时萃取对工业应用是有利的。

温度是影响萃取平衡比较复杂的因素。当温度在 10 ~ 60℃ 之间变动时，对萃取率影响不大，无法计算该萃取反应的热效应。但可以肯定，对萃金体系，温度不是影响

萃取平衡的主要因素。

3.6 水相初始金浓度对萃取率的影响

由图5(a)可见，当水相初始金浓度在100～5000mg/L之间时，金的萃取率均超过99%。由图5(b)可见，当金浓度低于50mg/L时，萃取率稍有下降，但在10mg/L时，萃取率仍大于96%。

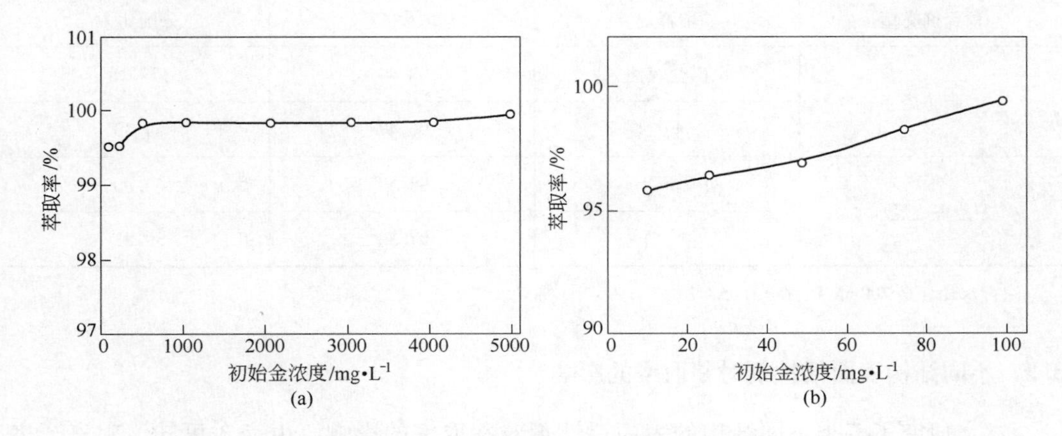

图5 水相初始金浓度对萃取率的影响

3.7 不同有机相组成对金萃取率的影响

由表1可见，对溶剂化能力较强的TBP及亚砜类萃取剂，在 $\beta=1:1$ 时对 $Au(CN)_2^-$ 的萃取率均达到90%以上，而溶剂化能力弱的二丁基卡必醇（DBC）效果较差。

由于在各种亚砜中KMS亚砜对 $Au(CN)_2^-$ 的萃取率较高，故考察了混相时间对萃取率的影响（见图6）。由图6可见，随混相时间的延长，萃取率增大，但KMS萃取的动力学速度明显小于TBP的萃取，需要混相5min才能达到萃取平衡。

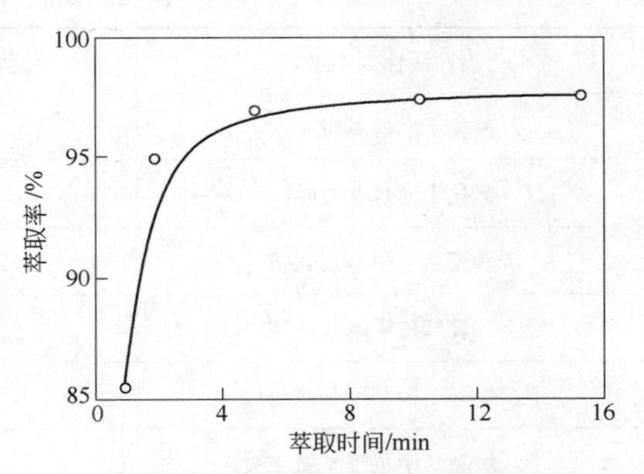

图6 混相时间对萃取率的影响

（水相含Au 200mg/L，$\beta=1:1$，pH = 10.5）

表1 不同有机相组成对金萃取率的影响

有机相组成（体积分数）	萃取率 E/%	分配比 D
30% TBP + 70% 磺化煤油	99.44	177.18①
20% KMS② + 80% 正十二烷	97.50	39.0
50% 二辛基亚砜 + 50% 磺化煤油	90.31	9.32
50% 二异辛基亚砜 + 50% 磺化煤油	91.84	11.25
50% DBC + 50% 磺化煤油	76.56	3.26

注：水相含Au 200mg/L。

①$\beta=1.05:1$；②实验室合成亚砜。

3.8 不同类型稀释剂对萃取率的影响

用脂肪烃和芳香烃做了对比实验。由表2可见，稀释剂中磺化煤油优于正十二烷，芳香烃中苯优于甲苯。

表2 不同稀释剂对萃取率的影响

稀释剂类型	稀释剂	萃取率 E/%	分配比 D
脂肪烃	磺化煤油	99.44	177.18
	正十二烷	98.47	64.33
芳香族烃	苯	98.57	69.00
	甲　苯	97.55	39.83

注：水相含金200mg/L，$\beta=1.05:1$。

3.9 不同结构表面活性剂对萃取率的影响

本文研究了五类不同结构的表面活性剂对萃取率的影响，由表3可知，阳离子表面活性剂的结构对本体系萃取率影响不大。

表3 不同结构表面活性剂对萃取率的影响

表面活性剂类型	萃取率 E/%	分配比 D
溴化十六烷基吡啶	99.44	177.18
氯化十六烷基吡啶	98.88	88.09
十六烷基三甲基溴化铵	99.80	499
十二烷基三甲基氯化铵	97.86	45.62①
十二烷基二甲基苄基氯化铵	99.97	3919①
十八烷基二甲基苄基氯化铵	99.59	244①

注：水相含Au 200mg/L。

①工业纯试剂，摩尔比β约等于1∶1。

3.10 萃取容量及萃取平衡等温线

图7是用10mL有机相(30% TBP+70% 磺化煤油)对20份10mL待萃液([Au]=200mg/L，$\beta=1.05:1$，pH=10.5）连续萃取的实验结果，表明有机相中金浓度一直呈直线上升，至20次时有机相金浓度高达38042mg/L，但仍未达饱和。

图8萃取平衡等温线表明，当有机相金浓度达38042mg/L时，水相中残留的金浓度仍小于105mg/L。

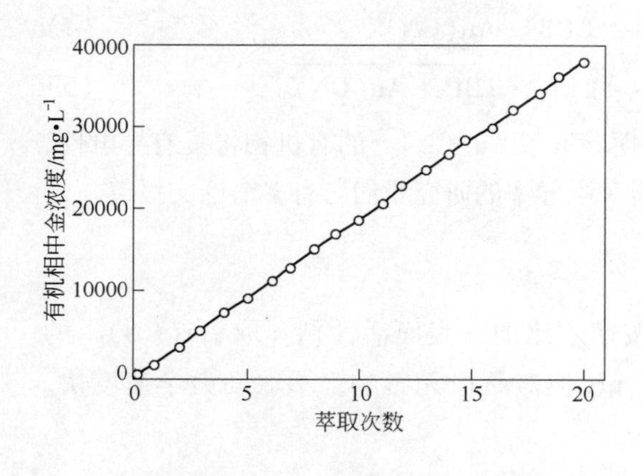

图 7　萃取次数与有机相 Au 浓度关系

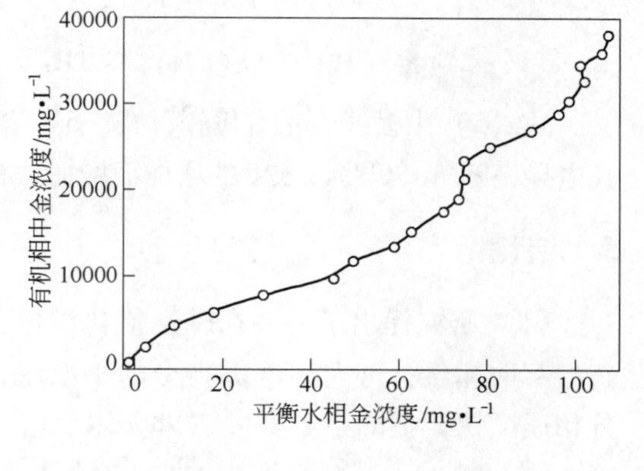

图 8　萃取平衡等温线

4　萃取机理

实验研究中观察到两种反应现象：（1）将 TBP 和稀释剂组成的有机相加入到表面活性剂的水溶液中振荡时，形成了严重的水包油滴乳化体系。（2）将表面活性剂的水溶液加入到含金的氰化液中时，出现细微的白色沉淀，当再加入由 TBP 和稀释剂组成的有机相并振荡分相后，白色沉淀消失，分析水相组分表明 $Au(CN)_2^-$ 已被萃入有机相。

反应现象（1）可以解释为：表面活性剂的阳离子其亲水端排列在稀释剂油滴的表面，TBP 分子的极性端夹杂其中，以减小亲水端正电荷间的相互排斥作用，表面活性剂的阴离子（溴离子或氯离子）由于水化作用强，被水分子包围，分散在油滴的周围，形成了稳定的 O/W 乳化体系，如图 9(a)所示。当向这种乳化体系中加入一种阴离子体积大的盐类（$NaClO_4$、$KAu(CN)_2$、NaSCN）时，可以破坏乳化而分相。

反应现象（2）可以解释为：表面活性剂的大阳离子与 $Au(CN)_2^-$ 配阴离子形成的缔合物沉淀可以溶解在 TBP + 稀释剂的有机相中，其溶解原因我们认为是 TBP 分子的碱性膦氧键与表面活性剂阳离子的正电荷发生吸引作用，拆散沉淀的缔合物而进入有机相，而 $Au(CN)_2^-$ 的面电荷密度低，水化作用弱，它也可以进入有机相，成为电中性原理所需的抗衡离子，如图 9(b)所示。

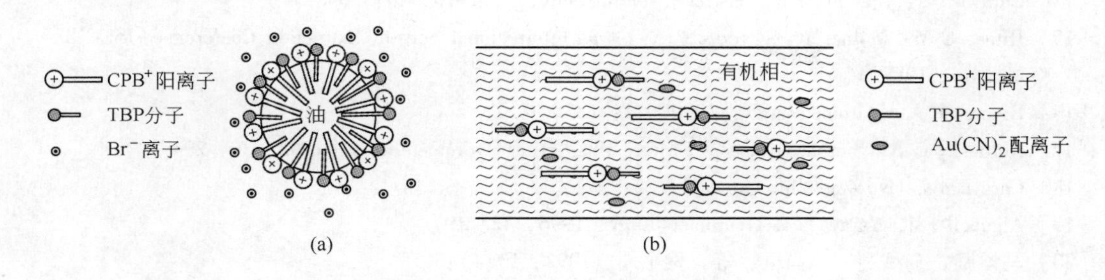

图 9　O/W 乳滴及萃取 $AuCN_2^-$ 有机相结构示意图

根据上述观点，可写出萃取反应式为：

$$CPB^{+} + Au(CN)_2^{-} \rightleftharpoons CPB^{+} \cdot Au(CN)_2^{-} \tag{4}$$

$$CPB^{+} \cdot Au(CN)_2^{-} + \overline{TBP} \rightleftharpoons \overline{CPB^{+} \cdot TBP + Au(CN)_2^{-}} \tag{5}$$

式（5）中横线表示有机相，式（5）表明萃取了 $Au(CN)_2^{-}$ 的有机相将具有导电性，且电导率随 $Au(CN)_2^{-}$ 浓度的增加而增加。有关电导率的研究我们已有多篇论文报道。

5 结论

（1）研究提出了一种在碱性氰化液中按摩尔比加入表面活性剂萃取 $Au(CN)_2^{-}$ 的新型萃取体系，可大幅度提高金的萃取率，pH 值对萃取无影响，萃取动力学速度快，分相速度快，金的萃取率可达98%以上。

（2）讨论了萃取机理，推断了萃取反应式为：

$$CPB^{+} + Au(CN)_2^{-} + \overline{TBP} \rightleftharpoons \overline{CPB^{+} \cdot TBP + Au(CN)_2^{-}}$$

（3）30% TBP +70%磺化煤油作有机相时，金的萃取容量可达38g/L，如此高的载金容量在其他萃 Au 体系中是很少见到的。

参 考 文 献

[1] Das N R, Bhattacharyya S N. Talanta, 1976, 23: 535.

[2] Ritcey G M, Askbrook W A. Solvent Extraction-Part Ⅱ, Elsevier, Amsterdam, 1979: 381.

[3] Mooiman M B, Miller J D, Mena M M. International Solvent Extraction Conference(ISEC'83), AIChE, Denver, 1983: 530.

[4] Miller J D, Wan R Y, Mooiman M B, et al. Seperation Science and Technology, 1987, 22(2-3):487.

[5] Wan R Y, Miller J D. J. Metals, 1986, 38(12):35.

[6] Mooiman M B, Miller J D. Hydrometallurgy, 1991, 27: 29.

[7] Alguacil F J, Caravaca C, Cobo A, et al. Hydrometallurgy, 1994, 35: 41.

[8] Alguacil F J, Caravaca C, Martinez S, et al. Hydrometallurgy, 1994, 36: 369.

[9] Mooiman M B, Miller J D. Minerals and Metallurgical Processing, SME/AIME, 1984: 153.

[10] Mooiman M B, Miller J D. Hydrometallurgy, 1986, 16: 245.

[11] Alguacil F J, Hernandez A, Luis A. Hydrometallurgy, 1990, 24: 157.

[12] Caravaca C, Alguacil F J. Hydrometallurgy, 1992, 31: 257.

[13] Caravaca C. Hydrometallurgy, 1994, 35: 53.

[14] Caravaca C, Alguacil F J, Sastre A. Hydrometallurgy, 1996, 40: 263.

[15] Ritcey G M, Molnar R, Riveros P A, et al. International Solvent Extraction Conference(ISEC'88), Moscow, 1988.

[16] Riveros P A. Hydrometallurgy, 1990, 24: 135.

[17] Kordosky G A, Sierakoski T M, Virning M I, et al. Hydrometallurgy, 1992, 30: 291.

[18] Caravaca C. Hydrometallurgy, 1994, 35: 27.

[19] Alguacil F J, Caravaca C. Hydrometallurgy, 1996, 42: 197.

[20] 马恒励，金品利，李昌群，等. 贵金属，1992，13(4):8.

[21] Mooiman M B. The Solvent Extraction of Gold from Cyanide Solution [D], UT: University of Utah, 1984.

[22] 陈景. 铂族金属化学冶金理论与实践[M]. 昆明：云南科技出版社，1995.

阳离子表面活性剂萃取 $Au(CN)_2^-$ 的微观机理研究*

摘　要　本文研究了阳离子表面活性剂(CTMAB)-改性剂(TBP)-惰性稀释剂-$Au(CN)_2^-$-H_2O 体系萃取 Au(Ⅰ)的微观机理。采用将五元体系分解，观察组分由简到繁过渡时的现象特征；测定逐级萃取过程中有机相 Au 浓度增加时红外光谱及电导率的变化；考察了不同盐析剂对萃取率的影响；提出萃取机理是 $CTMA^+$ 借水分子为桥与路易斯碱 TBP 的 P ═O 键发生头对头地缔合，缔合物的大阳离子因亲水基不在端头而进入有机相内。同时因电中性原理要求将 $Au(CN)_2^-$ 拉入有机相。解释了组分变动过程中出现 W/O 乳化及向 O/W 乳化转化的机理，以及有机相含水量随 Au 浓度增加而增加的原因，并满意地说明了盐析剂对此种萃取体系产生抑制作用的原因。

1　前言

从碱性氰化液中萃取 $Au(CN)_2^-$ 是非常吸引人们研究的热门课题。从 1983 年 Mooiman 和 Miller 发表论文[1,2]后，至今已有几十篇论文报道，具有代表性的参考文献见[3 ~ 17]。

我们研究了用 CTMAB（溴化十六烷基三甲基铵）萃取 $Au(CN)_2^-$，与前人研究用季铵盐萃取 $Au(CN)_2^-$ 不同之处是：(1) CTMAB 是一种碳氢链较长的典型的阳离子表面活性剂；(2) 我们是将 CTMAB 按化学沉淀 $Au(CN)_2^-$ 的计量加入水相，然后进行萃取；(3) 有机相是一种惰性稀释剂（正十二烷或磺化煤油）加一种带碱性基团的改性剂（TBP 或混合醇）。研究结果发现，用这种萃取体系可以做到定量萃取金[18 ~ 20]。

更有趣的是在本文研究萃取机理的过程中，发现了许多具有重要理论意义的现象，如微乳液的形成，W/O 乳化向 O/W 乳化的转化，乳化体系的破坏、有机相红外光谱及电导的变化、盐析剂的影响等。对这些现象的研究与解释，使我们对 $Au(CN)_2^-$ 进入有机相的微观过程提出了一些与前人不尽相同的观点。对这些问题的深入研究将有助于萃取理论的发展。

2　实验部分

2.1　试剂

实验所用试液由分析纯氰亚金酸钾（$KAu(CN)_2$）配制，初始浓度 5.077×10^{-3} mol/L，含 Au 1.002g/L；磷酸三丁酯为 A. R. 级试剂；正十二烷为 A. R. 级试剂；磺化煤油为自制产品；CTMAB 为分析纯。

* 本文原载于《铂族金属冶金化学》，科学出版社，2008：307 ~ 315。

2.2 仪器

主要仪器包括722型分光光度计，日立Z-8000型原子吸收光谱仪，PHS-3C型精密酸度计，DDS-11A型电导率仪，Unicam公司SP100型红外分光光度计。

2.3 分析方法

金浓度分析：萃残液经分解氰根后用原子吸收分光光度法和萃取比色分光光度法测定金浓度，有机相金浓度用萃取比色分光光度法测定。

有机相FT-IR红外光谱测定：使用氯化钠棱镜加光栅系统，扫描波段为670 ~ 3650cm^{-1}，测定时用聚苯乙烯薄膜进行波数校正。近红外光谱法测定是用石英棱镜，扫描波段为2850 ~3850cm^{-1}，此波段波数用聚苯乙烯薄膜和$CHCl_3$校正。取一份50% TBP（体积分数）-正十二烷有机相对若干份体系B的水相连续萃取，每萃一级后，测定一次红外光谱。

有机相电导测定：与红外光谱测定逐级萃取有机相类似，测定时用恒温水浴控制温度为25℃ ±0.5℃。

2.4 实验方法

研究的萃取体系为：表面活性剂-改性剂-惰性稀释剂-$Au(CN)_2^-$-H_2O，为了全面了解萃取的微观过程，将五元体系进行由简到繁的组合，观察现象或测定必要的参数。

3 结果讨论

3.1 五元体系由简到繁的关系及特征概述

本文讨论的五元体系由简到繁的关系示于图1，组分用量、体积及现象特征见表1。

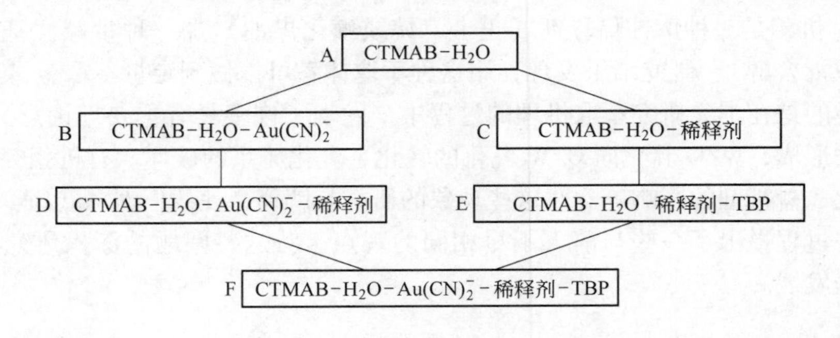

图1 五元体系由简到繁的分解示意

表1 六种组合体系的成分量及特征

体系编号	组分					现象特征
	CTMAB /mmol	H_2O /mL	正十二烷 /mL	$Au(CN)_2^-$ /mmol	TBP /mL	
A	0.0508	10	0	0	0	水的表面张力降低，易起泡
B	0.0508	10	0	0.0508	0	溶液中出现白色细微沉淀，放置可沉降
C	0.0508	10	10	0	0	有机相呈W/O乳化，水相清亮

续表1

体系编号	组分					现象特征
	CTMAB /mmol	H_2O /mL	正十二烷 /mL	$Au(CN)_2^-$ /mmol	TBP /mL	
D	0.0508	10	10	0.0508	0	出现三相，上下两相清亮，中间相有白色沉淀及乳化，Au(Ⅰ)集中在乳化相中
E	0.0508	10	7	0	3	水相呈O/W乳化，有机相清亮
F	0.0508	10	7	0.0508	3	分相迅速，两相清亮，Au的一次萃取率大于98%

注：水相平衡pH=10.5，混相振荡10min，组分加入顺序见3.2～3.6。

3.2 体系B：CTMAB-H_2O-$Au(CN)_2^-$

将CTMAB水溶液按与Au的摩尔比为1∶1，加入到pH=10.5的$KAu(CN)_2$水溶液中后，立即出现细微的白色沉淀物。产生沉淀的原因是$Au(CN)_2^-$比Br^-的体积大得多，面电荷密度小得多，也即是$Au(CN)_2^-$配阴离子的水化很弱，容易与$CTMA^+$的大体积阳离子$C_{16}H_{33}(CH_3)_3N^+$缔合，形成大体积中性分子，反应式为：

$$R(CH_3)_3N^+ + Br^- + Au(CN)_2^- + xH_2O \Longrightarrow R(CH_3)_3N^+ \cdot Au(CN)_2^- \cdot xH_2O\downarrow + Br^- \tag{1}$$

式（1）中R代表$C_{16}H_{33}$—烷基。由于表面活性剂在水溶液中本身就容易产生长烷基链交缠在一起的胶束，因此沉淀物不可能是晶态，而可能是把亲水基包在中间，甚至夹带了一些水分子的聚集体。

白色沉淀可以用致密滤纸滤出，经真空干燥后，进行组成分分析，其组成按$KAu(CN)_2$、CTMAB、H_2O的分子个数比例为5.846∶7.309∶1。由于沉淀前系按水相中所含$Au(CN)_2^-$物质的量等于1∶1加入CTMAB，而沉淀中按两者的摩尔比只包含了总金量的80%左右，这表明式（1）的反应平衡只可能沉淀80%左右的$Au(CN)_2^-$。

3.3 体系D：CTMAB-H_2O-$Au(CN)_2^-$-惰性稀释剂

当向3.2节含有白色细粒沉淀的体系中加入等体积惰性稀释剂，振荡后放置，分相速度很慢，静置24h后出现图2所示的三相共存体系。

将水相分离后，用化学分析测定其中的Au。有机相与乳浊相在离心管中3000r/min转动10min，抽取一定量的上层清澈的有机相，进行化学法分析，结果发现清澈的水相和有机相中含Au量都相当低。表明$Au(CN)_2^-$都集中聚集在白色的乳浊相中。

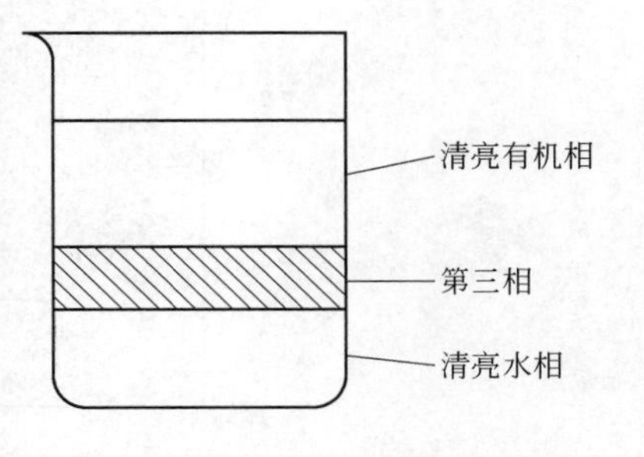

图2 体系D出现三相示意图

这种现象可解释为式（1）中的沉淀物$[R(CH_3)_3N^+ \cdot Au(CN)_2^- \cdot xH_2O]_n$不能溶解在惰性稀释剂中，它的一些憎水基R-已插入有机相，但它带正电荷的亲水端、带负电荷的抗衡离子 $Au(CN)_2^-$，以及这两种基团裹带的水，仍然无法进入有机相，遂使这些含 Au 的沉淀物集中在第三相中。

3.4 体系 F：CTMAB-H_2O-$Au(CN)_2^-$-惰性稀释剂-改性剂

当向 3.2 节体系中加入等体积 50% TBP-正十二烷的有机相振荡并放置时，体系迅速分相，上层有机相和下层水相均清亮透明。如果将一定量的 TBP 直接加入 3.3 节的体系 D 中，则可观察到中间乳化的第三相消失。两种情况的水相进行分析，Au(Ⅰ)的浓度均降至 0.022g/L，一次萃取率为 98% 左右。

对这种现象我们的解释是：由于 TBP 的 P ═O 键的氧原子上电子云密度偏高，是一种路易斯碱，而 $R(CH_3)_3N^+$ 则是一种路易斯酸，两者将发生极性端头对头的缔合，或通过水分子形成氢键而头对头的缔合。后面一些实验将说明主要是靠 $R(CH_3)_3N^+ \cdot H_2O$ 中水分子的桥接或 TBP 的 P ═O 键端的水化水的桥接而缔合，这种缔合作用释放的能量将补偿 $Au(CN)_2^-$ 配阴离子剥离微弱的水化层所需的能量，同时靠电中性原理而将 $Au(CN)_2^-$ 萃入有机相。按从体系 B 用 50% TBP-正十二烷直接萃取的反应式可写为：

$$\overline{\overline{[R(CH_3)_3N^+ \cdot Au(CN)_2^- \cdot xH_2O]_n}} + n\,\overline{TBP} + nH_2O =\!=\!= n\,\overline{R(CH_3)_3N^+ \cdot H_2O \cdot TBP} + n\,\overline{Au(CN)_2^-} \quad (2)$$

式（2）双线表示处于第三相的聚集体，单线表示有机相，式（2）表明 TBP 使表面活性剂与 $Au(CN)_2^-$ 形成的缔合物聚集体解体，由于进入有机相的阳离子 $R(CH_3)_3N^+ \cdot H_2O \cdot O═P(OC_4H_9)_3$ 的亲水基被夹在中间，且单位正电荷可以分散在几个甲基氢上，可以被几个水分子和 TBP 分子溶剂化，因而它丧失了表面活性，不必定向排列在油水界面上，也不必与有机相中阴离子 $Au(CN)_2^-$ 缔合，因此随萃取级数的增多有机相的电导率增高（见后）。

3.5 体系 C：CTMAB-H_2O-惰性稀释剂

CTMAB 水溶液加等体积正十二烷或磺化煤油在分液漏斗中振荡并放置分相后，下层水相清亮透明，上层有机相则呈乳化状。根据表面活性剂水溶液理论，有机相中形成了油包水乳化结构见图 3。

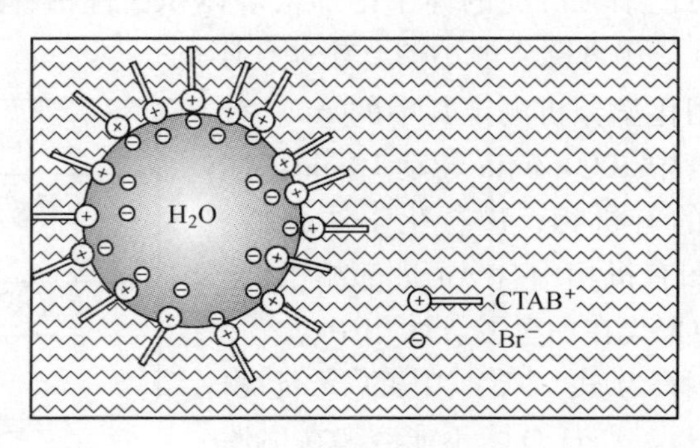

图 3　CTMAB 与惰性稀释剂在有机相中形成的 W/O 乳滴液

实际上，CTMAB 固体在无水的惰性稀释剂中也有一定溶解度，而且溶解度随温度升高而增加。但若接触水相时，迅速形成图 3 所示的反相乳化液滴，这一方面是因表面活性剂的亲水基团要插入水滴中，另一方面系 Br^- 亲水性强，它带有水化层，不能从水滴中进入周围有机相所致。

3.6 体系 E：CTMAB-H_2O-惰性稀释剂-改性剂

当向 3.3 节体系 C 中加入适量 TBP，振荡并放置分相后，出现了上层有机相清亮透明，下层水相乳化的体系。若适当增加 CTMAB 的用量，则两相界面消失，全部呈乳化液。此种乳化体系相当稳定，可以放置一月而不发生明显变化。此现象文献中未见类似报道，我们认为它表明 TBP 在该体系中所起的作用不是大量文献中所称的助表面活性剂的作用，它已经使 W/O 的乳化转化为 O/W 的乳化。

本文对乳化转型的解释见图 4。当 TBP 加入到体系 C 后，在混相振荡过程中排列在油水界面上的 $CTMA^+$ 阳离子亲水基借水分子架桥与 TBP 的碱性基团缔合，把烷基链拉入到有机相的液滴中，由于 Br^- 不能进入有机相，它们被吸附在细小油滴周围形成稳定的 O/W 乳化体系 E。向体系 E 中加入含 $Au(CN)_2^-$ 的溶液时，$Au(CN)_2^-$ 由于面电荷密度低被荷正电的油滴拉入油滴中。$Au(CN)_2^-$ 进入油滴的反应推动力与电渗力性质相似。电中性油滴迅速合并、长大，形成两相清亮的体系 F。

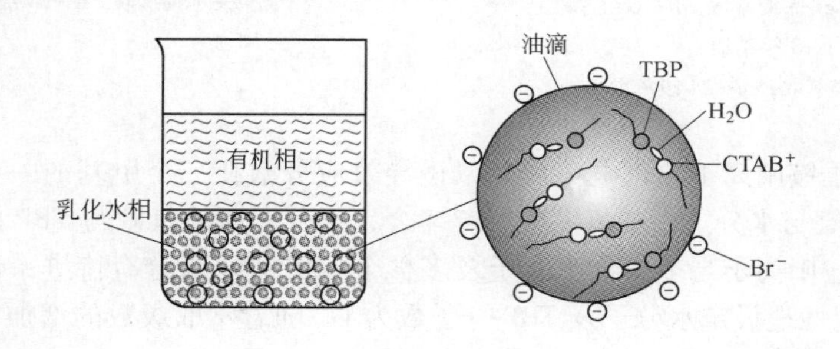

图 4　体系 E 出现 O/W 乳滴示意

O/W 体系 E 的乳化相用染色法在显微镜下观察时，可看出带色的水是连续相。体系 E 的乳化相也可用加入 $NaClO_4$ 或 NaSCN 溶液破坏乳化，因为 ClO_4^- 和 SCN^- 的面电荷密度也比 Br^- 小，容易进入细微油滴而中和它们的正电荷。

3.7 有机相红外光谱的测定

按体系 F 取一份 50% TBP(体积分数)-正十二烷有机相对若干份体系 B 的水相连续萃取，每萃一级后，测定一次有机相的红外光谱，结果见图 5 及图 6。

由图 5 分析看出：（1）伴随萃金过程级数的增加，有机相中金浓度逐渐增加，$2141cm^{-1}$处 C≡N 键伸缩振动峰吸收强度也逐渐增加。（2）P═O 键的振动吸收带包容面变化不大，但特征频率从 $1284cm^{-1}$ 逐渐向 $1264cm^{-1}$ 转移，$1284cm^{-1}$ 峰逐渐变小，而 $1264cm^{-1}$ 峰吸收强度逐渐增大。如此小的频率移动通常认为是 P═O 与 H^+ 缔合。对本文萃取体系 P═O 键的这种转移来自形成了 $R(CH_3)_3N^+ \cdot OH_2 \cdot O═P(OC_4H_9)_3$ 萃

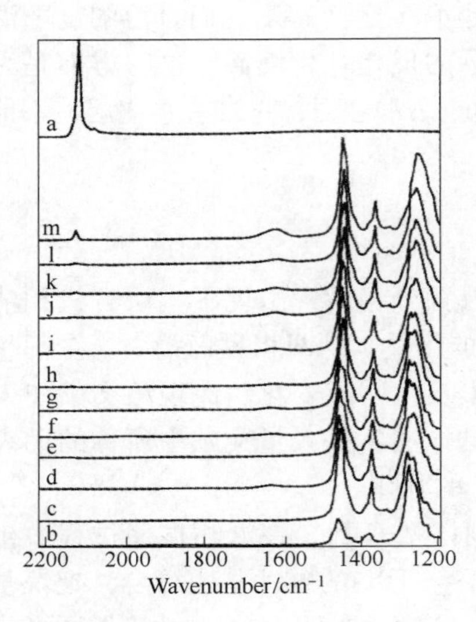

图5 逐级萃取有机相光谱结果

a—KAu(CN)$_2$；b—50% TBP-*n*(dodicane)；
c—1 级萃取；d—2 级萃取；e—3 级萃取；
f—4 级萃取；g—5 级萃取；h—6 级萃取；
i—7 级萃取；j—8 级萃取；k—9 级萃取；
l—10 级萃取；m—24 级萃取

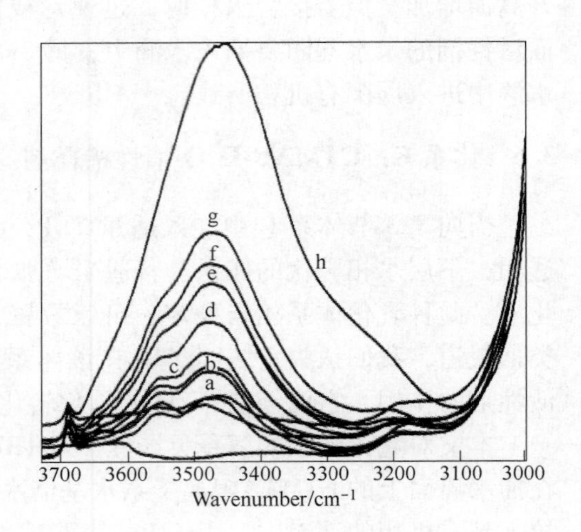

图6 逐级萃取有机相光谱结果

a—2 级萃取；b—3 级萃取；c—4 级萃取；
d—5 级萃取；e—6 级萃取；f—7 级萃取；
g—8 级萃取；h—24 级萃取

合物阳离子，季铵阳离子的正电荷可以以诱导效应分散在三个甲基的一些氢上，带有 δ^+ 电荷的甲基氢与水分子中的氧发生氢键缔合，水分子中的氢则与 TBP 的 P ═O 键缔合。每一个季铵阳离子与多少个水分子及多少个 TBP 分子缔合有待进一步研究，本文式（2）则先定性地设定水分子及 TBP 分子数为 1。随着萃取级数的增加，有机相中的 $[R(CH_3)_3N^+ \cdot OH_2 \cdot TBP]$ 阳离子浓度逐渐增高，P ═O 键特征峰的转移越来越明显。

由图6 分析可知，伴随萃金过程级数的增加，在 3462cm^{-1} 出现—OH 吸收峰包容面积越来越大。—OH 吸收峰强度的增加可以认为是由于有机相中含水量的增加，而有机相含水量的增加我们认为是由于萃金过程中萃入的表面活性剂的含量逐渐增加所致。这一点符合前面对机理的讨论。关于有机相中红外光谱的详细研究我们已另有专文发表[21]，有机相中水含量绝对值的测定有待进一步的研究。

3.8 有机相的电导测定

图7 是通过对不同萃取级数有机相做恒温电导测定（25℃），发现溶液的电导值随金浓度增加呈抛物线增加，达到最大值后又减小，其最大值金浓度在 11.24g/L 附近。对于有机相恒温电导随金浓度变化

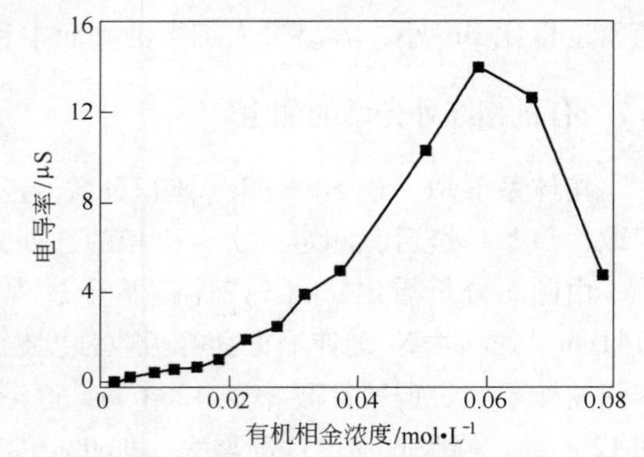

图7 逐级萃取有机相电导

的原因，我们认为是按图 1 中 A—B—D—F 或 A—C—E—F 萃入有机相的 $Au(CN)_2^-$ 如式（2）所示呈游离状态存在。初始时由于金浓度较低故有机相电导值也较低，随着萃金过程级数的增加，金浓度不断增加，电导值也相应增加，到一定程度后由于有机相中形成了$[R(CH_3)_3N^+ \cdot OH_2O = P(OC_4H_9)_3]_n$ 萃合物大胶团，或形成了油包水的微乳结构，将 $Au(CN)_2^-$ 裹入其中，因而致使有机相电导值下降，此时从实验现象则观察到有机相中开始出现分层，即产生了一层重相，与文献[22]研究盐酸介质中 TBP 萃取 Zr(Ⅳ)观察到的现象类似。

3.9 水相加盐析剂的影响

在图 1 体系 A 中加入 Li、Na、K、Ca、Mg 等的氯盐作盐析剂，考察对萃取 $Au(CN)_2^-$影响的实验结果见图 8。可明显看出盐析剂的加入不利于萃取，当这些氯盐在水相中的浓度大于 0.75mol/L 后，Au 的萃取率显著降低。盐析剂影响的顺序为：$Li^+ > Na^+ > K^+$，$Mg^{2+} > Ca^{2+}$，这种顺序恰恰就是这些离子由于半径逐渐增加使水化作用逐渐变小的顺序。这说明盐析剂的加入降低了水相中水分子的活度，不利于生成式（2）中以水分子为桥的 $CTMA^+ \cdot H_2O \cdot TBP$缔合大阳离子，从而降低了金的萃取率。

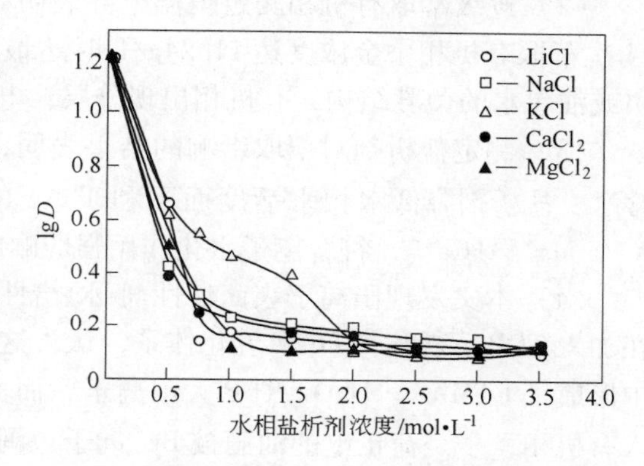

图 8 水相中离子强度对萃取分配比 D 的影响

在大量萃取体系中，盐析剂的加入都将提高待萃金属配阴离子的萃取率，但也有少量体系盐析剂表现出抑萃作用。如余淑秋等[23]研究用伯、仲、叔胺萃取 W(Ⅵ)、Mo(Ⅵ)、V(Ⅴ)、Cr(Ⅵ)等的含氧酸时，发现在低浓度下盐析剂的加入明显地抑制了萃取。他们的解释是萃取历程中形成了一种水合配合物 $R_\alpha \cdot mHL \cdot nH_2O$（式中 R 为胺类萃取剂，HL 为过渡金属的含氧酸），此种水合配合物在与有机相的振荡接触中脱去水分子并以 $R_\alpha \cdot mHL$ 萃合物进入有机相，而盐析剂的加入则不利于过渡态的水合配合物的形成。这种机理的解释与本文萃取体系的结果有很大差异。

4 结论

通过分解 $CTMAB-H_2O-Au(CN)_2^-$-惰性稀释剂-改性剂 TBP 五元萃取体系的研究表明：按本文萃取过程，表面活性剂阳离子 $CTMA^+$ 首先与 $Au(CN)_2^-$ 形成缔合盐，并聚集为沉淀。这种沉淀物接触惰性稀释剂的有机相时，$CTMA^+$ 的疏水性长链烷基将插入有机相，于是在有机相与水相中间形成了富集 Au 约 98% 的乳化第三相。当有机相中含有改性剂 TBP 时，TBP 的碱性 P ═O 基与 $CTMA^+$的亲水端借助水分子为桥，头对头地用氢键缔合为大体积阳离子，由于亲水部分居大阳离子的中部，丧失了表面活性，它将溶入惰性稀释剂中。同时也把面电荷密度很小的 $Au(CN)_2^-$ 拉入有机相中，达到符合电中性原理的要求，萃取过程为先在水相中发生如下反应：

$$CTMA^+ + Au(CN)_2^- \xlongequal{\quad} CTMA^+ \cdot Au(CN)_2^- \downarrow \qquad (3)$$

当用50% TBP-正十二烷萃取时，则发生如下反应，横线表示有机相：

$$CTMA^+ \cdot Au(CN)_2^- + \overline{TBP} + H_2O \xlongequal{\quad} \overline{CTMA^+ \cdot H_2O \cdot TBP + Au(CN)_2^-} \qquad (4)$$

（1）红外光谱测定逐级萃取的有机相时，观察到随萃取次数的增加，—C≡N 键伸缩振动的吸收峰（$2141cm^{-1}$）逐渐增强，表明有机相中 $Au(CN)_2^-$ 浓度增加；P═O 键吸收带强度基本不变，但峰值从 $1284cm^{-1}$ 逐渐向 $1264cm^{-1}$ 转移，表明有机相中 TBP 分子与 $CTMA^+$ 借助水为桥发生缔合的数量不断增多；水分子的 O—H 吸收带包容面积显著不断增大，表明有机相中水含量不断增多。这些测定结果均可用反应式（4）进行解释。

（2）逐级萃取有机相测定恒温电导表明，随萃取次数增多电导率逐渐增大，在第14次萃取有机相中金浓度达11.24g/L时达最大值，其后由于式（4）右边产物形成胶团或油包水的微乳结构，有机相出现分层，电导值又开始降低。

（3）测定盐析剂对萃取影响的结果表明，由于萃合物阳离子 $CTMA^+ \cdot H_2O \cdot TBP$ 含水，盐析剂降低水相水活度而不利于 Au 的萃取，其影响的大小顺序 $Li^+ > Na^+ > K^+$，$Mg^{2+} > Ca^{2+}$，符合离子水化作用强弱顺序。

（4）本文发现阳离子表面活性剂-水-惰性稀释剂体系所形成的 W/O 反相乳化体系在加入 TBP 后转化为 O/W 乳化体系，认为这种 O/W 乳化体系的形成是在惰性稀释剂中形成了 $CTMA^+ \cdot H_2O \cdot TBP$ 大阳离子，而面电荷密度较大的抗衡阴离子 Br^- 不能进入有机相，于是荷正电的油滴被 Br^- 离子包围，形成相当稳定的 O/W 乳化体系。

（5）本文的发现表明，阳离子表面活性剂（包括其他季铵盐）萃取 $Au(CN)_2^-$ 配阴离子的反应推动力是 $CTMA^+$、H_2O 及 TBP 缔合时使体系能量降低，溶于有机相的 $CTMA^+ \cdot H_2O \cdot TBP$ 大阳离子则借助库仑力使水化作用很弱的 $Au(CN)_2^-$ 拉入有机相。对这种涉及乳化类型转化的微观机理的深入研究将丰富现有的溶剂萃取理论。

参考文献

[1] Mooiman M B, Miller J D. International Solvent Extraction Conference ISEC'83, AIChE, Denver, 1983.

[2] Miller J D, Mooiman M B. U. S. Patent, 474003, 1988.

[3] Mooiman M B, Miller J D. Mineral and Metallurgical Processing, 53 ~ 157, August, 1984.

[4] Miller J D, Mooiman M B. Separation Science and Technology, 1984 ~ 1985, 19(11 ~ 12):895 ~ 909.

[5] Mooiman M B, Miller J D. Hydrometallurgy, 1986, 16: 245.

[6] Caravaca C, Alguacil F J. Hydrometallurgy, 1992, 31: 257.

[7] Caravaca C. Hydrometallurgy, 1994, 35: 53 ~ 66.

[8] Caravaca C, Alguacil F J. Hydrometallurgy, 1994, 35: 67 ~ 78.

[9] Caravaca C, et al. Hydrometallurgy, 1996, 40: 89 ~ 97.

[10] Caravaca C, et al. Hydrometallurgy, 1996, 40: 263 ~ 275.

[11] Riveros P A. Hydrometallurgy, 1990, 24: 135 ~ 156.

[12] Ritcey G M, et al. ISEC'88; Moscow, 1988: 8 ~ 15.

[13] Wan R Y, Miller J D. J. of Metals, 1986, 38(12):35 ~ 40.

[14] Alguacil F J, Caravaca C, et al. Hydrometallurgy, 1994, 35: 41 ~ 52.

[15] Alguacil F J, Caravaca C, et al. Hydrometallurgy, 1994, 36: 369 ~ 384.
[16] Kordosky G A, et al. Hydrometallurgy, 1992, 30: 291 ~ 305.
[17] Mooiman M B, Miller J D. Hydrometallurgy, 1991, 27: 29 ~ 46.
[18] Zhu Liya, Chen Jing, Jing Yaqiu, Pan Xuejun. Acta Non-ferrous metal, 1996, 2(2):229.
[19] Pan Xuejun, Chen Jing. Proceeding of 96 National Metuallurgy Physic Chemistry Conference, 1996: 206.
[20] Chen Jing, Huang Kun. Proceedings of the Third International Conference on Hydrometallurgy, ICHM' 98. Kunming, China, 1998: 3 ~ 11.
[21] 闫文飞，马刚，严纯华，等．表面活性剂从碱性氰化液中萃取金机理研究[J]. 光谱学与光谱分析，1999，19(6):806 ~ 810
[22] Chen Jiayong, et al. The Study and Advance of Hydrometallurgy[M]. Peking: Metallurgical Industry Publishing House, 1998.
[23] Yu Shuqiu, Chen Jiayong. Acta. of Metals, 1984, 20(6): 342 ~ 351.

CTMAB 萃取 $Au(CN)_2^-$ 体系中几种改性剂的对比*

摘　要　研究了阳离子型表面活性剂-改性剂-惰性稀释剂-$Au(CN)_2^-$ 萃取体系中各种改性剂对萃取金的影响。实验结果表明：改性剂对萃金的助萃效果与它们的碱性强弱顺序一致，即与它们的给电子能力的顺序一致，为 TAPO > TBP > MIBK > ROH > BIOSO。改性剂的加入避免了体系中第三相的形成，使 $Au(CN)_2^-$ 能萃入有机相中。

1　引言

从碱性氰化液中萃取 $Au(CN)_2^-$ 是非常吸引人的热门课题。作者曾提出了一种利用典型的阳离子表面活性剂 CTMAB（十六烷基三甲基溴化铵）作萃取剂，有机相中加入一种带碱性基团的改性剂（TBP 或混合醇）的新型萃金体系[1~4]。结果发现，用这种萃取体系可以做到定量萃取金。针对萃金体系中阳离子表面活性剂萃取 $Au(CN)_2^-$ 的微观机理以及改性剂作用机制的研究[5]，作者对 $Au(CN)_2^-$ 进入有机相的微观过程提出了一些与前人不尽相同的观点，对这些问题的深入研究将促进萃取理论的发展。

作者在对 $Au(CN)_2^-$ 萃取微观过程机理的研究中曾指出，改性剂的加入避免了体系中第三相的形成，使得 $Au(CN)_2^-$ 萃入有机相。当向 CTMAB-H_2O-$Au(CN)_2^-$-惰性稀释剂体系中加入改性剂（TBP）后，有机相中由于 TBP 的 P ═O 基上电子云密度偏高，可看做一种路易斯碱，而表面活性剂阳离子 $CTMA^+$ 则是一种路易斯酸，两者将发生极性端缔合，或借助水分子为桥，以氢键缔合为大体积阳离子。由于其亲水部分位于大阳离子的中部，丧失了表面活性，它将溶入惰性稀释剂中，同时因电中性原理，面电荷密度很小的 $Au(CN)_2^-$ 作为抗衡离子进入有机相，使乳化的第三相消失。

本文通过改变改性剂种类，对其萃金性能及影响因素进行了对比，为进一步认识萃金过程中改性剂的作用机理提供了新的信息。

2　实验

实验所用金溶液由分析纯 $KAu(CN)_2$ 配制，初始 Au 浓度 5.077×10^{-3} mol/L，即 Au 1.0002g/L。磷酸三丁酯为 AR 级试剂，三烷基氧化膦（TRPO，烷基碳链长度为 $C_6\sim C_8$ 的混合物）为工业级试剂，混合醇（ROH）是一种工业副产品，碳链长度 $C_7\sim C_9$，甲基异丁基酮（MIBK，上海试剂一厂）为 AR 级试剂，二异辛基亚砜（BIOSO）为自制试剂，硫醚及各种胺类为试剂纯，稀释剂正十二烷为工业级试剂，磺化煤油为自制产品，苯及甲苯为 AR 级试剂，十六烷基三甲基溴化铵（CTMAB）为分析纯试剂，纯度 99%。溴化十六烷基吡啶（CPB）为分析纯试剂，纯度大于 99%。

含金的工业实际料液，取自云南某矿山载金活性炭解吸液，其成分为（g/L）：Au

* 本文合作者有：黄昆，吴瑾光，高宏成，崔宁，余建民；原载于《中国有色金属学报》2001 年第 2 期。

2.846，Cu 0.118，Ni 0.740，Zn 0.011，Ag 0.072，Fe 0.144。镀金废液为 Au 6.870g/L。

主要仪器包括 722 型分光光度计，日立 Z28000 型原子吸收光谱仪，PHS23C（601B 型）精密酸度计，LB801 型超级恒温槽，HY22 型调速多用振荡仪和磨口夹层玻璃萃取管。

除另有说明外，全部萃取实验均在相同条件下，在 20℃ 恒温玻璃萃取管内通过机械振荡等体积水相和有机相来完成。取 10mL 萃取有机相（改性剂 + 惰性稀释剂配成）用 pH = 10.5 的水溶液预平衡 3min，至水相 pH 值基本恒定在 10.5 左右；等体积待萃水相由氰亚金酸钾水溶液（水相金初始浓度 1.0002g/L，pH = 10.5）按与 $Au(CN)_2^-$ 摩尔比 $\beta = 1:1$ 加入表面活性剂 CTMAB 后配置得到。油水两相混合恒温振荡 10min 达充分平衡，静置分相后测定萃余液 pH 值作为萃取反应平衡 pH 值，萃余液经分解氰根后用原子吸收分光光度法或用萃取比色分光光度法测定金浓度，有机相金浓度经三酸（盐酸、硫酸、高氯酸）破坏后，其分析方法同萃余水相。

3 结果与讨论

3.1 改性剂体积分数对金萃取率的影响

变动有机相中各种改性剂的体积分数，其余条件不变，所得结果如图 1 所示。

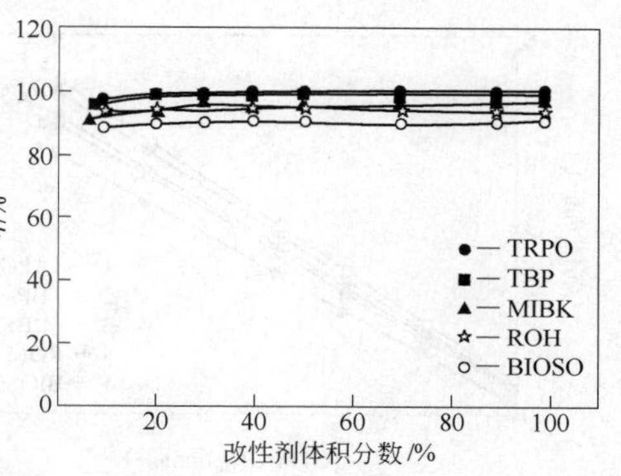

图 1 改性剂体积分数对金萃取率的影响

由图 1 可见，各种改性剂使用浓度对萃取率的影响规律基本相似。当有机相中不加改性剂而仅用纯惰性稀释剂萃取时，体系出现乳化第三相，不能萃取金。

有机相中加入改性剂后，随着改性剂浓度的增加达到大于一定值后，金萃取率均趋于稳定。可见，各种改性剂在萃金过程中所起到的作用是一致的。萃取过程发生如下反应。

$$CTMA^+ + Au(CN)_2^- \longrightarrow CTMA^+ \cdot Au(CN)_2^- \downarrow \quad (1)$$

$$[CTMA^+ \cdot Au(CN)_2^-]_{乳化} + [TBP]_{有机} + nH_2O \longrightarrow [CTMA^+ \cdot nH_2O \cdot TBP]_{有机} + [Au(CN)_2^-]_{有机} \quad (2)$$

在加入改性剂前，水相中形成的沉淀物 $[R(CH_3)_3N^+ \cdot Au(CN)_2^- \cdot xH_2O]$ 不能溶解在惰性稀释剂中，虽然它的憎水基 R 已插入有机相，但它的带正电荷的亲水端、带负电荷的抗衡离子 $Au(CN)_2^-$，以及这两种基团裹带的水，仍然无法进入有机相，遂使含 Au 的沉淀物集中在第三相中。

加入改性剂后，改性剂 TBP 的 P=O 基与表面活性剂阳离子 $CTMA^+$ 发生极性端缔合，或借助水分子为桥，以氢键缔合为大体积阳离子。由于其亲水部分位于大阳离子的中部，丧失了表面活性，它将溶入惰性稀释剂中，同时因电中性原理，面电荷密度很小的 $Au(CN)_2^-$ 进入有机相，使乳化的第三相消失。

曲线的高低符合不同改性剂的碱性强弱顺序即各种改性剂给出电子能力的顺序 TRPO > TBP > MIBK > ROH > BIOSO。达到萃取曲线平台所需加入的改性剂浓度值的不同，可认为与各种改性剂在萃取过程中的溶剂化数有关。这方面的论述涉及金萃合物在有机相中的存在状态及结构，作者另有专文讨论[6]。

3.2　$Au(CN)_2^-$ 与 CTMAB 摩尔比对萃取分配比的影响

变动 $Au(CN)_2^-$: CTMAB 摩尔比，其余条件不变，所得负载有机相中金含量对表面活性剂用量关系曲线结果如图 2 所示。

由图 2 可见，对不同改性剂的萃金体系，$[Au]_{org}$-$[CTMAB]_{aq}$ 作图得到了一系列线性相当好的直线。这些曲线表明，随着加入水中的表面活性剂 CTMAB 的增多，有机相中含金量也呈线性增加；随着改性剂种类的不同，金的萃取率也不同。改性剂碱性愈强，金的萃取率愈高。

3.3　萃取容量

图 3 是在相同实验条件下，采用 5% 改性剂 + 正十二烷作萃取有机相，待萃水相含金初始浓度 5.0g/L，其他条件不变时，10mL 有机相依次与多份新水相接触萃取时所测得的结果。

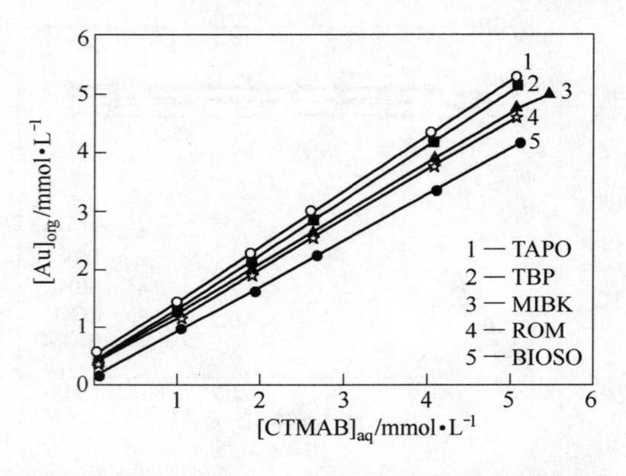

图 2　不同萃金体系 $[Au]_{org}$-$[CTMAB]_{aq}$ 关系曲线
（$[CTMAB]_{aq}$ 指萃取前水相中的 CTMAB 浓度）

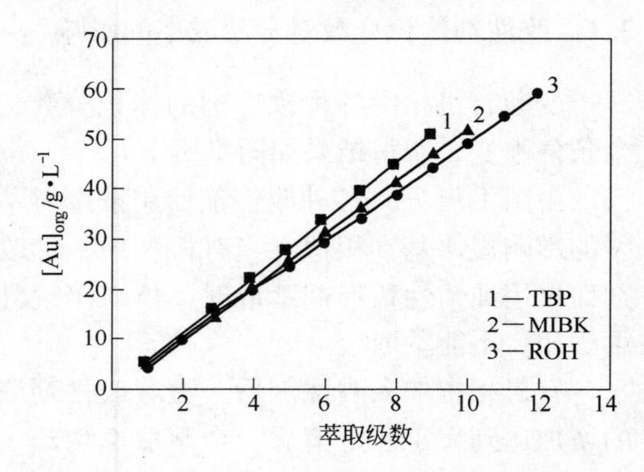

图 3　萃取级数与有机相中 Au 浓度的关系

由图 3 可见，有机相中金浓度一直呈直线上升。在相同的萃取级数下，有机相中载金量按 TBP、MIBK、ROH 的顺序降低，同样符合改性剂碱性强弱的顺序。

实验中还发现，各种萃金体系在载金容量达到一定值后，均在有机相中出现了一层有机重相（第三相），使萃取分相过程愈来愈慢，有机相变得十分黏稠，故本实验仅进行到图 3 所示萃取级数。此时各种萃金体系萃余水相含金仍非常低，载金有机相均未达饱和。有机重相出现的先后顺序为 TBP > MIBK ~ ROH。我们认为有机重相出现的先后顺序与萃取过程中所形成的萃合物分子聚集体在有机相中溶解度相对大小不同有关。

3.4　萃取平衡等温线

用图 3 数据，还可绘出各种萃金体系的萃取平衡等温线，如图 4 所示。

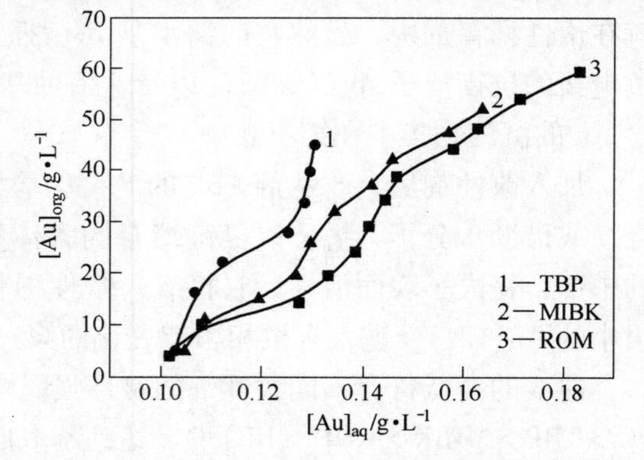

图 4　不同萃金体系萃取平衡等温线

由图4可见，所研究的各种改性剂萃金体系在实验萃取级数下，还远未达到饱和萃取。实验观察到当有机相出现分层后，TBP萃取体系有机相中金浓度为38g/L，小于混合醇萃取体系有机相中金浓度58.33g/L，这是由于萃合物分子聚集体在TBP体系中具有较低的饱和溶解度所致。关于这一点，从载金有机相电导测定的结果同样可得到证实，对此也有另文报道。

3.5 各种改性剂萃金体系萃金性能的对比

对实验研究的各种改性剂萃金体系，得到的萃金性能试验结果比较如表1所示。

表1 各种改性剂萃金体系对 $Au(CN)_2^-$ 萃取性能比较

改性剂	类 型	萃 取 体 系	萃残液 Au 浓度 /g·L^{-1}	萃取率 η/%	分配比
O	ROH	ROH ($C_{7\sim9}$) 30% + *n* - dodecane	0.067	93.3	13.93
	ROR	MIBK 30% + *n* - dodecane	0.046	95.4	20.74
P	$(RO)_3P{=}O$	TBP 30% + *n* - dodecane	0.0056	99.44	177.57
	$R_3P{=}O$	TRPO 30% + *n* - dodecane	0.0018	99.82	555.67
S	BIOSO	BIOSO 30% + *n* - dodecane	0.0614	93.86	15.29
	R.S.R	Sulfur 30% + *n* - dodecane	0.0542	94.58	17.45
N	Amine	Primary amine N1923 30%-ROH 10%-*n*-dodecane	0.03	96.7	29.3
		Tertiary amine N235 30%-ROH 10%-*n*-dodecane	0.095	90.5	9.53
		Amide N503 30%-ROH 10%-*n*-dodecane	0.048	95.2	19.83
		Primary amine N1923 30%-*n*-dodecane	0.375	62.5	1.67
		Tertiary amine N235 30%-*n*-dodecane	0.214	78.6	3.67
		Amide N503 30%-*n*-dodecane	0.100	90.0	9.0

注：20℃，15min，A/O = 1∶1，β = 1∶1，pH = 10.5，Au 1.000 2g/L。

由表1可见，各种含氧、含磷、含硫萃取剂作改性剂时，金的一次萃取率均高达93%以上。胺类改性剂萃金体系在未加入醇时对 $Au(CN)_2^-$ 的萃取率较低，加入醇后，醇作为改性剂，金萃取率有所升高。

3.6 稀释剂及表面活性剂类型对萃取率的影响

表2所示是变动有机相中稀释剂及表面活性剂类型对萃取率影响的实验结果。

表2 稀释剂及表面活性剂类型对萃取率的影响

改性剂	稀释剂	表面活性剂	混相时间/min	η/%	分相状态
MIBK	*n* - dodecane	CPB	<1	97.42	清 亮
		CTMAB	<1	98.20	
	Kerosene	CTMAB	3	96.36	乳化，但放置24h后清亮
	Benzene	CTMAB	15	98.6	
	Toluene	CTMAB	18	96.4	

续表2

改性剂	稀释剂	表面活性剂	混相时间/min	η/%	分相状态
ROH	*n*-dodecane	CPB	<1	96.0	清 亮
		CTMAB	<1	97.32	
	Kerosene	CTMAB	1	94.5	乳化，但放置24h后清亮
	Benzene	CTMAB	25	97.25	
	Toluene	CTMAB	25	93.8	

由表2可见，稀释剂和表面活性剂类型对 $Au(CN)_2^-$ 的萃取率几乎无影响，而对萃取分相过程的影响却较明显。当采用正十二烷作为稀释剂时，对两种表面活性剂萃取体系分相均很快，分相后两相清亮。而采用其他3种稀释剂，除磺化煤油稍好外，分相时间均较长。

3.7 萃取选择性对比

采用工业实际料液载金炭解吸液和镀金废液，在前述最佳萃取条件下，放大萃取处理批量，连续试验萃金结果如表3所示。由表3可以看出，在一定量的Cu、Ni、Zn、Ag及Fe存在下，对于TBP体系，两级萃取后，金总萃取率对两种实际料液均达到了大于99%，而对其他共存元素几乎不萃取。表明该萃取体系具有很高的萃金选择性。对于混合醇体系，对载金炭解吸液，经四级萃取后，金的总萃取率仅达到96%，对金也有一定萃取选择性。

表3　实际料液萃取结果

料液种类	改性剂	试 样	组分元素含量/mg					
			Au	Cu	Ni	Zn	Ag	Fe
载Au炭解吸液		料 液	2846.0	118.0	740.0	11.0	72.0	114.0
	ROH	一级萃残	568.2	—	—	—	—	—
		二级萃残	348.5	—	—	—	—	—
		三级萃残	175.7	—	—	—	—	—
		四级萃残	108.1	119.4	737.8	10.8	69.3	140.2
		累计萃取率 η/%	96.0	0	0.3	1.7	3.8	2.6
	TBP	一级萃残	255.7	—	—	—	—	—
		二级萃残	2.5	119.0	742.0	11.8	69.9	141.2
		累计萃取率 η/%	99.91	0	0	0	2.9	1.9
镀Au废液		料液	6870.0					
	ROH	一级萃残	755.7					
		二级萃残	206.1					
		累计萃取率 η/%	97.0					
	TBP	一级萃残	312.3					
		二级萃残	2.10					
		累计萃取率 η/%	99.97					

注：1. pH = 12.0（desorption solutions）；2. pH = 11.0（plating waste solutions），β = 1∶1.2。

4 结语

（1）采用对比的方法，研究了各种改性剂及惰性稀释对萃取 $Au(CN)_2^-$ 效果的影响。结果表明：各种改性剂的助萃效果符合改性剂的碱性强弱顺序，即各种改性剂官能团给出电子能力的强弱 TRPO > TBP > MIBK > ROH > BIOSO。

（2）本研究对深入认识萃金过程中改性剂的作用机理以及离子对溶剂化萃取机理将有一定参考价值。

参考文献

[1] Pan Xuejun, Chen Jing. 水相中加添加剂溶剂萃取金(Ⅰ) [C]// The National Metallurgical Physical Chemistry Association. Proceeding of 1996 National Symposium on Metallurgy Physic Chemistry of Metallurgy. Kunming: The National Metallurgical Physical Chemistry Association, 1996: 206 ~ 213.

[2] 朱利亚，陈景，金娅秋，等．水相中加添加剂溶剂萃取 $Au(CN)_2^-$ [J]. 中国有色金属学报，1996，6(Suppl. 2):229 ~ 232.

[3] Chen Jing, Zhu Liya, Jin Yaqiu, et al. Solvent extraction of gold cyanide with tributylphosphate and additive added in aqueous phase [C]// Larry Manziek Rohm and Haas Company. Precious Metals 1998. Toronto: International Precious Metals Institute, 1998: 65 ~ 74.

[4] Huang Kun, Chen Jing. Solvent extraction of gold(Ⅰ) in mixed alcohol-diluent-surfactant-$Au(CN)_2^-$ system[C]// Deng Deguo. Proceedings of the International Symposium of Precious Metals, ISPM' 99. Kunming: Yunnan Science and Technology Press, 1999: 283 ~ 288.

[5] Chen Jing, Huang Kun, Wu Jinguang, et al. Micromechanism of $Au(CN)_2^-$ solvent extraction by surfactant [J]. Hydrometallurgy, 2000, 57: 13 ~ 21.

[6] 闫文飞，马刚，陈景，等．表面活性剂萃取 $Au(CN)_2^-$ 机理[J]. 光谱学与光谱分析，1999，19(6):806 ~ 810.

溶剂萃取从碱性氰化液中回收金研究的进展*

摘　要　本文简要介绍了20世纪80年代以来国内外对溶剂萃取从碱性氰化液中回收金的研究发展概况。按萃取体系分类，重点论述了胺类加改性剂萃取时，胺分子结构、改性剂分子结构、被萃配阴离子结构对萃取反应的影响，对机理研究和存在的应用问题也做了简要概述。

从脉金矿中提取金目前主要采用炭浆法或炭浸法，两者都是用活性炭从氰化矿浆中或从氰化液中吸附金，欲从氰化液中萃取金必须维持溶液在碱性pH值范围以避免HCN气体的形成。20世纪80年代以前，除了季铵盐外，一直未能找到能从碱性氰化液中回收金的工业萃取剂。1983年Mooiman和Miller[1,2]报道了用胺类萃取$Au(CN)_2^-$时加入路易斯碱膦酸酯或烷基氧化膦作改性剂可以提高萃取反应的平衡pH值后，从碱性氰化液中萃取金的研究十分活跃，在应用研究和理论研究方面都取得了许多重要的进展。

1　伯、仲、叔胺加改性剂的萃取

用单一胺类萃取$Au(CN)_2^-$时，萃取率在一定pH值范围随pH值的升高而迅速下降，伯、仲、叔胺的萃取率对溶液pH值的等温曲线见图1。从图看出曲线按叔胺-伯胺-仲胺顺序右移，但即使是仲胺的萃取曲线，pH>8后萃取率已趋于零，显然它们都不能从碱性氰化液中萃取金。通常用萃取率为50%时水相的平衡pH值（pH_{50}）作为胺的碱性强弱的量度，pH_{50}愈高，胺的碱性愈强，愈有可能从氰化液中萃取金。

加入膦酸酯或烷基氧化膦作为改性剂时，萃取率对pH值的曲线明显右移。仲胺Adogen283（双十三烷基胺）加50%TBP萃取$Au(CN)_2^-$的实验结果绘入图2，可明显

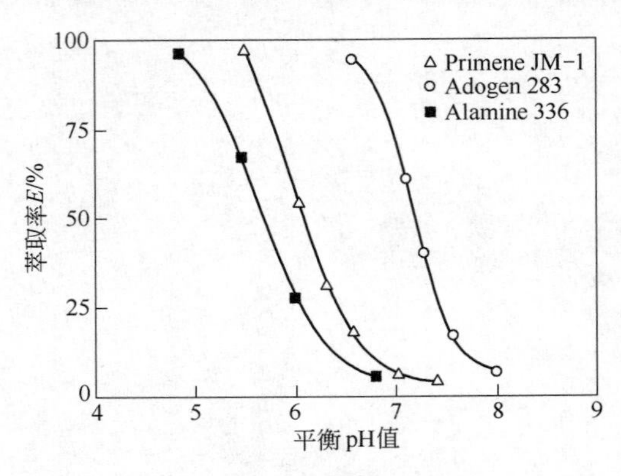

图1　伯、仲、叔胺萃取氰化亚金时溶液pH值的影响

（萃取剂浓度0.05mol/L二甲苯；金浓度0.1%）

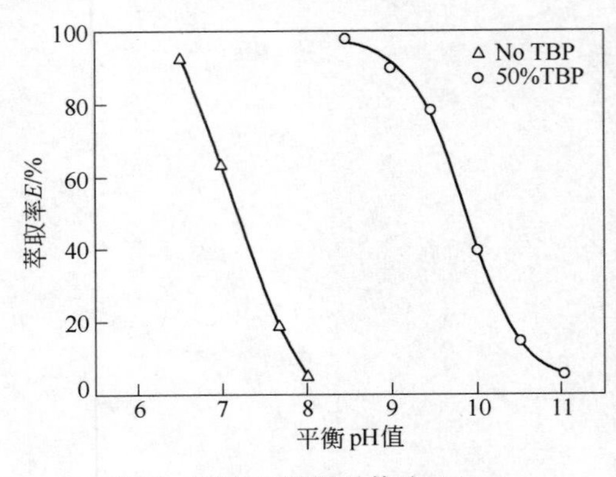

图2　TBP改性剂对仲胺Adogen萃金的影响

* 本文原载于《铂族金属冶金化学》，科学出版社，2008：288~297。

看出萃取金的 pH_{50} 值已从不加 TBP 的 7.05 提高到 9.78[3]。

已有大量文献报道了用各种胺加各种改性剂从氰化液中萃取金的研究。除 Miller 和 Mooiman[1~6] 的工作外，Alguacil[7] 等研究了月桂胺 Amberlite LA-2 加改性剂的萃取；Caravaca 和 Alguacil 等[8~11]研究了伯胺 Primene JMT 硫酸盐，Primene 81R 以及十三烷基胺加改性剂的萃取；马恒励等[12]研究了胺类加亚砜作改性剂的萃取。这些研究获得的萃取反应式大体有以下三种类型。

对于不加膦类改性剂的萃取反应为：

$$mRNH_{2(o)} + H^+ + Au(CN)_2^- \rightleftharpoons RNH_3^+ \cdot Au(CN)_2^- \cdot (m-1)RNH_{2(o)} \quad (1)$$

加膦类改性剂对不同胺的萃取反应式为：

$$R_3N_{(o)} + H^+ + Au(CN)_2^- + (3\sim4)S_{(o)} \rightleftharpoons R_3NH^+ Au(CN)_2^- \cdot (3\sim4)S_{(o)} \quad (2)$$

$$RNH_{2(o)} + H^+ + Au(CN)_2^- + (1\sim2)R_3PO_{(o)} \rightleftharpoons RNH_3^+ Au(CN)_2^- \cdot (1\sim2)R_3PO_{(o)} \quad (3)$$

式（2）中的 S 代表各种膦酸酯及烷基氧化膦。根据已有的研究结果，对上述反应式讨论于下。

1.1 胺分子结构的影响

按烷基送电子的诱导效应，胺的碱性顺序是叔胺 > 仲胺 > 伯胺，但研究结果表明，萃取 $Au(CN)_2^-$ 的 pH_{50} 值大小顺序是仲胺 > 伯胺 > 叔胺，见表 1[3]。

表 1 各种胺从氰化液中萃取金的 pH_{50} 值

胺	结 构	pH_{50}
伯胺	RNH_2	
Primene 81-R	$R = C_{12\sim14}$	6.55
Primene JM-T	$R = C_{18\sim22}$	6.05
仲胺	R_2NH	
Adogen 283	$R = C_{13}$	7.15
LA-2	$R = C_{10\sim12}$	7.15
Alamine 204	$R = C_{12}$	7.15
Alamine 226	$R = C_{16\sim18}$	7.06
叔胺	R_3N	
Adogen 364	$R = C_{8\sim10}$	5.55
Adogen 363	$R = C_{13}$	5.35
Alamine 308	$R = iso\text{-}C_8$	5.45
Alamine 310	$R = iso\text{-}C_{10}$	5.35
Alamine 336	$R = C_{8\sim10}$	5.66

注：Au 浓度 1.0g/L，胺浓度 0.05mol/L 二甲苯溶液。

对于萃取 $Au(CN)_2^-$ 时胺碱度顺序变化的原因，Miller 等认为胺碱性的强弱受控于两个因素。一是烷基链的诱导效应，另外是胺或铵盐被水分子溶剂化的程度。对一个铵阳离子而言，靠氢键被水分子溶剂化时，胺基氮原子上的氢越多，烷基越少，则越有利。即溶剂化程度是伯胺 > 仲胺 > 叔胺，此顺序与诱导效应顺序恰恰相反。在萃取体系中两种效应平衡的结果，造成仲胺具有最强的萃取能力。

1.2 改性剂分子结构的影响

不同结构的膦酸酯和烷基氧化膦作改性剂时，提高萃金 pH_{50} 值的实验结果见表2[5]。

表2 改性剂类型对氰化液中萃取金的影响[1]

改 性 剂	结构	pH_{50}	ΔpH_{50}
无改性剂		7.15	
磷酸三丁酯(TBP)	$(RO)_3P=O$	7.83	0.68
丁基膦酸二丁酯(DBBP)	$(RO)_2RP=O$	8.40	1.25
二丁基膦酸丁酯(BDBP)	$(RO)R_2P=O$	8.84	1.69
三丁基氧化膦(TBPO)	R_3PO	9.90	2.75
三辛基氧化膦(TOPO)	$R_3P=O$	9.45	2.30

注：1. 水相金浓度 1.0g/L，有机相为 0.05mol/L Adogen 283，0.36mol/L 改性剂的二甲苯溶液；
2. TOPO 为 10%（质量分数）。

表中数据看出，改性剂提高 pH_{50} 值的顺序与 $P=O$ 键碱度大小顺序一致，即 $R_3PO > R_2(RO)PO > R(RO)_2PO > (RO)_3PO$。这表明改性胺萃取体系提高 pH_{50} 值的效果与改性剂的溶剂化能力有关。Mooiman 和 Miller 指出，可以考虑改性剂有两种作用，一种是靠与水分子的溶剂化增加了有机相中的水含量，改性剂的碱度愈高有机相中含水愈多，而同一种胺在水中的碱性比它在惰性有机稀释剂中的碱性会提高 10^3 或 10^4 倍；另一种作用是改性剂本身能与胺发生溶剂化。

1.3 对氰配阴离子萃取的选择性

加 50% TBP 对伯胺和仲胺萃取氰化液中各种金属离子的影响见表3[3]。

表3 改性剂对伯胺和仲胺萃取氰配阴离子 pH_{50} 值的影响

阴离子	Primene JMT			Adogen 283		
	无 TBP	50% TBP	ΔpH_{50}	无 TBP	50% TBP	ΔpH_{50}
$Au(CN)_2^-$	6.05	9.85	3.08	7.35	9.85	2.50
$Ag(CN)_2^-$	5.20	8.50	3.30	6.30	8.50	2.20
$Zn(CN)_4^{2-}$	7.10	8.14	1.04	7.10	8.50	1.40
$Cu(CN)_4^{3-}$	6.00	7.40	1.40	6.98	7.40	0.42
$Fe(CN)_6^{3-}$	5.50	6.75	1.25	5.70	6.73	1.03
$Fe(CN)_6^{4-}$	5.55	6.30	0.75	5.15	6.40	1.25

注：萃取剂浓度 0.05M 二甲苯中。

表中数据表明，改性剂使萃取氰配阴离子的 pH_{50} 值都有所提高，提高后的 pH_{50} 值的大小顺序为：$Au(CN)_2^- > Ag(CN)_2^- > Zn(CN)_4^{2-} > Cu(CN)_4^{3-} > Fe(CN)_6^{3-} > Fe(CN)_6^{4-}$。认为此顺序决定于配阴离子的电荷/体积比，水合配阴离子对有机相的相容性以及配阴离子与胺的萃合物在有机相中被溶剂化的程度。

1.4 机理研究的概况

几乎所有研究机理的方法都是推断一个萃取反应式，用双对数法确定有关项的系数，用红外光谱了解萃合物在有机相中的存在状态。如 Caravaca 等[8,11]确定式（1）中 $m=4$，判定萃合物为 $RNH_3^+Au(CN)_2^-3RNH_2$，即离子对被三个游离伯胺分子溶剂化，Mooiman 等确定式（2）中 S 的系数为 3～4，即叔胺萃取时，萃合物离子对被 3～4 个改性剂分子溶剂化；伯胺萃取时，萃合物离子对被 1～2 个三烷基氧化膦改性剂分子溶剂化。所有红外光谱的研究都指出，C≡N 键伸缩振动的吸收峰为 $2140cm^{-1}$，与单一的 $Au(CN)_2^-$ 阴离子中的一致，表明配阴离子的配位结构未发生变化；对于中心在 $1265cm^{-1}$ 的 TBP 的 P═O 键伸缩吸收峰，很难确定是否是纯 TBP 在 1280～$1270cm^{-1}$ 的吸收峰发生了位移，而且 P═O 键的 10～$12cm^{-1}$ 的小位移通常认为只是 P═O 键与水发生氢键结合所引起。这些都表明胺或改性剂分子与金的配阴离子在有机相中未发生特殊的相互作用。

胺类加改性剂萃金的负载有机相可以用提高 pH 值使胺去质子化来反萃，如用 0.1%～0.5% NaOH 溶液或 NaCN 溶液在 40～50℃ 温度下反萃，能够迅速达到反萃平衡。

2 季铵盐萃取

季铵盐以阴离子交换反应的形式萃取金。

$$R_4N^+X^-_{(O)} + Au(CN)_2^- = R_4N^+ \cdot Au(CN)^-_{2\,(O)} + X^- \quad (4)$$

由于萃取反应与 H^+ 无关，因此能在高 pH 值下高效萃取金，如 Aliquat 336 在稀释剂 Solvesso 150 中稀释至 5%（W/V）的有机相仍可从含 10×10^{-4}% 的氰化金溶液中负载 0.2% 以上的 $Au(CN)_2^-$。

季铵盐在碱性溶液中萃取时容易发生乳化，铵基上烷基的碳链愈短乳化愈严重。对 $R_4N^+X^-$ 型的铵盐来说，$R=C_8$ 最合适，而对 $R_3CH_3N^+X^-$ 型的铵盐，$R=C_8$～C_{10} 最合适。稀释剂对乳化也有一定影响，脂肪烃稀释剂比芳烃稀释剂容易引起乳化。

季铵盐萃金对铜、铁有很好的选择性，对锌、镍则选择性差，特别是锌，但经过几级萃取后，有机相中的 $Zn(CN)_4^{2-}$ 会逐渐被 $Au(CN)_2^-$ 所取代。选择性也与季铵盐的类型有关，与 $R_2(CH_3)_2N^+X^-$ 或 $R(CH_3)_3N^+X^-$ 型的季铵盐相比，$R_4N^+X^-$ 对金有更高的选择性。

由于季铵阳离子对 $Au(CN)_2^-$ 有很强的亲和力，目前提出的方法是在通空气下用酸性硫脲溶液反萃，或从有机相中蒸馏出稀释剂后焚烧蒸馏残渣来回收金[13]。

加拿大的 CANMET（加拿大能源矿业资源部所属矿冶研究中心）曾进行过用季铵从氰化浸出矿浆中直接萃取金。季铵盐 Adogen 481、Adogen 483 及 Aliquat 336 等以 Solvesso 150 芳烃溶剂作稀释剂能得到较高的有机相金负荷，并与其他金属的氰配合物的分离效果较好。实验室循环试验中萃余液中胺的量约在 $3\times10^{-4}\%\sim11\times10^{-4}\%$，金为 $0.04\times10^{-4}\%$。矿浆萃取的困难是溶剂损失高[14]。

3 TBP、DBBP 及烷基氧化膦的溶剂化萃取

TBP 及其他膦酸酯属溶剂化萃取剂，在研究它们作为胺的改性剂时发现，它们本身也能从氰化液中萃取金，其萃取率随水相中无机盐离子强度的增大而提高，见表 4[6]。

表 4　离子强度对萃取金的影响

离子强度 /mol·L^{-1}	萃取率/%				
	Na_2SO_4	K_2SO_4	NaCl	NaCN	$MgSO_4$
—	23.7	27.6	23.7	27.6	25.6
0.015	43.5	45.8	51.6	50.4	51.2
0.030	54.8	59.8	63.2	61.7	58.6
0.300	87.3	90.4	94.7	93.5	84.2
0.750	96.6	95.4	99.3	99.3	91.9
1.500	100	96.2	100	100	95.8

注：100% TBP，无稀释剂；pH 值为 9.5~11；温度为 25℃。

对于碱性较强的丁基膦酸二丁酯（DBBP），水相只需有 0.1mol/L 的 NaCl 即可达到离子强度为 0.7mol/L 时 TBP 萃取的同等效果。

稀释剂的加入会大幅度降低这类萃取的萃取率。以二甲苯为稀释剂时不同浓度 TBP 萃取金的结果见图 3。从图看出，离子强度为 0.5mol/L Na_2SO_4 时，100% TBP 萃取 $Au(CN)_2^-$ 的萃取率与水相 pH 值无关，几乎都接近 100%。

当不调整水相的离子强度时，DBBP 浓度及稀释剂种类对萃取 $Au(CN)_2^-$ 的影响绘于图 4。

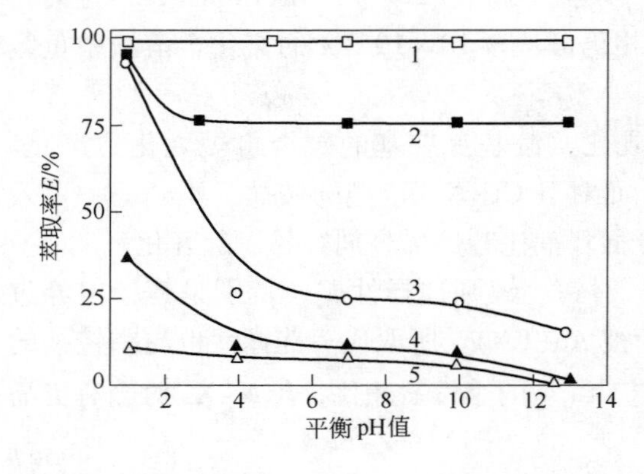

图 3　TBP 浓度对从氰化液中萃取金的影响

1—100%；2—75%；3—50%；4—25%；5—10% TBP in xylene

（金浓度 0.1%，水相离子强度 0.5mol/L Na_2SO_4，稀释剂为二甲苯）

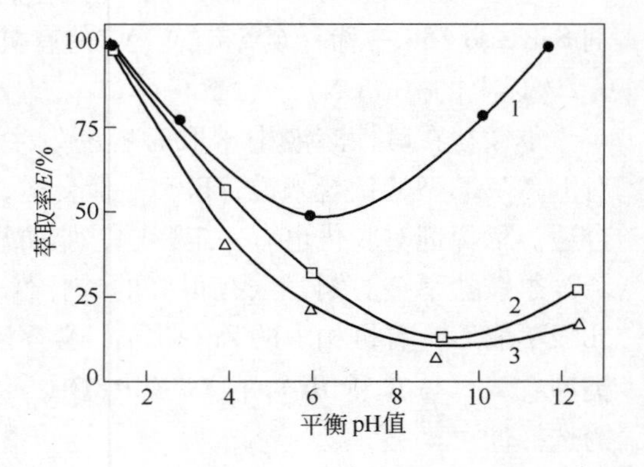

图 4　DBBP 浓度及稀释剂对萃取金的影响

1—100% DBBP；2—50% DBBP in xylene；3—50% DBBP in hexane

从图 4 看出，萃取率曲线 1 在 pH =6 左右出现凹谷，这是因为在低 pH 值范围萃合物是 $HAu(CN)_2$，萃取率随 pH 值的升高，即随 [H^+] 的降低而降低；在高 pH 范围时，萃合物是 $NaAu(CN)_2$ 或 $KAu(CN)_2$，萃取率随调整 pH 值加入的 NaOH 或 KOH 的量的增加而升高。

机理研究给出的萃取反应式为：

$$M^+ + Au(CN)_2^- + m\mathrm{RPO}_{(o)} + nH_2O \Longleftrightarrow M^+ \cdot Au(CN)_2^- \cdot m\mathrm{RPO} \cdot nH_2O_{(o)} \quad (5)$$

式（5）中 M^+ 代表 H^+、Li^+、Na^+、K^+、Cs^+ 等一价阳离子，RPO 代表膦酸酯或烷基氧化膦。对 NaCl、NaCN、Na_2SO_4、Na_2CO_3 等提供水相中 Na^+ 时，用双对数法求出 M^+ 的系数均接近 1。用 $\lg D$ 对 lg[TBP] 作图求溶剂化数 m 时，所得曲线线性不好，被解释为溶剂化数随 [TBP] 增大而增大。

无论 TBP 或 DBBP 均有很高的载金能力，选择性也很高，反萃可用低离子强度的溶液和提高温度进行，也可直接从有机相中电沉积获得高纯金片[15]。

Alguacil 等[16,17]研究了 Cyanex921、Cyanex923、Cyanex925 等烷基氧化膦萃取 $Au(CN)_2^-$，其中以 Cyanex923 效果最好。它是由四种烷基氧化膦组成的混合物，烷基链长为 C_6 及 C_8，平均相对分子质量 348。用 1mol/L LiCl 离子强度的水相，煤油作为稀释剂时，即使萃取剂浓度只有 10%（体积分数），也能在整个 pH 值范围定量的萃取 $Au(CN)_2^-$，负载有机相用稀 KCN 溶液（0.005mol/L），在 70℃ 可达到 100% 反萃。机理研究表明，三种 Cyanex 萃取金的反应均为放热反应，萃取率随温度的升高而降低，萃合物为 $Li^+Au(CN)_2^- \cdot m\mathrm{RPO} \cdot nH_2O$，其中溶剂化数 m 用双对数法测定为 3，n 值无法确定。像 Miller 等在有机相中测出 K^+ 与 $Au(CN)_2^-$，物质的量相等一样，Alguacil 等在不同温度下反萃金的反萃液中测出 Li 与 Au 的物质的量也相等。

以上所有按溶剂化机理萃取的负载有机相的红外光谱测定均表明萃取剂分子与 $Au(CN)_2^-$ 配阴离子之间未发生特殊的相互作用。

朱利亚等[18]及潘学军等[19]提出向水相中按与 Au 的摩尔比等于 1∶1 加入一种阳离子表面活性剂后，再用 TBP 萃取 $Au(CN)_2^-$。稀释剂用正十二烷或磺化煤油，获得分相速度快，在整个 pH 值范围均能定量萃取金的良好效果。用含银、铜、锌等的合成氰化液及矿山产出的载金炭解析液试验表明，萃取有一定的选择性。萃取机理属表面活性剂阳离子与 $Au(CN)_2^-$ 形成离子对被 TBP 溶剂化后而被萃取。

4 胍类萃取剂的萃取

为使萃取剂既能在碱性 pH 值下使用，又便于反萃，Henkel 公司和 Cognis 公司开发研究了具有胍官能团的一类新 Lix 萃取剂[20]，其中最具代表性的是 Lix79，即 N,N′-双(2-乙基己基)胍，其结构式为：

$$\begin{array}{ccccc} R_1 & & & & R_3 \\ & \diagdown & & \diagup & \\ & N - & C & - N' & \\ & \diagup & \| & \diagdown & \\ R_2 & & N'' & & R_4 \\ & & | & & \\ & & R_5 & & \end{array}$$

随着 R 的变化，它的 pK_α 值可达12，或更大一些，因此很适于在碱性氰化金液的典型 pH 值为10～11下使用。在 pH 值为10～10.5时，它对金的萃取率很高。但当 pH 值约为13.5时，金的萃取率仅约为5%，因此可用适当浓度的氢氧化钠溶液（10g/L）反萃。N，N′-双（2-乙基己基）胍强烈地萃取金和锌，对其他金属的萃取顺序是银 > 铜 > 铁。当相比 A/O 很高时，有机相中的银、铜、铁可被金和锌挤出。使用同一种代号 MX18999 的胍类萃取剂在现场进行连续闭路试验结果表明，金浓度可从料液的1.30mg/L 降到萃余液中的小于0.01mg/L，萃取率大于99%。对其他金属的分离因子达到 Au/Zn = 10，Au/Ag = 320，Au/Cu = 2400，Au/Fe = 3100。

对于实际应用，仍有许多问题需解决，如：如何用脂肪烃稀释剂代替价格较贵的芳烃稀释剂；如何进一步提高萃取的选择性；如何消除各种阴离子、有机酸和含硫聚合物对萃金的干扰；如何将电积技术引入连续闭路中的反萃段，以及如何选择适宜的萃取设备等。

总的说来，溶剂萃取从碱性氰化物中回收金目前仍处于实验室研究阶段，由于炭浆法、炭浸法以及树脂浆法的工艺技术已相当完善，溶剂萃取法与之竞争必须在各方面都比现有技术具有明显的优点。在理论研究方面，从氰化液中萃取金提出了研究从碱性介质中萃取配金属酸阴离子的特殊要求，目前的工作还停留在从热力学的萃取平衡反应了解萃取机理。对于萃取动力学，特别是被萃离子或分子如何进入有机相的微观过程以及胺类萃取常见的微乳体系的形成与萃取 $Au(CN)_2^-$ 的关系都还有待深入研究。对高 pH 值下萃取 $Au(CN)_2^-$ 机理的充分了解，很可能会给萃取理论的发展带来新的突破性进展。

参考文献

[1] Mooiman M B，Miller J D. The solvent extraction of gold from aurocyanide solutions[C]// Proc Int solvent Extr conf ISEC'83，AIChE，New York，1983：530，531.

[2] Miller J D，Mooiman M B. Solvent Extraction of $Au(CN)_2^-$ from Alkaline Cyanide Solution：US，4774003[P]. 1988.

[3] Mooiman M B，Miller J D. The solvent extraction of $Au(CN)_2^-$ [J]. Mineral and Metallurgical Processing，1984，53：157～162.

[4] Miller J D，Mooiman M B. A review of new developments in amine solvent extraction systems for hydrometallurgy[J]. Separation science and Technology，1984～1985，19(11-12)：895～909.

[5] Mooiman M B，Miller J D. The chemistry of gold solvent extraction from cyanide solution using modified amines[J]. Hydrometallurgy，1986，16(3)：245～261.

[6] Mooiman M B，Miller J D. The chemistry of gold slovent extraction from cyanide solution by extratants [J]. Hydrometallurgy，1991，27：29～46.

[7] Caravaca C，Alguacil F J. Gold(Ⅰ) extraion equilibrium in the system $KAu(CN)_2^-$ primene JMT sulphate-xylene [J]. Hydrometallurgy，1992，31：257～263.

[8] Caravaca C. Gold(Ⅰ) extraction equilibrium in cyanide media by the synergic mixture Primene81R-Cyanex923 [J]. Hydrometallurgy，1994，35：27～40.

[9] Caravaca C，Alguacil F J. Extraction of gold from cyanide aqueous-media by primene-JMT [J]. Hydrometallurgy，1994，35：67～68.

[10] Caravaca C，Alguacil F J，Sastre A，et al. Extraction of gold(Ⅰ) cyanide by the primary amine tride-

cylamine [J]. Hydrometallurgy, 1996, 40: 89 ~ 97.

[11] Caravaca C, Alguacil F J, Sastre A. The use of primary amines in gold(Ⅰ) extraction from cyanide solutions[J]. Hydrometallurgy, 1996, 40: 263 ~ 275.

[12] 马恒励，金品利，李昌群，等．二烷基亚砜-胺二元体系从氰化物溶液中萃取金[J]．贵金属，1992，13(4):8 ~ 14.

[13] Riveros P A. Studies on the solvent extraction of gold from cyanide media[J]. Hydrometallurgy, 1990, 24: 135 ~ 156.

[14] Ritcey G M, et al. ISEC'88, Moscow, 1988, 1 ~ 8.

[15] Wan R Y, Miller J D. Solvation extraction and electrodeposition of gold from cyanide solutions [J]. J. of Metals, 1986, 38(12):35 ~ 40.

[16] Alguacil F J, Caravaca C, Cobo A, Martinez S. The extraction of gold(Ⅰ) from cyanide solutions by the phosphine oxide Cyanex 921[J]. Hydrometallurgy, 1994, 35: 41 ~ 52.

[17] Alguacil F J, Caravaca C. The phosphine oxides Cyanex923 and Cyanex925 as extractants for Gold(Ⅰ) cyanide aqueous solutions [J]. Hydrometallurgy, 1994, 36: 369 ~ 384.

[18] 朱利亚，陈景，金娅秋，等．中国有色金属学报，1996，6(增刊2):229 ~ 232.

[19] 潘学军，陈景．碱性氰化液中加表面活性剂用 TBP 萃取金的研究[J]．稀有金属，2000，24(2):90 ~ 95.

[20] Kordosky G A, Sieraoski J M, Virnig M J, et al. Gold extraction from typical cyanide leach solutions [J]. Hydrometallurgy, 1992, 30: 291 ~ 305.

叔胺 N235 萃取盐酸时酸度对产生第三相的影响*

摘　要　本文研究了三烷基胺 N235-$C_{12}H_{26}$-HCl 萃取体系，在无改性剂 TBP（磷酸三丁酯）和含 20% TBP 两种情况下，初始 HCl 浓度对 HCl 萃取率、第三相体积和第三相电导率的影响。发现无 TBP 时，萃取入有机相的 HCl 按两阶段形式进入第三相。在 $n_{HCl(o)}/n_{N235(o)} \leqslant 1$ 时，形成的第三相萃合物为 $R_3N \cdot (H_2O)_m \cdot HCl(m<3)$。在 $n_{HCl(o)}/n_{N235(o)} > 1$ 后，萃合物组成接近 $R_3N \cdot (H_2O)_m \cdot 2HCl$。第三相的体积及电导率变化均在 $n_{HCl(o)}/n_{N235(o)} = 1$ 附近出现拐点。有机相含 20% TBP 后，在 $C_{HCl(init)} \leqslant 4.0$mol/L 范围不出现第三相，$C_{HCl(init)} \geqslant 5.0$mol/L 则再次出现第三相，此第三相的组成推测为 $R_3N \cdot (H_2O)_m \cdot HCl$ 及 $TBP \cdot (H_2O)_m \cdot HCl$ 两种离子溶液的混合物。

早期的研究认为，“胺类萃取剂萃取无机酸时，在有机相中由于发生聚合作用的复杂性，因而给了解胺类萃取体系中的平衡带来了困难”[1]。文献[2]指出这种聚合作用主要受稀释剂性质的影响，认为聚合过程是从单体 $R_3NH^+X^-$ 到二聚体（$R_3NH^+X^-$）$_2$，再到多聚体（$R_3NH^+X^-$）$_n$。高宏成等[3]则认为，“影响因素很多，有许多现象尚未得到满意的解释”，他们的观点是在有机相中形成了反胶束或微乳液。

在前文[4]中，我们报道了通过测定有机相的电导率及第三相体积的变化，研究叔胺 N235 萃取 HCl 体系中第三相的形成及改性剂消除第三相的作用机理。在固定 HCl 起始浓度为 1.005mol/L 及正十二烷作稀释剂的条件下，考察了有机相中 N235 浓度及改性剂磷酸三丁酯（TBP）浓度变化时出现的反应现象及萃取结果。提出了第三相的产生是含有微量水的萃合物 $R_3NH^+ \cdot Cl^-$ 不溶解于脂肪烷烃的观点，以及 TBP 消除第三相的作用机理是 TBP 能够将萃合物拆分为可溶于惰性稀释剂的大阳离子 $R_3NH^+ \cdot O=P(OC_4H_9)_3$ 及 Cl^- 的观点。

本文继续报道将水相盐酸初始浓度在 0.1～0.6mol/L 以及 1.0～6.0mol/L 范围内变化时的萃取结果，进一步了解第三相产生和消除的原因，对我们在前文中提出的观点进行检验。

1　实验部分

1.1　试剂与设备

主要试剂：三烷基叔胺(N235)，烷基均为直链 $C_nH_{2n+1}(n=8,10)$，工业级，平均相对分子质量为 387，密度 0.8153g/cm^3(25℃)，上海有机化学研究所生产。磷酸三丁酯（TBP），分析纯，相对分子质量 266.32，密度 0.974～0.98g/cm^3，天津试剂一厂生产。正十二烷（$C_{12}H_{26}$），工业级。盐酸，分析纯，使用时的稀盐酸浓度用 NaOH 标准

* 本文合作者有：谢琦莹，杨项军；原载于《无机化学学报》2008 年第 6 期。

溶液标定。

主要设备：电导率仪（DDS-307），上海雷磁厂生产；Thermo Nicolet AVATARFTIR 360 FT-IR 仪；台式 800 型离心机。

1.2 实验及分析方法

萃取有机相由 N235、TBP 及 $C_{12}H_{26}$ 按体积比混合组成，文中所用的有机相组分浓度均为体积分数 φ。除另有说明外每次实验的有机相体积均为 20mL。水相为 HCl 水溶液 20mL，准确浓度用 NaOH 标准溶液标定。室温下，水相和有机相在玻璃分液漏斗中手摇混合振荡 10min，静置分相直至界面清晰。出现乳化或三相时，将分液漏斗放在 25℃的恒温箱中放置 24h。若两相仍存在乳化，则将其转移到离心管中，进行 1000r/min或 2000r/min 离心分离，直到两相均透明清亮。萃残液用 NaOH 标准溶液滴定 HCl 浓度，用差减法计算出有机相中的 HCl 浓度及萃取率。清亮的有机相和第三相用电导仪测定电导率。有机相上层及第三相体积的测量系将分液漏斗中清亮的三相全部转入刻度滴定管中，读出两层有机相的体积数值。

在本文中，待萃液盐酸浓度用 $C_{HCl(init)}$ 表示，萃残液盐酸浓度用 $C_{HCl(w)}$ 表示，有机相中盐酸浓度用 $C_{HCl(o)}$ 表示。有机相中 N235 及改性剂的体积分数用 $\varphi_{(o)}$ 表示，摩尔浓度用 $C_{(o)}$ 表示，物质的量用 $n_{(o)}$ 表示。$n_{HCl(o)}$ 与 $n_{N235(o)}$ 的比值用 Z 表示，有机相的电导率用 $\kappa_{(o)}$ 表示，第三相的体积用 $V_{(3)}$ 表示。

2 结果及讨论

2.1 有机相中无改性剂的萃取结果

2 段盐酸浓度的 12 个实验结果一并列入表 1 中。

表 1 20%N235-$C_{12}H_{26}$ 萃取 0.1～6.0mol/L HCl 的结果

No.	$C_{HCl(init)}$ /mol·L^{-1}	$C_{HCl(w)}$ /mol·L^{-1}	$C_{HCl(o)}$ /mol·L^{-1}	$n_{HCl(o)}$ /mmol	Extraction Percent E/%	$V_{(3)}$ /mL	$\kappa_{(o)}$/μS·cm^{-1} Upper phase	Third phase	Z ($n_{HCl(o)}/n_{N235(o)}$)
1	0.101	0.015	0.086	1.72	85.15	1.6	0.00	—①	0.20
2	0.202	0.015	0.187	3.74	92.57	3.2	0.00	49.5	0.44
3	0.303	0.015	0.288	5.76	95.05	4.2	0.00	52.3	0.69
4	0.411	0.030	0.381	7.62	92.70	5.2	0.00	51.1	0.91
5	0.500	0.091	0.409	8.18	81.80	5.8	0.00	51.8	0.97
6	0.601	0.167	0.434	8.68	72.21	6.0	0.00	51.5	1.03
7	1.003	0.547	0.456	9.10	45.46	6.2	0.00	38.3	1.08
8	2.068	1.581	0.487	9.70	23.55	6.2	0.00	34.6	1.15
9	3.010	2.508	0.502	10.0	16.68	6.0	0.00	32.2	1.19
10	3.983	3.436	0.547	10.9	13.73	6.0	0.00	31.4	1.30
11	5.078	4.394	0.684	13.7	13.47	5.8	0.00	30.5	1.63
12	6.051	5.245	0.806	16.1	13.32	5.6	0.00	28.9	1.92

Note：Volume of N235 in organic phase is 4mL，n = 8.4mmol，C = 0.42mol/L.

①Volume of this third phase is too small to measured.

从表 1 数据看出，当萃取有机相中无改性剂时，12 份实验全部出现第三相。由于有机相上层中不可能含 HCl，因此被萃取的 HCl 将全部富集在第三相中。各种数据的关系如下：

（1）起始盐酸浓度对萃取率的影响。从图 1 看出，对 HCl 浓度开始增加的三个点，其萃取率是逐渐增高的。这是因为进入有机相的 HCl 物质的量是 1.72～5.76mmol，而有机相中存在的 N235 物质的量为 8.4mmol，生成萃合物 $R_3NH^+ \cdot (H_2O)_m \cdot Cl^-$ 后，还余有游离的 N235，因此萃取反应遵循式（1）而右移，萃取平衡常数 K_{ex} 随 C_{H^+} 和 C_{Cl^-} 的增高而增高。

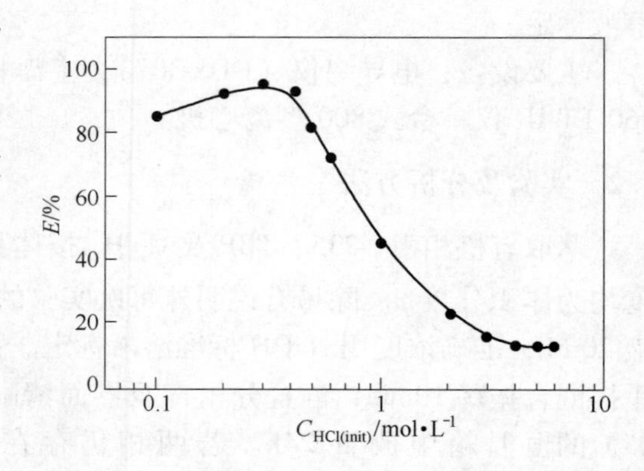

图 1　起始盐酸浓度对萃取率的影响

$$R_3NH^+ \cdot Cl^-_{(o)} \rightleftharpoons R_3NH^+ \cdot Cl^-_{(o)} \tag{1}$$

$$K_{ex} = \frac{C_{R_3NHCl(o)}}{C_{R_3N(o)} C_{H^+(w)} C_{Cl^-(w)}} \tag{2}$$

至 No. 4 时，游离的 $C_{R_3N(o)}$ 已很低，绝大部分的 R_3N 已形成萃合物，萃取反应已不再遵循式（1）。

此外，也可从 E 的计算式进行分析：

$$E = \frac{C_{HCl(o)}}{C_{HCl(w)} + C_{HCl(o)}} \times 100\% \tag{3}$$

从式（3）看出，萃取率的大小主要受萃残水相的 $C_{HCl(w)}$ 值控制。对 No. 1～No. 3，$C_{HCl(w)}$ 均为 0.015mol/L，因此 E 随 $C_{HCl(o)}$ 的增加而增高。从 No. 4～No. 12，$C_{HCl(w)}$ 大幅度持续增高，因而萃取率持续下降至表 1 中的 13.32%。

（2）起始盐酸浓度对萃入有机相中 HCl 物质的量的影响。从图 2 看出随起始盐酸浓度的增高，进入第三相中的 $n_{HCl(o)}$ 也随之不断增高，但增高的走势呈两段弧线形，两段的拐点在 No. 6 $C_{HCl(init)}$ = 0.601mol/L 处，此处的 Z 值为 1.03，即相应于第三相中 HCl 与 R_3N 的摩尔比为 1∶1。因此我们可以推断萃取过程中有两段机理，第一阶段萃入的 HCl 均形成按 $R_3NH^+ \cdot (H_2O)_m \cdot Cl^-$ 萃合物组成的第三相，第二阶段萃合物转化为 $R_3NH^+ \cdot (H_2O)_m \cdot Cl^- \cdot (HCl)_x$，其中 x 从 0→1 变动。到 No. 12 的 Z 值为 1.92 时，萃合物的组成已接近为 $R_3N \cdot (H_2O)_m \cdot (HCl)_2$。

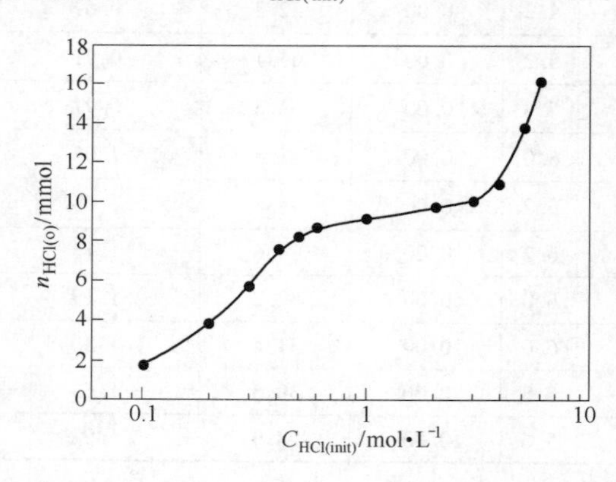

图 2　起始盐酸浓度对 $n_{HCl(o)}$ 的影响

傅洵等[5,6]在研究三正辛胺（TOA）与正庚烷（n-C_7H_{16}）萃取 HCl 时，发现 $C_{HCl(init)}$ 在 0.1～10mol/L 范围内均出

现第三相。但他们所用的有机相为 0.98mol/L TOA-正庚烷，未出现 $Z>1$ 的结果。因此，他们认为第三相由 TOA、TOA·HCl、H_2O、n-C_7H_{16}四种组分形成，并且绘制了 TOA·HCl，n-C_7H_{16} 与 H_2O 的 298K 三元相图。本文使用的有机相为 0.42mol/L 的 N235-$C_{12}H_{26}$，HCl 相对过多。因此，在 $C_{HCl(init)}=6.051$mol/L 时，形成了 $R_3N\cdot(H_2O)_m\cdot(HCl)_2$ 物种。类似的情况在文献中只报道过硝酸体系中可形成 $R_3N\cdot(HNO_3)_2$[7]。

（3）$n_{HCl(o)}$变化对第三相电导率的影响。从图 3 看出，相应于表 1 中 No.2 ~ No.6 的电导率因第三相组成均为 $R_3NH^+\cdot(H_2O)_m\cdot Cl^-$而基本上稳定不变，而 No.6 之后则因为后续增加的 HCl 分子改变了第三相的结构组成，电导率明显地降低。

（4）$n_{HCl(o)}$变化对第三相体积 $V_{(3)}$ 的影响。从图 4 看出：（1）在 No.6 前，第三相的体积 $V_{(3)}$ 随 $n_{HCl(o)}$ 增加而同步增加，并且与相应计算的纯 N235 体积保持近似的 ΔV 值，可归因为 $R_3NH^+\cdot(H_2O)_m\cdot Cl^-$结构的体积大于纯 N235 的体积。（2）在 No.7 后，第三相的体积随 $n_{HCl(o)}$ 增加而逐渐减小，但都大于纯 N235 的体积。此阶段的体积变化是由于组成结构转化为 $R_3NH^+\cdot(H_2O)_m\cdot Cl^-\cdot HCl$。（3）No.6 的 Z 值为 1.03，表明组分中的 $n_{HCl(o)}$ 等于 $n_{N235(o)}$。此时按 $n_{HCl(o)}$ 计算的 N235 体积为 4.1mL，与实际加入的 N235 为 4mL 极其接近。实测的 $V_{(3)}$ 为 6.0mL，比纯 N235 体积大 2mL。这些结果均符合本文前述的机理推断。

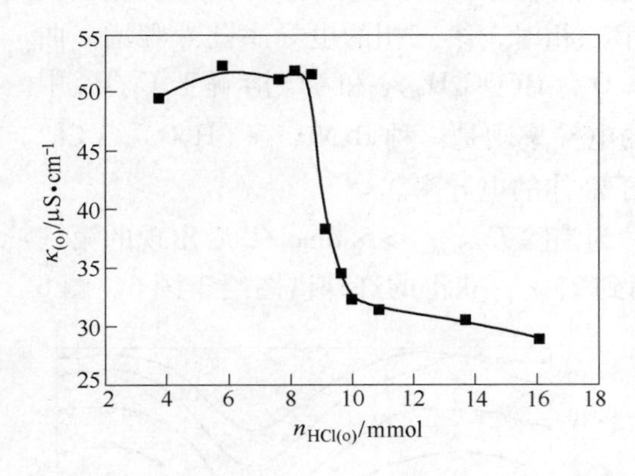

图 3　$n_{HCl(o)}$对第三相电导率的影响

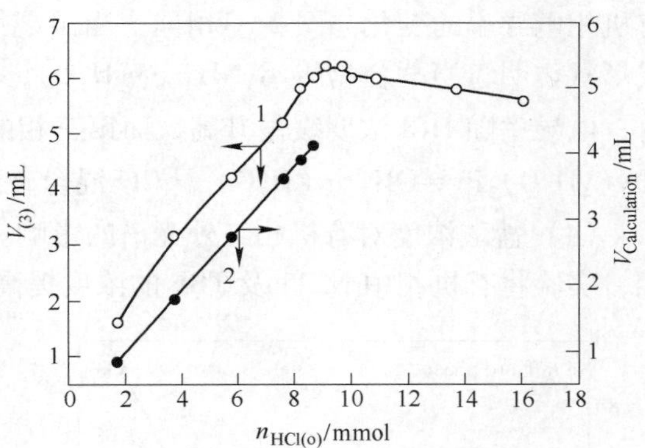

图 4　$n_{HCl(o)}$与第三相体积及计算的 N235 体积的关系

2.2　有机相中加改性剂 TBP 后的萃取结果

（1）盐酸浓度在 0.1 ~ 0.6mol/L 范围的萃取结果。当有机相使用 20% N235-20% TBP-$C_{12}H_{26}$进行萃取时，在此酸度范围的 6 份实验均无第三相出现，分相速度较快，所得的 $C_{HCl(w)}$、$n_{HCl(o)}$ 及 E 等数值与表 1 中 No.1 ~ No.6 的数值完全一致，表明改性剂 TBP 存在与否均不影响萃取 HCl 的分配及萃取率。有机相的电导率则随 $n_{HCl(o)}$ 的增加而逐渐升高。

（2）盐酸浓度在 1.0 ~ 6.0mol/L 范围的萃取结果。对应于表 1 中 No.7 ~ No.12 的萃取结果列入表 2。

表 2　20%N235-20%TBP-$C_{12}H_{26}$萃取 1.0～6.0mol/L HCl 的结果

No.	$C_{HCl(init)}$ /mol · L^{-1}	$C_{HCl(w)}$ /mol · L^{-1}	$C_{HCl(o)}$ /mol · L^{-1}	$n_{HCl(o)}$ /mmol	Extraction Percent E/%	Volume of the third phase/mL	$\kappa_{(o)}$ /μS · cm^{-1}		Z
7	1.003	0.562	0.441	8.82	43.97	0	21.5		1.05
8	2.068	1.581	0.487	9.74	23.55	0	20.8		1.16
9	3.010	2.463	0.547	10.94	18.17	0	21.5		1.30
10	3.983	3.405	0.578	11.56	14.51	0	23.3		1.38
11	5.078	4.348	0.730	14.60	14.38	5.6	0.35①	47.9②	1.74
12	6.051	5.184	0.867	17.34	14.33	8.4	0.01①	91.4②	2.06

①Up phase；②Third phase.

表 2 与表 1 相比，除 No.7～No.10 不出现第三相，以及 Z 值不断增大至 2.06 外，其余数据基本接近。从 No.9～No.12 的萃取率比 No.9～No.12 增高约 1%，说明 20% TBP 在本体系中对盐酸的萃取率很低。

表 2 最重要的现象是当 $Z=1.74$ 时，出现了 5.6mL 的第三相，此时，上层有机相的电导率明显。当 $Z=2.06$，即 $n_{HCl(o)}/n_{N235(o)}$ 达到 2∶1 时，出现了 8.4mL 的第三相，其体积非常接近 N235 体积加 TBP 的体积（共 8mL)，上层有机相的电导率很低。因此我们可以推断 No.12 的萃合物组成为 $R_3NH^+ \cdot (H_2O)_m \cdot Cl^-$ 和 $(C_4H_9O)_3P{=}OH^+ \cdot (H_2O)_m \cdot Cl^-$。

（3）存在改性剂 TBP 时有机相电导率的变化。从图 5 看出，加入 TBP 改性剂后，有机相电导率的变化与图 3 不相同，当出现第三相时，第三相的电导率陡然骤增。曲线形状说明，当萃合物以 $R_3NH^+ \cdot (H_2O)_m \cdot O{=}P(OC_4H_9)_3$ 和 Cl^- 溶解于 $C_{12}H_{26}$ 中时，电导率随 HCl 浓度缓慢升高，而第三相的电导率则是一种 $R_3NH^+ \cdot (H_2O)_m \cdot Cl^-$ 和 $(C_4H_9O)_3P{=}OH^+ \cdot (H_2O)_m \cdot Cl^-$ 混合离子液体的电导率。

（4）盐酸浓度对有机相红外光谱的影响。为消除 $C_{HCl(init)}>5.0$mol/L 后出现的第三相，实验将有机相中 N235 及 TBP 的浓度提高到 25%，获得的红外谱图绘于图 6。图 6

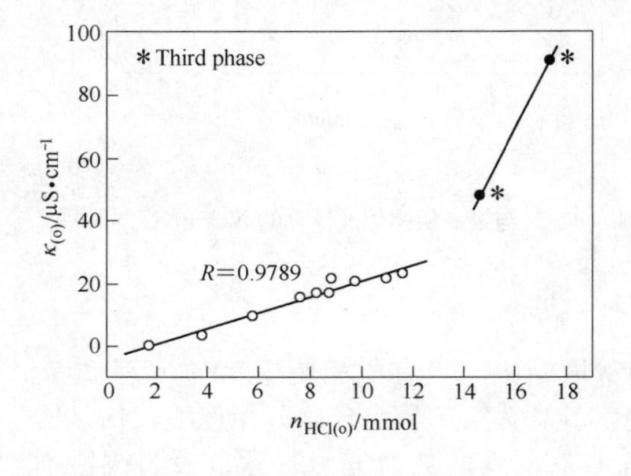

图 5　$n_{HCl(o)}$ 对有机相电导率的影响

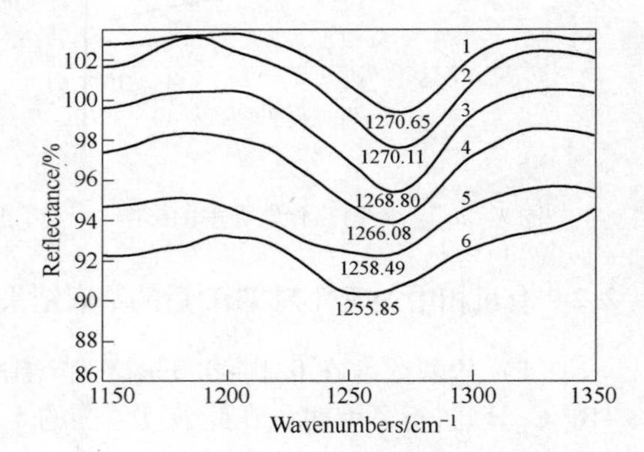

图 6　25% N235-25% TBP-$C_{12}H_{26}$ 体系萃取 1～6mol/L 盐酸有机相 P=O 部分红外谱图

Initial HCl concentration/mol · L^{-1}：1—1.0；2—2.0；3—3.0；4—4.0；5—5.0；6—6.0

给出了 TBP 的膦氧键伸缩振动频率。对于无水 TBP，P ═O 键频率为 $1282cm^{-1}$，含水为 $1272cm^{-1}$，含 HCl 时 P ═O 键被质子化，频率继续红移[8]。图 6 中可观察到随 HCl 浓度增高 P ═O 键频率不断缓慢红移的现象。

3 结论

（1）叔胺 N235-$C_{12}H_{26}$萃取盐酸浓度为 0.1 ~6.0mol/L 时，在无改性剂存在的情况下，萃取体系全都出现第三相。本文考察了进入有机相中 HCl 的物质的量 $n_{HCl(o)}$ 的变化，第三相的电导率变化以及第三相的体积变化，发现萃取反应分为两个阶段：第一阶段是有机相中的 N235 最终全部形成第三相离子溶液，其组成为 $R_3NH^+ \cdot (H_2O)_m \cdot Cl^-$。第二阶段是 HCl 分子继续萃入第三相，最终形成 HCl/R_3N 等于 2∶1 的萃合物。对于第二阶段，第三相体积随 HCl 的增加缓慢降低，电导率也明显降低。

（2）加入改性剂 TBP 后，盐酸浓度在 0.1 ~4.0mol/L 的萃取体系均不出现第三相，有机相的电导率随 HCl 浓度增加而缓慢增高。但在 $C_{HCl(init)} \geqslant 5.0$mol/L 时，仍然出现第三相，其电导率陡然猛增。本文推测第三相的组成可能是 $R_3NH^+ \cdot (H_2O)_m \cdot Cl^-$ 及 $(C_4H_9O)_3P{=}OH^+ \cdot (H_2O)_m \cdot Cl^-$ 两种离子溶液的混合物。

参考文献

[1] Tatsuno S, Yuko H. Solvent Extraction Chemistry[M]. Translated by Teng Teng. Beijing: Atomic Energy Press, 1981: 125 ~ 129.

[2] Wang Jiading, Chen Jiayong, et al. Solvent Extraction Manual[M]. Beijing: Chemical Industry Press, 2001: 27.

[3] Gao Hongcheng, Shen Xinghai, et al. Gaodeng Xuexiao Huaxue Xuebao(in Chinese), 1994, 15(10): 1425 ~ 1428.

[4] Xie Qiying, Chen Jing, et al. Chinese J. Inorg. Chem. (Wuji Huaxue Xuebao), 2007, 23(1):57 ~ 62.

[5] Fu X, Liu H, Chen H, et al. Solvent Extraction and Ion Exchange, 1999, 17(5):1281 ~ 1293.

[6] Fu Xun, Hu Zhengshui, et al. Chemistry(in Chinese), 2000, (4):13 ~ 17.

[7] Liu Huizhou, et al. Technique and Application of Emulsion phase Extraction. Bejing: Science Press, 2005, 184 ~ 218.

[8] Jing J Z, Li W H, et al. J. Colloid and Interface Science, 2003, (268):208 ~ 214.

N235 萃取 HCl 体系中 TBP 消除第三相的作用机理*

摘　要　通过测定萃取有机相电导率变化研究叔胺 N235（三烷基胺）萃取盐酸体系中第三相的形成及改性剂消除第三相的作用机理。实验结果表明，无改性剂时萃取体系在各种条件下均出现第三相。第三相组成为 $R_3NH^+ \cdot (H_2O)_3 \cdot Cl^-$，具有导电性。加改性剂 TBP（磷酸三丁酯）后，第三相消失。本文认为改性剂 TBP 消除第三相的作用机理是 TBP 能够将萃合物 $R_3NH^+ \cdot (H_2O)_3 \cdot Cl^-$ 拆分为可溶于惰性稀释剂的 $R_3NH^+ (H_2O)_3 \cdot O = P(OC_4H_9)_3$ 大阳离子，Cl^- 离子则以抗衡离子分散于稀释剂中。

胺类萃取剂萃取无机酸及含金属的配合酸时，极易产生第三相。在传统的液液萃取操作中，第三相妨碍两相分离，需要在有机相中加入 TBP（磷酸三丁酯）或醇类作改性剂（modifier）以消除第三相[1]。如叔胺萃取分离镍、钴，分离锆、铪，以及分离铂、铑、铱时，都需要加入 TBP 或高碳醇作改性剂[2]。

随着溶剂萃取技术研究的深入发展，人们发现第三相也可加以利用。特别是对一些复杂溶液，三相体系可以使多种目标产物达到同时分离和提纯[3]。三相萃取甚至在青霉素的萃取过程及其他生物化合物分离中也找到了应用[4,5]。近年来，对三相萃取的研究已形成为新的热点研究课题[6~9]。

刘会洲等[10]对文献中关于三相萃取体系的分类、热力学分析、形成理论及微观结构的研究报道已做了较全面地总结。由于影响三相形成的因素很复杂，至今对第三相的微观结构了解还不够清晰。特别是对改性剂消除第三相的作用机理，还有待开发新的技术，进行深入的研究。

我们曾提出过将表面活性剂 CTMAB（十六烷基三甲基溴化铵）作为从氰化物溶液萃取金的萃取剂。将 CTMAB 溶解于水，按其与 Au 的质量比为 1∶1 加入碱性氰化液中，然后再用 TBP 加磺化煤油或正十二烷作有机相萃取 $Au(CN)_2^-$ 配阴离子[11~13]。当用 30%（体积分数）TBP 的磺化煤油进行萃取时，有机相中 Au 浓度可以高达 38042mg/L 而不出现第三相[14]。当使用 30% TBP 的正十二烷溶液作有机相时，发现有机相中 Au 浓度达 19880mg/L 时开始出现第三相[15]。闫文飞、马刚等对上述萃取体系出现的两层有机相做了二阶导数谱以及红外光谱的曲线拟合分析，并考察了 ^{31}P 的核磁共振化学位移。此外，我们还发现[16]，随着有机相中 Au 浓度的增加，有机相的电导率也随之增加。此现象表明有机相的电导率与第三相的微观结构存在某种关系。本文用测定有机相电导率的方法研究 N235（三烷基胺）萃取 HCl 时，TBP 消除第三相的作

* 本文合作者有：谢琦莹，杨项军；原载于《无机化学学报》2007 年第 1 期。

用机理。根据实验结果和实验现象，提出了一些新的观点，供讨论。

1　实验部分

1.1　试剂与设备

主要试剂：三烷基叔胺（N235），烷基均为直链 C_nH_{2n+1}（$n=8$，10），工业级，平均相对分子质量 387，密度 0.8153g/cm³（25℃），上海有机化学研究所生产。磷酸三丁酯（TBP），分析纯，天津试剂一厂生产。正十二烷（$C_{12}H_{26}$），工业级。盐酸，分析纯，重庆川东化工有限公司。主要设备：电导率仪（DDS-307），上海雷磁厂生产；Thermo Nicolet AVATARFTIR 360 FT-IR 仪。

1.2　实验及分析方法

萃取有机相由 TBP、N235 及 $C_{12}H_{26}$ 按各种体积比混合组成。每次实验的有机相体积为 20mL。水相为 HCl 水溶液，体积 20mL，准确浓度用 NaOH 标准溶液标定。室温下，水相和有机相在玻璃分液漏斗中手摇混合振荡 10min，静置分相直至界面清晰。出现乳化或三相时，将分液漏斗放在 25℃ 的恒温箱中放置 24h。若两相仍存在乳化，则将其转移到离心管中，进行 1000r/min 或 2000r/min 离心分离，直到两相均透明清亮。萃残液用 NaOH 标准溶液滴定 HCl 浓度，用差减法计算出有机相中的 HCl 浓度及萃取率。清亮的有机相和第三相用电导仪测定电导率。

在本文中，待萃液盐酸浓度用 $C_{HCl(init)}$ 表示，萃残液盐酸浓度用 $C_{HCl(w)}$ 表示，有机相中盐酸浓度用 $C_{HCl(o)}$ 表示。有机相中 N235 及 TBP 的体积浓度用 $\varphi_{(o)}$ 表示、摩尔浓度用 $C_{(o)}$ 表示。有机相和水相的电导率分别用 $\kappa_{(o)}$ 和 $\kappa_{(w)}$ 表示。

2　实验结果

2.1　含盐酸的有机相及水溶液电导率的比较

根据实验中获得的一组含不同 HCl 浓度的有机相，配制浓度相近的 HCl 水溶液，测定电导率，结果绘入图 1（水溶液电导率测定时先将溶液稀释 10 倍，然后将所得的数值 ×10 所得）。

从图 1 看出，对于相近的盐酸浓度，水溶液的电导率 $\kappa_{(w)}$ 比有机溶剂中的电导率 $\kappa_{(o)}$ 大 $10^3\sim10^4$ 数量级。这是由于在水溶液中可移动的电荷载体是汫离子（H_3O^+）和氯离子 Cl^-。它们的体积小，而且水的黏度很小，流动性大。而有机溶剂中电荷载体的体积大，溶剂的黏度大，电荷载体在其中不易迁移。从图 1 还看出，有机相的电导率随盐酸浓度的增加而增高，其线性关系虽不如水相好，但已

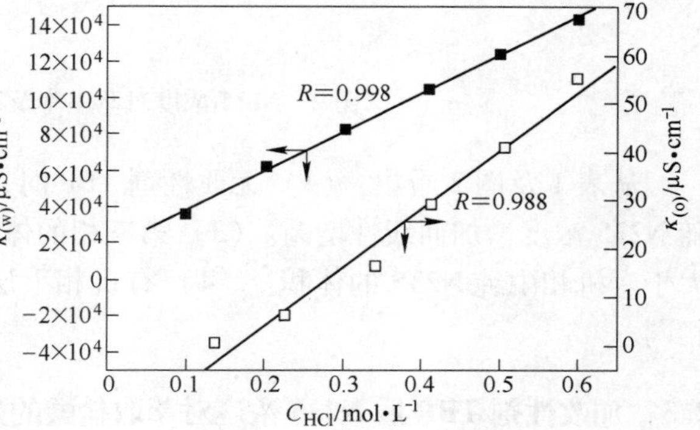

图 1　HCl 浓度对水溶液和有机相电导率的影响

（The constituent of organic phase was N235（5% ~30%）-TBP20%-$C_{12}H_{26}$）

足够说明有机相中的电荷载体物种随盐酸浓度的增加而呈线性增加。这暗示着萃合物不应该是目前认为的聚合物[17]。

2.2 无改性剂时 N235 浓度变化对萃取盐酸的效果

固定水相盐酸浓度 $C_{HCl(init)}=1.003$mol/L，变动 $\varphi_{N235(o)}$浓度。实验结果列入表 1 及绘入图 2。

表 1 N235-$C_{12}H_{26}$有机相萃取 HCl 的效果

No.	$\varphi_{N235(o)}$ /%	$C_{HCl(o)}$ /mol·L^{-1}	Extraction rate E/%	$\kappa_{(o)}$/μS·cm^{-1}		Volume of the third phase/mL
				Upper phase	The third phase	
1	5	0.149	14.86	0.00	—①	1.4
2	10	0.221	22.03	0.00	45.3	3.0
3	15	0.313	31.21	0.00	46.2	4.7
4	20	0.438	43.67	0.00	46.2	6.2
5	25	0.518	51.65	0.00	46.0	8.4
6	30	0.610	60.82	0.00	45.8	9.8

①The volume of this third phase is too small to determine the conductivity.

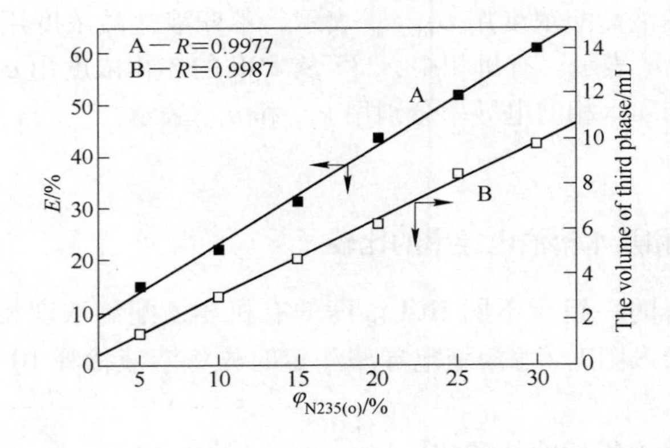

图 2 N235 浓度对萃取率及第三相体积的影响

从表 1 及图 2 看出：（1）无改性剂 TBP 时，6 份萃取均出现第三相。（2）萃取率随 N235 浓度增加而线性增高。（3）第三相的体积也随 N235 浓度增加而增大，并且均大于有机相中纯 N235 的体积。（4）有机相上层电导率均为零，第三相的电导率基本相同。

2.3 加改性剂 TBP 后 N235 浓度对萃取盐酸的效果

固定 $C_{HCl(init)}=1.005$mol/L，$\varphi_{TBP(o)}=20\%$，变动 N235 浓度的萃取数据绘入图 3、图 4 中。

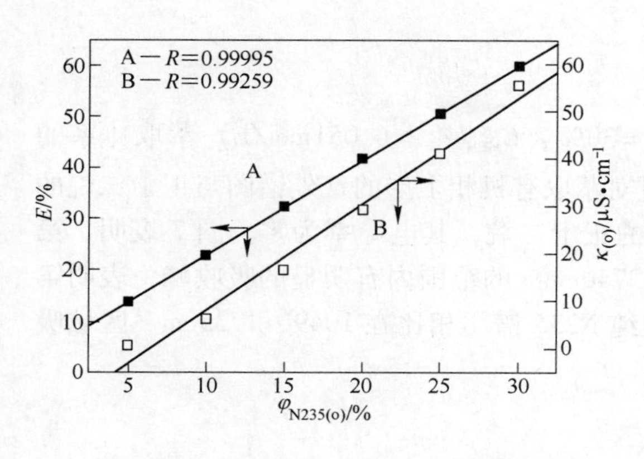

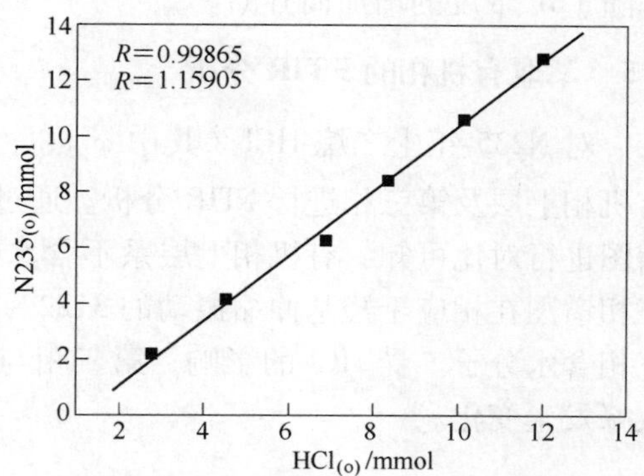

图 3　N235 浓度对萃取率及有机相电导率的影响　　　图 4　有机相中 N235 分子数与 HCl 分子数的关系

加 20% TBP 作改性剂后，6 份萃取均不出现第三相，且分相迅速。从图 3、图 4 看出：(1) 萃取率随 N235 浓度增加而线性升高，与表 1 基本相同，表明第三相的消失与否不影响 HCl 的萃取分配。(2) 在待萃水相 $C_{HCl(init)}$ = 1.005mol/L 时，有机相中含 20% TBP 不影响萃取率。(3) 有机相中 N235 与 HCl 的分子数相同，表明 n_{R_3N}: n_{HCl} = 1 : 1。(4) 有机相的电导率与 $\varphi_{N235(o)}$ 呈线性增长关系。

2.4　改性剂 TBP 浓度对 N235 萃取盐酸的影响

固定 $\varphi_{N235(o)}$ = 25%，$C_{HCl(init)}$ = 1.005mol/L，变动 TBP 浓度进行萃取时，No. 1、No. 2 两份实验出现第三相，电导率呈折线变化，因此重复进行了 4 次。全部实验结果绘入图 5、图 6 中。

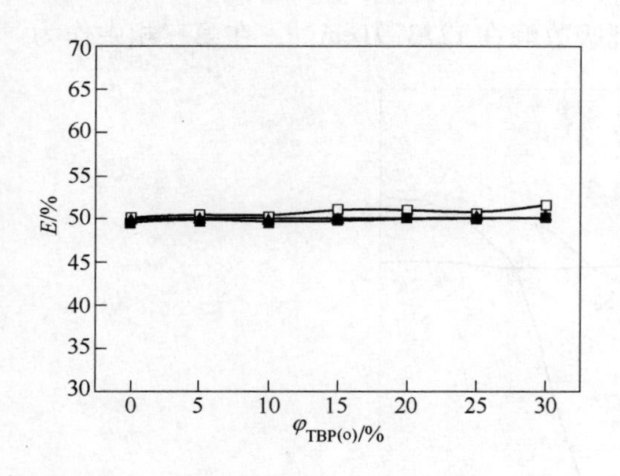

图 5　TBP 浓度对 HCl 萃取率的影响

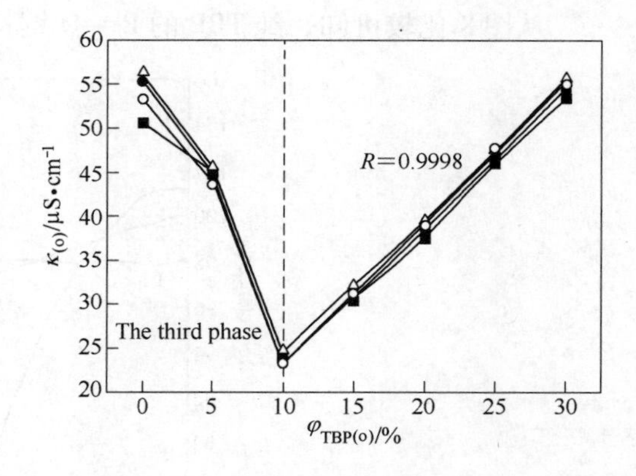

图 6　TBP 浓度对有机相电导率的影响

从图 5、图 6 看出：(1) 有机相中 TBP 浓度变化不影响萃取率，萃取率全部恒定在 50% 左右。此时 $C_{HCl(o)}$ = 0.502mol/L，$C_{N235(o)}$ = 0.525mol/L。由于 N235 纯度为工业级，在实验误差范围内，再次证明 n_{R_3N}: n_{HCl} ≈ 1 : 1。(2) φ_{TBP} ≤5% 时，萃取体系仍然出现第三相，第三相有较高的电导率。(3) φ_{TBP} ≥10% 后，第三相消失，有机相的电导

率随 TBP 浓度的增加而升高。

2.5 萃取有机相的 FTIR 分析

对 N235-正十二烷-HCl（其中 $\varphi_{N235(o)}=30\%$，$C_{HCl(init)}=6.051mol/L$）萃取体系的有机相上层及第三相进行 FTIR 分析。通过对萃取有机相上层的红外谱图与正十二烷的谱图进行对比可知，有机相上层系不含水的正十二烷，其电导率为零。图 7 表明，第三相谱图在相应于羟基伸缩振动的 3122 ~ 3740cm^{-1}的范围内有明显的吸收峰，表明第三相含水分子。受 HCl 的影响，第三相与纯 N235 谱图相比在 1049 ~ 1735cm^{-1}区域吸收峰发生变化。

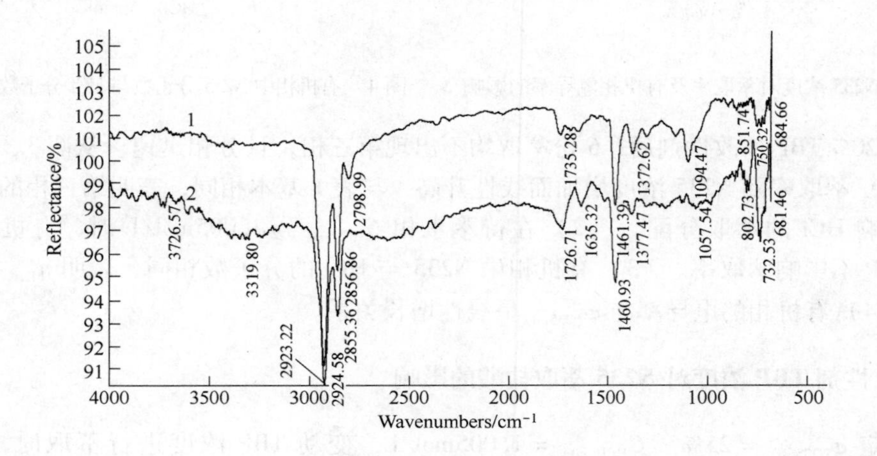

图 7 纯 N235 与萃取第三相红外对比谱图

1—Pure N235；2—The third phase of 6mol/L HCl extraction by 30% N235

从图 8 比较可知，纯 TBP 的 P ══O 键特征吸收峰在 1273.91cm^{-1}，在第三相中作为

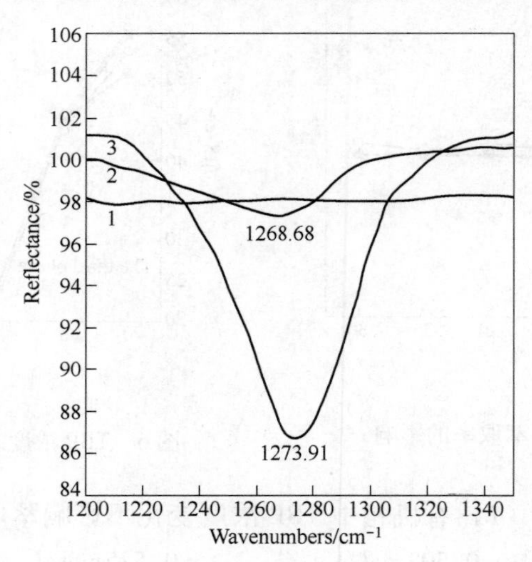

图 8 纯 TBP 与萃取第三相 P ══O 部分红外对比谱图

1—The third phase of 6mol/L HCl extraction by 30% N235；2—Adding 10% TBP into the third phase of 6mol/L HCl extraction by 30% N235；3—Pure TBP

改性剂后，特征吸收峰移向1268.68cm^{-1}，这种小的移动通常认为是P＝O键与H^+或H_3O^+发生缔合引起的。

2.6 第三相的水分测定

对不同浓度的N235萃取1mol/L HCl产生的第三相进行卡尔·费休法水分测定，结果列入表2。

表2 N235萃取1mol/L HCl第三相水分测定数据

No.	$\varphi_{N235(o)}$		$C_{HCl(o)}$		volume of the third phase/mL	$\kappa_{(o)}$ /μS·cm^{-1}	Water percentage /%	Number of water molecular n
	%(V/V)	mmol①	mol/L	mmol①				
1	10	4.2	0.227	4.54	3.0	47.3	11.2	2.96
2	20	8.4	0.414	8.28	6.4	47.4	13.8	3.05
3	30	12.6	0.604	12.08	9.8	48.2	14.2	3.07

①mmol number of N235 and HCl in 20mL organic phase.

在表2中，有机相中N235与HCl的分子数相同，摩尔比为R_3N：HCl＝1：1。根据第三相的水分含量数据可以计算出，水分子个数$n\approx3$，因此萃合物的结构组成为$R_3N\cdot H^+(H_2O)_3\cdot Cl^-$。

3 结果讨论

3.1 N235-HCl-稀释剂萃取体系产生第三相的原因

一般认为，萃取过程中第三相形成的主要原因是萃合物在稀释剂及萃取剂中溶解度小，容易达到饱和状态而形成第三相。另一种观点是认为萃合物自身会发生聚合作用，还有一些学者则认为第三相可以是双连续结构的微乳相。

傅洵等[9]研究的TOA-HCl-正庚烷萃取体系与我们研究的体系十分相似，他们对第三相多处取样冷冻复型后用透射电镜观察，结果表明其微观结构均为层状，未发现球状或其他几何形状的聚集体。总的来说，文献中关于萃取第三相的形成原因还处于研究发展阶段。

从本文的研究结果可以看出，N235作为碱性萃取剂，对1mol/L浓度的HCl有很强的萃取能力。在表1变动有机相中N235浓度的实验中，所有N235分子都与HCl形成了1：1的萃合物，因此第三相的体积随$\varphi_{N235(o)}$浓度的增高而线性增大。根据第三相中H_2O分子数的测定可以推断出萃合物的组成是N235：HCl：H_2O＝1：1：3。因此本文认为萃取反应可用下式表述：

$$R_3N_{(o)} + H^+_{(w)} + Cl^-_{(w)} + 3H_2O \rightleftharpoons R_3NH^+(H_2O)_3\cdot Cl^-_{(o)} \quad (1)$$

式（1）是一个路易斯碱与强酸中和成盐的反应式，或者说萃合物是以离子对的形式进入有机相。萃合物的结构可推测为：

$$\left[\begin{array}{c} H\quad H \\ O \\ \vdots \\ H \\ R_3NH^+ — O \qquad \cdot Cl^- \\ H \\ \vdots \\ O \\ H\quad H \end{array}\right]_{(o)}$$

萃合物因有大体积的—NR_3 疏水端而难溶于水，同时又因有较大体积的亲水端 N—$H^+(H_2O)_3 \cdot Cl^-$ 而难溶于正十二烷，因此它们聚集在油相（正十二烷）与水相中间而形成第三相。当然这种聚集体可以按层状排列。在第三相与上层油相的界面上，疏水端都伸入到正十二烷中；在第三相与水相界面上，亲水端朝向水相。这种层状结构还应该是复层的。此外，由于第三相是离子对组成，因此它们具有一定的导电性。

3.2 改性剂 TBP 消除第三相的原因

TBP 作改性剂为什么能在胺类萃取体系中消除第三相的问题在文献中尚未见研究报道。我们认为 TBP 虽然被归类在中性萃取剂中，但实际上由于膦氧键（P═O）的氧原子上的电子云密度较大，它也是一种路易斯碱，容易发生质子化，也容易靠形成氢键被水分子水化。于是，式（1）右边离子对的大阳离子可以按以下方式与 TBP 结合：

$$R_3NH^+(H_2O)_{3(o)} + (C_4H_9O)_3P=O_{(o)} \rightleftharpoons R_3NH^+(H_2O)_3 \cdot O=P(OC_4H_9)_{3(o)} \tag{2}$$

$$R_3NH^+(H_2O)_{3(o)} + (C_4H_9O)_3P=O_{(o)} \rightleftharpoons R_3N \cdot (H_3O)^+ \cdot O=P(OC_4H_9)_{3(o)} + 2H_2O \tag{3}$$

式（3）表示 TBP 与大阳离子结合时，可以挤出大阳离子亲水端的两个水，究竟反应按式（2）或式（3）进行还有待进一步深入研究。

TBP 与 $R_3NH^+(H_2O)_3$ 结合后，亲水端被遮蔽，成为一种丧失了表面活性、体积更大的阳离子。这种大阳离子可以溶于非极性有机溶剂（正十二烷）中，由于电中性原理的要求，氯离子也将保留在有机相中。由于空间障碍，氯离子不易与大阳离子缔合，因此萃取有机相不再出现第三相，并且表现出一定的导电性。以上观点我们在研究 CT-MAB（十六烷基三甲基溴化铵）萃取 $Au(CN)_2^-$ 的工作中已经多次提出[16,18]；并早在 1982 年报道的 TBP 萃取铂族金属氯配酸的工作中即已经提出[19]。

从红外光谱比较（见图 8），可以发现 P ═O 键的特征峰向低波数转移了 $5.23cm^{-1}$，佐证了 P═O 键与㳒离子及水分子结合的观点。

3.3 TBP 浓度只影响电导率而不影响萃取率的原因

在图 5 中，TBP 浓度从零变化到 30% 时，萃取 1.005mol/L HCl 的萃取率都恒定在 50% 左右。此时，体系的有机相中 N235 的分子数为 10.5mmol，HCl 的分子数为 10.02mmol，考虑到 N235 纯度为工业级，可以认为 N235 ∶ HCl = 1 ∶ 1，即有机相中的

N235 已全部形成了式（1）的离子对。由于 TBP 不能萃取低浓度的 HCl，因此 TBP 的浓度变化不影响萃取率，TBP 的作用在该萃取条件下只是把萃合物 $R_3NH^+(H_2O)_3 \cdot Cl^-$ 拆分为可溶于正十二烷的大阳离子 $R_3NH^+(H_2O)_3 \cdot TBP$，$Cl^-$ 离子以抗衡离子形式存在于正十二烷中，使第三相消失。

对于电导率，在图 6 中当 TBP 加入量不足以消除第三相以前，由于第三相体积从 8mL 增至 11mL，导电离子浓度下降，电导率有所降低。当有机相中 TBP 浓度为 10%（体积分数）时，第三相完全消失，荷电的大阳离子和 Cl^- 的浓度大大降低，电导率陡然下降到最低点。此后，随着 TBP 浓度的增加，可能由于非极性溶剂 $C_{12}H_{26}$ 在不断减少，混合溶剂的极性和介电常数的变化有利于导电离子的运动而导致电导率逐渐升高。

需要指出的是上述讨论的电导率虽然均在 μS 量级，但其规律性的变化仍有助于我们对第三相的组成结构，以及 TBP 作改性剂消除第三相原因进行推断。

4 结论

（1）本文用测定有机相电导率的方法，研究第三相的形成原因及微观结构。对比试验表明，在浓度相近时，HCl 在水溶液中的电导率比它在有机相中的电导率大约 10^4 倍。

（2）对于叔胺 N235-HCl-$C_{12}H_{26}$ 萃取体系，在本文研究的 $C_{HCl(init)} = 1.005$mol/L 时均出现第三相，第三相的体积随 $C_{HCl(o)}$ 的升高而增大，并具有一定的导电性。

（3）当在有机相中加改性剂 TBP 不小于 10% 后，第三相消失。萃取率随 N235 浓度的增加而线性增高，有机相的电导率也随之增高。

（4）固定 N235 浓度时，萃取率恒定不变，有机相的电导率随 TBP 浓度的增加而增高。

（5）根据研究结果，我们认为第三相的组成是 $R_3NH^+(H_2O)_3 \cdot Cl^-$ 离子对，因此它具有一定的导电性。当 TBP 加到有机相中后，可形成 $R_3NH^+(H_2O)_3 \cdot O = P(OC_4H_9)_3$ 大阳离子，Cl^- 离子以抗衡离子形式存在，两种离子一起分散在非极性溶剂中形成具有电导率的有机溶液，因而使萃取体系不再出现第三相。

参考文献

[1] Xu Guangxian, Wang Wenqing, et al. Principle of Extraction Chemistry [M]. Shanghai: Science Press, 1984.

[2] Wang Jiading, Chen Jiayong, et al. Solvent Extraction Manual [M]. Beijing: Chemical Industry Press, 2001: 460, 629, 612.

[3] Mojski M, Gluch I. J. Analytical Chemistry, 1996, 51(4): 359 ~ 373.

[4] Chen Ji. Research Report for postdoctor of Institute of process engineering of Chinese Academy of Science, 2001.

[5] Tan Xiandong, Chang Zhidong, et al. Chemical industry and engineering progress, 2003, 22(3): 244 ~ 249.

[6] Fu X, Liu H, Chen H, et al. Solvent Extraction and Ion Exchange, 1999, 17(5): 1281 ~ 1293.

[7] Gupta K K, Manchanda V K, Sriram S, et al. Solvent Extraction and Ion Exchange, 2000, 18(3): 421 ~ 439.

[8] Vidyalakshmi V, Subramanian M S, Srinivasan T G, et al. Solvent Extraction and Ion Exchange, 2001,

19(1):37 ~49.
[9] Fu Xun, Hu Zhengshui, et al. Chemistry(in Chinese), 2000(4):13 ~17.
[10] Liu Huizhou, et al. Technique and Application of Emulsion phase Extraction. Beijing: Science Press, 2005: 184 ~218.
[11] Zou Linhua, Chen Jing. Precious Metals(in Chinese), 1995, 16(4):61 ~67.
[12] Pang X J, Chen J. Proceeding of 1996 National symposium on physical chemistry of metallurgy. Kunming, 1996: 206 ~213.
[13] Chen Jing, Zhu liya, et al. Precious Metals (in English). Toronto, Ontario, Canada: International Precious Metals Institute, 1998: 65 ~74.
[14] Pan Xuejun, Chen Jing. Rare Metals(in Chinese)2000, 24(2):90 ~95.
[15] Yan Wenfei, Ma Gang, Wu Jingguang, et al. Acta Scientiarum Naturalium Universitatis Pekinensis, 2000, 36(4):461 ~466.
[16] Huang Kun, Chen Jing, et al. The Chinese Journal of Nonferrous Metals, 2001, 11(2):307 ~311.
[17] Zhu Tun. Extraction and Ion Exchange. Beijing: Metallurgical Industry Press, 2005: 67.
[18] Chen Jing, Huang Kun, et al. Trans. Nonferrous Monferrous Met. Soc. China, 2005, 15 (1): 153 ~ 159.
[19] Chen Jing, Yang Zhengfen, Cui Ning. The Chinese Journal of Nonferrous Metals, 1982(2):235 ~244.

从氰化液中萃取金的研究进展*

摘　要　从碱性氰化液中直接用溶剂萃取法提取金的研究至今未见有工业应用的报道。笔者认为主要原因是堆浸或槽浸氰化液中的Au浓度太低，有机溶剂损失大，经济上难于胜过传统方法。本文介绍了为减少有机溶剂损失所进行的一些研究工作。

20世纪80年代以来，从氰化液中用溶剂萃取提取金的研究一直是湿法冶金研究的热点课题之一。其原因在于：（1）目前金矿山处理氰化金溶液方法有活性炭吸附、锌粉置换和阴离子交换树脂交换三种方法，这些方法都缺乏选择性，得到的中间产品金泥的品位仅在10%～40%之间，需要复杂的后续工艺处理才能得到商品金[1,2]。溶剂萃取的选择性好，有可能直接获得纯度高的产品，潜在应用价值高。（2）溶剂萃取各种金属的配离子通常都在酸性介质中进行，但氰化金溶液只能在弱碱性稳定，矿山料液的pH值均在10～11之间。寻求既适应弱碱性介质，又能对$Au(CN)_2^-$具有高选择性的萃取剂吸引了科研工作者的兴趣[3～6]。（3）Mooiman和Miller[7,8]发现胺类萃取剂加入膦酸酯萃取剂作改型剂后，可以明显提高萃取$Au(CN)_2^-$配离子的pH_{50}值（萃取率为50%时的pH值），研究两类萃取剂加合后的萃取机理也增加了人们进行深入探索的热情。从氰化液中萃取金的研究工作已有人进行评述[9～11]。

但是，20余年来从氰化液中萃取金的研究一直处于实验室规模，未见有工业上成功应用的报道。这一方面是因为能够有效萃取$Au(CN)_2^-$的萃取体系反萃都比较困难，另一更重要的原因是堆浸和槽浸氰化液中的金浓度很低，一般在百万分之几到$20\times10^{-4}\%$之间，需要的设备庞大，而且各种萃取设备都难于避免有机溶剂在水相中的溶解损失与机械损失。为了克服上述存在的问题，人们提出了一些新思路，做了一些探索研究，本文着重介绍有关的研究进展。

1　加大A/O相比的萃取

Riveros[12]研究了用季铵盐Aliquat336（三烷基甲基氯化铵）作萃取剂，用Solvesso 150作稀释剂萃取加拿大安大略省两个金矿氰化液中的金。根据Au浓度采用水相和有机相的相比A/O＝200或400，进行逆流4级或3级的连续萃取。其结果列于表1。

表1　两种矿山料液的连续逆流萃取效果

料液名称	A/O相比	萃取级数	料液水相组分浓度/mg·L⁻¹					最终有机相中浓度/mg·L⁻¹				
			Au	Cu	Fe	Ni	Zn	Au	Cu	Fe	Ni	Zn
Camplrll料液	200	4	10	85	31	43	34	2300	76	0	557	3820
Teck-Corana料液	400	3	6	5	14	2	0.2	2580	820	0	733	90

* 本文原载于《铂族金属冶金化学》，科学出版社，2008：332～338。

从表1看出，两种氰化液中的Au经萃取后可分别富集230倍及430倍，但选择性不够理想，Cu、Ni、Zn在萃取过程中也被不同程度地富集，料液中少量Ag的走向报道中没有交代。

该研究对负载Au的有机相先用0.5mol/L H_2SO_4 和0.05mol/L HCl的混合液洗涤，可除去大部分的Ni和Zn，然后用0.5mol/L硫脲和0.5mol/L H_2SO_4 溶液在通入空气条件下，分解 $Au(CN)_2^-$ 配离子。Au转化为硫脲配位的阳离子进入水相，同时产生的HCN被空气带出用碱液吸收。硫脲反萃的贵金属用电积法回收金。

上述方法完全从实用考虑，但未见有应用报道。

2 支撑液膜萃取

支撑液膜是将有机相浸渍入具有微孔结构的支撑体中，利用微孔的毛细管力使萃取剂保留在膜的微孔内。支撑体材料有聚四氟乙烯、聚乙烯、聚丙烯等疏水材料。可以使用厚度在数十微米范围的膜，也可使用厚度更薄的中空纤维。

使用支撑膜萃取时，膜的一边接触待萃料液，另一边接触反萃液。使用中空纤维时，料液可以从成束的纤维管中心流过，一定体积的反萃液在纤维管外循环流动，同时完成萃取与反萃两个过程。支撑液膜萃取不需要澄清器，也无破乳问题；有机相用量非常少；料液与反萃液体积比高，富集比很大。

Tromp和Burgard等[13]最先报道用含 $Au(CN)_2^-$ 和 $Ag(CN)_2^-$ 的合成溶液进行了支撑膜萃取实验。他们使用了两种规格不同的聚丙烯片作支撑膜，用冠醚Kryptofix 22DD作萃取剂，Decanol作稀释剂，使用了一个膜面积为9.1cm^2、两侧容积各80mL的装置。含有过量的KOH（1mol/L）或KCN的料液在膜的一侧内搅拌，以蒸馏水为反萃水相在膜的另一侧搅拌，借助膜两侧离子浓度差产生的传质推动力，K^+和$M(CN)_2^-$不断转入到蒸馏水反萃相中。实验结果认为该半渗透膜可在两周内保持恒定，可以使平衡接近Donnan平衡。不断更新料液，使贵金属富集到反萃水相中。

上述实验的料液中含1mol/L的KOH，与实际氰化液差异很大，显然只是一种原理性的实验。Tromp等还观察了用纯TBP作萃取剂的实验，发现浸渍有TBP的膜对KOH存在透水性，使膜两边溶液的pH值易达到平衡，从而很快阻止了贵金属的传质过程。此外，由于TBP的高水溶性，膜通道中的TBP易被耗尽。

Alguacil等[14]用Lix79（胍）作萃取剂进行了支撑膜萃取 $Au(CN)_2^-$ 的实验室研究。其装置为一个带两室的浸渍聚合物液膜（PILM）池，中间支撑膜的有效面积为15.9cm^2，料液的Au浓度为5×10^{-5}mol/L（相当于9.85mg/L），并含1mol/L的NaCl，pH=9.2，反萃液为1mol/L的NaOH。支撑膜为Plyvinyl-denedifluride聚合物，其孔隙率为75%，孔径0.22μm，厚度125μm，Lix79溶解于Cumene稀释剂后浸渍进膜孔中。该研究提出了传输机理的模型，推导了把膜的渗透系数、扩散系数和平衡参数关联在一起的数学方程，并测出 $Au(CN)_2^-$ 与 $Zn(CN)_4^{2-}$、$Fe(CN)_6^{3-}$、$Ag(CN)_2^-$、$Cu(CN)_2^-$ 等的分离因子。该作者认为所提出的方法对从碱性氰化液中回收金有应用价值。

Alguacil等[15]还报道了用膦氧化物Cyanex921和Cyanex923作萃取剂载体的支撑膜萃取 $Au(CN)_2^-$ 的研究实验。所用的膜和装置大小与前述使用Lix79胍萃取剂时基本相同。对于Cyanex921，当料液中含25×10^{-6}mol/L的Au和1mol/L的LiCl，pH=9.5，进行搅拌 3h 后，$Au(CN)_2^-$ 传输到反萃液室中的量为 67%。若不加入 LiCl，则传输量小于 30%。该工作考察了料液中加入碱金属提高离子强度的影响；浸渍所用载体萃取剂在甲苯中浓度的影响；料液中 Au 浓度的影响以及杂质氰配离子 $Ni(CN)_4^{2-}$、$Fe(CN)_6^{3-}$ 的传输情况。从实验规模、支撑膜对 Au(Ⅰ)的传输速率与效果，以及在料液中需加入锂盐等来评价，该工作距实用有相当大的距离。

此外，Anil Kumar 和 Haddad 等[16]研究了用 Lix79 或 Lix79 与 TOPO 混合萃取剂作载体的空心纤维支撑膜萃取，其装置的示意如图 1 所示。

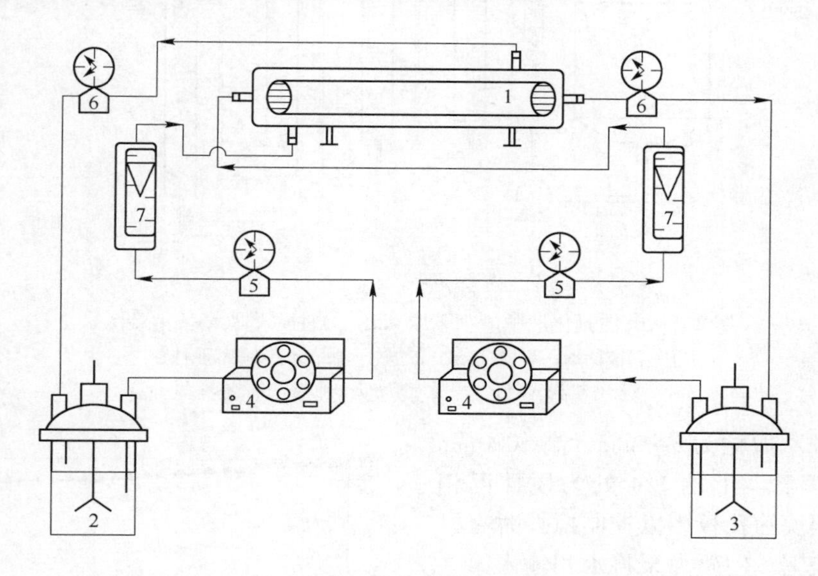

图 1　空心纤维支撑液膜萃取 Au(Ⅰ)的装置示意图

1—空心纤维接触器；2，3—有机萃取剂和料液储罐；4—料液和有机相输送泵；
5，6—有机相和料液进出接触器压力表；7—有机相和料液的流量计

空心纤维接触组件的直径为 8cm，长 28cm，内有 10000 根纤维，活性表面积 $1.4m^2$。纤维的规格为内径 0.024cm，壁厚 0.030cm，孔隙率 30%，孔尺寸 0.03μm，纤维材料为聚丙烯。

Anil Kumar 等用图 1 所示装置进行优化流体力学参数和化学反应参数的实验，考察了反应及装置的稳定性，计算了传质系数和扩散系数，测定了 10mg/L 浓度的 Au(Ⅰ)与杂质元素 Fe(Ⅱ)、Ni(Ⅱ)、Cu(Ⅰ)、Zn(Ⅱ)、Ag(Ⅰ)等氰配离子的分离因子，他们认为此方法可以从所有氰配合物共存的溶液中回收 90% 以上的 Au，用浸渍法获得的空心纤维支撑膜具有优良的稳定性，认为此法具有潜在应用价值。

3　适宜于 A/O 大相比的柱式萃取

为了克服季铵盐萃取 Au(Ⅰ)时存在选择性不高的缺点，我们曾提出使用水溶性的表面活性剂十六烷基三甲基溴化铵（CTMAB）作萃取剂。先将 CTMAB 溶于水后，按 $CTAB^+$：$Au(CN)_2^-$ = 1：1 加入氰化液中，然后用 30% TBP-正十二烷萃取 $CTAB^+ \cdot Au(CN)_2^-$ 缔合物[17]。这种方法萃取可以减小氰化液中贱金属 Cu、Ni、Fe、Zn 等的氰

配离子的干扰。我们对有关影响萃取效果的各种因素、载金有机相的反萃方法及反应机理已进行过相当详尽的研究[18~20]。为了使这种萃取方法适应低浓度的金氰化液，我们设计了一种串级柱式萃取设备[21]，如图2所示。

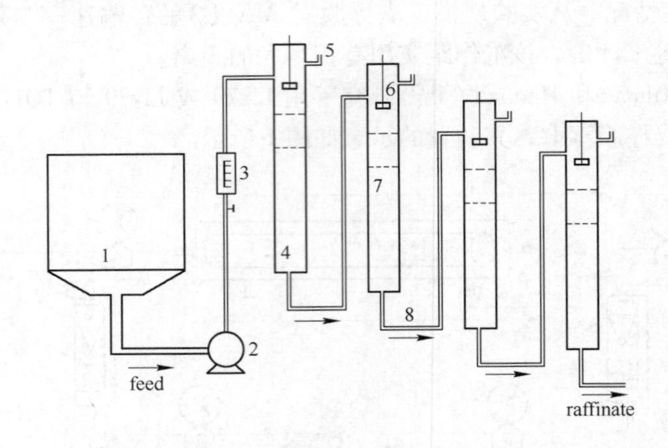

图2　从碱性氰化液中溶剂萃取Au(Ⅰ)柱式萃取设备示意图

1—料液储罐；2—输送泵；3—转子流量计；4—萃取柱；5—有机相入口；6—搅拌桨；7—筛板；8—导管

图2中萃取柱为ϕ55mm，高1000mm的有机玻璃管。上端1/4处为搅拌混相区，中置两块筛孔板用以控制搅拌时有机相的扩散范围。用磁力泵将水相输入第一根柱的顶端使水相靠重力流经4个柱。运作时先用含1%（体积分数）NaCl，且pH=10.5的水2L充入4根柱子，然后在第1至第3柱顶部各加入纯TBP 200mL，第4柱加入正十二烷200mL，用以捕集溶解于水的TBP。试验料液为50L，Au浓度9.3mg/L，pH≈10.5，NaCl浓度1%，萃取结果绘入图3。

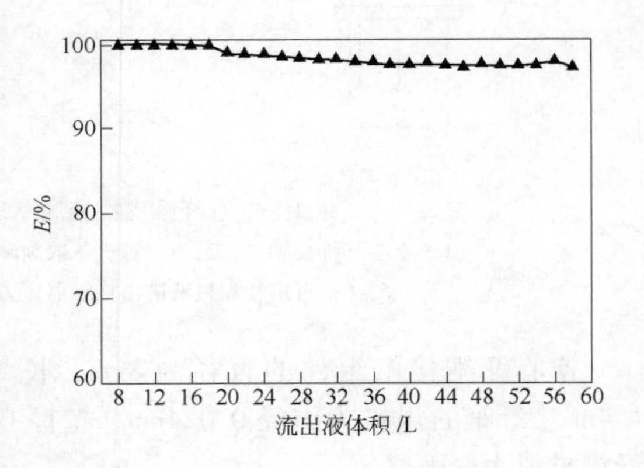

图3　柱式萃取氰化金液的实验结果

从图3看出，在流出萃残液约15L后萃取率有所降低，但最后的流出液萃取率仍可大于95%。从表2看出，萃取后各种有机相的体积发生了变化。第1柱中有机相的Au浓度达到2.62g/L，三根柱中Au的总回收率达97.86%。

表2　各萃取柱中有机相的体积变化、Au浓度及回收率

萃取柱	萃前体积 V_{org}/mL	萃后体积 V'_{org}/mL	Au浓度/$g \cdot L^{-1}$	回收率 E/%
第1柱	200①	165	2.62	86.46
第2柱	200	180	0.26	9.36
第3柱	200	200	0.051	2.04
第4柱	100②	130②	—	—

① 纯TBP；② 纯正十二烷。

上述试验的柱结构仅为简单的原理型，估计进行改进研究将有可能取得更佳效果。料液加入 NaCl 是为了避免乳化，提高分相速度，但实际应用会造成增加成本。

4 固相萃取金的研究

固相萃取技术在分析化学中又称色谱萃取，它是近年来快速发展起来的一种富集和分离技术。固相萃取把萃取剂浸渍或键合到各种有机聚合物小球、硅球或 TiO_2 颗粒上，装柱后使待萃溶液流过，用洗涤液除去非目标物，然后用洗脱液使目标物解吸。固相萃取具有有机溶剂消耗少，富集倍数高，不产生乳化第三相，环境污染小和容易实现操作自动化等优点。若固定相为表面键合有不同长度碳链烷基的硅球或聚合物小球，则固定相的表面具有疏水性，称为反相固相萃取，它可以高效地富集微量有机物或富集表面具有疏水性的金属配合物或螯合物。

文献中尚未见用固相萃取从氰化液中吸萃 Au(Ⅰ)的报道。我们利用该技术时，仍然是先向氰化液中加入一定量的表面活性剂，使一端具有疏水性大体积的有机阳离子先与 $Au(CN)_2^-$ 形成缔合物，然后再过柱吸萃[22]。

例如将 $KAu(CN)_2$ 溶解液与十六烷基三甲基溴化铵（CTMAB）溶解液混合，使最终的 Au 浓度为 $20\times10^{-4}\%$，Au：CTMAB =1：1.05，pH = 10.5。将混合液通过一根装填了 0.33g C_{18} 反相键合硅胶的小柱，流出液每 50mL 取样分析一次 Au 浓度，所得结果绘入图 4。

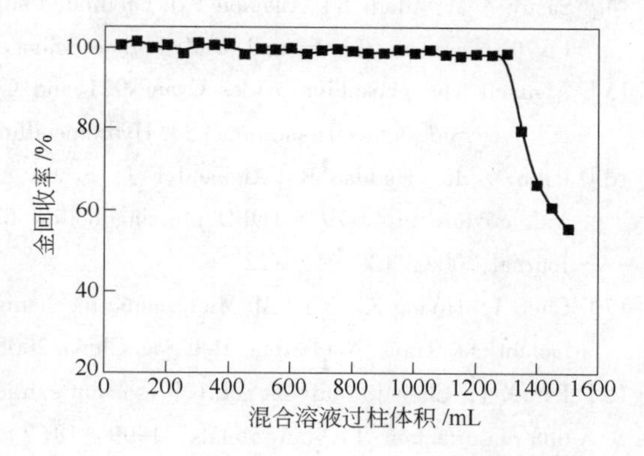

图 4　过柱溶液体积与 Au 回收率的关系

从图 4 看出：氰化液过柱 1300mL 后萃取率开始降低，此时固相萃取柱吸附的 Au 量为 23mg，萃取容量达到每克反相键合硅胶吸萃 Au 69.7mg。用 6mL 洗脱液可洗净萃取柱上的含 Au 缔合物，从而可使 Au 浓度提高 200 多倍[13]。

5 结语

从碱性氰化液中直接选择性萃取金是十分吸引人的研究课题。20 余年的工作表明，绝大部分都停留在实验室规模的小型探索研究。要达到实际应用不仅要求技术相当先进，而且要在经济上胜过传统工艺。本文的介绍旨在引起更多人的关注。

参 考 文 献

[1] 卢宜源，宾万达．贵金属冶金学[M]．长沙：中南大学出版社，2004：125 ~ 133.

[2] 黄礼煌．金银提取技术[M]．北京：冶金工业出版社，2001：257 ~ 261.

[3] Choi H J，Bae Y K，Kang S C，et al. Strongly basic macrocyclic triamines，1，5，9-triazacyclododecanes for solvent extraction of gold(Ⅰ) cyanide[J]. Tetrahedron Letters，2002，43：9385 ~ 9389.

[4] Alguacil F J，Caravaca C，et al. The extraction of gold(Ⅰ) from cyanide solutions by the phosphine oxide Cyanex 921[J]. Hydrometallurgy，1993，35：41 ~ 52.

[5] Jiang J Z，He Y F，Gao H C，Wu J G. Solvent extraction of gold from alkaline cyanide solution with a

tri-n-octylamine/tri-n-butyl phosphate/n-heptane synergistic system[J]. Solvent Extraction and Ion Exchange, 2005, 23: 113 ~ 129.

[6] Sastre A M, Abdelhay M, Cortina J L, Francisco J A. Solvent extraction of gold by Lix79: experimental equilibrium study[J]. Journal of Chemical Technology and Biotechnology, 1999, 74: 310 ~ 314.

[7] Mooiman M B, Miller J D, Maribel M. The solvent extraction of gold from aurocyanide solutions[C]// Proc. Int. solvent Extr. conf. ISEC'83, AIChE, New York, 1983: 530, 531.

[8] Mooiman M B, Miller J D. The chemistry of gold solvent extraction from cyanide solution using modified amines[J]. Hydrometallurgy, 1986, 16: 245 ~ 261.

[9] Wan R Y, Miller J D. Research and development activities for the recovery of gold from alkaline cyanide [J]. Mineral processing and extractive metallurgy Review, 1990, 6: 143 ~ 190.

[10] 邹林华，陈景．溶剂萃取从碱性氰化物溶液中回收金[J]．贵金属，1995，16(4):61 ~ 67.

[11] 马刚，闫文飞，等．溶剂萃取选金方法的进展[J]．自然科学进展，2001，11(5):449 ~ 457.

[12] Riveros P A. Studies on the solvent extraction of gold from cyanide media[J]. Hydrometallurgy, 1990, 24: 135 ~ 156.

[13] Tromp M, Burgard M, et al. Extraction of gold and silver cyanide complexes through supported liguid membranes containing macrocyclic extractants[J]. J. Membrane Science 1988, 38: 295 ~ 300.

[14] Sastre A M, Madi A, Alguacil F J. Facilitated supported liquid-membrane transport of gold(Ⅰ) using Lix79 in cumene[J]. Journal of Membrane Science, 2000, 166(2):213 ~ 219.

[15] Alguacil. The phosphine oxides Cyanex921 and Cyanex923 as carriers for facilitated transport of gold (Ⅰ) cyanide aqueous solutions[J]. Hydrometallurgy, 2002, 66: 117 ~ 123.

[16] Pabby A K, Haddad R, Alguacil F J, Sastre A M. Improved kinetics-based gold cyanide extraction with mixture of Lix79 + TOPO utilizing hollow fiber membrane contactors[J]. Chemical Engineering Journal. 2004, 100: 11 ~ 22.

[17] Chen J, Huang K, Yu J M. Microscopic mechanism in solvent extraction of $Au(CN)_2^-$ by cationic surfactant[J]. Trans. Nonferrous Met. Soc. China. 2005, 15(1):154 ~ 159.

[18] Pan X J, Chen J. Study on gold(Ⅰ)solvent extraction from alkaline cyanide solution by TBP with addition of surfactant[J]. Rare Metals, 1999, 18(2):88 ~ 96.

[19] Ma G, Yan W F, Chen J, et al. Mechanism of gold solvent extraction from aurocyanide solution by quaternary amines: models of extracting species based on hydrogen bonding[J]. Science in China(B), 2000, 43(2):169 ~ 177.

[20] Zhang T X, Huang B G, Zhou W J, et al. Extraction and recovery of gold from $KAu(CN)_2^-$ using cetyltrimethylammonium bromide microemulsions[J]. Journal of Chemical Technology and Biotechnology, 2001, 76: 1 ~ 5.

[21] Yang Xiangjun, Chen Jing, et al. Solvent extraction of Au(Ⅰ) from auro-cyanide solution with cetyltrimethylammonium bromide/tri-n-butyl phosphate system using column-shaped extraction equipment [J]. Solvent Extraction and Ion Exchange, 2007, 25(2):299 ~ 312.

[22] 解润芳．从碱性氰化液中固相萃取金的研究[D]．昆明：云南大学，2007.

从汽车废催中回收铂族金属研究的进展*

摘　要　对各种从失效汽车尾气净化催化转化器中回收铂族金属的重要方法及其技术条件进行了回顾与评述，讨论了该领域的最新进展。

1　引言

20 世纪 70 年代以后，随着发达国家对环境保护的日益重视，治理汽车尾气污染成为改善空气质量的焦点问题。一些国家相继对汽车排放尾气中 CH_x、CO、NO_x 三种有害成分的限制做出了立法要求。生产净化器时用作催化剂（以下称汽车催化剂）的铂、钯、铑用量开始明显增大。据统计，全世界用于汽车催化剂的铂、钯、铑用量从 1992 年的 72.7t 提高到 1996 年的 120t，2001 年竟达 240.19t[1]。汽车催化剂已成为了铂族金属最大的应用领域和最重要的二次资源，不仅数量大、价值高，而且铂族金属含量比最富的矿石品位高得多，提取流程相对很短，规模也较小。因此，世界上各主要工业发达国家都很重视从汽车催化剂中回收铂族金属。

从失效汽车催化剂中回收铂族金属的方法，可分为火法和湿法两大类。火法包括等离子体熔炼、金属捕集、氯化挥发等。湿法包括溶解载体和选择性溶解铂族金属等。这些方法各有优缺点，有的方法已产业化，有的仍处于试验研究阶段。

2　火法回收技术

2.1　等离子体熔炼铁捕集

用等离子体熔炼法从失效汽车催化剂回收铂族金属是 20 世纪 80 年代中期才出现的高新技术[2~4]。等离子体熔炼过程中，由于等离子弧的热通量高，熔炼效率及速率明显提高。美国一公司于 1984 年建成 3 MW 功率的等离子电弧熔炼炉，铂族金属年生产能力达 2 t 多。此法用极高的温度使得载体熔化造渣，温度可达到 2000℃以上，使汽车催化剂中的铂族金属富集到炉底的捕集料中，品位提高到 5%~7%，回收率达到 90% 以上，而最终炉渣中的铂族金属品位可小于 5g/t。

等离子熔炼过程中，渣与金属相之间的密度差别大而分离较好。由于汽车催化剂中铂族金属含量低，分相好可保证高的金属回收率。金属相经过磨细以利于取样和浸出。等离子体熔炼回收技术的特点是富集比大、流程简短、生产效率高、无废水和废气污染，因而发展潜力很大。

但是，等离子体熔炼法用于处理蜂窝状堇青石载体汽车催化剂时，存在两方面的不足：一是堇青石生成的渣黏性大，金属与渣分离困难；二是在熔炼温度下，催化剂

* 本文合作者有：黄昆；原载于《有色金属》2004 年第 1 期。

上的积炭会使堇青石中的二氧化硅（至少一部分）还原为单质硅，与作为捕集剂添加的铁生成高硅铁，硅铁与铂族金属会形成新合金相，此合金具有极强的抗酸、抗碱性质，使后续处理工艺十分困难。目前，国际上只有 Johnson Matthey 公司能处理美国公司的等离子物料。1995 年我国昆明贵金属研究所[5]开发出一种处理这种捕集料的新工艺。从原始物料到铂族金属富液，工艺流程短，铂族金属回收率指标分别为：Pt 和 Pd 达 99%，Rh >95%。这种可处理含硅高、抗腐蚀性极强物料的新工艺，使我国在这方面的回收提取技术处于国际先进水平。

另外，等离子体熔炼法还存在其他有待解决的问题[6]。例如，由于设备特殊、等离子枪使用寿命短，限制了其实际应用，需进一步研制新的轻型等离子枪。此外，还需研究如何利用凝结炉渣层代替耐火材料内衬，以解决因高温引起的耐火材料磨损问题。

2.2 金属捕集法

与等离子体法类似，金属捕集法也使用金属作捕集剂捕集铂族金属。捕集剂金属的选择一般要考虑其与铂族金属的互熔性、熔点、炉渣夹带金属损失和捕集金属的化学性质[7,8]。通常除前述的铁外，还可选用铜、镍、铅和镍冰铜等。高温下铂族金属进入捕集金属熔体，载体物质和熔剂形成易分离的炉渣，以达到分离目的。

金属捕集对物料适用范围广，特别是处理难熔载体和载铂族金属含量非常少的废催化剂，更适用此方法。与等离子体法相比，金属捕集法温度较低，渣的腐蚀性较低，还原气氛较弱，排除了二氧化硅还原的可能性。此法可将催化剂直接送铜、镍冶炼厂处理，仅需调整炉料即可，操作费用低。缺点是铑回收率低（65% ~70%），而且因冶炼周期长难于做出可靠的金属平衡。

铜捕集[9,10]：铜捕集通常在电弧炉内进行，炉渣采用 $CaO\text{-}FeO\text{-}SiO_2\text{-}Al_2O_3$ 系，催化剂所含的大部分铅将进入渣中，减少了铅的排放污染问题。但用作捕集剂的铜价格高，必须回收和返回使用。对于蜂窝状汽车催化剂，熔炼时需加入 15% ~20% 的 CaO 和 FeO，使渣含 MgO 量调整到 8% ~10%。以便使熔化温度降到 1300 ~1400℃。对于小球状催化剂需加入 50% 的 CaO 和 3% ~5% 的 SiO_2，有利于保护炉衬。熔炼前需将催化剂破碎并磨细，进行配料，根据催化剂的组成混入不同数量的 SiO_2、石灰和氧化铁。金属捕集剂以碳酸铜形式加入，氧化铜也同样适用，如果能利用氧化铜矿石则更好。熔炼产出的铜和合金可出售给冶炼厂回收提取铂族金属。熔炼需要的温度较低（约 400 ~500℃），有可能使用煤作燃料或进行电弧熔炼，再用转炉顶吹进一步熔炼富集铂族金属。铜与渣分离后，趁熔融状态用空气或水淬，然后在硫酸溶液中浸出，以空气作氧化剂，获得含少量铜的铂族金属富集物。

铜捕集也可从处理铜阳极泥工艺中提取铂族金属。由于一般铜厂规模很大，冶炼流程很长，难以查清在熔炼渣中和铜电解过程中贵金属的损失，无法正确评价经济效益，因此未见实际生产中采用的报道。

日本专利介绍了一种改进的铜捕集法[11]，将含 Pt 1.0kg/t、Pd 0.4kg/t、Rh 0.1 kg/t的汽车催化剂（蜂窝状堇青石 80%、$\gamma\text{-}Al_2O_3$ 15%、其他氧化物 5%）与一定量的助熔剂（硅砂、碳酸钾、氧化铁）和还原剂（焦炭粉、氧化铜粉）混合后在电炉中加热至1350℃，保持熔融状态4h，倾出上层玻璃状氧化物，下层金属铜层则移入加热的氧化炉中，吹入富氧气体（40%氧）进行氧化，除去氧化铜层，如此反复多次，直至金属铜中含 Pt 33%、Pd 12%、Rh 3.2%（质量分数），此过程需20h。氧化渣中含 Pt < 1g/t、Pd < 0.2g/t、Rh < 0.1g/t，产生的氧化铜返回使用，可大大降低成本。如果采用铜熔炼并铸锭电解，从阳极泥中回收铂族金属的方法，全部过程需25天。

镍捕集[12,13]：把废催化剂与其他炉料同在电弧炉中混合熔炼，铂族金属富集在冰镍中，陶瓷型载体以炉渣放出。从冰镍中回收铂族金属按常规方法进行。该法仅限于对某些含铅高的催化剂的处理。目前该法已在一些冶炼厂采用，铂族金属的回收率未见报道。

铅捕集[14~16]：铅捕集铂族金属可用鼓风炉或电弧炉。常用炭和CO造成炉中还原气氛，铅在从化合物被还原为金属铅的过程中捕集铂族金属，催化剂载体在高温下和溶剂造渣分离除去，得到捕集了铂族金属的粗铅。然后，在灰吹炉或转炉中选择性氧化铅，富集铂族金属。鼓风炉熔炼时铂族金属损失比电弧炉要大一些。

重有色金属镍冰铜作捕集剂[17]：镍冰铜对铂族金属是非常好的捕集剂。此法熔炼温度低，冰铜对铂族金属的浸润能力强，后续处理方法多。该法应是除等离子熔炼法外比较理想而有效的方法。

2.3 氯化气相挥发法

氯化气相挥发是利用铂族金属能够形成易挥发的氯化物性质，使其与载体元素分离，实现铂族金属的富集与提取。

把载有铂族金属的废催化剂与 K_2CO_3、Na_2CO_3、Li_2CO_3 混合[18]，或与 KCl、NaCl、$CaCl_2$、$AlCl_3$(g) 混合[19~21]，或与 CaF_2、NaF 混合[22]，在氯气流中加热至600~1200℃，铂族金属挥发后，再用 H_2O 或 NH_4Cl 溶液吸收，或用吸附剂吸附。此外，氯气流中也可加入 CO、CO_2、N_2、NO_2 等气体[23]，以降低铂族金属氯化温度，提高挥发率。

块状催化剂加入氯化反应器之前破碎至50.8nm。给料中加入氯化钠等氯盐以保证生成铂和铑的可溶性氯配合物。碳质会消耗氯气并产生氯化的碳氧化合物或光气，氯化之前进行焙烧（通空气）将其消除。焙烧阶段还加入一氧化碳，使所生成的铂族金属氯化物还原为元素状态。氯化反应时只需供给很少的氯气流，温度维持在600~1200℃。在此氯化温度下，铅也氯化，并可能消耗大量氯气。氯化反应完毕，待反应器冷却后，向柱中通入蒸汽或热水，冲洗两至三次保证充分溶解铂族金属盐类，用二氧化硫和碲沉淀，过滤，即可得到含铂族金属较高的富集物（滤饼）。趁热过滤可使铅盐留在溶液中，用 Na_2CO_3 以碳酸铅形式将铅沉淀出来。

英国专利[23]介绍了一种从多孔碳化硅载体汽车催化剂中回收贵金属（Pt，Pd，Rh）的方法。将用过的汽车催化剂在一种流态化、固定或移动的床层中用氯气进行氯化，温度为600~1000℃，氯化前在催化剂中加入氯化钾。经过氯化处理，碳化硅转为 $SiCl_4$，金属则转化为金属氯化物，通过回收氯化物而高效地回收金属。

对于含铂族金属的氧化铝载体废汽车催化剂，由于氧化铝也能生成易于升华的 $AlCl_3$，利用气相挥发载体性质，可以得到富含铂族金属的残留物。将废汽车催化剂与炭粉混合，装入氯化容器，在氯气流中800℃下加热8h，Al_2O_3 转化为 $AlCl_3$ 挥发，从残留物中回收铂族金属，收率不小于99%[24,25]。

氯化挥发法回收具有工艺较简单、试剂费用低、载体可复用、铑回收率较高（85%～90%）等优点，但由于其在高温下操作，存在腐蚀性强、对设备要求高、催化剂吸附氯气、需处理有毒气体如 Cl_2 和光气等缺点，从而制约了该技术的应用。

3 湿法回收技术

汽车催化剂的载体近年来主要有金属（长矩形卷成圆柱状）和堇青石（圆柱形蜂窝状）两种，以后者居多。前者的回收技术可用酸溶，获得含铂族金属很高的渣。后者的主成分为 $2FeO\cdot 2Al_2O_3\cdot 0.5SiO_2$ 或 $2MgO\cdot 2Al_2O_3\cdot 0.5SiO_2$，属陶瓷性质，酸或碱均难以有效溶解。铂族金属以微细粒子附着在高熔点的硅铝酸盐载体表面，高温使用过程中铂族金属向内层渗透，部分被烧结或被载体表面釉化包裹，对氧化、硫化、磷化作用呈惰性，富集提取铂族金属必须使之与载体有效分离。

3.1 载体溶解法

载体溶解法适用于处理载体为 γ-Al_2O_3 的粒状或压制成型的催化剂。由于铝是两性元素，溶解氧化铝载体又有酸溶和碱溶之分，生产中可用常压溶解和加压溶解。由于试剂对金属材料腐蚀性不强，应用加压技术提高溶解效率及速率是重要发展方向。

对于酸法溶解，常用硫酸作浸出剂。硫酸沸点高、挥发性小、与 γ-Al_2O_3 作用力强。催化剂颗粒首先在球磨机或棒磨机中湿磨至约74μm，然后用硫酸溶解、过滤，滤液用铝粉（在二氧化碲存在下）置换溶解的铂族金属和铅。硫酸铝溶液经过蒸发浓缩制取水处理厂用的明矾。滤渣与置换物合并用盐酸和氯气浸出提取铂族金属。浸出液中的铂族金属用 SO_2 沉淀，获得铂族金属富集物。残液加热过滤，使氯化铅留在溶液中，滤液冷却，氯化铅结晶出来，盐酸溶液倾析返回使用。

文献[26]报道了将汽车催化剂载体破碎至约25.4mm，用稀硫酸溶解了 γ-Al_2O_3 的结果。由于块度较大，不用过滤，只需倾析、洗涤，固体留在浸出槽内。溶液中的铂族金属用铝粉和二氧化碲（碲作为捕集剂）置换回收。在硫酸溶解载体的条件下，铂族金属极少溶解，浸出渣中的铂族金属可用盐酸和氯气或王水溶解。氯化液中的铂族金属用二氧化硫和二氧化碲置换沉淀回收。新沉淀的铂族金属易溶于含氯的盐酸溶液中，此时，溶液中铂族金属浓度大大增加，溶液体积很小。这种贵液中的碲可用三丁基磷酸盐萃取，用浓盐酸反萃，所得的碲可返回铂族金属沉淀工序使用。此法耗酸少，避免了镁盐的处理，但倾析洗涤效率不如过滤，铑的回收率较低（仅78%～85%）。

加压浸出可以提高 Al_2O_3 载体的溶解速率，且所用试剂对设备腐蚀较小，因而易于工业化[27～30]。美国 R. K. Mishra[31] 考察了硫酸介质中 γ-Al_2O_3 型废汽车催化剂的高温加压浸出。用化学计量过量5%的硫酸在150℃及0.3MPa压力下浸出。总浸出时间为90min，而常压浸出需420min。常压下需使用60%～66%（质量分数）的硫酸，而加压浸出只需34%（质量分数）的硫酸。常压浸出，颗粒粒度为约147μm时与浸出速率无关，而加压浸出，当颗粒尺寸从约147μm减至约53μm时，浸出速率增加一倍。同时，加压浸出残液中过剩的 H_2SO_4 量也较少，从而减少了中和过剩酸所需水合氧化铝的用量。

周俊等[32]采用硫酸化焙烧—水浸法，将废汽车催化剂中 γ-Al_2O_3 转化为可溶性硫酸铝，用水溶解硫酸铝，回收渣中铂族金属。

酸法的特点是铂族金属回收率较高（Pt 88% ~94%，Pd 88% ~96%，Rh 84% ~88%）、处理费用低、副产品明矾可出售，但过程复杂，方法经济性与副产品销售有关。

碱溶解通常在高温加压下进行，该法是拜耳法生产氧化铝工艺的移植。匈牙利专利[33]把废汽车催化剂粉碎成不大于0.5mm的粉粒，用220~300g/L的NaOH溶液，再加入1% ~5% CaO，在140~200℃高温高压下浸出。德国专利[34]用NaOH或KOH溶液在160~190℃、0.4~0.7MPa条件下反应。Milliken[35]提出的废氧化铝加压碱浸工艺为：用50% NaOH溶液，NaOH与 Al_2O_3 比为3.8：1，于260℃及1.66MPa压力下浸出2h，铂族金属留在浸出渣中。

碱溶解法一般需要加压，对设备要求较高，溶液黏度大、固液分离困难，试剂消耗大且NaOH较贵，产出的铝酸钠价值不大。

另外，对于经高温煅烧后的难溶 α-Al_2O_3，可先用NaOH熔融转化（称消化）后再水浸。前苏联专利[36]曾提出将汽车催化剂破碎后，加入 Na_2O，350℃下焙烧1h，再用水浸溶解大部分载体物质，从渣中回收铂族金属。

3.2 从载体中选择性溶解铂族金属

选择性溶解载体中的铂族金属一般是在盐酸介质中加入一种或几种氧化剂（如 HNO_3，NaClO，$NaClO_3$，HClO，Cl_2 或 H_2O_2）直接浸出汽车催化剂中的铂族金属，使其以 $PtCl_6^{2-}$、$PdCl_4^{2-}$、$RhCl_6^{3-}$ 氯配离子形式进入溶液，也可在盐酸介质中添加氟离子强化铂族金属的浸出。

选择性浸出前的预处理很重要。由于汽车催化剂在使用过程中发生一系列物理化学变化而中毒失效[37]，如：在催化反应过程氧化铝载体中的铂族金属由于热扩散，向内层渗透，进入堇青石基体；汽车催化剂高温使用中铂族金属部分被烧结或被载体表面釉化包裹；铂族金属微粒周围的 γ-Al_2O_3 转变为 α-Al_2O_3，冷却后，铂族金属包裹在难溶的 α-Al_2O_3 中间；铂族金属发生氧化、硫化、磷化作用转为惰性或形成特殊的合金、化合物；吸附有机物并带入其他杂质，如汽油中的Pb和S及润滑油中的P；发动机在低效率下操作造成催化剂表面积炭等。针对上述情况，为提高铂族金属浸出回收率，需采用不同预处理措施及强化溶解过程，如细磨，溶浸打开包裹、氧化焙烧、硫酸化焙烧、还原焙烧、试剂还原、转化、高温加压浸出等。

文献[38，39]报道了废汽车催化剂用盐酸浸出的效果。在75~95℃下用6mol/L HCl溶液浸出2~2.5h，整个浸出过程中或者缓慢加入氧化剂，或者每隔15min加入氧化剂。含Pt 986g/t，Pd 300g/t，Rh 100g/t的蜂窝状催化剂（约54.2μm），在6mol/L HCl中加入氧化剂NaClO和 Cl_2 连续浸出120min，温度90℃，铂族金属的回收率为Pt 95%，Pd 91%，Rh 85% ~90%。

Bonucci和Parker[40]用 HNO_3 或氯气作氧化剂在带搅拌的反应器中，从经细磨至小于74μm后的废汽车催化剂中溶解铂和钯。

文献[41]介绍了将废汽车催化剂高温煅烧，转变 Al_2O_3 结构后，预先酸溶部分载体打开包裹，以增加铂族金属微粒的反应表面，然后再用盐酸加氧化剂浸出的工艺。

文献[42]介绍，将废汽车催化剂先在 300～800℃下焙烧 1～5h 破坏硫、磷化物及物料中的有机物，再以盐酸加氧化剂浸出。Maryvonne[43,44]用王水溶解浸出经焙烧的催化剂。Sargemt[45]考察了各种氧化剂，如过硫酸钠、过氯酸、过氧化钠、过氧化氢等联合使用的情况。

日本专利[46]报道了废汽车催化剂中铂族金属经过还原剂预处理，如用硼氢化钠水溶液还原后，再用王水或盐酸加氧化剂浸出铂族金属的工艺。

文献[47]介绍，将废汽车催化剂事先用浓度为 2mol/L 的 $La(NO_3)_3$ 浸透，在 1200℃空气中烧结，然后用硼氢化钠还原，再用盐酸加氧化剂浸出铂族金属，铑和铂的回收率分别为 81% 和 97%。

Formanek[36]把废汽车催化剂先氧化焙烧，再用 $HCl + Cl_2$ 在 120℃，1.5MPa 加压浸出，铂回收率达 97%。但该法由于对设备防腐要求较高，目前仅限于实验室研究。

据文献[48]介绍，将汽车催化剂用含 H_2 的气流还原焙烧效果较好，但处理成本高。

为加速溶解过程，也有用施加 1V/cm、3Hz 低频交流电场以及用含 O_2 50% 的气体加压并导入氧化氮气催化等方法[49]。

昆明贵金属研究所[50]曾开发出用硫酸化焙烧预处理后，再用盐酸加氧化剂溶出铂族金属的工艺，获得了 Pt 和 Pd 回收率 96% 和 Rh 90% 的良好工艺指标，但过程对环境污染严重。

对 γ-Al_2O_3 载体废汽车催化剂，为避免氧化铝溶解给固液分离带来困难，Tucker[51]提出将催化剂在 1430℃煅烧 1h，使 γ-Al_2O_3 转化成 α-Al_2O_3，再用盐酸加氧化剂溶出铂族金属。

盐酸浸出可实现大批量处理[52]和连续处理过程[53～55]。批量处理的规模可大可小，适应面广，方便灵活，应用较多。但该法需处理大量废液，未能从溶液中回收的铂族金属随着废液排放流失。连续处理过程中盐酸再生利用，氧化铝能够转化为产品出售，废水量小，并尽可能回收所有铂族金属。但高浓度盐酸溶液的处理仍是一个问题。

适当氧化剂存在下的盐酸溶液可溶解催化剂中的铂、钯及其氧化物，但在大多数氧化剂存在的酸性溶液中铑的氧化物（Rh_2O_3）事实上是不溶解的。美国俄克拉荷马州塔尔萨大学 Kuo-Ying Amanda Wu 等人进行了相关研究[56]。所使用的浸出液包括添加氟化物的 $HCl + H_2SO_4$，并周期性或连续加入 H_2O_2，预处理方法包括使用甲酸钠，硼氢化钠和氢气进行预处理。研究结果表明，对失效汽车催化剂，铑的回收率可达到 90% 以上。

汽车催化剂盐酸浸出存在酸耗大、铂族金属提取率不稳定（10%～15%波动）、难以获得铑的高回收率等问题。另外，进入溶液中的铂族金属，通常会再吸附到浸出过的载体材料上，影响回收率。

3.3 载体全溶法

载体全溶法实质上是选择性浸出废汽车催化剂中的铂族金属和溶解载体两种方法

的结合。

文献[57]报道了在硫酸溶液中加入盐酸和氧化剂，使废汽车催化剂全溶，以便把离子交换、溶剂萃取等技术引入分离过程。通过1kg级多批试验，考察了全溶法浸出铂族金属、离子交换法分离提纯的技术可行性。其中，铂浸出率大于98%，交换率大于99.95%。

此法用于从堇青石载体中回收铂族金属时，仅能溶解含铂族金属催化剂的氧化铝涂层，堇青石载体基本上不受腐蚀。

4 加压高温氰化

利用氰化物高温加压直接从失效汽车催化剂中选择性浸出回收铂族金属的方法是近几年才提出的新工艺。

氰化法从19世纪末就用于提取金。估计目前世界上85%以上的金矿采用常温常压氰化法浸出，用活性炭吸附、锌粉置换或阴离子交换树脂吸附等方法从氰化液中回收金。多年来，化学及冶金界曾努力寻求用类似氰化提金的方法来直接处理含铂族金属矿物。但在常温常压下，氰化钠溶液基本上不能浸出铂和钯。C. M. Mclnnes 等人[58]研究表明，氰化24h，仅能浸出氧化矿中的少量铂、钯。另外，由于含铂族金属矿物中伴生有价金属元素多，矿物种类及嵌布连生关系复杂，性质差别大，存在不易氰化或耗氰矿物等，造成铂族金属完全溶解很困难、过程试剂消耗大、贵金属溶解效率不稳定和浸出液成分复杂等问题。因此，这方面的研究工作一直进展不大。

加压氰化（或称高温氰化）靠提高反应温度来加快浸出速度，使常温常压下不能氰化的铂钯发生氰化反应。目前研究处理的物料包括含铂族金属的氧化矿、自然钯矿、锑钯矿及铂钯铁合金矿物等。

W. J. Bruckard 等人[59]采用加压氰化法直接处理含铂、钯氧化矿。原料为高品位石英-长石斑岩，主要成分为：Au 90.9g/t，Pt 9.2g/t，Pd 2.19g/t，Fe 2.19%，SiO_2 62.7%，S 0.1%，并含有低于0.02%的Cu、Zn或Pb。工艺流程为矿石球磨→混汞法提金→尾渣室温或高温氰化→活性炭吸附金、铂、钯→从载金炭回收金、铂、钯。

与处理含铂族金属矿物相比，汽车催化剂成分简单，铂族金属含量高，处理规模小。因此，用加压氰化处理含铂族金属汽车失效催化剂的技术已表现出较好的应用前景。

美国矿务局[60,61]研究了堇青石载体的汽车催化剂加压氰化浸出技术。在高压釜中将破碎后的废汽车催化剂用5% NaCN溶液以液固比5∶1于160℃浸出1h。铂族金属浸出率达到Pt 85%，Pd 88%，Rh 70%。而对于小球型废催化剂可回收90%以上的铂族金属[62]。

由于对堇青石载体汽车催化剂，直接加压氰化提取铂族金属的回收率偏低（80%左右），因此氰化浸出前的预处理很重要。D. P. Desmond 等人[63]对催化剂物料的预处理进行了探索，浸出率平均提高3%，但没有得到令人满意的效果。

我们系统研究废汽车催化剂加压氰化浸出前预处理方案表明，预处理后经调整氰化浸出条件，可使铂族金属的浸出率分别达到Pt 98%、Pd 99%、Rh 93%。

加压氰化从废汽车催化剂中选择性浸出铂族金属的回收率高，对物料适应性强，无有害废渣和废气排放，废液易处理，排放污染小，属清洁、短流程新工艺，符合冶金行业可持续发展要求。该技术流程短，操作环境好，使用设备少，厂房面积小，建设投资小，加工成本低，能耗低，可使废汽车催化剂的处理有满意的经济效益，具有实用意义。虽然氰化物有剧毒，但氰离子氯化破坏的最终产物是二氧化碳、氮气和氯离子，基本上污染很小。但氰化工艺需加强生产管理，研制先进的反应工程设备。

5 其他有关技术的研究动向

从废汽车催化剂中回收铂族金属的各种火法、湿法工艺各有优缺点。总的来看，火法过程投资大、周期长、技术难度高。湿法过程由于技术简单、成本低，已成为作坊式小厂最普遍使用的方法。

有关湿法方面的研究工作还包括使用柱式、填充床、流态化床浸出设备的研究。有研究[64]表明，某种粒状载体废汽车催化剂含 Pt 400g/t、Pd 150g/t，用盐酸与氯化铝混合溶液（以硝酸为氧化剂）在 90℃下柱浸，随氯化铝与盐酸比例增加，析出的气体和氯化氢损失减少，而氯化铝基体的溶解受到抑制，Pt 和 Pd 的提取率达 97% 以上。美国[65]曾进行了在填充床和流态化床中用 HCl/HNO_3 混合液浸出汽车废催化剂，回收 Pt 和 Pd 的试验。填充床用的废汽车催化剂含 Pt 3791g/t、Pd 1306g/t，Pt 的提取率随 HCl : HNO_3 比率和床层厚度减少而增加。浸出初期的高反应速率表明多段浸出更为有利。流态化床用的废汽车催化剂含 Pt 253g/t、Pd 95g/t。研究表明，Pt 和 Pd 的提取率与浸出液浓度、Pt 和 Pd 含量、床层膨胀率、压力降以及颗粒的孔隙度有关。与填充床相比，流态化床对 Pt 和 Pd 含量较低的催化剂效果更好，而且可缩短浸出时间。

美国专利[66]提出一种在电解槽阳极室中处理汽车废催化剂回收贵金属的方法。阴极室和阳极室由一隔膜隔开，所得的含贵金属溶液转入含有悬浮状态阴极颗粒的第二个槽中，金属直接沉积在阴极颗粒上得到回收，载体物料可返回用于新催化剂，此法还可用于燃料电池再生。

加拿大[67] Platinum Lake Technology Inc. 公司研究出一种从汽车废催化剂等二次物料中回收贵金属的有机氧化物浸出法，也称 CRO/REBOX 法。该公司在安大略研究基地进行研究，并推荐建立 5t 处理规模的中间工厂。

目前，汽车催化剂转化器的载体以堇青石制作的蜂窝状载体为主，但这种载体热容量大、强度不够，已出现镍钢、不锈钢、Cr-Cu-Ni-Al 钢及高强度钢制作的金属箔载体。从金属箔载体催化剂中回收铂族金属的方法，除用酸溶去金属，获得含铂族金属品位很高的渣外，还可用氢氧化钠、硫代硫酸钠和联氨的溶液浸出，使作为催化剂活性层的氧化铝层溶解，再进一步回收铂族金属。日本专利[68,69]发明了一种不经过溶解而使金属载体与催化剂层分离的方法。该法利用金属载体冷却到金属脆化温度以下易于粉碎的特性，先将金属载体经低温冷冻脆化，经粉碎和筛分后，用水洗或磁选法将催化剂与金属分离。粉碎粒度影响分离效率，粒度从 40mm 减小到 0.5mm 时，铂族金属与载体金属的分离率从 75% 增加到 95% 以上。

参考文献

[1] 陈景．矿产资源与西部大开发[M]．北京：冶金工业出版社，2002.

[2] Mishra R K. Reddy R G. Pyrometallurgical processing and recovery of precious metals from auto-catalysts using plasma arc smelting[J]. Precious Metals, 1986: 217 ~230.
[3] Saville J. Recovery of PGM's: by plasma smelting[J]. Precious Metals 1985: 157 ~167.
[4] Day J G. Recovery of platinum group metals, gold and silver from scrap: US, US4427442[P]. 1985.
[5] Chen Jing, Xie Mingjin. Chen Yiran. Recovering platinum group metals from collector material obtained by plasma fusion[C]//Den-Deguo. Proceeding of the 4th East-Asia Resources Recycling Technologies Conference. Kunming: Yunnan Sci. & Tech. Publisher, 1997: 662 ~665.
[6] Saville J. Recovery of PGM's by plasma arc smelting (first commercial plant) [J]. Precious Metals, 1985: 213 ~226.
[7] Dhara S. The feasibility of slag reutilization in the recovery of precious metals by smelting operation [J]. Precious Metals, 1987: 543 ~561.
[8] Keyworth B. The role of pyrometallurgy in the recovery of precious metals from secondary source [J]. Precious Metals, 1982: 509 ~573.
[9] Rajcevic H P, Opic W R. Development of electric furnace slag cleaning at a secondary copper smelter [J]. Journal of Metals, 1982(3):54 ~56.
[10] Reddy R G. Mishra R K. Recovery of precious metals by pyrometallurgical processing of electronic scrap [J]. Precious Metals, 1987: 135 ~146.
[11] Ezawa N. Recovery of Precious Metals: Japan, 2317423[P]. 1990.
[12] Rosenqvist T. Princious of extractive metallurgy[M]. Mew York: McGraw Hill Publication, 1974.
[13] Bold J R, Queneau P. The winning of nickel[M]. Toronto, Canada: Longmans Canada Ltd. , 1967.
[14] Adamson R J. Gold metallurgy in South Africa[M]. South Africa: Chamber of Mines of South Africa Publication, 1983.
[15] Jung V. Treatment process for the recovery of precious metals from lead bullion[J]. Journal of Metals, 1981(10):42 ~53.
[16] Vickers S M. Treatment, sampling and electric arc furnace smelting technology[J]. Precious Metals, 1982: 539 ~553.
[17] Hill J, Day J G. Recovery of platinum group metals from scrap and residue: US, 2860045[P]. 1958.
[18] Toru Shoji. Recovering Method of Platinum Group Metals: Japan, 2301529[P]. 1990.
[19] Toru Shoji. Recovering Method of Platinum Group Metals: Japan, 2301528[P]. 1990.
[20] Nixon W G. Method of Removing Platinum from a Composite Containum and Alumina: US, 2860045 [P]. 1958.
[21] Murray M J. Recovery of Metals: US, 3021209[P]. 1962.
[22] Toru Shoji. Recovering Method of Platinum Group Metals: Japan, 2301527[P]. 1990.
[23] Bond G R. Treatment of Platinum Containing Catalyst: British, 2214173[P]. 1958.
[24] Toru Shoji. Method for Recovering Pd: Japan, 62280332[P]. 1987.
[25] Toru Shoji. Recovering Method for Rh: Japan, 62280338[P]. 1987.
[26] Musco S P. Platinum group metals-automotive and autocatalyst handling and procedures [C]// IPMI. IPMI 2nd Conference. NY: IPMI, 1978: 24 ~38.
[27] Mishra R K. Recovery of Noble Metals: US, 2863762[P]. 1958.
[28] Bond G R. Recovery of Platinum from Deactivated Catalyst: US, 3856912[P]. 1974.
[29] Murray M J. Recovery of Platinum from Alumina Base Platinum Catalyst: US, 2786752[P]. 1975.
[30] Milliken. Recovery of Platinum from Deactivated Catalyst Composites: US, 2950965[P]. 1960.
[31] Mishra R K. PGM recoveries by atmospheric and autoclave leaching of alumina bead catalyst [J]. Pre-

cious Metals, 1987: 177 ~ 195.

[32] 周俊．从粒状汽车废催化剂中回收铂族金属[J]．有色金属（冶炼部分），1996(2):31 ~ 35.

[33] Milliken. Recovery of Platinum: Hungary, 36867[P]. 1985.

[34] Mishra R K. Recovering Precious Metals from Catalysts: Deutschland, 251120[P]. 1987.

[35] Milliken. Treatment of Platinum Containing Catalyst: US, 2806004[P]. 1957

[36] Formanek. Recovering Method for Platinum Group Metals from Automobile Catalysts: Soviet Union, 194609[P]. 1982.

[37] D'Aniello M J. Noble Metals for Platinum Automotive Catalyst SP-508, International Congreaa and Exposition[R]. Report No. 820187, Detroit, MI, 1982.

[38] Murray M J. Recovery of Pt/Rh from Car Exhaust Catalysts: US, 3985954[P]. 1975.

[39] Wisecarver K D, Yang N, Wu K A. Dissolution of platinum from automotive catalysts[J]. Precious Metals, 1992: 29 ~ 37.

[40] Bonucci J A, Parker P D. Recovery of PGM from automotive catalytic converter[C]//Kudryk V. Proceedings of TMSAIME Symposium. FL: Fort Lauderdale, 1984: 31 ~ 42.

[41] Letowski F K, Distin P J. Platinum and palladium recovery from spent catalyst by aluminum chloride leaching[C]//Taylor P R. Proceedings of TMSAIME Symosium. FL: Fort Lauderdale, 1985: 735 ~ 745.

[42] Ezawa N. Recovery of precious metals in Japan[C]// Foo G, Browning M E. Symposium on Recovery, Reclamation and Refining of Precious Metals. NY: IPMI, 1984: 31 ~ 42.

[43] Maryvonne. Method for Recovery of Platinum and Iridium from Catalysts: US, 4069040[P], 1987.

[44] Maryvonne. Method for Recovering the Constituents of Catalysts Comprising an Aluminous Carrier, Platinum and Iridium: US, 3999983[P]. 1976.

[45] Sargemt. Recovery of Copper Contaminated Platinum Group Catalyst Metal Salts: US, 3488144 [P]. 1970.

[46] Atsushi K, Fumiyoshi N, Kazuko Y, et al. Recovering Method for Platinum Group Metals from Platinum Base Catalyst: Japan, 57095831[P]. 1982.

[47] Yoshinobu S, Kazunori T, Hiroaki F. Method for Recovering Rhodium: Japan, 58199832[P]. 1983.

[48] Yoshinobu S, Eisaka K, Masayasu S. Method for Recovering Platinum Family Metal and Cerium from Used Catalyst: Japan, 3060742[P]. 1991.

[49] Dhara S C. The recovery of platinum group metals by high pressure reaction method[J]. Precious Metals, 1989: 483 ~ 491.

[50] Chen Chanlu, Guo Qiuquan, Chen Jing. Recovering platinum, palladium and rhodium from deactived auto-catalysts[C]//Den-Deguo. Proceeding of the 4th East-Asia Resources Recycling Technologies Conference. Kunming: Yunnan Sci. & Tech. Publisher, 1997: 159 ~ 162.

[51] Tucker. Method for Recovering Platinum: US, 2805941[P]. 1957.

[52] Bolinski L, Distin P A. Platinum and rhodium recovery from scrapped honeycomb auto-catalyst by chloride leaching and hydrogen reduction[J]. Precious Metals, 1991: 179 ~ 189.

[53] Kolek J F. Hydrochloric acid recovery process[J]. Chemical Engineering Process, 1973, 69(2):47 ~ 49.

[54] Marchessaux P, Plass L, Reh L. Thermal decomposition of aluminum hexahydrate chloride for alumina production[C]//Peterson W S. Light Metals 1979. Warrendale, PA: MSAIME, 1979: 131 ~ 138.

[55] Mishra P K, Ramadorai G. Hydrometallurgical recovery of platinum group metals from automobile converters[C]//Peterson W S. Proceeding of the 117th Annual AIME Meeting. NY: MSAIME, 1988: 51 ~ 57.

[56] Wu K Y A, Wisecarver K D, Abrham M A. Rhodium, platinum and palladium recovery from new and spent automotive catalysts[J]. Precious Metals, 1993: 343 ~ 349.

[57] 张方宇. 从废催化剂回收铂钯[J]. 中国物资再生，1993(6):13 ~ 17.
[58] Mclnnes C M, Sparrow G J, Woodcock J T. Extraction of platinum, palladium and gold by cyanidation [J]. Hydrometallurgy, 1993, 31: 157 ~ 164.
[59] Bruckard W J, Mcdonald K J, Mcinnes C M, et al. Platinum, palladium and gold extraction from coronation hill ore by cyanidation at elevated temperatures[J]. Hydrometallurgy, 1992, 30: 211 ~ 227.
[60] Desmond D P. High-temperature Cyanide Leaching of Platinum Group Metals from Automobile Catalysts-laboratory Test[R]. RI-9384, United States: Bureau of Mines, 1991.
[61] Kuczynski R J. High-temperature Cyanide Leaching of Platinum Group Metals from Automobile Catalysts-process Development Unit[R]. RI-9428, United States: Bureau of Mines, 1992.
[62] Atkinson G B. Cyanide Leaching Method for Recovering Platinum Group Metals from a Catalytic Convertercatalyst: US, 5160711[P]. 1992.
[63] Desmond D P. High-temperature Cyanide Leaching of Platinum Group Metals from Automobile Catalysts-plant Unit[R]. RI-9543, United States: Bureau of Mines, 1995.
[64] Letowski F K. Platinum and palladium recovery from spent catalysts[C]//Taylor P R. Proceedings of TMSAIME Symposiun. FL: Fort Lauderdale, 1985: 735 ~ 745.
[65] United States: Bureau of Mines. Precious and Rare Metal Technologies[R]. NY: IPIM, 1989: 365 ~ 380.
[66] Sargemt. Recovery of Platinum Group Catalyst Metal: US, 4775452[P]. 1982.
[67] Platinum Lake Technology Inc. Precious and Rare Metal Technologies[R]. NY: IPIM, 1989, 381 ~ 393.
[68] Yamato K, Toshikazu K. Memory Card Mounting Device: Japan, 9293552[P]. 1997.
[69] Masao N, Ahairokauz Y. Method and Apparatus for Removing Lightweight Substance Mixed into Aggregate: Japan, 9299826[P]. 1997.

氢分子及氢分子离子的结构参数计算

氢分子是宇宙中结构最简单的分子，氢分子离子比氢分子更简单，但量子力学计算两者的结构参数时运算已相当复杂，而且即使后者也需采用波恩－奥本海默近似法才能求出精确解。

作者认为对原子空间中的电子运动应该用微观时标和宏观时标分别考察，“电子云”是电子在原子空间中出现几率的分布图像，是宏观时标的考察结果。当用小于“飞秒”的微观时标考察时，电子仍是一个体积极小的基本粒子在极小的原子空间中运动。作者用静电理论从排斥与吸引作用呈动态平衡的观点，计算出了氢分子和氢分子离子的键长、键能和振动力常数。

本部分的论文属“离经叛道”，能获得一些准确而简洁的计算公式意味着在化学键形成这个层次，“决定论”和“概率论”或许可以并存。从本书第二部分的论文不难看出，作者还是从现代原子结构理论来认识各个铂族金属的特性。作者认为对非物理系和非计算化学专业的科研工作者来说，用形象思维理解各种原子层次的微观过程是非常有益的。

用经典力学计算氢分子的键长键能及力常数*

摘　要　氢原子中 1s 电子的电子云呈球形，电子的最大几率密度分布出现在玻尔半径 a_0 的球壳内，几率密度分布及电子云属统计规律，意味着已经使用了宏观时标，这样就使氢分子体系中能量和时间的作用量远大于普朗克常数。根据电子云的交叠，用经典力学计算了基态氢分子的结构常数，获得键长、键能及力常数的表达式分别为 $R_e = 2a_0$，$D_e = ze/(4\sqrt{2}a_0)$，$k = ze/(2\sqrt{2}a_0^3)$，采用原子单位（a. u.）时，z、e 及 a_0 均为 1，获得 $R_e = 1.414$a. u.，$D_e = 0.177$a. u.，$k = 0.354$a. u.，这些数值与实验值的相对误差分别小于 1%，小于 2% 和小于 4%；成键模型直观，物理意义明确，计算中不含任何人为性参数。

1　前言

氢分子是宇宙中结构最简单的分子。氢分子的形成原因是认识化学键本质最重要的问题。1927 年，Heitler 和 London 首次用波函数 ψ_1 和 ψ_2 的线性组合计算氢分子键长和结合能，虽然得到的 R_e 值和 D_e 值与实验值相差很大，但他们的工作成为了量子化学兴起的里程碑。其后有许多学者对氢分子做过计算，至 1960 年就有 40 篇论文发表[1]，其中 James 和 Coolidge 使用的波函数包含 13 项，计算值和实验值已非常接近，Kolost 和 Roothaan 使用的函数则包含了 50 项[2]，计算值与实验值完全一致。但这些计算不但十分复杂，而且人为性参数过多，物理意义不明确。时至今日，这仍是一件憾事。电子是半径小得无法测量不可再分的微观粒子。在氢原子中，电子以 10^8 ~ 10^9cm/s的速度被束缚在半径约为 10^{-8}cm 的空间中运动，速度之快和空间之小使其运动不遵循经典力学定律，而是受 Heisenberg 测不准原理、Pauli 原理、能级跃迁等规律支配，其状态只能用“几率密度分布”和“电子云”等概念描述。但氢原子中的电子永远是一个粒子，粒子数不会增多也不会减少[3]。笔者认为对于原子空间中的电子运动应该引入用微观时标和宏观时标分别考察运动状态的概念，前者的单位小于飞秒（1fs = 10^{-15}s），后者的单位大于微秒（1μs = 10^{-6}s），典型的单位如秒。“电子云”应该是使用了宏观时标才出现的图像。此时，基态氢原子的 1s 电子云呈球形，在玻尔半径（a_0）的球面上电子的几率密度分布最大，一个电子的电荷可视为按几率密度分散在球形空间中。

Phillips 指出[4]，当一个体系的作用量（能量和时间的乘积）比普朗克常数（h = 6.626×10^{-34}J · s）大得很多时，或者说体系包含的量子个数很大时，它将呈现经典行为。基态氢原子的体系能量为 −13.6eV，相当于 21.787×10^{-19}J。当用飞秒时标观察时，体系作用量为 21.787×10^{-34}J · s，仅比普朗克常数大 3 倍多，它的行为只能用量子力学描述。当用秒去观察时，能量和时间乘积的作用量将比普朗克常数大 10^{15}倍，从

* 本文原载于《中国工程科学》2003 年第 6 期。

而使两个球形电子云叠加后的体系，可以用经典力学计算。

2 成键模型

根据 Pauli 原理，当两个氢原子具有自旋相反的电子时，它们的电子云可以叠加，此时在两核之间出现了两个球冠面组成的电子云，笔者在本文称之为核间电子云。其中每个球冠面上的电子云都吸引着另一个原子核（质子），它们可以抵消两核之间的排斥力（如图1所示）。

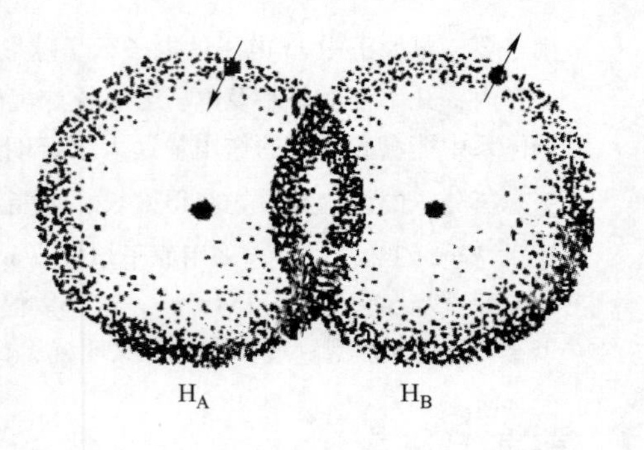

图1 氢分子中电子云形状示意图

从力的角度考察时，在某一特定的核间距下，核间电子云的两个球冠面对异核的吸引力可以等于两核之间的排斥力，使体系处于相对平衡状态，此时的平衡核间距 R_e 即为氢分子的键长。从能的角度考察时，每个球冠面的电子云都在另一核的正电场中获得了势能降，使氢分子中两个电子能量之和比两个孤立氢原子中电子能量之和降低了 ΔV。根据维里定理[5]，势能降低时动能将增加，且 $-\Delta T=1/2\Delta V$，因此电子势能降的一半将以电子动能增加而保留在氢分子中，另一半则使氢分子的运动加剧，以反应热的形式释放出来，即氢分子的键能 D_e，欲使氢分子断键，则需供给这部分键能。

上述模型表明：

（1）使用电子云图时，A 原子中未进入交叠区空间的电子云 S_A（见图2），不受 B 核吸引，不产生势能降，因为 B 核的正电场已被它自身的球壳形电子云屏蔽。同理 B 原子未进入交叠区的电子云 S_B，也不产生势能降。这种屏蔽影响相当于微观时标考察时两个电子之间的排斥作用。

（2）用比飞秒还短的阿秒（$1\text{as}=10^{-18}\text{s}$）观察，则电子出现在两核之间的轴线上时，对异核的吸引力最大，出现在两核轴线外端延长线上时，两核间的排斥力最大，因此两核处于不停的振动中，这就说明氢分子的形成是两个质子及两个电子建立了一种新的吸引与排斥的动态平衡体系。

3 计算

3.1 基态氢分子的键长

图2中球冠面 S_a（阴影部分）对 B 核产生吸引力 f_a，未进入 B 原子球壳内的电子云 S_A 对 B 核不产生吸引，对束缚两核不提供贡献。同理，S_b 也对 A 核产生吸引，S_B 则不对 A 核产生吸引。

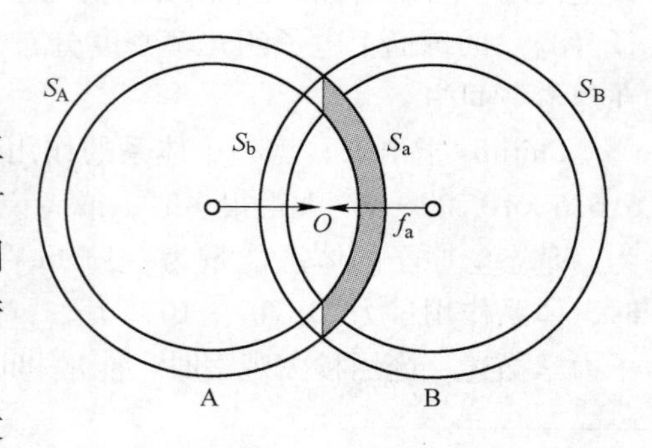

图2 基态氢分子

作为一级近似，假定 S_a 对 B 核吸引后不发生形变，其面电荷密度不受扰动，仍均匀地为

$\rho = e/(4\pi a_0^2)$，则 S_a 对 B 核在轴线 AB 上的吸引力 f_a 可用积分求出：

$$f_a = f_b = \frac{ze}{2a_0}\left(\frac{2a_0}{R^2} - \frac{1}{2a_0}\right) \tag{1}$$

式中，z 为质子电荷；e 为电子电荷；$a_0 = 0.529 \times 10^{-10}$m；$R$ 为核间距。

式（1）表明球冠面 S_a 及 S_b 分别对 B 核及 A 核的吸引力为核间距 R 的函数。于是，核间电子云束缚两核的吸引力为：

$$F_{吸引} = f_a + f_b = \frac{ze}{a_0}\left(\frac{2a_0}{R^2} - \frac{1}{2a_0}\right) \tag{2}$$

从式（1）及式（2）看出，当 $R = 2a_0$，即两个氢原子的球形电子云不发生交叠时，f_a、f_b 及 $F_{吸引}$ 均为零。

两核之间的排斥力为：

$$F_{排斥} = z^2/R^2 \tag{3}$$

当 H_2 处于平衡状态时，$F_{吸引} = F_{排斥}$，用 R_e 表示平衡核间距，则得下式：

$$\frac{ze}{a_0}\left(\frac{2a_0}{R_e^2} - \frac{1}{2a_0}\right) = \frac{z^2}{R_e^2} \tag{4}$$

因 $z = e$，于是可得：

$$R_e = \sqrt{2}a_0 = 0.748 \times 10^{-10}\text{m} \tag{5}$$

式（4）、式（5）采用原子单位时，$z = e = a_0 = 1$a. u. 则：$R_e = 1.414$a. u.，实验值为：$R_e = 1.401$a. u.，误差小于1%。

3.2 基态氢分子的键能

直接计算球冠面 S_a 和 S_b 在 B、A 核场中发生的势能降将比较复杂，但按经典静电力学考虑时，可先计算出 S_a 和 S_b 在键轴中点（图 2 中的 O 点）的等效电荷重心 q_a 和 q_b，即 S_a 和 S_b 对异核的静电吸引作用可用 q_a 对 B 核和 q_b 对 A 核的作用代替，然后用 q_a 和 q_b 来计算形成氢分子时电子势能的变化。先从吸引力和排斥力的关系求出等效电荷重心的值：

$$\frac{zq_a}{\left(\frac{R_e}{2}\right)^2} + \frac{zq_b}{\left(\frac{R_e}{2}\right)^2} = \frac{z^2}{R_e^2}$$

$$q_a = q_b = q = \frac{z}{8} = \frac{e}{8} \tag{6}$$

已知 q_a 和 q_b 后，即可方便地计算形成 H_2 时，两个 $1s$ 电子获得势能降的总和 ΔV 为：

$$\Delta V = \frac{zq_a}{\frac{R_e}{2}} + \frac{zq_b}{\frac{R_e}{2}} = \frac{4zq}{R_e} = \frac{ze}{2R_e} \tag{7}$$

前已述及，根据维里定理，一半的势能降将转化为电子动能 ΔT，只有一半释放出来，因此键能 D_e 为：

$$D_e = \Delta V - \Delta T = \frac{1}{2}\Delta V = \frac{ze}{4R_e} \tag{8}$$

将 $R_e = \sqrt{2}a_0$ 代入式（8），并采用原子单位，则得：

$$D_e = \frac{ze}{4\sqrt{2}a_0} = 0.177\text{a. u.}$$

实验值为0.174a.u.，误差小于2%。

3.3 基态氢分子的力常数

根据本文模型，用微观时标考察时，氢分子体系中两核之间的排斥是绝对的，只有当电子出现在 S_a 或 S_b 球冠面上时，才会产生两核互相靠近的运动。以图3描述B核的运动状态如下：图3中，B核在 B 点受到A核的排斥力最大，开始向右运动，此后A原子的电子在 S_a 上出现，对B核产生吸引，当B核运动到 T 端时，电子出现在 $\overline{AB}$ 轴线与 S_a 球冠面相交的区域，吸引力 f_a 最大，B核开始返向运动。换言之，A原子的电子在 S_a 上不同位置出现将导致 O 点电荷重心 q_a 的变化，即是导致 f_a 的变化。假设这种变化的涨落是周期性的，则B核将在 $\overline{BT}$ 线上做弹性振动。设 $\overline{OB} = r = \frac{R}{2}$，$\overline{OE} = r = \frac{R_e}{2}$，则因 f_a 与位移量 r 呈正比，但方向相反，可得下式：

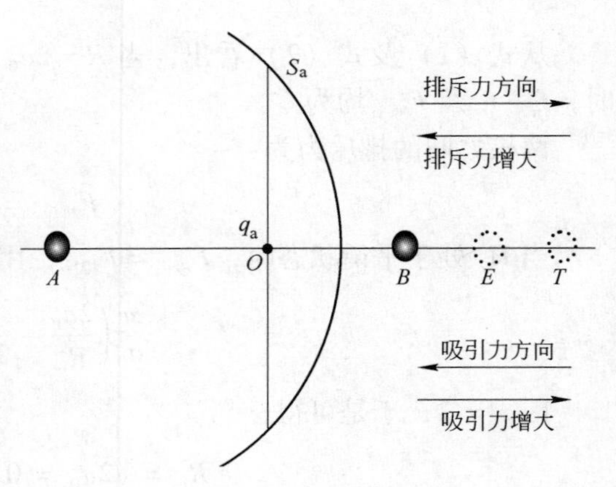

图3 电荷重心 q_a 周期性涨落引起B核弹性振动示意图

$$f_a = -kr = -k\frac{R}{2} \tag{9}$$

将式（1）代入，消去代表方向的负号，则得

$$\frac{ze}{2a_0}\left(\frac{2a_0}{R^2} - \frac{1}{2a_0}\right) = k\frac{R}{2}$$

$$k = \frac{ze}{Ra_0}\left(\frac{2a_0}{R^2} - \frac{1}{2a_0}\right) \tag{10}$$

当B核处于 E 点时，$R = R_e = \sqrt{2}a_0$ 则：

$$k = \frac{ze}{\sqrt{2}a_0^2}\left(\frac{1}{a_0} - \frac{1}{2a_0}\right) = \frac{ze}{2\sqrt{2}a_0^3} \tag{11}$$

采用原子单位时：

$$k = \frac{1}{2\sqrt{2}}\text{ a. u.} = 0.354\text{a. u.}$$

从红外及喇曼光谱测定的实验值为0.368a.u.[6,7]，相对误差为3.8%。

若将式（11）表述为：

$$k = \frac{ze}{R_e^3}$$

代入R_e的实验值1.401a.u.，则$k=0.364$a.u.，相对误差仅为1%。

4 讨论

笔者认为量子力学的"电子几率密度分布"及"电子云"的概念蕴含着使用了宏观时标，因此在电子云图的基础上，考虑了氢分子体系中吸引和排斥的平衡，势能与动能的关系，用经典力学计算了氢分子的键长、键能和力常数。本文获得的结果列入表1。

表1 氢分子的键长、键能和力常数

计算式	计算值/a.u.	实验值/a.u.	相对误差/%
$R_e=\sqrt{2}a_0$	1.414	1.401	0.93
$D_e=\frac{ze}{4\sqrt{2}a_0}$	0.177	0.174	1.72
$k=\frac{ze}{2\sqrt{2}a_0^3}$	0.354	0.368	3.80
$k=\frac{ze}{R_e^3}$	0.364①	0.368	1.09

①将R_e的实验值代入公式所得的计算值。

从表1看出，用经典力学推导出的3个公式十分简洁，量纲准确，与实验值的吻合程度已相当满意。

（1）$R_e=\sqrt{2}a_0$表明氢分子键长是氢原子玻尔半径a_0的$\sqrt{2}$倍。此值意味着两个氢原子1s电子的球形电子云以90°的圆弧相交，在此条件下，S_a上电子云对B核的吸引力以及S_b对A核的吸引力与两核之间的排斥力呈动态平衡，出现了几何形态优美，库仑力非常微妙的关系。

（2）$D_e=\frac{ze}{4\sqrt{2}a_0}=\frac{z^2}{4R_e}$表明基态氢分子的键能恰恰等于按键长计算的两核排斥能的1/4。这种关系的产生来自于计算过程中要求在两核中点必需有数值为$e/8$的负电荷重心才能使两核之间的排斥力等于负电荷重心对两核的吸引力，而且这种平衡是动态的，因为负电荷重心对微观时标呈周期性变化。$e/8$的负电荷重心由S_a或S_b两个球冠面提供，它们交替地在异核正电场中的势能降恰为氢分子的键能。这就是说氢分子的键能只相当于S_a或S_b一个球冠面的负电荷重心在异核正电场中获得的势能降，这又是一种耐人寻味的奇妙关系。

（3）$k=\frac{ze}{2\sqrt{2}a_0^3}=\frac{ze}{R_e^3}$是按使用微观时标考察时，$S_a$及$S_b$电子云的电荷重心$q_a$及$q_b$呈周期性变化，引起两核如弹簧一样发生伸缩振动而获得的计算式，这种推导中假定了两核之间排斥力最大时，负电荷重心值最小，而两核距离最大时，负电荷重心最大，也即电子出现在两核之间，在这种规律运动中获得了 k 值的表达式。

（4）经典力学不能解决原子和分子的激发态、光谱、各种轨道（s、p、d、f）的差异、轨道的杂化、π 键与共轭键等物质结构中的各种问题，但笔者利用量子力学中电子云图的概念，把经典力学应用到计算氢分子的键长、键能和力常数，获得了 3 个简单而漂亮的公式，它表明化学键形成不存在什么电子交换力，暗示着在原子空间物质运动仍然还存在一定的规律性。

（5）本文的基本概念还表明，原子结构中的电子运动及化学键的本质需要使用极短的时标来认识。最新的科技进展支持这种观点，如飞秒化学技术已能拆开分子中的某个强键而不影响弱键，已知一个分子里的一个原子完成一次典型振动需要 10 ~ 100fs[8]，最新的报道称，科学家首先用短脉冲的 X 射线轰击氪原子外壳，使之产生一个很小的孔隙，然后借助0. 9 fs 的超短激光脉冲成功地观测到了其他电子如何将这一孔隙“修补”填满[9]。总之，在 21 世纪，人们必然能加深对爱因斯坦和玻尔之间关于量子力学完备性争论的认识。笔者的成键模型和计算方法，特别是氢分子键长、键能和力常数的 3 个表达式，希望能引起读者的兴趣，给予指正。

参考文献

[1] Mclean A D, Weiss A, et al. Configuration interaction in the hydrogen molecule——the ground state [J]. Rev. Modern Phys., 1960, 32(2):211.

[2] Kolost W, Roothaan C C J. Accurate electronic wave functions for the H_2 molecule [J]. Rev. Modern Phys., 1960, 32(2):219.

[3] Levine I N, Quantum Chemistry [M]. Allyn and Bacon, Inc., 1974: 111.

[4] 曾瑾言. 量子力学(第 2 卷) [M]. 北京：科学出版社，2000：442 ~463.

[5] 麦松威，周公度，李伟基. 高等无机结构化学[M]. 北京：北京大学出版社；香港：香港中文大学出版社，2001：22.

[6] Phillips L F. 基础量子化学[M]. 北京：科学出版社，1974. 2.

[7] Pitzer K S. Quantum Chemistry [M]. 1954: 139, 426.

[8] Labrader D. Science, 2002(11):34.

[9] 科技日报. 2002-12-30(7).

从氢原子质子化模型计算 H_2^+ 的结构参数*

摘　要　本文对氢分子离子提出了氢原子质子化的结构模型，从微观时标和宏观时标分析了 H_2^+ 中库仑吸引力和两核排斥力的动态平衡，认为氢原子畸变后的电子云在两核中点产生 $e/8$ 的电荷重心时可以束缚住一个裸质子。据此推导出键长、键能及力常数的计算公式，并分别获得：$R_e=2$a. u.，$D_e=0.109735$a. u.，$k=0.109735$a. u.。与实验测定值及 Bishop 最精确的计算值 $R_e=1.997735336$a. u.，$D_e=0.102375331$a. u.，$k=0.102896975$a. u.，惊人地接近。

1　引言

在前文[1]中，作者提出了“电子云”蕴涵着使用了宏观时标；氢分子的化学键本质要分别从微观时标和宏观时标考察电子运动来认识；要从吸引和排斥的动态平衡来计算 H_2 的结构参数等观点，并推导出计算 H_2 平衡核间距、键能及力常数的三个不含任何人为性参数的公式。本文用与前文相同的观点提出了氢分子离子的结构模型，并进行了有关参数的计算。

氢分子离子是两个质子和一个电子构成的最简单的分子体系，也是量子力学唯一能获得薛定谔方程精确解的分子体系。尽管 H_2^+ 结构非常简单，但其求薛定谔方程精确解已很困难，即使用简单的原子轨道线性组合（LCAO）变分法计算也相当复杂[2]。20世纪70年代前用各种近似法对 H_2^+ 的计算像对 H_2 的计算一样，多不胜举[3]。Bishop 用从头计算法（ab initio）已将 H_2^+ 的 R_e、D_e 及 k 值计算到小数点后第九位[4~6]，最后他采用比 Born-Oppenheimer 近似法更为高级的绝热近似法获得了据称是当时最精确的一组 H_2^+ 的结构参数[7]：$R_e=1.997735336$a. u.，$D_e=0.102375331$a. u.，$k=0.102896975$a. u.（其中 D_e 值是本文作者根据原文给出 H_2^+ 的总能量值 $-E=0.602375331$a. u.，减去一个氢原子的能量 0. 5a. u. 而得）。

李政道认为：“世界上一切自然现象，都是以一组相当简单的自然原理构成基础的”，“常常是问题越基本，其解越简单。需要的是正确的认识和观念，而不是繁复的数学和计算”[8]。基于这种理念，本文从另一种角度讨论 H_2^+ 的结构，以不同的思路，用考察库仑吸引力和排斥力的平衡计算 H_2^+ 的结构参数，希望作为一种不同的学术观点探讨化学键的本质。

2　本文的氢分子离子结构模型

氢分子离子是在用电子束轰击放电管中的氢气时在光谱中观察到的。它的性质活泼，寿命很短，一旦与其他物质接触立即夺取电子而形成氢分子。因此，作者认为从

* 本文原载于《中国工程科学》2004 年第 11 期。

化学的角度看不能将其视为一种稳定的分子，而可以将其视为质子化（pronation）的氢原子，也即是氢原子束缚了一个裸质子。按上述 H_2^+ 的产生情况可示意于图 1。

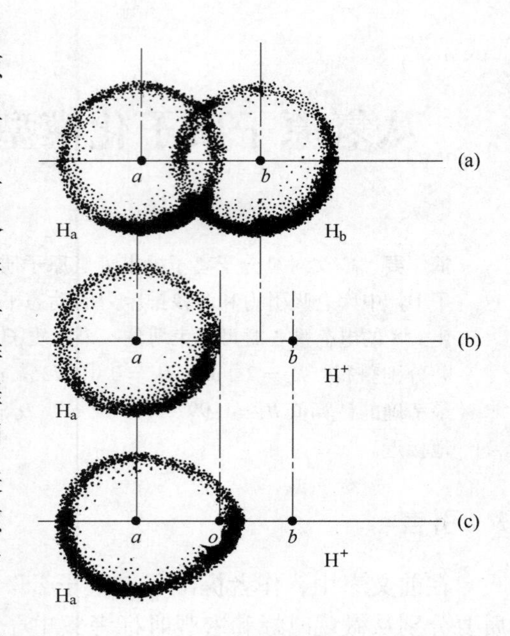

图 1　H_2 失去一个电子形成 H_2^+ 的示意图

图 1(a)表示按 1*s* 电子径向几率密度分布函数的电子云发生交叠形成了氢分子，氢分子中的两个自旋相反的电子仍然各自围绕着自己的核运动。交叠区中的两个球冠面电子云吸引着 a、b 两核，克服了两核间的库仑排斥力，达到一种巧妙地动态平衡。交叠的程度是交叉点与两核的连线成直角，因此核间距 *ab*（H_2 的 R_e）的长度为$\sqrt{2}a_0$。图 1(b)表示氢分子中的氢原子 H_b 失去了电子，H_b 原有的电子云对 a 核的吸引作用消失，吸引与排斥的平衡被破坏，b 核向右边移动。图 1(c)表示 b 核对 H_a 电子云的吸引，它将 1*s* 球形电子云拉成梨形。过程（b）、（c）是同时发生的，（c）即是质子化的氢原子-氢分子离子的结构。

质子化的原子很多。例如卤化氢离子（HX^+）就可视为质子化的卤原子，它们像 H_2^+ 一样非常活泼，而且除 HF^+ 外，其余质子化卤原子 HCl^+、HBr^+、HI^+ 的键能比相应分子还略大一些。这可以看做是裸质子与卤原子形成的偶极作用比氢原子与卤原子形成的离子键还要强一些，见表 1。

表 1　卤化氢分子与相应的卤分子离子的键能　（kJ/mol）

卤化氢分子	HF	HCl	HBr	HI
键能（D_e）	566.5	431.7	366.8	298.5
分子离子	HF^+	HCl^+	HBr^+	HI^+
键能（D_e）	443.4	457.6	388.1	304.4

注：数据引自 В. И. Веденеев，Л. В. Гурвич 等，《化学键的离解能，电离势和电子亲和能》（俄文版），莫斯科，1962：42～60。原数据单位为 kcal/mol，作者进行了换算。

在化学反应的体系中，还存在着许多质子化的分子，例如酸溶液中的 H_3O^+ 是质子化的水分子；氨溶液中的 NH_4^+ 是质子化的氨分子。在溶剂萃取反应的有机相中，醚类、酮类、酯类、胺类等萃取剂分子都非常容易形成质子化的有机分子，如质子化的 TBP（磷酸三丁酯）其结构式为（$C_4H_9O)_3P{=}O:H^+$，质子化的 TOA（三辛胺）其结构式为（$C_8H_{17})_3N:H^+$，这两种带正电荷的有机分子均是靠氧或氮原子上的孤对电子束缚了一个质子。

此外，甚至在大量吸氢后的金属钯中，有人认为 PdH_x（$x<1$）的结构状态是氢原子把它们的价电子传递给金属原子的 *d* 轨道，因而变成可流动的质子。其根据的实验事实是：（1）在 PdH_x 中氢的流动性很大；（2）当氢的含量增加时，钯的磁化率下降；（3）当一个电场加到 PdH_x 的线状体的两端时，氢向着负极迁移[9]。

3　氢分子离子结构参数的计算

3.1　H_2^+ 体系中的吸引作用与排斥作用

为了计算 H_2^+ 的结构参数，先考察一个畸变的氢原子的电子云如何能束缚住一个质子。在图1(c)中，以 b 为圆心，$R=ab$ 为半径作一个球面 EF，如图2所示。

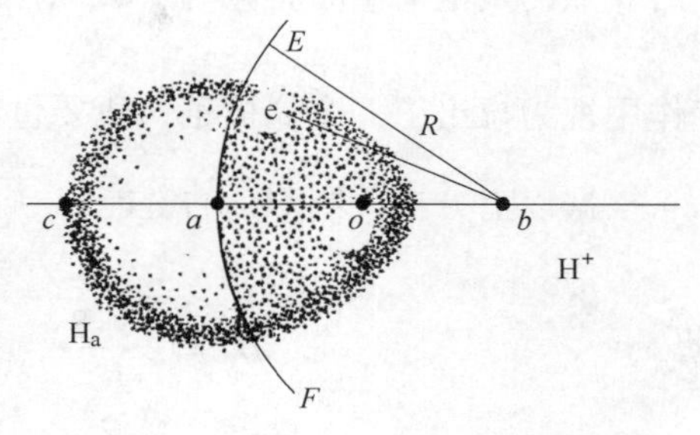

图2　H_a 电子云对b核的吸引作用示意图

图2中电子e对a核的吸引作用已为自身的绕核运动所平衡，可以不作考虑。阴影部分表示以半径为 R 的球面截出的电子云。使用微观时标（如阿秒 10^{-18}s）考察，电子e在右边阴影区任何一点出现时，由于e与b核的距离小于 ab，电子对b核的吸引力均将大于两核间的排斥力。当e在 ab 中点 o 出现的瞬间，e对a、b两核吸引力之和用简单的式（1）很容易算出将大于两核排斥力的8倍。而e在非阴影区，特别是在 c 点及其附近出现时，两核的排斥力最大，两核距离将因此而拉开。

$$\frac{z_a e}{\left(\frac{R}{2}\right)^2}+\frac{z_b e}{\left(\frac{R}{2}\right)^2}=8\,\frac{ze}{R^2}=8\,\frac{z^2}{R^2} \tag{1}$$

使用宏观的时间标度（如秒）时，e对b核的吸引作用要用电子云考察。显然，只要畸变后的1s电子云对b核的吸引作用相当于在 o 点存在一个 $q=e/8$ 的电荷重心，则电子云即可束缚住b核。按照作者的观点[1]，q 呈周期性地变化，每一周期引起两核伸缩振动一次。根据上述的电子运动模式，可以算出 H_2^+ 的结构参数。

3.2　H_2^+ 的平衡核间距 R_e

在 H_2^+ 中，由于只有一个电子，电子云引起两核相向靠近的吸引作用将比 H_2 中小一倍。同理，H_2^+ 中两核间的排斥力也应比 H_2 中小一倍，才能达到吸引和排斥的平衡。令 R_{eq} 表示 H_2 的平衡核间距，R_e 表示 H_2^+ 的平衡核间距则得下式：

$$\frac{z^2}{R_{eq}^2}=2\,\frac{z^2}{R_e^2},\quad R_e=\sqrt{2}R_{eq}$$

[1] 文中作者已计算出 $R_{eq}=\sqrt{2}a_0$ 代入上式得：

$$R_e=2a_0=2\text{a. u.} \tag{2}$$

此值与实验值完全一致。

3.3　H_2^+ 的键能 D_e

在图1(c)及图2中，换一种思路考虑，当质子b从右边远距离处移近氢原子 H_a 并形成 H_2^+ 时，体系将获得一个数值为$(z_b q)\Big/\dfrac{R_e}{2}$的势能降，同时要付出一份使 H_a 球形电子云发生畸变的畸变能，或称极化能。它表示不存在 b 核时，畸变的电子云将自动地恢复到球壳形。已知处于平衡态时，o 点的电荷重心 $q=\frac{1}{8}e$，因此畸变能的数值可按如下考虑计算：未畸变时，H_a 球形电子云的负电荷重心与质子 a 重叠，原子呈中性。畸变后 a 点的负电荷重心将减为$\frac{7}{8}e$，则在 a 点未能中和的正电荷为$\frac{1}{8}z$。这就是说可将畸变作用视为拉出了一个偶极子，所要付出的畸变能为$\left(\frac{1}{8}z\cdot\frac{1}{8}e\right)\bigg/\frac{R_e}{2}$。

根据以上分析，则 H_2^+ 的键能 D_e 应为：

$$D_e=\frac{z\cdot\frac{e}{8}}{\frac{R_e}{2}}-\frac{\frac{z}{8}\cdot\frac{e}{8}}{\frac{R_e}{2}}=\left(1-\frac{1}{8}\right)\frac{ze}{4R_e} \tag{3}$$

将式（2）的 $R_e=2a_0$ 代入式（3）得

$$D_e=\left(1-\frac{1}{8}\right)\frac{ze}{8a_0} \tag{4}$$

使用原子单位时，$D_e=0.109375$a. u.，实验值为 0.1025305a. u.，相对误差为 6.7%，比 Kolos 和 Roothaan 等[10] 在 1960 年使用包含 32 项的波函数计算出的 0.08305a. u. 准确得多（原文给出 H_2^+ 的总能量 $-E=0.58305$a. u.）。

3.4 H_2^+ 的振动力常数 k

按照［1］文及本文的计算模型，可以推知 H_2 的振动频率应为 H_2^+ 的两倍。已知 H_2 的伸缩振动频率为 4400cm^{-1}，则 H_2^+ 的振动频率应为 2200cm^{-1}，实验值为 2297cm^{-1}，两者惊人地接近。

对于振动力常数还可从另一途径计算。［1］文曾获得 H_2 的键能 D_e 及振动力常数 k 的两个计算式为：

$$D_e=\frac{ze}{4R_{eq}} \tag{5}$$

$$k=\frac{ze}{R_{eq}^3} \tag{6}$$

从式（5）移项得：

$$R_{eq}=\frac{ze}{4D_e} \tag{7}$$

用式（7）置换去式（6）分母中的一个 R_{eq}，得下式：

$$k=\frac{4D_e}{R_{eq}^2} \tag{8}$$

式（8）是一个将平衡核间距、键能及力常数关联在一起的公式，将式（2）、式（3）及式（4）分别代入 H_2 的式（8）则得到：

$$k = \left(1 - \frac{1}{8}\right)\frac{ze}{R_e^3} = \left(1 - \frac{1}{8}\right)ze/(8a_0^3) \tag{9}$$

使用原子单位时，$k = 0.109375$a. u.，这就是说，H_2^+ 的键能值和振动力常数值完全一致，仅量纲不同而已。Bishop 的 D_e 值与 k 值也非常接近，本文结果与他的一致。

4 结语

本文获得的结果列入表2。

表2 氢分子离子的平衡核间距、键能及力常数

计 算 式	计算值/a. u.	实验值/a. u.	相对误差/%
$R_e = 2a_0$	2	2	0
$D_e = \left(1-\frac{1}{8}\right)ze/(4R_e) = \left(1-\frac{1}{8}\right)ze/(8a_0)$	0.109375	0.1025305	6.7
$k = \left(1-\frac{1}{8}\right)ze/R_e^3 = \left(1-\frac{1}{8}\right)ze/(8a_0^3)$	0.109375	0.102897①	6.3

①采用 Bishop 的计算值。

表2结果表明，本文对 H_2^+ 的平衡核间距、键能及力常数获得了三个十分简洁，物理含义清晰，只含 z、e、a_0 值，不含任何人为性参数的计算公式。这些公式不代入 $R_e = 2a_0$ 时，与 H_2 的相应公式仅相差一个（$1-1/8$）的系数。这些公式的计算值不仅与实验值非常接近，而且计算过程还揭示了 H_2^+ 的 R_e 为什么等于 $2a_0$，D_e 和 k 值使用原子单位时，数值为什么几乎完全一致的原因。

像［1］文计算氢分子结构一样，作者希望本文能引起读者的兴趣，并给予指正。

参 考 文 献

[1] 陈景. 用经典力学计算氢分子的键长键能及力常数[J]. 中国工程科学，2003，5(6):39~43.

[2] 潘道皑，赵成大，郑载兴，等. 物质结构[M]. 北京：高等教育出版社，1987：159~176.

[3] Kaugman W. Quantum Chemistry[M]. New York. Academic Press Inc.，1957：376~382，440~445.

[4] Bishop D M. J. Chem. Phys.，1970，53：1541；1971，54：2761.

[5] Bishop D M，Wetmore R W. J. Mol. Spectrosc.，1973，46：502.

[6] Bishop D M，Wetmore R W. Mol. Phys.，1973，26：145.

[7] Bishop D M. J. Mol. Spectrosc.，1974，51：422~427.

[8] 修泽雷. 唯物辩证法与新元素周期表[J]. 科学（Scientific American 中文版）1999，10：59.

[9] 麦松威，周公度，李伟基，等. 高等无机结构化学[M]. 北京：北京大学出版社；香港：香港中文大学出版社，2001：345.

[10] Kolos W，Roothaan C C J，Sack R C R C. Rev. Mol. Phys.，1960，32：178.

量子力学与经典力学计算氢分子结构的比较讨论*

摘　要　量子力学的测不准原理和对波函数的概率解释与经典力学有着无法调和的矛盾，通常认为经典力学不适用于微观世界。但是，作者用经典力学计算却得出了氢分子的平衡核间距 R_e、键能 D_e 和振动力常数 k 三个简洁的计算式和准确的计算值。本文将量子力学对氢分子结构参数计算要点与作者的计算方法进行了对比，对量子力学与经典力学的使用判据及作者的计算公式的物理意义进行了讨论，认为对于量子力学诠释之争，如果只从哲学观点讨论，可能整个21世纪还一直会争论下去，但如果从解决一些具体问题入手，也许会更快、更好地深化人们对微观世界中物质运动规律的认识。

1　引言

量子力学是在1900年普朗克的"量子论"及1905年爱因斯坦的"光电效应"基础上，源于对自然界中最简单的氢原子结构的研究而发展起来的。1913年玻尔提出了量子化的氢原子结构理论，取代了卢瑟福的小太阳系模型，满意地解释了氢原子的线状光谱。为探讨量子化的原因，以及为了解复杂原子结构并解释其光谱这一系列科学需求，德布罗意、薛定谔、玻恩、海森堡、狄拉克等一批卓越的物理学家，经过短短十三四年的努力，到1926年建立起了量子力学。此后，量子力学向纵深发展，深入到原子核、质子、中子，直至夸克、胶子、中微子等基本粒子，形成了量子物理学。另一方面又从横向发展中解决了原子如何结合为分子以及不同的凝聚态问题，形成了量子化学。

量子化学也恰恰是从研究两个氢原子如何结合为自然界中最简单的氢分子开始的。1927年W. Heitler和F. London提出了价键理论模型，根据薛定谔方程，用两个氢原子 $1s$ 电子波函数的线性组合作为氢分子的价键波函数计算了氢分子的键能 D_e 和平衡核间距 R_e，虽然当时所得结果与实验值偏差很大，但他们的工作仍成了量子化学兴起的里程碑。截至1960年，几十位学者为了取得更好的计算结果，不断地改进氢分子的波函数[1]，最后Kolos和Roothaan使用了一个包含有50项的函数[2]，才获得与实验值完全一致的 D_e 值和 R_e 值，但函数中通常应有的交换积分、库仑积分和共振积分完全消失了，计算公式丧失了物理含义。尽管如此，70多年来人们仍然普遍认定只有量子力学才能计算氢分子的结构。

量子力学尽管取得了举世公认的辉煌成就，但量子理论的诠释却存在着一大堆棘手的老大难问题[3]。从量子力学出现后，以玻尔和爱因斯坦为代表的两种观点一直就测不准原理、"薛定谔的猫"、EPR佯谬、电子运动只服从统计规律而不存在因果关系等问题争论不休[4]。P. 柯文尼和R. 海菲尔德在《时间之箭》一书中评论量子力学时说："我们的结论是，它充其量也只是一个不完备的理论"[5]。在戴维斯、布朗合编的

* 本文原载于《科技导报》2003年第12期。

《原子中的幽灵》一书中，可以看到更多的不同观点。约翰·贝尔认为：“我完全确信：量子理论仅是一个暂时的权宜之计”。但阿莱恩·阿斯派克特通过对贝尔不等式进行直接实验、检验后却认为：“量子力学仍然是一个非常好的理论”，“我们必须真正地改变古旧的世界图像了”。此外，该书中还介绍了大卫·多奇的多宇宙解释、大卫·玻姆的隐变量思想、巴席尔·海利的非定域量子势理论等许多著名物理学家的观点[6]。国内最近也提出了一些相关的讨论[7,8]。总之，这场争论持续时间之长、涉及范围之广、哲学含意之深，在人类自然科学史中是极其罕有的。

经典力学向来被认为不适用于微观世界，但笔者在量子力学关于电子云叠加概念的基础上，曾用静电力理论非常准确地计算出了基态氢分子的键长和键能[9]。最近笔者又提出用区分微观时标和宏观时标来认识氢分子中电子的运动状态，并增加了对力常数 k 的计算，获得了 $R_e=\sqrt{2}a_0$、$D_e=ze/(4\sqrt{2}a_0)$ 及 $k=ze/(2\sqrt{2}a_0^3)$ 三个极其简洁的漂亮公式，它们只含玻尔半径 a_0、质子电荷 z 及电子电荷 e 三个参数，计算数值准确，并且有明确的物理含义[10]。

笔者认为对于量子力学诠释之争，如果只从哲学观点讨论，可能整个21世纪还一直会争论下去，如果从解决一些具体问题入手，也许会更快、更好地深化人们对微观世界中物质运动规律的认识。本文正是以此为目的撰写的。

2 量子力学对氢分子的处理

量子力学处理氢分子是用薛定谔方程求解。在薛定谔方程 $\hat{H}\Psi=E\Psi$ 中，$\hat{H}$ 是哈密顿（Hamilton）算符，Ψ 是描述氢分子结构的波函数，它在价键（VB）理论和分子轨道（MO）理论中略有不同，E 是体系的能量。薛定谔方程通过 $\hat{H}$ 和 Ψ 把电子的粒子性和波动性融合在一个简单漂亮的公式中。但是，正如亚当森[11]指出的，“薛定谔方程式是通过与经典的波动方程的某种比拟得到的，它不是一种严密的推导。薛定谔方程被认为是正确的仅只是一种假设”。最近麦松威、周公度等著的高校教科书中也指明，薛定谔方程的演绎过程“不能看作是一种推导过程，只能说是一种假设或一种新的创造”[12]。

对于三质点体系的氢分子离子，使用原子单位的哈密顿算符为：

$$\hat{H}=-\frac{1}{2}\nabla^2-\frac{m}{M_A}\frac{1}{2}\nabla_A^2-\frac{m}{M_B}\frac{1}{2}\nabla_B^2-\frac{1}{r_A}-\frac{1}{r_B}+\frac{1}{R_{AB}}$$

式中，∇ 是拉普拉斯算符；m 是电子质量；M 是质子质量；r_A，r_B 是电子与核A及核B的距离；R_{AB}是两核距离。

式中各项分别代表电子的动能、核A和核B的动能、电子与两核的吸引能，最后一项正值为核间排斥能。这样一个三体问题用一般形式的薛定谔方程已不能求解，需要采用玻恩-奥本海默（Born-Oppenheimer）近似法，把质子看做固定不动，此时可将哈密顿算符简化为：

$$\hat{H}=-\frac{1}{2}\nabla^2-\frac{1}{r_A}-\frac{1}{r_B}+\frac{1}{R_{AB}}$$

由此才能求出精确解[13]，但运算仍很复杂，还得采用近似解法[14]。至于属四体问题的氢分子，即使用简化的哈密顿算符，也只能求近似解，而且为求出最佳键距和相应的键能，其计算是“令人生畏的工作”[11]。

求解氢分子的薛定谔方程都将得到一组体系能量 E 随核间距 R_{AB} 变化的函数，这个函数又随薛定谔方程中所用波函数 Ψ 的不同而变化。几乎所有量子化学、物质结构、物理化学甚至无机化学的教科书中都会介绍氢分子的计算，本文引用《无机化学》教材中的资料进行简要说明[15]。按价键理论选用几种不同的波函数 Ψ 获得的氢分子能量曲线绘于图1，相应的键能 D_e 和平衡核间距 R_e 的数值列入表1。

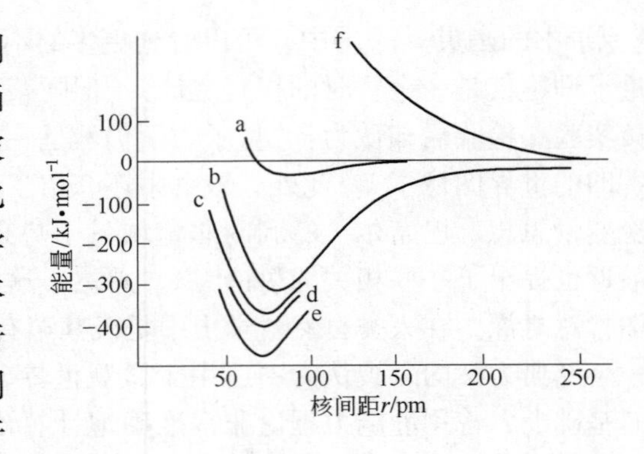

图1　氢分子的能量曲线

表1　价键波函数求出的键能和平衡核间距

图1曲线	波函数类型	D_e/a. u.	R_e/a. u.
a	未修正 $\Psi=\Psi_{A(1)}+\Psi_{B(2)}$	0.009	1.701
b	海特勒—伦敦	0.115	1.642
c	考虑屏蔽作用	0.139	1.404
d	考虑离子贡献①	0.148	1.415
e	实验值	0.174	1.400

注：原文单位为：D_e，kJ/mol；R_e，pm；表中数据经过笔者换算。

①曲线d所谓考虑离子贡献的氢分子波函数为 $\Psi=\Psi_{A(1)}\Psi_{B(2)}+\Psi_{A(2)}\Psi_{B(1)}+\lambda\Psi_{A(1)}\Psi_{B(2)}+\lambda\Psi_{A(2)}\Psi_{B(1)}$，式中 Ψ_A 及 Ψ_B 是两个氢原子的波函数。

从图1及表1看出，价键理论处理氢分子的发展过程，是使氢分子的波函数 Ψ 不断变复杂后，使其 D_e 值及 R_e 值不断逼近实验值，分子轨道理论的计算也与此类似。

总体上说，解薛定谔方程只是从能量最低原理优化出最接近实验值的波函数，它不能说明氢分子体系中吸引和排斥是怎样达到平衡的。它的计算繁冗，并且带一定人为性，物理含义不明确，以致在各种著作中对两个氢原子如何结合为氢分子有各种各样的解释。如L. Pauling认为，“氢分子的键可描述为主要是两个电子在两核间共振的结果，这种现象贡献出总能量的80%，另外5%是由两个同样重要的离子型结构 H^-H^+ 和 H^+H^- 所分担，键能中余下的15%可算到称为变形作用的各种复杂的相互作用上面去”[16]。P. 高姆巴斯认为，“两个氢原子的结合仅当它们处于电子坐标是对称状态时才发生。分子的形成是因为有交换能A的结果，如果在能量表达式中略去A，也就是只考虑静电库仑作用，则稳定的键就不会发生”[17]。K. Ruedenberg认为，“从氢分子和氢分子离子的分析，可得出下列结论——由于在测不准原理和核的吸引之间的一种难以明了的相互作用，电子的共享导致了化学结合”[18]。W. 海森堡认为，“一个电子以量子论所特有的方式同时属于两个原子。利用电子轨道的图像，人们可以说电子围绕着两个原子核旋转并在每一个原子中都逗留相当的时间。这种结合类型相当于化学家所称的共价键”[19]。甚至连史蒂芬·霍金的书中也提出，“分子是由一些原子轨道上的电子绕着不止一个原子核运动而束缚在一起形成的”[20]。各种各样的观点很多，其中也有与笔者观点类似的，即认为氢分子的形成是原子轨道发生重叠，在两核间电子云密度变大，构成一个负电荷的“桥”，把两个带正电的核吸引在一起[21,22]，但所有文献中均找不到从力的平衡进行计算的工作和解释。

3 经典力学对氢分子的处理

自量子力学问世后，人们都认为经典力学只适用于宏观世界，决不可能计算氢分子结构参数。但是，笔者发表的论文[10]表明，经典力学可以相当满意地计算出氢分子的 R_e、D_e 及振动力常数 k（见表2）。

表2 用经典力学计算的氢分子结构参数

计算式	计算值/a. u.	实验值/a. u.	误差/%
$R_e=\sqrt{2}a_0$	1.414	1.401	0.93
$D_e=\dfrac{ze}{4\sqrt{2}a_0}$	0.177	0.174	1.72
$k=\dfrac{ze}{2\sqrt{2}a_0^3}$	0.354	0.368	3.80
$k=\dfrac{ze}{R_e^3}$	0.364①	0.368	1.09

①此值是将 $R_e=1.401$a. u. 实验值代入公式所得的计算值。

经典力学能计算氢分子结构的原因有以下几点：

（1）“由于自然界中所存在的4种力都有其独特的强度和作用范围，因此就出现了各种十分不同的平衡，而物质正是存在于两种相对的力的平衡之中”[23]，也就是存在于吸引和排斥的对立统一中，因此我们应首先着眼于了解由两个质子和两个电子组成的氢分子中，库仑吸引力和库仑排斥力怎样达到平衡，进而了解体系能量的降低，而不能只考虑能量最低的原理。

（2）原子中电子运动的特点是速度极高、空间极小。按玻尔早期的旧量子论计算，原子中电子绕核运动的速度为 $v=2\pi ze^2/(nh)$，对于基态氢原子的 s 电子，$v=2.18\times10^6$m/s[16]，即电子将以每秒2180km的速度运动在半径仅为 0.529×10^{-10}m 的空间。在此种特殊的状态下，笔者认为要用宏观时标和微观时标分别考察电子的运动状态。用宏观时标如秒来考察时，电子每秒将绕核 6.6×10^{15}圈，形成了相当于量子力学中用几率密度分布表示的电子云，用微观时标如飞秒（10^{-15}s）来考察时，每飞秒只绕核6.6圈，用阿秒（10^{-18}s）来考察时，电子的运动将更“慢”。尽管“轨道”的概念存在争议，但电子在做绕核运动则几乎所有著作都不予否认。

（3）因为时间最短可以分割到普朗克时间 10^{-44}s[24]，远比飞秒又短得多，而且电子的半径小于 10^{-16}m，因此电子云完全可以叠加。在微观时标下，决不会有两个电子在某微小空间“同时”出现，在宏观时标中，电子云叠加区的几率密度等于两部分未叠加时的几率密度之和。物理学是制造模型的科学，是追求简明的科学。在上述观点基础上，可提出氢分子的成键模型（见图2）。

图中A、B为两个氢原子核（质子），它们的玻尔半径 a_0 的球壳电子云发生交叠，交叠区的两个球冠面形成一个饼形的核间电子云。从力的角度用宏观时标考察时，A 原子的球冠面（阴影部分）对 A 核的吸引为它自身的绕核运动所平衡，但对 B 核则产生了新的库仑吸引力f_a。未进入交叠区的 e_1 的球壳电子云对 B 核不产生吸引，因为 B 核已被自身 e_2 的球壳电子云所屏蔽。同理，B 原子在交叠区的球冠面电子云对 A 核产生新的吸引力f_b。f_a 加f_b 就是两个氢原子互相接近后电子云发生交叠所产生的对两核的吸引力，它与两核之间的排斥力相等时，则形成了氢分子。据此可用包含 1 个球冠面负电荷对 1 个点正电荷吸引的积分公式计算出平衡核间距 R_e。另一方面从能量角度用宏观时标考察时，两个核间球冠面负电荷在异核正电场中都产生了势能降，从假设它们分别在 O 点存在一个负电荷重心 q_A 和 q_B 来考虑，则可以计算出键能 D_e。此外，用微观时标考察时，两核是裸露的，无论电子 e_1、e_2 处于什么位置，体系都决不可能出现平衡，也不存在电荷重心 Q（$Q = q_A + q_B$），而且有一个电子出现在两核之间的 AB 线上时，对异核的吸引作用最大，两个电子都出现在 AB 的外端延线上时，两核之间的排斥力最大。两核实际上是处于不停的振动中，可以用电荷重心 Q 的周期性涨落，计算出振动力常数 k。上述模型说明：在氢分子体系中，相互作用力的不平衡是绝对的，平衡是在宏观时标中电子和质子的运动处于一种特殊形式下产生的，是动态的、相对的。氢分子的形成仍然是静电力而不是什么电子交换力，即使到了绝对零度，因电子的绕核运动不会停止，两核间的伸缩振动也就仍然存在。

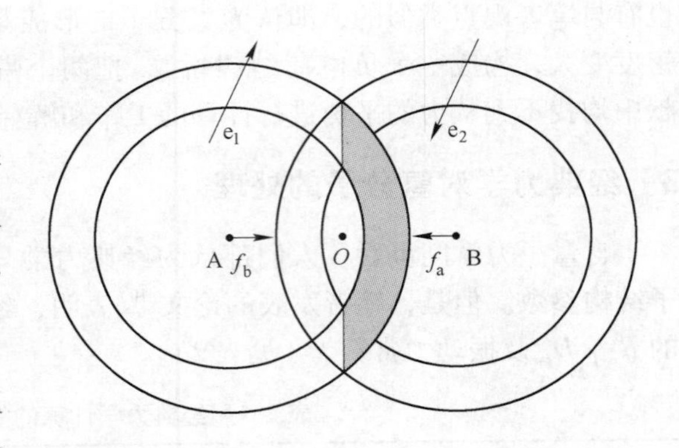

图 2　两个氢原子 s 电子球壳电子云发生交叠形成 H_2

4　几点讨论

4.1　量子力学与经典力学的使用判据

量子力学是微观世界的物质运动规律，经典力学是宏观世界中的规律。若就前者的正统观念，即具有概率统计性、不连续性、不确定性、无因果性而言，两者可谓泾渭分明、无法融通。而且从时空层次分割上说，也很难对两种力学的应用范围给出一种明确的判据。喀兴林[25]给出的一种定义是：“量子力学是微观世界中低能量的微观粒子运动的根本规律”。他特别强调了“低能量微观粒子”。因为显像管中的高能电子束完全按经典力学运动，外层空间及原子核层次以下的微观粒子则按量子场论的规律运动，因此他认为：“当微观粒子质量较大或能量较大时，量子力学给出的运动规律与经典力学给出的规律是一致的”。冯端[26]从另一个角度给出了一个判据，认为当波长 λ 与粒子间平均距离 a 相当时，一个粒子系统存在一个量子简并温度 T_0，如果系统的温度 $T < T_0$ 时，一定要用量子力学，$T > T_0$ 时则只要用经典理论就行。菲力普斯[27]认为：“当一个体系的作用量（能量和时间乘积）比普朗克常数大很多时，我们说已经达到经典的极限。或者等价地说成，当体系包含的量子数很大时，就说它呈现经典行为”。对于作用量的重要性，Anthony Zee[28]认为，“作用量原理在物理上被证明是适用于整个宇宙的”，“整个物理世界是用单个作用量描述的”。

笔者认为经典力学可以计算氢分子的原因，也可从“作用量”来考虑。氢原子中电子绕核运动的能量（体系能量）是 -13.6eV，相当于 21.787×10^{-19}J。若作用时间用1飞秒，则乘积是 21.787×10^{-34}J·s，仅比普朗克常数（6.626×10^{-34}J·s）大3倍，若作用时间是宏观时标秒，则作用量比普朗克常数大 1.5×10^{14} 倍。这样，对于电子云交叠引起的变化就可以用经典力学计算。

4.2 表2中3个公式的物理意义

此命题在笔者论文[10]中已进行过讨论，这里仅作简要说明。$R_e=\sqrt{2}a_0$ 表明氢分子的平衡核间距恰恰是氢原子玻尔半径的$\sqrt{2}$倍。这就是说图2中两个氢原子的球壳电子云按90°的圆弧相交，这样交叠后两个球冠面上的负电荷（球面上的电荷密度为 $\rho=e/4\pi a_0{}^2$）对异核的库仑吸引力恰恰等于两核之间的排斥力。这是微观世界中静电力以优美的几何构型达到吸引与排斥相平衡的结果。

$D_e=ze/(4\sqrt{2}a_0)=z^2/(4R_e)$，此式表明氢分子的键能相当于两核之间排斥能的1/4。这种关系来自用宏观时标考察时，在氢分子两核之间应存在着一个数值相当于 $e/8$ 的负电荷重心，而按微观时标考察时这个负电荷重心并不存在，它只是电子绕核运动产生的效果。在我们的模型中，两个球冠面电子云交替地在这个区域出现，这种情况近似鲍林所说的两种结构的共振，但本质上有根本差别。

$k=ze/(2\sqrt{2}a_0{}^3)=ze/R_e{}^3$，此式表明力常数等于平衡核间距立方的倒数，这又是一个奇妙的关系，它源自电子在交叠区球壳不同位置上出现时，相应地使负电荷重心对异核的吸引力呈周期性涨落，导致两核呈弹性谐振。总之，在笔者的氢分子模型中，电子不是什么飘忽不定的“幽灵”，而是按严格的规律在运动，否则就很难解释这些奇妙的公式。

5 关于氢分子离子的计算

氢分子离子少了1个电子（H_2^+），从宏观时标考察时其核间电子云的电荷重心将比氢分子中少1倍，相应地两核间的排斥力将大1倍。根据这个关系可以非常简便地算出 H_2^+ 的平衡核间距等于 $2a_0=2$a.u.，此值与实验值105.9pm（$a_0=52.9177$pm）完全一致。此外还可推知 H_2^+ 中两核的伸缩振动频率也必然比氢分子小1倍，已知 H_2 的伸缩振动频率的实验值为4400cm^{-1}，则 H_2^+ 应为2200cm^{-1}，实验值为2297cm^{-1}，这也是惊人地接近。对于 H_2^+ 的 R_e 及 D_e 的详细计算，笔者将有另文发表。

总之，笔者相信科学是一本永远也翻不完的书，相信只要人类在思维着，一切既有定律都是仍可探讨的假说。

参考文献

[1] Mclean A D, Weiss A, et al. 基态氢分子中的构型相互作用[J]. Rev. Modern Phys., 1960, 32(2):211.

[2] Kolos W, Roothaan C C J. 氢分子的精确电子波函数[J]. Rev. Modern Phys., 1960, 32(2):219.
[3] Tegmark M, Wheeler J A. 量子之谜百年史[J]. 科学(《科学美国人》中文版), 2001(5):48~55.
[4] 王士平. 科学的争论[M]. 北京: 科学出版社, 1998: 82~101.
[5] 彼特·柯文尼, 罗杰·海菲尔德. 时间之箭[M]. 长沙: 湖南科学技术出版社, 2002: 140.
[6] 戴维斯, 布朗. 原子中的幽灵[M]. 长沙: 湖南科学技术出版社, 2002.
[7] 黄志洵. 波粒二象性理论的若干问题[J]. 中国工程科学, 2002, 4(1):54~63.
[8] 赵国求. 经典力学与量子力学作用机制的本质区别与量子测量问题[J]. 科技导报, 2003(2):7~11.
[9] 陈景. 用静电理论计算氢分子的键长及结合能[J]. 辽宁师范大学学报, 1978(1):13~21.
[10] 陈景. 用经典力学计算氢分子的键长键能及力常数[J]. 中国工程科学, 2003(6):39~43.
[11] 亚当森 A W. 物理化学教程(下)[M]. 北京: 高等教育出版社, 1984: 293, 391.
[12] 麦松威, 周公度, 等. 高等无机结构化学[M]. 北京: 北京大学出版社; 香港: 香港中文大学出版社, 2001: 7.
[13] 汉纳 M W. 化学量子力学[M]. 南京: 江苏科学出版社, 1980: 147~158.
[14] 潘道皑, 赵成大, 等. 物质结构[M]. 北京: 高等教育出版社, 1987: 162.
[15] 申泮文. 无机化学[M]. 北京: 化学工业出版社, 2002.
[16] 鲍林 L. 化学键的本质[M]. 上海: 上海科学技术出版社, 1984: 20, 564.
[17] 高姆巴斯 P. 量子力学中的多粒子问题[M]. 北京: 人民教育出版社, 1964: 106.
[18] Ruedenberg K. Rev. Modern Phys[J]. 1962, 34(2):326~376.
[19] 海森堡 W. 物理学与哲学[M]. 北京: 科学出版社, 1974: 98~99.
[20] 史蒂芬·霍金. 时间简史[M]. 长沙: 湖南科学技术出版社, 2002: 59.
[21] 林俊杰, 王静. 无机化学[M]. 北京: 化学工业出版社, 2002: 78.
[22] 杜瓦 M J S. 有机化学分子轨道理论[M]. 北京: 科学出版社, 1997: 147.
[23] 约翰·巴罗. 艺术与宇宙[M]. 上海: 上海科学技术出版社, 2001: 74.
[24] 徐光宪. 物质结构的层次和尺度[J]. 科学导报, 2002(1):3.
[25] 喀兴林. 量子力学与原子世界[M]. 太原: 山西科学技术出版社, 2000: 1~5.
[26] 冯端. 科学新闻周刊[J]. 1999(11):10.
[27] 菲力普斯 L F. 基础量子力学[M]. 北京: 科学出版社, 1974: 2.
[28] 阿·热. 可怕的对称——现代物理学中美的探索[M]. 长沙: 湖南科学技术出版社, 2002: 114~120.

对“关于用经典力学计算氢分子结构的商榷”的答复*

在自然科学的发展史中，任何新理论观点的提出都经历了一个“客观的依据、理性的怀疑、多元的思考，平权的争论，实践的检验”的过程[1]。相信张武寿同志在予以“多元的思考”[2]后，可以全面地、正确地理解笔者的氢分子结构模型[3]。笔者模型的理论精髓是两个球壳形的氢原子交叠后产生了由两个球冠面组成的核间电子云，依靠核间电子云对异核的吸引力抵消两核间的排斥力，当两种力达到动态平衡时则形成了稳定的氢分子。这就要求核间距 R 只能变化在 $a_0<R<2a_0$ 范围，因为只有在这个范围才会出现核间电子云。在理论推导上是用积分求出核的正电荷对球冠面负电荷的吸引力 f_a 和 f_b，以两个吸引力之和等于两核的排斥力去求出平衡核间距 R_e；以球冠面负电荷在两核中点的等效电荷重心求出它们在异核正电场中的势能降之和，用维里定理处理后获得键能 D_e。笔者的理念是优先考虑物质运动中的吸引和排斥关系，而不是优先考虑能量最小原理。张武寿同志虽然声称使用了笔者的模型，但他把 R 变动在 $0\sim2a_0$ 之间，殊不知 $0<R\leqslant a_0$ 之间不会出现核间电子云，而且 R 接近零时，两个氢原子几乎叠合在一起，其物理意义是荒谬的。在理论推导上，他先求出 $0<R\leqslant2a_0$ 之间的作用力 F 的两个公式，然后求出相应的势能 U 的两个公式，并分别做出了图。由于张文曲解了笔者的氢分子成键模型，因此推导的公式和计算出的 R_e 值和 D_e 值必然也是错误的。

1 笔者按核间电子云成键模型推导的吸引和排斥公式

图 1 中氢原子 A 的球壳形电子云进入 B 原子正电场中的 S_a（阴影区）是一个球冠面。一级近似处理时球冠面上的面电荷密度 $\rho=e/(4\pi a_0^2)$。球冠面对 B 核的吸引力 f_a 可以用积分求出，积分元是一条很薄的台柱面，积分范围是球冠的顶点到垂直于底面

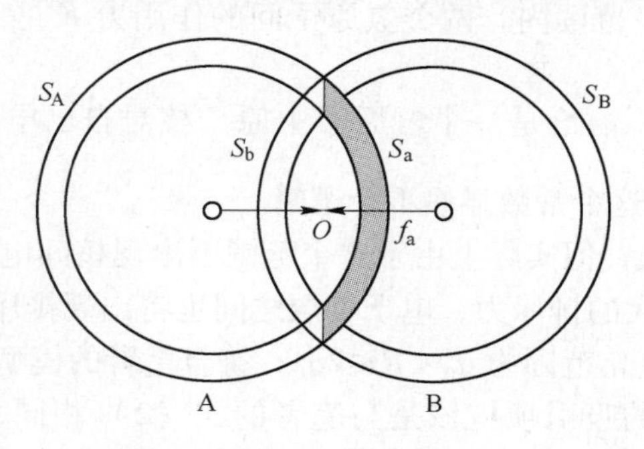

图 1 氢分子结构模型

* 本文原载于《科技导报》2004 年第 8 期。

的交点，所得结果见式（1）（详细推导见文后的附录）。

$$f_{a} = \frac{ze}{2a_0}\left(\frac{2a_0}{R^2} - \frac{1}{2a_0}\right) \tag{1}$$

另一个球冠面 S_b 对 A 核的吸引力 f_b 数值与 f_a 相等，因此在 H_2 中，总的吸引力 $F_{吸引}$ 数值为式（1）的两倍，即

$$F_{吸引} = f_a + f_b = \frac{ze}{a_0}\left(\frac{2a_0}{R^2} - \frac{1}{2a_0}\right) \tag{2}$$

从积分推导的上下限可知，式（2）的适应范围为 $a_0 < R < 2a_0$。

图 1 中的两核的排斥力为：

$$F_{排斥} = \frac{z^2}{R^2} \tag{3}$$

对于稳定的基态 H_2，$F_{吸引} = F_{排斥}$，即可求出 $R_e = \sqrt{2}a_0$ 的公式，此即笔者在多篇论文中指出的"氢分子的平衡核间距是氢原子玻尔半径 a_0 的$\sqrt{2}$倍"[3,4]。此值与实验测定值的相对误差仅为 0.93%。

2 张文推导的两个氢原子间的作用力和作用势公式[2]

$$f = \frac{e^2}{a_0^2} \times \begin{cases} \dfrac{1}{4} & (0 < R \leqslant a_0) \quad (4) \\ \dfrac{1}{4} - \dfrac{1}{R^2} & (a_0 < R \leqslant 2a_0) \quad (5) \end{cases}$$

$$U = \frac{e^2}{a_0^2} \times \begin{cases} \dfrac{1}{4} - \dfrac{R}{a_0} & (0 < R \leqslant a_0) \quad (6) \\ 1 - \dfrac{a_0}{R} - \dfrac{1}{4}\dfrac{R}{a_0} & (a_0 < R \leqslant 2a_0) \quad (7) \end{cases}$$

注：公式原文使用的 a，体会其意后笔者改用 a_0。

现对式(4)~式（7）讨论于下。

张文的式（4）中 R 的变化范围是 $0 < R \leqslant a_0$，已经背离了笔者的成键模型。式(4)的物理涵义是：在 $0 \rightarrow a_0$ 范围内，两个氢原子间的作用力 F 是一个与 R 无关的$\frac{e^2}{a_0^2} \times \frac{1}{4}$常数。其中$\frac{e^2}{a_0^2}$等价于$\frac{ze}{a_0^2}$，恰恰是一个氢原子中原子核对自己电子的吸引力。$R$ 从零变化到 a_0 时，作用力都是这个常数显然不合逻辑。

式（4）中无排斥项，但实际上由于这个范围不出现核间电子云，如图 2 所示，两核之间应该存在着相当大的排斥力，电子壳层之间也将出现排斥力。

式（5）的核间距变化范围为 $a_0 < R \leqslant 2a_0$，符合笔者的模型要求。如果张文正确地理解了笔者的模型，它的吸引项应该是与笔者的式（2）相同，是一个与 R 有关的公式。但张文式（5）中的吸引项仍然是与式（4）相同的常数。而且，排斥项应该是$\frac{z^2}{R^2}$或$\frac{e^2}{R^2}$，而不应是$\frac{1}{R^2}$。

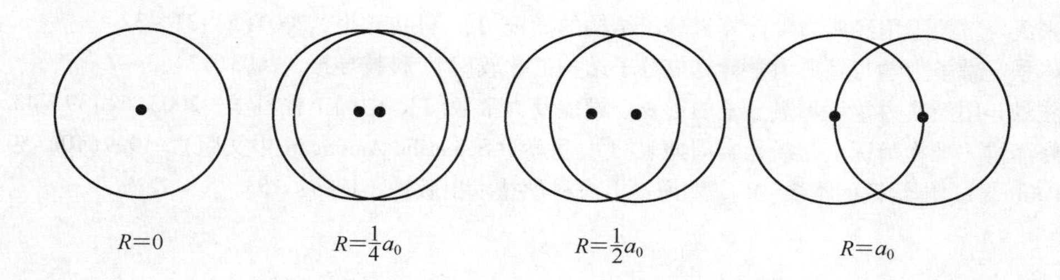

图2　R 变化在 $0\to a_0$ 范围内双原子不同交叠程度的图像

按照张文的式（4）和式（5），得出的结论是：两个氢原子的距离 R 从零变化到 $2a_0$ 时，它们之间的吸引作用都是一个常数。这充分说明张文曲解了模型后，必然导出严重错误的结果。

式（6）和式（7）是张文根据式（4）和式（5）推导的，它们和相应的图都已经没有讨论的必要。令笔者困惑不解的是张文居然没有发现上述这些一目了然的错误，反而认真地用它们去计算 R_e 值和 D_e 值。

3　正确的认识和观念比繁复的数学计算重要

张文使用了把 S_a 和 S_b 塌缩为两核连线的中垂面的计算、卡西尼卵形线包括双曲线的计算，以及棒槌形表面分布的电子过程的计算等方法，去求氢分子的键长和键能。以所获得的体系的总作用能没有极小值，或者是所得的结果与实验值相差甚远，质疑静电力学计算氢分子结构的可能性。笔者认为这只能说明张文依据的是错误的模型，当然不可能获得正确的结果。李政道先生认为："世界上一切自然现象，都是以一组相当简单的自然原理构成基础的"；"常常是问题越基本，其解越简单。需要的是正确的认识和观念，而不是繁复的数学和计算"[5]。

4　经典静电力学与量子力学的关系

早在1937年和1939年，"Hellmann 和 Feynman 就各自独立地发现了一个有趣的量子力学定理。这个定理指出，在分子中作用于每个核上的力恰等于根据经典静电理论从其他各个核以及各个电子的位置和电荷计算出来的值"，"在分子的平衡构型中，作用于每个核上的净力等于零"[6]。可见，用静电力理论处理分子结构并不是笔者的发明，只不过前人的思维模式与笔者不同，以致60多年来未见有人能用静电力理论计算氢分子结构参数的报道。笔者不仅用静电力学计算了基态氢分子的三个结构参数，而且计算了氢分子离子（H_2^+）的结构参数，还发现了可以用笔者理论解释的一些规律。如：氢分子的键长是氢原子半径 a_0 的$\sqrt{2}$倍，氢分子离子的键长又是氢分子键长的$\sqrt{2}$倍（与实验值的相对误差为零）；氢分子的伸缩振动频率是氢分子离子的两倍（实验值分别为4400cm^{-1}与2297cm^{-1}）等。

参考文献

[1] 蔡德诚. 科学、创新与求异思维[J]. 科技导报，2000(4):14～15.

[2] 张武寿．关于用经典力学计算氢分子结构的商榷[J]．科技导报，2004(5):31～32.
[3] 陈景．量子力学与经典力学计算氢分子结构的比较[J]．科技导报，2003(12):3～7.
[4] 陈景．用经典力学计算氢分子的键长、键能及力常数[J]．中国工程科学，2003(6):39～43.
[5] 修泽雷．唯物辩证法与新元素周期表[J]．科学（Scientific American 中文版），1999(10):59.
[6] Pauling L. 化学键的本质[M]．上海：上海科学技术出版社，1984：15.

附录　按核间电子云成键模型推导的氢原子吸引和排斥公式

氢分子中两个氢原子的 $1s$ 的轨道互相交叠后，作为一级近似处理，假定交叠区的两个球冠面不发生形变，且其负电荷密度仍保持 $\rho_0 = e/(4\pi a_0^2)$，则球冠面 S_a 的负电荷对 B 核正电荷的吸引作用投影在 $\overline{AB}$ 键轴上的总吸引力 f_a 可以用积分算出。

图 1 表示通过 $\overline{AB}$ 键轴的氢分子立剖面，$\overset{\frown}{CFEHD}$ 表示球冠面 S_a 的圆弧线，OE 为球冠之高，$\overline{AB}$ 用 R 表示，$\overline{AO} = \overline{BO} = R/2$。

在距离 E 点 x 处垂直于 $\overline{AB}$ 截出一个积分元 FH（阴影部分），即 $EG = x$，此积分元为球台形，侧面积为 $\mathrm{d}s = 2\pi a_0 \mathrm{d}x$，其上任一点与 B 核的距离均等于 $\overline{BF}$。

当积分元在球冠顶点 E 点时，$x \to 0$，与 B 核的距离为 $\overline{BE} = \overline{AB} - \overline{AE} = R - a_0$；当积分元通过 O 点时，$x = EO = \overline{AE} - \overline{AO} = a_0 - \dfrac{R}{2}$，此时面积元上任一点与 B 的距离为 $CB = a_0$，可得：

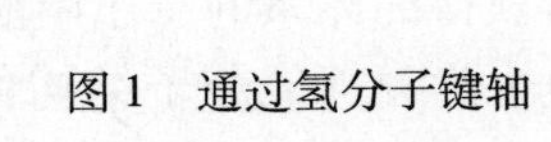

图 1　通过氢分子键轴

$$f_a = \int_{x=0}^{x=OE} \frac{z\rho_0 \mathrm{d}s \cdot \cos\theta}{\overline{BF}^2} = \int_{x=0}^{x=a_0-\frac{R}{2}} \frac{z\rho_0 \overline{BG}}{\overline{BF}^3}\mathrm{d}s$$

$$= \int_0^{a_0-\frac{R}{2}} \frac{z(e/(4\pi a_0^2))\,\overline{BG}}{\overline{BF}^3}(2\pi a_0)\,\mathrm{d}x$$

$$= \frac{ze}{2a_0}\int_0^{a_0-\frac{R}{2}} \frac{\overline{BG}}{\overline{BF}^3}\mathrm{d}x \tag{1}$$

根据图 1，$\overline{BG}$ 及 $\overline{BF}$ 可做如下变换：

$$\overline{BG} = \overline{BE} + \overline{EG} = R - a_0 + x$$

$$\overline{BF}^2 = \overline{FG}^2 + \overline{BG}^2 = \overline{AF}^2 - \overline{AG}^2 + \overline{BG}^2$$

$$= a_0^2 - (a_0 - x)^2 + (R - a_0 + x)^2 = 2Rx + (R - a_0)^2$$

$$\overline{BF}^3 = [2Rx + (R - a_0)^2]^{\frac{3}{2}}$$

于是式（1）可写为：

$$f_a = \frac{ze}{2a_0}\int_0^{a_0-\frac{R}{2}} \frac{R - a_0 + x}{[2Rx + (R - a_0)^2]^{\frac{3}{2}}}\mathrm{d}x \tag{2}$$

令式（2）中 $a=(R-a_0)^2$，$\sqrt{a}=R-a_0$；$b=2R$，$c=ze/2a_0$，则式（2）可简化为：

$$f_{\mathrm{a}}=c\int_0^{a_0-\frac{R}{2}}\frac{\sqrt{a}+x}{(bx+a)^{\frac{3}{2}}}\mathrm{d}x$$

$$=c\int_0^{a_0-\frac{R}{2}}\frac{\sqrt{a}+x}{(a+bx)^{\frac{3}{2}}}\mathrm{d}x \qquad (3)$$

利用积分公式

$$\int(a+bx)^{-\frac{n}{2}}\mathrm{d}x=\frac{2(a+bx)^{\frac{2-n}{2}}}{b(2-n)}$$

$$\int x(a+bx)^{-\frac{n}{2}}\mathrm{d}x=\frac{2}{b^2}\left[\frac{(a+bx)^{\frac{4-n}{2}}}{4-n}\frac{a(a+bx)^{\frac{2-n}{2}}}{2-n}\right]$$

因此，从式（3）可得

$$f_{\mathrm{a}}=c\left[\frac{-2\sqrt{a}(a+bx)^{-\frac{1}{2}}}{b}\right]_0^{a_0-\frac{R}{2}}+c\left\{\frac{2}{b^2}\left[(a+bx)^{\frac{1}{2}}+a(a+bx)^{-\frac{1}{2}}\right]\right\}_0^{a_0-\frac{R}{2}} \qquad (4)$$

简化式（4），将 a、b、c 所代替的数值重新代回式（4）则得：

$$f_{\mathrm{a}}=\frac{ze}{2a_0}\left\{\frac{1}{R}-\frac{R-a_0}{Ra_0}+\frac{a_0}{2R^2}+\frac{(R-a_0)^2}{2R^2a_0}-\frac{R-a_0}{R^2}\right\}$$

进一步简化则得：

$$f_{\mathrm{a}}=\frac{ze}{2a_0}\left(\frac{2a_0}{R^2}-\frac{1}{2a_0}\right)$$

取代基引起苯环上电荷交替分布的机理*

1 导言

关于苯环上取代反应中定位效应的解释，目前仍存在各种各样的理论[1]，其主要分歧在于取代基引起苯环上电荷交替分布的机理。

以英果尔德（Ingold）为首的中介论者，认为取代基引入苯环后，将以诱导效应和中介效应等作用于苯环，两种作用都在苯环上成圆环形方式传播[2]。以鲍林（Pauling）为首的共振论者，则以所谓极限结构之间的共振来解释取代基为什么交替地把正或负电荷定位在苯环的邻对位上[3]。从1949年起苏联学者即展开了对中介论、共振论的批判，但在定位效应这一重要理论上却仍然采用中介论者借助克库勒（Kekulé）式环形传播的表示方法来解释诱导效应和共轭效应[4,5]。

早在1941年布朗奇（Branch）等就曾提出在环状结构中诱导效应是从环的两边传播[6]。不久前斯普雷斯可夫（Спрысков）对定位效应提出了一些新的看法[7]，认为取代基对苯环上电子云吸引或排斥的影响是从两边传播到对位上去。他用键电子云中心移动距离的不同而出现了电荷交替分布来解释定位效应。捷穆尼柯娃（Темникова）在其近著中完全采用了这种观点[8]。巴格达萨尔扬（Багдасарьян）[9]和贝可夫（Быков）[10]用键电荷分布解释定位效应中也是采用对称极化的观点。

作者认为，由于苯环结构的对称性以及根据布特列洛夫学说的分子结构的单一性，在苯环上诱导效应和共轭效应呈对称形传播的观点是正确的。作者根据静电理论的观点推导出了一个能满意地解释定位效应的公式，并认为由于π电子云易于流动，在苯环上存在着由于环碳原子σ电荷变化而引起的“内平衡效应”；以此观点解释了弱吸电子取代基是邻对位指向的原因以及卤原子的指向特性，并讨论了取代反应中邻对位产物比率的规律性问题。

2 诱导效应和共轭效应在苯环上的对称传播

作为讨论苯环上的取代反应来说，单只静态诱导效应和共轭效应显然是不够的。但由于本文主要是针对苯分子中原子相互影响的机理，且限于篇幅，因此将只讨论取代基引入苯环后，在该衍生物基态分子中电子云密度分布的情况。对于其他效应，如动态共轭效应、英果尔德提的直接效应（direct effect）、休克耳（Hückel）提的一般效应（general effect）[11]以及其他邻位效应，静电效应等将不予讨论。为了叙述方便，先提出作者推导的公式。

* 本文刊载在《化学通报》1963年第2期，是作者署名发表的第一篇论文。

2.1 电荷对称移动公式

如图首先对称地标记碳原子为 C_0，C_1，C_2，C_3。当引入放电子取代基 R 时，R 中直接和苯环相连的原子与 C_0 组成的键，由于 R 的电负性不同于 H 而呈极化。该键的电子云中心向 C_0 转移，或者说在 C_0 上增加了有效负电荷。这种影响通过 C_0 的另外两个键等量地传通到左右两个 C_1 原子上，假设此时 C_0 向 C_1 推送的有效负电荷为 Δe_0，C_1 将继续向 C_2 推送电荷，因而相对于 R 不存在时所增加的有效负电荷是 Δe_1，C_2 在影响 C_3 后增加为 Δe_2，C_3 接受两边的影响有效负电荷增加为 Δe_3。再假设这种推送负电荷的作用力按 $(1/K)^n$ 的几何级数下降（$1/K$ 为通降常数，n 为碳原子的标号）。那么第 $n-1$ 碳向第 n 碳上推送的有效电荷为 $(1/K)^{n-1}\Delta e_0$，而第 n 碳上净增的有效电荷为此量与它推送到第 $n+1$ 碳上的量 $(1/K)^n\Delta e_0$ 的差值，故得式：

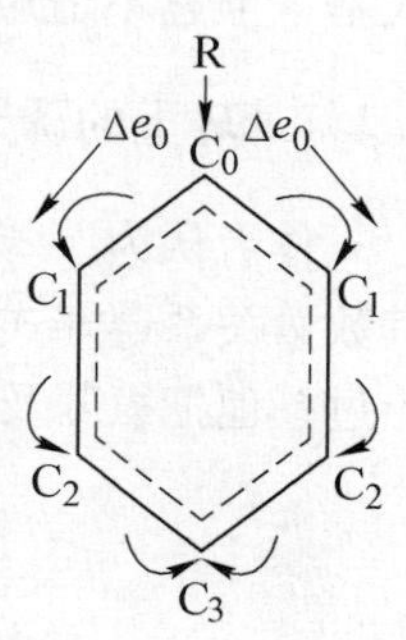

$$\Delta e_n = \left[\left(\frac{1}{K}\right)^{n-1}\Delta e_0 - \left(\frac{1}{K}\right)^n\Delta e_0\right] = \left(\frac{1}{K^{n-1}} - \frac{1}{K^n}\right)\Delta e_0 = \frac{K-1}{K^n}\Delta e_0 \quad (1)$$

上式显然只适用于 C_1、C_2（邻位及间位），对于 C_3（对位）由于它接受了两边的影响而又不送出电荷，应该是 C_2 碳推送电荷的两倍，即：

$$\Delta e_3 = 2\left(\frac{1}{K}\right)^2\Delta e_0 \quad (2)$$

当取 $K=2$ 或 $1.5<K<2.5$ 时，我们将看到一个有趣的情况，苯环出现了电荷的交替分布。对于 $1/K$ 的物理意义将在后面讨论，这里只列出当 K 值变化时，苯环上邻间对五个碳原子上有效电荷的分布情况（见表 1）。

表 1　K 值变化时苯环上电荷的分布情况

K 值	C_1（邻位）	C_2（间位）	C_3（对位）
1.7	$0.412\Delta e_0$	$0.242\Delta e_0$	$0.692\Delta e_0$
1.8	$0.445\Delta e_0$	$0.247\Delta e_0$	$0.617\Delta e_0$
1.9	$0.474\Delta e_0$	$0.249\Delta e_0$	$0.554\Delta e_0$
2.0	$0.500\Delta e_0$	$0.250\Delta e_0$	$0.500\Delta e_0$
2.1	$0.524\Delta e_0$	$0.249\Delta e_0$	$0.454\Delta e_0$
2.2	$0.545\Delta e_0$	$0.248\Delta e_0$	$0.413\Delta e_0$
2.3	$0.565\Delta e_0$	$0.246\Delta e_0$	$0.337\Delta e_0$

从表中看出，对于送电子取代基，如—CH_3、—NH_2、—$N(CH_3)_2$、—O^- 等，苯环上所有碳原子的有效电荷皆增加，其中邻位和对位增加量大于间位，因而送电子取代基为邻对位指向基同时活化了苯环[1]。对于吸电子取代基，如—NO_2、—CHO、—CN、—COOH 等则公式及表 1 中数值皆取负值，此时则苯环上所有碳原子的有效电

[1] 本文皆指对亲电子取代反应而言。

荷皆降低，其中间位降低最少，因而这些基团是间位指向同时致钝了苯环。以上可满意的解释仅有诱导效应的取代基以及诱导效应和共轭效应方向一致的取代基（即：+I；-I；+I，+C；-C 四类）❶，以及近似地适用于—OH、—OCH_3 等 -I < +C 的取代基，但它不适用于卤素等 -I > +C 的取代基，这类基团将在后面讨论。

2.2　苯环上的诱导效应

作者认为，苯环上 σ 键传通取代基影响的方式是对称的从左右两个邻位而止于对位。其数量关系遵守式（1）、式（2）。这种对称传通方式曾在赫曼士（Hermans）[12] 著作中提出过，他把氯苯及甲苯的诱导效应表示如下，但他没有指出这种传通中的数量关系。

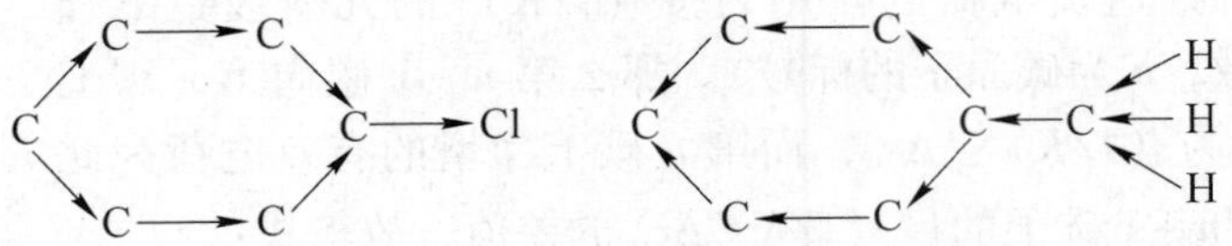

按照本文公式，可将 σ 键上电子云移动的通降常数用 K_σ 表示❷，按现有许多实验数据分析，K_σ 略大于 2，即邻位受到的影响略大于对位（详细讨论于后）。

至于属于诱导效应引起的 π 电子的运动情况，我们先看一下 σ 电子和 π 电子之间的关系。贝可失认为 σ 和 π 电子之间存在着静电排斥作用，C^π—π 键上的 σ 电荷越大，则它的 π 电荷越小。如在 CH_2 ═CH - X 中，C^π—X 键上的 σ 电荷越大，则 π 电荷越小，而 C^π ═C^π 键上的 π 电子云密度越大[10a]。巴格达萨尔扬认为 σ 电子好像是组成分子的内电子壳层，但 π 电子则像组成外壳层，而且处于由 σ 电子屏蔽了的正的多原子骨架的有效电场内[9]。作者认为这些看法是合理的。据此，在诱导效应中 π 电子的运动，将取决于由 σ 键引起的各环碳原子上有效核电荷的变化。我们知道，绝大多数取代基其直接与苯环相连的原子的电负性多大于碳，因而按公式大都引起邻对位上的 σ 电荷比间位降低更大。反之邻对位原子对 π 电子作用的有效核场将大于间位，这样 π 电子就将从间位向邻对位流动。此种作用可补偿一部分邻对位上 σ 电荷的降低，但随着间位碳原子有效核场的增加，这种作用即迅速减弱。这种作用前人未见提过，本来它是属于诱导效应的范畴，但因其在下面讨论中极为重要，作者命其名为“内平衡效应”。贝可夫曾指出当取代基电负性处于某一 E_x 值时，σ 电荷和 π 电荷的影响会被平衡[10b]，即相当于这种作用的特殊情况。

2.3　苯环上的共轭效应

按一般“共轭”定义，只有当直接与苯环相连的原子上具有未共享 p 电子对，双键、三键或能容纳 π 电子的空轨道时才能出现共轭。几乎绝大多数的学者都用共振论的观点来解释共轭效应。吕（Ri）和埃林（Eyring）在用偶极矩及取代反应速率计算单元取代苯分子内各原子上电子云密度时也是应用共振观点[13]。

---

❶I 表示诱导效应，C 表示共轭效应，+号为向苯环送电子，-号为吸电子。

❷为讨论方便将 K 亦称为通降常数，实则应为其倒数。

事实上，共轭效应可简单地看做取代基能向苯环上吸引或给出 π 电荷的作用。这样，应用本文公式就极易看出，共轭效应的结果是邻对位 π 电荷发生更大的变化，但间位也受到一定影响。间位的影响过去已被指出[2a,11a]，最近的研究表明，间位的确受到共轭效应一定的影响[14,15]。对于共轭效应的递降常数可用 K_π 表示。K_π 不同于 K_σ，它略小于 2，即言在对位上的影响大于邻位。

3 讨论

一般适用于公式的取代基这里不再赘述，仅就几个特殊问题加以讨论。

3.1 弱吸电子取代基

弱吸电子取代基是邻对位指向，同时致钝了苯环。这一事实早为英果尔德等指出[2b]。普莱斯（Price）在用取代基的静电极化力计算苯环上键的极化程度时，曾得出这样的结论："具有小于 0.45 达因且为正的极化力的取代基，是以邻对位指向为优势，虽然通常也获得一定量的间位异构体"[16]。这样的取代基如—CH_2Cl，—CH_2F，—$CH_2CH_2NO_2$，—$CH_2CH_2CH_2N^+(CH_3)_3$ 等。一般学者都把这种邻对位指向的原因归诸于次甲基的超共轭作用[17,18]，但也有不少学者认为在基态分子中超共轭的作用是不大的[11b,19~21]，甚至不同意超共轭的存在[22,23]。

其实在 —C(CH_3)$_2$—NO_2 基中，是不能再认为存在超共轭的，但它也是邻对位指向，其硝化间位产物只有 29%[24]。另一方面，这些基团有一特点，是邻间对各位置都有相当数量的硝化产物。为此莱乌托夫（Реутов）专门分出了一类所谓混合定位取代基[5a]。

作者认为上述基团表现出的特性，主要由于较弱的 -I 效应和"内平衡效应"所引起。次甲基上的杂原子使次甲基碳原子呈现 δ+ 电荷，相应的与其直接相连的环碳原子也出现 δ+′，按式（1）、式（2），所有环碳原子 σ 电荷皆降低因而致钝了环，其中邻对位降低更大，反之邻对位 π 电子云的吸引力也就大于间位。由于 π 电子易于流动，因而间位上的 π 电荷降低而向左右邻对位分散。其结果就总的有效电荷而言可能略大于间位，就 π 电子云密度而言则邻对位会更大一些。因取代反应的速率决定步骤是形成 π 络合物[25,26]，故上述取代基的邻对位产物就会占优势，同时由于总的有效电荷差异不大，间位产物也会占一定数量。随着取代基吸电子强度的增加，-I 效应使间位碳原子的核力增大，"内平衡效应"迅速降低。此时即发生从邻对位指向向间位指向的过渡情况。表 2 中数据即是一个最好的例证[27]。

表 2 硝化异构体产量

异构体	邻位/%	间位/%	对位/%
$C_6H_5CH_2Cl$	32	15.5	52.5
$C_6H_5CHCl_2$	23	34.0	43.0
$C_6H_5CCl_3$	6.8	64.5	28.7

此外如—CH_2Cl，—CH_2F到—CH_2CN，—CH_2NO_2是从邻对位指向到间位指向，以及ω-硝基和ω季铵基从间位指向到邻对位指向过渡也是这种情况。间硝基衍生物产量见表3。

表3　间硝基衍生物产量[2c]

指向基	间位产物/%	指向基	间位产物/%
—NO_2	93	—$CH_2\overset{+}{N}(CH_3)_3$	88
—CH_2NO_2	67	—$CH_2CH_2\overset{+}{N}(CH_3)_3$	19
—$CH_2CH_2NO_2$	13	—$CH_2CH_2CH_2\overset{+}{N}(CH_3)_3$	5
—$\overset{+}{N}(CH_3)_3$	100		

3.2　卤原子的指向作用

能否合理地解释卤苯的定位效应是对所有各种定位效应理论的一个严重考验。为什么电负性那样大的卤素竟是邻对位指向，而且苯环又是被致钝了的？为什么随着F、Cl、Br、I原子半径的增长邻位硝化产物反而增多？

作者认为卤原子的强电负性，以-I诱导使苯环各碳原子的σ电荷强烈降低，其中邻对位降低最大。但“内平衡效应”将以π电荷抵消一部分邻对位与间位之间有效电荷的差异，同时在卤原子未共享电子对的+C共轭效应作用下，按公式更加增加了邻对位上的π电荷，使邻对位总的有效电荷大于间位（从间卤苯甲酸和对卤苯甲酸的酸度可证实这点）。但由于-I作用吸出环的Δe_0^σ绝对值大于+C作用给予环的Δe_0^π绝对值（这可由卤苯与卤甲烷偶极矩分析而知），因此整个苯环仍然是被致钝了的。

从表4中看出，按F、Cl、Br、I顺序邻位产物逐渐增加，对位产物逐渐降低。过去认为这是由于F的外电于壳层的主量子数与碳同，共轭作用更强的缘故。最近有人认为这是由于Cl、Br、I外电子壳层中含有空的d轨道能容纳π电子，因而降低了π电子向环的转移[28~30]。作者认为除上述原因外，还可认为由于K_σ略大于2，K_π略小于2，卤原子是-I、+C取代基，按式（1）、式（2）两者都造成对位有效电荷大于邻位。当Δe_0绝对值增大时，这种差异越大，F的Δe_0^σ和Δe_0^π最大，其对位产物也就愈突出。

表4　卤苯硝化产物百分率[8a]

卤素	邻位/%	对位/%	卤素	邻位/%	对位/%
F	12.4	87.6	Br	36.5	62.4
Cl	29.6	69.5	I	38.3	59.7

3.3　Δe_0的意义

在公式推导中已指出，Δe_0是指连接与取代基相连的环碳原子C_0向左右两个C_1碳原子送出或吸引的有效电荷。可见其为取代基的特性常数。根据表1，Δe_0绝对值愈大，则邻间对各碳原子上有效电荷的相对差值愈大，那么指向作用愈明显。这条规律的例子极多仅举下例参考[2d]。

硝化间位产物百分数

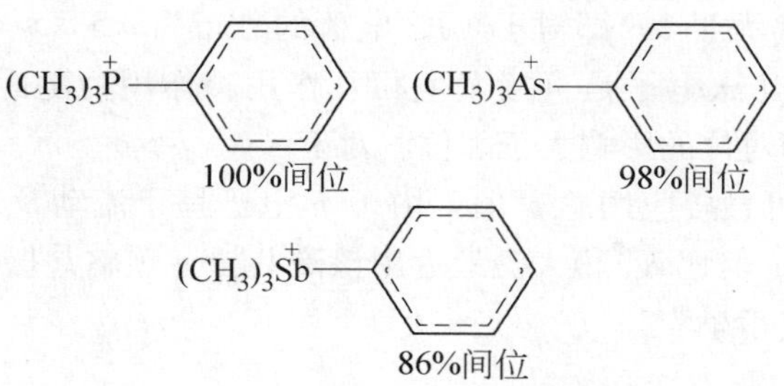

$(CH_3)_3\overset{+}{P}-C_6H_5$ 100%间位　　$(CH_3)_3\overset{+}{As}-C_6H_5$ 98%间位

$(CH_3)_3\overset{+}{Sb}-C_6H_5$ 86%间位

上例中由于 P、As、Sb 电子壳层逐渐增多，原子半径增大，核电荷的作用力下降，因而 Δe_0 绝对值也下降，指向强度亦随之减弱。

近来许多学者利用 Hammett 关系式对各种取代苯衍生物展开了广泛的研究[14,31~35]，能够求出表征取代基引起苯环的间位或对位上电子云密度变化大小的参数 σ^0，并将其分为诱导效应的 σ_I 及共振效应的 σ_R^0[14]。此外，古图斯基（Gutowsky）等利用了取代氟苯的 F^{19} 核磁共振谱来研究取代苯分子中电子云分布的情况[35,36]。从化学实验推导的 σ_I 和 σ_R^0 值与取代氟苯核磁共振屏蔽参数间有着紧密的线性关系，证实这些工作对了解取代基的诱导和共轭效应机理及其数量关系是一可循途径。作者认为从 σ 值及其他有效物理方法的进一步研究，在一定程度上可推求出各取代基 Δe_0 的相对值。

3.4　1/*K* 值的物理意义

在公式推导中 1/*K* 是诱导效应从一个键传到另一个键的通降常数。布朗奇和凯尔文（Calvin）曾采用诱导效应递降常数为 1/2.8 或近似的为 1/3[6a]，他们用自己推导的公式计算各种取代酸的酸度，在许多情况下与实验值是相当吻合的。杜瓦（Dewar）[37]、肯尼尔（Kenner）[38] 及塔弗特（Taft）[14a] 等都曾采用过 1/3 的通降常数来处理苯环上的诱导效应。作者认为在饱和链中应用 1/3 通降常数能成功，是因饱和链中每个碳原子是以 sp^3 杂化轨道成键，其中一个键受极化时，另外三个键中的每一个键只能把这个极化力的 1/3 传通下去，因此近似于按 1/3 的几何级数下降。但在苯中，环碳原子都是以 sp^2 杂化轨道成键，一个 σ 键受到极化时，另外两个 σ 键都被极化，其中任一 σ 键只能将 1/2 的极化力传通下去，这就是公式中 1/*K* 近似或等于 1/2 的物理意义。

过去曾有人指出在烯类中极化力的下降每隔一键仅为 0.5[39]，但却未有人应用于苯环。值得强调的是按公式推算，共轭效应的影响并非如经典见解那样只在邻对位上，而是邻对位增加或减少的电荷约为间位的一倍。这一点塔弗特用自己推算的各种间位取代基的 σ_R^0 和对位取代基的 σ_R^0（相应于取代基以共轭效应对间位和对位电荷影响的量度，$\sigma_R^0 \equiv \sigma^0 - \sigma_I$）作图时，得到一准确的直线，各种取代基在线上的排列秩序完全符合英果尔德的中介效应秩序，其斜率为 0.5，塔弗特称其为共振效应降落因子[14]。同时他在另一文中得出 $\overline{\sigma}_R^p = 2.0\sigma_R^m$[35a]，这些结果都意味着共轭作用在对位为在间位的两倍。由于 σ^0 和 σ_I 是从实验数据求得的，因此等于间接从实验证实了本文论点的合理性。

对于 K_σ，因它是通过碳原子核场传递影响，是间接的，下降更快一些。同时被极化的两个键，一为C—H键一为C—C键，后者把影响传递下去当然不能恰为1/2，根据实验资料分析K_σ略大于2，即对于+I，电荷的分布为$o>p\gg m$，-I则为$m\gg p>o$。至于K_π，由于共轭π电子是直接发生相互作用，作用力随距离的增长下降较慢，因此K_π略小于2，即对位的影响大于邻位。对于+C，$p>o\gg m$，-C则$m\gg p>o$。当I和C方向一致时，可直接应用总K值。由于π电子易于流动及“内平衡效应”的存在，总K值略小于2，但比K_π稍大。最近用核磁共振、顺磁共振研究的结果也证实邻对位上电荷数值是不同的[40~42]。

3.5 关于取代产物邻对比的规律

在取代反应中邻对位产物比率间的规律一直是近年来引人入胜的课题。过去有不少学者提出过这一问题[2e,37,43~46]。最近诺曼（Norman）等又展开了一系列的实验来研究邻对比[47~50]，对于了解邻对比规律作了不少贡献。但许多学者多半用共振论观点来解释邻对比的规律性。

诚然，影响邻对比的因素是较多的，如叔丁苯硝化存在空间阻止作用[51]，酚的烷基化和甲基苯乙基醚的硝化中，存在着有利于邻位取代的试剂与取代基的相互作用[52,53]，以及动态共轭效应在对位更为有利等因素。但最近研究证明，当反应试剂反应性能很高时，在反应中的过渡态将类似于基态分子[54,55]。邻对比将主要取决于基态分子中这些位置上的相对电子云密度[21]，例如用NO_2^+的硝化和Cl^+的氯化就属于这种情况。

作者认为按式（1）、式（2）及K值的讨论可以满意地解释邻对比规律性问题。必须强调的是这种解释完全建筑在布特列洛夫理论的基础上，而不借助共振理论的任何概念。这里引用诺曼等的最近资料[49]再加以说明。

从表5中看出，NO_2、CN、CHO其硝化氯化时邻对比都顺序降低。这三个基团都是-I，-C型，前面指出过可直接应用公式而K值略小于2，从表1中可知此时整个苯环致钝，电荷分布是$m\gg o>p$，由于Δe_0绝对值是$NO_2>CN>CHO$，因此在硝基苯硝化或氯化时$o>p$就更显著，这与实验结果完全一致。F、Cl、Br前已讨论不再重述。对于CH_3基，因其为+I，故$o>p\gg m$，因此邻位产物多于对位。对于-I基团如—CCl_3、—$CHCl_2$、—CH_2Cl情况则与甲基相反，这可从表2中看出。OCH_3基类似卤素是-I，+C型，但其-I相当弱而其+C又大于卤素的+C型，$\Delta e_0^\pi>\Delta e_0^\sigma$，因而苯环被活化，对位产物则多于邻位。

表5　单元取代苯氯化和硝化异构体比例

取代基	氯化(Cl^+)/%				硝化(NO_2^+)/%			
	o	m	p	$\frac{1}{2}o:p$	o	m	p	$\frac{1}{2}o:p$
NO_2	17.6	80.9	1.5	5.9	6.4	93.2	0.3	11.0
CN	23.2	73.9	2.9	4.0	17.1	80.7	2.0	4.3
CHO	30.7	63.5	5.8	2.6	(19)	72	(9)	1.0
Br	39.7	3.4	56.9	0.35	36.5	1.2	62.4	0.3

续表 5

取代基	氯化(Cl^+)/%				硝化(NO_2^+)/%			
	o	*m*	*p*	$\frac{1}{2}o:p$	*o*	*m*	*p*	$\frac{1}{2}o:p$
Cl	36.4	1.3	62.3	0.29	29.6	0.9	69.5	0.21
F					8.7	0	91.3	0.05
CH_3	74.7	2.2	23.1	1.6	58.4	4.4	37.2	0.78
OCH_3	34.9	0	65.1	0.27	44.0	2.0	54.0	0.41

综上所述可得表6。

表6

取代基类型	例 子	指 向	致活或致钝	公式 *K* 值	电荷分布情况
单独 -I	$—CH_3$	*o*, *p*	活化	$K_\sigma>2$	$o>p\gg m$
单独 -I(弱)	$—CH_2Cl$	*o*, *p*	钝化	—①	$p>o>m$
单独 -I(强)	$—CCl_3$	*m*	钝化	$K_\sigma>2$	$m\gg p>o$
+I, +C	$—O^-$	*o*, *p*	活化	$K<2$	$p>o\gg m$
-I, -C	$—NO_2$	*m*	钝化	$K<2$	$m\gg o>p$
-I, +C (I<C)	$—OCH_3$	*o*, *p*	活化	$K<2$	$p>o\gg m$
-I, +C (I>C)	—Cl	*o*, *p*	钝化	—①	$p>o\gg m$

①由于“内平衡效应”突出，不能直接应用公式。

4 结论

本文提出的苯环上取代基的诱导效应和共轭效应从两侧对称传播到对位的观念，经过按静电理论推导出的公式的讨论，能满意的解释芳环上现有的一些重要规律，作者认为这说明它反映了苯分子中原子相互影响机理的客观规律。按照中介论、共振论的看法，似乎分子结构单一性的观念是无法解释苯的性质的，因此他们硬把单元取代苯分子中电荷的交替分布，说成是共振于几个极限结构中的结果。最近苏联学者提出的对称传播观念以及本文的观念及公式，证明了从布特列洛夫的分子结构单一性的观念出发完全能解释芳香性。限于篇幅本文只侧重于基态分子中电子云密度的分配来讨论。最后作者再一次表示，限于知识水平，本文观点希望得到更多专家们的讨论指正。

参 考 文 献

[1] Augood D R, Williams G H. Chem. Revs, 1957, 57, 145 ~151.

[2] Ingold C K. Structure and Mechanism in Organic Chemistry. Bell G, Sons. London, 1953, 248, 253: (a)251; (b)224; (c)232, 235; (d)233; (e)257.

[3] Pauling L. The Nature of the Chemical Bond. New York, 1960: 2007.

[4] Теренин А Н, и др. Состояние теории химического строения в органической химии. Иэд. АН СССР, 1954. 化学译报, 1995, 1(2).

[5] 莱乌托夫 O A. 有机化学理论问题. 北京: 高等教育出版社, 1959: 90 ~297; (a)282.

[6] Branch G E K, Calvin M. The Theory of Organic Chemistry. New York, 1941: 211, (a)204 ~218.
[7] Спрысков А А. ЖОХ., XXVII, 1957: 1949.
[8] Темникова Т И. Курс теоретичских основ органической химии. Денинград, стр. 152 ~ 156 и, 1959: 254 ~257; (a)309.
[9] Багдасаръян Х С. Ж. фиэ. хим., 28, 1954: 1098.
[10] Быков Г В. Эдектронные эаряды свяэей в органических соединенях. Москва, 1960: 163 ~165; (a)158; (b)166.
[11] Hückel W. Theoritical Principles of Organic Chemistry. Vol. II, New York, 1958: 807; (a)796; (b)802.
[12] Hermans P H. Introduction to Theoritical Organic Chemistry. New York, 1954: 413.
[13] Ri T, Eyring H. J. Chem. Phys., 1940, 8: 433.
[14] Taft R W. Jr. J. Chem., 1960, 64: 1805; (a)1813.
[15] Taft R W. Jr., Schemf J M. Abstracts of Papers Am. Chem. Soc. Meeting, Atlantic City, N. 46(总110). J., Sept. 1959: 72.
[16] Price C C. Chem. Revs., 1941: 29, 37.
[17] Knowles J R, Norman R O C. J. Chem. Soc., 1961: 2938.
[18] Sixma F L J. J. Chem. Phys., 19, 1951: 1209.
[19] Conference on "Hyperconjugation" Tetrahedron, 5, 1959: 105 ~274.
[20] Ferreira R C. Nature, 1960, 188: 848.
[21] Knowles J R, Norman R O C, Radda C K. J. Chem. Soc., 1961: 3613.
[22] Dewar M J S, Schmeising H N. Tetrahedron, 5, 1959: 166.
[23] Dewar M J S, Schmeising H N. Tetrahedron, 1960, 11: 96.

[24] Baker J W, Ingold C K. J. Chem. Soc., 1926: 2462.
[25] Dewar M J S. J. Chem. Soc., 1946: 777.
[26] Bennett G M, Brand J C D, James D M, et al. J. Chem. Soc., 1947: 474.
[27] Flurscheim B, Holmes E L. J. Chem. Soc., 1928: 1067.
[28] Mulliken R S. J. Am. Chem. Soc., 1955, 77: 884.
[29] Taft R W. Jr., J. Chem. Phys., 1957, 26: 93.
[30] Hoyland J R, Goodman L. J. Phys. Chem., 1960, 64: 1816.
[31] Jaffe H H. Chem. Revs., 1953, 53: 191.
[32] McGary C M, Okamoto Y, Brown H C. J. Am. Chem. Soc., 1955, 77: 3037.
[33] Know J R, Norman T O C, Radda G K. J. Chem. Soc., 1960: 4885.
[34] Taft R W. Jr., Lewis I C. J. Am. Chem. Soc., 1959, 81: 5343.
[35] Taft R W. Jr., Ehrenson S, Lewis I C, Glick R E. J. Am. Chem. Soc., 1959, 81: 5352; (a)5355.
[36] Gutowsky S H, McCall D W, McGall B R, et al. J. Am. Chem. Soc., 1952, 74: 4809.
[37] Dewar M J S. J. Chem. Soc., 1949: 463.
[38] Kenner G W. Proc. Roy. Soc., 1946, A185: 119.
[39] Waters W A. Physical Aspects of Organic Chemistry. London, 1953: 283.
[40] Mackor. Paper Given at the Ampere Conference in Pisa.
[41] Reilly D E O, Leftin. J. Phys. Chem., 1960, 64: 1555.
[42] Chesnut D B, Sloan G J. J. Chem. Phys., 1960, 33: 637.
[43] De Mare P B D. J. Chem. Soc., 1949: 2871.
[44] Wheland G W. Resonance in Organic Chemisery. New York, 1955: 500.

[45] Green A L. J. Chem. Soc. , 1954: 3538.
[46] Paul M A. J. Am. Chem. Soc. , 1958, 80: 5332.
[47] Norman R O C, Radda G K. J. Chem. Soc. , 1961: 3030.
[48] Hervey D R, Norman R O C. J. Chem. Soc. , 1961: 3604.
[49] Norman R O C, Radda G K. J. Chem. Soc. , 1961: 3610.
[50] Knowles J R, Norman R O C. J. Chem. Soc. , 1961: 2938.
[51] Nelson L L, Brown H C. J. Am. Chem. Soc. , 1951, 73: 5605.
[52] Hart H, Spliethoff W L, Eleuteris H S. J. Am. Chem. Soc. , 1954, 76: 4547.
[53] Norman R O C, Radda G K. Proc. Chem. Soc. , 1960: 432.
[54] Dewar M J S. Male J, Warford E W T. J. Chem. Soc. , 1956: 3581.
[55] Mason S F. J. Chem. Soc. , 1958: 4329.

阳宗海湖泊水体除砷减污的研究与治理

2008年6月，云南省高原湖泊阳宗海的水体遭到砷污染，水质从Ⅱ类标准迅速降到劣Ⅴ类，失去饮用、渔业养殖和农灌功能。此事件经媒体报道后引起了国内外的高度关注，云南省有关部门将治理阳宗海砷污染立项，通过网络媒体向全世界公开招标。由于阳宗海湖泊面积31平方千米，平均水深20米，储水量6.04亿立方米，不仅治理工程浩大，而且要把平均砷浓度从0.128 mg/L降低到不大于0.050 mg/L，目前国际上尚无有效技术及经验。国内外50余家参与竞标的公司及单位报价高达40亿～70亿元，但当了解了工作难度后又纷纷退出。作者根据长期从事冶金分离提纯工艺研究及工程实践经验，提出了在不进行预氧化及调整pH值的条件下，用铁盐絮凝法（文中称沉淀吸附法）直接从水体中除砷，在进行了一定规模的放大试验和现场试验，并经有关专家组评审认可后，带领项目组从2009年10月起，用11条船进行地毯式喷洒，开始了工程化治理。其后，水体砷浓度出现持续下降，达到省政府要求的治理目标，为2011年6月22日昆明市政府解除阳宗海的“三禁”提供了最重要的条件。

作者带领的项目组在治理过程中攻克了一系列技术难关，将处理每立方米湖水的运作成本降低到0.03元人民币，不仅取得了巨大的经济效益、社会效益和环境效益，而且为大型水体的砷污染治理提供了一种除砷效率高、操作简便、成本低廉、生态安全的方案及积累了宝贵的实践经验，解决了大型水体中进行砷污染治理的国际性难题。

本部分只收入了技术总结报告的前言及两篇简单报道。大量的试验数据及工程化治理数据将在今后整理发表。

项目结题鉴定报告及项目组成员名单载于章末。

云南阳宗海湖泊水体砷污染治理扩大工程化项目总结报告*

前言

阳宗海距离昆明36千米，面积31平方千米，平均水深20米，蓄水量6.04亿立方米，是云南省第三大高原深水湖泊。阳宗海碧波荡漾、湖光山色、风景秀丽，是大自然奉献给云南人民发展旅游业的一颗璀璨明珠。2008年6月，环境监测人员发现湖水砷浓度出现异常上升。9月16日，砷浓度高达0.128mg/L，清澈的水体已被化学毒性大的砷元素污染，水质从连续6年一直保持的Ⅱ类下降为劣Ⅴ类。阳宗海被砷污染在国内外均属环境保护方面的重大历史事件，以下就五个方面尽可能全面、扼要地记述事发背景、治理过程及取得的阶段性成果。

1　阳宗海砷污染事件在政治上的负面影响

阳宗海砷污染事件发生在党中央刚刚提出转变经济发展模式，建设资源节约型、环境友好型和谐社会的科学发展观之后，因此，当2008年9月19日云南省政府新闻办向60余家媒体做了阳宗海被砷污染的新闻发布后，立即引起了全国人民的关注、热议和批评，网上有人尖锐指出，如果说滇池污染属于无知，那么阳宗海污染则属于犯罪。

云南省政府对此事件高度重视，在新闻发布前9月12日即已下令对阳宗海实行"三禁"，禁止饮用阳宗海湖水，禁止在阳宗海内游泳和禁止捕捞阳宗海内水产品。10月22日，云南省监察厅通报了阳宗海水体砷污染事件相关人员的责任追究情况，26人被问责，涉及两名厅级干部、9名处级干部，其中12人被免职，玉溪市一名副市长被责令引咎辞职，省水利厅一名副厅长被通报批评，违规排放引发砷污染的生产企业——澄江锦业工贸有限责任公司的3名负责人被批准逮捕。10月25日及26日，省政府邀请国家环保局、水利部、中科院、清华大学等单位的高级专家9人组成评审委员会，对云南省有关专家制定的《阳宗海砷污染综合治理方案》进行评审。11月20日，省政府又召开云南省16个州市及部分县级政府负责人的"阳宗海砷污染事件讨论领导干部座谈会"。昆明市一位副市长说，阳宗海水污染事件不仅严重影响了阳宗海周边群众的生产生活，还几乎抹灭了昆明市一直以来对阳宗海水环境治理的成绩，特别严重的是，它损害了云南省一直以来努力建设生态大省的良好形象，令人痛心。11月21日，又召开了云南生物、生态、水利、农业等领域的专家学者座谈会，反思砷污染

---

* 本文选自2012年《沉淀吸附法治理阳宗海湖泊水体砷污染扩大工程化项目总结报告》中的第1章前言部分。

事件造成的影响及应汲取的教训。10月24日时任省委副书记、省长秦光荣召开了省政府阳宗海水体砷污染治理现场办公会，表示要力争用3年左右时间将阳宗海水质恢复为Ⅲ类，砷浓度降低到不大于0.050mg/L，拉开了全面大力治理阳宗海砷污染的帷幕。2008年下半年的这一系列活动，充分反映了云南省委、省政府对阳宗海砷污染事件的高度重视。

省政府在2010年及2011年省人大会的“政府工作报告”中，都列入了阳宗海砷污染治理工作。2010年6月4日晚，央视《焦点访谈》栏目还将阳宗海砷污染事件作为全国第一件违背科学发展观的事例播出。

2 阳宗海砷污染原因的争论

治理阳宗海砷污染首先要查明污染原因，污染源在哪里，它以何种途径污染了全湖水体。为此，省政府在得知阳宗海被砷污染后，立即组织有关专家进行调查。云南省科技厅、水利厅、环保厅、省环境科学研究院、省环境监测中心站、阳宗海管理处以及云南省水文资源局，都参与了调查研究工作，先后做出了《阳宗海砷污染专家调查报告》、《水文地质调查报告》、《地勘报告》及《阳宗海水体砷污染事件的鉴定结论》等文件。调查结果认定位于阳宗海湖面西南角山坡上的锦业工贸公司化工厂违规排放高砷废水是造成污染事件的元凶。该厂在未办理环境影响评价的情况下，2004年底擅自改扩建年产2.8万吨硫酸生产线两条，年产8万吨磷酸生产线一条，使用砷含量超标的硫化锌精矿及硫铁矿作原料生产硫酸，将生产中产生的含砷废水未处理合格即在厂内外排放。这些废水通过所谓“落水洞”向地下渗透，在雨季还以地表径流的方式进入阳宗海，导致阳宗海水体砷浓度快速上升，2008年9月水质下降为劣Ⅴ类。调查结果还表明，进该厂的物料中初步统计共含砷900多吨，从产品及废气带走近700吨，还有200多吨砷的走向不明。

但是，阳宗海水体被砷污染的发现时间恰恰是紧接在2008年5月12日我国汶川特大地震之后。阳宗海砷浓度从6月到9月的快速上升，引发地质界许多专家怀疑砷污染事件与特大地震有关，属于自然灾害。2009年7月15日，《科学时报》在头版头条以通栏标题提出《云南阳宗海砷污染：人为还是地质灾害?》。文中报道说，中国地质科学院水文地质环境地质研究所所长石建省认为：“阳宗海到底是企业污染造成的，还是自然原因造成的，这已成为一个科学问题，需要进一步研究”。中国工程院院士卢耀如也表示，“不能排除云南水资源砷含量超标是地质变化造成的可能性”。地质学家、中国科学院院士谢学锦写了一篇《关于科学查找云南阳宗海区域污染原因的建议》的文章，受到国土资源部的高度重视。国土资源部责成下属的中国地质环境监测院组成由多学科多部门参与的课题小组，划拨专用经费，就云南东部水体中砷元素的变化与地质变化关系展开调研。

人为说与地质灾害说之争来源于一些学者发出的质疑，他们认为阳宗海“砷含量突然升高这一现象无论以地质原因还是企业排污都无法解释清楚，因为突然之间提供不了这么大的量”，同时还来源于一些媒体报道的错误计算，认为砷污染速度“相当于一个月向水里投放了近70吨高纯度砷”。

自然灾害说有利于锦业公司为自己开脱罪责，云南几名知名律师在媒体上公开表态，要为被告人翻案。本项目在两年多的水体降砷工程实施中，对砷污染系锦业公司违规排放获得了更多的科学、客观的证据。

3　砷污染治理方案及国际招标

2008年10月，由云南省专家制定的《阳宗海砷污染综合治理方案》共九部分，其中重点是工业污染源治理方案、阳宗海水污染治理、水资源调度方案等5个专题，评审专家认为该方案“对污染源的推定合理，对消除污染的艰巨性、长期性与复杂性有较系统的认识”。但方案未触及采用什么技术手段降低阳宗海水体的砷浓度。

10月10日，云南省科技厅通过《人民日报》（含海外版）、中国国际招标网、《科技日报》及新华网等多家媒体发布《中国阳宗海湖泊水体减污除砷及水质恢复科技项目招标公告》，向全世界公开招标。

12月5日，昆明市环保局在汤池河完成了投资258万元，用火山石筑拦河坝，吸附处理阳宗海含砷水的试验工程，泄流含砷水342万立方米，但除砷率仅为7.17%，去除砷仅为27.5千克（摘自昆明市环保局2010年9月6日的《阳宗海流域水污染综合防治情况》）。

12月19日，省科技厅与省环保局组织环保、水利方面的专家与美国环保局的专家进行了关于阳宗海砷污染治理的电话网络会议。

12月29日及30日，省科技厅在昆明震庄迎宾馆召开了“中国云南阳宗海湖泊水体减污除砷及水质恢复科技招标项目申请人资格预审综合评审会”，邀请了省内外17位知名专家组成综合评审专家委员会，通过分组讨论、集中评议和无记名投票，对申请人递交的资格预审文件进行了综合评审。最后从49家应标单位中评出：（1）美国新概念环保集团；（2）中国科学院生态环境研究中心；（3）北京博瑞赛科技有限公司-天津大学；（4）南京科环环境系统工程有限公司-云南中润环保咨询有限公司；（5）济南大学-清华大学核能与新能源技术研究院-青海省水利水电工程等五家单位或联合集团符合资格预审，科技厅同意将其上报省政府。

2009年2月17日，中国驻美大使馆向省科技厅发来《关于美国环保局提供云南省阳宗海湖泊水体减污除砷及水质恢复技术支持建议书》的传真，其主要内容为：美方认为有必要制定一个应对2009年雨季来临之前的短期方案和一个具有可持续性的长期解决综合性问题的方案，可以在美国和云南省开展平行研究项目，互相交流沟通，酌情进行技术转让，预期第二阶段计划于2009年开始启动，2015年12月完成。美国环保局的建议显然无法实现秦光荣省长提出的力争三年完成恢复阳宗海水质的目标，云南省将来也无法接受可能是数额巨大的技术转让费。

在上述寻求科学治理阳宗海砷污染方案的同时，国内许多媒体报道了一些知名专家对治理阳宗海方案的见解。如：对下泄砷污染水，调水稀释阳宗海水的方案，污水处理专家清华大学王占生教授提出质疑，“我不赞成调水稀释，从生态学角度看这种举措是破坏性的，有可能不仅解决不了砷污染的问题，还有可能对整个阳宗海生态系统造成毁灭性的打击”（《春城晚报》2009.04.13.B1版）。云南环境科学与生态修复研究所所长说，“对于砷这种不可能降解的元素性污染物，尤其是大面积水体，最科学的方法就是利用自然力量，人工适当创造条件，让这种力量更好地发挥出来，而不是通过太多的扰动、工程来解决问题”（《科学时报》2009. 08. 25. A3 版），他反对用化学方法处理，但没有提出靠自然力降砷需要等待多少年。

应标资格预审合格的北京博瑞赛公司提出的治理方案是用一种吸附砷酸根的吸附剂降低水中砷浓度。将吸附剂用纺织物包裹成团，再连成串，悬挂在小船船底，每条小船悬挂若干串，船在湖中巡游以吸附砷。此外，南京环科院、南京土壤研究所与云南省环科院合作，研究提出了用一种昆明地区筛选出的红土吸附砷，根据其用 10 立方米容积塑料圆柱进行扩大试验的结果计算，处理阳宗海水体的砷污染需用 25 万吨红土，并需磨细至粒径为 0.04 毫米，然后以固液比 1∶4 调浆后进行喷洒，工程规模浩大。

4　沉淀吸附法的提出、立项及运作简况

阳宗海减污除砷及水质恢复最大的技术难点是 6.04 亿立方米的水体容量太大，以及砷浓度不高。浓度 0.128mg/L 用质量比表示仅为 $1.28\times10^{-5}\%$。在此情况下，处理工艺如果稍为复杂，则工程投入经费可能就要增加数亿元。另一难点是降砷过程中如何保障不影响水生动植物的生态安全。国际历史上没有发生过如阳宗海这样大型天然湖泊的砷污染事件，没有任何经验可以借鉴。从许多应标公司后期纷纷退出和美国环保局的函件可知，阳宗海的砷污染治理是世界性技术难题。

2009 年 3 月，本人在得知国际招标中相关单位提出的几种方案内容后，认为不仅经费需要过大，而且可行性差。为了使阳宗海这颗高原明珠重放异彩，为了改善阳宗海周边人民的生活环境，本人带着几名研究生亲自动手进行探索研究。最初采用人们熟悉的阴离子树脂交换法，但很快就从实验中发现湖水中更大量的硫酸根和碳酸根干扰此法。经过深思熟虑，反复思考，提出了沉淀吸附法，并选用自来水厂中长期使用的絮凝剂作砷酸根的沉淀吸附剂，这就可以保证治理后的水质对人体健康不会产生影响。实验室放大至 50 升水的大量实验表明，沉淀吸附剂的用量与水的质量比即使大到 1∶360000，砷的沉淀率仍可大于 90%，而且在反应容器中的锦鲤鱼仍然游动自如，半月内未观察到异常现象。

省政府有关部门领导得知我们的研究方案及所做的大量实验结果后，邀请我们参加了 2009 年 7 月 15 日由和段琪副省长主持，在阳宗海实地召开的“两厅两市三县阳宗海砷污染综合治理现场会”。会议强调治理阳宗海对云南省来说是一场政治任务，降低砷浓度恢复阳宗海水质不但是解决周边 2 万 6 千多人民的民生问题，而且是造福子孙后代的大事。会议上决定对云南环境科学研究院，南京环科院和南京土壤研究所共同提出的红土吸附降砷法和云南大学陈景院士领衔团队研究的沉淀吸附法，由科技厅组织专家再进行评审后，都可获得科技厅 100 万元经费支持到阳宗海的指定水域，进行具有一定规模的降砷工程化试验。

7 月 15 日的现场会议召开后，我们的项目组即展开了按日计划安排工作的倒计时运作。8 月 5 日项目组在阳宗海南端的谭葛营村附近湖面 50 米×50 米的范围，测出平均水深约 4 米的 1 万立方米水体内，租用渔民十余条小舟进行喷洒沉淀吸附剂的工程化试验。8 月 18 日，项目组又在阳宗海东北角，春城高尔夫球场水上运动中心的湖面上，围绕昆明市环境监测中心的自动监测站的取样点，用浮标围出 150 米×130 米的范围，测定平均深度为 12 米，水体容量约 25 万立方米，作为第二次试验水域。8 月 19

日及20日，用阳宗海中载重约5吨的大船一只，小舟5只，进行机械喷洒的工程化试验。宜良县环保局监测站的工作人员参与了水样采集及分析工作，相同的水样还送云南出入境检验检疫局检验检疫技术中心（以下简称：检验检疫局）用原子荧光仪分析做对照。两次工程化试验结果均好于预期结果，砷浓度可低于省政府要求的不大于0.050mg/L的技术指标。

8月29日，科技厅邀请张亚平院士、戴永年院士、孙汉董院士等组成专家组召开论证会。会议听取了项目组现场工程化试验结果。专家组认为"陈景院士项目组开展的试验数据充分、可信、规律性好，表明所用的沉淀吸附剂具有降砷率高的优点，建议可进行扩大工程化降砷工作"。根据上述专家组评审结果，省科技厅于8月31日以特急文件（云科社发〔2009〕22号）向省人民政府上报了《云南省科技厅关于陈景院士阳宗海湖泊水体扩大工程化降砷工作的请示》报告，"建议采纳专家组论证意见，支持陈景院士项目组在阳宗海湖泊水体内进行扩大工程化降砷工作"。要求项目组9月10日前提交翔实的扩大工程化降砷工作实施方案，报省政府审定。其后科技厅与云南大学签订了计划任务书，下达了"沉淀吸附法治理阳宗海湖泊水体砷污染扩大工程化项目"的云南省科技计划项目任务书（计划类别：社会发展科技计划——社会事业发展专项；项目编号：2009 CA 047）。

在快速完成了制定有关实施方案、经费预算、计划任务书签订、器材、物资采购等一系列工作后，云大项目组于2009年10月2日进驻阳宗海南岸的谭葛营村，开始建立工程基地及水体降砷工作。将从滇池旅游公司租赁的10只载重约4吨的游览船，设计改造为机械喷洒船。修筑了船只靠岸的小码头，全面开展了沉淀吸附法的扩大工程化工作，每日进湖喷洒两次。按固体沉淀吸附剂质量计算，每日喷洒量约为10~13吨。项目组每隔3~4天从湖面北、中、南三定点的水下0.5米处取样一次，用原子荧光光谱分析砷浓度，并将相同样品送检验检疫局以做对照。此外，云南省环境监测中心站进行了独立取样分析，每月在网上公布一次阳宗海水质各项指标的数据，还有直接隶属国家环保部的自动监测中心，都对阳宗海的砷浓度变化进行监控。

5 沉淀吸附法扩大工程化实施效果

阳宗海砷污染发现后，从2008年8月至2009年9月一年多的时间内，全湖水体平均砷浓度一直大于0.100mg/L，其中最高峰值为0.134mg/L，水质一直为劣Ⅴ类。2009年10月，本项目组在谭葛营村建立了工程基地并实施扩大工程化降砷工作后，全湖砷浓度开始从0.128mg/L逐月下降。经过10个多月的努力，2010年7月砷浓度下降至小于0.050mg/L，10月19日为0.024mg/L，并连续四个月水质符合Ⅱ~Ⅲ类标准，达到省科技厅要求的技术指标。昆明市环境监测中心在2010年9月6日发布的《阳宗海水质监测分析专报》中曾指出，"9月份监测数据显示：阳宗海水质保持为Ⅱ类水，主要污染物砷和总磷的浓度分别为0.028mg/L和0.019mg/L，均已达到Ⅱ类水质标准。"

沉淀吸附剂不仅降砷，而且也除磷，铁离子与磷酸根生成磷酸铁沉淀。阳宗海湖水中砷和磷在被污染时同步上升，在治理时同步下降，是污染源来自生产磷酸一铵和硫酸两条生产线违规排放的有力证据之一。

2010年，云南省发生了百年一遇的大旱灾，从开春到8月，雨水很少。9月中旬，昆明地区才开始大量降雨，地下水位增高，汇流入阳宗海的水量增大。锦业公司所处的谭葛营水文地质单元是构成砷污染的强源，在该地质单元的湖边上，共发现五个涌水泉眼。从2010年9月至11月，昆明市环境监测中心对泉眼的监测数据表明，其中5号泉眼出露水中的砷浓度高达73.3mg/L，总磷浓度为26.4mg/L，分别超标1465倍和1055倍。两个多月的泉眼涌出水，导致阳宗海水体平均砷浓度和总磷浓度出现迅速上升反弹。10月8日砷浓度为0.035mg/L，11月16日达0.078mg/L，水质下降为Ⅳ类标准。在此次砷浓度反弹中，按9月20日的最低值计算，相当于有34.2吨砷进入阳宗海，平均每天有0.6吨砷进入阳宗海，此数据还未包括沉淀吸附剂在当天时间内沉降的砷。

2010年年底，科技厅社会发展处又向本项目组下达了继续执行“沉淀吸附法治理阳宗海湖泊水体砷污染扩大工程化项目（2011年度实施项目增拨经费）”的计划任务书，起止时间为2011年1月至12月。由于其他单位负责的截断污染源任务一直未见成效，计划任务书的考核指标为：再次将全湖平均砷浓度降低到不大于0.050mg/L，并确保维持至10月底，雨季影响产生后，尽力遏制砷浓度反弹的峰值。

第二阶段沉淀吸附法降砷扩大工程化继续实施后，2011年2月21日阳宗海平均砷浓度降至0.044mg/L，再次符合云南省政府的要求。其后逐月降低，3月至10月都保持在0.026mg/L左右，达到了Ⅱ～Ⅲ类水质标准。但在9月受雨水增多的影响后，与2010年规律相近，11月1日平均砷浓度升至0.049mg/L，又开始出现砷浓度反弹。

从沉淀吸附法降砷的两次达标和两次反弹过程，以及两年多来阳宗海湖内水生动植物的生态观察，可以得出以下结论：

（1）沉淀吸附法是降砷、除磷效果极好的技术，按砷浓度最高值0.134mg/L与最低值0.021mg/L计算，降砷率高达84.3%。按湖水容量2009年及2010年为6亿立方米，2011年约为5亿立方米粗略计算，沉淀吸附法在两次降砷至反弹前，已分别将67.8吨及26吨砷以难溶化合物形态沉入湖底，此两数据还不包含降砷过程中未在平均砷浓度中显示即被沉淀的砷。

（2）沉淀吸附法在污染源未被截断的情况下，旱季实施时喷洒除砷液的降砷力度大于泉眼水带砷进湖的污染力度。雨季时则项目组船只的喷洒力度无法遏制全湖平均砷浓度的反弹。

（3）沉淀吸附法操作简便、成本低廉、生态安全。按本项目组总经费2900万元，两次降砷处理的总水容量为11亿立方米计算，处理每立方米水的费用仅为0.026元。

（4）沉淀吸附法的扩大工程化运作，在2010年云南百年一遇的大旱中，已为阳宗海周边农民提供了灌溉用水。2011年6月22日昆明市政府已宣布解除对阳宗海的“三禁”，表明水体降砷已取得阶段性成果。一旦污染源能完全切断后，继续用沉淀吸附法定能使阳宗海的水质长期稳定在Ⅱ类，使这颗高原明珠重放异彩。

（5）沉淀吸附法处理阳宗海大型湖泊砷污染的效果，为国内外处理地下水和地表水砷污染提供了有效的先进技术和经验。

至2011年底，本项目2900万元（含现场工程化试验100万元）的经费已全部用完，经云南大学向省科技厅请示后，2011年12月31日科技厅向省政府报告，认为“通过组织云南大学开展‘沉淀吸附法治理阳宗海湖泊水体砷污染扩大工程化项目’的实施，阳宗海湖泊水体降砷成效显著，在预定的三年治理时间内达到了阳宗海湖泊水体治理目标要求，为2011年6月22日阳宗海解除‘三禁’提供了强有力的科技支撑和工程示范。”“由于砷污染源尚未截断，实属边治理边污染，即使竭尽全力，也难以稳定奏效。为避免省级财政经费的无效投入，建议同意云南大学的请示，该项目按照计划任务实施期限实施至2011年12月底，省科技厅即组织进行项目结题验收”。2012年1月5日，省政府办公厅领导及时批示“同意”。

阳宗海砷污染原因讨论及治理效果*

摘　要　阳宗海是云南九大高原湖泊之一，面积31平方千米，蓄水量6.04亿平方米。2008年6月发现湖泊被砷污染，9月后水质降为劣Ⅴ类。此事件经各新闻媒体报道后，引发了国内外的热议和关注。本文就污染原因争论中的化工厂违规排放人为说与汶川地震引起的地质灾害说进行了论述，并对本人项目组用化学法进行阳宗海水体降砷减污治理工程效果做了简要介绍。

2008年6月，环境监测人员发现蓄水量6亿立方米的阳宗海湖泊水体砷浓度出现异常上升。9月16日，砷浓度高达0.128mg/L，水质从连续6年一直保持的Ⅱ类下降为劣Ⅴ类。9月19日，云南省政府新闻办向60余家媒体做了阳宗海砷污染的新闻发布会后，立即震惊全国，引起了国内外的广泛关注。

云南省政府对阳宗海污染事件高度重视，在新闻发布前即已下令对阳宗海实行禁止饮用、禁止游泳和禁止捕捞水产品的"三禁"。省监察厅通报了对阳宗海水体砷污染事件相关人员的责任追究情况，26名干部被问责，涉及两名厅级干部和9名处级干部，并对生产企业——澄江锦业工贸有限责任公司的3名负责人批准逮捕。省政府还邀请国内知名专家对云南省制定的《阳宗海砷污染综合治理方案》进行评审；召开了全省16个州市及部分县级政府负责人对污染事件讨论和反思座谈会。2008年10月24日秦光荣省长在阳宗海召开了水体砷污染现场办公会，表示要力争用3年左右的时间将阳宗海水质恢复为Ⅲ类。

问责有关干部和批准逮捕违规企业负责人的决定是根据阳宗海砷污染事件发生后，省政府立即组织科技厅、水利厅、环保厅及其他多家有关单位对污染原因进行了联合调查研究，做出了多份《调查报告》及《鉴定结论》，认定砷污染是锦业公司违规排放高砷废水造成的。但是，阳宗海砷污染发现时间恰恰是紧接在2008年5月12日我国汶川发生特大地震之后，在2009年4月澄江县法院对锦业公司造成阳宗海砷污染案的多次公开庭审过程中，被告方辩护人却提出了"地震说"，认为短时间内水体砷浓度突然上升与"5.12"汶川大地震有关，并向法庭出示了一份3月13日中国地质环境监测院在北京召开"地震对地质环境影响"研讨会的《会议纪要》，其中有专家指出：不能排除汶川特大地震导致阳宗海水体砷含量骤然升高的可能性(《春城晚报》2009.4.20)。控诉与辩护双方经数次公开庭审辩论后，8月26日玉溪市中级人民法院作出终审裁定，维持锦业公司犯环境污染事故罪的一审判决，锦业公司被罚款1600万元，其董事长判有期徒刑四年，罚款30万元。在发布终审判决前的2009年7月15日，《科学时报》在头版头条以通栏标题刊出《云南阳宗海砷污

---

* 本文原载于2012年《中国工程院化工、冶金与材料工程学部第九届学术会议论文集》，并略做了一些删改。

染：人为还是地质灾害?》长文。8月25日又在头版刊出《科学难敌利益》长文，详细指出“污染事件中被忽视的科学研究”，在“编者的话”栏目中还指出“阳宗海砷污染超标到底是企业污染造成，还是自然原因导致，成为一个至关重要的科学问题”。虽然近三年来国内许多知名报刊对阳宗海污染原因已没有更深入的报道，但阴霾仍一直存在国人心中。

笔者在2009年7月后，带领课题组承担了“阳宗海湖泊水体减污除砷及水质恢复”科技任务，2011年12月完成了省科技厅下达的计划任务项目技术指标。两年半的科技工程实践对阳宗海的砷污染原因有了许多更客观的认识。

本文讨论有关问题，期望对读者进行判断有所裨益。

1 关于“地震说”与“人为说”的讨论

1.1 “地震说”或称“自然灾害说”的论点

（1）有媒体报道指出，“阳宗海水里的砷含量在一个月内剧增，按阳宗海6亿立方米的水量计算，相当于一个月向水里投放了近70吨高纯砷”。

（2）中国地质科学院水文地质环境地质研究所所长石建省接受《科学时报》记者采访时表示，根据环保部门提供的数据判断，砷浓度是突然升高的，“砷浓度突然升高这一现象无论以地质原因还是企业排污都无法解释清楚，因为突然之间提供不了这么大的量”。

（3）2008年12月，水环所曾经在阳宗海全湖设置了数百个监测点，结果发现各处砷指标基本一致。所长认为：“如此大范围的砷指标均匀超标，地质原因造成的可能性是存在的”。

（4）2009年3月，北京组织召开的地震对地质环境影响研讨会中，有专家明确指出，“阳宗海及其周边地区存在富砷地质建造，加之阳宗海处于全新活动的小江深大断裂带上，不能排除地壳发生剧烈活动时，把地下已存在的富砷热液通过深大断裂带向上运移而进入水体，从而导致阳宗海水体砷含量骤然升高这种地质成因的可能性”。

此外，还有好几位水文地质专家接受媒体采访时认为，“不能排除云南水资源砷含量超标是地质变化造成的可能性。地质环境变化尤其是地震，对地表和地下水的影响十分显著。‘5.12’地震为特大地震，造成富砷地区水体含砷量变化是完全可能的”。

1.2 “人为说”或“工业污染说”的根据

（1）笔者赞同“人为说”，根据媒体报道材料，加上笔者承担阳宗海水体降砷工程任务中观察到的问题，论述于下。

锦业公司2004年底擅自改扩建年产2.8万吨硫酸生产线两条，年产8万吨磷酸一铵生产线一条，使用了含砷量超标的硫化锌精矿及硫铁矿作原料生产硫酸。生产中产生的高砷废水未经处理合格即在厂内外排放，从土壤和所谓“落水洞”向地下渗透。据调查统计，两种含砷物料共含砷约926吨，从产品及废气带走的砷约700多吨，200多吨进入废渣废水中。

笔者认为，随产品带走的砷不可能太多，废气中所含的三氧化二砷和五氧化二砷可能数量很大，这些砷化物同样将污染厂区及周围土壤。2010年9月，笔者项目组从锦业公司厂区取回四种土样分析，其中三种土已呈黑色，含砷量竟分别高达4.07%、4.82%及5.32%，一种呈红色，含砷量为0.74%。土壤中的这些砷有相当一部分在雨季也将溶于水而向地下渗透。

（2）阳宗海的水文地质类型为汇水型岩溶断陷湖盆，面积252.7平方千米（包括湖面面积）。在汇水边界内，地下水获得的雨水补给量全部向湖盆内排泄。湖盆四周属喀斯特地貌区，碳酸盐岩分布广泛，岩溶发育强。除溶洞多外，还有泉眼和暗河出露在阳宗海岸边，水文地质单元划分以岩溶水为主。锦业公司坐落在阳宗海西南角岸边，属于裸露-覆盖型水文地质单元的一座小山丘上，与湖面的直线距离仅约500米。2008年5月，阳宗海周边发生暴雨，6月份环保人员即发现湖水砷浓度异常升高。7月1日湖水的平均砷浓度为0.058mg/L，7月16日升高为0.102mg/L，水质降为劣Ⅴ类。10月1日升至峰值0.134mg/L，按当时水体容量为6亿立方米计算，相当于在三个月内有45.6吨砷进入湖内。其中有26.4吨属7月上半月内陡然涌入。7月16日，环保人员在锦业公司从阳宗海取水的抽水房南25米处发现一个泉涌点，从泉涌点取水样分析，其结果为：砷浓度67.7mg/L，总磷18.1mg/L，比Ⅱ~Ⅲ类水质标准分别超标1354倍和724倍。pH值为6.68，比周边湖面pH值8.24显著偏酸。此后对此泉涌点进行加密监测，砷和总磷浓度一直远高于全湖均值。随着阳宗海水位不断下降，此泉眼点于2009年4月干涸。

2010年6月，在原泉眼周边又暴露出5个泉眼涌水（见图1、图2），在受雨水影响的9~11月进行监测时，5号泉眼（锦业公司取水口北大石头下）出露水的砷浓度最高达73.3mg/L，最大超标1465倍；4号泉眼砷浓度达56.9mg/L，最大超标1137倍。两个泉眼出露水中的总磷浓度分别为26.4mg/L和22.2mg/L，最大超标分别为1055倍和887倍。环保人员从大量样品中，对砷和总磷浓度的相关性进行回归分析，发现4号泉眼砷和总磷浓度的相关系数 R 为0.988。由于一般泉水中自然背景磷的检出含量相当低，表明砷、磷浓度相当高的泉眼水只能来自锦业公司的工业排放污染。

图1　锦业公司下方岸边发现5个泉眼

图2　5号泉眼的出水情况

（3）水环所在阳宗海全湖曾设置数百个检测点，结果测出的砷浓度基本一致，但此现象不能作为污染来自地质原因的判据。

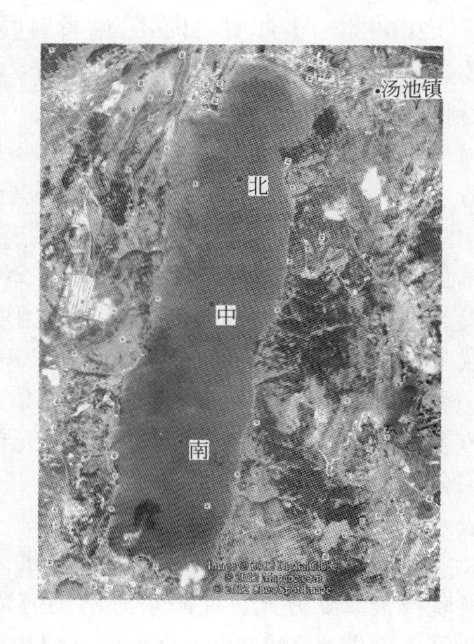

图3　阳宗海取样点分布

阳宗海南北长约12千米，东西宽约3千米，水体平均深度20米。我们在实施降砷治理工程中，发现湖内水体流动力很强。风浪大时，载重量约5吨的喷洒船也不敢驶入。我们在每日喷洒沉淀吸附剂后，第二天清晨按图3所示的北、中、南三点取样。两年多的数百个数据表明，每次取样三点的砷浓度值都基本一致。2010年12月9日，昆明市环境监测中心在湖体北、中、南设置3个垂向监测点位，按水面下0.5米、10米，底面上0.5米、1.5米、2.5米五个不同深度处取样分析，结果发现：北部和中部五个点砷浓度均波动在0.078mg/L之内，南部五个点波动在0.073～0.079mg/L之间，总体上是均匀的。2011年12月，该监测中心又再次进行同样的垂向监测取样，所得结果仍然表明水体不同深度的砷浓度基本相同。

上述情况表明，尽管每日向湖面喷洒十余吨沉淀吸附剂时会造成水体内若干区域出现砷浓度差异，但因水体流动性强，水中正负离子扩散快。在数小时或十余小时后，全湖各处的砷浓度无论在横向和垂向均能达到平衡一致，因此，将大型水体在数百个检测点的砷浓度一致，作为地质原因引起砷污染的判据是不恰当的。

（4）认为阳宗海砷污染是地壳中富砷热液通过深大断裂带向上运移而进入水体的观点，笔者认为更属不妥。

阳宗海平均深度仅20米，如果地壳中热液直接能进入湖体，湖面必然会出现可观察到的异常现象。

从阳宗海砷污染后的水样分析获知，70%砷的赋存状态为Ⅴ价砷的砷酸根，30%为Ⅲ价砷的亚砷酸根。用阴离子交换树脂处理水样时，砷浓度可降至小于0.001mg/L。此种情况与一般硫酸生产厂排放的废水中含有砷酸根，废气中含有可溶于水的五氧化二砷相符。锦业公司使用了含高砷的原料制酸，废水、废气未经合格处理，磷酸一铵生产线的排放物也未经处理，致使大量的砷和磷进入地下，随地下水从入湖泉眼涌入阳宗海中。

2　水体降砷技术方案的招标、探索与确定

阳宗海砷污染事件发生后，云南省政府及时组织多部门专家对污染原因进行调研，并制定了《阳宗海砷污染综合治理方案》，但方案未触及采用什么技术降低阳宗海水体的砷浓度。

2008 年 10 月 10 日，云南省科技厅通过《人民日报》、中国国际招标网、《科技日报》及新华网等多家媒体发布《阳宗海湖泊水体减污除砷及水质恢复科技项目招标公告》，向全世界公开招标。12 月 19 日科技厅与环保厅组织有关专家与美国环保局专家进行了关于阳宗海砷污染治理的电话网络会议。12 月底，科技厅邀请了国内 17 名知名专家从 49 家应标单位中评审出美国新概念环保集团、中国科学院生态环境研究中心、北京博瑞赛科技有限公司（与天津大学联合）等共五家单位符合资格预审，上报省政府。2009 年 2 月，中国驻美国大使馆向科技厅传真发来《关于美国环保局提供云南省阳宗海湖泊水体减污除砷及水质恢复技术支持建议书》，美方认为有必要制定一个 2009 年雨季来临之前截断或消减污染源的方案和一个双方平行进行研究、交流沟通信息、酌情进行技术转让的长期解决综合性问题方案，长期方案预计 2015 年 12 月完成。至 2009 年 7 月下旬，除北京博瑞赛科技有限公司-天津大学回函承诺应标外，其余通过资格预审的诸家单位均未提出具体方案，表示放弃。

2009 年上半年，一些单位曾对水体降砷进行了一些探索性试验工程，如昆明市环科院投资 250 万元，在阳宗海出湖河道 100 米范围内，建筑蛇形火山石吸附坝 15 组，泄流含砷湖水 342.49 万立方米，但火山石吸附坝对砷的去除率仅为 7.17%，去除砷仅 27.5 千克。水利部门采取用泄流与水资源调度降砷，使阳宗海湖面从泄流前的海拔 1769.76 米下降至 1768.23 米，下泄水量 3760 万立方米，高于正常雨量年一年的增水量，而预定输入 5000 万立方米洁净水却无法兑现。此外，省环科院与南京环科所及中科院南京土壤所研究提出了用筛选的红土吸附砷的方案。按扩大试验结果计算，使阳宗海水质恢复到Ⅱ～Ⅲ类需使用红土 25 万立方米，磨细至粒径 0.04 毫米，然后用水调浆喷洒，工程浩大，未入现场进行工程化试验。

2009 年下半年准入阳宗海现场进行工程化试验的仅有两个方案：一是北京博瑞赛科技有限公司和天津大学提出的吸附剂除砷，将吸附剂用纺织物包裹成团，再连成串，悬挂在小船船底，每条小船悬挂若干串，船在湖中巡游以吸附砷。另外是笔者项目组提出的采用自来水厂絮凝剂三氯化铁溶液沉淀吸附砷的方案，该方案将沉淀吸附剂配成稀溶液，直接在湖面上喷洒。实验室进行条件优化实验的大量数据表明，用浓度为 1.0mol/L 的 $FeCl_3$ 溶液 0.5mL，即可使 50 升湖水中的砷浓度从 0.110mg/L 降低到 0.006mg/L，除砷率达到 95.1%，湖水质量与试剂用量的比值为 3.6×10^5，即若实现小试条件，一吨固体 $FeCl_3$ 可以处理 36 万立方米的湖水，且不会引起湖水的 pH 值的改变，效果之佳出人意料。

2009 年 8 月，沉淀吸附法在阳宗海现场水面进行了 1 万立方米水体内及 25 万立方米水体内的工程化试验，取得了优于预期的效果。8 月 29 日，科技厅邀请专家进行评审后，于 8 月 31 日以特急文件向省政府上报了《云南省科技厅关于陈景院士阳宗海湖泊水体扩大工程化降砷工作的请示》报告，其后与云南大学签订了计划任务书，要求以 2900 万元经费（含工程化试验经费 100 万元），完成使阳宗海水体砷浓度达到不大于 0.050mg/L 的技术指标。

3　沉淀吸附法治理砷污染的效果

沉淀吸附法操作简便，需要的设备是除砷溶液的雾化喷洒船。为节省经费开支，项目组从滇池旅游公司租赁了10只每只载重量约5吨的游览船，将其改造为喷洒船（见图4），后又设计建造了一艘载重约25吨的喷洒船（见图5）。相应建造了停泊船只的小码头、除砷液配制设备、两台容积25立方米储液柱及输送溶液到喷洒船只的管道系统。

图4　旅游船改造的喷洒船

图5　设计建造的载重25吨喷洒船

从2009年10月中旬起，喷洒船每天在湖面进行两次地毯式喷洒作业，完成日喷洒10～13吨固体试剂所配溶液的任务。为了准确了解湖体砷浓度的变化规律，项目组两名成员分别负责在每周星期三和星期六清早，在喷洒船入湖前，按图3中的北、中、南三点，从水面下0.5米深处取样。昆明市环境监测中心也独立地每月进行2～4次取样，所得结果通过《阳宗海水质监测快报》及时通报有关部门，并在网上向社会公布前一月的砷浓度平均值。

项目组2009年9月至2011年11月监测获得的两套砷浓度平均值数据，其中一组见表1及图6。监测中心获得的数据列于表2及示于图7中。

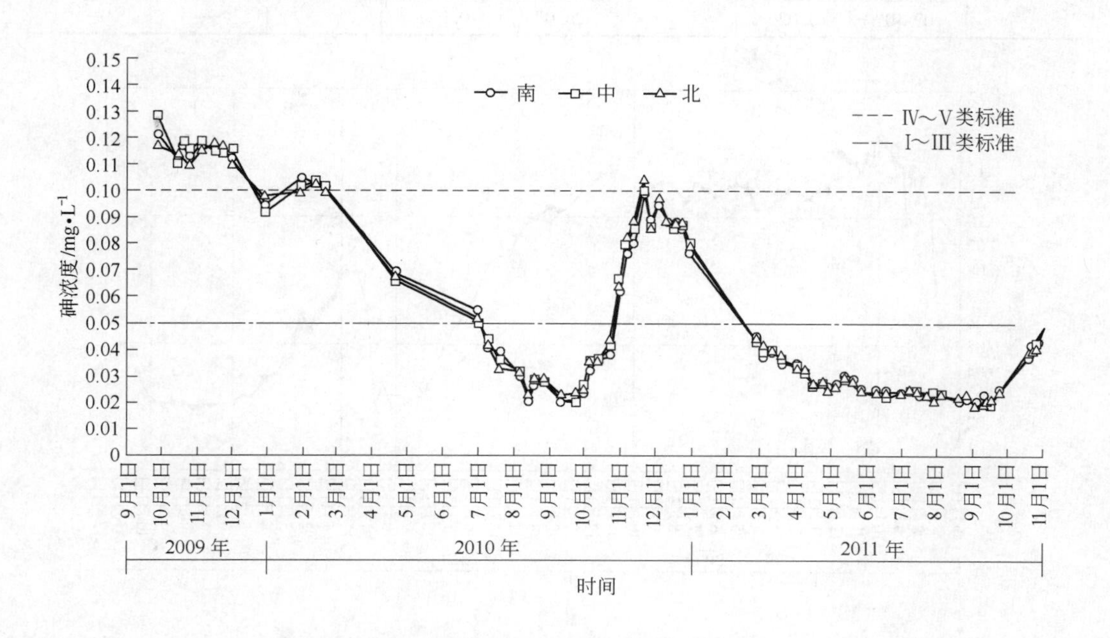

图6　项目组取样及分析的南北中砷浓度变化趋势图

表 1　项目组取样分析的南中北砷浓度均值

年份	时间	砷浓度 /mg · L^{-1}	年份	时间	砷浓度 /mg · L^{-1}	年份	时间	砷浓度 /mg · L^{-1}
2009	09-28	0. 120	2010	10-06	0. 035	2011	05-14	0. 030
	10-15	0. 112		10-13	0. 037		05-21	0. 029
	10-20	0. 116		10-23	0. 041		05-28	0. 030
	10-26	0. 116		10-31	0. 064		06-11	0. 024
	11-05	0. 117		11-07	0. 080		06-18	0. 024
	11-16	0. 117		11-13	0. 085		07-02	0. 024
	11-23	0. 114		11-22	0. 102		07-09	0. 025
	12-01	0. 110		11-27	0. 087		07-16	0. 024
	12-30	0. 095		12-04	0. 096		07-23	0. 023
2010	01-30	0. 094		12-11	0. 089		07-30	0. 023
	02-12	0. 104		12-18	0. 087		08-06	0. 023
	02-20	0. 101		12-25	0. 087		08-20	0. 021
	04-21	0. 070		12-31	0. 079		08-28	0. 023
	07-01	0. 053	2011	02-26	0. 047		09-03	0. 020
	07-10	0. 043		03-05	0. 040		09-10	0. 021
	07-20	0. 036		03-12	0. 040		09-14	0. 020
	08-07	0. 032		03-20	0. 037		09-17	0. 020
	08-14	0. 023		04-03	0. 034		09-24	0. 024
	08-09	0. 029		04-09	0. 032		10-19	0. 039
	08-28	0. 028		04-16	0. 027		10-22	0. 041
	09-11	0. 022		04-25	0. 028		10-26	0. 042
	09-24	0. 022		04-30	0. 025		11-01	0. 049
	09-30	0. 026		05-07	0. 026		—	—

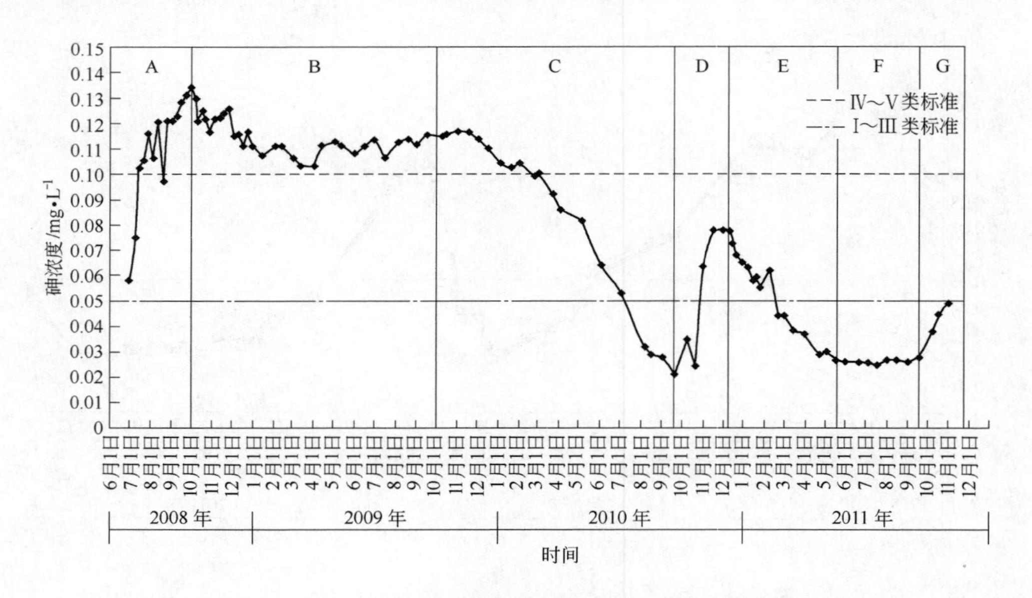

图 7　云南省环境监测中心站所测砷浓度的变化趋势图

表 2　云南省环境监测中心站取样分析的阳宗海平均砷浓度

年份	监测时间	砷浓度 /mg · L^{-1}	年份	监测时间	砷浓度 /mg · L^{-1}	年份	监测时间	砷浓度 /mg · L^{-1}
2008	07-01	0. 058	2010	01-04	0. 104	2011	01-06	0. 063
	07-10	0. 075		01-19	0. 102		01-14	0. 058
	07-16	0. 102		02-01	0. 104		01-19	0. 059
	07-23	0. 105		02-23	0. 099		01-24	0. 055
	07-30	0. 116		03-10	0. 0997		02-09	0. 062
	08-27	0. 121		03-23	0. 092		02-21	0. 044
	09-16	0. 128		04-01	0. 086		03-01	0. 044
	09-24	0. 131		05-04	0. 082		03-14	0. 038
	10-01	0. 134		06-01	0. 064		04-01	0. 037
	11-26	0. 126		07-02	0. 053		04-21	0. 029
	12-24	0. 117		08-05	0. 032		05-03	0. 030
2009	01-14	0. 107		08-16	0. 029		05-16	0. 027
	02-03	0. 111		09-01	0. 028		06-01	0. 026
	03-02	0. 106		09-20	0. 021		06-20	0. 026
	04-13	0. 111		10-08	0. 035		07-04	0. 026
	05-04	0. 113		10-19	0. 024		07-18	0. 025
	06-16	0. 111		11-01	0. 063		08-01	0. 027
	07-01	0. 114		11-16	0. 078		08-15	0. 027
	08-03	0. 113		12-01	0. 078		09-01	0. 026
	09-01	0. 112		12-09	0. 078		09-19	0. 028
	10-09	0. 115		12-14	0. 073		10-08	0. 038
	11-02	0. 117		12-21	0. 068		10-17	0. 045
	12-01	0. 114		12-28	0. 065		11-01	0. 049

吸附沉淀法降砷工程实施时段，恰逢云南连续三年大旱，雨水集中在 9 月来临。由于截断污染源的负责单位未完成任务，从表 1、表 2 数据及两份曲线图看出，阳宗海湖泊砷浓度持续下降过程中，两年都在 10 月份出现上升反弹。表 1 中 2010 年 9 月 24 日平均砷浓度为 0. 022mg/L，11 月 22 日上升至 0. 102mg/L，按 6 亿立方米水体计算，两月内至少有 48 吨砷进入阳宗海。2011 年 9 月 17 日平均砷浓度为 0. 020mg/L，11 月 1 日上升至 0. 049mg/L，按当时水容量为 5 亿立方米计算，1 月零 13 天内，至少又有 14. 5 吨砷进入阳宗海。但从两个曲线图都明显看出，沉淀吸附法旱季除砷效果极好，按表 1 数据计算，2009 年 10 月 20 日降砷工程开始时，平均砷浓度为 0. 116mg/L，2010 年初开始持续下降，9 月 11 日达到最低值 0. 022mg/L，相当于将 6 亿立方米水体中的 56. 4 吨砷沉入湖底。第一次反弹后，砷浓度又从 2010 年 11 月 22 日的 0. 102mg/L，降低至 2011 年 8 月 20 日的 0. 021mg/L，相当于再一次将 5 亿立方米水体中的 40. 5 吨砷沉入湖体。此外，从 2011 年 4 月 30 日至 9 月 24 日，砷浓度分别为 0. 025mg/L 及 0. 024mg/L，几乎保持不变，表明每日入湖砷的污染力度与每日 10 ~ 13 吨 $FeCl_3$ 沉淀吸附剂降砷的力度几乎相等，这 5 个月期间沉入湖底的砷量则无法计算。

图 7 将砷浓度变化分为 A ~ G 七个时段：A 时段为 2008 年砷浓度骤增区；B 时段

为2008 ~2009年未进行水体降砷区，水质一直处于劣Ⅴ类；C时段为云南大学项目组实施沉淀吸附法降砷区，因处于旱季，除砷力度大于污染力度，全湖砷浓度持续下降，最低值为0.021mg/L；D时段为受2010年大旱年雨水集中9月的影响，除砷力度小于污染力度，砷浓度反弹上升；E时段为2011年旱季，与C时段类似，砷浓度再次持续下降；F时段为2011年5月开始，有分散雨水，除砷力度与污染力度持平，砷浓度从5月到9月基本不变；G时段与D时段类似，受9月份雨水集中影响污染力度增大，砷浓度再次反弹。以上情况表明，污染未完全消除时雨水对治理湖泊砷污染影响极大，充分反映了阳宗海砷污染原因不是地震引起，而且它还有力地表明，一旦完全消除污染源，沉淀吸附法完全可以将6亿立方米水量的高原湖泊水体提高到Ⅰ类水质。

4 结语

（1）本文认为云南阳宗海湖泊砷污染原因系企业违规排放引起，从该企业的排放物含砷量、阳宗海湖泊地质地貌特征、泉眼涌水中砷和磷的严重超标，湖泊水体动力学强，以及两年多降砷治理过程中由于雨水集中在9月份而出现两次砷浓度上升反弹等依据，论述了笔者的观点。

（2）在污染源一直未完全截断的条件下，沉淀吸附法降砷仍取得显著成效，使面积31平方千米，水容量6.04亿立方米的大型高原湖泊，砷浓度从峰值0.134mg/L，两次降低至0.020 ~0.022mg/L。水质从劣Ⅴ类提升到2010年有4个月，2011年有8个月连续稳定在Ⅱ ~ Ⅲ类。治理总经费共2900万元，按两次降砷共处理砷污染湖水11亿立方米计算，处理每立方米湖水的费用仅0.03元，总经费低于全球招标时媒体报道预计经费40亿 ~70亿元的百分之一。

（3）沉淀吸附法除砷率高、操作简便、成本低廉、生态安全。在云南百年难遇的持续三年大旱季节，已为周边农民提供了农灌用水；为昆明市政府在2011年6月22日宣布解除对阳宗海实行的“三禁”，提供了技术支撑。该法已取得中国专利授权，为国内外处理大体量地表水及地下水的砷污染提供了有效的先进技术和工程示范。

参考文献

[1] 科学时报，2009.7.15 A1；8.25 A1.

[2] 春城晚报，2009.4.12 A10；4.13 B01；4.14 A11；4.15 A09；4.18 A07；4.20 A07；6.3 A08；9.22 B05；10.11 A09；11.10 B02；2010.7.3 A14.

[3] 都市时报，2009.4.20 A07.

[4] 昆明市环境监测中心. 阳宗海水质监测分析报告. 2010年12月.

[5] 云南省环境监测中心站. 阳宗海水质监测快报. 2011年11期(总第68期).

阳宗海湖泊水体砷污染的治理方法及效果*

砷是被世界卫生组织（WHO）和国际癌症研究机构列为属致癌物的元素，世界各国都陆续出台相关法律严格限定土壤中和水中，特别是饮用水中的砷浓度，以减少砷对人体健康的危害[1,2]。1993 年，WHO 将饮用水中允许的砷浓度从 0.050mg/L 降低至 0.010mg/L。此后，不少国家纷纷规定降低饮用水中允许的砷浓度[3,4]，其中美国、新西兰、印度等降低至 0.010mg/L，澳大利亚甚至降低至 0.007mg/L。中国也在 2007 年 7 月 1 日，规定将饮用水的砷浓度上限降低至 WHO 的标准。

随着世界各国各种工业的快速发展，从地下矿藏进入自然环境中的可溶性砷化物量随之增大。Ravenscroft[5] 在 2009 年出版的著作中称，目前有 1.5 亿人生活在砷中毒的环境中，其中有 1.1 亿人集中在孟加拉、柬埔寨、中国等南亚或东南亚国家。杨姣兰等[6] 1999 年根据中国饮水水质与水性疾病调查资料，统计了高砷饮水的地理分布和暴露人群，从 28800 多份水样测定得出，中国大约有 1460 万人受到来自饮用水砷中毒（大于 0.030mg/L）的威胁。

保护水资源，特别是湖泊、江河、湿地等大型地表水资源，对发展中国家极其重要。不幸的是 2008 年 6 月中国云南省发生了大型湖泊阳宗海水体被工业企业排放的高砷污染物污染事件。

阳宗海湖泊距离昆明 36 千米，面积 31 平方千米，平均水深 20 米，蓄水量 6.04 亿立方米，是云南省第三大高原湖泊。阳宗海碧波荡漾、湖光山色、风景秀丽。2008 年 9 月，昆明市环保部门监测出全湖水体平均砷浓度高达 0.128mg/L，水质从多年保持的Ⅱ类下降为劣Ⅴ类。云南省政府新闻办及时向 60 多家媒体做了阳宗海被砷污染的新闻发布，该事件轰动了全中国，也引发了国际的关注。

由于缺乏治理大型湖泊水体砷污染的技术和经验，2008 年 10 月 10 日，云南省科技厅通过《人民日报》、中国国际招标网、《科技日报》及新华网等多家媒体发布《中国阳宗海湖泊水体减污除砷及水质恢复科技项目招标公告》，向全世界公开招标。当年 12 月底，从 49 家应标单位中，评审出 5 家符合资格预审，其中包括美国新概念环保集团、中国科学院生态环境研究中心、北京博瑞赛科技有限公司（联合天津大学）等。但至 2009 年 6 月时，除北京博瑞赛公司与天津大学仍承诺在湖体进行工程试验外，其余 4 家均表示放弃投标。

另一方面，2008 年 12 月中旬，云南省科技厅组织有关专家与美国环保局的专家进行了关于阳宗海砷污染治理的交流电话网络会议，期待美国的技术支持。两个月后，中国驻美大使馆向云南省科技厅发送了《关于美国环保局提供云南省阳宗海湖泊水体减污除砷及水质恢复技术支持建议书》的传真。美国专家认为，有必要制定一个具有

* 本文待发表。

可持续性的长期解决综合性问题的方案，可以在美国和云南省开展平行研究工作，互相交流沟通，酌情进行技术转让，计划可从2009年开始启动，2015年12月完成。美国的《建议书》未提出具体的技术方案，时间安排也不符合云南省要求三年内先将水体砷浓度降至不大于0.050mg/L，使水质恢复到Ⅱ～Ⅲ类。

从水中除砷，对研究水污染治理的全球科技人员是一个重大课题，已发表的有关论文和专利均很多。文献中的除砷方法有阴离子树脂交换法、膜分离法、改进的絮凝/过滤法、改进的石灰法及氧化过滤法[7,8]。Sharma[9]将除砷方法分类为吸附法、植物治理法、化学氧化法和光催化法。Mohan[4]则对各种吸附法做了详细评述。但是，现有资料对有效地治理砷污染实践，报道极少。而且已报道的方法，都限于处理小规模容量的污染水或工业废水，对处理大型湖泊水体砷污染，从工程实施难度和经济成本考虑，大都是不可行的。

治理阳宗海湖泊砷污染的最大难度在于水体容量太大；砷浓度低，治理方法的除砷率必须很高；试剂材料价格必须低廉，而且必须保证生态安全。此外，治理不能采取离子交换柱、吸附塔、膜分离装置等类的设备，这类装置及相应操作将需要相当大的操作空间和付出极大的能耗。我们认为只有使用化学沉淀法和廉价吸附剂才是最现实的。

从生态安全考虑，最值得重视的是铁盐和含铁化合物对砷的沉淀和吸附作用。三价铁离子和五价砷酸根形成的砷酸铁（$FeAsO_4$）溶解度很小，自然界存在的砷酸铁晶体在矿物学中称为臭葱石，其溶度积K_{sp}值在10^{-23}～10^{-24}之间[10]。

铁离子只存在于酸性溶液中，在中性或弱碱性的水中它立即水解为能吸附砷酸根的氢氧化铁($Fe(OH)_3$)。氢氧化铁的溶解度同样非常小，溶度积K_{sp}值为10^{-38}。因此，若采用自来水厂用作絮凝剂的三氯化铁沉淀和吸附水中的砷，则湖泊水体内的铁离子浓度不会增高，增高的只是对生态无害的少量氯离子（Cl^-）而已。

问题出现在怎样使用铁盐或含铁化合物来从水中除砷。文献中Fierro等[11]提出将三氯化铁吸附在活性炭上，然后使其在炭粒表面水解成氢氧化铁，形成双吸附剂后使用。Feguson等[12]和Wilkie等[13]提出直接使用氧化铁（Fe_2O_3）、羟基氧化铁($FeO(OH)$)及氢氧化铁($Fe(OH)_3$)作吸附剂，认为这些氧化物具有吸附率较高的优点。廖立兵[14]提出将羟基铁溶液与蒙脱石配制成复合体系的吸附剂。赵雅萍等[15]用配位体交换制成棉纤维的球状载体铁（Ⅲ）吸附剂。Maeda等[16]用经氢氧化铁充填处理过的珊瑚作吸附剂。Mastis等[17]直接使用赤铁矿吸附砷。Lenble等[18]将黏土与氧化铁混合制成柱型吸附剂。梁美娜等[19]用铁铝复合氢氧化物组成系列吸附剂。上述研究工作都处于实验室规模，配制各种吸附剂将增加成本，也不可能用于大规模的湖泊砷污染治理。

Manning等[20]研究了成本最低廉的土壤作吸附剂，选择了三种加利福尼亚的土壤，通过土壤中带正电荷的铁离子吸附砷（Ⅲ）和砷（Ⅴ），但吸附率很低，而且泥土会将其他污染物带入水中，水中原有的其他污染物则会降低泥土的吸附活性。

与铁盐相关的除砷工作还有Y. Lee等[21]研究用高铁酸盐氧化砷（Ⅲ），而自身被还原成难溶性铁盐对砷（Ⅴ）进行吸附。Myint等[22]和G. Khoe等[23]研究可溶性铁盐在近紫外光照射下，增大对砷（Ⅲ）的氧化速度，然后与铁一起发生共沉淀。还需特别指出的是 Yavuz 等[24]在2006年《Science》964期中提出用单分散的 Fe_3O_4 纳米晶体捕集砷污染物，然后再用低磁场分离出吸附了砷污染物的 Fe_3O_4，该论文还进行了严格的数模计算。Shannon 等[25]在2008年《Nature》452卷中的综述论文中认为，Yavus 等的方法对除砷是最有效的，“或者可能是唯一有效的途径”。但是，上述各种方法从工程难度和经济成本考虑，也不可能用于湖泊水体的砷污染治理。

我们研究提出的方法是将酸性的三氯化铁稀溶液直接雾化喷洒到被砷污染的湖水面上[26]，我们将此种方法定名为沉淀吸附法。实验室中的条件优化实验结果表明，对于50升砷浓度为0.110mg/L的湖水，只需喷洒0.5毫升浓度为1mol/L的 $FeCl_3$ 溶液，湖水中砷浓度即可降低至0.006mg/L，除砷率达到95.1%。最令人惊喜的是，湖水质量与试剂质量的比值为 3.6×10^5，这个数据意味着一吨 $FeCl_3\cdot6H_2O$ 试剂可以使36万吨湖水的砷浓度达到可饮用的程度。铁盐溶液能如此高效的除砷，除铁离子能沉淀 AsO_4^{3-} 和水解产物 $Fe(OH)_3$ 能吸附砷外，主要是我们的使用方法产生了大大提高除砷效果的网捕效应。每一小滴酸性铁盐溶液进水后都迅速向周围空间扩散，酸度降低。在pH值高的水体中铁离子首先水解为 $Fe(OH)_3$ 溶胶，然后形成含有若干个 $Fe(OH)_3$ 分子的胶粒，其双电层中的负离子可以与含As的负离子交换，胶粒又迅速聚集为胶团，再迅速凝聚为絮状沉淀。这犹如把网撒入较大空间的水中，再把这个空间中的As(Ⅴ)和As(Ⅲ)离子捕集入絮状沉淀中。当然更确切的描述网捕效应还有待今后的详细研究。此外，我们还做了3立方米湖水的小型放大试验，水池中还放入了20余条锦鲤鱼，喷洒了54毫升浓度为1mol/L的试剂溶液，三天后砷浓度也降低到0.006mg/L，红色锦鲤鱼游动自如。

2009年8月，我们的项目组被获准进入阳宗海湖泊现场进行了两次工程化试验。第一次试验在湖泊南端，试验区湖水容量约为1万立方米，第二次试验在湖泊北端，试验区湖水容量约为25万立方米。两次工程化试验结果均表明，喷洒铁盐溶液能快速降低水体的砷浓度。如在第二次试验中，沿试验区边线喷洒铁盐溶液，从试验区中心点处取水样分析。当喷洒进行到30min时，取样点水面表层和表层下0.5m深度的砷浓度均从喷洒前的0.122mg/L，分别降低到0.004mg/L和0.003mg/L。3米深度处水样的砷浓度降至0.028mg/L。另外一个令人兴奋的现象是，酸性喷洒液中的氢离子（H^+）和铁盐水解时产生的氢离子与湖泊水体中含有的 HCO_3^- 和 CO_3^{2-} 发生了化学反应，产生大量的 CO_2 气泡，使喷洒过程中湖水的pH值保持不变，从而保证了直接喷洒铁盐溶液除砷操作的生态安全。从多方面考虑，可以确定直接喷洒铁盐溶液除砷是一种绿色化学反应。

2009年10月，我们开始用10只喷洒船，每天在湖面进行两次地毯式喷洒，每天喷洒的铁盐试剂总量约为10~13吨。昆明市环境监测中心每半月取样一次测定全湖平均砷浓度，并将每月的平均砷浓度值在云南省环境监测网上向社会公布。从2009年11月起，阳宗海湖泊水体平均砷浓度逐月下降，2010年9月20日平均砷浓度值达0.021mg/L最低值，水质恢复到Ⅱ类。此时的铁盐投入量为2150吨，水体总量与试剂量比值为 2.8×10^5，与实验室最佳结果 3.6×10^5 在同一量级，已达到令人难以置信的程度。

遗憾的是，阳宗海砷污染治理过程中，负责截断污染源的单位未能完成任务，阳宗海西南角岸边发现的一些泉眼，一直有高砷污染水流入。

2010年1月至2012年5月，云南省发生百年一遇的连续三年大旱，2010年和2011年雨水较集中的时间，都反常地出现在9月和10月。在雨水集中期，泉眼流出水量增大，其砷浓度比湖水砷浓度高出一千多倍，导致全湖平均砷浓度两次在10月至12月期间出现上升反弹。2011年9月底，由于项目经费已用完，我们终止了喷洒铁盐溶液的水体降砷工程作业。

阳宗海砷污染治理工程由于污染源未完全截断的影响，我们未能画上理想的句号，但图中曲线走向及生态考察表明：（1）雾化喷洒铁盐溶液能有效地快速降低水体砷浓度，按两次持续降砷期中砷浓度的差值计算，至少已将近百吨的元素砷，以砷酸铁和氢氧化铁吸附物形态沉入湖底。待污染源消除后再启动喷洒工程，则完全可使湖泊水质达到可饮用的程度。（2）项目总经费2900万元（约457万美元），低于2008年多家媒体报道治理经费需40亿~70亿元人民币（约6.3亿~11.0亿美元）的百分之一。图中两次砷浓度下降，相当于处理了11亿立方米的湖泊水，每吨阳宗海湖水达到Ⅱ类水质标准的处理成本仅0.03元人民币（约0.005美元）。（3）铁盐既能沉淀砷，又能沉淀磷，使阳宗海水体总磷浓度从2009年降砷工作运作前的严重超标，下降到Ⅱ类水质标准。喷洒铁盐法达到了一箭双雕、操作简易、成本低廉、生态安全。（4）从阳宗海面积31平方千米、蓄水量6.04亿立方米、喷洒铁盐试剂共4千多吨、历时两年等数据考虑，本工作在国际上可能算得上完成了一次规模巨大的、使用单一试剂的化学反应治理湖泊砷污染的工作，为大型水体砷污染治理提供了有益的经验。

参考文献

[1] Adriano D C. Trace Elements in the Terrestrial Environment[M]. New York: Springer-Verlag, 1986.

[2] Frankenberger W T Jr. Environmental Chemistry of Arsenic[M]. New York: Marcel Dekker, 2001.

[3] Choong T, Chuah T, Robiah Y, et al. Arsenic toxicity, health hazards and removal techniques from water: an overview[J]. Desalination, 2007, 217: 139~166.

[4] Mohan D, Pittman C. Arsenic removal from water/wastewater using adsorbents-a critical review[J]. J. Hazard Mater., 2007, 142: 1~53.

[5] Ravenscroft P, Brammer H, Richards K. Arsenic pollution: a global synthesis[M]. UK: Wiley-Blackwell, 2009.

[6] 杨姣兰，何公理．饮水除砷技术研究动态[J]．中国地方病学杂志，1998，17：338~340.

[7] Kartinen E, Martin J. An overview of arsenic removal processes[J]. *Desalination*, 1995, 103: 79~88.

[8] Mondal P, Majumder C, Mohanty B. Laboratory based approaches for arsenic remediation from contaminated water: Recent developments[J]. J. Hazard Mater., 2006, 137: 464~479.

[9] Sharma V, Sohn M. Aquatic arsenic: toxicity, speciation, transformations, and remediation[J]. Environment International, 2009, 35: 743~759.

[10] 朱义年，张学洪，解庆林，等．砷酸盐的溶解度及其稳定性pH值的变化[J]．环境化学，2003，22：478~484.

[11] Fierro V, Muniz G, Gonzalez-Sanchez G, et al. Arsenic removal by iron-doped activated carbons prepared by ferric chloride forced hydrolysis[J]. J. Hazard Mater., 2009, 168: 430~437.

[12] Ferguson J, Gavis J. A review of the arsenic cycle in natural waters[J]. Water Res., 1972, 6: 1259~1274.

[13] Wilkie J A, Hering J G. Adsorption of arsenic onto hydrous ferric oxide: effects of adsorbate/adsorbent ratios and co-occurring solutes [J]. Colloids Surf., A: Physicochem. Eng. Aspects, 1996, 107: 97 ~ 110.

[14] 廖立兵, Fraser D G. 羟基铁溶液-蒙脱石复合体系对砷的吸附[J]. 中国科学(D辑,地球化学), 2005, 35: 750 ~ 757.

[15] 赵雅萍, 王军锋, 陈甫华. 载铁(Ⅲ)配位体交换棉纤维吸附剂去除饮用水中砷(Ⅴ)的研究[J]. 上海环境科学, 2003B, 22: 468 ~ 472.

[16] Maeda S, Ohki A. Iron (Ⅲ) hydroxide-loaded coral limestone as an adsorbent for arsenic(Ⅲ) and arsenic(Ⅴ)[J]. Sep. Sci. Technol., 1992, 27: 681 ~ 689.

[17] Matis K A, Zouboulis A I, Ramose M D. Flotation removal of As(Ⅴ) onto goethite[J]. Environ. Pollut., 1997, 97: 239 ~ 245.

[18] Lenble V, Bouras O, Deluchat V, et al. Arsenic adsorption onto pillared clays and iron oxides [J]. J. Colloid Interface Sci., 2002, 255: 52 ~ 58.

[19] 梁美娜, 刘海玲, 朱义年, 等. 复合铁铝氢氧化物的制备及其对水中砷的去除[J]. 环境科学学报, 2006, 23(3):438 ~ 446.

[20] Manning B, Goldberg S. Arsenic(Ⅲ) and arsenic(Ⅴ) adsorption on three California soils[J]. Soil Science, 1997, 162: 886 ~ 895.

[21] Lee Y, Um I, Yoon J. Arsenic(Ⅲ) oxidation by iron(Ⅵ)(ferrate) and subsequent removal of arsenic(Ⅴ) by iron(Ⅲ) coagulation[J]. Environ Sci. Technol., 2003, 37: 5750 ~ 5756.

[22] Myint Z, Maree E. Arsenic removal from water using advanced oxidation processes[J]. Toxicol Lett., 2002, 133: 113 ~ 118.

[23] Khoe G H, Emett M T, Robins R G. Photoassisted oxidation of species in solution: US US005688378-A[P]. 1997-11-18.

[24] Yavuz C T, Mayo J T, Yu W W, et al. Low-field magnetic separation of monodisperse Fe_3O_4 nanocrystals[J]. Science, 2006, 314: 964 ~ 967.

[25] Shannon M A, Bohn P W, Elimelech M, et al. Science and technology for water purification in the coming decades[J]. Nature, 2008, 452: 301 ~ 310.

[26] 陈景, 张曙, 常军, 等. 一种液体吸附剂及治理湖泊水体砷污染的方法: 中国, 101601989-B [P]. 2011-03-09.

附录1 “阳宗海湖泊水体除砷新技术及工程应用”项目的鉴定意见

2012年6月19日，由云南省科技奖励办公室主持，邀请国内有关院士和专家组成鉴定委员会，对云南大学完成的省科技厅社会发展科技计划项目“阳宗海湖泊水体除砷新技术及工程应用”进行鉴定。鉴定专家审阅了项目组提交的鉴定材料，听取了汇报，经质询和认真评议，形成鉴定意见如下：

（1）提交的鉴定资料齐全、规范，符合鉴定的要求。

（2）云南大学研发的具有自主知识产权的除砷新技术的创新点在于：1）勿须调节水体pH值，直接向水面雾化喷洒沉淀吸附剂，靠直接沉淀砷和铁水解的氢氧化铁吸附砷的双重作用以及网捕效应，大幅度高效降低湖泊水体砷浓度，此技术已获国家发明专利授权。该除砷新技术在使用时还能降低湖泊水体的磷浓度。2）设计建造了喷洒面积大、扬程远、雾化效率高的展翼式喷洒作业船，此新装备已获国家实用新型专利授权。

（3）该项目实施效果显著，从2009年10月开始，使阳宗海6亿立方米水体的砷浓度均值从劣Ⅴ类的0.116mg/L逐月下降；2010年7～10月、2011年2～10月，砷浓度持续保持在不大于0.050mg/L，且砷浓度最低值分别达到0.020mg/L及0.021mg/L。

（4）除砷新技术操作极其简便、成本低廉，在阳宗海处理每吨湖水成本仅0.03元人民币。

（5）新技术的工程应用为阳宗海周边农民在云南连续三年大旱的关键时期及时提供农灌用水，为抗旱救灾作出贡献；为2011年6月22日昆明市政府发布阳宗海解除“三禁”提供了强有力的科技支撑。

综上所述，鉴定委员会讨论后认为：除砷新技术和工程应用在国内外首次成功的治理了低浓度砷污染大型湖泊水体，在预定的两年多时间内达到了治理目标，经济、社会和环境效益显著。根据国际查新检索结果，该新技术和工程应用，在治理大型水体、高效除砷、提升水体质量、保证生态安全等方面为国内外大型水体砷污染治理做出了示范，提供了先进的技术和经验，除砷新技术和工程应用总体处于国际领先水平。

附录2　阳宗海砷污染治理项目组成员名单

组　长：陈　景

副组长：张　曙

组　员：杨项军　黄章杰　王世雄　王　芜　韦群燕　肖　军　张艮林

附录

附录1　奖项及荣誉

序　号	奖项及荣誉	时　间
1	国家科技进步奖一等奖	1985年
2	国家科技进步奖二等奖	2006年
3	云南省科学技术杰出贡献奖	2010年
4	云南省自然科学奖一等奖	2004年
5	中国有色金属工业科技成果奖一等奖	1983年
6	中国分析测试协会科学技术奖一等奖	2002年
7	云南省自然科学奖二等奖	1997年
8	中国有色金属工业科技成果奖二等奖	2003年
9	中国有色金属工业科技进步奖三等奖	1988年
10	中国有色金属工业科技进步奖三等奖	1990年
11	中国有色金属工业科技进步奖三等奖	1997年
12	中国科学院优秀成果奖	1965年
13	首批国家级“有突出贡献中青年专家”	1984年
14	国务院政府特殊津贴	1991年
15	国家科委“金川资源综合利用科技攻关”荣誉证书	1986年
16	国际贵金属学会颁发的表彰证书	1994年
17	中国科协“全国优秀科技工作者”荣誉称号	2012年

附录2 论　著

[1] 陈景著．铂族金属冶金化学[M]．北京：科学出版社，2008.

[2] 陈景著．铂族金属化学冶金理论与实践[M]．昆明：云南科技出版社，1995.

[3] 陳景 지음. 백금족 금속화학야금[M].반봉찬 김동수 옮김. 京文社，2001（《铂族金属化学冶金理论与实践》被韩国顺天大学译为韩文，于2001年出版）.

[4] 陈景，张永俐，李关芳编著．贵金属——周期表中一族璀璨的元素[M]．北京：清华大学，暨南大学出版社，2002.

[5] 陈景参著．金银及铂族元素萃取分离[M]//溶剂萃取手册（第三篇第9章）．北京：化学工业出版社，2001.

[6] 陈景参著．铂族金属湿法冶金[M]//湿法冶金手册（第28章）．北京：冶金工业出版社，2005.

附录3 论　　文

第一作者文章

[1] 陈景．阳宗海砷污染原因讨论及治理效果[C]//中国工程院化工、冶金与材料工程学部第九届学术会议论文集．徐州：中国矿业大学出版社，2012：25～33.

[2] 陈景．敢于挑战传统，提高科技创新质量[J]．科技导报，2012，30(2)：3.

[3] 陈景．铂族金属化学冶金理论研究的回顾与展望[C]．昆明贵金属所成立七十周年论文集，2008：5～9.

[4] 陈景．火法冶金中贱金属及锍捕集贵金属原理的讨论[J]．中国工程科学，2007，7(5)：11～16.

[5] 陈景．从碱性氰化液中溶剂萃取金研究的进展[C]//中国工程院化工、冶金与材料工程学部第六届学术会议论文集．北京：化学工业出版社，2007：397～402.

[6] Chen Jing，Huang Kun. Discussion of an enrichment mechanism of precious metals by base metals and mattes in pyro-metallurgical process[J]. Engineering Science，2007，5(3)：2～9.

[7] Chen J，Huang K. A new technique for extraction of platinum group metals by pressure cyanidation[J]. Hydrometallurgy，2006，82(3～4)：164～171.

[8] 陈景．依靠科技创新引领矿业与环境保护协调发展[J]．云南科技管理，2006(6)：5，6.

[9] 陈景．钯(Ⅱ)氯配离子在一些化学反应中的两种反应现象与机理[J]．中国有色金属学报，2005，15(3)：327～333.

[10] Chen Jing，Huang Kun，Yu Jianmin，et al. Microscopic mechanism in solvent extraction of $Au(CN)_2^-$ by cationic surfactant[J]. Trans. Nonferrous Met. Soc. China，2005，15(1)：153～159.

[11] 陈景．对“关于用经典力学计算氢分子结构的商榷”的答复[J]．科技导报，2004，8：18～20.

[12] 陈景．从氢原子质子化模型计算 H_2^+ 的结构参数[J]．中国工程科学，2004，6(11)：29～32.

[13] Chen Jing. Calculation of bond-length，bond-energy and fore constant of hydrogen molecule by classical mechanics[J]. Engineering Science，2004，2(2)：44～47.

[14] 陈景．量子力学与经典力学计算氢分子结构的比较讨论[J]．科技导报，2003，12：3～5.

[15] 陈景．用经典力学计算氢分子键长键能及力常数[J]．中国工程科学，2003，5(6)：39～43.

[16] 陈景，黄昆，陈奕然，赵家春，李奇伟．加压氰化处理铂钯硫化浮选精矿全湿法新工艺[C]//中国工程院化工冶金材料工程学部第四届学术会议论文集．中国有色金属学报，2003，14(S1)：41～46.

[17] 陈景．贵金属冶金工艺及理论的研究发展方向(摘要)[J]．有色金属，2002，54(7)：1.

[18] 陈景．从二次资源中回收铂族金属及技术发展概况[C]//2002年中国贵金属高峰研讨会论文集，上海，2002，7：13.

[19] 陈景．西部铂族金属矿产资源开发及二次资源回收问题的讨论[M]//矿产资源与西部大开发．北京：冶金工业出版社，2002.

[20] 陈景．原子态与金属态贵金属化学稳定性的差异[J]．中国有色金属学报，2001，11(2)：288～293.

[21] 陈景．铂族金属——第一流的高科技金属[J]．奥秘，2001，7：首页．

[22] 陈景，张永俐，刘伟平．中国铂族金属的开发与应用[M]//中国科学技术前沿．北京：高等教育出版社，2000：245～275.

[23] 陈景. 贵金属物理性质与原子结构的关系[J]. 中国工程科学, 2000, 2(7): 66~73.
[24] 陈景. 贵金属对社会可持续发展的重要作用及我国的产需矛盾[M]//有色金属科技进步与展望——纪念有色金属创刊50周年专辑. 2000: 144~147.
[25] 陈景. 从原子结构探讨贵金属在提取冶金过程中的行为[J]. 中国工程科学, 1999, 1(2): 34~40.
[26] Chen Jing. Discussion on behaviors of precious metals in extractive metallurgical process from the viewpoint of atomic structure characteristics [C]//Proceeding of International Symposium on Precious Metals. ISPM'99, Kunming, China, 1999: 195~201.
[27] Chen Jing, Zhu Liya, Jin Yaqiu, Pan Xuejun, Huang Kun. Solvent extraction of gold cyanide with tributyl-phosphate and additive added in aqueous phase [C]//Precious Metals 1998, Proceedings of the Twenty-Second International Precious Metals Conference. Toronto, Ontario, Canada, 1998: 65~74.
[28] 陈景, 黄昆. 溶剂萃取从碱性氰化液中回收金研究的进展[C]//首届全国贵金属学术研讨会论文集. 贵金属, 1997, 18(增刊): 325~331.
[29] 陈景, 周晓明. 丁二酮肟与Ni(Ⅱ)、Pd(Ⅱ)、Pt(Ⅱ)的螯合反应及FT-IR光谱研究[C]//首届全国贵金属学术研讨会论文集. 贵金属, 1997, 18(增刊): 346~350.
[30] 陈景, 谢明进, 陈奕然. Recovering platinum-group metals from collector materials obtained by plasma fusion(从等离子体中回收铂族金属)[C]//东亚资源再生技术第四届国际会议论文集. Resources Recyling Technology, 1997: 662.
[31] 陈景. 铑铱分离方法及原理[J]. 贵金属, 1994, 4: 1~7.
[32] 陈景, 朱碧英, 张可成. 溶剂萃取分离金川料液中的贵金属[J]. 贵金属, 1994, 15(2): 32~39.
[33] 陈景. 再论轻重铂族元素配合物化学性质的差异[C]//全国冶金物化会议论文集. 1994, 贵金属, 1994, 3: 1~8.
[34] 陈景. 铂族金属难溶配合物的分类及溶解度规律[J]. 贵金属, 1994, 1: 15~24.
[35] Chen Jing. The secondary discussion on the disparity in chemical properties of light and heary PGM. coordination compounds[C]//Proceeding of IPMI, 1994.
[36] Chen Jing. Principles and methods on separation of rhodium and iridium [C]//Proceeding of IPMI, 1994.
[37] 陈景. 关于铜不能置换Ir(Ⅲ)氯配离子原因的探讨[J]. 贵金属, 1993, 1: 61~64.
[38] Chen Jing. Classification and solubility regularity of insoluble coordination compounds of platinum group metals [C]//Proceeding of IPMI, 1993.
[39] 陈景, 崔宁. 盐酸介质中铜置换钯的两种反应机理[J]. 贵金属, 1993, 4: 1~9.
[40] 陈景, 潘诚, 崔宁. 铂钯钌铑的氢过电位比较研究[J]. 贵金属, 1992, 1: 14~18.
[41] Chen Jing, Cui Ning, Tan Qinglin. Two different mechanisms of cementation of palladium by copper in chloride medium [C]//Int. Conf. on Hydrometallurgy (ICHM'92), IAP Press, Changsha, vol. 1: 454~461.
[42] 陈景, 聂宪生. 加压氢还原法分离铑铱[J]. 贵金属, 1992, 2: 7~12.
[43] 陈景. 铂族金属氧化还原反应的规律[J]. 贵金属, 1991, 1: 9~16.
[44] Chen Jing. Research and improvement of process for refining rhodium[C]//Proceeding of 15th IPMI Annual Meeting, Naples, Florida, USA, 1991: 275~281.
[45] 陈景, 崔宁, 杨正芬. 铂催化下铜在盐酸中的放氢反应[J]. 科学通报, 1988, 17: 13~58.
[46] 陈景. 盐酸浓度对铜置换沉淀铑之影响[J]. 贵金属, 1988, 2: 7~12.
[47] 陈景. 盐酸介质中铜置换沉淀铑(Ⅲ)的动力学研究[C]//湿法冶金物理化学学术会议, 1987.

[48] 陈景，杨正芬，崔宁．硫酸和高氯酸对 TBP 萃取铂族金属的影响[J]．贵金属，1986，4：7~15.
[49] 陈景．贵金属氯配离子与亲核试剂反应的活性顺序[J]．贵金属，1985，3：12~20.
[50] 陈景．关于铜置换贵金属动力学研究中的问题[J]．贵金属，1988，1：1~12.
[51] 陈景，杨正芬，崔宁．硫化钠分离贵贱金属的效果和学术意义[J]．贵金属，1985，1：7~13.
[52] 陈景．贵金属氯络离子的两种萃取顺序[C]．全国溶剂萃取会议，1985.
[53] 陈景．铂族金属配合物稳定性与原子结构的关系[J]．贵金属，1984，3：1~10.
[54] 陈景，杨正芬．贵金属氯络离子与硫化钠的两种反应机理及应用[J]．有色金属，1980(4)：39~46. 中国金属学会 1979~1980 年优秀论文选集（第二分册）．北京：冶金工业出版社，1983：31~42.
[55] 陈景，杨正芬，崔宁．磷酸三丁酯及烷基氧化膦萃取铂族金属氯络酸的机理[J]．金属学报，1982，2：235~244.
[56] 陈景，杨正芬．硫化钠与氯钯酸的反应机理及其应用Ⅰ[J]．贵金属，1980，1：1~10.
[57] 陈景．硫化钠与氯钯酸的反应机理及应用Ⅱ[J]．贵金属，1980，2：1~8.
[58] 陈景，孙常焯．氯化铵反复沉淀法分离钯中贱金属[J]．稀有金属，1980，3：35.
[59] 陈景．用静电力理论计算氢分子的键长及结合能[J]．辽宁师范学院学报，1978，1：13~21.
[60] 陈景，俞守耕，范道治，程干超．萃取-离子交换法制取纯铑[J]．贵金属冶金，1974，1：21~31.
[61] 陈景．二氯二氨络亚钯制备钯[C]//航空用精密及贵金属合金学术会议，1965.
[62] 陈景．取代基引起苯环上电荷交替分布的机理[J]．化学通报，1963，2：41~46.

通讯作者论文

[63] Xiangjun Yang, Xueling Li, Kun Huang, Qunyan Wei, Zhangjie Huang, **Jing Chen**, Qiying Xie. Solvent extraction of gold(Ⅰ) from alkaline cyanide solutions by the cetylpyridinium bromide/tributylphosphate system[J]. Minerals Engineering, 2009, 22(12): 1068~1072.
[64] 黄章杰，**陈景**，谢明进．乙基苯并咪唑硫醚树脂固相萃取钯[J]．中国有色金属学报，2009，20(5)：983~989.
[65] 黄章杰，**陈景**，谢明进．2-乙基己基辛基硫醚树脂固相萃取钯的研究[J]．无机化学学报，2009，25(9)：1519~1525.
[66] 杨项军，**陈景**，谢琦莹，吴瑾光．表面活性剂从碱性氰化液中萃取金[J]．化学进展，2009，21(7/8)：1583~1591.
[67] 刘月英，**陈景**，谢琦莹．N235 萃取 Pt 体系产生第三相的影响因素[J]．中国有色金属学报，2009，19(7)：1316~1321.
[68] Xiangjun Yang, Kun Huang, Qunyan Wei, Zhangjie Huang, **Jing Chen**, Jinguang Wu. Stripping of Au(Ⅰ) from a loaded cetyltrimethylammonium bromide/tributyl phosphate organic solution: conversion and reduction[J]. Solvent Extraction and Ion Exchange, 2008, 26: 556~569.
[69] 谢琦莹，**陈景**，杨项军．叔胺 N235 萃取盐酸时酸度对产生第三相的影响[J]．无机化学学报，2008，24(6)：897~901.
[70] 谢琦莹，**陈景**，杨项军．N235 萃取 HCl 体系中 TBP 消除第三相的作用机理[J]．无机化学学报，2007，23(1)：57~62.
[71] 王宇，**陈景**，韦群燕，谢琦莹．金、银和铜氰化溶解速率及硫离子对其影响的比较[J]．中国有色金属学报，2007，17(1)：172~178.

[72] Zhangjie Huang, Feng Huang, Xiangjun Yang, Qunyan Wei, **Jing Chen**. Solid phase extraction and spectrophotometric determination of trace gold using 5-(4-Carboxylphenylazo)-8-hydroxyquinoline [J]. Chem. Anal., (Warsaw), 2007, 52.

[73] Yang Xiangjun, Huang Kun, Huang Zhangjie, Wei Qunyan, **Chen Jing**. Solvent extraction of Au(Ⅰ) from auro-cyanide solution with cetyltrimethylammonium bromide/tri-n-butyl phosphate system using column-shaped extraction equipment[J]. Solvent Extraction and Ion Exchange, 2007, 25: 299~312.

[74] Huang K, **Chen J**, Chen Y R, Zhao J C, Li Q W, Yang Q X, Zhang Y. Enrichment of platinum group metals (PGMs) by two-stage selective pressure leaching cementation from low-grade Pt-Pd sulfide concentrates[J]. Metallurgical and Materials Transactions B-Process Metallurgy and Materials Proceessing Science, 2006, 37 (5): 697~701.

[75] 黄昆，**陈景**. 从失效汽车尾气净化催化转化器中回收铂族金属的研究进展[J]. 有色金属，2004，56(1): 70~77.

[76] 黄昆，**陈景**. Pt族金属在加压氰化浸出过程中的行为探讨[J]. 金属学报，2004，40(3): 270~274.

[77] Lin Huazou, **Jing Chen**, Huang Yong. An alternative way to separating Ir(Ⅲ) and Rh(Ⅲ) ions from a mixed chloride solution with added stannous chloride[J]. Hydrometallurgy, 2004, 72: 31~37.

[78] **陈景**，黄昆，陈奕然. 金宝山铂钯浮选精矿几种处理工艺的讨论[J]. 稀有金属，2003，30(3): 401~406.

[79] 黄昆，**陈景**. 加压湿法冶金处理含铂族金属铜镍硫化矿的应用及研究进展[J]. 稀有金属，2003，27(6): 41.

[80] 黄昆，**陈景**. 从失效汽车催化剂中加压氰化浸出铂族金属[J]. 中国有色金属学报，2003，13(6): 1559.

[81] Huang Kun, **Chen Jing**. High-temperature cyanide leaching of platinum group metals from spent autocatalysts precious metals[C]//Proceeding of IPMI 27th Annual Conference. 2003: 7~21.

[82] 黄昆，**陈景**. 铂族金属硫化精矿加压湿法冶金研究进展[C]//矿业研究与开发，vol. 13. 中国有色金属学会第五届学术年会 2003'中国国际有色金属工业高科技论坛论文集，北京，2003: 13~16.

[83] 杨项军，**陈景**，等. 转化还原法从CTAB-TBP体系载金有机相中反萃金(Ⅰ)研究[J]. 中国有色金属学报，2003，13(6): 1565~1569.

[84] 杨项军，**陈景**，等. 水相添加表面活性剂CTAB对TBP萃取低浓度金的影响[J]. 中国有色金属学报，2002，12(6): 1309~1313.

[85] 杨项军，**陈景**，等. 用硫氢酸钾从季铵盐载金有机相中反萃金的研究[J]. 贵金属，2002，23(3): 8~12.

[86] 杨项军，**陈景**. 从碱性氰化液萃金有机相中反萃金的研究进展[J]. 贵金属，2002，23(2): 47~52.

[87] 黄昆，**陈景**，等. CTMAB萃取$AuCN_2^-$体系中盐析剂反常效应的探讨[J]. 中国有色金属学报，2001，11(3): 518~521.

[88] 黄昆，**陈景**，等. CTMAB萃取$Au(CN)_2^-$体系中几种改性剂的对比[J]. 中国有色金属学报，2001，11(2): 307~311.

[89] 潘学军，**陈景**. 碱性氰化液中加表面活性剂用TBP萃取金的研究[J]. 稀有金属，2000，24(2): 90~95.

[90] Pan Xuejun, **Chen Jing**. Study on gold (Ⅰ) solvent extraction from alkaline cyanide solution by TBP with addition of surfactant[J]. Rare Metals, 1999, 18(2): 88~96.

[91] 周晓明，**陈景**. 丁二酮肟与Ni(Ⅱ)、Pd(Ⅱ)、Pt(Ⅱ)的螯合反应及FT-IR光谱研究[J]. 有色金属（冶炼部分），2001，1：32~35.

[92] 黄昆，**陈景**，等. CTMAB萃取$Au(CN)_2^-$体系中盐析剂反常效应的探讨[J]. 中国稀土学报，2000，18：428~432.

[93] Huang Kun，**Chen Jing**. Solvent extraction of gold in mixed alcohol-diluent-surfactant-$AuCN_2^-$ system [C]//The international symposium of precious metals，ISPM，1999：351~357.

[94] Huang Kun，**Chen Jing**. Solvent extraction of gold(Ⅰ) in mixed alcohol-diluent-surfactant-$Au(CN)_2^-$ system [C]//Proceeding of International Symposium on Precious Metals[C]. ISPM'99，Kunming，China，1999：283~288.

[95] Zou L H，**Chen J**，Pan X J. Solvent of Rhodium from Aqueou Solution of Rh(Ⅲ)-Sn(Ⅱ)-Cl^- System by TBP[J]. Hydrometallurgy，1998，50(3)：193~203.

[96] 韦群燕，**陈景**. 一种电解制备过硫酸铵用的节能阴极材料[J]. 中国有色金属学报，1998，8(增刊2)：454~455.

[97] Zou L H，**Chen J**，Pan X J. Solvent of rhodium from aqueou solution of Rh(Ⅲ)-Sn(Ⅱ)-Cl^- system by TBP[J]. Hydrometallurgy，1998，50(3)：193~203.

[98] 朱利亚，**陈景**，金娅秋，潘学军. 从碱性氰化液中加添加剂萃取金[J]. 中国有色金属学报，1996，6(增刊2)：229~232.

[99] 潘学军，**陈景**. 碱性氰化液中加添加剂萃取金的研究[C]//全国冶金物理化学学术年会论文集（昆明），1996：206~213.

[100] 邹林华，**陈景**，潘学军. Rh(Ⅲ)-Sn(Ⅱ)-Cl^-体系中TBP萃取铑的机理研究[C]//全国冶金物理化学学术年会论文集（昆明），1996：85~93.

[101] 张可成，**陈景**. 亚砜KSO萃取Pd(Ⅱ)的机理[J]. 贵金属，1995，4：6~13.

[102] 邹林华，**陈景**. 溶剂萃取从碱性氰化物溶液中回收金[J]. 贵金属，1995，4：61~67.

[103] 张可成，**陈景**. 亚砜KSO与Pd(Ⅱ)萃合物组成及结构研究[J]. 贵金属，1994，3：8~16.

[104] 陆跃华，**陈景**. 常压氢还原盐酸介质中的铑之动力学[J]. 贵金属，1994，1：1~10.

[105] 吴国元，**陈景**. 高砷硫化金矿真空脱砷工艺考察[J]. 贵金属，1993，3：7~14.

[106] 吴国元，**陈景**. 高砷金精矿脱砷的动力学研究[J]. 黄金，1993，10：44.

[107] Nie Xiansheng，**Chen Jing**，Tan Qinglin. Kinetics of iridium reduction by hydrogen in hydrochloric acid solution[J]. Metallurgical Transaction B，1992，23：737~745.

[108] 张永柱，**陈景**，谭庆麟. DOSO萃取Pt(Ⅱ)的机理及Pt(Ⅱ)、Pd(Ⅱ)萃取行为之比较[J]. 贵金属，1991，2：1~10.

[109] 潘诚，**陈景**，谭庆麟. 铑催化下铜在盐酸中的放氢反应[J]. 贵金属，1991，4：23~29.

[110] Nie Xiansheng，**Chen Jing**，Tan Qinglin. Reduction of iridiumby hydrogen in hydrochloric acid solution[C]//Proceeding of IPMI，1989：391~402.

其他文章

[111] Gang Ma，Wenfei Yan，Tiandou Hu，**Jing Chen**，Chenhua Yan. FT-IR and EXAFS investigations of microstructures of gold solvent extraction：hydrogen bonding between modifier and $Au(CN)_2^-$ [J]. Phys. Chem. Chem. Phys. 1999，1(22)：5215~5221.

[112] 闫文飞，马刚，严纯华，周维金，高宏成，李维红，施鼐，吴瑾光，**陈景**，黄昆，余建民，崔宁. 表面活性剂从碱性氰化液中萃取金机理研究[J]. 光谱学与光谱分析，1999，19(6)：806~810.

[113] Ma G，Yan W F，**Chen J**，Zhou W J，Wu J G，Xu G X. Stripping of gold from quaternary amine extraction systems[J]. Solvent Extr. Ion Exc. 2000，18(6)：1179～1187.

[114] Ma Gang，Yan Wenfei，**Chen Jing**，Yan Chunhua，Gao Hongcheng，Zhou Weijin，Shi Nai，Wu Jinguang，Xu Guangxian，Huang Kun，Yu Jianmin，Cui Ning. Mechanism of gold solvent extraction from auro-cyanide solution by quaternary amines：models of extracting species based on hydrogen bonding[J]. Science in China（Series B），2000，43(2)：169～177.

[115] 马刚，闫文飞，**陈景**，严纯华，高宏成，周维金，施鼐，吴瑾光，徐光宪，黄昆，余建民，崔宁．季铵盐从氰化物溶液中萃取金的研究：基于氢键结构的萃合物模型[J]．中国科学(B辑).2000，30(3)：268～274.

[116] Ma Gang，Yan Wenfei，**Chen Jing**，Huang Kun，Yan Chunhua，Shi Nai，Wu Jingnang，Xu Guangxian. Progress in gold solvent extraction[J]. Prog. Nat. Sci. 2000，10(12)：881～886.

[117] 闫文飞，马刚，周维金，高宏成，施鼐，吴瑾光，徐光宪，**陈景**．氰化金浸取液机理研究[J]．无机化学学报，2000，16(2)：261～266.

[118] 闫文飞，马刚，翁诗甫，严纯华，周维金，高宏成，李维红，吴瑾光，徐光宪，**陈景**，黄昆，余建民，崔宁．表面活性剂从碱性氰化液中萃取金机理研究：第三相的产生[J]．北京大学学报（自然科学版），2000，36(4)：461～466.

[119] 闫文飞，吴永慧，周维金，张天喜，高宏成，吴瑾光，**陈景**，李楷中．十六烷基三甲基溴化胺/磷酸三丁酯萃取金[J]．原子能科学技术（增刊），2000，34：75～78.

[120] 张天喜，谢景林，周维金，闫文飞，吴瑾光，**陈景**．氯化甲基三烷基铵萃取金的研究[J]．原子能科学技术，2000，34(增刊)：71～74.

[121] 张天喜，李文钧，吴瑾光，周维金，高宏成，**陈景**．双水相体系从碱性氰化液中萃取分离金研究[J]．化工学报，2000，51(增刊)：97～100.

[122] 姜健准，李小，周维金，高宏成，吴瑾光，徐光宪，**陈景**．十四烷基二甲基苄基氯化铵萃取金的研究[J]．北京大学学报（自然科学版），2000，36(6)：766～771.

[123] Naifu Zhou，Quan Li，Jinguang Wu，**Jing Chen**，Shifu Weng，Guangxian Xu. Spectroscopic characterization of solubilized water in reversed micelles and microemulsions：sodium bis(2-ethylhexyl) sulfosuccinate and sodium bis(2-ethylhexyl) phosphate in n-heptane[J]. Langmuir. 2001，17(15)：4505～4509.

[124] 马刚，闫文飞，**陈景**，严纯华，周勇，施鼐，吴瑾光，徐光宪．溶剂萃取选金方法研究进展[J]．自然科学进展，2001，11(5)：449～457.

[125] 姜健准，周维金，高宏成，吴瑾光，徐光宪，**陈景**．N1923从碱性氰化液中萃取金(Ⅰ)的研究[J]．无机化学学报，2001，17(3)：343～348.

[126] 张天喜，李文钧，周维金，高宏成，**陈景**，吴瑾光．基于双水相体系的 $KAu(CN)_2$ 分配行为[J]．北京大学学报（自然科学版），2001，37(2)：197～199.

[127] 黄保贵，张天喜，周维金，高宏成，吴瑾光，**陈景**．十六烷基三甲基溴化铵/己醇体系萃取分离金[J]．化学试剂，2001，23(3)：129～131.

[128] 张天喜，黄保贵，**陈景**，周维金，高宏成，吴瑾光．季铵盐体系金的萃取与反萃[J]．过程工程学报，2001，1(4)：351～355.

[129] 姜健准，周维金，高宏成，吴瑾光，徐光宪，**陈景**．季铵盐载金有机相的反萃取研究Ⅰ．乙二醇、二羟乙基硫醚反萃体系[J]．北京大学学报（自然科学版），2001，37(4)：433～438.

[130] Tianxi Zhang，Wenjun Li，Weijin Zhou，Hongcheng Gao，Jingnang Wu，Guangxian Xu，**Jing Chen**，Huang Kun，Huizhou Liu，Jiayong Chen. Extraction and separation of gold(Ⅰ) cyanide in polyethylene glycol-based aqueous biphasic systems[J]. Hydrometallurgy，2001，62：41～46.

[131] 余建民，李奇伟，**陈景**. 多烷基支链仲胺从碱性氰化液中萃取金[J]. 应用化学，2001，18(4)：276~280.

[132] 余建民，李奇伟，**陈景**. 表面活性剂从碱性氰化液中萃取金的微观机理研究(1)：萃取体系的优化[J]. 贵金属，2001，22(1)：30~32.

[133] Tianxi Zhang，Bangui Huang，Weijin Zhou，Hongcheng Gao，**Jing Chen**，Hashen Wu，Jinguang Wu. Extraction and recovery of gold from $KAu(CN)_2^-$ using cetyltrimethylammonium bromide[J]. J. Chem. Technol. Bio-technol.，2001，76：1~5.

[134] Gang Ma，Wenfei Yan，**Jing Chen**，Weijin Zhou，Nai Shi，Jinguang Wu，Guangxian Xu. High-resolution FT-IR study on hydration of aceanitrile. Pittcon 2000 Book of Abstracts，Morial Convention Center，New Orleans，LA 1423p，March 12~17，2000.

[135] 张天喜，闫文飞，李文钧，周维金，高宏成，吴瑾光，**陈景**. 从碱性氰物液中液-液萃取 $Au(CN)_2^-$[C]//北京大学化学学院2000'学术报告会论文集，2000：151~152.

[136] Tianxi Zhang，Wenjin Li，Wenjin Zhou，Jinguang Wu，Guangxian Xu，**Jing Chen**，Xiaoming Zhou. Patrition of gold(Ⅰ) cyanide in aqueous two-phase systems[C]//Proceedings of the Seventeenth International Conference on Raman Spectroscopy (ICORS2000)，2000：778~779.

[137] Gang Ma，Wenfei Yan，**Jing Chen**，Jinguang Wu，Guangxian Xu. FT-Raman and FT-IR studies on the interaction of surfactant with water in microemulsion system[C]//Proceedings of the Seventeenth International Conference on Raman Spectroscopy(ICORS2000)，2000：856~857.

[138] 张天喜，闫文飞，周维金，**陈景**，高宏成，施鼐，吴瑾光. 从季铵盐负载有机相反萃金研究[C]//中国化学会全国第五届无机化学学术会议论文集，2000：869~871.

[139] 闫文飞，马刚，张天喜，周维金，**陈景**，高宏成，吴瑾光，徐光宪. 季铵盐从碱性氰化液中萃取金机理研究[C]//中国化学会全国第五届无机化学学术论文集，2000：625~627.

[140] 高宏成，闫文飞，马刚，胡天斗，**陈景**，周晓明，张天喜，周维金，施鼐，吴瑾光，徐光宪. 从碱性氰化物溶液中萃取金的机理及有机相聚集态的结构[C]//中国化学会2000年学术会议论文集，2000，203~204.

[141] 姜健准，周维金，高宏成，吴瑾光，徐光宪，**陈景**. 季铵盐载金有机相的反萃取研究——Ⅰ. 乙二醇、二羟乙基硫醚反萃体系[J]. 北京大学学报（自然科学版），2001，37(4)：433~438.

[142] 余建民，李奇伟，**陈景**. N503-TRPO混合萃取剂从碱性氰化液中萃金[J]. 国际网上化学学报，2000，2(8)：39.

[143] Tianxi Zhang，Baogui Huang，Weijin Zhou，Hongcheng Gao，**Jing Chen**，Hashen Wu，Jinguang Wu. Extraction and Recovery of Gold from $KAu(CN)_2$ using cetyltrimethylammonium bromide microemulsions[J]. Journal of Chemical Technology and Biotechnology，2001，76(11)：1107~1111.

[144] 李奇伟，余建民，**陈景**. 用硼氢化钠和硫脲从TBP-CTMAB-$C_{12}H_{26}$载金有机相中反萃金的研究[J]. 贵金属，2002，23(3)：31~34.

[145] Zhang Tianxi，Zhou Weijin，Gao Hongcheng，**Chen Jing**，Wu Jinguang. Studies on the extraction of gold(Ⅰ) cyanide by quaternary ammonium salt using ^{198}Au as tracer[J]. Chinese Journal of Chemistry Engineering，2002，10(1)：33~38.

[146] 姜健准，高宏成，周维金，吴瑾光，徐光宪，**陈景**. 用^{198}Au示踪法从氰化液中萃取微量金[J]. 应用化学，2002，19(3)：267~270.

[147] 姜健准，周维金，高宏成，**陈景**，吴瑾光. 萃金体系第三相的产生及其谱学研究[J]. 光谱学与光谱分析，2002，22(3)：396~398.

[148] 姜健准，周维金，高宏成，吴瑾光，徐光宪，**陈景**. 季铵盐载金有机相的反萃取研究——

(Ⅱ)无机盐类反萃体系[J]. 北京大学学报（自然科学版），2002，38(4)：453～458.

[149] 姜健准，周维金，高宏成，**陈景**，吴瑾光．萃取体系第三相的产生及其谱学研究[J]. 光谱学与光谱分析，2002，22(3)：396～398.

[150] 李奇伟，余建民，**陈景**．NH_4SCH 从 ROH-CTMAB-$C_{12}H_{26}$ 载金有机相中反萃金[J]. 贵金属，2003，24(1)：1～4.

[151] 余建民，李奇伟，**陈景**．溶剂萃取分离碱性氰化液中的金[J]. 应用化学，2001，18(12)：962～966.

[152] 余建民，李奇伟，**陈景**．Lix 7825 从碱性氰化液中萃取金[J]. 国际网上化学学报，2001 (http：//www. chemistrymag. orgPcjiP2001P035021pc. Htm).

[153] 俞其型，谢品修，**陈景**．橡子壳对镁脉石的抑制性能及应用[C]. 全国浮选药剂会议论文集，长沙，1961.

[154] 俞其型，张维霖，**陈景**．几种非食用植物油制备的浮选药剂及其捕收性能[C]//全国浮选药剂会议论文集，长沙，1961.

[155] 陈昌禄，郭秋泉，**陈景**．Resouering platinum，palladium and rhodium from deactivated auto catalysts（从汽车失效催化剂中回收铂钯的研究）[C]//东亚资源再生技术第四届国际会议论文集. Resources Recyling Technology，1997：662.

[156] Xuechang Dong，Hana Yong，Qiufen Hu，**Jing Chen**，Guangyu Yang. Simultaneous determination of palladium，platinum and rhodium by on-line column enrichment and HPLC with 2,4-dihydroxybenzylidenethiorhodanine as pre-column derivatization regent [J]. J. Braz. Chem. Soc.，2005，17 (1)：125～129.

[157] Zhangjie Huang，Qunyan Wei，Xiangjun Yang，Qiufen Hu，**Jing Chen**，Guangyu Yang. Spectrophotometric determination of palladium by the colouration with 2-(2-Quinolylazo)-5-diethylaminobenzoic acid[J]. Bull. Koream Chem. Soc.，2005，26(10).

[158] Zhigang Li，Xuemei Li，Liya Zhu，Qiufen Hu，**Jing Chen**，Guangyu Yang. Solid phase extraction and spectrophotometric determination of platinum(Ⅳ) with N-(3,5-dihydroxyphenyl)-N'-(4-aminobenzenesulfonate)-thiourea [J]. Indian Journal of Chemistry，2006，45(8).

[159] Yinhai Ma，Yongfang Peng，Liya Zhu，Jiayuan Yin，Qiufen Hu，**Jing Chen**. Solid phase extraction and spectrophotometric determination of gold with 5-(2-hydroxy-4-nitrophenylazo)-rhodanine as chromogenic reagent[J]. S. Afr. J. Chem.，2005，58：116～119.

[160] Weizu Yang，Qiufen Hu，Zhangie Huang，Jiayuan Yin，Gang Xie，**Jing Chen**. Solid phase extraction and spetrophotometric determination of palladium with 2-(2-quinolylazo)-5-diethylaminobenzoic acid[J]. J. Serb. Chem. Soc. 2006，71 (7)：821～828.

[161] Jishou Zhao，Jinsong Li，Zhangjie Huang，Qunyan Wei，**Jing Chen**，Guangyu Yang. Solid phase extraction and spectrophotometric determination of gold[J]. Indian Journal of Chemistry，2006，45A (7)：1651～1654.

[162] Xin Zhang，Yuanqing Zhou，Zhangjie Huang，Qiufen Hu，**Jing Chen**，Guangyu Yang. Study of solid phase extraction prior to spectrophotometric determination of platinum with N-(3,5-Dimethylphenyl)-N'-(4-Aminobenzenesulfonate)-Thiourea[J]. Microchim Acta，2006，153：187～191.

[163] Rui Mao，Hong Guo，Dongxue Tian，Depeng Zhao，Xiangjun Yang，Shixiong Wang，**Jing Chen**. 2D SnO_2 nanorod networks template by garlic skins for lithium ion batteries [J]. Mater. Res. Bull.，2013，48：1518～1522.

[164] Hong Guo，Rui Mao，Xiangjun Yang，Shixiong Wang，**Jing Chen**. Hollow nanotubular SnO_2 with improved lithium storage [J]. J. Power Sources，2012，219：280～284.

[165] Hong Guo, Rui Mao, Xiangjun Yang, Li Xu, **Jing Chen**. Hollow nanotubular SiO_x template by cellulose fibers for lithium ion batteries [J]. Electrochimica Acta, 2012, 74(7): 271 ~274.

[166] Hong Guo, Li Xu, **Jing Chen**, Xiangjun Yang. Copper, nickel, and cobalt recovery from acidic pressure leaching solutions of low content [C]//Proceedings 2011 World Congress On Engineering and Technology, 2011: 10.

[167] Zhangjie Huang, Shixiong Wang, Xiangjun Yang, Qunyan Wei, **Jing Chen**. Solid phase extraction and spectrophotometric determination of palladium using hexyl benzimidazolyl sulfide as a chromogenic agent[J]. Chem. Anal. (Warsaw), 2008, 53(3): 347.

附录4 专 利

[1] 陈景，崔宁，杨正芬．从氯铑酸溶液制取高纯铑的方法．发明专利，授权专利号：90 1 08932. X.

[2] 陈景，聂宪生，杨正芬，崔宁，潘诚．利用加压氢还原分离提纯铑铱的方法．发明专利，授权专利号：87 1 04181. 2.

[3] 陈景，黄昆，陈奕然．铂族金属硫化矿或其浮选精矿提取铂族金属及铜镍钴．发明专利，授权专利号：ZL 02 1 22502. 8，此专利于2007年又获南非专利授权．

[4] 陈景，朱利亚，潘学军，金娅秋．从碱性氰化液中萃取金的方法．发明专利，授权专利号：ZL 96 1 17348. 3.

[5] 陈景，张曙，常军，向星，王世雄，王荛．一种液体吸附剂及治理湖泊水体砷污染的方法．发明专利，授权专利号：ZL 200910094667. 1.

[6] 陈景，张曙，杨项军，王世雄，王荛，黄章杰，韦群燕，肖军，张艮林．一种用于湖泊水体污染治理的展翼式喷洒船．实用新型专利，授权专利号：ZL 2010 2 0562867. 3.

[7] 陈景，黄章杰．一种从加压氰化后液中富集铂、钯的方法．发明专利，授权专利号：ZL 2012 1 0287951. 2.